KB100396

LE GRAND COURS DE CUISINE

FERRANDI

L'ÉCOLE FRANÇAISE DE GASTRONOMIE

•

PARIS

페랑디 요리 수업

LE GRAND COURS DE CUISINE

FERRANDI

L'ÉCOLE FRANÇAISE DE GASTRONOMIE

●

PARIS

저자 : 미셸 탕기
번역 : 강현정
사진 : 에릭 페노
스타일 : 델핀 브뤼네, 에밀리 마제르 , 안 소피 롬므, 파블로 티오이에 세라노

CITRON MACARON
The Kitchen

책을 펴내며

페랑디 요리 학교입니다.
이미 수많은 요리 레시피 책이 있는데 또 한 권 나왔구나 생각하실 법도 하지만, 단순히 수를 늘린 것은 아닙니다. 그런 의도로 낸 책도 아닙니다.
물론 이 책의 레시피는 무려 143개에 달합니다. 하지만 이 책을 소개하는 더 큰 이유는, 열정이 넘치는 요리 애호가들과 이 직업을 선택한 모든 젊은이에게 프로 요리사들의 기술을 단계별로 체계적이며 정확하게 조언하고, 프랑스 최고 셰프들의 '손맛과 기술'을 전하고 싶어서입니다. 현재 프랑스 국내뿐 아니라 외국에서도 대표적인 프랑스 미식 요리 학교로 인정하는 '페랑디, 파리'의 교육 과정에 기초한 내용들이며, 바로 이 점이 가장 큰 특징입니다.
설립된 지 90년이 넘는 세월 동안, 전통 기법을 바탕으로 새롭게 창의적으로 도전하며 성장해 온 페랑디는, 졸업생들이 성공적으로 활약하고 업계가 적극적으로 후원하며 많은 셰프가 지원하는 등 알찬 결실을 거두고 있습니다.
파리 페랑디에서 요리 기법이나 미식 문화를 차근차근 배워 나간다는 데는 아주 큰 의미가 있습니다. 빠른 속도로 발전하는 세상이지만, 중간 단계를 대충 건너뛰고 넘어가면 절대 안 되는 직업군이 있습니다. 예술가나 장인의 직업이 바로 그렇죠. 이런 분야에서는 그 길을 먼저 걸어온 선배들에게 기초 교육을 탄탄히 받아야만 비로소 그 실력을 온전히 자신의 것으로 다시 만들 수 있기 때문입니다.
바로 그렇기에, 같은 재료로도 개인이 기초를 어느 정도 다졌는지에 따라 요리를 얼마나 다양하게 표현하고 재구성할 수 있는지를 이 책이 확실히 보여드립니다.
물론, 지금 당장의 경향이나 유행(유행은 금방 지나갑니다), 또는 우리 수강생(학생과 일반 실습생)의 우선적인 요구에 맞춰 프로그램도 혁신적으로 개발하고 구미에 맞게 '디자인'하는 등 즉각 부응한다면 오히려 더 간단할 수도 있습니다. 하지만 "쉽고 편한 길을 가는 것은 페랑디가 추구하는 가치가 아닙니다." 한 분야를 대표하는 기관은 확고한 철학과 고집이 있어야 만들어집니다. 페랑디는 학습 방법과 개인의 표현 및 성취욕이 조화를 이루도록 하는 데 교육 초점을 둡니다.
모든 것에는 때가 있습니다. 페랑디에서 교육받은 사람들의 애착과 충성도를 보면, '페랑디인'은 스스로를 인정하기 좋아하는 사람들이라는 원칙을 확인할 수 있습니다.
페랑디가 이렇게 최고의 요리 학교가 된 비법 즉, '성공 레시피'를 기자들이 묻곤 합니다. 그럴 때마다 저는 주저 없이 우리 교수진의 훌륭한 자질 덕분이라고 대답합니다. 하지만 성공 레시피라는 이름만으로 쉽게 드러내기 힘든, 가장 중요한 것이 있습니다. 요리를 직접 만드는 과정에 '마음'이라는 재료가 추가로 들어가지 않는다면, 코드화한 레시피에 불과하지 않을까요? 단순한 레시피라기보다 교수 개개인의 열렬한 참여와 소명 의식에서 비롯한다는, 바로 이 점이 페랑디의 명성을 이어가는 핵심 요소입니다. 이것을 언제라도 페랑디 주방에 오셔서 확인해 보시길 기대합니다.

이 책을 만드는 데 도움을 주신 파리 페랑디의 스태프 여러분, 특히 이 책의 코디네이션을 효율적으로 진행하며 참을성 있게 담당한 오드리 자네(Audrey JANET), 책 내용을 알차게 엮느라 강의 후에도 함께 모여 작업하며 돈독한 팀워크를 보여준 셰프들, 제레미 바르네(Jérémie BARNET), 엠마뉘엘 앙리(Emmanuel HENRY), 프레데릭 미뇨(Frédéric MIGNOT), 브누아 니콜라(Benoît NICOLAS), 에릭 로베르(Eric ROBERT), 앙투안 셰페르(Antoine SCHAEFERS)에게 고마움을 전합니다.
또한, 자신의 레시피를 선뜻 내준 최고의 셰프, 친구, 졸업생, 교수, 자문위원회 회원 들에게 깊은 감사를 드립니다. 그들의 지지가 정말 값지므로 그들이 페랑디에서 함께 가르친다는 것은 너무도 소중한 일입니다. 아망딘 셰뇨(Amandine CHAIGNOT), 아들린 그라타르(Adeline GRATTARD), 안소피 픽(Anne-Sophie PIC), 프랑수아 아당스키(François ADAMSKI), 야닉 알레노(Yannick ALLENO), 프레데릭 앙통(Frédéric ANTON), 파스칼 바르보(Pascal BARBOT), 알렉상드르 부르다스(Alexandre BOURDAS), 미셸 브라스(Michel BRAS), 에릭 브리파르(Eric BRIFFARD), 알렉상드르 쿠이용(Alexandre COUILLON), 장 쿠소(Jean COUSSEAU), 아르노 동켈(Arnaud DONCKELE), 알랭 뒤투르니에(Alain DUTOURNIER), 필립 에체베스트(Philippe ETCHEBEST), 기욤 고메즈(Guillaume GOMEZ), 질 구종(Gilles GOUJON), 에릭 게랭(Eric GUERIN), 윌리엄 르되이유(William LEDEUIL), 베르나르 르프랭스(Bernard LEPRINCE), 레지스 마르콩(Régis MARCON), 티에리 막스(Thierry MARX), 필립 밀(Philippe MILLE), 올리비에 나스티(Olivier NASTI), 프랑수아 파스토(François PASTEAU), 에릭 프라(Eric PRAS), 엠마뉘엘 르노(Emmanuel RENAUT), 올리비에 뢸랭제(Olivier ROELLINGER), 미셸 로트(Michel ROTH), 그리고 마지막으로 크리스티앙 테트두아(Christian TETEDOIE)에게 진심으로 감사의 마음을 전합니다.

브뤼노 드 몽트(Bruno de Monte), 파리 페랑디 교장

차례

책을 펴내며 5

페랑디 파리, 프랑스 미식 요리 학교 9

육수, 육즙 소스, 글레이즈, 소스 16

달걀 90

생선, 갑각류, 조개류, 연체류 104

육류, 가금류, 수렵육 246

채소 414

과일 640

레시피 찾아보기 690

테크닉 찾아보기 693

셰프의 레시피 찾아보기 695

FERRANDI
PARIS
FERRANDI
PARIS
FERRANDI
PARIS
FERRANDI
PARIS

페랑디 파리, 프랑스 미식 요리 학교

FERRANDI Paris, l'école française de gastronomie

페랑디의 역사는 1920년으로 거슬러 올라간다. 정육점 종사자, 샤퀴트리 제조사, 요리사, 식료품상, 제빵사와 제과사 업종의 자질 있는 젊은이들을 교육할 목적으로, 파리-일 드 프랑스(Paris Ile-de-France) 상공회의소가 아틀리에-학교(atelier-école)를 설립했다.

'아틀리에-학교'라는 명칭을 보면, 세계적으로 명성을 떨치게 될 이 학교에 깃든 페랑디 철학을 엿볼 수 있다. 초창기 페랑디는 학생 100명과 교수 12명으로 시작되었는데, 교수 6명은 기술 교육을, 나머지는 일반 교육을 담당했다. 1958년 파리 6구의 장 페랑디 가(街) 11번지에 둥지를 튼 이 아틀리에-학교에서는 레스토랑 서비스와 어시장(poissonnerie) 두 분야를 다루기 시작했다.

1970년대 초에 한 CFA(Centre de Formation des Apprentis: 견습생 교육센터)가 페랑디로 편입되었다. 이렇게 외부 교육센터가 학교에 통합되자 페랑디는 큰 전환점을 맞이했다. 당시 800명에 달하던 학생들을 위한 학교 교육을 기업 활동과 자연스럽게 연계해줄 초석이 마련된 것이다. 이런 교육 모델은 지금까지도 페랑디 기본 정신의 일부를 차지하고 중요한 교육 가치로 자리매김하며 전문 직업 현장을 연계하는 기초가 된다.

편입하고 10년 후, 선구자적인 안목이 여전하던 파리-일 드 프랑스 상공회의소는 페랑디에 장래 '오너 셰프'를 위한 고급 요리 교육이라는 과정을 신설했다. 이 프로그램은 기업 경영 능력과 요리 마스터링이라는 두 분야를 통합 교육하는 것이 그 목적이었는데, 졸업생이 레스토랑을 창업하거나 기존 레스토랑을 인수하여 운영할 수 있도록 도와준다. 2001년 '레스토랑 매니저' 옵션이 도입됨에 따라 더욱 격식을 갖추게 된 이 Bachelor 과정을 30년 넘게, 업계 전문가뿐 아니라 미식 관련 업종 교육을 받고 싶어 하는 모든 이가 페랑디의 대표 디플로마로 손꼽는다. 이처럼 1920년 이래로 페랑디는 요리사, 제과사, 제빵사, 케이터링 종사자, 관련 업체 디렉터와 매니저, 기업 오너 등의 세대를 형성하게 되었다.

2014년 현재 CAP(certificat d'aptitude professionnelle: 직업학교 자격증, 고등학교 과정)부터 Bac + 5(대학원 과정) 단계까지 학생 1,300명이 재학 중이고 이 가운데 200명은 영어로 교육하는 국제부 소속이다. 일반 실습생의 경우 매년 2,000명에 달하는 인원이 페랑디에 개설된 평생교육 프로그램에서 한 과정을 선택해 수강한다. 이렇게 교육 내용 면에서나 지원자의 수준 또는 관련 업종의 다양성 면에서 규모가 커지고 있다는 것은 페랑디만의 특성과 풍부한 직업적·인적 환경을 방증한다.

우수한 최고의 학교

페랑디에 등록하는 학생은 프랑스인이건 외국인이건 간에 모두 학교의 높은 교육 수준에 매료된다. 학교 교육 프로그램을 담당하는 사람들이 최고 수준의 전문가임을 알기 때문이다. 교수진 전부 미식 분야의 유명인이고 개중 일부는 MOF(Meilleur Ouvrier de France: 프랑스 명장)로, 모두 최고로 까다로운 심사를 거쳤고 현장 경력이 최소 10년 이상인 전문가들이다. 교수직에 지원하는 이들은 얼마나 까다로운 요건을 충족시켜야 하는지 알고 있으며, 자신의 노하우를 학생들에게 전수하고자 하는 열망을 깊이 갖고 있다. 또한, 그들 서로가 이미 이 학교를 통해서 잘 알고 교류하고 있기에, 페랑디 고유의 교육 철학에 뜻을 같이해 지원하기도 한다. 이렇게 엄선된 정예 교수진 이외에도, 객원교수, 외식업계 인사, MOF 및 미슐랭 스타 레스토랑 셰프, 그 밖의 유명 셰프, 파티시에 들이 시간을 내어 '마스터 클래스'를 열기도 하고, 세계 여러 나라의 유명 셰프를 초빙함으로써 전 세계 미식 경향을

소개하는 특별 교육 프로그램도 운용한다. 이 직업군의 주 역할을 담당하는 셰프들은, 명성이 결코 퇴색한 적 없는 훌륭한 학교 소속이라는 데 자부심을 갖고 참여하여, 페랑디 교수진의 수준을 한층 더 높인다. 직종을 바꾼 일반인을 위한 프로그램, 입문 단계, 국제부, 고급 과정, 평생교육 과정 등 각기 맡은 분야의 교육을 위해 교수진 모두 끊임없이 발전하는 고품질의 교육을 목표로 삼고 열정과 진정성으로, 아낌없는 헌신과 애정으로 임한다.

학교와 기업의 강한 연계

페랑디와 연관된 셰프들은 배움의 현장인 학교와 실무 현장인 전문 직업 분야를 연계하는 데 큰 몫을 한다. 이런 연대감이 페랑디의 중요한 장점 중 하나이고, 학생들에게는 성공의 열쇠 중 하나이다. 지원자들이 스타주(stage: 현장실습) 등 처음 실습할 직업 현장에 있는 전문가들은 모두 엄격함이나 실력 등을 인정받은 이들이다.

다양한 교육 과정을 가진 학교

파리 페랑디뿐 아니라 보르도에서도 취득 가능한 그랑제콜(grandes écoles: 최고의 인재들만을 양성하기 위한 프랑스 고유의 엘리트 고등교육기관) 프로그램인 'Bachelor 과정'은 현재 이 학교를 언급할 때 떠올리는 대표 과정이지만, 페랑디에는 이 밖에도 다양한 프로그램이 개설되어 있다. 그러므로 페랑디 캠퍼스에서는 요리사, 제빵사, 제과사, 케이터링 업자, 서비스업 종사자, 레스토랑 매니저 등 여러 분야의 전문가를 마주칠 수 있다. 이들은 평생교육 과정을 이수함으로써 실력을 더 쌓고, '트레이닝 위크(Training Weeks)' 같은 인텐시브 연수 교육 과정을 수강하기도 한다.

혼합과 다양성, 이 두 단어는 페랑디를 완벽하게 표현하는 말이다. 페랑디는 중학교 과정을 마치고 요리사, 제빵사, 제과사 및 서비스 관련 교육을 받기 원하는 청소년, 심화 과정인 MC(Mention Complémentaire)나 CAP Connexe 과정에 등록해서 좀 더 나은 스펙을 준비하려는 CAP 또는 BAC pro(직업계열 바칼로레아) 소지자, 고등교육을 받기 원하는 청년 및 일반인(BTS, Bachelor, 파티스리 고급과정이나 전문 학위 과정), 직종을 바꾼 일반인이나 평생교육 과정을 원하는 기존 전문가, 이 모두를 받아들여 교육시키는 유일한 학교임을 자부한다. 여기에, 세계에서 독보적인 프랑스 정통 요리와 파티스리 기초 및 기법을 배우고자 몰려오는 해외 학생을 더하면 그 숫자는 더욱 늘어난다.

진화하는 학교

파리 페랑디는 계속 진화하고 있다는 점에서 주목할 만하다. 예를 들어 평생교육 과정은 시대 경향을 따라 식당업계 전문가, 개인 사업자, 중소기업이나 대기업 그룹 등의 기대에 부응하여 맞춤형 프로그램을 준비해 제안한다. 그들은 정확한 목표를 제시하며 그에 적합한 교육을 원한다. 교육 내용은 해당 업체의 주문에 따라 구성되고 때에 따라서는 교수진이 직접 찾아가 수업을 진행하기도 한다.

학교와 업체 간의 밀접한 연계를 통해 업계 전문가들과 항상 접촉함으로써 그들의 요구사항을 항시 듣고 그에 맞춘 준비를 한다.

전 세계로 열린 학교

파리 페랑디의 특성에서 잘 드러나듯, 이 학교는 문화적으로 볼 때 프랑스 미식 학파 중 거대한 전통파에 소속되었다고 볼 수 있다. 마치 어느 화가가 이탈리아 학파나 플랑드르 학파에 속한 것과 마찬가지이다. 하지만, 전통에 그 기초를 두었다 해서, 옛 것만을 고집하며 정체해 있는 것은 아니다. 학교는 계속 진화하고, 새로운 기술 및 식생활과 변화하는 식당 문화에 적응할 뿐 아니라, 전 세계의 음식 문화를 향해 문을 열어놓고 있다. 해외 셰프들이 정기적으로 방문해 지식을 전수하고 미식 전통을 공유하기도 한다. 물론 자국으로 돌아가 실력을 발휘하기 위하여, 요리 교육을 받으러 프랑스에 오는 셰프들도 있다.

창조를 향해 나가는 학교

물론 페랑디가 그 첫 번째 역할인 기초 지식(가스트로노미의 '법칙', 즉 요리의 기본 원칙)을 성실히 전달하기 위해 전력을 다하지만, 사실 궁극적인 교육 목표는 그 이상이다. 학생들이 기초 지식을 마스터하고 나면, 창작하고 숙고할 시간을 학습 과정으로 주고, 스스로 구체적인 요리 아이디어를 제안할 수 있는 환경을 제공해 그들의 말에 귀 기울인다.

그뿐 아니라, 셰프들과 경제학자, 역사학자, 아티스트, 심리학자 등 전문가 집단이 주축을 이룬 '요리 창의력 아틀리에(Atelier de créativité culinaire)'를 통하여 창의력과 관련된 다양한 연구 주제를 함께 다루고 있다. 이런 작업을 매년 발간되는 잡지 『오픈 테이블(Table Ouverte)』로 공유하며 이 분야에 관한 교육적 실험도 더욱 활발히 하고 있다.

맞춤형 시설

페랑디는 파리 시내에 있다. 봉 마르셰(Bon Marché) 백화점에서 아주 가깝고, 몽파르나스(Montparnasse)와 생제르맹 데프레(Saint-Germain-des-Près) 사이 25,000m^{2}의 부지에 자리하여, 요리 학교라는 특징과 교육기관이라는 기능을 완벽히 충족시키기에 적합한 환경이다. 이론 수업이 진행되는 강의실 이외에도 요리·제과·케이터링·제빵 실습실 25개, 일반인들에게 공개된 실습용 레스토랑 2개, 와인 과정을 배우는 랩, 대강당, 또 업계 뉴스나 정보가 실리는 잡지 및 참고 서적 등을 갖춘 자료실이 있다.

실습용 레스토랑

"실습 없는 이론은 아무 소용없다."라는 철학에 맞게, 페랑디는 실습용 레스토랑을 두어 미래의 전문가들이 실제 상황에서 업무를 수행해 볼 수 있도록 한다.

'르 프르미에(Le Premier)'는 CAP, BAC pro, BTS(고등기술 자격증) 과정의 학생들을 위한 식당으로 일반 레스토랑과 같은 형태이다.

'르 뱅트위트(Le 28)'는 학교 건물의 4층에 위치한 식당으로, 좀 더 섬세한 파인 다이닝을 추구하며, 홀과 주방에서 Bachelor 과정 학생들이 실습한다. 식당에서 제공되는 음식과 서비스의 질을 통해 미래의 전문가들의 재능을 엿볼 수 있는데, 이들은 미슐랭 스타 레스토랑과 견주어도 손색이 없을 만큼 창조적인 요리들을 선보인다.

파트너십

더 나은 교육을 수행하고, 학생들에게 좀 더 열린 환경과 많은 기회를 제공하기 위해 페랑디 파리는 여러 유수 기관과 교육적으로 연대해, 업계와 관련된 문화 소양을 전반적으로 높이는 데 주력하고 있다. 그런 차원에서, 투르(Tours)의 프랑수아 라블레 대학(Université François Rabelais)은 미식학의 역사, 제품 및 산물, 식탁 매너 및 맛의 사회학 등의 교육을 담당하고 있다. 한편, 미식 디자인 분야는 렝스(Reims) 디자인 아트 인스티튜트가 맡고 있고, 창의력 파트는 프랑스 패션 인스티튜트에서 도움을 주고 있으며, 기업 경영 분야는 HEC Paris(Hautes Etudes Commerciales: 프랑스 최고의 경영학 그랑제콜)와 협력하고 있다. 그리고 제일 중요한 것은 실습이라는 신념 하에 페랑디는 특별히 이미지 스쿨인 고블랭(GOBELINS, 저명한 사진 영화 비디오 아트 스쿨)과 파트너십을 체결하여 요리 사진 워크숍을 개최하는 등 요리사와 사진작가 들이 함께 참여할 수 있는 기회를 제공하기도 한다.

학생들이 직업의 세계에 활발히 참여할 수 있도록 페랑디는 다음과 같은 주요 전문가 모임들과도 긴밀한 파트너십을 유지하고 있다. 프랑스 요리 명인 협회(Maîtres cuisiniers de France), 프랑스 요리 아카데미(Académie culinaire de France), 프랑스 명장 MOF 연합(Société des meilleurs ouvriers de France), 레스토랑 경영자 클럽(Club des directeurs de la restauration et de l'exploitation), 프랑스 요리사 연합(Association des cuisiniers de la république), 국립 요리 아카데미(Académie nationale de cuisine), 유럽 요리사 협회인 유로 토크(Euro- Toques) 등이 대표적이다. 학생들은 학교 측의 주관 하에 이런 단체와 연계해 미식 관

련 이벤트를 정기적으로 갖고, 프랑스 요리 클럽 대표자들과의 오찬, 대통령 축사 오찬 등 각종 요리 관련 행사에 참여한다.

페랑디는 학생들에게 시민 정신뿐 아니라 관용과 너그러움의 가치를 심어주는 것을 중시하며, 단체 활동이나 자선 구호 활동을 통해서 이 정신을 강조하고 있다.

셰프의 산실

학생들의 다양한 도전을 위하여 페랑디는 업계의 주요 요리 경연 대회를 정기적으로 개최하고 있다. 이렇게 매년 80개의 요리 경연 대회가 진행되는데, 그 방식은 프랑스 명장 MOF(Meilleur ouvrier de France) 선발 대회와 비슷하다.

자문 위원회

전 세계에서 미슐랭 가이드의 별점을 가장 많이 받은 셰프 조엘 로뷔숑(Joël Robuchon)이 회장인 교내 자문 위원회(Conseil d'orientation)는 커리큘럼의 질과 학교 운영에 관여한다. 파티시에, 요리사, 제빵사 및 미식 관련 인사 28명이 모여 관련 업계의 기술과 예술 측면의 변화와 발전에 관해 토론하고 분석하며 의견을 나눈다. 이 최상급 전문가 모임은 학교 소속의 단체로서는 유일하며, 페랑디를 최고 학습의 장으로 만드는 데 큰 기여를 하고 있다.

기관 위원회

다시 말해 학교의 행정위원회를 말한다. 조르주 넥투(Georges Nectoux)가 회장이고 파리 상공회의소가 선출한 일 드 프랑스 소재 기업 대표 26명이 회원으로서, 이사장단과 협의하여 페랑디의 미래를 계획한다.

페랑디에서의 하루

맨 첫 번째 학생들이 아침 일찍 학교에 도착한다. 이제 겨우 새벽 6시. 제빵, 제과사는 벌써 작업을 시작한다. 학교의 다양성은 첫 번째 문을 넘어서자마자 한눈에 들어온다. 그날 아침엔 빵집을 개업하려는 이직 희망자들이 빵을 만들며 교육을 받고 있었다. 리포트가 통과되기 위해서는 지원자의 프로젝트가 전문적으로 세밀하게 분석되어 있어야 하고, 지원 동기가 가장 중요한 요소이며, 전문가로서의 목표 의식이 뚜렷해야 성공을 보장할 수 있다. 학교에서는 시험 통과율을 발표하는데, 그 결과가 놀랍다. 전체 지원자의 97%가 시험을 통과했고, 그중 93%는 6개월 이내에 직업을 찾았다. 맨 처음 등교한 학생들이 빵을 만드는 옆방에는 좀 더 앳돼 보이는 학생들이 있다. 아직 따뜻한 비에누아즈리(viennoiserie: 페이스트리 빵 종류)를 앞에 둔 채 모여 있다. 제빵 부문 CAP Connexe(직업 자격증 심화과정)을 수강하는 학생들이다. 이미 CAP나 BAC Pro 요리 자격증을 취득한 학생들로, 좀 더 학습하거나, 스펙을 더 보강하기 위하여 수업을 들으러 왔다. 관건은 '견습(apprentissage 아프랑티사주)'이고, 연습은 곧 실제 상황이다. 여기서 만들어진 대부분은 교내의 실습용 레스토랑에서 주문을 받아 만드는 빵이고, 나머지는 본인들이 먹거나 학생들에게 판매되기도 한다.

좀 더 멀리 정원 쪽에는 또 다른 학생들이 보이는데, 각기 다른 언어권 출신인 캐나다, 쿠웨이트, 타이완 학생들이 어려움 없이 대화를 나눈다. 영어권 학생을 대상으로 한 프랑스 파티스리의 기초 강의가 영어로 이루어지고 있다.

이 외국 학생들은 앞으로 파티스리 주방이나 레스토랑에서 핵심적인 일자리를 얻거나 더 나아가 매장을 개업하기 위하여, 5개월 동안 프랑스 파티스리의 기초와 테크닉, 그 기본 정신을 배우고 있다. 물론 여기 등록한 사람 대부분은 귀국하면 '메이드 인 프랑스'의 파티스리를 배워왔다는 인정을 받고 정착하거나 일하기를 희망한다. 하지만 그들에게는 이 학교의 세계적인 명성과 위상뿐 아니라, 오랜 기간의 스타주 과정도 매력적인 요소로 작용한다. 긴 실습 과정을 거침으로써 그들의 지식을 심화하고 증대시킬 수 있으며, 프랑스 업체에 채용되는 기회도 얻을 수 있기 때문이다. 영어로 진행되는 요리 수업 과정에서도 사정은 비슷하다.

바로 옆 주방에는 손님들이 계속 방문하고 있다. 전문 요리사를 위한 3일짜리 평생교육 실습이 준비되어 있던 것이다. 주제는 '비스트로노믹(bistronomique: bistrot와 gastronomique의 합성어로 둘의 장점을 결합하여 좀 더 합리적인 가격대와 캐주얼한 분위기에서 즐기는 파인 다이닝을 뜻한다)' 요리다. 건너편 건물에서는 젊은 파티스리 견습생들이 초콜릿 작업을 하고 있다. 정원을 몇 걸음 가로질러 문을 밀고 들어가 가파른 계단을 올라가면 이론 수업이 진행되는 교실이 바로 나타난다. 그리고 또 다른 요리 실습실에서는 호주, 영국인 학생들이 오전 나절이 끝나가는 이 시간, 영어권 교수의 예리하면서도 호의적인 감독 하에 연어 요리를 준비하고 있다.

점심 휴식 시간은 식당 '르 프르미에'에서 보낸다. 손님들은 자리에 앉아 의욕에 찬 미소를 띤 젊은 학생들의 서빙을 기다리고 있다. 교수진은 홀에서 실습하는 학생들을 세심하게 관찰하며 그들의 발전에 필요한 교육과 조언을 아끼지 않기에 학생들은 또 한 단계 발전해간다. 마찬가지로 주방에서도 학생이 요리하고 교수가 지도 감독하는 것이 보인다. 교수들은 요리의 익힘 정도뿐 아니라 플레이팅에 관해서도 조언한다. 요리는 이미 프로 수준으로 잘 만들어져 있다.

오후 끝 무렵, 4층에서는 Bachelor 과정 학생들이 한 유명 파티시에가 진행하는 '마스터 클래스'에 참가하고 있다. 또 다른 이들은 레스토랑 '르 벵트위트'에 나갈 저녁 서비스를 준비하고 있다. 마지막 밑 준비(mise en place: 미장플라스)를 마치면, 그 주간의 담당 '셰프' 학생과 교수진이 검토한다. 시간이 흐를수록, 고객들은 합리적인 가격에 수준 높은 파인 다이닝을 즐겨 행복해하는 모습이다. 학생들에게 이 과정은 식사 서비스 중 치러지는 시험의 일부분으로 점수가 매겨진다.

밤 11시, Bachelor 학생들의 실습 식당인 '르 벵트위트'는 한바탕 정신없이 돌아가던 서비스 타임을 마쳤다. 학교는 조용하다. 마지막 손님들이 홀을 떠나면, 전쟁터 같이 정신없던 주방의 흔적은 사라진다. 레스토랑 매니저 학생들이 피곤한 기색이어도 미소 짓는 것을 보니 오늘 서비스는 잘 끝난 듯하다. 오늘 서비스에 대해 교수진과 의견을 나누고 서로 느낀 점을 이야기하고 분석하면 돌아갈 시간이 된다. 내일은 또 다른 하루가 기다리고 있기 때문이다. 이 리듬은 곧 그들의 일상이 될 것이다.

책

여러분은 이제 프랑스 요리 학교 페랑디에 대해 좀 더 잘 알게 되었을 것이다. 이 책을 읽으면 누구나 '참고 기준'으로 삼는 한 기관의 교육적 실습을 이해하게 될 것이다. Bachelor 프로그램에 편성되어 있는 교수법에 기초해 여기 제시한 레시피들은 페랑디의 학생들이 교육 기간 중 배워 발전해가는 것과 마찬가지로, 여러분의 실력을 한 단계 올려줄 것이다. 개개인의 전문성이나 경험에 따라, 자신의 능력에 가장 적합하다고 생각되는 수준에서 만족하게 될 것이다. 레벨 1은 초보자 중심, 레벨 2는 요리에 자신이 있는 층을 위한 것이다. 특히 레벨 3은 유명 셰프, 페랑디 졸업생, 자문위원회 회원 및 객원교수 들이 선별한 시그니처 레시피들로, 수준 높은 요리법을 마스터한 이들을 위한 고급 과정이다. 레벨 수준에 상관없이 확실한 것 한 가지는, 의지와 재미 그리고 '어렵고 복잡해' 보이는 레시피를 시도하겠다는 도전 정신이 이끄는 대로 따라 나가면 된다는 점이다. 유명 셰프의 복잡한 레시피라 할지라도, 도전해 만들어 나가다 보면, 완성된 창작품을 맛보게 될 것이다.

요리와 테크닉

물론 요리는 열정과 사랑이 있어야 하지만, 어느 정도는 기술의 문제이기도 하다. 토마토 껍질을 벗기거나, 브뤼누아즈(brunoise: 아주 작은 큐브 모양)나 미르푸아(mirepoix: 큐브 모양)로 썰기, 생선 가시 제거하기, 생선 필레 뜨기, 닭 손질하기, 토끼 토막 내어 자르기, 당근 돌려깎기 혹은 시트러스 과일류의 껍질을 칼로 벗기기 등 기초가 되는 요리 기법들은 주요 설명이 달린 단계별 과정에서 하나하나 배울 수 있을 것이며 이 연습을 시작하는 것

이 완전한 숙련에 이르는 초석이 된다. 기법을 자세히 보여주는 사진을 참고하면 진도가 더 빨라질 것이다. 이것이 토대가 된다면, 실습 면에서 이해력 증진뿐 아니라, 각자의 레시피를 성공적으로 완성하는 장점으로 발전시킬 수 있을 것이다.

라운드 테이블, 종합적 정보

이 책의 각 챕터는 여러 가지 조언, 재료 선별에 도움을 주는 정보, 재료 보관 및 저장 방법, 그것을 사용하는 요령, 계절의 적합성 등을 설명하는 각 분야 전문가들의 종합적 설명으로 시작된다. 이 내용들은, 지식과 기술의 일부를 여러분에게 알리고 공유하기 원하는 교수진들과 만나 토론한 결과의 요약 판이다. 여기서 요리 재료를 올바르게 선택하고 보관하는 데 필요한 유용한 정보뿐 아니라 그 재료들을 가장 잘 다룰 수 있는 조언과 요령을 얻게 될 것이다.

에스프리

'좋은 재료가 없다면 좋은 요리는 없다'는 말을 페랑디 교수진은 늘 반복한다. 제철에 나는 재료를 사용해야 한다는 점도 강조한다. 육류, 생선, 해산물과 갑각류, 과일과 채소 이 모두 제철 한가운데에서라야 각기 제일 좋은 본연의 맛을 내니 절대적으로 계절성을 지켜야 한다. 이 책 마지막 부분에 계절별 레시피를 제시해 놓았다. 요리를 맛있게 만들어 행복하게 즐기려면, 그 재료가 한창인 적당한 때가 오기를 기다리면 된다.

FERRANDI
L'ÉCOLE FRANÇAISE DE GASTRONOMIE
PARIS

육수, 육즙 소스, 글레이즈, 소스

LES FONDS, JUS, GLACIS ET SAUCES

개요 P. 18

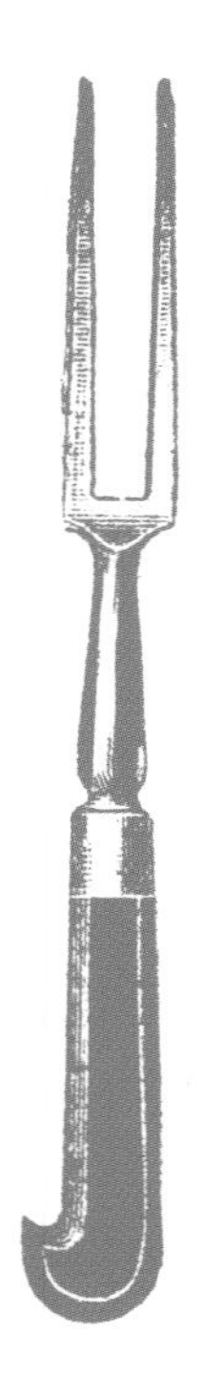

육수

LES FONDS

테크닉 P. 21

육즙 소스, 농축액, 글레이즈

LES JUS, ESSENCES ET GLACIS

테크닉 P. 47

소스

LES SAUCES

테크닉 P. 69

육수(FONDS): 육류나 해산물, 채소 등을 끓여 우려낸 육수의 총칭
육즙 소스(JUS): 고기의 육수를 졸여 깊은 맛이 나게 한 소스
농축액(ESSENCES): 재료의 농축 진액
글레이즈(GLACIS): 윤기 나게 졸인 농축즙

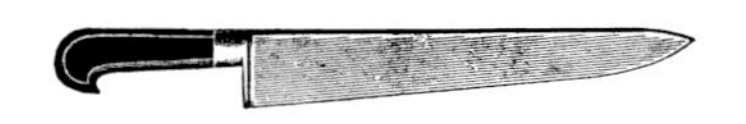

소스

Les sauces

페랑디 파리의 셰프들에 따르면, 소스야말로 프랑스 요리의 영혼을 결정짓는 요소다. 이 복잡한 분야가 제대로 마스터되면 비로소 완전히 다른 차원의 음식을 맛볼 수 있게 된다.

정의

소스는 일반적으로 각종 재료를 혼합해 만든 차갑거나 더운 액체로 된 복합적 물질을 말한다. 차가운 소스류는 머스터드를 넣지 않고 만든 비네그레트와 같이 불안정한 에멀전 소스와, 머스터드(소스가 분리되지 않도록 도와주는 안정제 역할)를 첨가해 만든 비네그레트나 마요네즈 같은 안정적 에멀전 소스로 구분할 수 있다. 뵈르 블랑(beurre blanc), 홀랜다이즈(hollandaise) 소스, 베아르네즈(béarnaise) 소스는 더운 에멀전 소스에 속한다.

더운 소스

더운 소스는 다음과 같이 두 종류로 분류할 수 있다.

화이트 소스: 흰색 육수(fond blanc)를 베이스로 한다.

브라운 소스: 재료의 기본 영양소를 캐러멜화해 얻은 갈색 육수(fond brun)를 베이스로 한다.

또한 우리가 모체 소스(sauces mères)라고 지칭하는 소스는 여러 가지 다른 소스의 베이스로 사용되는 것을 말한다. 화이트 소스로는 베샤멜(Béchamel: 루(roux)를 베이스로 한다)이나 블루테(Velouté: 리에종한 육수를 베이스로 한다) 등이 있고, 브라운 소스로는 에스파뇰(espagnole), 데미 글라스(demi-glace)나 토마토 소스 등이 있다.

소스는 졸여서 농축시킬 수도 있고, 루 또는 생과일이나 채소(신선 채소, 건조 채소 모두 가능)의 퓌레, 달걀노른자, 피, 해산물의 내장 등 농후제(리에종을 도와주는 재료)를 첨가해 농도를 조절할 수 있다.

- 모체 소스와 주요 파생 소스 -

화이트 소스	
흰색 송아지 육수 베이스(fond blanc de veau: 퐁 블랑 드 보)	소스 풀레트, 알르망드, 빌라주아즈(Sauces poulette, allemande, villageoise)
흰색 닭 육수 베이스(fond blanc de volaille: 퐁 블랑 드 볼라이)	소스 이브와르, 쉬프렘, 오로르(Sauces ivoire, suprême, aurore)
생선 육수 베이스(fumet de poisson: 퓌메 드 푸아송)	소스 브르톤느, 크르베트, 노르망드(Sauces bretonne, crevette, normande)
우유 베이스	소스 베샤멜, 수비즈, 모르네(Sauces Béchamel, Soubise, Mornay)

브라운 소스	
갈색 송아지 육수 베이스(fond brun de veau: 퐁 브룅 드 보)	소스 마데르, 베르시, 샤퀴티에르(Sauce madère, Bercy, charcutière)
갈색 닭 육수 베이스(fond brun de volille: 퐁 브룅 드 볼라이)	소스 샤쇠르, 비가라드, 루아네즈(Sauce chasseur, bigarade, rouennaise)
갈색 수렵육 육수 베이스(fond brun de gibier: 퐁 브룅 드 쥐비에)	소스 그랑 브뇌르, 푸아브라드, 시베(Sauce grand veneur, poivrade, civet)

셰프의 조언

홀랜다이즈 소스를 안정화시켜, 분리되지 않게 하려면 약간의 물 또는
크림을 추가하거나, 버터를 정제하지 않고 그냥 사용한다.
이 경우 버터의 유당(le petit-lait)이 스태빌라이저(stabilizer: 안정제)
역할을 해준다. '식물성' 홀랜다이즈 소스를 만들려면
일반 버터 대신, 카카오 버터를 사용한다.
최고의 맛을 내는 베샤멜 소스를 만들려면,
정향 2~3개를 꽂은 양파 1개와 당근을 넣고 100℃ 오븐에서
1시간 익힌다.

실패하지 않는 마요네즈

어떠한 경우에도 실패하지 않고 성공적으로 마요네즈를 만들려면, 차가운 온도에서도 굳지 않는 성질을 가진 카놀라유나 포도씨유 같은 단순, 혹은 복합 불포화지방유를 사용한다. 마요네즈는 다른 외부 첨가물을 넣지 않은 상태에서 랩으로 밀봉하여 냉장고에 3~4일 동안 문제없이 보관할 수 있다.

좀 더 가벼운 마요네즈를 만들려면, 달걀 전체를 사용하거나, 거품 올린 흰자를 섞어준다. 이 경우 좀 더 가볍고 부드러운 소스를 만들 수 있는 반면, 보존 기간은 더 짧아진다. 달걀흰자만을 사용해 마요네즈를 만들 때는 자동 믹서기 볼에 모든 재료를 넣고 섞어준다.

아이올리(aïoli)

아이올리를 만들기 위해서는 크림화된 달걀노른자(달걀을 7~8분가량 익힘), 감자의 펄프(익혀서 으깬 살), 그리고 반 갈라 속의 싹을 제거한 후 끓는 물에 5번 데쳐 으깬 마늘을 준비한다. 모든 재료를 잘 섞고, 반은 올리브오일을, 나머지는 입안에서 향을 중화시켜 부드럽게 해줄, 강한 향이 없는 중성 기름을 넣어가며 거품기로 휘저어 섞어준다.

리에종(liaison: 소스의 농도를 걸쭉하게 만들기)

루를 사용하여 소스에 농도를 주는 것이 가장 일반적인 조리법인데, 관건은 그 비율과 익힘의 정도를 얼마만큼 정확히 조절하느냐에 달려 있다.

셰프의 조언

케이크 굽는 냄새가 나고, 표면에 작은 기포가 생기면
루(roux)가 다 익은 것이다.

액체 1리터 기준, 루의 분량

80g : 묽은 루(버터 40g, 밀가루 40g)
120g : 그라탱용 소스
150g : 나팡트(nappante)* 농도의 소스
200g : 가니쉬로 사용될 걸쭉한 농도의 소스
300g : 짭짤한 맛 수플레(soufflé salé)의 베이스용('colle : 풀'이라고도 부른다.)

수플레(soufflé)

걸쭉한 수플레 베이스를 만들어 따뜻할 때 달걀노른자를 잘 섞고, 식으면 거품 올린 흰자와 혼합한다. 그 다음 원하는 향이나 부재료를 추가한다.

브라운 소스를 성공적으로 만드는 기준

가장 중요한 건 베이스가 되는 육수다. 그렇기 때문에 기본 육수의 양에 알맞은 비율의 향신 재료를 정확히 넣고, 캐러멜라이즈할 때도 불 조절에 신경 쓰며 세심히 살펴야 만족할 만한 풍미를 얻을 수 있다. 특히, 불을 너무 세게 해서 떫거나 자극적인 맛이 나지 않도록 조심해야 한다.
소스의 산미 또한 중요한데 이는 와인, 식초나 양념으로부터 나온다.
농도는 숟가락으로 떴을 때 숟가락 뒤쪽에 흐르지 않고 묻는 정도가 적당하고, 색깔은 윤기가 나야 한다. 소스에 윤기를 주기 위해서는 '미루아 드 뱅(miroir de vin: 레드 와인에 설탕을 넣고 졸인 것)'이나 '비트 글레이즈(glacis de betterave: p.60. 테크닉 참조)'를 넣어준다.
모든 향미가 조화롭게 어우러져 균형을 이루는 것 또한 중요한데, 이를 위해서는 소금과 후추의 간이 가장 완벽하게 되도록 마지막에 조절해 맞추는 것을 권장한다.

*sauce nappante: 약간 되직한 소스로, 숟가락 등을 덮고 흘러내리지 않을 정도의 농도.

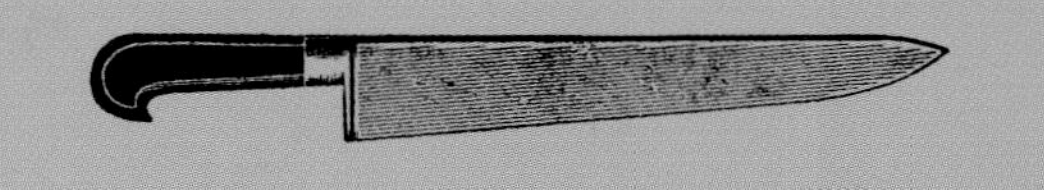

육수(스톡)
LES FONDS

테크닉

– 테크닉 –

Demi-glace de veau
송아지 데미 글라스

데미 글라스 500ml

재료

맑은 송아지 육수 5리터

(p.38 테크닉 참조)

도구

거름용 면포 또는 고운 원뿔체

각기 다른 크기의 소스팬 2개

• 1 •

맑은 송아지 육수의 기름을 제거한다.

• 3 •

계속해서 불순물을 제거해주고, 졸아서 양이 줄어들면 소스팬을 작은 것으로 바꾼다.

• 2 •

물에 적신 주방용 브러쉬로 소스팬의 안쪽 벽을 잘 닦아주며 약한 불로 졸인다.

- 포커스 -

데미 글라스는 스터핑*이나 소스 등의 맛을 더욱 풍부하게 해준다. 또한 디아블 소스(sauce Diable)나 페리괴 소스(sauce Périgueux)와 같은 클래식 소스의 베이스가 되기도 한다.

* stuffing : 스터핑은 우리말로 '충전'이라고 하며 달걀, 닭고기, 생선, 채소, 버섯 등의 내부에 채워넣는 소를 말한다.

• 4 •

망에 면포를 얹고(또는 고운 원뿔체로) 소스를 걸러준다.

• 5 •

걸쭉한 농도(나팡트)*가 된 데미 글라스 소스를 꾹 짜서 추출해 낸다.

* nappante: 스푼 뒤에 흐르지 않고 묻을 정도의 걸쭉한 농도를 말함.

– 테크닉 –

Fond blanc de volaille

흰색 닭 육수

닭 육수(치킨 스톡) 750ml

재료

닭의 자투리(간 제외), 몸통 뼈 500g
또는 육수 내는 용도의 닭
찬물 750ml
굵은 소금 / 통후추 / 정향(클로브)
당근 50g / 양파 50g
리크(서양 대파) 흰 부분 10g
샐러리 40g
부케가르니* ½개

도구

고운 원뿔체
높지 않은 큰 냄비

– 포커스 –

닭 날개 대신 송아지 뼈, 기름기 없는 고기 자투리,
정강이 뼈, 뒷다리 또는 송아지 족 등을 사용해
같은 방법으로 끓이면
흰색 송아지 육수를 만들 수 있다.

* bouquet garni : 육수나 소스에 향을 내기 위해 타임, 월계수잎, 파슬리, 로즈마리 등의 허브와 대파, 샐러리 등의 향신 채소를 실로 묶어서 끓일 때 넣어 향이 우러나오면 꺼내며, 요리에 따라 사용하는 채소와 향신료의 배합이 다르다.

• 1 •

모든 재료를 작업대에 준비한다.

• 4 •

부케가르니와 향신 재료를 넣은 후 뚜껑을 덮지 말고 약한 불로 35~40분 끓인다. 계속 거품을 건져준다.

• 2 •

닭의 자투리와 뼈를 반으로 토막 내어 냄비에 담고, 찬물을 부어 끓인다.

• 3 •

맑은 육수를 얻기 위해서는 거품을 계속 건져낸다.

• 5 •

면포를 씌운 망이나 고운 원뿔체에 걸러준다.

• 6 •

맑은 닭 육수가 완성된 모습.

– 테크닉 –

Fumet de poisson
생선 육수

육수 500ml

재료

지방이 적은 생선의 뼈와 자투리 부분 300g(넙치, 가자미류, 대구, 달고기 등)
버터 20g / 화이트 와인(또는 레드 와인이나 노일리 프랫(Noilly Prat)) 50ml
통후추 / 샬롯 15g / 셀러리 40g
리크(서양 대파) 흰 부분 40g / 양파 40g
버섯 자투리(선택 사항)
부케가르니 ½개 / 찬물 500ml

도구

고운 원뿔체
중간 크기 냄비

• 1 •

모든 재료를 작업대에 준비한다.

• 4 •

화이트 와인으로 디글레이즈*한다.

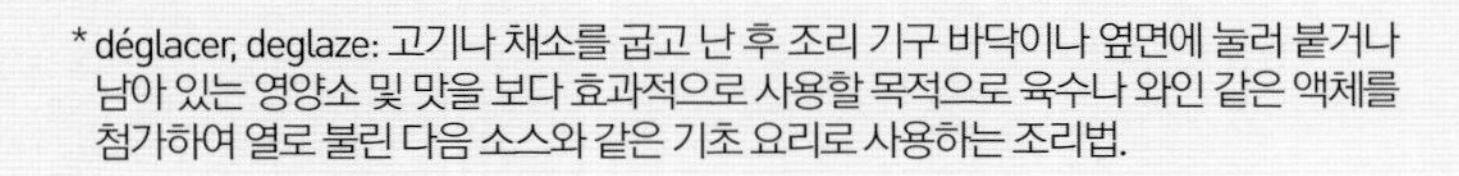

* déglacer, deglaze: 고기나 채소를 굽고 난 후 조리 기구 바닥이나 옆면에 눌러 붙거나 남아 있는 영양소 및 맛을 보다 효과적으로 사용할 목적으로 육수나 와인 같은 액체를 첨가하여 열로 불린 다음 소스와 같은 기초 요리로 사용하는 조리법.

• 5 •

재료가 잠길 정도로 찬물을 붓고, 약한 불로 35~40분 정도 끓인다.

• 2 •

냄비에 버터를 녹여 거품이 일면, 생선의 자투리 살과 생선뼈를 넣어 볶는다.

• 3 •

향신 재료들을 넣어 함께 볶는다.

• 6 •

끓는 동안 계속 거품을 건진다.

• 7 •

면포를 씌운 고운 원뿔체에 맑은 생선 육수를 걸러낸다.

– 테크닉 –

Fumet de crustacés
갑각류 육수

육수 1리터

재료

랑구스틴 1kg / 샬롯 100g
양파 50g / 당근 50g / 셀러리 50g
부케가르니* 1개 / 찬물 1리터
화이트 와인 100ml
Noilly Prat (프랑스산 vermouth의 브랜드 명)
통후추

도구

국자
거름망

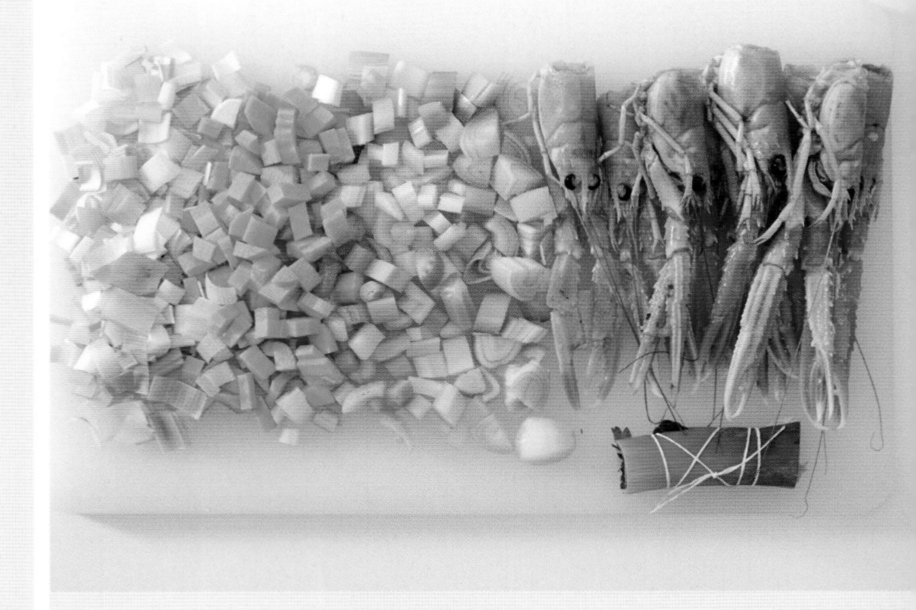

• 1 •

모든 재료를 작업대에 준비한다.

• 4 •

화이트 와인을 넣는다.

• 5 •

재료가 잠길 정도로 찬물을 붓고, 약한 불로 35~40분 끓인다.

• 2 •

랑구스틴의 머리를 냄비에 넣는다.

• 3 •

부케가르니와 향신 재료를 넣는다.

• 6 •

고운 원뿔체에 걸러준다.

• 7 •

국자로 건더기를 꾹꾹 눌러서 최대한 많이 육수를 짜낸다.

– 테크닉 –

Marmite(bouillon) de boeuf

소고기 육수

소고기 육수(비프 스톡) 4리터

재료

소꼬리 1kg / 부채살 1kg
사골 500g / 도가니 500g
정향 박은 양파 2개
정향 3개
리크(서양 대파) 2줄기
샐러리 2줄기 / 당근 500 g
부케가르니 1개
마늘 2톨
통후추 10g
물 5리터
회색 굵은 소금 50g

도구

고운 원뿔체
곰솥

• 1 •

모든 재료를 작업대에 준비한다.

• 4 •

얼음물에 뼈와 고기를 헹궈준다.

• 7 •

재료가 잠길 정도로 찬물을 붓고 3~4시간 동안 거품을 꼼꼼히 건져가며 끓인다.

• 8 •

고기를 건진다(건진 고기는 다른 요리에 사용할 수 있다).

• 2 •

곰솥 안에 소꼬리, 부채살 덩어리, 도가니와 사골을 모두 넣고, 찬물을 부어 끓인다.

• 3 •

표면에 뜨는 거품과 불순물을 제거한다.

• 5 •

깨끗한 곰솥에 다시 고기와 뼈를 넣는다.

• 6 •

향신 재료를 모두 넣는다.

• 9 •

면포를 씌운 망에 육수를 걸러준다.

• 10 •

소고기 육수가 완성된 모습.

– 테크닉 –

Bouillon de légumes
채소 육수

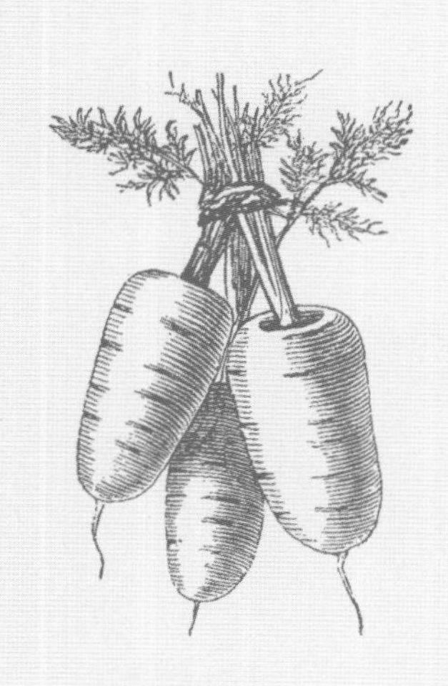

채소 육수 3리터

재료

샬롯 100g
양파 2개
샐러리악 100g
버섯 100g / 펜넬 1개
리크(서양 대파) 50g
당근 50g / 토마토 50g
샐러리 25g
샐러리의 연한 잎 25g
파슬리 줄기 25g
고수 잎 25g
굵게 부순 통후추 10g
소금 2g
물 4리터

도구

거름용 면포
또는
고운 원뿔체

• 1 •

모든 재료를 작업대에 준비한다.

• 3 •

간을 맞추고, 45분간 끓인다.

• 2 •

준비한 모든 재료를 곰솥에 넣고, 찬물을 붓는다.

• 4 •

면포를 씌운 원뿔체에 육수를 걸러준다.

– 포커스 –

채소 육수는 요리 전문 용어로
'채소 익힘 국물(mouillement végétal)'이라 지칭한다.
즉, 물을 대신해서 음식을 익히는 데
사용하는 향신 국물이다.
이 육수를 채소 글레이즈(légumes glacés: 채소를 반짝반짝
윤기 나게 익힘)할 때 물 대신 사용하면
더 깊은 맛을 낼 수 있다.

- 테크닉 -

Bouillon de coquillages

조개 육수

조개 육수 500ml

재료

홍합 500g / 꼬막 500g

샬롯 50g / 파슬리 줄기 50g

드라이 화이트 와인 200ml

마늘 1톨 / 부케가르니 1개

도구

거름용 면포 또는 고운 원뿔체

뚜껑 있는 소테팬

• 1 •

모든 재료를 작업대에 준비한다(조개류는 미리 소금물에 담가 해감한다).

• 3 •

잘게 썬 샬롯과 다진 파슬리 줄기를 넣고, 타지 않게 서서히 수분이 나오도록 볶는다.

• 5 •

홍합과 꼬막을 넣는다.

• 6 •

뚜껑을 닫고 조개류가 전부 입을 벌릴 때까지 익힌다.

• 2 •

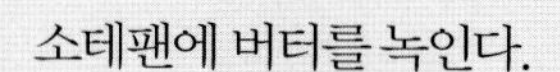

소테팬에 버터를 녹인다.

• 4 •

화이트 와인을 넣고 끓인다.

– 포커스 –

조개 육수는 생선 요리에 곁들이는 소스를 만드는 데
사용될 뿐 아니라, 해산물 리소토를 만들 때
육수로 사용하기에 가장 좋다.
단, 소금을 넣지 않아도 짠 맛이 있으니
간을 맞출 때 주의해야 하고,
육수에 넣은 와인의 산미가 너무 강해서도 안 된다.

• 7 •

큰 체에 받쳐 건진 조개류는 따로 보관하여 다른 요리에 사용한다.
거른 국물은 5분간 가만히 둔다.

• 8 •

밑에 가라앉은 불순물이 따라 나오지 않도록 조심하면서 고운 원뿔체에 걸러준다.

- 테크닉 -

Fond brun de veau lié
리에종한 갈색 송아지 육수

❀

육수 750ml

재료
송아지 뼈, 도가니, 넓적다리, 송아지 족, 기름기 적은 자투리 고기 500g
물 또는 흰색 송아지 육수 (p.24 참조) 750ml

향신 재료
당근 50g / 양파 50g
샐러리 50g / 마늘 1톨
부케가르니 ½개
토마토 페이스트 30g
밀가루 30g

도구
원뿔체

- 포커스 -

맑은 갈색 송아지 육수(fond brun de veau clair)는
갈색 송아지 육수(fond brun de veau)와 구분된다.
후자는 뼈와 향신 채소에 물을 붓기 전에
밀가루를 뿌려주는데,
이렇게 하면 졸면서 농도를 갖게 되기 때문이다.

• 1 •

모든 재료를 작업대에 준비한다.

• 4 •

토마토 페이스트를 넣고 밀가루를 골고루 뿌린 다음 다시 오븐에 넣어 밀가루를 로스팅한다(황금색이 날 때까지 굽는다).

• 7 •

디글레이즈한 액체를 건더기 냄비에 붓는다.

• 2 •

뜨거운 오븐(210℃)에 뼈들을 넣고 갈색이 나도록 굽는다. 향신 재료를 넣고 다시 오븐에 넣어 채소의 수분이 나오도록 굽는다.

• 3 •

미리 끓는 물에 데쳐 놓은 송아지 족을 넣는다.

• 5 •

건더기를 모두 건져 적당한 냄비에 옮겨 담는다.

• 6 •

오븐에 넣었던 로스팅팬에 눌어붙은 육즙에 물을 조금 넣고 디글레이즈한다.

• 8 •

모든 재료가 잠기도록 물을 붓고 끓으면 불을 줄인 다음, 3~4시간 거품과 불순물을 걷으며 약한 불로 끓인다.

• 9 •

육수를 원뿔체에 걸러준다.

- 테크닉 -

Fond brun de veau clair
맑은 갈색 송아지 육수

육수 750ml

재료

송아지 뼈, 도가니, 넓적다리, 기름기 적은 자투리 고기 500g
송아지 족 1개
당근 50g
양파 50g
샐러리 50g
토마토 페이스트 10g
마늘 1톨
부케가르니 1개
통후추 10g
정향 1개
물 또는 흰색 송아지 육수 750ml

도구

원뿔체
로스팅팬
큰 냄비

• 1 •

모든 재료를 작업대에 준비한다. 로스팅팬에 뼈를 넣고 210℃의 뜨거운 오븐에서 갈색이 나도록 굽는다.

• 3 •

미리 끓는 물에 데쳐놓은 송아지 족을 넣는다.

• 5 •

로스팅팬에 눌어붙은 육즙에 물을 조금 넣고 디글레이즈한다.

• 6 •

디글레이즈한 액체를 건더기 냄비에 붓는다.

• 2 •

향신 재료를 넣고 다시 오븐에 넣어, 채소의 수분이 나오도록 굽는다.

• 4 •

건더기를 모두 건져 적당한 냄비에 옮겨 담는다.

– 포커스 –

갈색 송아지 육수를 만드는 방법은
갈색 닭 육수를 만들 때도 적용된다.
송아지 뼈와 자투리 고기들을
닭 뼈와 날개 등으로 대치하면 된다.

• 7 •

모든 재료가 잠기도록 물을 붓고 끓으면 불을 줄인 다음, 3~4시간 거품과 불순물을 걷으며 약한 불로 익힌다.

• 8 •

육수를 원뿔체에 걸러준다.

– 테크닉 –

Fond brun de gibier
갈색 수렵육 육수

육수 3리터

재료

암사슴, 노루의 목살, 산토끼의 몸통뼈 2kg
샬롯 100g
양파 100g
샐러리 100g
적포도 100g
토마토 50g
당근 100g
세이지(sage)를 넣고 만든 부케가르니 1개
올리브오일 50g
타닌이 강한 레드 와인 2병
주니퍼 베리(진의 원료가 되는 노간주 나무 열매) 3알
마늘 20g
파슬리 줄기 50g
갈색 송아지 육수 2리터

도구

원뿔체

• 1 •

모든 재료를 작업대에 준비한다.

• 3 •

레드 와인을 붓는다.

• 2 •

팬에 재료들을 담는다.

• 4 •

부케가르니, 올리브오일, 레드 와인 식초를 넣고 24시간 동안 마리네이드 해둔다. 이 상태까지 마친 후 p.36의 테크닉을 참조한다. 단, 8번 과정에서 물 대신 마리네이드했던 국물을 부어 만든다.

- 포커스 -

갈색 수렵육 육수는
갈색 송아지 육수(p.36 참조)와
같은 방법으로 만들어진다.
단, 재료를 미리 마리네이드*해 놓는다.
고기와 향신 재료를 각각 따로 건져 낸 다음
오븐에 색이 나도록 로스팅하고
마리네이드했던 국물을 부어 끓인다.

* marinade : 고기나 생선을 조리하기 전에 맛을 들이거나 부드럽게 하기 위해 재워두는 과정, 혹은 그 액체를 말한다.

- 테크닉 -

Clarification du consommé de boeuf

맑은 소고기 육수 만들기

비프 콩소메 4리터

재료

소고기 육수 (p.30 참조) 4리터
지방이 적은 살코기 다짐 100g
달걀흰자 ½개 / 당근 25g
리크(서양 대파) 녹색 부분 25g
샐러리 1줄기 / 토마토 40g
토마토 페이스트 5g
처빌 (chervil) ½단
얼음물 / 가는 소금 / 통후추

• 1 •

모든 재료를 작업대에 준비한다.

• 4 •

재료를 잘 섞어준다.

• 5 •

차갑게 식혀 표면에 굳은 소고기 육수의 기름을 조심스럽게 제거한다.

• 2 •

달걀흰자와 다진 살코기를 혼합한다.

• 3 •

처빌과 통후추를 제외한 모든 향신 재료를 넣는다.

• 6 •

국물을 맑게 해줄 혼합물을 차가운 육수에 넣는다.

• 7 •

달걀흰자가 냄비 바닥에 눌러 붙지 않도록, 주걱으로 계속 저어 조심스럽게 섞어주며 약한 불로 가열한다.

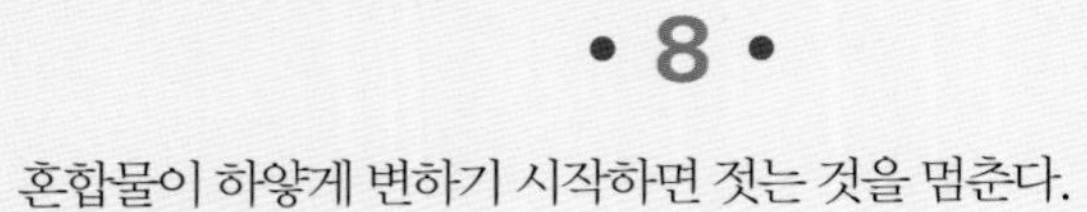

• 8 •

혼합물이 하얗게 변하기 시작하면 젓는 것을 멈춘다.

• 9 •

맨 처음 살짝 끓어오르기 시작하면, 위에 뜬 표면 가운데에 국자로 구멍을 만들어준다.

• 11 •

콩소메에 소금으로 간을 한다.

• 12 •

면포를 씌운 원뿔체에 처빌과 통후추 으깬 것을 넣는다.

• 10 •

가운데 구멍에서 국자로 국물을 떠, 표면 전체에 계속 부어주며 끓인다(약 30분).

- 포커스 -

맑은 국물 만드는 과정을 통해서 보기에도 깨끗하며, 모든 불순물이 제거된 맑은 콩소메를 얻을 수 있다. 이 콩소메에 몇 가지 채소를 브뤼누아즈*로 잘라 넣고, 채소로 만든 라비올리를 넣어주면 훌륭한 전채요리가 될 것이다.

• 13 •

냄비 표면에 굳어 떠 있는 혼합물 층을 건드리지 않고, 또 콩소메 국물을 휘젓지 않도록 주의하면서, 조심스럽게 국자로 국물을 떠 허브와 후추가 담긴 거름망에 천천히 부어 걸러준다.

• 14 •

맑은 콩소메가 완성된 모습.

* brunoise: 아주 작은 큐브 모양.

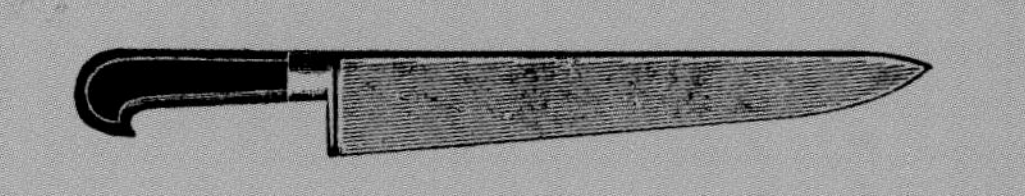

육즙 소스, 농축액, 글레이즈

LES JUS, ESSENCES ET GLACIS

테크닉

– 테크닉 –

Jus de volaille
가금류 육즙 소스

❀

육즙 소스 750ml

재료

닭날개 500g(닭고기 육즙 소스를 만들 경우)
혹은
오리 날개봉 500g(오리 육즙 소스를 만들 경우)
혹은
토끼 고기 500g(토끼 육즙 소스를 만들 경우)
샬롯 100g
양파 50g
당근 100g
부케가르니 1개
버터 100g
물 또는 흰색 닭 육수 (p.24 참조) 1리터
화이트 와인 100ml
통후추

도구

토치

• 1 •

토치로 그슬려 닭날개의 모근이나 남아 있는 잔 깃털을 제거한다.

• 4 •

닭날개를 냄비에 넣고 지져 색을 낸다.

• 7 •

화이트 와인을 붓는다.

• 2 •

모든 재료를 작업대에 준비한다.

• 3 •

주물 냄비에 버터를 녹인다.

• 5 •

향신 재료를 넣고 수분이 나오게 볶는다.

• 6 •

간을 한다.

• 8 •

재료가 잠길 정도로 닭 육수를 붓는다.

• 9 •

거품을 건져가며 20분 정도 끓인다.

– 테크닉 –

Jus de veau
송아지 육즙 소스

육즙 소스 750ml

재료

송아지 양지머리 또는 삼겹살 500g
샬롯 100g / 양파 50g
샐러리 50g / 당근 100g
부케가르니 1개 / 버터 100g
물 또는 갈색 송아지 육수 1리터
레드 와인 혹은 포트와인 (porto) 100ml / 통후추

도구

조리체 / 거름용 면포 또는 고운 원뿔체
주물 냄비 / 작은 소스팬

• 1 •

모든 재료를 작업대에 준비한다.

• 4 •

갈색으로 변한 버터에 송아지 고기를 잘 저으며 색이 나게 볶는다.

• 5 •

향신 재료를 넣고 볶아 색을 낸다.

• 2 •

냄비에 버터를 녹여 거품이 일기 시작하면 후추를 넣고 잠깐 볶아 준다.

• 3 •

송아지 양지 살을 넣는다.

• 6 •

물에 적신 브러시로 냄비 안쪽 벽을 잘 닦는다.

• 7 •

재료가 잠기도록 물을 붓고 최소 45분 이상 끓인다.

• 8 •

끓이는 동안 계속 거품을 건진다.

• 9 •

체에 거른다.

• 11 •

걸러낸 육즙 소스를 팬에 넣고 졸이면서 불순물을 제거해준다.

• 12 •

면포를 씌운 원뿔체에 부어 거른다.

• 10 •

체의 가장자리를 탁탁 쳐서 최대한 많은 육즙 소스를 걸러낸다.

- 포커스 -

양지머리는 일단 익으면
뼈를 발라내 잘게 부수어
아페리티프용 스낵의 소로 사용하거나
새콤한 양념을 곁들인 테린을 만들어도 좋다.

양고기 육즙 소스도 같은 방법으로 만들 수 있는데,
송아지 양지머리 대신 양의 뼈와
삼겹살 등을 사용하면 된다.

• 13 •

면포를 꾹 짜서 최대한 많은 육즙 소스를 추출한다.

• 14 •

송아지 육즙 소스가 완성된 모습.

– 테크닉 –

Jus de crustacés

갑각류 육즙 소스

육즙 소스 750ml

재료

바닷가재 몸통(가능하면 붉은 내장 포함) 또는
게 500g
샬롯 100g
양파 50g
샐러리 50g / 붉은 피망 50g
토마토 50g / 당근 100g
부케가르니 1개
토마토 페이스트 10g
올리브오일 50g
물 또는 갑각류 육수 (p.15 참조) 1리터
화이트 와인 100ml
에스플레트 칠리 가루 (Piment d'Espelette)

도구

원뿔체

• 1 •

냄비에 올리브오일을 넣고 달군다.

• 4 •

코냑을 넣어준다.

• 7 •

토마토 페이스트를 넣는다.

• 8 •

토마토와 부케가르니를 넣는다.

• 2 •

뜨거워지면 바닷가재의 몸통 껍데기와 꼬리, 집게발을 넣고 색이 변할 때까지 지진다.

• 3 •

향신 재료를 넣고 수분이 나오게 볶는다.

• 5 •

불을 붙여 플랑베(flamber: 와인이나 브랜디를 넣고 불을 붙여 알코올을 날려 보내 잡내는 없애고 음식에 향을 더해주는 조리법)한다.

• 6 •

화이트 와인을 부어 디글레이즈한다.

• 9 •

재료가 잠기도록 갑각류 육수(또는 물)를 붓고 뚜껑을 덮은 채로 7분가량 끓인다. 꼬리와 집게발을 꺼낸 뒤 계속해서 20분 정도 더 끓여준다.

• 10 •

면포를 씌운 원뿔체에 걸러준다.

– 테크닉 –

Essence de champignons

버섯 농축액

농축액 100ml

재료

버섯 500g

(양송이, 포치니, 모렐, 표고, 지롤, 느타리, 뿔나팔버섯 등)

레몬즙(선택 사항) 1개분

물 / 소금

도구

조리체

원뿔체

뚜껑 있는 팬

• 1 •

여러 가지 버섯을 작업대에 준비한다.

• 4 •

지롤(girolle: 꾀고리버섯)을 깨끗이 닦고 다듬는다.

• 5 •

양송이버섯 껍질을 벗긴다.

• 2 •

포치니 버섯의 밑동을 잘라 다듬는다.

• 3 •

버섯을 물에 담그지 말고, 물에 적신 브러시로 살살 문질러 닦아준다.

• 6 •

버섯을 얇게 저며 자른다.

• 7 •

차가운 팬에 버섯을 모두 넣는다.

- 포커스 -

농축액의 양은 버섯의 신선도, 종류별 특성,
그리고 본래 함유하고 있는 수분의 양에 따라 달라진다.
그렇기 때문에 최적의 결과를 얻기 위해서는
아주 신선한 버섯을 선택해야 한다.
즙을 짜고 남은 버섯은 다져서
뒥셀(duxelles) 등의 소를 만들거나
아페리티프용 스낵 재료로
사용할 수 있다.

• 8 •

천천히 데워 버섯에서 수분이 나오도록 한다.

• 11 •

면포를 꼭 짜서 농축액을 추출한다. 버섯 건더기는 다른 용도로 사용할 수 있으므로 보관한다.

• 9 •

조리체에 걸러 국물 대부분을 받아 놓는다.

• 10 •

거른 버섯 건더기를 면포를 씌운 원뿔체에 넣어준다.

• 12 •

농축액를 깨끗한 면포에 한 번 더 거른다.

• 13 •

버섯 농축액이 완성된 모습.

– 테크닉 –

Glacis de betterave

비트 글레이즈

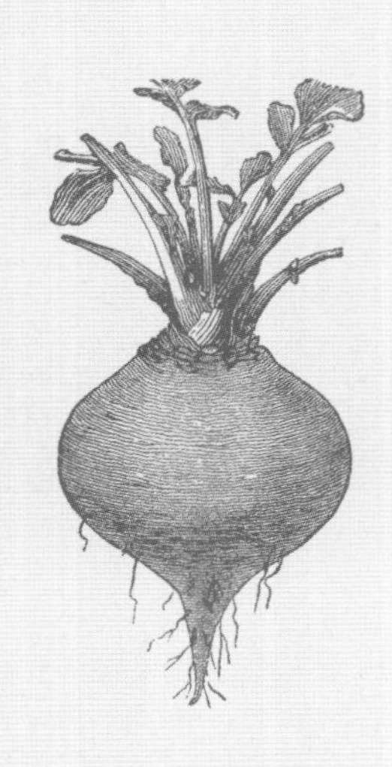

❀

글레이즈 100ml

재료

비트즙 1리터

도구

착즙 주서기

• 1 •

주서기로 착즙한 생 비트 주스를 팬에 붓고, 처음 양의 1/10이 될 때까지 약한 불로 졸인다.

• 3 •

진액의 농도는 스푼 뒤에 묻혀 손가락으로 긁었을 때 흐르지 않고 묻어 있는 상태가 되어야 한다.

• 2 •

졸인 비트 진액을 그릇에 옮겨 담는다.

– 포커스 –

글라시(Glacis)는 1/10로 졸인 진액 글레이즈를 말한다.
500ml의 즙을 졸이면 50ml의 글레이즈를 얻을 수 있다.
참고로 2.5kg의 비트로 약 500ml의
즙을 추출할 수 있다.

- 테크닉 -

Coagula végétal
식물 추출 클로로필

클로로필 50g

재료

파슬리 또는 시금치즙 500ml

도구

원뿔체

거름용 체

• 1 •

녹즙기(주서)로 추출한 허브나 채소의 즙을 팬에 붓고, 제일 약한 불로(온도가 80℃를 넘지 않는 것이 가장 좋다) 고형질과 액체가 분리될 때까지 가열한다. 모두 녹색을 유지해야 한다.

• 3 •

즙이 최대한 많이 빠지도록 잘 털고 놓아 둔다.

• 2 •

거름용 면포나 커피 필터용 종이에 조심스럽게 걸러준다.

• 4 •

클로로필 고형분만 사용한다.

– 포커스 –

식물 추출 클로로필은
파스타(탈리아텔레 또는 라비올리 반죽)의 색을 내거나,
닭 또는 생선살 다짐소(스터핑)를 만들 때 넣어
향을 더해준다.

- 테크닉 -

Court-bouillon de légumes
채소 쿠르부이용

쿠르부이용 2리터

재료

물 2리터 / 화이트 와인 200ml
식초 50ml
양파 100g / 당근 100g
샬롯 50g / 생강 25g
파슬리 줄기 50g / 월계수 잎 1장
타임 2줄기 / 타라곤 1줄기
통후추 5g
굵게 부순 통후추 5g
레몬 제스트 1개분

• 1 •

모든 재료를 작업대에 준비한다.

• 3 •

화이트 와인과 식초를 넣는다.

• 4 •

향신 재료를 넣는다.

• 2 •

큰 냄비에 분량의 물을 넣고 소금을 넣는다.

• 5 •

마지막으로 레몬 껍질의 제스트를 갈아 넣고 10분간 끓인다. 이 육수는 따뜻하게, 혹은 차갑게 사용할 수 있다.

– 포커스 –

쿠르부이용(court-bouillon)은 생선이나 조개류,
갑각류를 익히는 국물로 사용된다.
'아 라 나주(à la nage)' 방식으로 조리할 때는
언제나 차가운 육수를 사용한다.
이것은 익힐 재료를 먼저 찬 육수에 담그고,
서서히 열을 가함으로써,
급격한 열 쇼크로 주재료가 변형되거나
단단해지는 것을 막기 위한 조리법이다.

– 테크닉 –

Beurre clarifié
정제 버터

도구

거품 국자

• 1 •

작은 소스팬을 중탕으로 올리고, 그 안에 버터를 녹인다.

• 3 •

표면에 뜨는 카제인을 거품망 국자로 제거한다.

• 5 •

맑게 정제된 버터를 다른 그릇으로 옮긴다.

• 6 •

냄비 밑에 가라앉은 유당이 섞여 들어가지 않게 조심한다.

• 2 •

버터가 완전히 녹을 때까지 기다린다.

• 4 •

거품망 국자를 뜨거운 물에 헹궈준다.

- 포커스 -

버터를 정제하면 카제인과 분리됨으로써
조리 중에 타는 것을 방지할 수 있을 뿐 아니라,
버터의 보존성도 더 좋아진다.

• 7 •

정제 버터가 완성되었다.

• 8 •

정제 버터가 식어 굳은 모습.

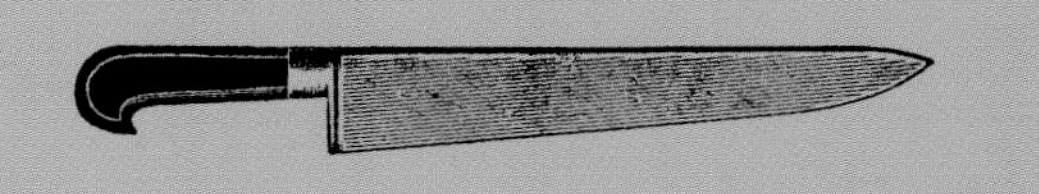

소스
LES SAUCES

테크닉

– 테크닉 –

Sauce Béchamel
베샤멜 소스

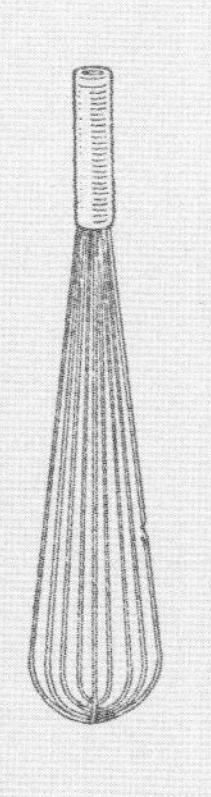

소스 500ml

재료

우유 500 ml / 부케가르니 1개
넛멕(육두구) / 버터 25g / 밀가루 25g
소금 / 후추

도구

소스용 거품기
고운 원뿔체
거름용 면포 / 소스팬 / 큰 냄비

• 1 •

모든 재료를 작업대에 준비한다.

• 4 •

체에 친 밀가루를 넣는다.

• 7 •

식힌 루(roux)에 우유의 반을 원뿔체에 거르며 부어준다.

• 8 •

약한 불 위에서 거품기로 잘 저어주며 골고루 잘 섞은 후, 나머지 우유를 넣어준다.

• 2 •

소스팬에 우유와 부케가르니를 넣고, 넛멕을 갈아 넣어준 다음 끓인다.

• 3 •

다른 냄비에 버터를 색이 나지 않도록 주의하며 녹인다.

• 5 •

화이트 루를 거품기로 잘 저어 섞으며 약한 불에 익힌다.

• 6 •

'벌집' 모양의 형태를 보이기 시작하면서 밀가루 익는 냄새가 약간 나면 불을 끈다.

• 9 •

잘 섞으면서 3~4분 정도 익힌다. 간을 맞춘다.

• 10 •

거름용 면포에 넣고 눌러 짜며 잘 걸러준다.

– 테크닉 –

Sauce tomate

토마토 소스

소스 500ml

재료

버터 30g
가염 돼지 삼겹살 50g
당근 50g
양파 50g
밀가루 25g
생 토마토 50g / 토마토 페이스트 50g
채소 육수 (p.32 참조) 500ml(또는 물 500ml)
부케가르니 ½개
설탕 / 소금 / 후추

도구

고운 원뿔체
주물 냄비
큰 국자
작은 냄비

• 1 •

모든 재료를 작업대에 준비한다.

• 4 •

밀가루를 골고루 뿌린다.

• 7 •

설탕과 부케가르니를 넣는다.

• 2 •

냄비에 버터를 녹여 거품이 일면(색이 나면 안 된다), 가염 삼겹살을 넣고 볶는다.

• 3 •

향신 재료를 넣고 수분이 나오게 볶는다.

• 5 •

황금색 루를 만드는 것과 마찬가지로, 잘 섞으며 밀가루를 익힌다.

• 6 •

생 토마토와 토마토 페이스트를 추가한다.

• 8 •

채소 육수(또는 물)를 붓고 소금,후추로 간한다. 뚜껑을 덮고 150℃로 예열된 오븐에 넣어 50분간 익혀준다.

• 9 •

원뿔체에 넣고 국자로 눌러주며 걸러, 최대한 많은 즙을 짠다.

– 테크닉 –

Sauce espagnole
에스파뇰 소스

소스 750ml

재료

송아지 데미 글라스 (p.22 참조) 750ml
돼지 삼겹살 기름 적은 부분 25g
당근 25g / 양파 25g / 샐러리 25g
생 토마토 150g / 토마토 페이스트 20g
버섯 자투리 100g
마늘 1톨
부케가르니 1개
리에종(브라운 루)
버터 30g
밀가루(볶은 것) 30g
가는 소금 / 그라인드 후추

도구

고운 원뿔체
주물 냄비
국자
작은 냄비

• 1 •

모든 재료를 작업대에 준비한다.

• 4 •

나머지 향신 재료(마늘, 버섯)를 넣는다.

• 7 •

잘게 썬 토마토와 부케가르니를 넣는다.

• 8 •

송아지 데미 글라스를 넣고 약한 불로 끓인다(simmering: 시머링).

• 2 •

냄비에 버터를 녹여 갈색이 나면, 삼겹살을 넣고 색이 나도록 볶는다.

• 3 •

향신 채소(당근, 양파, 샬롯, 샐러리)를 넣고, 수분이 나오도록 볶는다.

• 5 •

밀가루를 골고루 솔솔 뿌린다.

• 6 •

잘 섞으며, 밀가루가 살짝 색이 날 때까지 볶는다.

• 9 •

잘 섞어준 다음 뚜껑을 덮고, 180℃로 예열한 오븐에 넣어 1시간
~1시간 반 익힌다.

• 10 •

원뿔체에 소스를 걸러준다.

- 테크닉 -

Sauce poivrade
푸아브라드 소스

소스 500ml

재료

수렵육 (gibier) 자투리 잘게 자른 것 1kg
샬롯 100g
셀러리 또는 산미나리 50g
당근 100g
부케가르니 1개
올리브오일 50g
굵게 부순 통후추 30g
파슬리 줄기 50g
맑은 갈색 송아지 육수 1리터
송아지 데미 글라스 (p.22 참조) 500ml
빈티지 와인 식초 100ml
레드 와인 또는 수렵육 마리네이드했던 와인 500ml
가는 소금

도구

거름용 면포

• 1 •

모든 재료를 작업대에 준비한다.

• 3 •

수렵육의 뼈와 자투리 고기를 넣고 지져 색깔을 낸다.

• 5 •

레드 와인을 조금 부어 냄비 바닥에 눌어붙은 육즙을 긁어준다.

• 2 •

냄비에 오일과 버터를 갈색이 나도록 달군다.

• 4 •

향신 채소(당근, 샬롯, 샐러리)를 넣고 수분이 나오도록 볶는다.

• 6 •

토마토 페이스트를 넣는다.

• 7 •

후추와 주니퍼베리를 넣는다.

• 8 •

부케가르니(세이지, 샐러리, 리크, 타임, 월계수 잎)를 넣는다.

• 9 •

와인 식초로 디글레이즈한다.

• 11 •

송아지 데미 글라스를 넣고 뚜껑을 덮어 150℃로 예열된 오븐에 넣어 2~3시간 익힌다.

• 12 •

원뿔체로 걸러준다.

• 14 •

표면에 떠오르는 기름과 거품 등의 불순물을 잘 걷으면서 졸인다.

• 15 •

거름용 면포를 씌운 체에 거른다.

• 10 •

레드 와인을 붓는다(또는 마리네이드 했던 와인 국물이 있으면 그것을 사용해도 좋다).

• 13 •

원뿔체의 가장자리를 탁탁 치며, 국자로 꾹꾹 눌러 짠다.

• 16 •

면포를 잘 짜준다.

- 포커스 -

프랑스 요리의 클래식이라 할 수 있는
푸아브라드 소스(sauce poivrade)는
사냥으로 잡은 육류와 가장 잘 어울리는 소스다.
어떠한 경우에도, 후추를 뜻하는
페퍼 소스(sauce au poivre)와 혼동해서는 안 된다.

– 테크닉 –

Sauce américaine
아메리칸 소스

소스 500ml

재료

버터 25g
밀가루 25g
활 랍스터 1마리
올리브오일 250ml
코냑 25ml
화이트 와인 100ml
생선 육수 (p.26 참조) 750ml
부케가르니 ½개
에스플레트 칠리 가루
당근 50g
양파 50g / 샬롯 20g
토마토 200g
마늘 1톨
처빌 / 타라곤
소금 / 후추

도구

채소 그라인더(구멍 큰 필터)
소스용 거품기
거름용 면포
작은 냄비
뚜껑

• 1 •

모든 재료를 작업대에 준비해 놓는다.

• 3 •

집게발을 잡아 떼어 낸다.

• 5 •

내장을 긁어 버터에 넣는다.

• 2 •

랍스터의 머리와 꼬리 부분을 분리한다.

• 4 •

다리와 아가미 부분을 뜯어낸다.

• 6 •

버터에 밀가루와 랍스타 내장을 섞어 뵈르 마니에(beurre manié)를 만들어, 소스 리에종(liaison)에 사용할 때까지 냉장고에 보관한다.

- 포커스 -

아메리칸 소스(sauce américaine)는
20세기 초에 프랑스 요리를 체계적으로 집대성했던
오귀스트 에스코피에(Auguste Escoffier)의
전통 요리에 기록되어 있다.
이 소스는 생선이나 갑각류 요리에 사용한다.

• 7 •

냄비에 올리브오일을 달군 뒤, 랍스터 몸통과 꼬리, 집게발을 넣고 붉은색이 나도록 볶는다.

• 8 •

향신 재료를 넣고 수분이 나오도록 볶는다. 코냑을 붓고 플랑베한다.

• 9 •

화이트 와인으로 디글레이즈한 다음 절반 정도 될 때까지 졸인다.

• 11 •

꼬리와 집게발을 건져내고, 20분간 더 끓인다.

• 12 •

채소 그라인더에 부어 즙을 눌러 짠다.

• 14 •

거름용 면포에 소스를 붓는다.

• 15 •

면포를 눌러 짜, 매끈하고 불순물이 없는 깨끗한 소스를 추출한다.

• 10 •

재료의 높이까지 생선 육수(또는 물)을 부어준 다음, 부케가르니를 넣는다. 간을 하고 뚜껑을 닫은 다음 7분 정도 끓인다.

• 13 •

즙을 다시 끓인 다음, 만들어 놓은 뵈르 마니에(beurre manié)를 넣고 거품기로 잘 섞어주면서 리에종한다. 원하는 농도가 되도록 10분간 끓인다.

• 16 •

간을 다시 한 번 체크한다(소금, 후추, 에스플레트 칠리 가루). 소스가 완성되었다.

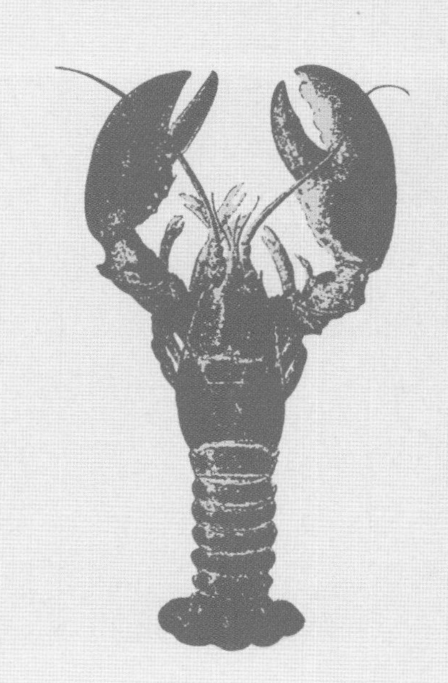

– 테크닉 –

Sauce hollandaise
홀랜다이즈 소스

소스 500ml

재료

달걀노른자 8개분
찬물 50ml
정제 버터 (p.66 참조) 500g
레몬즙 ½개분
소금
흰 후추 또는 카옌 페퍼

도구

소스용 거품기
거름용 면포

• 1 •

모든 재료를 작업대에 준비해 놓는다.

• 4 •

무스처럼 부드럽고 걸쭉한 농도가 된다.

• 7 •

레몬즙을 뿌린다.

• 2 •

냄비에 물과 달걀노른자를 섞는다.

• 3 •

약한 불(60℃를 넘지 말 것)에서 저어주며 사바용(sabayon)을 만든다.

• 5 •

불에서 내린 후 정제 버터를 조금씩 넣어주며 거품기로 잘 섞는다.
가장 이상적인 온도는 40℃이다.

• 6 •

소금, 후추로 간한다.

• 8 •

거름용 면포에 붓는다.

• 9 •

면포를 꼭 짜며 걸러 불순물을 제거한다.

- 테크닉 -

Sauce béarnaise

베아르네즈 소스

소스 500ml

재료

화이트 와인 75ml
세리 와인 식초 75ml
샬롯 75g
굵게 부순 통후추 8g
달걀노른자 8개분
찬물 50ml
정제 버터 (p.66 참조) 500g
프레시 허브
타라곤 ¼단
처빌 ⅛단

도구

소스용 거품기
거름용 면포와 고운 원뿔체
작은 냄비

• 1 •

모든 재료를 작업대에 준비해 놓는다.

• 4 •

수분이 다 없어질 때까지 졸인 후에, 물 2테이블스푼을 넣는다.

• 7 •

불에서 내린 후 정제 버터를 조금씩 넣고 거품기로 저으며 잘 섞는다. 가장 이상적인 온도는 40℃이다. 소금으로 간한다.

• 8 •

거름용 면포에 붓는다.

• 2 •

냄비에 잘게 썬 샬롯과 굵게 으깬 통후추를 넣는다.

• 3 •

다진 허브(타라곤, 처빌)와 화이트 와인, 셰리 와인 식초를 넣는다.

• 5 •

달걀노른자를 넣는다.

• 6 •

약한 불에서 잘 저어 혼합하여 사바용을 만든다(무스처럼 부드럽고 걸쭉한 농도).

• 9 •

면포를 꾹 짜면서 향신 재료들을 거른다.

• 10 •

생 허브 다진 것을 넣어주면 소스가 완성된다.

– 테크닉 –

Sauce mayonnaise

마요네즈 소스

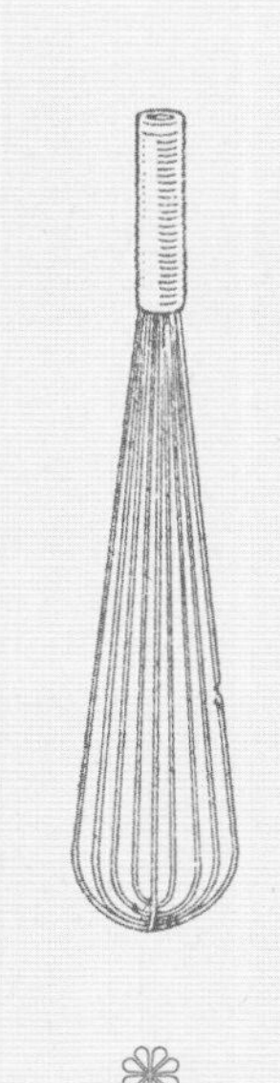

❀

마요네즈 200ml

재료

머스터드 20g

옥수수 기름 150g

달걀노른자 1개분

애플 사이다* 식초 10g

소금 / 후추

도구

소스용 거품기

* cidre: 사과즙을 발효시켜 만든 노르망디 지방의 대표적 알코올 음료.

• 1 •

샐러드 볼(또는 믹싱볼)에 달걀노른자, 머스터드, 소금, 후추를 넣고 섞는다.

• 3 •

오일이 완전히 섞일 때까지 세게 저어주고, 마지막에 식초를 넣어 혼합한다.

• 2 •

오일을 조금씩 천천히 부으며 계속 거품기로 저어 잘 혼합한다.

• 4 •

마요네즈는 꽤 되직한 농도가 되어야 한다.

– 포커스 –

마요네즈를 성공적으로 만드는 가장 확실한 방법은
재료들을 냉장고에서 미리 꺼내놓아
모두 같은 온도로 만들어 주는 것이다.
그리고 오일을 아주 조금씩 넣으며
섞어야 완벽한 에멀전(유화)이 된다.
식초는 보존을 돕는다.

달걀
LES ŒUFS

개요 P. 92

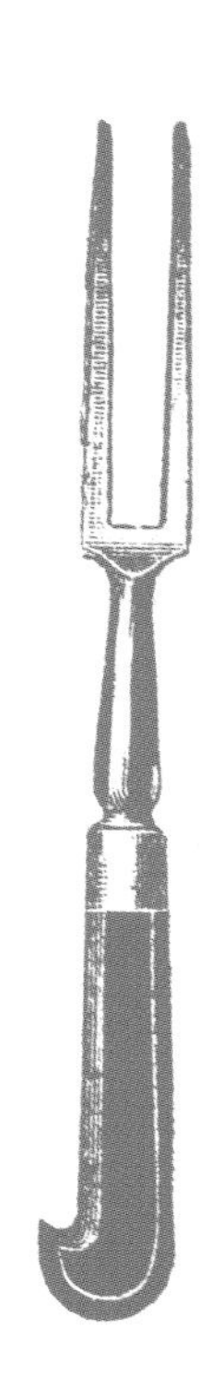

달걀
LES ŒUFS

테크닉 P. 94

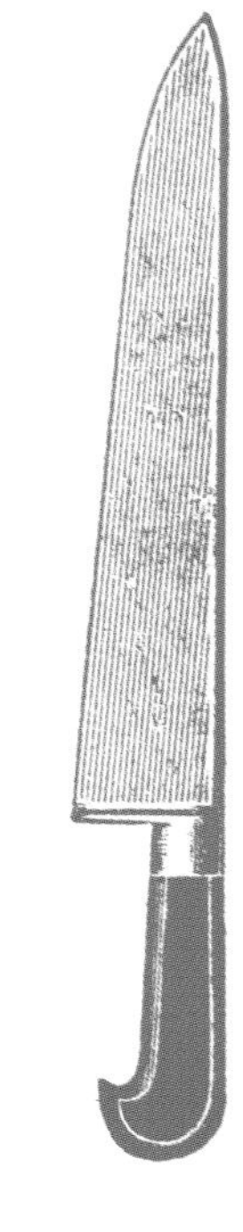

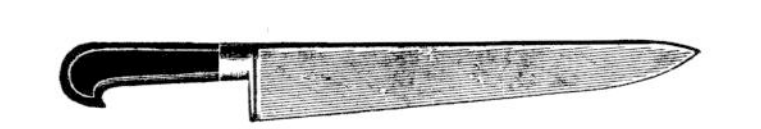

달걀

Les oeufs

달걀은 우리 주방에서 빼놓을 수 없는 아주 독보적인 식재료인데, 이는 수많은 레시피의 기본 골격을 이루고 있기 때문이다. 달걀은 그 자체로서도 물론 여러 형태로(프라이, 반숙, 스크램블 등) 조리되고 있지만, 여러 종류의 소스나 페이스트리에 빠져서는 안 되는 기본적인 재료이기도 하다. 베아르네즈 소스, 홀랜다이즈 소스와 제누아즈, 슈 페이스트리 등을 예로 들 수 있다.

단순하면서도 복잡한 달걀은, 흰자와 노른자에 고루 분포되어 있는 단백질을 우리 몸에 공급하고 균형을 유지해 주는 완전식품으로, 대표적인 영양 식재료로 손꼽힌다. 단백질은 근육의 기능을 도와주는, 인체에 없어서는 안 될 필수 영양소이다. 달걀의 단백질은 거의 완벽한 것으로, 필수 아미노산이 풍부할 뿐 아니라, 그 분포 면에서도 균형을 잘 이루고 있어 우리 신체의 요구에 가장 알맞게 부합한다. 달걀 두 개에 들어 있는 단백질은 소고기나 생선 100g에 함유된 단백질 양과 맞먹는다.

달걀의 분류

단순히 달걀이라는 이름으로 판매되고 있는 이것은 자동적으로 닭의 알을 의미한다. 달걀의 주요 장점 중 하나는 긴 보존 기간이다. 가정에서는 건조하고 선선한 장소나(10~12℃), 냉장고에 보관하는 게 좋다. 이 경우, 달걀의 종이 케이스 안에 그대로 보관한다.

달걀은 산란 후 9일까지 **'매우 신선(extra frais)'**, 28일까지 **'신선(frais)'** 등급으로 취급된다.

달걀 표시는 다음의 세 가지 카테고리로 분류된다.

카테고리 A: 1등급 달걀로, 일반 식용으로 소비된다.
카테고리 B: 저장된 달걀로 일반 대중 소비자에게 판매될 수 있다.
카테고리 C: 한 등급 떨어지는 2등급 품질의 달걀로, 식품 제조회사나 공장에서 소비된다.

품질 표시 문구와 숫자

달걀 포장에는 '레드 라벨(Label Rouge)'이나 '유기농(Bio)' 로고, 닭의 사육 방식, 원산지, 그리고 경우에 따라 산란일(의무 조항은 아니다), 권장 소비 기간, 유효기간, 그리고 무게 등이 표시되어 있다.

XL : 무게가 73g 이상인 왕란
L : 무게가 63g이상 73g 미만인 대란
M : 무게가 53g이상 63g 미만인 중란
S : 무게가 53g 미만인 소란

0 : 유기농으로 사육했음을 나타내는 숫자. 닭은 야외에서 자연 방사되었고 사료도 유기농 재배 기준에 적합한 것을 사용했음.
1 : 닭이 야외에서 자연 방사되었고, 최소 2,5 m^2의 풀밭에서 사육되었음.
2 : 닭을 밀폐된 공간 내에서 풀어 키웠음($1m^2$ 당 7마리).
3 : 닭장 안에서 키웠음.

달걀 껍질에도 같은 내용이 다음과 같이 코드로 찍혀 있다.
숫자는 사육 방식(0, 1…), 원산지(FR은 프랑스), 닭이 있던 건물 번호가 적힌 사육 코드, 권장 소비 기간이나 유효기간 등을 표시한다.

달걀의 선택

레시피에 따라, 어떤 달걀을 선택하는가는 매우 중요하다. 수란의 경우 달걀의 신선도가 가장 중요한 관건이기 때문에 '아주 신선한(extra frais)' 달걀을 선택해야 한다. 이는 달걀 프라이의 경우도 마찬가지다. 반대로 완숙용으로는 '신선한(frais)' 달걀을 선호한다.

일반적으로 요리를 할 때 실제적인 편의를 위해 기본 크기의 중란(M)을 선택하는 것이 좋다. 그 경우 따로 무게를 측정하지 않아도 노른자 20g, 흰자 30g으로 가늠할 수 있다.

* 이 책에 적힌 분류는 프랑스 기준이다.

- 성공적인 달걀 조리법 -

오믈렛: 상온의 달걀을 아주 조금만 젓고 소금으로 간한다. 논스틱 프라이팬을 달군 후, 버터를 조금 녹여 거품이 나면 달걀을 붓는다. 그다음 재빨리 섞으며 골고루 응고되도록 해준다. 오믈렛은 매끈하고 색이 나지 않아야 한다.

스크램블드 에그: 바닥이 두꺼운 낮은 냄비에 약간의 버터를 녹인 뒤 아주 조금만 저은 달걀(1인당 2개)을 붓고, 냄비 가장자리와 바닥에 붙지 않도록 잘 긁으며 거품기나 주걱으로 계속 저어 섞어준다. 크리미한 농도가 되면 불에서 내려, 버터 1조각 또는 헤비크림(crème épaisse) 1큰 술을 넣어 계속 익는 것을 멈추게 한다. 간을 하고 즉시 서빙한다.

삶은 달걀 또는 수란: 물에 식초를 약간 넣어주면, 달걀 껍질을 깨서 물에 넣어 익히는 수란의 경우 흰자가 더 빨리 응고되고, 또 달걀을 삶고 난 후에도 껍질을 쉽게 벗길 수 있다.

셰프의 조언

62℃의 완벽한 달걀을 만들려면,
우선 냉동실에 48~72시간 넣어둔 다음,
사용할 때 흐르는 뜨거운 물 아래 놓아 두어
익은 후 껍질이 균열되게 한다.
흰자를 제거하고 원하는 정도로 크리미해진 노른자를 꺼낸다.

달걀 껍질엔 기공이 있어서 주변의 냄새를 잘 흡수한다.
달걀에 트러플 향을 입히려면 밀폐 용기에
달걀과 트러플 한두 개를 같이 넣어 두면 된다.
그러면 트러플 한 조각 안 넣고도
트러플 향이 나는 오믈렛을 만들 수 있다.

달걀 제품
이 단어가 생소하게 들릴지 모르지만, 달걀 제품의 사용은 앞으로 일반 가정 주방에서도 점점 더 늘어날 전망이다. 이는 달걀 껍질과 껍질막을 제거한 후에 달걀 그 자체로부터 얻을 수 있는 성분, 또는 달걀의 구성 성분이나 혼합물로 만드는 제품의 총칭이다.

달걀 제품의 세 가지 분류
중간 단계(Intermédiaires): 액체, 농축액, 냉동 혹은 분말 형태로 판매되고, 달걀의 흰자나 노른자 혹은 달걀 전체를 사용하는 농산물 가공 및 식품 회사들이 주로 구매한다.

즉시 사용 가능 단계(Prêts a l'emploi): 주로 레스토랑에서 이용되고 있으며, 이미 여러 형태로 판매되고 있다(껍질 깐 삶은 달걀, 이미 조리된 오믈렛 등).

흰자와 노른자의 성분(les constituants du blanc et du jaune): 화합물을 분리하거나 분자를 추출해내는 방법으로 얻을 수 있으며, 보존제로 사용되거나 레시피에 포함되고, 약품 제조의 주요 성분으로 들어가기도 한다.

이렇듯, 일반 소비자들도 언젠가는 중간 단계의 달걀 생산품을 사용하거나, 이미 휘저어 섞은 후 블록 형태로 만든 달걀, 또는 정제한(흰자와 노른자 분리) 달걀을 사용하여 요리하게 되는 날이 올 것이다.

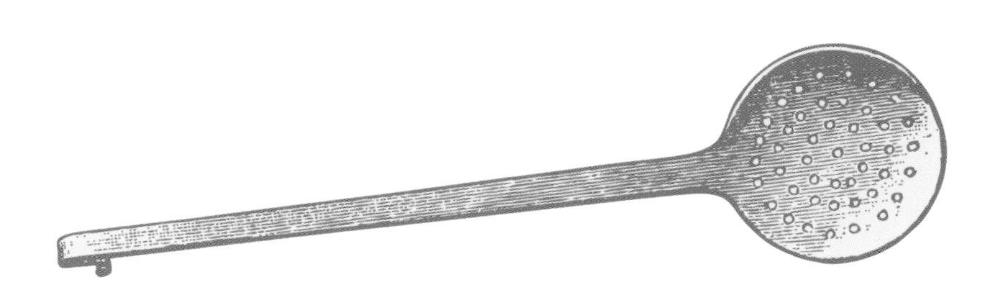

- 테크닉 -

Œufs coque, mollets, durs

떠먹는 달걀 반숙, 반숙, 완숙

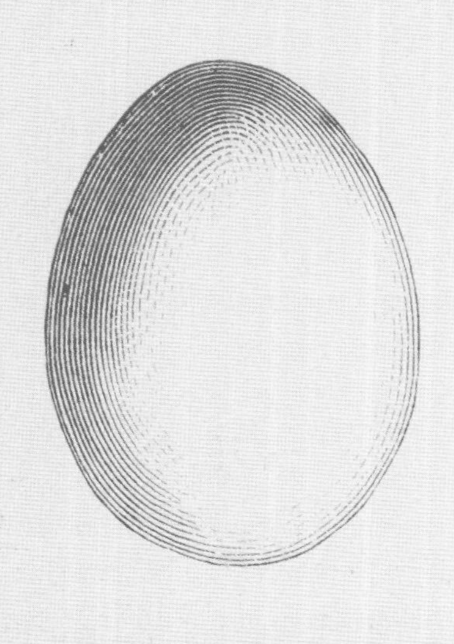

❀

• 1 •

미리 상온에 꺼내 둔 달걀을 끓는 물에 넣는다.

• 3 •

반숙 또는 완숙이 된 달걀은 즉시 찬물에 담가, 더 이상 익는 것을 중단시킨다.

• 2 •

약하게 끓여서 3~4분 익히면 떠먹을 수 있는 정도로 익은 반숙, 6분이면 반숙, 9분이면 완숙이 된다.

• 4 •

떠먹는 반숙이 다 익으면, 에그 홀더에 담고 2분이 지난 후 먹는다. 반숙의 노른자는 흐르는 정도의 농도가 되어야 하고, 다시 데워 먹을 수 있다. 완숙의 노른자는 가운데에 약간 크리미한 부분이 남아 있어야 한다.

- 포커스 -

달걀을 삶는 물에 굵은 소금을 조금 넣으면,
껍질을 좀 더 쉽게 깔 수 있다.

- 테크닉 -

Œufs pochés

수란

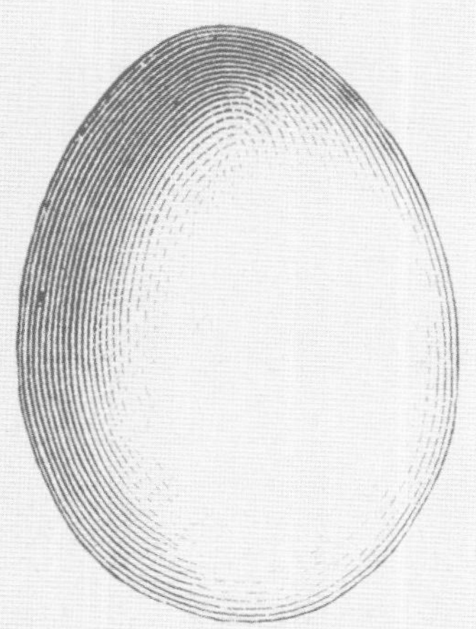

4인분 기준

재료

달걀 4개

식초 4테이블스푼

도구

작은 유리컵

거품 국자

• 1 •

식초를 넣은 물을 달걀 높이의 1.5배 정도까지 붓고 끓인다.

• 4 •

거품 국자로 물을 휘저어 소용돌이를 만든다.

• 7 •

2~3분간 익힌다.

• 8 •

흰자가 완전히 응고되면(노른자는 액체 상태) 물에서 건진다.

• 2 •

작은 유리컵마다 식초를 1큰 술씩 넣는다.

• 3 •

신선하고 차가운 달걀을 작은 유리컵에 1개씩 깨어 넣는다.

• 5 •

물 회오리 속으로 달걀을 조심스럽게 넣는다.

• 6 •

거품 국자로 움직임을 돕는다.

• 9 •

더 이상 익지 않게 찬물에 담갔다가, 너덜너덜한 가장자리를 깔끔하게 정리한다.

• 10 •

모양을 다듬은 수란이 완성된 모습.

- 테크닉 -

Œufs brouillés

스크램블드 에그

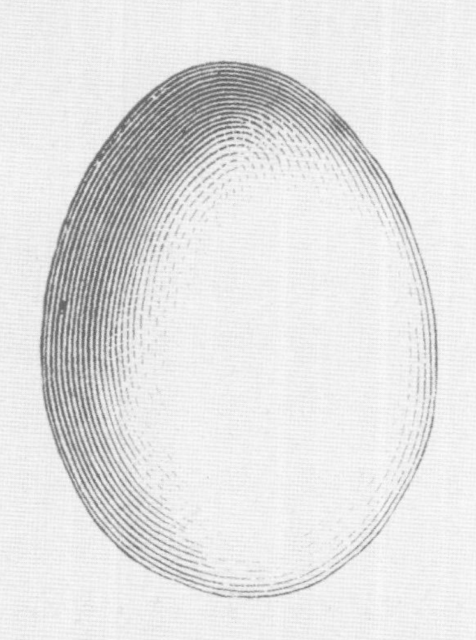

1인분 기준

재료

버터 50g
달걀 3개
생크림 50g
소금 / 후추

도구

거품기 혹은 주걱

• 1 •

버터를 색이 나지 않도록 녹인다.

• 4 •

달걀이 응고되기 시작하면 불을 낮춘다.

• 2 •

달걀흰자와 노른자를 모두 넣는다.

• 3 •

거품기나 주걱으로 달걀을 가장자리에서 가운데로 모아주며 살살 섞는다.

• 5 •

생크림을 부어 익힘을 중단시킨다. 크림처럼 부드러운 농도가 되어야 한다.

• 6 •

잘 저어 균일하게 섞고 소금, 후추로 간을 맞춘다.

- 테크닉 -

Œufs en omelette plate

플랫 오믈렛

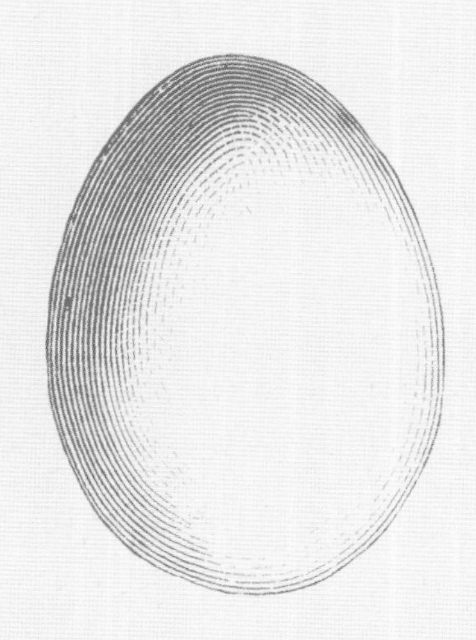

1인분 기준

재료

버터 50g / 달걀 3개

원하는 가니쉬(허브, 햄 등) 100g

소금 / 후추

도구

실리콘 주걱

• 1 •

팬을 센 불에 올리고, 버터를 색이 나지 않게 녹인다.

• 3 •

선택한 가니쉬를 달걀에 넣고 간을 맞춘다.

• 5 •

실리콘 주걱(또는 스패출러)을 이용하여 달걀이 골고루 익도록 섞는다.

• 6 •

섞는 것을 멈추고, 오믈렛을 색깔이 나지 않게 익힌다.

• 2 •

포크를 사용하여 달걀을 풀어준다.

• 4 •

팬에 달걀을 붓는다.

- 포커스 -

부드럽고 촉촉한 오믈렛을 만들기 위해서는
달걀을 너무 많이 젓지 않도록 한다.
포크로 겨우 섞일 정도로만 풀어,
중간 정도의 센 불에 익힌다.

• 7 •

크레프를 뒤집듯이 오믈렛을 뒤집어 원하는 정도까지 익힌다.

• 8 •

접시에 오믈렛을 옮겨 담고 개성 있게 장식한다.

– 테크닉 –

Œufs en omelette roulée

둥글게 만 오믈렛

1인분 기준

재료

버터 50g
달걀 3개
소금 / 후추

도구

실리콘 주걱

• 1 •

팬을 센 불에 올리고, 버터를 색이 나지 않게 녹인다.

• 3 •

익은 부분을 앞쪽 방향으로 옮겨가며, 오믈렛을 완전히 익힌다(달걀의 부드러움이 유지되고 색이 나지 않게 익힌다).

• 4 •

팬을 기울여 윗부분 가장자리부터 말아 럭비공 모양이 되게 만든다.

• 2 •

달걀을 풀어(너무 많이 젓지 말고, 노른자의 색이 잘 유지되도록 대충 풀어 준다) 팬에 붓고, 팬 위에서 간을 한다.

• 5 •

접시에 오믈렛을 뒤집어 담고 버터를 조금 발라 윤기를 내준다.

- 포커스 -

이 레시피는 초보자용은 아니다.
오믈렛은 금방 응고되기 때문에,
부드럽고 매끈하면서도
색이 나지 않게 익히려면
특히 불 조절을 잘 해야 한다.

생선류, 갑각류, 조개류, 연체류

LES POISSONS, CRUSTACÉS, COQUILLAGES ET MOLLUSQUES

개요 P. 106

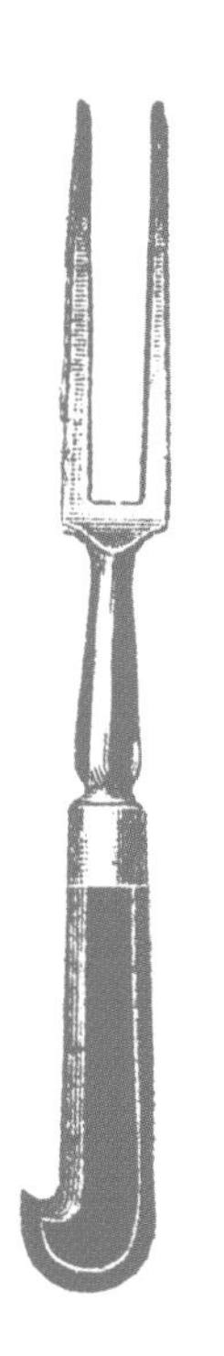

생선류

LES POISSONS

테크닉 P. 110
레시피 P. 127

갑각류, 조개류, 연체류

LES CRUSTACÉS, COQUILLAGES ET MOLLUSQUES

개요 P. 166
테크닉 P. 170
레시피 P. 203

생선류

Les poissons

오늘날 생선류의 구매는 어획고의 문제와 밀접하게 연관되어 있기 때문에 책임 있는 소비가 이루어져야 한다. 예를 들어 참치를 비롯한 몇몇 어류는 너무 많이 잡힌다. 이를 지속적으로 소비하다 보면, 이 어종은 사라질 위기에 처할 수 있다. 모든 종류의 생선은 제철이 있으므로 이를 존중하는 게 중요하다. 왜냐면 일 년 중 그때가 바로 그 생선이 가장 풍성한 시기이기 때문이다. 그렇기 때문에 당연히 가격도 가장 저렴해서 가계에도 적지 않은 도움을 준다.

어획 상황

생선을 잡아 올리는 조업량이 어획고 상황에 영향을 미치고 있긴 하지만, 어업 활동만이 특정 어종 품귀 현상의 유일한 원인은 아니다. 어류 개체군 상황은 여러 가지 요인의 복잡한 작용의 영향을 받은 결과이다. 환경 조건은 번식용 수컷의 출산율, 번식 성공률, 생존율, 그리고 치어의 증가 등에 직접적인 영향을 미친다. 어류가 번식력이 매우 강하여 한 번에 수백만 개의 알을 낳긴 하지만, 환경 조건은 알의 생존율이나 어종의 개선과 진화에도 연관된다. 여기에 어업 기술적 요인이 추가되면 이 업계는 매우 민감해지므로, 잘 숙고하여 개념 있고 책임 있는 소비를 해야만 할 것이다.

어업과 품질

생선의 품질은 자연 환경이 좌우한다. 협소한 가두리에서 사료를 먹여 키운 양식 생선은 당연히 자연산 생선과 같은 품질을 가질 수 없다. 하지만 조업 방식이나 대량 상업화도 고려해 봐야 할 요소다.

소비

지역적 특성은 생선의 소비에 영향을 준다. 프랑스 동부 지역이 생선 소비 지수 100 중에 70을 보여줄 때, 이 분야의 최대 소비지인 서부 지역은 124를 기록했다. 털게(étrille)와 같은 특정 어종은 브르타뉴와 노르망디 등 해안 반도 지역 내에서만 특별히 많이 소비되는 추세이고, 칠성장어(lamproie)는 지롱드(Gironde) 지방에서 선호하는 생선 품종 중 하나다. 또 민어(maigre)는 샤랑트(Charente) 사람들이 애호하는 생선이며, 호수에서 자라는 민물 연어(féra)나 곤들메기(ombre chevalier) 등은 사부아(Savoie) 지방 사람들이나 스위스 인들이 주로 많이 소비하는 어종이다.

조업 기술

낚싯줄(잡아 당겨 잡거나 외줄낚시 또는 낚싯대를 이용한 줄낚시)로 생선을 잡는 방식은 가장 환경 친화적이고, 또 생선의 품질도 최상으로 확보할 수 있는 가장 좋은 방법이다. 생선을 일일이 손으로 들여 올려 즉시 피를 뽑고, 하선 때까지 얼음에 보관한다. 이는 그물망으로 잡아 올린 생선과 비교할 수 없을 정도로 모양도 좋고 신선하다. 이같이 줄낚시로 잡은 생선 중, 농어를 비롯한 몇몇 어종은 아가미 부분에 조업 방식(환경 친화적인 방식으로, 소규모 어선에서 어획했다는 표시)과 조업 장소를 명시한 배지가 붙어 있다.

그물망으로 잡는 방식은 아무래도 자연 환경에 미치는 영향이 줄낚시보다 크다고 볼 수 있다. 배에 연결된 트롤망과 같은 몇몇 종류의 그물은 치어들까지 잡아들이고 바다 깊숙한 바닥에까지 손상을 입혀 서식지를 파괴하고 바닷속 고착 생물들(해초, 산호 등)을 떼어 낸다. 그물망에 먼저 잡힌 생선들은 스트레스를 받아 빨리 죽게 되고, 수백 수천 마리의 생선들에 짓눌려 으스러지기도 한다.

판매 방법 또한 매우 중요하다. 운송 과정을 거치지 않고 얼음도 아주 조금만 채워 항구에서 직판되는 생선은 그 신선도 면에서 비교가 안 될 정도로, 단연 최고다. 얼음이 채워진 박스에 담겨 수백 킬로미터를 이동해 운송된 생선은 이와 같은 신선도를 유지하기 어렵다.

계절성

생선은 분명히 개체수가 많아지고 맛도 좋은 제철이 있으며, 따라서 이 시기에는 어획량이 늘어난다. 농어나 대구는 겨울 생선이다. 랑구스틴과 투르토(tourteau: 단단하고 큰 집게발이 달린 게)는 봄에 한창이며, 여름이 되면 날개 다랑어(thon germon)가 인근 연안에 몰려든다. 가을에는 싱싱한 청어, 노랑촉수 루제(rouget barbet), 가리비(coquille Saint-Jacques) 등이 선보이기 시작한다. 여기에 더하여 종교적 풍습이라던가 계절적 특수성도 어류 소비에 영향을 준다. 예를 들어 단체 급식에서 금요일에는 고기를 빼고 생선 메뉴를 내는 곳이 있는가 하면 연말연시 파티 시즌에는 굴, 랍스터, 바닷가재를 비롯한 고급 생선들이 식탁에 많이 오르기도 한다.

선택

생선은 잡은 후 이틀째까지는 '매우 신선'하고, 7일 후까지는 '신선'하다. 가능한 소규모 어선에서 잡거나 줄낚시로 잡은 생선을 선택하고, 제철 생선을 고르는 게 좋다.

신선도의 기준

생선은 신선하고 기분 좋은 바다 해초의 향을 제외하고는 그 어떤 냄새가 나서도 안 된다. 광택이 나고 아가미는 붉은색을 띠며, 눈이 톡 튀어나와 있고 눈 주위가 꽉 차 있어야 한다. 항문은 꽉 닫혀 있어야 하며, 배 부분이 부풀어 있지 않아야 하고(시간이 오래 돼 가스가 찼다는 증거), 어떠한 경우에도 얼음에 누런 액이 흘러나와 있어서는 안 된다. 생선의 몸통은 꼿꼿하고, 자연의 점액질로 덮여 있으며, 비늘은 몸체에 단단히 붙어 있는 상태가 좋다.

필레를 떠 놓은 생선은 신선도를 가늠하기 쉽지 않지만, 몇 가지 기준을 토대로 면밀히 살펴보아야 한다. 우선 살에 얼음 흔적이 남아 있지 않아야 하고, 색이 바랜 흔적이 없어야 하며(얼음 속에 너무 오래 보관했다는 증거), 진주빛이나 무지갯빛 광채가 나야 한다. 토막으로 썰어 놓은 경우에는 중앙의 가시나 몸통뼈가 말라 있지 않은지 특히 주의해야 한다.

연어의 경우, 좀 진한 핑크 색은 신선하지 않다는 증거다. 예를 들어 자연산 연어는, 판매되는 나라마다 약간씩 차이나는 색깔을 띤 양식 연어보다 일반적으로 연한 빛깔을 띠고 있다. 이런 경우, 라벨을 보면 그 품질에 대한 추가 정보를 알 수 있다.

셰프의 조언

생선 토막은 다른(darne)과 트랑송(trançon)으로 나눌 수 있다.
다른은 세로로 슬라이스한 두꺼운 토막을 말하고,
트랑송은 달고기(생 피에르 saint-pierre),
큰 가자미(grosse sole)와 넙치류(barbue, turbot, carrelet. flétan) 등
주로 납작한 생선류를 토막으로 잘라놓은 것을 의미한다.
이 경우 생선을 우선 가로로 길게 반으로 자른 다음
적당하게 토막 낸다(단계별 테크닉 참조).

구입 시에는 실제로 먹을 수 있는 분량이 어느 정도인지를 잘 따져보아야 한다. 일반적으로 생선은 버리는 부분이 많이 나오는데, 그것이 어느 정도 양인지 정확히 알면, 구매 가격뿐 아니라 요리 비용 예산을 짜는 데 도움이 된다. 생선을 구입할 때는 항상 생선 가게 주인에게 포 뜨고 남은 가시나 그 밖의 부산물을 싸 달라고 부탁해서, 소스나 생선 육수를 만들 때 사용한다.

셰프의 조언

좋은 품질의 생선을 구입하기 위해서는
시장의 생선 코너나 생선 전문점을 자주 돌아보는 게 좋다.
단골 가게 주인과 대화를 나누고 서로 신뢰하는 관계를 형성하면,
원하는 좋은 품질의 물건을 구입하는 데 도움이 될 것이다.
요리 성공의 관건은 많은 부분이 재료의 신선도와 품질에 달려 있다.

보관

시장에서 장을 봐 돌아오면 즉시 생선의 적절한 보관을 위한 작업부터 시작한다. 어떠한 경우에도 살 때의 포장 상태 그대로 두어서는 안 된다. 생선을 꺼내 내장을 빼고, 아가미를 제거한 뒤 깨끗이 헹궈 꼼꼼히 물기를 제거한다. 그리고 내장이 있던 자리에 키친타월을 끼워 넣은 뒤, 랩으로 잘 싸서 냉장고에 보관한다. 생선에서 흘러나오는 분비물에 잠기지 않도록 망 위에 올려 보관한다.

셰프의 조언

생선의 보존 기간을 늘리기 위해서는
'열 쇼크(choc thermique)' 테크닉을 사용하는데,
이것은 가리비와 작은 생선 필레에 적합하다.
담금용 간수를 준비한다.
우선, 1.5리터의 물을 끓인다.
향신 허브(파슬리 줄기, 리크 녹색 부분, 월계수 잎,
코리앤더 씨 등)를 넣고, 15분간 약한 불로 끓이며 향을 우려낸다.
소금 500g을 넣고 식힌다.
간수가 식으면 같은 양의 얼음을 넣은 뒤, 생선을 넣어
'판지 같이 말라 빳빳해질' 때까지
담가 둔다(생선 크기에 따라 10g당 1분 정도).
생선을 건져 꼼꼼히 물기를 제거한 후, 망 위에 올려놓고
랩으로 잘 싸서 냉장고에 보관한다.
이 테크닉은 생선을 살균해 주고,
보존 기간을 늘리는 효과가 있을 뿐 아니라,
속까지 소금 간이 잘 배게 해준다.
이렇게 준비된 생선은 그냥 익히면 바로 먹을 수 있다.

조리

지방이 많은 생선은 주로 굽거나 팬 프라이를 한다. 담백한 생선 종류는 쪄서 소스를 곁들여 먹는다. 생선을 익힐 때는 대체적으로 약한 불로 오래 익히는 것이 좋다. 다른(darne)의 경우는 될 수 있으면 두꺼운 토막을 선택해서 익힘을 최적화한다. 그래야 금방 건조되지 않고 촉촉함을 유지할 수 있다.

셰프의 조언

생선을 훈연하려면 팬의 바닥에 차 잎이나 향신 허브를 놓고 굽는다.
망을 놓은 다음 그 위에 생선을 얹어 굽는다.
유리로 된 뚜껑을 덮어준다.
생선에 향이 배고, 곧 익어서 단단해진다.

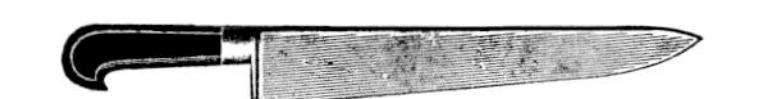

- 제철 생선 월별 분포도 -

	1월	2월	3월	4월	5월	6월	7월	8월	9월	10월	11월	12월
AIGLEFIN 해덕대구	●	●	●	●	●				●	●	●	●
ANCHOIS 안초비, 멸치								●	●	●	●	
BAR 농어	●	●	●							●	●	●
BARBUE 광어, 넙치								●	●	●	●	●
BROCHET 강꼬치고기				●								
CABILLAUD 대구	●	●	●	●	●	●	●	●	●	●	●	●
CARPE 잉어	●	●	●						●	●	●	●
CARRELET OU PLIE 도다리 종류	●	●	●	●	●							
CHINCHARD 전갱이, 아지						●	●	●	●	●	●	●
CONGRE 붕장어	●	●	●	●						●	●	●
DAURADE 도미, 만새기	●	●	●							●	●	●
ÉPERLAN 빙어	●	●										●
GOUJON ET GARDON 모샘치, 잉어류						●	●	●	●	●	●	●
GRENADIER 민태과, 대구목에 속하는 조기 어류					●	●	●	●	●			
HARENG 청어			●	●	●	●	●	●	●	●	●	●
LIMANDE 가자미 종류					●	●	●	●	●	●		
LIEU JAUNE 황대구	●	●	●	●	●	●	●	●	●	●	●	●
LIEU NOIR 흑대구			●	●	●	●	●	●	●	●	●	●
MAQUEREAU 고등어	●	●	●						●	●	●	●
MERLAN 명태						●	●	●	●	●	●	●
MERLU 유럽 메를루사									●	●	●	●
MULET 숭어	●	●	●						●	●	●	●
OMBLE 곤들매기의 일종					●	●	●	●	●			
PERCHE 유럽 퍼치, 농어류										●	●	●
RAIE 홍어, 가오리	●	●	●	●	●	●	●	●	●	●	●	●
RASCASSE 쏨뱅이	●	●	●						●	●	●	●
ROUGET-BARBET 루제 바르베, 노랑촉수	●	●	●						●	●	●	●
ROUGET GRONDIN 루제 그롱댕, 뿔락류	●	●	●						●	●	●	●
ROUSSETTE 식용 점상어									●	●	●	
SAINT-PIERRE 달고기, 존도리				●	●	●	●					
SANDRE 쏘가리 류의 민물 생선	●	●	●			●	●	●	●	●	●	●
SAR 도미류	●	●	●	●	●	●	●	●	●	●	●	●
SARDINE 정어리				●	●	●	●	●	●	●	●	●
SAUMON 연어	●	●	●	●	●	●	●	●	●	●	●	●
SPRAT 스프랫, 청어류	●	●	●							●	●	●
SOLE 가자미, 서대	●	●	●	●								
TACAUD 대구류						●	●	●	●	●	●	●
TANCHE 잉어류	●	●	●	●	●	●	●	●	●	●	●	●

	1월	2월	3월	4월	5월	6월	7월	8월	9월	10월	11월	12월
THON BLANC GERMON 날개 다랑어	■	■	■							■	■	■
TILAPIA 틸라피아	■	■	■	■	■	■	■	■	■	■	■	■
TRUITE 송어	■	■	■	■	■	■	■	■	■	■	■	■
TURBOT 대문짝넙치			■	■	■	■	■					

	1월	2월	3월	4월	5월	6월	7월	8월	9월	10월	11월	12월
CALMAR 오징어	■	■	■						■	■	■	■
SEICHE 갑오징어	■	■	■			■	■	■	■	■	■	■
POULPE 문어, 낙지	■	■	■			■	■	■	■	■	■	■

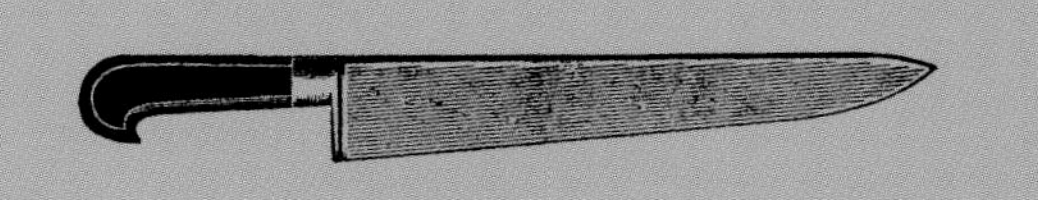

생선류
LES POISSONS

테크닉

- 테크닉 -

Habiller un poisson rond(rouget)

통통한 생선 손질하기(노랑촉수)

도구

조리용 가위

비늘 제거기

- 포커스 -

노랑촉수의 필레를 뜨려면
농어 손질 단계별 테크닉(p.116)을 참조한다.
노랑촉수가 크기는 더 작지만, 방법은 같다.

• 1 •

조리용 가위를 이용하여 지느러미를 잘라 다듬는다.

• 2 •

비늘 제거기로 꼬리에서 머리 방향으로 비늘을 긁어 제거한다.

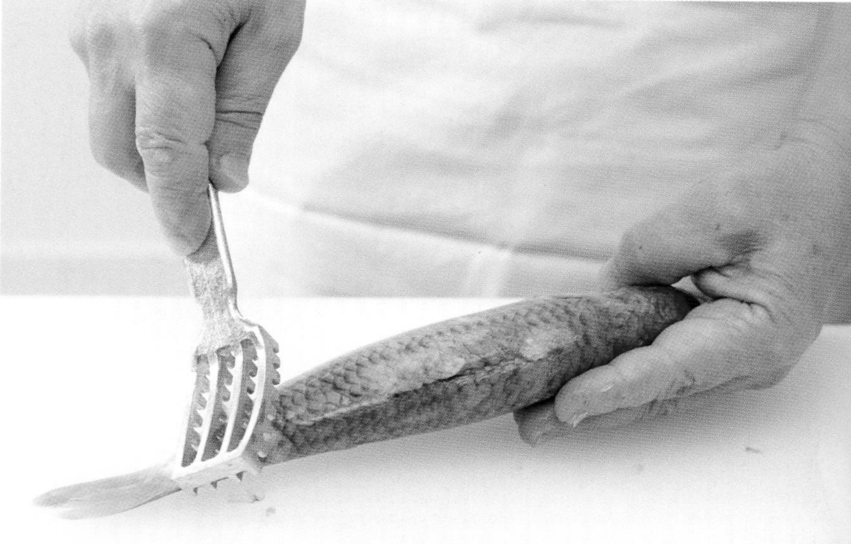

• 3 •

특히 생선 등의 가시가 있는 쪽을 따라 비늘을 잘 제거해야, 필레를 쉽게 뜰 수 있다.

- 테크닉 -

Lever les filets d'un poisson rond(rouget)

통통한 생선 필레 뜨기(노랑촉수)

❀

도구

칼

가시 제거용 핀셋

• 1 •

생선의 양면에, 머리 위쪽으로부터 아가미 주위를 지나 배 쪽으로 칼집을 넣어 경계선을 표시한다.

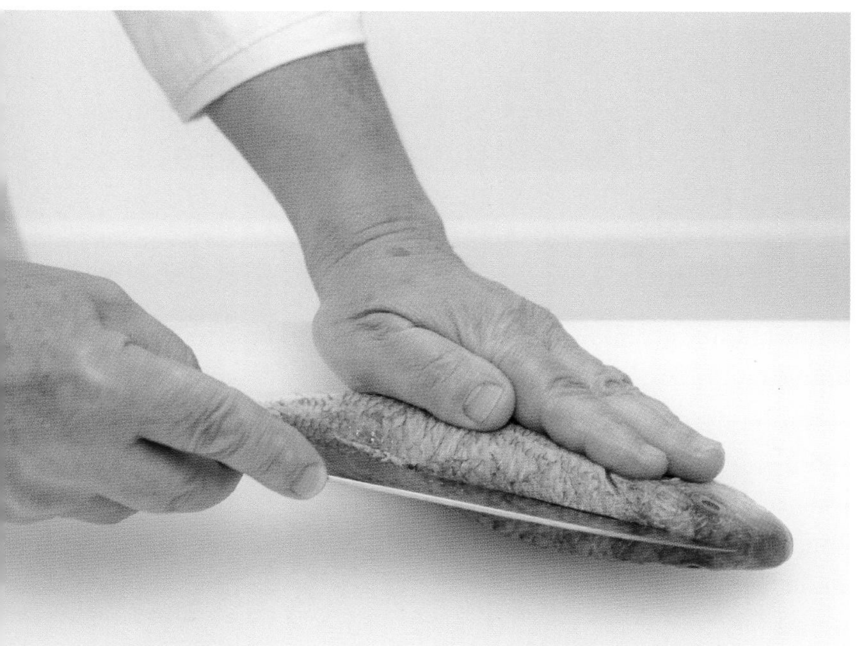

• 2 •

생선의 등 쪽에서 가시를 따라 칼을 넣어 필레의 껍질을 자른다.

• 3 •

칼날을 가시에 붙여가며 잘라 필레를 떠낸다.

– 테크닉 –

Habiller un poisson rond(bar)

통통한 생선 손질하기(농어)

도구

가위

비늘 제거기

• 1 •

조리용 가위를 이용하여 지느러미를 잘라 다듬는다.

• 3 •

가위로 배 쪽을 갈라 속의 내장을 꺼내고, 아가미를 떼어 낸다.

• 2 •

비늘 제거기로 꼬리에서 머리 방향으로 비늘을 긁어 제거한다.

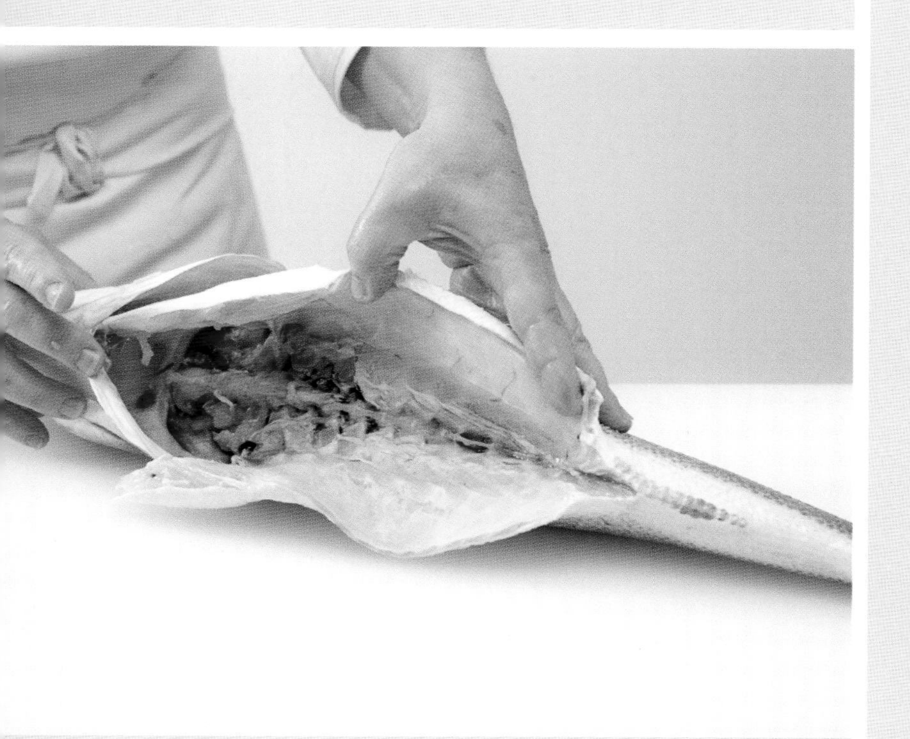

• 4 •

배 안쪽 내장 막과 피 엉긴 덩어리를 모두 제거한다.

- 포커스 -

생선의 내장을 빼내기 전에
비늘을 미리 긁어 제거하는 것이 편리하다.
비늘을 긁어낸 다음 내장을 빼내고
생선을 헹궈 씻어 놓으면,
필레를 뜰 때 다시 헹굴 필요가 없다.

- 테크닉 -

Lever les filets d'un poisson rond(bar)

통통한 생선 필레 뜨기(농어)

크기가 큰 생선에 적용되는 테크닉

도구

생선용 필레 나이프

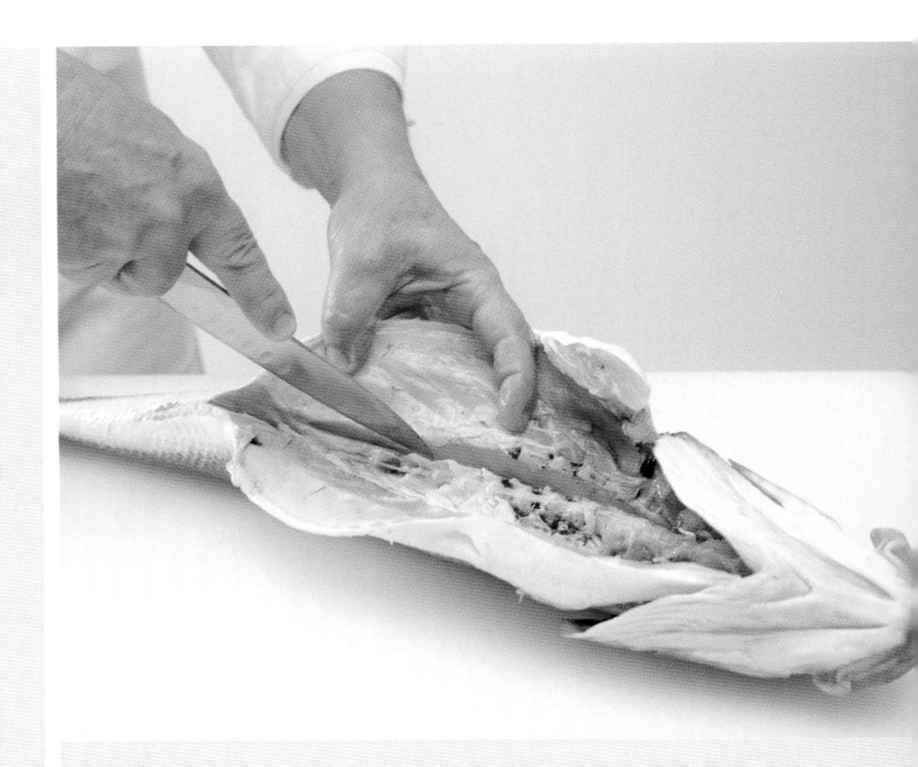

• 1 •

생선의 등을 바닥에 놓고, 흉곽을 따라 위치한 큰 뼈에 칼집을 내어 분할한다.

• 2 •

척추뼈를 따라 배 쪽에서부터 필레를 뜬다.

• 3 •

배 쪽의 가시를 제거하며 필레를 다듬는다.

- 테크닉 -

Détailler un poisson rond(bar)

통통한 생선 토막 내기(농어)

도구

칼

• 1 •

균일한 크기와 모양의 토막을 만들기 위해 필레의 가장자리를 잘라 정리하고, 가능하면 칼날을 전부 이용해 한 번의 칼질로 깔끔하게 잘라준다.

• 2 •

필레 전체를 잘라, 무게와 크기 면에서 균일한 토막을 내준다.

• 3 •

잘 다듬어 5토막으로 분할한 필레(잘라낸 뱃살은 보관했다가 다른 용도로 사용한다).

– 테크닉 –

Désarêter un poisson rond(bar)

통통한 생선 가시 제거하기(농어)

도구

가시 제거용 핀셋

칼

• 1 •

배 쪽으로 필레를 뜨고 나서, 배 부분에 있는 가시를 제거한다.

• 2 •

필레의 기름진 부분과, 등 쪽과 배 쪽에 있는 지느러미 뿌리 등을 다듬어 정리한다.

• 3 •

가시 제거용 핀셋을 사용하여, 살 속에 박혀 있는 가시들을 원래 방향, 즉 꼬리에서 머리 방향으로 하나씩 뽑아 제거한다. 그릇에 물을 담아 옆에 두고, 핀셋에 붙은 가시를 헹궈 떼어 낸다.

– 테크닉 –

Désarêter un poisson rond(rouget)

통통한 생선 가시 제거하기(노랑촉수)

도구

가시 제거용 핀셋

• 1 •

필레 뜬 생선이 잘 다듬어져 있고 배 부분에 더 이상 가시가 남아 있지 않은지 확인한다.

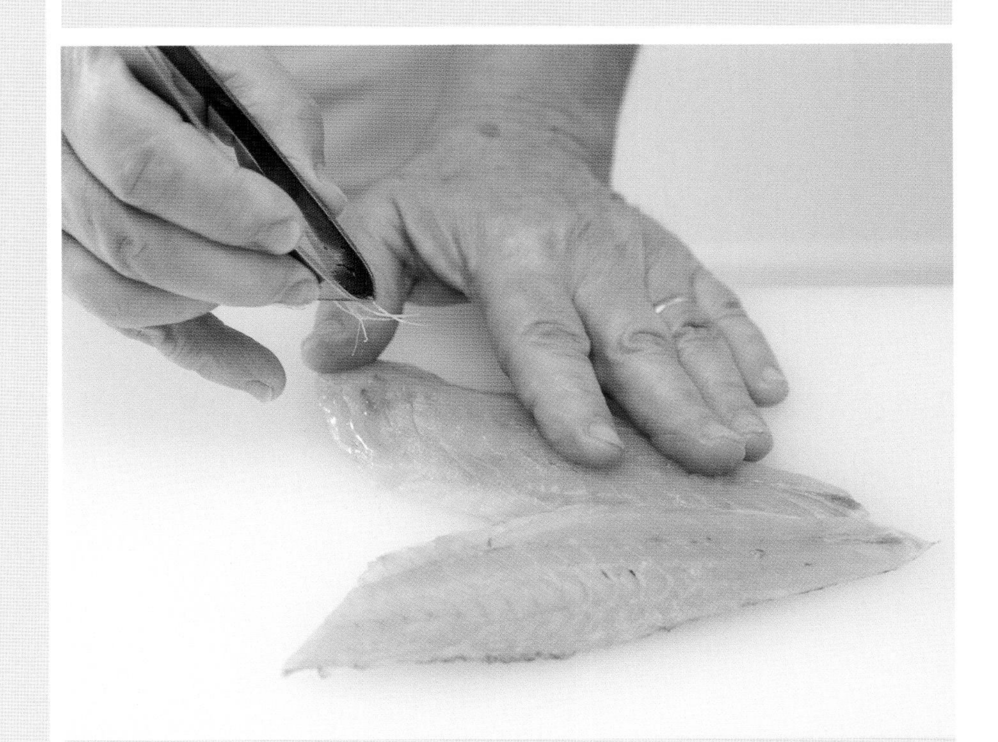

• 2 •

가시 제거용 핀셋을 이용하여 필레 중앙 살 속에 한 줄로 박혀 있는 잔가시를 모두 제거한다.

- 테크닉 -

Habiller un poisson plat(barbue)
납작한 생선 손질하기(넙치)

도구

생선용 필레 나이프

가위

칼

• 1 •

머리 둘레에 칼집을 내어 필레 뜰 부위의 경계를 표시한다.

• 2 •

등의 척추뼈를 따라 칼집을 내어 경계를 표시한다.

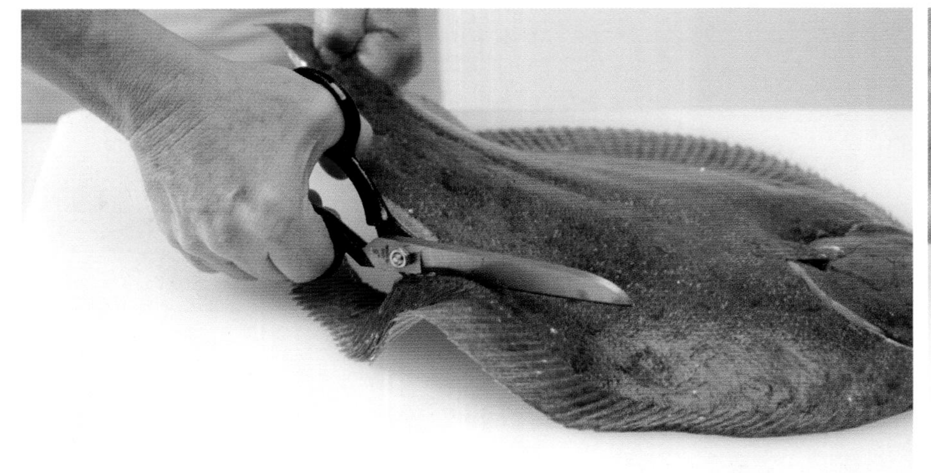

• 3 •

조리용 가위를 이용하여 생선의 지느러미를 잘라낸다.

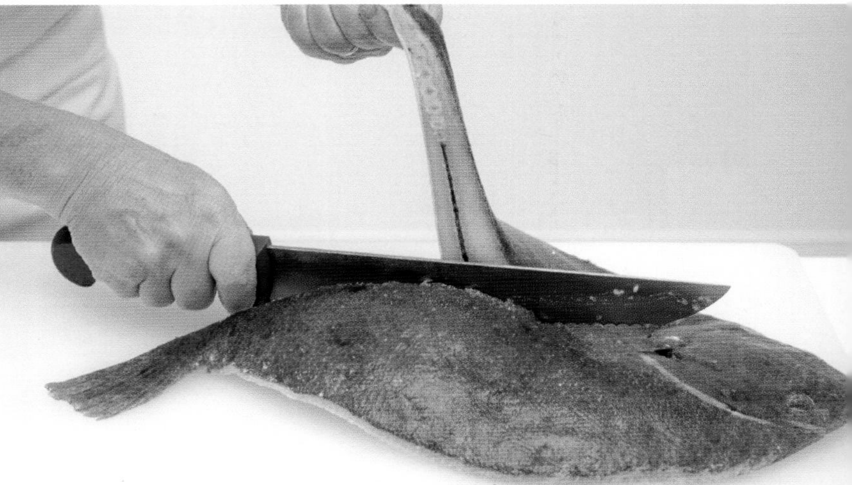

• 4 •

척추뼈의 경계선을 따라 생선을 반으로 자르고, 머리 주변을 따라 자른다.

- 테크닉 -

Habiller un poisson plat(barbue)

납작한 생선 토막 내기(넙치)

❀

도구

칼

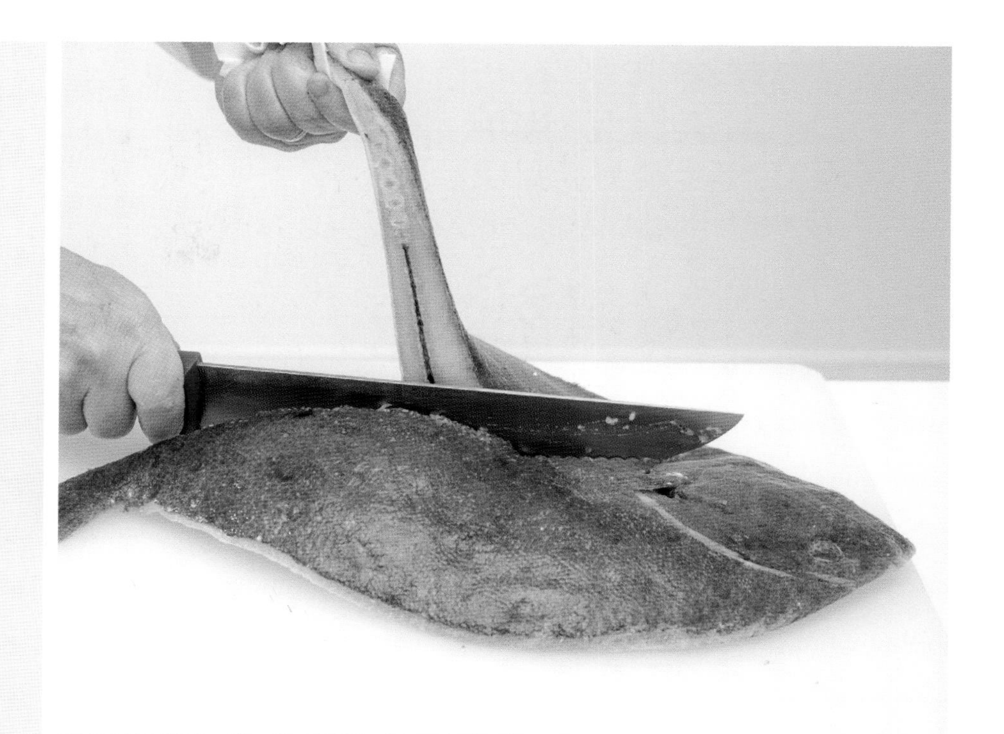

• 1 •

척추뼈의 경계선을 따라 생선을 반으로 자르고, 머리 주변을 따라 자른다.

• 2 •

한 조각당 200g 정도의 토막으로 자른다.

• 3 •

등 쪽 살 5토막, 배 쪽 살 3토막, 모두 8토막으로 자른 모습.

- 테크닉 -

Habiller un poisson plat(sole)

납작한 생선 손질하기(가자미)

도구

가위

생선용 필레 나이프

비늘 제거기

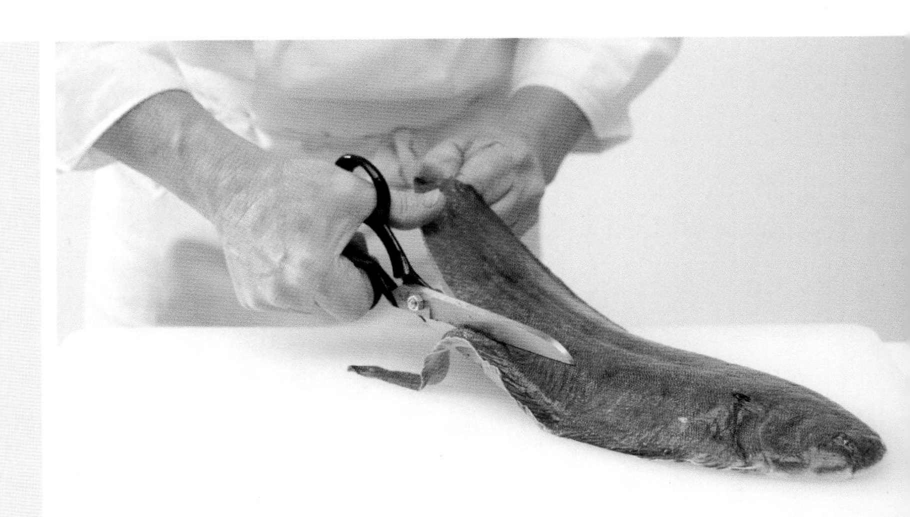

• 1 •

조리용 가위를 이용하여 생선의 지느러미를 잘라낸다.

• 3 •

연골 부위를 긁어 생선 껍질을 분리한다.

• 5 •

흰 껍질 쪽 비늘을 제거한다(생선을 통째로 조리할 경우).

• 2 •

생선용 필레 나이프로 꼬리의 끝부분에, 연골은 자르지 않은 상태로 칼집을 내준다.

• 4 •

키친타월을 사용하여 꼬리 부분을 미끄러지지 않게 꽉 잡고 껍질을 벗겨낸다.

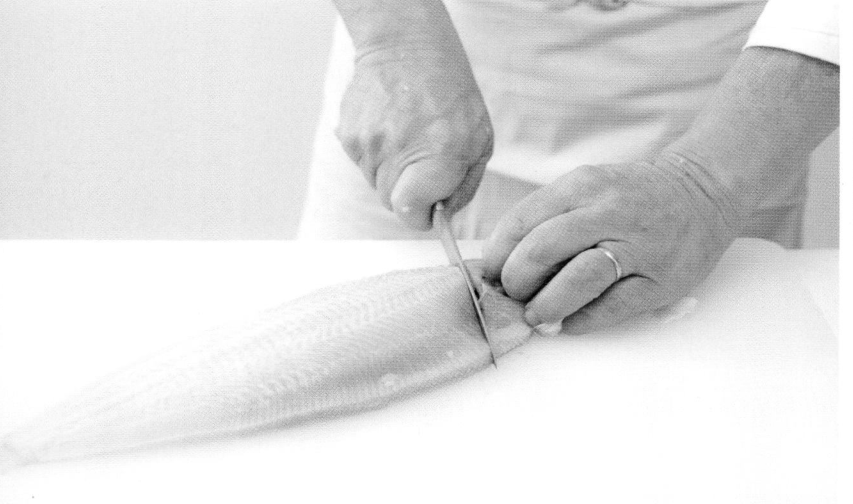

• 6 •

머리 주변의 살을 최대한 살리면서, 어슷한 방향으로 머리를 잘라낸다.

– 포커스 –

가자미는 한 면은 껍질을 벗기고,
다른 한쪽은 비늘만 제거하는 독특한 생선이다.
검은 껍질을 제거할 때는,
키친타월을 사용하여 납작한 생선을 꽉 잡고
미끄러지지 않게 껍질을 벗기는 것이 중요하다.

• 7 •

적당한 도구를 사용하여 알주머니를 뽑아낸다.

– 테크닉 –

Lever les filets d’un poisson plat
납작한 생선 필레 뜨기

도구

생선용 필레 나이프
두드림용 망치

• 1 •

머리 둘레에 칼집을 내고, 척추뼈 가시를 따라 칼집을 내어 필레 뜰 경계선을 표시한다.

• 4 •

다른 쪽 필레도 마찬가지 방법으로 떠낸다.

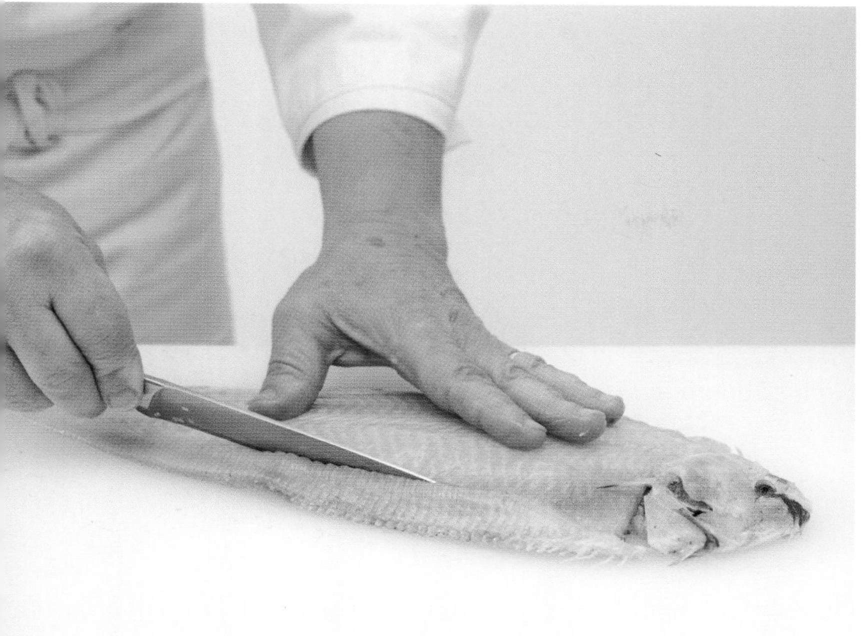

• 2 •

지느러미 살을 잘라낸다.

• 3 •

필레 나이프의 탄성을 이용하여, 척추뼈와 가시를 눌러가면서 필레를 떠낸다.

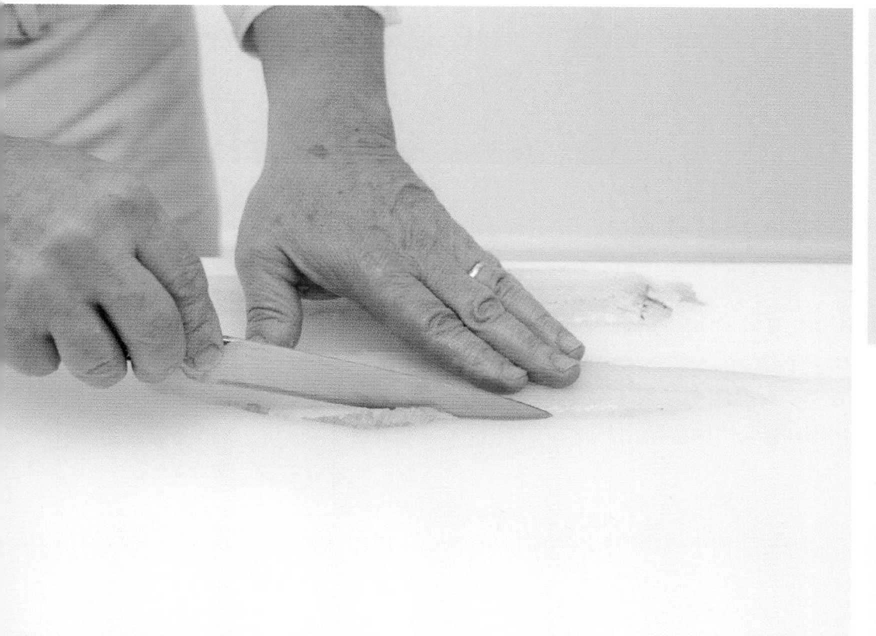

• 5 •

필레의 가장자리를 정리한다.

• 6 •

두 장의 식품용 폴리에틸렌 페이퍼(papier guitare)나 유산지 사이에 필레를 놓고, 두드림 망치나 넓은 칼의 면을 이용해 두드려 펴준다.

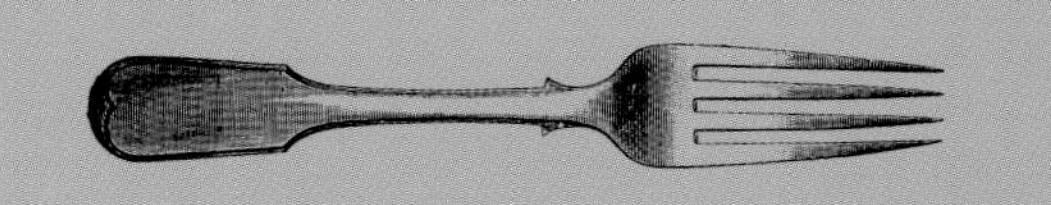

생선류
LES POISSONS

레시피

Level 1

그린 토마토, 블랙 올리브와 아몬드를 곁들인 달고기구이

SAINT-PIERRE DE PETITS BATEAUX RÔTI, AUX TOMATES GREEN ZEBRA, OLIVES NOIRES ET AMANDES

6인분 기준
준비 시간 : 30분
조리 시간 : 35분

재료
달고기 2.5 kg짜리 1마리
또는 1.5 kg짜리 2마리(750g의 살이 필요하다)
올리브오일 (Baux-de-Provence산) 500ml
그린 토마토 (tomates green zebra) 600g
레몬 타임 (thym citron) ½단

가지 캐비어 재료
보라색 가지 2개
올리브오일
녹색과 바이올렛 색의 바질 1단
커리 가루
에스플레트 칠리 가루
소금 / 후추

플레이팅용 재료
블랙 올리브* 200g
굵게 다진 생 아몬드 250g

도구
자동 믹서기
두꺼운 냄비
논스틱 프라이팬

1▸ 달고기의 필레를 떠서 자연적으로 분리되는 세 개의 긴 조각으로 나눠 놓는다(p.124 테크닉 참조). 겹질을 벗긴 후 냉장고에 보관한다. 필레 뜨고 남은 생선 뼈는 버리지 말고 보관한다(생선 육수로 사용 가능).

2▸ 주물 냄비에 올리브오일을 달군 후, 적당한 크기로 자른 그린 토마토와 레몬 타임 2~3줄기를 넣고 볶는다. 소금과 후추로 간한다. 약한 불에 콤포트처럼 익히고 즙을 졸인 다음, 토마토와 즙을 모두 믹서에 갈아 쿨리(coulis)를 만들어 둔다.

3▸ 가지 캐비어 만들기: 가지 표면 전체를 칼끝으로 찔러 놓는다.

4▸ 가지에 올리브오일을 뿌린 뒤 알루미늄 호일에 싸서 익힌다.

5▸ 가지가 익으면, 길게 반으로 잘라 속을 파낸다.

6▸ 굵게 다진 바질 잎 몇 장과 올리브오일을 넉넉히 1테이블스푼 넣고, 파낸 가지 속살과 잘 혼합한다. 소금, 후추, 커리 가루, 에스플레트 칠리 가루로 간을 맞춘다.

7▸ 달고기 필레 조각에 간을 하고 올리브오일을 두른 팬에 지진다. 조리용 바늘을 찔러 넣어 보아 익은 정도를 확인한다. 바늘이 아주 뜨겁지 않고 따뜻한 온도로 나와야 알맞게 익은 것이다.

* olives taggiaches: 이탈리아 리구리아에서 재배되는 블랙 올리브의 한 종류로, 크기가 작고 단맛과 향이 뛰어나다.

8▸ 플레이팅: 접시 중앙에 가지 캐비어를 조금 깔고, 생선을 그 위에 올린다. 씨를 빼고 꽃잎 모양으로 자른 블랙 올리브, 굵게 다진 아몬드와 바질 잎을 골고루 얹고, 접시 양쪽에 그린 토마토 쿨리를 뿌려 마무리한다.

Level 2

프로방스 풍미의 달고기구이

SAINT-PIERRE DE PÊCHE LOCALE
RÔTI AUX SAVEURS DE PROVENCE

6인분 기준
준비 시간 : 1시간 15분
조리 시간 : 25분

재료
달고기 2.5 kg짜리 1마리

겉 양념
말려서 다진 로즈마리 1꼬집
말려서 다진 파슬리
말려서 다진 오렌지 껍질 제스트
바질 오일 / 소금 / 후추

속 양념
프레시 타임 / 바질
파슬리 1작은 옹큼

가니쉬 재료
프로방스 주키니 호박(노랑, 녹색 또는 납작 호박) 500g
미니 펜넬 6개 / 미니 파바 콩 400g
바이올렛 아스파라거스 1단
밀가루
미니 아티초크 (artichauts poivrade) 1단
감자 (roseval: 붉은 껍질의 작고 길쭉한 감자 종류) 500g
핑크색 마늘 2쪽 / 올리브오일 100g / 버터 100g

토마토즙 재료
대추 토마토 500g
펜넬 1뿌리 / 올리브오일 / 타라곤 / 마늘 2쪽

토마토즙 완성 재료
드라이 토마토 브뤼누아즈 50g
가늘게 썬 바질 $\frac{1}{4}$단
씨를 빼고 얇게 저민 니스산 블랙 올리브 50g

데코레이션
녹색, 자색 바질의 작은 잎 두세 장씩 뜯은 것
제철 식용 꽃잎 / 펜넬 새싹
구운 체리 토마토 4줄기

도구
가위 / 원뿔체 / 고운 원뿔체
오븐용 팬 / 소테팬

1▶ 생선 준비: 달고기를 손질해 놓는다(p.120 테크닉 참조). 배 쪽에 작은 칼집을 내어 내장을 꺼내고, 등지느러미 쪽에 칼집을 내어 경계선을 표시해 나중에 서빙할 때 쉽게 자를 수 있도록 해둔다. 겉과 속을 모두 양념한 다음 보관한다.

2▶ 가니쉬 준비: 주키니 호박은 4등분, 미니 펜넬은 반으로 자르고 바이올렛 아스파라거스는 어슷하게 썰어 놓는다. 썰어 놓은 채소를 각각 따로 끓는 물에 데쳐 놓는다. 미니 파바 콩을 깍지에서 꺼내 끓는 물에 데친 다음, 속껍질을 벗겨 콩알을 두 쪽으로 갈라 버터와 올리브오일에 살짝 데워 놓는다. 미니 아티초크를 다듬어 깎아서(p.446 테크닉 참조) 밀가루를 조금 푼 물에 완전히 익을 때까지 끓인다. 감자를 동그랗게 슬라이스한 다음, 껍질을 벗기지 않은 마늘, 올리브오일, 버터와 함께 오븐팬에 넣고 180℃ 오븐에서 익힌다.

3▶ 토마토즙 만들기: 마늘과 토마토를 반으로 자르고, 펜넬은 얇게 채 썬다. 팬에 올리브오일을 조금 넣고 달군 후, 마늘과 펜넬을 넣어 수분이 나오도록 볶는다.

4▶ 토마토를 넣고 뚜껑을 꽉 닫아 수분이 증발하지 않도록 한 다음 170℃ 오븐에서 익힌다.

5▶ 원뿔체에 걸러 즙을 받는다.

6▶ 토마토즙 마무리 재료를 넣어준다(레시피 재료 참조).

7▶ 브로일러팬 또는 바트에 달고기를 놓고 올리브오일을 뿌린 다음 160℃ 오븐에서 20분 정도 익힌다.

8▶ 플레이팅: 서빙 접시에 생선을 담는다. 가니쉬 채소는 각각 따로 올리브오일과 버터를 두른 팬에 볶아, 생선 주위에 조화롭게 배치한다. 토마토즙을 뿌린다. 구운 체리 토마토로 장식한다. 달고기는 서빙 플레이트에서 잘라준다. 토마토즙이 생선의 육즙과 어우러져 맛있는 소스가 완성된다.

❀ ❀ ❀

송로버섯, 아스파라거스를 곁들인 페퍼민트 소스의 달고기 찜

SAINT-PIERRE DE PETITS BATEAUX À LA VAPEUR DOUCE DE MENTHE POIVRÉE, RÂPÉ DE TRUFFE NOIRE, ASPERGES DE MALLEMORT MINUTE

안 소피 픽(Anne-Sophie Pic), **페랑디 파리 자문위원회 멤버**

6인분 기준
준비 시간 : 30분
조리 시간 : 20분

재료

달고기
달고기 80g짜리 토막 6조각
고운 소금

민트 오일
올리브오일 250ml
페퍼민트 잎 35g

가니쉬
아스파라거스 12개
올리브오일 약간
채소 육수 450ml
페퍼민트 30g
고운 소금

트러플 – 아스파라거스 소스
아스파라거스 익히고 남은 즙 60g
아스파라거스 잘라낸 줄기 익힌 것 60g
민트 오일 12g
블랙 트러플(송로버섯) 다진 것 10g

플레이팅 마무리
블랙 트러플 얇게 슬라이스한 것 12조각
플뢰르 드 셀*

도구
조리용 온도계
스티머
고운 면포

2007년 올해의 셰프로 선정된 안 소피 픽은 프랑스에서 미슐랭 가이드 3스타의 영광에 빛나는 유일한 여성 셰프이다. 증조할머니가 1889년 시작한 식당을 계승하기 위해 부단한 노력을 기울인 결과, 프랑스 7번 국도상에 있는 그녀의 레스토랑에는 꾸준히 미식가들의 발길이 이어지고 있다.

민트 오일 만들기
냄비에 올리브오일 분량의 반을 넣고 120℃까지 데운다. 올리브오일이 온도에 달하면, 미리 씻어서 물기를 닦아둔 페퍼민트 잎을 넣고, 다시 120℃에 달하도록 불을 조절한다. 나머지 반의 올리브오일은 샐러드 볼에 넣고, 볼을 얼음 위에 올린다. 뜨거운 올리브오일에 있던 페퍼민트 잎을 건져, 얼음 위에 있는 차가운 오일에 넣어 익힘을 중단시킨다. 뜨거운 오일은 식혀서 차가운 오일과 민트 잎과 함께 섞어준다. 이것을 모두 믹서에 간 후 고운 면포에 걸러 둔다.

생선 준비하기
달고기 필레에 간을 한 뒤, 냉장고에 보관한다.

가니쉬 준비하기
그린 아스파라거스 줄기의 비늘처럼 생긴 눈을 제거한 다음, 연한 윗부분만 남기고 줄기 밑동은 잘라낸다. 팬에 올리브오일을 달군 후, 아스파라거스를 색이 나지 않게 익힌다. 소금 간을 하고, 채소 육수를 약간 넣어 디글레이즈한 다음, 민트 잎을 넣는다. 아스파라거스는 아삭한 식감이 살아 있도록 익힌다.

트러플 - 아스파라거스 소스 만들기
아스파라거스를 익히고 팬에 남은 즙과, 다듬으며 잘라낸 아스파라거스 줄기 밑동 부분을 함께 믹서로 간다. 필요하면 트러플즙을 조금 넣어도 좋다. 체에 걸러준다. 민트 오일과 다진 트러플을 넣고, 간을 조절한다. 따뜻하게 보관해 둔다.

마무리와 플레이팅
스티머를 예열해 둔다. 미리 올리브오일을 살짝 발라놓은 달고기를 스티머에서 2분간 찐 다음, 2분간 휴지시킨다. 그동안 접시에 아스파라거스를 놓고, 2분이 지난 달고기를 담는다. 얇게 저민 트러플을 보기 좋게 얹어준다. 준비한 소스와 민트 오일 몇 방울을 뿌려 마무리한다.

* fleur de sel: 프랑스의 해안가 염전 위에 바닷물이 증발해 건조되기 전 얇은 막으로 하얗게 떠 있는 소금을 전통 수작업으로 걷어내 생산한 소금꽃.

- 레 시 피 -

안 소피 픽, 메종 픽 *** (발랑스)
ANNE-SOPHIE PIC, MAISON PIC *** (VALENCE)

Level 1

그르노블식 가자미구이

SOLE GRENOBLOISE

6인분 기준
준비 시간 : 1시간
조리 시간 : 45분

재료
350g짜리 가자미 6마리
우유 200ml
밀가루 150g
콩기름 150ml
버터 140g
소금

그르노블식 가니쉬
식빵 200g
정제 버터 (p.66 참조) 100g
레몬 8개
파슬리 $\frac{1}{2}$단
살이 단단한 감자 1.5kg

그르노블 식 버터
버터 100g
레몬즙 200g
케이퍼 100g

도구
타원형으로된 생선팬
스티머

1▶ 가자미 다듬기: 지느러미와 대가리를 잘라내고 내장을 빼낸다. 흰 껍질 쪽 비늘을 제거하고, 검은 껍질은 꼬리부터 머리 쪽으로 잡아당기며 벗겨낸다. 깨끗이 헹구고 물기를 제거한다(이 단계까지는 생선 가게에 부탁해서 준비할 수 있다).

2▶ 그르노블식 가니쉬 준비하기: 식빵 슬라이스를 잠깐 냉동실에 넣어 단단하게 굳힌다. 작은 큐브 모양으로 썰어 정제 버터와 소금을 조금 넣고, 노릇해질 때까지 팬에 볶는다. 체에 건져 키친타월로 기름기를 빼준다.

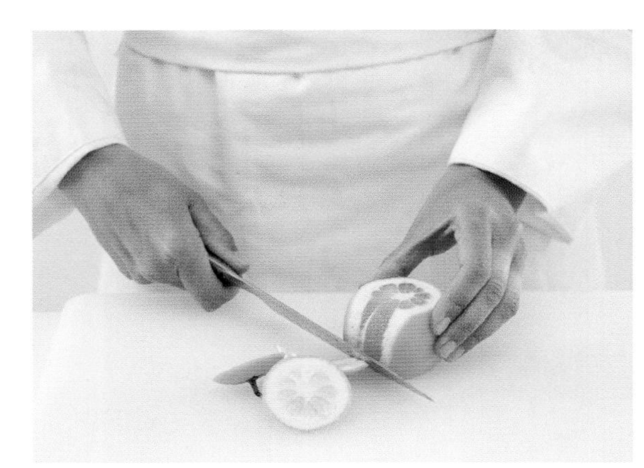

3▶ 레몬을 통째로 껍질과 하얀 부분을 한 번에 벗겨준다(peler à vif: p.652 참조). 레몬 조각을 저며내어 주사위 모양으로 썰어준다. 파슬리는 씻어 물기를 빼고 다져 놓는다. 감자는 껍질을 벗긴 후, 페어링 나이프로 올리베트(olivette) 모양으로 돌려 깎아(tourner les pommes de terre: p.508 참조), 증기로 쪄 놓는다.

4▶ 가자미를 '뫼니에르(meunière)' 방식으로 조리하기: 가자미는 우유에 담갔다가 조심스럽게 건진 다음, 간을 하고 밀가루를 묻힌다. 너무 많이 묻은 쪽은 털어준다. 생선용 팬에 오일과 버터, 소금 한 꼬집을 넣고 뜨겁게 달군 다음 생선 흰 껍질을 아래쪽으로 하여 놓는다. 노릇하게 색이 날 정도로 구워지면 뒤집고, 거품이 나는 갈색 버터를 끼얹어 주면서 굽는다. 가시 쪽에 칼끝을 넣어 익은 정도를 확인한다. 가시 뼈와 살이 분리되어 떨어지면 다 익은 것이다.

5▸ 마무리와 플레이팅: 가자미를 서빙용 플레이트에 담는다. 그르노블식 버터를 만든다. 팬에 버터를 녹여 갈색이 나도록 달군 뒤, 레몬즙으로 디글레이즈하고, 케이퍼를 넣어 생선에 끼얹는다. 다진 파슬리, 썰어놓은 레몬과 크루통을 뿌려 완성한다.

Level 2

시트러스-당근 버터소스를 곁들인 그르노블식 가자미 스테이크

TRONÇON DE SOLE
FAÇON GRENOBLOISE
BEURRE AGRUMES-CAROTTE

6인분 기준
준비 시간 : 1시간 30분
조리 시간 : 50분

재료
큰 크기의 가자미 3마리
(600~800g의 필레가 필요하다)
우유 200ml
밀가루 300g
식용유 100g
버터 100g
소금 / 후추

가니쉬
식빵 200g
포멜로 자몽 3개
줄기 달린 케이퍼 100g
핑거라임(캐비아 레몬, citron caviar) 2개
살이 단단한 감자 1kg
지롤 버섯 (girolles) 250g
정향(클로브) 3개
버터 60g
올리브오일 100ml
마늘 1톨

시트러스-당근 버터
오렌지 4개
레몬 2개
당근 1kg
버터 100g

플레이팅
함초 (salicorne cress) 1팩
보리지 크레송 (bourrache cress) 1팩
식용 미니 팬지꽃 $\frac{1}{2}$ 팩
핑거라임(캐비아 레몬) 2개

도구
착즙 주서기
프라이팬
스티머

1▸ 가자미 다듬기: 지느러미와 대가리를 잘라내고 내장을 꺼낸다. 흰 껍질 쪽 비늘을 제거하고, 검은 껍질은 꼬리부터 머리 쪽으로 잡아당기며 벗겨낸다. 깨끗이 헹구고 물기를 꼼꼼히 제거한다. 생선을 두 토막으로 잘라 둔다.

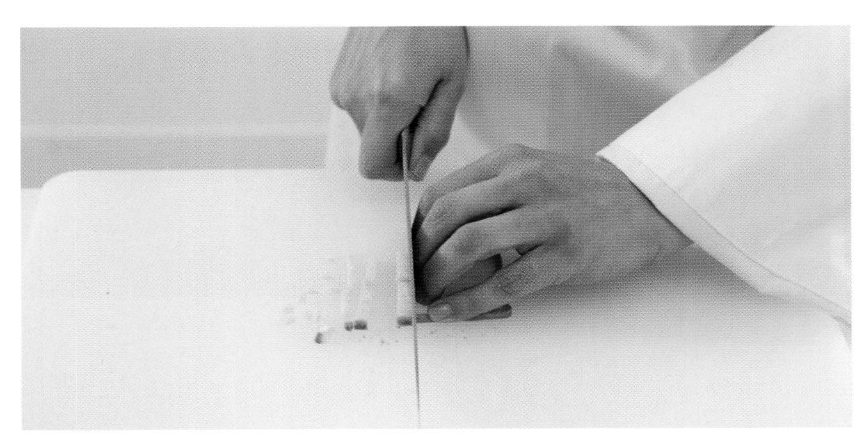

2▸ 가니쉬 준비하기: 식빵 슬라이스를 잠깐 냉동실에 넣어 단단하게 굳힌 뒤, 브뤼누아즈로 작게 썰어 논스틱 오븐팬(또는 오븐용 브로일팬) 위에 펴 놓는다. 120℃로 예열된 오븐에 넣어 노릇해질 때까지 굽는다.

3▸ 자몽을 통째로 놓고, 껍질과 흰 속껍질을 한 번에 벗긴다(peler à vif: p.652 참조). 자몽 속살 조각을 저며내고, 두꺼운 것은 반으로 나눈다. 작은 삼각형 모양으로 잘라 둔다. 자몽즙은 시트러스 버터용으로 남겨 둔다.

4▸ 케이퍼의 크기가 큰 것은 반으로 자르고, 캐비어 레몬은 길게 껍질을 잘라 속을 꺼내 알갱이를 떼어놓는다.

5▸ 감자는 껍질을 벗겨, 길쭉한 타원형으로 돌려 깎기한다. 모서리를 둥글게 깎아준 다음 스팀에 찐다. 칼끝으로 찔러보아 단단함이 느껴지지 않고 들어갈 때까지 익힌다.

6▸ 지롤 버섯을 재빨리 씻어 조심스럽게 건진다. 키친타월로 물기를 제거한 다음, 버터와 기름을 섞어 달군 팬에 재빨리 한 번 볶아낸다. 그 다음 두 번째로 약한 불에 천천히 볶는데, 이때 으깬 마늘과 버터를 조금 넣어준다.

7▸ 시트러스-당근 버터 준비하기: 오렌지와 레몬의 즙을 짠다. 당근은 껍질을 벗기고 착즙 주서기로 즙을 추출한다. 당근즙을 오렌지, 레몬즙과 혼합한다. 버터는 작은 조각으로 잘라 냉장고에 보관한다.

8▸ '뫼니에르' 방식으로 가자미 조리하기: 토막 낸 가자미를 우유에 담갔다가 건져 우유를 잘 털어낸다. 간을 하고 밀가루를 아주 얇게 묻힌다. 너무 많이 묻은 밀가루는 털어낸다.

9▸ 기름과 버터에 소금을 한 꼬집 넣고 생선용 팬에 달군다. 생선 토막의 흰 껍질 쪽이 아래로 가게 놓고 지진다. 노릇노릇한 색이 나면 뒤집고, 거품이 나는 갈색 버터를 끼얹어 가며 익힌다. 가시 쪽에 칼끝(혹은 조리용 바늘)을 넣어 익은 정도를 확인한다. 가시뼈와 살이 분리되어 떨어지면 다 익은 것이다.

10▸ 플레이팅: 서빙 플레이트에 생선과 자몽을 담는다. 생선을 지진 팬에 시트러스-당근즙을 넣어 디글레이즈하고 끓인다. 버터를 넣고 거품기로 저어 잘 혼합해 에멀전 상태를 만든다(숟가락 뒤에 묻을 정도의 농도). 간을 조절하고 생선에 끼얹는다. 크루통, 케이퍼, 캐비어 레몬과 크레송을 보기 좋게 놓는다. 삶은 감자와 지롤 버섯을 생선 주위에 자연스럽게 놓고, 마지막으로 식용 팬지꽃으로 장식한다.

Level 3

❀❀❀

조개와 시금치를 곁들인 뱅 존 소스의 가자미 요리

TRAVERS DE SOLE AU VIN JAUNE, COQUILLAGES ET FONDUE DE TÉTRAGONE

미셸 로트(Michel Roth), 페랑디 파리의 자문위원회 멤버,
1991 프랑스 명장(MOF) 획득, 1991 보퀴즈 도르(Bocuse d'Or) 수상

6인분 기준
준비 시간 : 40분
조리 시간 : 40분

재료
가염 버터 200g
껍질 벗겨 다진 샬롯 2개분
꼬막, 웅피 조개 (vernis) 600g
화이트 와인 100g
생크림 150ml
뱅 존* 70ml
감자 600g
(작고 길쭉한 감자의 껍질을 벗겨 씻은 후,
높이 5cm, 지름 2cm 원통 모양으로 돌려 깎아 놓는다)
500g짜리 가자미 3마리
(필레 떠서 준비한다. 1인당 필레 2장,
생선 뼈는 버리지 말고 보관한다)
씻어 놓은 번행초 (tétragone: 여름 시금치) 400g
익혀서 껍질 벗긴 새우 12마리
처빌 / 딜 약간

도구
고운 원뿔체
조리용 팬
소테팬

미셸 로트는 가장 화려한 수상 경력을 가진 프랑스의 위대한 셰프 중 한 사람이다. 그는 1991년 한 해에만 요리업계 최고의 권위를 자랑하는 두 개의 타이틀을 거머쥐게 된다. 겸손한 미덕을 가진 이 셰프는 프랑스의 미식 유산을 계승할 뿐 아니라 프랑스 요리를 세계에 알리는 데 큰 몫을 하고 있다.

소스만들기
소테팬에 버터를 한 조각 녹인다. 다진 샬롯과 꼬막, 웅피 조개를 넣고 볶다가 화이트 와인을 붓고 뚜껑을 덮어 5분간 끓인다. 조개를 모두 건져 껍질을 벗기고, 조개 익힌 국물은 원뿔체에 걸러 둔다. 필레 뜨고 남은 생선 뼈를 토막 내어, 버터를 달군 냄비에 넣고 색깔이 노릇해질 때까지 볶아준다. 걸러놓은 조개 국물과 생크림을 넣는다. 약한 불에서 양이 반으로 줄어들 때까지 졸인다. 뱅 존을 넣는다. 소금과 후추로 간을 하고, 고운 원뿔체에 걸러 따뜻하게 보관한다.

감자 익히기
냄비에 가염 버터 100g을 녹이고, 원통형으로 깎아 놓은 감자를 넣는다. 약하게 소금 간을 한 다음 뚜껑을 닫고 약한 불에서 30분간 익힌다. 중간중간 뒤적이거나 흔들어 주면서 감자에 골고루 버터가 묻도록 해준다. 감자는 부드럽게 완전히 익어야 한다.

가자미 준비하기
가자미 필레에 소금 간을 한다. 필레를 두 장씩 나눠서 버터를 조금씩 넣고 쿠킹용 필름에 싸준다. 끈으로 양 끝을 잘 묶고 약하게 끓는 물에 넣어 5~6분간 익힌다. 물에서 생선을 꺼내, 필름을 벗긴다. 뱅 존 소스를 끼얹고 따뜻하게 보관한다.

테트라곤 익히기
팬에 가염 버터 50g을 녹여 거품이 일기 시작하면, 씻어 둔 번행초 잎과 껍질을 벗겨놓은 조갯살, 새우를 넣는다. 소금과 후추로 간을 조절하고 빠르게 잘 섞어 따뜻하게 서빙한다.

플레이팅
각 접시 중앙에 가자미 필레를 놓고, 주위에 원통형 감자, 테트라곤과 새우, 조개 등을 놓는다. 처빌과 딜로 장식한다.

마무리
소스를 믹서로 갈아 거품이 나게 한다. 즉시 서빙한다.

* vin jaune: 프랑스 쥐라(Jura) 지방의 특산 화이트 와인으로 노란색을 띠며 독특한 풍미를 지닌다.

- 레 시 피 -

미셸 로트, 베이뷰 *, 호텔 프레지던트 윌슨 레스토랑 (제네바)

MICHEL ROTH, BAYVIEW *, RESTAURANT DE L' HÔTEL PRÉSIDENT WILSON (GENÈVE)

Level 1

스파이스 칩과 허브 부이용 소스를 곁들인 파피요트 연어 스테이크

PAVÉ DE SAUMON EN PAPILLOTE,
CROUSTILLE AUX ÉPICES,
BOUILLON AUX HERBES

6인분 기준
준비 시간 : 40분
조리 시간 : 20분

재료
연어 6토막
플뢰르 드 셀
에스플레트 칠리 가루
랑그독 드라이 화이트 와인 100ml
(vin blanc sec du Languedoc)

가니쉬
함초 200g
그린 빈스 200g
햇당근 200g
긴 순무 200g

스파이스 크리스피
당근 퓌레 80g
상온의 포마드 버터 80g
달걀흰자 80g
밀가루 80g
에스플레트 칠리 가루
코리앤더 씨
큐민

허브 부이용
생선 육수 (p.26 참조) 500g
연어 익힌 즙
녹색 채소 추출 클로로필 50g
(coagula végétal: p.62 참조)
처빌 1단

도구
유산지(또는 파피요트용 투명 필름)
쉼표 모양의 스텐실 형판

1▸ 가시를 제거한 연어를 정사각형으로 잘라, 소금(플뢰르 드 셀)과 에스플레트 칠리 가루로 간을 해둔다.

2▸ 가니쉬 만들기: 함초를 데친다. 그린 빈스를 끓는 소금물에 10분간 익힌다. 햇당근과 순무는 껍질을 벗기고 씻은 다음 3~4cm 크기의 성냥개비 모양으로 가늘게 자른다(tailler en jardinière: p.438 참조). 끓는 소금물에 10분간 익힌다.

3▸ 파피요트 만들기: 파피요트용 필름이나 유산지 위에 연어를 놓고, 준비한 채소를 그 위에 얹은 다음 화이트 와인을 고루 붓는다. 파피요트를 단단히 밀봉하여, 180℃로 예열한 오븐에 10분 정도 익힌다.

4▸ 스파이스 크리스피 만들기: 당근 퓌레와 상온에서 부드럽게 한 포마드 버터를 섞고 간을 한 다음, 달걀흰자를 넣고 마지막으로 체에 친 밀가루를 넣어 혼합한다(혼합물에 끈기가 생기는 것을 막기 위하여 거품기로 섞지 않는다).

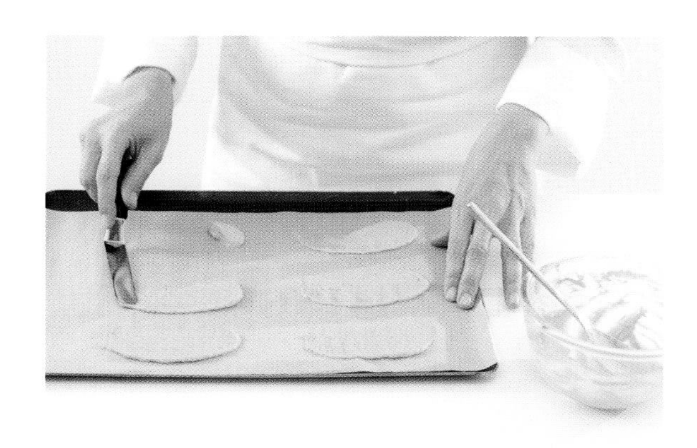

5▶ 쉼표 모양의 본을 따라, 유산지 위에 6개의 크리스피 반죽을 얇게 펴준다. 스파이스(에스플레트 칠리 가루, 코리앤더 씨, 큐민)를 뿌린 뒤, 130℃로 예열된 오븐에 넣고 바삭해질 때까지 굽는다.

6▶ 허브 부이용 만들기: 연어를 익힌 즙과 생선 육수에(또는 생선 육수만 사용해도 된다) 녹색 식물 추출 클로로필(coagula végétal vert)을 넣고 거품기로 잘 젓는다. 간을 맞춘다.

7▶ 플레이팅: 우묵한 접시에 허브 부이용을 붓고, 연어를 가운데 담는다. 그 위에 채소 가니쉬를 얹고 처빌 잎으로 장식한다. 마지막으로 스파이스 크리스피 칩을 올려 완성한다.

Level 2

패션프루트 소스를 곁들인 이국적인 풍미의 연어 파피요트

YIN ET YANG DE SAUMON
EN PAPILLOTE AU PARFUM D'EVASION,
SAUCE AU FRUIT DE LA PASSION

6인분 기준
준비 시간 : 40분
조리 시간 : 10분(연어) + 15분(크리스피)

재료
연어 필레 2장
(또는 150g짜리 토막 6개)
플뢰르 드 셀
에스플레트 칠리 가루
다진 허브(파슬리, 처빌, 타라곤) 2단
루아르 (Loire)산 화이트 와인 200ml

가니쉬
신선한 함초 200g
햇당근 1단
무 1개
아티초크 4개
유자즙 3개분

생강-깨-양귀비 씨 크리스피
당근 퓌레 40g
간 생강 10g
버터 40g
달걀흰자 40g
밀가루 40g
통깨 5g
양귀비 씨(포피시드) 2g
핑크색 통후추 2g

패션프루트 소스
생선 육수 (p.26 참조)
생크림 100ml
패션프루트즙 100ml

데코레이션
여러 가지 색의 식용 꽃 12송이
차조기 순, 무순 1팩

도구
조리용 원형틀
가는 막대 모양 스텐실 형판

1▸ 1인당 두 조각의 연어를 잘라 소금(플뢰르 드 셀)과 에스플레트 칠리 가루로 간을 한 다음, 안쪽 면에만 다진 허브를 입힌다.

2▸ 연어를 음양을 상징하는 태극 문양으로 만들어 원형틀에 집어넣거나 실로 묶는다.

3▸ 가니쉬 만들기 : 함초를 끓는 물에 1분간 데친다. 햇당근과 무는 껍질을 벗겨 씻은 후 3~4cm 길이의 가는 막대 모양으로 자른다(tailler en julienne: p.438 참조). 아티초크를 다듬어 깎아(tourner les artichauts: p.444 참조) 얇게 저민 다음, 유자즙과 함께 냄비에 넣은 후, 뚜껑을 닫고 익힌다.

4▸ 파피요트 만들기: 유산지나 알루미늄 포일에 가니쉬 채소를 놓고 그 위에 태극 무늬 연어를 얹는다. 루아르산 화이트 와인을 조금 붓고, 단단히 밀봉한다. 180℃로 예열된 오븐에서 10분간 익힌다.

5▸ 생강-깨-포피시드 크리스피: 당근 퓌레, 간 생강, 상온에서 부드럽게 한 포마드 상태의 버터를 잘 섞고, 달걀흰자, 그리고 마지막으로 밀가루를 넣어 혼합한다. 긴 성냥 같은 막대 모양의 틀 모형을 유산지 위에 놓고, 그 모형 본에 따라 반죽을 편다. 통깨와 포피시드, 핑크색 통후추를 뿌린 후, 130℃로 예열해 놓은 오븐에서 노릇하고 바삭해질 때까지 굽는다. 오븐에서 꺼내 보관한다.

6▸ 패션프루트 소스 만들기: 생선 육수와 연어를 익히고 나온 즙을 합하여 처음 양의 2/3이 될 때까지 졸인 다음, 생크림을 넣고 다시 반으로 졸인다. 마지막으로 패션프루트즙을 넣는다. 소스의 농도는 숟가락으로 떴을 때 묻을 정도가 되어야 한다. 필요하면 간을 조절한다.

7▸ 플레이팅: 접시에 가니쉬를 담고, 그 위에 연어를 얹는다. 소스를 주위에 두르고 막대 모양 크리스피를 교차해 올려놓는다. 마지막으로 식용 꽃, 차조기 순, 무순 등으로 조화롭게 장식한다.

Level 3

오렌지 비네그레트 소스를 곁들인 연어 마리네이드와 당근 플랑

SAUMON MARINÉ ET FLAN DE CAROTTE, VINAIGRETTE À L'ORANGE

기욤 고메즈(Guillaume Gomez), 2004 프랑스 명장(MOF) 획득, 프랑스 공화국 요리사 협회장

기욤 고메즈는 2004년에, 25세의 젊은 나이로 프랑스 역사상 최연소 프랑스 명장 칭호를 얻은 셰프가 되었다. 끊임없는 열정으로 이 분야에 노력을 쏟는 이 셰프는 대통령 관저 엘리제 궁의 요리사단을 이끌고 있으며, 탁월한 솜씨로 대통령 관저의 게스트들에게 프랑스 미식의 이미지를 널리 선보이고 있다.

6인분 기준
준비 시간 : 40분
마리네이드: 8시간
휴지 시간: 48시간
조리 시간 : 40분

재료

연어 마리네이드
연어 등살 1kg
통후추
코리앤더 씨
레몬 제스트 말린 것 1개분
굵은 소금 1kg
설탕 100g
딜 2단
올리브오일 200ml

비네그레트
프레시 오렌지즙 1리터
올리브오일 200ml
소금 / 후추

당근 플랑
당근 펄프 1kg
(1.5kg의 당근을 익히고, 갈아서 체에 거른 건더기. 당근즙은 따로 보관해 둔다)
달걀 7개
생크림 100g
넛멕
소금 / 후추

가니쉬
큰 당근 1kg

도구
고운 원뿔체
원통형 실리콘 몰드
만돌린 슬라이서
스티머

첫 번째 마리네이드
연어의 등 쪽 살 필레를 떠달라고 주문해 구입한다. 가시를 제거한다. 후추, 코리앤더 씨, 레몬 껍질 제스트를 믹서에 갈아 굵은 소금과 설탕을 넣고 섞는다. 넓은 용기에 이 혼합 소금을 연어의 크기만큼 한 켜 깔아 펴준 다음, 연어 등살을 놓는다. 다시 굵은 혼합 소금으로 덮어준 다음 냉장고에 넣어 8시간 마리네이드한다.

두 번째 마리네이드
냉장고에서 연어를 꺼내, 소금을 모두 걷어내고 잘 헹군 다음 키친타월로 물기를 제거한다. 딜을 잘게 다져 올리브오일에 섞는다. 연어를 1인분씩 토막 내 이 혼합물로 충분히 덮어준 다음, 각각의 필레를 따로 랩으로 싸서 냉장고에 48시간 둔다.

비네그레트 만들기
오렌지즙을 졸여 시럽 농도로 만든다. 여기에 올리브오일을 넣고 거품기로 저어 잘 섞는다. 간을 맞춘 후 보관한다.

당근 플랑 만들기
달걀과 크림을 믹서로 혼합해 고운 원뿔체에 거른 뒤, 당근 퓌레를 넣고 넛멕, 소금, 후추로 간한다. 플랑 몰드에 버터를 바르고 퓌레 혼합물을 채워 넣는다. 행주 위에 몰드를 탁탁 쳐서 공기를 빼주고, 120℃로 예열된 오븐에 넣어 중탕으로 익힌다(너무 오래 익히면 거품이 올라올 수 있으니 잘 지켜보아야 한다. 플랑은 크렘 브륄레처럼 익혀야 한다. 익히는 시간은 몰드의 크기에 따라 달라진다). 당근즙은 졸여서 시럽 농도로 만들어 둔다. 플랑이 완성되면 오븐에서 꺼내 식힌 다음 몰드에서 분리한다.

당근 준비하기
큰 당근 분량의 반을 최대 1cm를 넘지 않는 두께로 동그랗게 자른다. 파피요트 종이에 싸서 180℃로 예열된 오븐에 12분간 익힌다. 익으면 플랑 사이즈에 맞게 잘라준다. 나머지 분량의 당근은 만돌린 슬라이서를 이용하여 두께 2mm의 긴 띠 모양으로 잘라, 3분간 찜통에 쪄낸다.

플레이팅
접시에 연어를 담는다. 당근을 밑에 깔고 그 위에 당근 플랑을 얹는다. 플랑의 밑 부분에 당근 띠를 예쁘게 둘러준다. 졸여 놓은 따뜻한 당근즙을 플랑에 끼얹어 윤기 나게 글레이즈한다. 오렌지 비네그레트 소스는 몇 방울 떨어뜨리거나 따로 서빙한다.

- 레 시 피 -

기욤 고메즈, 프랑스 공화국 요리사 협회장

GUILLAUME GOMEZ, PRÉSIDENT DE L'ASSOCIATION DES CUISINIERS DE LA RÉPUBLIQUE

Level 1

리슬링 소스의 송어와 파슬리 플랑

TRUITE AU RIESLING
ET FLAN DE PERSIL

6인분 기준
준비 시간 : 1시간 40분
조리 시간 : 55분

재료
350g 짜리 송어 6마리
리슬링 와인 300ml
샬롯 150g
부케가르니 1개

가니쉬
살이 단단하고 고른 크기의 감자 1kg
파슬리 2단
달걀 3개
생크림 300ml
작은 양송이버섯 300g
버터 100g
레몬 ½개
후추 / 소금
넛멕

페이스트리 플뢰롱(fleurons)
퍼프 페이스트리 반죽 100g
달걀노른자(파이 반죽에 입힐 달걀물용) 1개분

리슬링 소스
샬롯 200g
리슬링 와인 300ml
생선 육수 (p.26 참조) 1.5리터
생크림 300ml
버터 300g
에스플레트 칠리 가루
소금

도구
조리용 가위
플랑용 몰드
믹서 / 체
고운 원뿔체
피스톤 반죽 분배기
둘레에 홈이 있는 원형 커팅틀
생선 요리용 냄비(선택)

1▸ 송어 준비하기 : 송어는 가위로 지느러미를 잘라내고 비늘을 제거한 뒤, 내장을 빼내고 잘 헹궈 둔다(또는 생선 가게에서 이 단계까지 준비해 온다).

2▸ 감자 익히기: 감자의 껍질을 벗기고 씻은 후, 길쭉한 타원형으로 돌려 깎는다(tourner les pommes de terre: p.508 참조). 칼끝으로 찔러 보아 딱딱하지 않고 잘 들어갈 정도로 쪄낸다.

3▸ 파슬리 플랑 만들기 : 플랑 몰드 안쪽에 포마드 상태의 버터를 2번 발라준다. 파슬리를 손으로 작게 떼어 끓는 물에 소금을 조금 넣고 데친다. 건져서 물기를 털어내고 믹서에 간 다음 체에 긁어내린다. 파슬리 퓌레에 달걀을 넣고 믹서로 간 다음, 미리 따뜻하게 데워 놓은 크림을 넣는다. 소금, 후추, 넛멕으로 간을 맞춘다.

4▸ 고운 원뿔체에 걸러준 다음, 피스톤 분배기를 사용하여 몰드에 채운다.

5▸ 채운 몰드를 그라탱 용기에 넣고, 뜨거운 물을 높이의 반 정도까지 부은 다음, 랩을 씌워서 120℃ 오븐에 중탕으로 35분 정도 익힌다. 플랑이 굳으면 완성된 것이다(플랑은 탁 쳤을 때 가운데가 떨리면 안 된다). 오븐에서 꺼내어 15분간 식힌 다음 몰드에서 분리한다.

6▸ 버섯 준비하기: 버섯의 밑동을 조금 잘라내고, 너무 큰 것은 반으로 자른다. 팬에 버터와 레몬 반 개분의 즙을 넣고 버섯을 넣은 다음, 유산지로 덮어 익힌다.

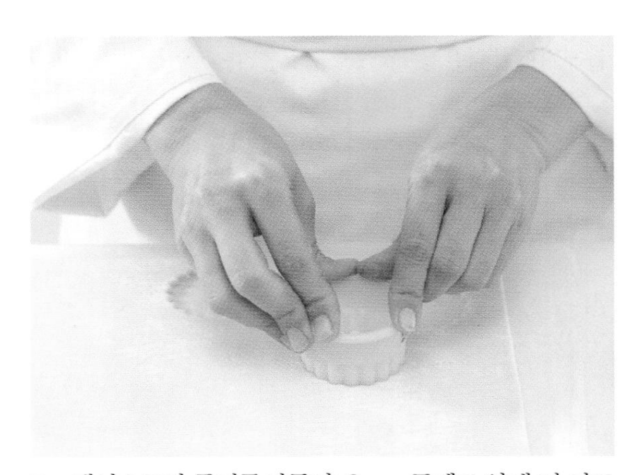

7▸ 페이스트리 플뢰롱 만들기: 3mm 두께로 얇게 민 퍼프 페이스트리 반죽을 홈이 패인 원형 커팅틀을 이용해 초승달 모양으로 찍어낸다. 오븐팬에 놓고, 물이나 우유 2티스푼과 섞은 달걀노른자 물을 두 번 발라준 다음, 210℃로 예열된 오븐에 넣어 노릇한 색이 날 때까지 굽는다.

8▸ 리슬링 소스 만들기 : 잘게 썬 샬롯과 리슬링 와인을 함께 넣고 수분이 완전히 없어질 때까지 졸인다. 생선 육수를 넣고 시럽 농도의 글레이즈가 될 때까지 졸인 후, 크림을 넣고 다시 끓인다. 마지막으로 차가운 버터를 넣고 거품기로 잘 섞는다. 소금과 에스플레트 칠리 가루로 간한다. 원뿔체에 걸러서 보관한다.

9▸ 송어 데치기 : 적당한 크기의 냄비(긴 타원형의 생선용 냄비가 가장 이상적이다)를 준비하여 송어를 담는다. 화이트 와인, 물, 샬롯, 부케가르니를 넣고 간한 다음 아주 약하게 약 10분간 끓인다. 송어를 거품 국자로 건져내고 서빙 플레이트에 담은 뒤, 필레의 껍질을 벗긴다.

10▸ 마무리, 플레이팅 : 서빙 플레이트 위에 송어의 머리가 왼쪽을 향하게 놓고 필레 쪽에 소스를 끼얹는다. 버섯, 파슬리 플랑, 페이스트리 플뢰롱을 곁들인다. 찐 감자는 작은 그릇에 따로 담아 리슬링 소스를 곁들여 낸다.

Level 2

리슬링 소스를 곁들인 송어

CANON DE TRUITE AU RIESLING

6인분 기준
준비 시간 : 2시간 30분
조리 시간 : 45분

재료
350g짜리 송어 6마리
샬롯 200g / 리슬링 와인 300ml

비에누아즈(la viennoise)
빵가루 100g
정제 버터 (p.66 참조) 100g
상온 버터 100g
달걀노른자 1개분
파르메산 치즈 간 것 100g
소금

가니쉬
살이 단단한 감자 1.5kg
생선 육수 (p.26 참조)
크레송(물냉이) 1단
버터 100g / 달걀 3개
생크림 300ml
양송이버섯 300g(모양내어 돌려 깎은 것)
레몬 $\frac{1}{2}$개
소금 / 후추 / 넛멕

큐민 페이스트리 스틱
퍼프 페이스트리 반죽 100g
달걀물(달걀노른자 1개에 물이나 우유를 1티스푼 넣어 풀어준다)
큐민 씨

리슬링 소스
샬롯 200g
리슬링 와인 300ml
생선 육수 (p.26 참조) 1.5리터
생크림 300ml / 버터 300g
에스플레트 칠리 가루
소금

도구
생선용 필레 나이프
커팅틀 / 플랑 몰드 6개
믹서 / 고운 원뿔체
피스톤 반죽 분배기 / 스팀 오븐

1▸ 비에누아즈 준비하기: 정제 버터에 빵가루를 볶아 색을 내고, 식혀서 체에 긁어내려 고운 가루로 만든 다음, 상온의 버터, 달걀노른자, 파르메산 치즈를 섞는다. 간을 맞춘 다음 조리용 유산지 두 장 사이에 넣고 2mm 두께가 되도록 밀어 펴, 딱딱해질 때까지 냉동실에 넣어 둔다.
송어 준비하기: 가위로 지느러미를 자르고, 비늘을 제거한 뒤, 머리와 꼬리를 잘라낸다. 내장을 빼내고 깨끗이 헹군 후, 필레용 나이프를 사용하여 배 쪽으로부터 잘라 가시 뼈를 모두 들어낸다. 이 때, 위아래 두 장의 필레가 등 쪽 껍질로 연결되어 붙어 있어야 한다. 모양을 균일하게 다듬고 배 가장자리 쪽 얇은 살은 잘라낸다. 소금과 에스플레트 칠리 가루로 간을 맞춘다.

2▸ 샬롯은 껍질을 벗기고 잘게 썰어 리슬링과 함께 익힌다. 식힌 후 송어 필레 사이에 채워 넣는다.

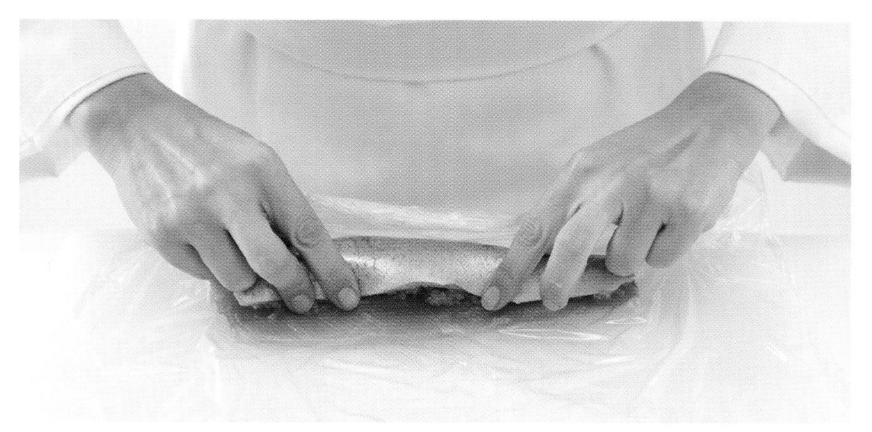

3▸ 조리용 필름으로 송어를 잘 싸서 단단하게 말아 균일한 두께의 원통형으로 모양을 잡아준다.

4▸ 감자 준비하기: 감자는 껍질을 벗겨 씻은 후, 2cm 두께로 썬 다음 원형 커팅틀을 이용해 둥근 모양으로 잘라낸다. 생선 육수에 감자를 넣고 차가운 버터를 조금 넣어 익힌다. 칼끝으로 찔러 보아 부드럽게 들어가면 다 익은 것이다.

5▸ 크레송 플랑 만들기: 오븐을 120℃로 예열한다. 플랑 몰드에 포마드 버터를 두 번 발라 둔다. 크레송은 잎을 떼어, 끓는 물에 소금을 약간 넣고 몇 분간 데친다. 건져서 믹서에 갈아 퓌레를 만든다. 크레송 퓌레를 체에 긁어내린 후, 달걀과 넛멕을 넣고 잘 섞어 믹서에 간다. 미리 따뜻하게 데운 생크림을 조금씩 넣으면서 계속 갈아준다. 고운 원뿔체에 걸러서 피스톤 분배기로 플랑용 몰드에 채워 넣는다. 그라탱 용기에 몰드를 담고, 뜨거운 물을 높이 중간까지 부은 다음 랩으로 씌워 120℃ 오븐에 중탕으로 35분 정도 익힌다. 크림이 굳으면 완성된 것이다(크림이 흔들리면 안 된다).

6▸ 버섯 조리하기: 버섯을 모양내어 돌려 깎고(p.474 단계별 테크닉 참조), 밑동을 자른다. 팬에 버터를 녹여 갈색이 돌면 레몬즙 약간, 생선 육수 한 작은 국자를 넣고 버섯을 익힌다. 팬 크기로 자른 유산지를 덮고 익힌다.

7▸ 큐민 페이스트리 스틱 만들기: 퍼프 페이스트리 반죽을 1mm 두께로 얇게 민 다음 포크로 찔러 공기 구멍을 내고, 달걀물을 바른다. 큐민 씨를 솔솔 뿌린 다음 냉동실에 몇 분간 넣어 둔다. 냉동실에서 꺼내 반죽을 가늘고 긴 스틱 모양으로 잘라준다. 유산지를 깐 오븐 팬에 놓고, 210℃로 예열한 오븐에 넣어 노릇해질 때까지 굽는다.

8▸ 리슬링 소스 만들기: 잘게 썬 샬롯과 리슬링 와인을 함께 넣고 수분이 완전히 없어질 때까지 졸인 뒤, 생선 육수를 넣는다.

9▸ 시럽 농도의 글레이즈가 될 때까지 다시 졸인 후, 크림을 넣고 다시 끓여준다. 마지막으로 차가운 버터를 넣고 거품기로 잘 섞는다. 원뿔체에 걸러서, 중탕으로 따뜻하게 보관한다. 소금과 에스플레트 칠리 가루로 간한다.

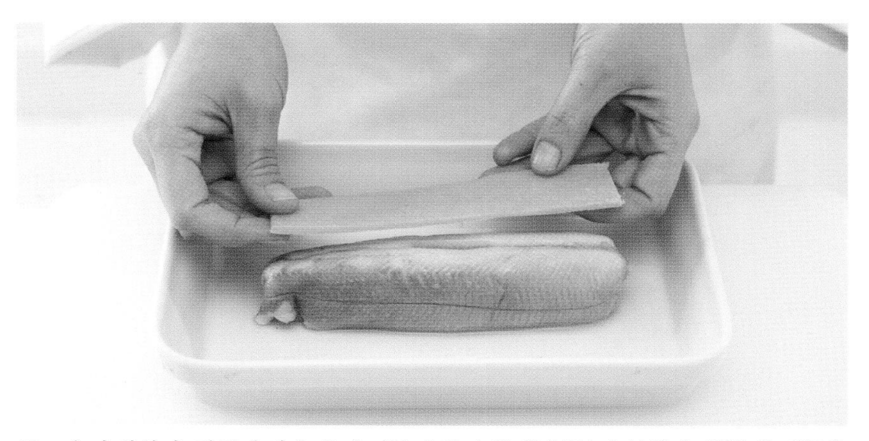

10▸ 송어 익히기: 필름에 싸 놓은 송어를 스팀 오븐에서 8분간 익힌다. 익힌 후 필름을 제거하고, 조심스럽게 송어의 껍질과 등 쪽 지느러미를 벗긴다. 냉동실에 넣어두었던 비에누아즈를 꺼내어 송어 크기의 긴 사각형으로 자른 뒤, 송어에 얹어 붙이고 오븐의 브로일러 아래에 넣어 굽는다.

11▸ 플레이팅: 접시에 소스를 담고 그 위에 송어를 놓는다. 모양내어 돌려 깎은 버섯, 크레송 플랑과 큐민 스틱을 곁들인다. 감자와 리슬링 소스는 따로 서빙한다.

Level 3

밤버섯 부이용과 양파, 덩굴광대수염을 곁들인 송어살 비스킷

TRUITE EN BISCUIT, BOUILLON DE MOUSSERONS, OIGNON ET LIERRE TERRESTRE

엠마뉘엘 르노(Emmanuel Renaut), **2004 프랑스 명장**(MOF) **획득**

6인분 기준
준비 시간 : 50분
조리 시간 : 2시간 30분

재료

양파즙

양파 5개
버터 50g
설탕 10g
채소 육수 (p.32 참조) 500ml
버터 100g(소스용)

밤버섯즙

밤버섯 200g
버터 50g
채소 육수 (p.32 참조) 100ml
덩굴광대수염 (lierre terrestre) 1단

비스킷

송어살 400g
소금 15g
설탕 15g
달걀 150g(약 3개)
생크림 400g
버터 100g
민물가재 비스크* 40g

마무리, 플레이팅

2mm 두께로 얇게 썬 빵 4장
정제 버터 (p.66 참조) 50g
밀가루와 흑미가루로 만든 크리스피 50g
(장식용, 크리스피)

도구

원뿔체
푸드 프로세서
체
스티머

콩파뇽 뒤 투르 드 프랑스(Compagnon du tour de France: 프랑스 전역을 돌며 전문가에게 교육을 받고 연수 과정을 거치는 장인 교육기관)를 거쳐, 파리 크리옹(Crillon) 호텔 주방에서 크리스티앙 콩스탕(Christian CONSTANT)을 사사한 후, 마크 베라(Marc VEYRAT)의 수셰프로 7년간 일한 경력을 가진 엠마뉘엘 르노(Emmanuel RENAUT)는 제대로 단단히 기초를 다진 실력파 셰프다. 테루아의 가치를 소중하게 생각하는 그는 특히 산악 지역의 미식 유산을 고스란히 계승 발전시키는 능력을 보여 주고 있다.

양파즙 만들기

양파는 껍질을 벗기고 얇게 썰어, 버터를 녹인 주물 냄비에 넣고, 약한 불에 수분이 나오게 볶는다. 설탕을 넣고 캐러멜라이즈화한 다음, 채소 육수를 넣는다. 아주 약하게 2시간을 끓인 다음 원뿔체에 걸러준다. 다시 분량의 반이 될 때까지 졸이고 버터를 넣어 거품기로 잘 섞는다. 간을 맞추고, 따뜻하게 보관한다.

밤버섯즙 만들기

모양이 예쁜 버섯 몇 개는 장식용으로 남겨두고, 나머지 밤버섯과 버섯 기둥은 모두 수분이 나오도록 버터에 약하게 볶는다. 채소 육수를 넣고 뚜껑을 덮은 뒤 그 위에 랩을 씌워 약 20분간 약하게 끓인다.

소스 만들기

양파즙에 덩굴광대수염을 담가 향을 우려내고, 밤버섯즙도 넣는다. 원뿔체에 거른 다음 간을 맞춘다. 소스는 묽고 강한 풍미가 나야 한다(양파의 단맛, 밤버섯의 맛과 덩굴광대수염 향의 피니시).

송어살 비스킷 만들기

송어살에 소금과 설탕을 넣고 푸드 프로세서로 갈아준다. 달걀과 크림, 따뜻한 버터와 민물가재 비스크를 넣고 2분간 더 돌린 후 가는 체에 긁어내린다. 틀에 넣고, 80℃의 스티머에서 15분간 찐다. 식힌 다음, 직사각형으로 자른다.

마무리

식빵을 송어살의 직사각형과 같은 크기로 자른다. 식빵에 송어살을 올린다. 논스틱 팬에 정제 버터를 넣고 빵에 올린 송어를 노릇하게 지진다. 따뜻하게 보관한다.

플레이팅

비스킷 송어에 소스와 크리스피 알갱이, 살짝 데친 밤버섯을 곁들여 서빙한다.

* bisque: 갑각류나 새우 등을 끓인 후 걸러서 만든 크리미한 수프.

- 레시피 -

엠마뉘엘 르노, 플로콩 드 셀 * (메제브)**

EMMANUEL RENAUT, FLOCONS DE SEL *** (MEGÈVE)

Level 1

레몬, 생강, 보리새우를 곁들인 대구

LIEU JAUNE POCHÉ DÉPART À FROID, CITRON, GINGEMBRE ET CREVETTES GRISES

6인분 기준
준비 시간 : 1시간 30분
조리 시간 : 45분

재료
대구살 토막 6개
물 2리터
레몬즙 1개분
보리새우 익힌 것 36마리

비터 오렌지 버터(beurre de bigaradier)
물 200ml
옥수수 녹말 (Maïzena) 5g
레몬즙 80g
상온 버터 100g
비터 오렌지 블라섬 워터 10g
(eau de fleur d'oranger bigaradier)

단호박 퓌레
단호박 1개
생크림 150g / 버터 30g

생강 콩피
생 생강 150g
생 강황 15g
미림 100g
현미 식초 100g

가니쉬
당근 2개
비트 1개
붉은 피망 1개
물 300g
버터 45g
바질 잎 9장

플레이팅
레몬 크레송 1팩
바질 크레송 1팩

도구
블렌더
멜론 볼러

1▸ 오렌지 버터 만들기: 옥수수 녹말을 찬물에 풀어준다. 레몬즙을 데운 후, 물에 푼 옥수수 녹말을 넣고 끓인다. 상온으로 식힌 후 포마드 상태의 버터, 비터 오렌지 블라섬 워터를 넣고 거품기로 잘 저어 에멀전화한다.

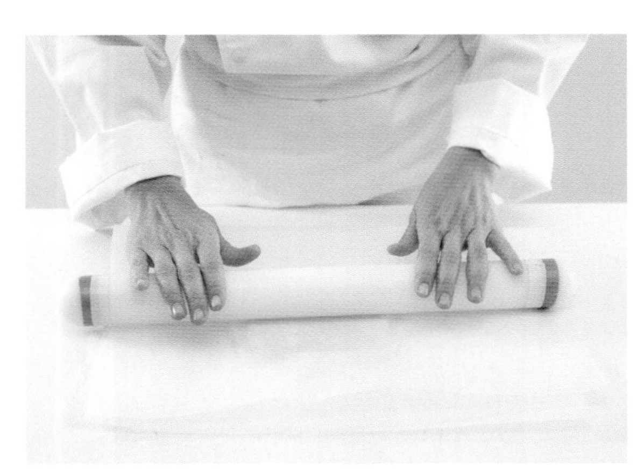

2▸ 유산지 2장 사이에 **1**의 버터를 넣고, 밀대로 밀어 납작하게 해준 다음 냉동실에 보관한다.

3▸ 익힌 새우의 껍질을 까둔다.

4▸ 단호박 퓌레 만들기: 단호박은 씻어 속을 긁어내고 껍질째 깍둑썰기한다. 깊은 냄비에 물과 단호박을 넣고 뚜껑을 닫은 상태로 익힌다. 단호박의 수분이 날아가 살이 포슬포슬해지도록 한다. 익은 단호박을 블렌더나 푸드 프로세서에 넣고 갈아준다. 크림과 버터를 넣고 에멀전화해, 곱고 부드러운 퓌레를 완성한다.

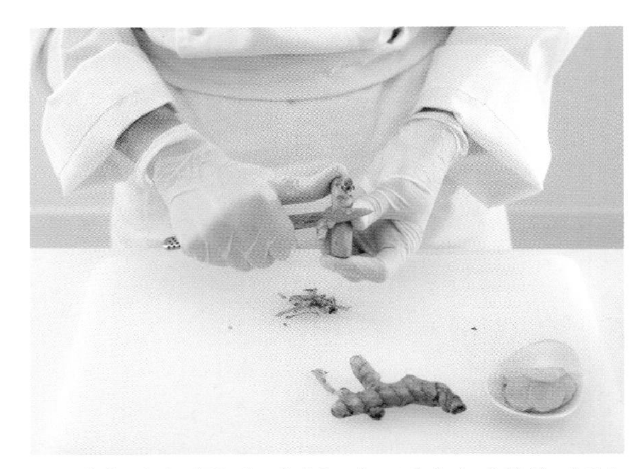

5▸ 생강 콩피 만들기: 장갑을 끼고 생강과 강황의 껍질을 벗긴다. 생강은 얇은 편으로 썰고, 강황은 간다. 냄비에 미림과 현미 식초를 부은 다음 생강과 강황을 넣고, 끓기 시작하면 불을 약하게 줄여 20분간 더 끓인다. 식힌 뒤 냉장고에 보관한다.

6▸ 멜론 볼러(melon baller)를 사용해 당근을 구슬 모양으로 파낸다. 비트는 사방 1cm 크기의 큐브 모양으로 자른다. 피망은 껍질을 벗기고 속의 씨를 제거한 후 삼각형 모양으로 자른다. 3개의 팬에 각각 물 100g, 버터 15g, 바질 잎 3장을 넣고 세 가지 채소를 따로 익힌다.

7▸ 대구 익히기: 가시를 제거한 대구살 토막을 팬에 놓고, 찬물, 레몬즙을 넣어준 뒤 간한다. 물에서 연기가 날 정도까지 서서히 온도를 올린다. 그 상태로 뚜껑을 닫고 생선을 6분간 익힌다(절대로 물이 끓으면 안 된다). 건져내어 따뜻하게 보관한다.

8▸ 플레이팅: 가능하면 어두운 색이나 검은색의 접시를 선택한다. 따뜻한 접시의 반 정도의 면적 위에 새콤한 비터 오렌지 버터를 깨트려 조각을 퍼즐처럼 흩어 놓는다(접시의 온도 때문에 버터는 서서히 녹는다). 대구살 토막을 담고, 보리새우 6마리와 생강 3조각을 서로 교차하며 생선 위에 얹는다. 접시의 나머지 반에, 단호박 퓌레를 삐죽한 모양으로 장식한다. 작은 구슬 모양 당근과 비트 큐브, 삼각형으로 썬 붉은 피망을 골고루 배치한다. 마지막으로 새싹 순이나, 레몬 크레송, 바질 크레송으로 장식하여 상큼함을 더해준다.

Level 2

레몬 콩피 마멀레이드, 노랑 채소 모둠, 보리새우를 곁들인 대구

LIEU JAUNE POCHÉ, MARMELADE DE CITRON CONFIT, PETITS LÉGUMES JAUNES, CREVETTES GRISES

6인분 기준
준비 시간 : 2시간
마리네이드(레몬 콩피) : 12시간
조리 시간 : 1시간 20분

재료
대구살 토막 6개

레몬 콩피 마멀레이드
레몬 2개
굵은 소금 2g
설탕 50g

생선 간수
물 1리터
고운 소금 50g

마리네이드
레몬 제스트 1개분
올리브오일 40g

보리새우 육수
익힌 보리새우 1kg
물 2리터
부케가르니 1개 / 생강 1뿌리
갈랑가* 1뿌리
레몬그라스 줄기 3대
통후추 5알

가니쉬
노랑 피망 1개
노랑 당근 8개
노랑 비트 1개
마늘 1톨 / 타임 1줄기
올리브오일 20g / 단호박 ½개

마무리
코리앤더 크레송 1팩
껍질 깐 보리새우 18마리

도구
체 / 지름 2cm짜리 원형 커팅틀
만돌린 슬라이서

* galanga: 생강의 일종으로 뿌리를 사용하는 동남아의 향신료.

1▸ 레몬 마멀레이드 만들기: 레몬 한 개를 아주 얇고 둥글게 슬라이스해서 굵은 소금을 넣고 12시간 재운다. 다음 날, 또 하나의 레몬 껍질을 통째로 칼로 잘라 내 흰 부분까지 벗긴 후 속살만 냄비에 넣고 설탕과 함께 20분간 끓인다. 건져서 체에 긁어내려 펄프를 거르고 식혀 둔다. 소금에 절여 두었던 레몬을 헹구고 잘게 썬 다음, 설탕에 졸인 레몬 콩피 펄프와 혼합한다.

2▸ 간수 만들기: 물에 소금을 넣어 섞고, 생선 토막을 10분간 담가 둔다. 건져 헹군 후 건조시킨다. 올리브오일과 레몬 껍질 제스트를 혼합한 뒤, 생선을 넣어 마리네이드 시킨다.

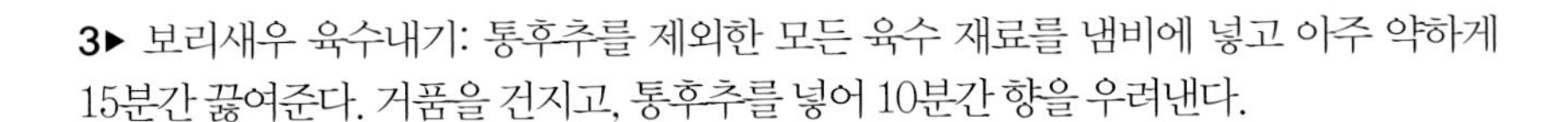

3▸ 보리새우 육수내기: 통후추를 제외한 모든 육수 재료를 냄비에 넣고 아주 약하게 15분간 끓여준다. 거품을 건지고, 통후추를 넣어 10분간 향을 우려낸다.

4▸ 면포에 걸러 육수를 반씩 나눠 놓는다. 반은 채소와 대구를 데치는 데 쓸 용도로 식혀 둔다. 나머지 반은 서빙할 때 생선에 곁들일 것으로, 따뜻하게 보관해 둔다.

5▸ 가니쉬 준비하기: 노랑 피망의 껍질을 벗기고, 속 씨를 제거한 후 커팅틀로 12개의 원형을 찍어낸다. 만돌린 슬라이서를 사용하여 2개의 노란색 당근을 세로로 얇게 밀어 낸 다음, 최소 1시간 동안 얼음물에 담가 놓는다. 보리새우 육수에 길게 자른 당근 슬라이스 18장을 7~8분가량 데친다.

6▸ 노랑색 비트는 마늘, 타임, 올리브오일과 함께 파피요트로 싸서 180℃로 예열된 오븐에 넣어, 크기에 따라 45분~1시간 동안 익힌다. 6개의 큐브 모양으로 자른다. 단호박을 잘라 6개의 반달 모양을 낸 후, 보리새우 육수에 2~3분 데친다. 서빙할 때 그릴에 살짝 구워 낸다.

7▸ 차가운 보리새우 육수에 대구를 넣는다. 서서히 온도가 올라가 아주 약하게 끓기 시작하면, 그 상태에서 6분 정도 약하게 데친다(육수가 펄펄 끓으면 절대 안 된다). 건져서 보관한다.

8▸ 플레이팅 : 우묵한 접시 바닥에 원형틀을 놓는다. 레몬 마멀레이드를 조금 담고 틀을 뺀 다음, 그 위에 생선을 올린다. 주변에 노랑색 채소 가니쉬를 조화롭게 배치한다. 코리앤더 크레송과 껍질 벗긴 새우를 얹어 마무리한다. 마지막으로 완성된 접시를 테이블에 올린 다음, 뜨겁게 따로 준비한 보리새우 육수를 접시에 끼얹는다.

Level 3

❀❀❀

자몽향의 당근 퓌레를 곁들인 대구구이

DOS DE LIEU JAUNE RÔTI,

FINE PUREE DE CAROTTES AU PAMPLEMOUSSE

프랑수아 아당스키(François Adamski), **페랑디 파리 객원 교수,**
2007 프랑스 명장(MOF) **획득, 2001 보퀴즈 도르**(Bocuse d'or) **수상**

6인분 기준
준비 시간 : 1시간
조리 시간 : 2시간 30분

재료
대구 등살 600g
당근 400g
완두콩 300g
자몽 4개
고수 1단
별꽃(칙위드 chick weed; mouron des oiseaux)
또는 다른 새싹류(선택)
고수 꽃
버터 150g

도구
페어링 나이프
고운 원뿔체
블렌더(또는 핸드믹서)

프랑수아 아당스키는 미셸 로트(Michel ROTH)와 함께 프랑스에서 유일하게 MOF와 '보퀴즈 도르'라는 최고의 타이틀 두 개를 차지한, 실력과 열정이 넘치는 셰프다. 그는 2009년부터 보르도에서 '맛'을 최우선으로 내세우는 정통 요리를 활발하게 선보이고 있다.

자몽 준비하기
자몽 통째로 껍질을 잘라내 (peler à vif: p.652 참조) 속의 흰 부분까지 한 번에 제거한 뒤, 자몽의 속살 조각만 저며 낸다.

당근 콩피하기
당근에 물을 조금 넣고, 자몽 3개의 속살 조각과 80g의 버터를 넣은 뒤, 아주 약한 불로 2시간 30분 익힌다.

고수 오일 만들기
고수 한 단을 잘게 썬다. 올리브오일을 따뜻하게 데워 자른 고수를 넣고 3시간 향을 우려낸다. 원뿔체에 걸러 둔다.

완두콩 준비하기
완두콩을 콩깍지에서 꺼내, 끓는 물에 소금을 약간 넣고 4~5분간 삶는다. 콩을 반으로 쪼개 고수 오일에 넣는다.

대구 익히기
대구살에 간을 한다. 팬에 녹인 버터가 연한 갈색을 띠기 시작하면, 생선을 넣고 약한 불에 3~4분간 천천히 익힌다.

당근 퓌레 만들기
콩피한 당근을 건져서 아주 고운 퓌레가 될 때까지 믹서에 간 뒤, 버터를 넣고 같이 계속 갈아 완전히 섞는다. 간을 맞춘다.

플레이팅
접시에 퓌레를 조금 깔아준다. 생선을 담고, 자몽과 완두콩을 보기 좋게 담아 완성한다.

- 레 시 피 -

프랑수아 아당스키, 르 가브리엘 * (보르도)
FRANÇOIS ADAMSKI, LE GABRIEL * (BORDEAUX)

Level 1

초리조, 포치니 버섯과 샐러리악 무슬린을 곁들인 농어

PAVÉ DE BAR CUIT SUR SA PEAU,
CHORIZO, CÈPES ET MOUSSELINE DE CÉLERI

6인분 기준
준비 시간 : 1시간 30분
조리 시간 : 40분

재료
농어살 120~130g짜리 토막 6개
초리조 2개
버터
올리브오일
샐러리 1단

샐러리악 무슬린
샐러리악 1개
우유 500g
감자 3~4개
포치니 버섯 6개

소스
샬롯 50g
화이트 와인 200g
생선 육수 (p.26 참조)
송아지 육수 글레이즈(데미 글라스 졸인 것: p.22 참조)
생크림 500g
카옌 페퍼 (Piment de Cayenne)
레몬즙 2개분
코냑
소금

도구
조리용 바늘
블렌더

1▸ 농어의 껍질 쪽에 칼집을 낸다. 초리조를 생선 두께 정도의 길이로 얇게 잘라준다.

2▸ 조리용 바늘(또는 꼬치용 막대)을 사용해서 생선살을 찔러 구멍을 낸다.

3▸ 바늘로 찌른 틈에 초리조를 한 조각씩 박아준다. 한 토막 당 3군데씩 끼워준다.

4▸ 샐러리악 무슬린 만들기: 샐러리악의 껍질을 벗긴 뒤 깍둑썰기한다. 우유에 물 500g을 섞은 후 샐러리악을 넣고 익힌다. 껍질 벗긴 감자도 넣어준다. 익으면 건져서 채소 그라인더에 곱게 갈아 내린다. 소금과 카옌페퍼로 간을 맞춘 후, 블렌더로 다시 한 번 갈아 고운 텍스처를 만들어 둔다.

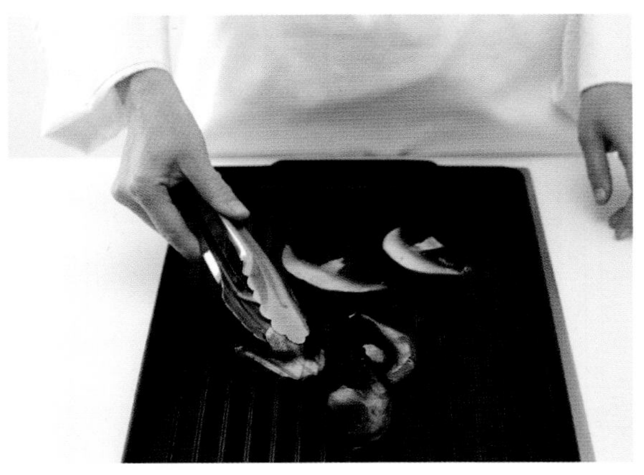

5▸ 포치니 버섯 준비하기: 살짝 물에 적신 행주로 버섯을 살살 닦아준다. 칼로 밑동을 긁어 불순물을 제거한다. 버섯의 크기에 따라 2등분 또는 3등분한 다음, 그릴 팬에 자국이 나도록 살짝 굽는다.

6▸ 소스 만들기: 잘게 썬 샬롯을 수분이 나오도록 약한 불에 볶는다. 화이트 와인을 넣고 졸인다. 생선 육수를 넣고 다시 졸인 후, 송아지 육수 글레이즈(glace de fond de veau), 이어서 생크림을 넣고, 숟가락 뒤에 묻을 정도의 농도가 될 때까지 졸인다. 여기에 버터를 넣고 거품기로 잘 저어 섞는다 소금, 카옌 페퍼, 레몬즙으로 간을 조절한다. 마지막으로 코냑을 조금 넣고, 원뿔체에 걸러 보관한다.

7▸ 샐러리의 연한 잎을 몇 장 떼어 놓는다. 키친용 랩을 접시에 팽팽히 씌우고, 랩 위에 기름을 살짝 바른 다음 샐러리 잎을 놓고 전자레인지에 30초간 돌린다.

8▸ 팬에 버터와 올리브오일을 달군 후, 농어를 껍질 쪽이 아래로 가게 놓아 색깔이 나게 지진다. 170℃로 예열한 오븐에 5~8분 더 익혀 마무리한다. 그릴 팬에 반쯤 익힌 포치니 버섯을 넣어준다.

9▸ 플레이팅: 원형 접시를 선택하여, 우선 한쪽에 샐러리악 무슬린을 뾰족한 모양으로 발라준다. 반대쪽에 소스를 반원 모양으로 뿌리고, 그 위에 농어 토막을 얹는다. 그 옆에 포치니 버섯을 놓고, 튀긴 샐러리 잎으로 장식한다.

Level 2

초리조 크림과 포치니 카르파치오를 곁들인 농어

BAR À LA PLANCHA,
CRÈME DE CHORIZO, CARPACCIO DE CÈPES

6인분 기준
준비 시간 : 1시간 30분
조리 시간 : 1시간

재료
셀러리악 1개
농어살 6토막
카옌 페퍼
올리브오일
소금

초리조 크림
샬롯 50g
마늘 2톨
초리조 2개
올리브오일
훈제 파프리카 1꼬집
화이트 와인 200g
타임 1줄기
월계수 잎 1장
닭 육수 200g
생크림 500g
버터 500g

버섯
포치니 버섯 6개
올리브오일
레몬즙

호박꽃 튀김
튀김가루 1봉지
페리에 탄산수 1병
호박꽃 1팩

초리조 칩
초리조 1개

도구
원뿔체
만돌린 슬라이서
튀김기

1▶ 초리조 크림 만들기: 냄비에 올리브오일을 조금 넣고 달군 후, 잘게 썬 샬롯과 마늘, 초리조를 넣고 수분이 나오도록 볶는다. 훈제 파프리카를 넣고, 화이트 와인으로 디글레이즈한 다음, 타임과 월계수 잎을 넣고 졸인다. 닭 육수를 넣는다.

2▶ 다시 졸인 후 생크림을 넣고, 숟가락 뒤에 흐르지 않고 묻어 있는 정도의 농도가 될 때까지 졸인다. 타임과 월계수 잎을 건져내고, 믹서에 간 다음 원뿔체에 걸러 냉장고에 보관한다. 서빙하기 직전에 버터를 넣고 거품기로 잘 저어 섞어준다.

3▶ 버섯 준비하기: 포치니 버섯을 잘 닦고, 만돌린 슬라이서로 아주 얇게 저민다. 올리브오일에 레몬즙을 조금 넣고 버섯을 재워놓는다. 소금과 카옌 페퍼로 간을 한 다음 냉장고에 보관한다.

4▶ 호박꽃 튀기기: 튀김가루에 페리에 탄산수를 조금 넣어 섞어, 호박꽃에 묻을 정도의 농도로 튀김옷을 만든다.

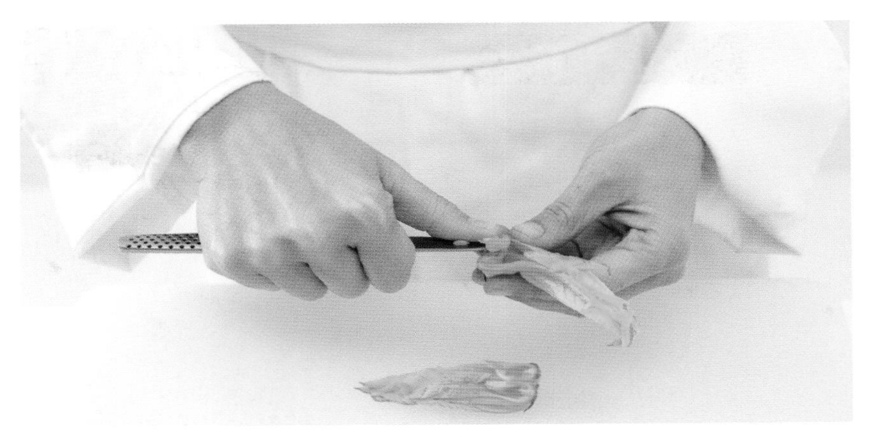

5▶ 호박꽃 안의 수술을 제거하고, 둘로 자른다.

6▶ 랩을 깔고 그 위에 호박꽃을 납작하게 눌러 편 다음, 붓으로 튀김옷 반죽을 발라 튀김기에 넣어 튀긴다.

7▶ 초리조를 아주 얇게 원형으로 자른다. 60℃ 오븐에 넣어 바삭한 칩이 될 때까지 건조시킨다.

8▶ 샐러리악을 작은 큐브 모양으로 썰어 일단 한 번 살짝 튀겨서 건진다. 두 번째로 180℃ 기름에 다시 한 번 노릇한 색이 나게 튀긴다. 건져서 소금을 뿌린다.

9▶ 농어 익히기: 생선 토막에 소금과 카옌 페퍼로 간을 한다. 팬에 올리브오일을 달궈 농어를 굽기 시작해서 살짝 색이 나면 뒤집어 완전히 익힌다.

10▶ 플레이팅: 원형 접시를 선택하여 중앙에 생 포치니 버섯 저민 것을 꽃모양으로 빙 둘러 담고, 그 위 중앙에 농어를 얹는다. 초리조 크림으로 접시 둘레를 따라 점을 찍어주고, 버섯 위에 샐러리악 큐브를 놓는다. 농어 위에 초리조 칩을 올리고, 호박꽃 튀김을 생선에 기대어 옆에 놓는다. 아주 좋은 질의 올리브오일을 버섯 카르파치오에 빙 둘러 완성한다.

Level 3

버섯과 샴페인 소스의 조개를 곁들인 농어

DOS DE BAR DE L'ÎLE D'YEU EN ÉCRIN DE CHAMPIGNONS,
COQUILLAGES DE LA RADE DE BREST AU CHAMPAGNE

필립 밀(Philippe Mille), **페랑디 파리 객원 교수,**
2011 프랑스 명장(MOF) **획득**

6인분 기준
준비 시간 : 1시간 30분
조리 시간 : 50분

재료
말린 버섯 60g
160g짜리 농어 등살 6토막
웅피조개 120g
꼬막 90g
대합 120g
맛조개 180g
동죽 120g
콜라비 2개
레몬 ½개
수영(소렐, sorrel) 잎 6장
그래니 스미스 (granny-smith) 사과 ½개
생크림 60g
소금 / 후추

샴페인 소스
농어 가시 뼈
올리브오일
샬롯 20g
양송이버섯 50g
샴페인 750ml
조개 육수 (p.34 참조) 60g
헤비크림 30g
버터 30g

도구
체
소테팬 2개
원뿔체

필립 밀은 이미 알랭 파사르(Alain Passard), 제라르 부아예(Gérard Boyer), 프레데릭 앙통(Frédéric Anton)과 같이 출중한 셰프들이 거쳐간 아름다운 레스토랑에서 그 명성을 굳건하게 이어나가고 있다. 음식의 계절성을 중시하는 그는, 각 재료 본연의 맛을 정확히 표현하는 요리들을 훌륭하게 선보이고 있다.

버섯 가루 만들기
말린 버섯을 부수어 체에 넣고 가루만 털어낸다. 농어살 토막에 간을 하고, 마른 버섯가루에 굴려 가루를 고루 묻힌다.

농어 익히기
72℃로 맞춰 놓은 멀티 오븐에 생선을 넣고, 살 속이 45℃ 될 때까지 익힌다. 7분간 따뜻하게 휴지시켜 최종 온도가 52℃가 되게 한다.

조개류 준비하기
물이 끓고 있는 냄비에 조개를 넣어 입을 열게 한 다음 살을 발라낸다.

샴페인 소스 만들기
생선 가시 뼈를 작게 토막 낸다. 올리브오일을 달군 냄비에 생선 뼈를 넣고 약한 불에 수분이 나오도록 볶는다. 잘게 썬 샬롯과 얇게 썬 양송이버섯을 넣고 같이 볶다가 샴페인을 붓고, 20분 정도 아주 약하게 끓인다. 냄비에 랩을 씌워 따뜻한 곳에 20분 동안 놔둔다. 원뿔체에 걸러 ⅓이 되도록 졸인 다음, 조개 육수를 넣고 다시 졸여 반으로 만든다. 크림을 넣고 5분간 끓인 다음, 버터를 넣고 거품기로 잘 저어 섞는다.

콜라비 익히기
콜라비는 1cm 굵기로 길게 자른 다음 1.5cm 길이로 어슷 썬다. 올리브오일을 넣고 수분이 나오도록 볶은 후, 샴페인 소스을 부어 익힌다. 거의 다 익어갈 때, 조개를 넣고 남은 샴페인을 부은 다음, 레몬즙을 조금 뿌린다. 더 이상 끓이지 않는다.

가니쉬 준비하기
수영(소렐) 잎을 사방 1cm 크기의 정사각형으로 자른다. 사과는 굵게 채 썬다.

완성하기
샴페인 소스의 ⅓을 덜어내, 생크림과 혼합하여 걸쭉하게(에멀전) 만들어 거품 소스를 낸다. 이 거품을 우묵한 접시 바닥에 깔고, 그 위에 조개와 샴페인 소스를 담는다. 수영 잎을 뿌리고 채 썬 사과도 흩뿌린다. 마지막으로 농어를 올려 완성한다.

- 레 시 피 -

필립 밀, 파크 레 크레예르 ** (랭스)

PHILIPPE MILLE, PARC LES CRAYÈRES ** (REIMS)

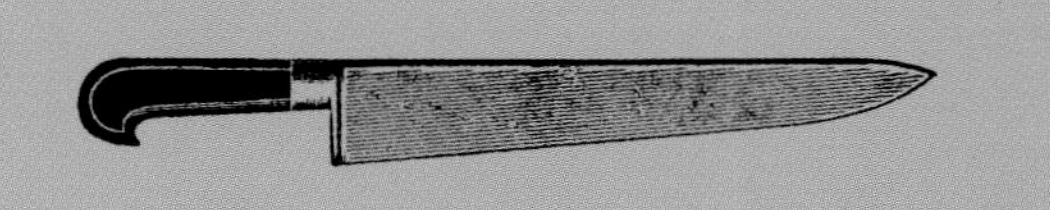

갑각류
조개류
연체류

LES CRUSTACÉS, COQUILLAGES ET MOLLUSQUES

테크닉

갑각류와 연체류

Les crustacés et les mollusques

바다 산물군은 실로 방대하다. 기본적으로 껍질의 유무에 따라 갑각류(게, 가재 등)와 연체류로 구분할 수 있다. 대부분의 개체는 바다에서 잡아 올려 얻을 수 있으나, 어떤 것들은 양식한다. 해산물의 경우도 계절성이 매우 중요한데, 이는 우리 식탁 점유율에 영향을 미치기 때문이다.

*

갑각류

*

올바른 선택

갑각류의 선별법은 간단하다. 살아 있어야 한다. 게, 가재, 랍스터, 랑구스틴(드문 경우이긴 하지만, 종종 얼음 위에 놓고 판매하기도 한다) 등은 구입할 때 살아 있어야 한다.

살이 꽉 찼는지 확인하려면 손으로 들어 무게를 가늠해 보거나 껍질을 두드려 보면 된다. 들어봐서 묵직하거나 두드려봐서 소리가 울리지 않으면 살이 꽉 찬 것이다. 그렇지 않다면 다른 상점으로 발길을 돌리는 편이 낫다. 바로 이것이 제철 산물을 골라야 하는 이유이다.

투르토(tourteau: 단단하고 짧은 집게발을 가진 큰 게)의 경우, 암컷이 항상 더 살이 꽉 차 있어서 좋다. 암컷의 등딱지는 수컷의 딱지보다 더 불룩하게 올라와 있고, 둥그렇고 넓적한 모양의 배딱지가 등딱지 아래로 붙어 있다(수컷의 배딱지는 삼각형 모양을 하고 있다).

랍스터 종류를 고를 때에는, 배 부분과 머리 사이에 틈이 벌어져 있지는 않은지 살펴야 한다.

랑구스틴은 얼음에 있을 때, 머리 뒤쪽에 검은 흔적이 있어서는 안 된다. 크기는 킬로그램당 몇 마리인가를 보고 가늠할 수 있다.

셰프의 조언

이미 익힌 새우를 구입했을 때는,
사용하기 전에 끓는 소금물에 넣고,
다시 물이 끓어오르면 건져, 식은 후 먹는다.

셰프의 조언

랍스터나 게를 손질할 때는
단백질이 풍부하고, 소스의 농도 조절을 위한
농후제(liaison: 리에종)로 요긴한 내장(corail)을
신선하게 보관하도록 한다.

보관

갑각류는 선도가 최우선이고, 보관에 취약하므로, 구입한 즉시 만들어 먹는 것이 가장 좋다.

살의 탱탱함을 유지하고 양을 지키기 위해서는 구입해 오자마자 바로 익히는 게 가장 좋다. 갑각류의 살은 시간이 지날수록 줄어들기 때문이다. 일단 익힌 게나 가재류는 상온에서 식도록 둔다(특히 냉장고에 넣어서는 안 된다). 최장 6시간 이내에 소비한다.

셰프의 조언

게의 다리가 떨어지는 것을 방지하기 위해서,
익히는 물에 집어넣기 전에, 냉동실에 잠깐 넣어 기절시킨다.
익힐 때 향을 더하기 위해서 굵은 소금, 타임 한 줄기,
월계수 잎 한 장과 식초 한 방울을 넣는다.

*

연체류

*

연체류가 지구상에 최초로 나타난 것은 5억 3천만 년 전이다. 연체류의 종류는 오늘날 약 10만 개에 이르고, 크기도 1mm에서부터 20m짜리 대왕오징어에 이르기까지 매우 다양하다.

연체류를 3종류의 군으로 분류할 수 있다.
쌍각류(雙殼類) 또는 판새류(瓣鰓類): 굴, 가리비, 홍합, 동죽, 꼬막, 맛조개, 대합, 모시조개, 바지락, 작은 가리비조개 등.

단각류(單殼類) 또는 복족류(腹族類): 가장 수도 많고 널리 퍼져 있다.
껍질의 모양에 따라 3종류로 분류한다:
나선형: 고둥, 소라, 달팽이(땅에서 사는 복족류)
납작한 모양: 전복류
원뿔형: 삿갓조개

두족류(頭足類): 가장 진화한 형태로, 문어나 낙지처럼 껍질이 없는 것이다. 오징어 종류는 지느러미로 둘러싸인 신축성 있는 주머니를 갖고 있고, 거기에 연결된 머리에는 앞쪽에 10개의 촉수가 달려 있다.

조개 양식은 '콘킬리퀼튀르(conchyliculture: 식용 조개 양식이라는 뜻)'라는 명칭으로 통합되어 있는데 특징에 따라 다음과 같이 분류한다.
굴 양식(ostréiculture)
홍합 양식(mytiliculture)
가리비 양식(pectiniliculture)

구매

신선도를 보장하기 위해서는 반드시 껍질째로 구매하는 것이 좋다. 껍질은 닫혀 있거나 손으로 만졌을 때 금방 닫히는 게 좋다. 표면은 윤이 나고 신선한 바다의 향이 나야 한다. 익히면 전부 입을 벌려야 하고, 이때 벌어지지 않은 것들은 먹어서는 안 된다. 대합류의 조개나 가리비는 한 번에 많이 구입해 얼려서 보관해도 좋다.

소비 기간

일반적으로 패류는 이름에 알파벳 "R"이 들어가는 달, 즉 9월에서 4월까지만 먹도록 권장한다. 홍합은 살이 통통하고 맛이 좋은 9월과 10월이 가장 좋다.
가리비의 경우는 해당 지역 법령에 의해 조업이 제한되기 때문에 제철에만 어획이 가능하다. 생 케 포르트리외(Saint-Quay-Portrieux), 생 브리외(Saint-Brieuc) 만(灣), 로기비 드 라 메르(Loguivy-de-la-Mer), 르 레게(Le Légué), 에르키(Erquy) 등의 어부들은 10월에서 4월까지만 조업을 할 수 있다. 매년 정확한 날짜가 공시된다.

셰프의 조언

조개류는 너무 오래 익히지 않도록 주의해야 한다.
가리비를 먹음직스럽게 색을 내어 구우려면
우선 팬을 뜨겁게 달구고, 기름을 조금 두른 다음,
물기를 완전히 제거하고, 간하지 않은 상태의 가리비 살을 넣고 지진다.
만지지 말고 가만히 둔 상태로 익혀 밑 부분이 구운 색이 나면
그때 뒤집어 반대면도 색을 낸 후 즉시 서빙한다.

가리비의 가운데 살을 발라낸 나머지 주변 자투리 살은 버리지 말고,
꼼꼼히 씻어서 육수나 라구 소스의 베이스로 쓰면 아주 좋다.
가리비 살을 익힐 때 팬에 유산지를 깔고 위의 방법대로 하면
먹음직스러운 색깔이 나는 것은 물론이고, 팬에 달라붙지도 않는다.
간은 맨 마지막에 해야 가리비에서 수분이 빠져나오지 않는다.

조리 방법

마리니에르(cuisson à la marinière): 양파를 볶다가 화이트 와인을 부은 다음 파슬리를 넣고 식힌다. 여기에 조개를 넣고, 전부 입이 벌어질 때까지 다시 끓인다.
나튀르(cuisson nature): 바닷물(또는 강한 농도의 소금물)을 끓인 다음, 조개를 스파이더 망뜨개에 담아 그대로 담근다. 입이 열릴 때까지 담그고 있다가 꺼내서 바로 먹는다.
고둥(bigorneaux) **조리법:** 후추를 넉넉히 넣고, 타임과 월계수 잎을 넣은 차가운 소금물에 고둥을 넣고, 같이 끓인다. 처음 부르르 끓으면 불에서 내리고 그 물에서 그대로 식힌다.
소라(bulots) **조리법:** 소금물에 하룻밤 담가 해감한다. 다음 날 넉넉한 양의 찬물에 넣고 끓인다. 15~20분간 약하게 끓인 후, 불에서 내리고 그 물에서 그대로 식힌다.

홍합

'물 드 부쇼(les moules de bouchot: 양식 홍합)'는 그 이름에서 바로 어떻게 길러진 홍합인가를 알 수 있다. 이들은 바다에 박아 놓은 긴 장대 위에 다발로 붙어서 작은 크기를 유지한다. 지중해의 홍합은 로프 위에 하나씩 묶여서 양식되는데, 이것은 기둥에 붙여 양식하는 홍합보다 사이즈가 훨씬 크다. 또한, 6월에서 9월 사이에는 노르망디의 자연산 홍합을 맛 볼 수 있다.

> **셰프의 조언**
>
> 홍합은 먹기 바로 전 소량만 익히는 것이 중요하고,
> 특히 골고루 익히기 위해서 중간에 휘저어야 한다.
> 익힌 국물은 버리지 말고 두었다가
> 육수를 만들 때 사용해도 좋고,
> 크림을 섞으면 훌륭한 파스타 소스를 만들 수 있다.

홍합 요리(제안 레시피)

향신 재료를 수분이 나오게 약한 불에 볶다가 화이트 와인을 넣는다. 옥수수 녹말을 풀어 넣어 베샤멜 소스 정도의 농도로 맞춰 둔다.
다른 냄비에 화이트 와인을 뜨겁게 데운 다음 홍합을 넣고 입이 열리면, 준비한 소스를 넣고 잘 섞는다. 홍합 국물과 섞이면서 소스가 묽어지고 홍합 향이 밴다.

굴

굴 시장은 크게 껍질이 넓적한 굴(블롱(belon), 부지그(bouzigues), 캉칼레즈(cancalaise) 등)과 움푹한 굴, 두 종류로 나뉜다. 이들은 주로 노천 갯벌 또는, 해안 면적이 넓은 곳에서는 심해 양식장에서, 지중해에서는 로프 위에서 양식된다.

양식한 지 2년이 지나면 굴은 가두리로 옮겨져, 양식장보다 염도가 좀 낮고 플랑크톤이 훨씬 풍부한 물에서 살을 찌우고(l'engraissement), 성장 촉진을 도와주는 '아피나쥬(l'affinage)' 과정 및 엽록소를 만드는 과정(verdissement)을 거친다.
또 한 가지 테크닉은 '클레르(claires)'라고 불리는 자연 습지에 굴을 넣어두는 방법이다. 늪지의 얕은 물에 굴을 넣어두면 자연스러운 녹색이 드는데, 이 방식은 마렌느 올레롱(Marennes-Oléron) 지역에서 행해지고 있다. 이 방법의 특징은 '나비쿨라 오스트레아리아(navicula ostrearia)' 라고 불리는 푸른 입자를 함유한 아주 미세한 해초가 붙어 자라는 데 있다. 이것이 굴의 노란색 살 테두리에 부착되어 녹색을 형성하게 되는데, 이러한 특이성으로 인해 소비자들로부터 인기가 높다. 살이 더 통통한 두 종류의 굴도 있는데, 이들은 주로 레스토랑에서 소비되며 '스페셜(spéciales)'과 '앵페라트리스(impératrice)'라는 명칭으로 불린다.

굴의 크기

굴의 크기는 움푹굴의 경우 0에서 5까지, 넙적굴의 경우 000에서 6까지로 분류된다.
이 기준보다 더 놀라운 크기의 굴이 나타날 수도 있긴 하지만, 일반적으로 숫자가 작을수록 큰 크기를 의미한다.

움푹굴

분 류	무 게
No. 1	121 ~ 150g
No. 2	86 ~ 120g
No. 3	66 ~ 85g
No. 4	46 ~ 65g
No. 5	30 ~ 45g

넙적굴

분 류	굴 100마리당 무게
000	10/12kg
00	9/10kg
0	8kg
1	7kg
2	6kg
3	5kg
4	4kg
5	3kg
6	2kg

굴의 속살 지수

속살 지수란 건져 낸 속살만의 무게 대비 굴 전체 무게의 비율을 가리키며, 생산지와 양식 방법에 따라 차이가 있다. 예를 들어 작은 굴은 살이 중간 정도로 통통하다. 이 경우 속살 지수는 6.5~10 정도인데 반해 '스페셜' 카테고리의 굴은 10.5를 상회한다.

소비

굴 껍질을 열 때는 날이 짧은 굴 전용 칼을, 움푹굴의 경우엔 윗 뚜껑 오른쪽으로, 넙적굴의 경우는 뒤쪽으로 밀어 넣는다(p.178 단계별 테크닉 참조). 제일 처음에 흘러나오는 물은 버리고 두 번째 즙만 먹을 수 있다.

셰프의 조언

굴을 익힐 때 껍질이 닫힌 상태로
찜통에 넣고 1분간만 찌면 살이 완벽한 상태로 익고,
껍질 속에 잘 붙어 있게 된다.

전복

전복은 양식이든, 정식 채취한 자연산(사이즈 9cm)이든 상관없이 전부 라벨이 달려 있어야 한다.

먹는 방법: 껍데기 안쪽의 살을 떼어 내고 검은색 내장을 제거한다. 살을 깨끗이 씻어 물기를 제거한 다음 깨끗한 면포에 싸서 냉장고에 24시간 넣어 둔다. 이렇게 차갑게 하는 과정을 거치면 살이 더 연해진다. 익히는 방법은 가리비와 같다. 즉 뜨거운 팬에 버터를 녹여 거품이 일면 재빨리 익힌다. 파슬리와 마늘을 섞어 만든 페르시야드(persillade) 소스를 곁들여 서빙한다.

성게

'바다의 밤송이(chataigne de mer)'라고도 불리는 성게는 전부 자연산인데, 유일하게 성게를 양식하는 곳이 일 드 레(île de Ré)의 플로트 엉 레(Flotte-en-Ré)에 있다.

구매

성게는 어떠한 냄새나 분비물도 나와서는 안 된다. 어느 정도 윤기를 띠는 짙은 색을 갖고 있어야 하고, 입은 닫혀 있으며 가시는 몸체에 잘 붙어 있어야 한다.

먹는 방법

가위 끝을 입 쪽으로 찔러 넣어 위 뚜껑을 잘라 내고, 안에 있는 주황색 알을 꺼낸다.
이 생식선(난소 또는 고환)은 5개가 들어 있으며, 날것으로 먹거나 소스의 농후제(liaison: 리에종)로도 사용한다.

오징어

오징어는 10각류에 속한다. 이 바다의 연체류는 보통 길이가 50cm 정도 되고, 거무스름한 막으로 덮여 있는 방추형 몸체를 하고 있으며, 뒤쪽에는 삼각형 모양의 지느러미가 2개 달려 있다. 머리는 작고 둥근 돌출 형태에 10개의 촉수를 갖고 있는데 그중 둘은 매우 길다. 비슷한 종류인 갑오징어(seiche)는 먹물주머니를 갖고 있다. 오징어의 입과, 거위 깃털처럼 생긴 투명한 안쪽 껍데기를 제거하고 조리한다.
오징어(calmar)나 왜오징어(encornet)는 같은 종류다. 단, 칼라마리(calmar)의 크기가 더 크다. 칼라마리는 생산되는 지역에 따라 다른 이름으로 명명되기도 하는데, 예를 들어 지중해에서는 쉬피옹(supion), 스페인이나 바스크 지방에서는 치피롱(chipiron)이라고 부른다.

낙지

낙지는 문어과에 속한다. 오징어와 마찬가지로 바다에 사는 두족류(頭足類)인 낙지는 큰 것은 80cm에 달한다. 머리에는 뿔 모양의 입이 달려 있고, 빨판이 두 줄로 나 있는 8개의 촉수가 있다. 문어의 살은 사용하기 전에 오랫동안 두들긴 다음 끓는 물에 데친다.

갑오징어

브르타뉴 지방에서 '마르가트(margate)'라고도 불리는 갑오징어는 몸의 길이가 보통 30cm 정도 되는 바다의 두족류(頭足類)로, 약간 보랏빛을 띤 회색-베이지색의 타원형 주머니처럼 생겼다. 촉수는 모두 10개이고 이 중 둘은 아주 길다.

구매

생선 판매대에서, 반짝일 정도로 윤기가 나고 탄력이 있는 것으로 고른다. 어떠한 비린내도 나서는 안 되고, 아직 끈적끈적한 점액질이 남아 있는 것이 싱싱한 것이다.

익히기

갑오징어를 가장 맛있게 먹으려면 신선도가 최우선이다. 익히는 조리 시간은 최대한 짧게 하는 것이 좋으므로, 센 불에 빨리 익혀 먹는다.

셰프의 조언

갑오징어 하얀 살의 풍미를 만끽하려면
단순한 조리법이 가장 좋다.
센 불에 재빨리 소테(sauter)하여 소금과 후추로 간해 먹는다.
작은 사이즈의 주꾸미 종류는 튀김용으로도 아주 좋다.
물기를 완전히 말린 후 밀가루를 가볍게 묻혀 뜨거운 기름에 튀긴다.
오징어 먹물은 소스나 리소토용으로 쓰고,
파스타 반죽할 때 넣어 색을 내기도 한다.

- 테크닉 -

Ouvrir des belons
블롱 굴 까기

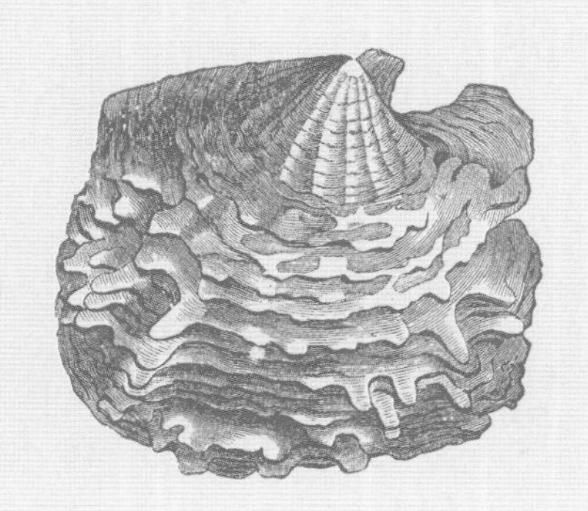

도구

굴 전용 칼

- 포커스 -

손바닥에 행주나 면포를 대고 굴을 잡으면,
단단히 잡을 수 있으며,
다치지 않고 안전하게 굴을 깔 수 있다.

• 1 •

굴 전용 칼의 날을 잡고 굴 껍질의 뒤쪽으로 살살 돌려가며 넣는다.

• 2 •

위 껍질 쪽으로 칼날을 움직여 내전근(內轉筋)을 자르고, 칼날을 밀어 넣으며 굴의 살을 껍질에서 떼어 분리한다.

• 3 •

위 껍질을 떼어 낸다.

• 4 •

굴에 껍질 조각이 하나도 남지 않도록 하고, 싱싱하게 살아 있는지 확인한다.

– 테크닉 –

Ouvrir des couteaux
맛조개 까기

도구

망뜨개(스파이더)

• 1 •

약하게 끓고 있는 소금물(물 1리터당 소금 8g)에 맛조개를 담근다.

• 2 •

조개가 열리면 즉시 물에서 건져(그래야 고무처럼 질겨지지 않는다), 물기를 털어낸다.

– 테크닉 –

Ouvrir des coques au naturel
염수로 꼬막 까기

도구

망뜨개(스파이더)

• 1 •

소금물(물 1리터당 소금 8g)을 넉넉히 넣고 끓인다.

• 3 •

꼬막이 입을 열 때까지 기다린다.

• 4 •

전부 벌어지면 물에서 꺼낸다.

• 2 •

물에서 연기가 나기 시작하면, 꼬막을 담근다(꼬막은 찬물에 24시간 동안 미리 해감해 둔다).

• 5 •

꼬막을 건져 물을 털어내고 식힌다.

- 포커스 -

마리니에르(marinière) 방법과는 달리 이 테크닉은
조개 본연의 맛과 향을 잘 보존할 수 있다.
재료 맛의 정수를 얻게 되므로
이를 레시피에 응용하거나, 소스 또는 버터에 넣고
혼합하여 생선 요리에 곁들여 낼 수도 있다.

– 테크닉 –

Ouvrir des coquilles Saint-Jacques
가리비조개 까기

❀

도구
칼

– 포커스 –

가리비를 쉽게 열기 위해서는,
손가락으로 두 개의 껍질을 살짝 벌린 상태로
볼록하게 올라온 껍데기 쪽을
손바닥으로 단단하게 잡는다.
그리고 가리비 살을 우묵한 쪽과 평평한 쪽 중
어느 쪽 껍질에 붙여 놓은 상태로 열 것인지를 결정한다.

• 1 •

볼록하게 올라온 껍질 쪽을 손바닥으로 쥐고, 엄지손가락으로 껍질을 살짝 벌려준 상태에서 내전근(內轉筋)을 끊고자 하는 껍질 쪽으로 칼을 넣어준다.

• 4 •

주변의 근육을 떼어 낸다.

• 7 •

떼어 낸 가리비를 넉넉한 양의 차가운 물에 몇 분간 담가 해감한다.

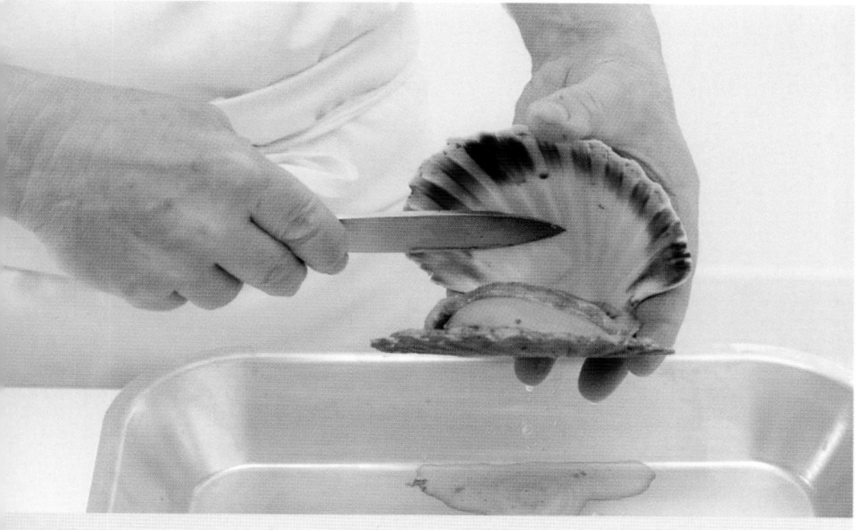

• 2 •

조심스럽게 껍질을 열고 불룩한 부분에 붙어 남아 있는 살을 칼끝으로 긁어 떼어 낸다.

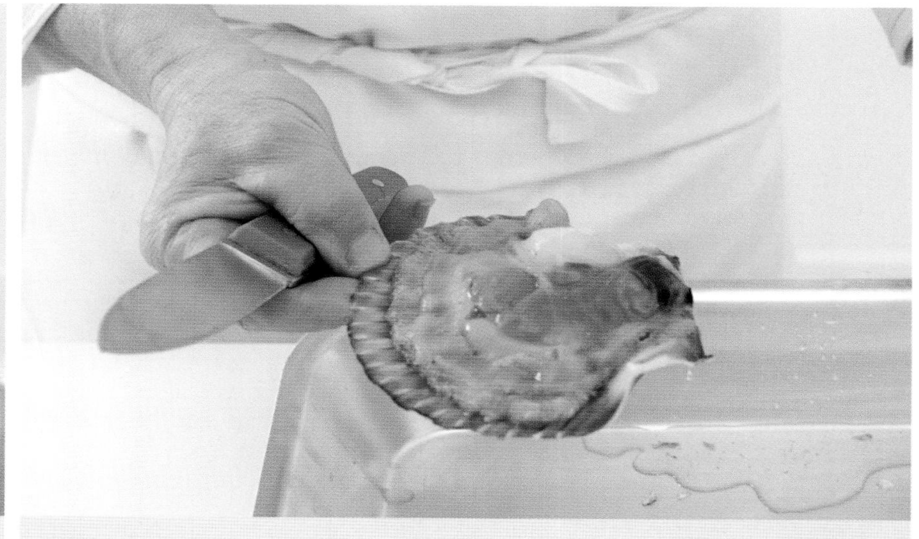

• 3 •

두 껍질을 분리한다. 가리비는 평평한 껍질에 붙어 있다.

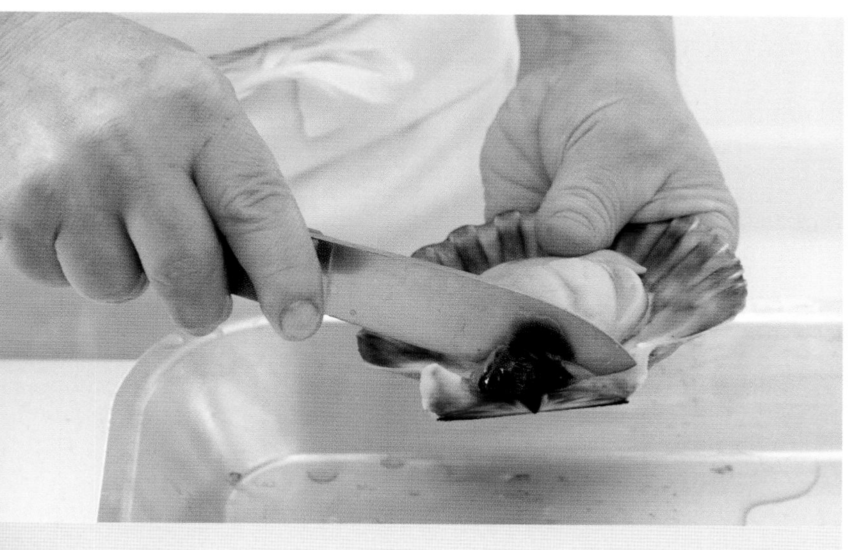

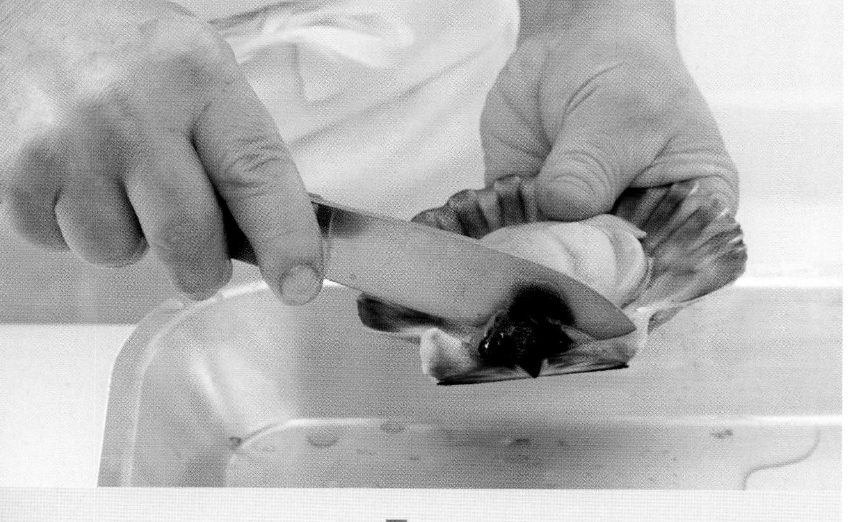

• 5 •

모래주머니를 제거한다.

• 6 •

칼날을 내전근을 따라 밑으로 밀어넣어 주며, 가리비를 떼어 낸다.

• 8 •

가리비의 살과 주황색 내장을 분리한 뒤 깨끗한 행주에 놓는다.

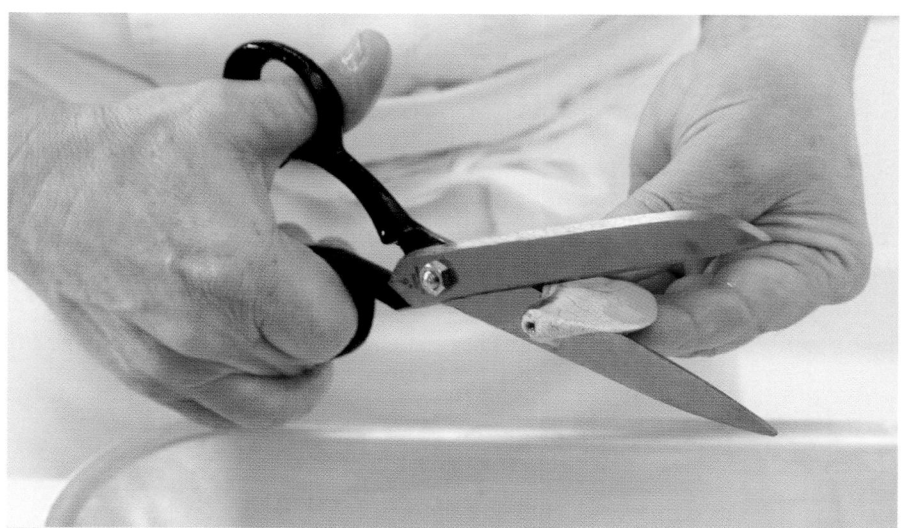

• 9 •

가위로 주황색 내장을 잘라 다듬는다.

– 테크닉 –

Ouvrir des coquilles Saint-Jacques (variante)

가리비조개 까기 (응용편)

❀

도구

칼

• 1 •

볼록한 쪽 껍질을 손바닥으로 감싸 쥔다. 엄지손가락으로 껍질을 살짝 벌려 잡은 상태로 칼을 위에서부터 집어넣어, 편평한 껍질 쪽으로 긁어 밀어주며 내전근을 자른다. 한 번에 가리비를 떼어 낸다.

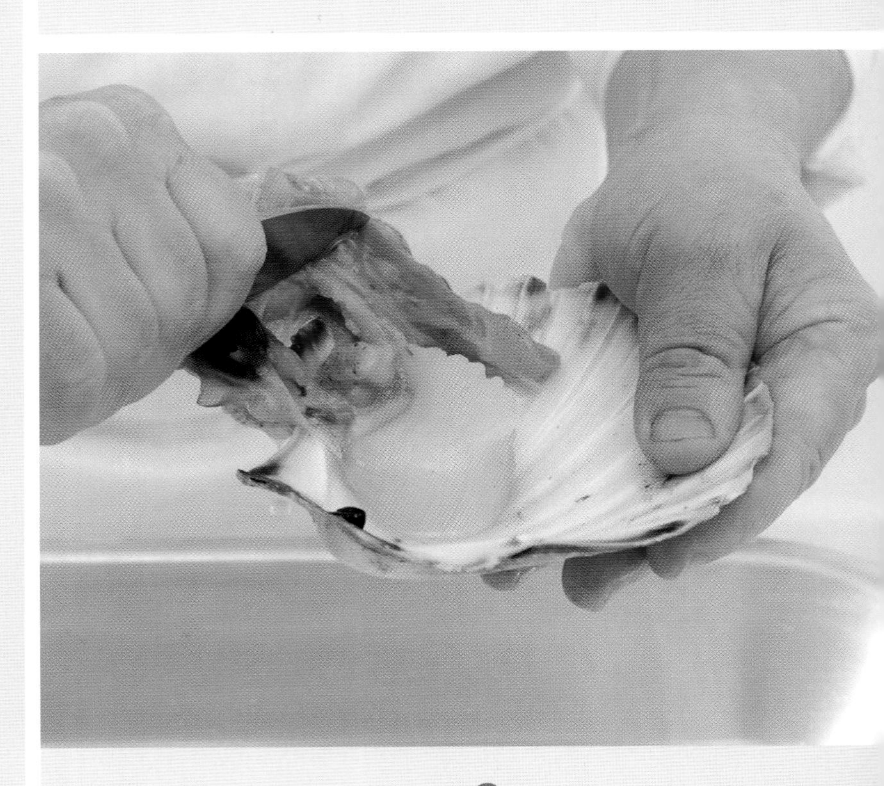

• 3 •

너덜너덜한 주변의 근육과 내장을 떼어 내고 살만 깔끔하게 남긴다.

• 2 •

껍질을 열어 분리한다.

• 4 •

넉넉한 양의 차가운 물에 헹군다.

- 테크닉 -

Ouvrir des huîtres creuses
움푹한 굴 까기

도구

굴 전용 칼

• 1 •

굴을 깨끗이 헹궈 껍질 표면에 붙은 불순물을 제거한다.

• 4 •

굴을 둘러싼 부분이 찢어지지 않게 조심하면서 위 껍질을 들어낸다.

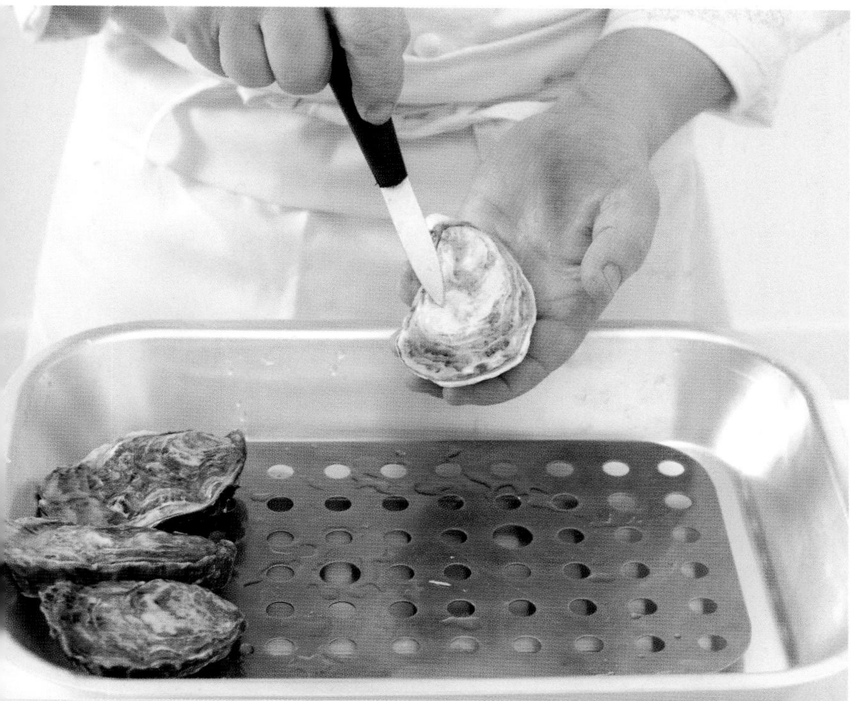

• 2 •

굴 껍질이 연결되어 있는 뒷부분을 몸 쪽으로 하여 손바닥에 놓고 잘 잡는다. 그러면 절단할 내전근이 위 껍질 오른쪽에 위치하게 된다.

• 3 •

내전근이 있는 쪽으로 칼날을 집어넣는다.

• 5 •

껍데기를 떼어 낸다.

• 6 •

맨 처음 굴에서 나오는 물은 검지 또는 중지손가락으로 눌러 따라 버린다. 혹시라도 껍질의 부스러기 조각이 남아 있을 수 있기 때문이다.

- 테크닉 -

Ouvrir des huîtres à la vapeur
증기에 쪄서 굴 까기

도구

굴 전용 칼

• 1 •

굴을 찜기(또는 스티머나 스팀 오븐)에 올린다.

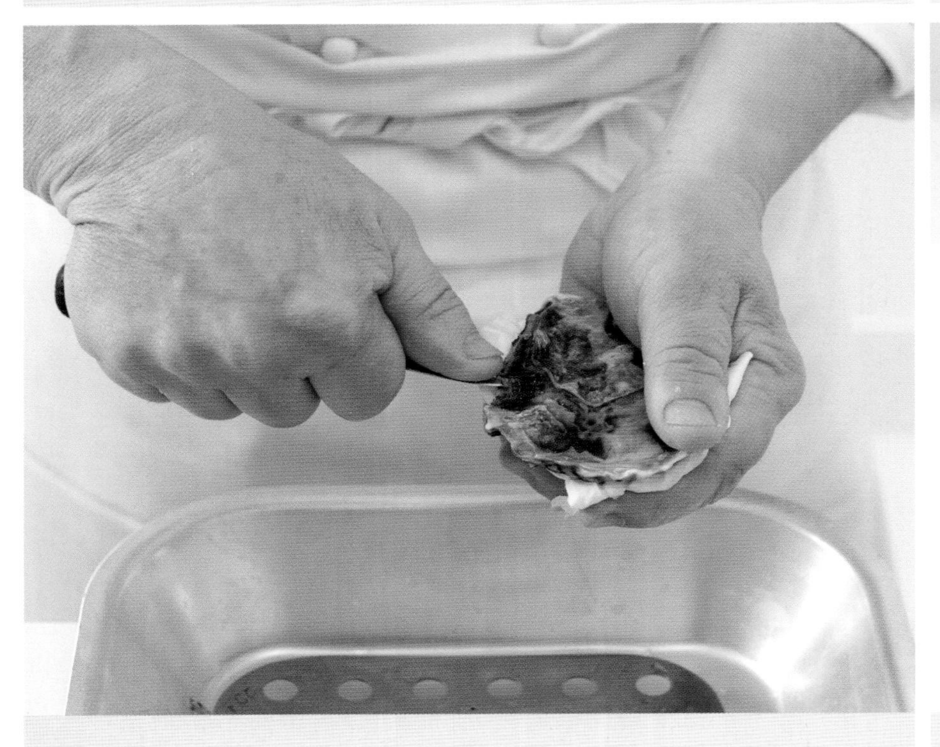

• 3 •

칼을 굴의 위쪽 껍질 오른쪽으로 밀어 넣어 열면서 내전근을 잘라 낸다.

• 4 •

내전근을 잘라 굴의 살을 떼어 낸 다음, 접시(또는 서빙 플레이트)에 담는다.

• 2 •

뚜껑을 닫고 1분간 증기에 찐다.

• 5 •

이렇게 준비를 마친 굴을 이용해 더운 요리나 차가운 요리에 사용한다.

– 포커스 –

이 테크닉을 사용하면 훨씬 손쉽게
굴을 깔 수 있을 뿐 아니라,
살을 약간 단단하게 해주면서도
연체류 본래의 모습을 그대로 유지해준다.
단, 증기에 찌는 시간을 엄수해야만
굴의 맛과 질을 보존할 수 있다.

– 테크닉 –

Préparer un crabe
게 손질하기

재료

게 1마리

쿠르부이용(court-bouillon)
(p.64 참조)
물 2리터
화이트 와인 200ml
식초 50ml
양파 100g
당근 100g
샬롯 50g / 생강 25g
파슬리 줄기 50g
월계수 잎 1장
타임 2줄기 / 타라곤 1줄기
통후추 5g
굵게 부순 통후추 5g
레몬 껍질 제스트 1개분

도구

칼 / 냄비
게 전용 가위 / 게 전용 포크

• 1 •

쿠르부이용에 게를 넣고 20분간 익힌 후 건져내 식힌다.

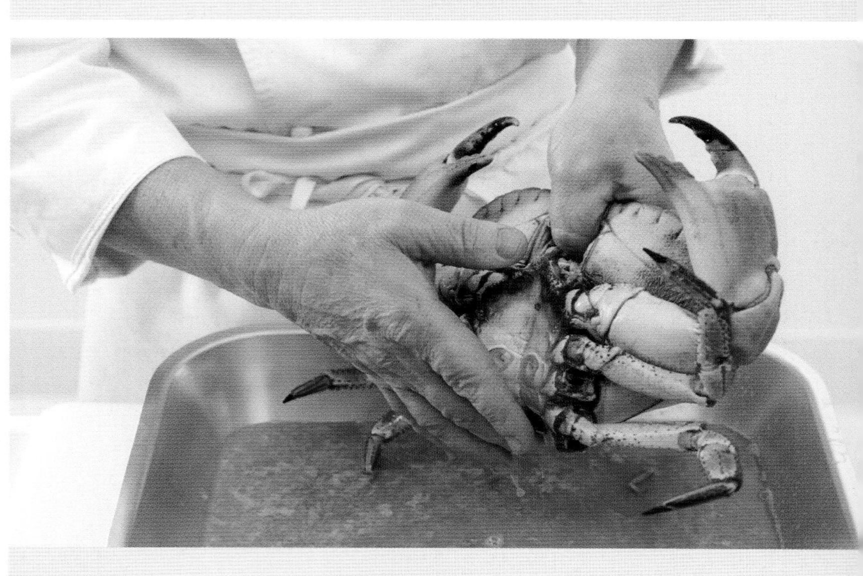

• 3 •

분비물을 흘려 버린다.

• 5 •

아가미를 떼어 낸다.

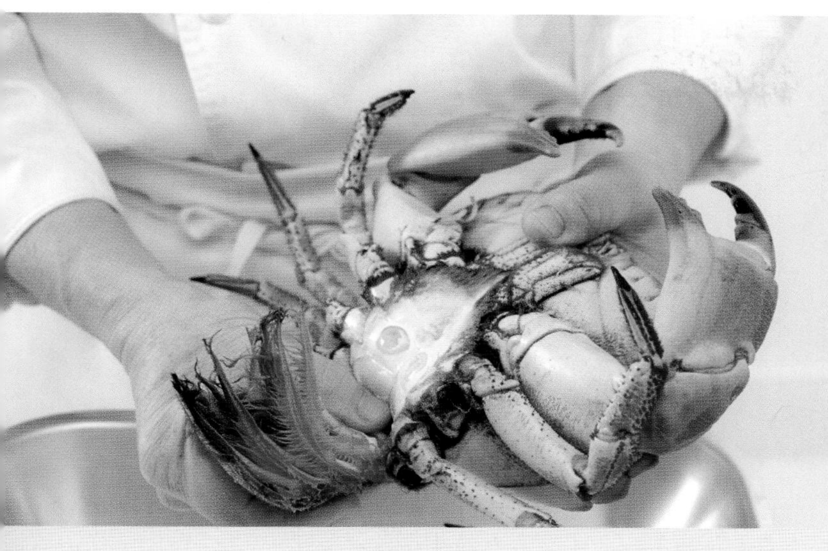

• 2 •

배딱지를 떼어 낸다.

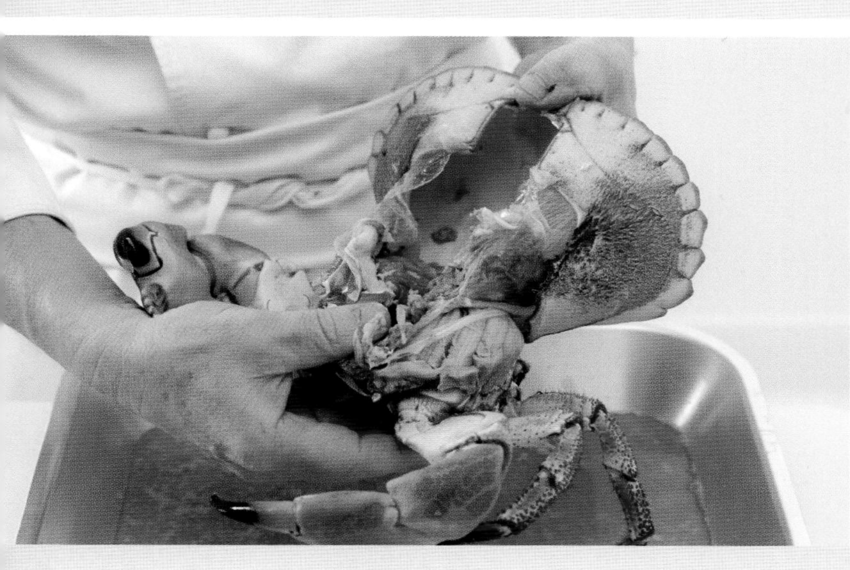

• 4 •

게의 입 쪽을 엄지로 누르며 몸통과 게딱지를 분리한다.

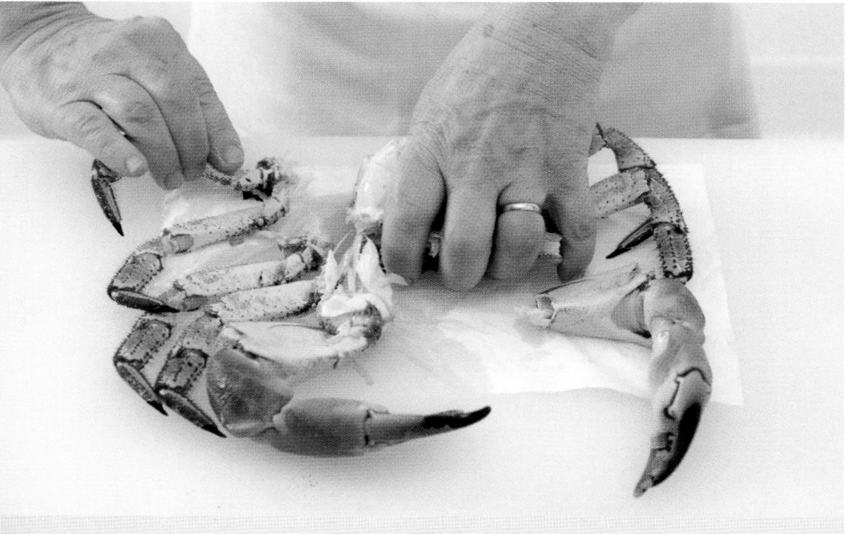

• 6 •

집게발과 다리를 모두 몸통으로부터 분리해 떼어 낸다.

- 포커스 -

게의 껍질을 까고 손질하는 일은
시간과 공이 많이 드는 일이다.
가느다란 게살 전용 포크를 이용하여
구석구석의 살을 발라내 보자.
이때 게살 속의 얇은 연골 뼈 조각이
절대로 섞여 들어가지 않도록
세심한 주의를 기울여야 한다.

• 7 •

몸통을 반으로 자른다.

• 8 •

조심스럽게 연골을 꺼내고, 집게발의 끝을 빼낸다.

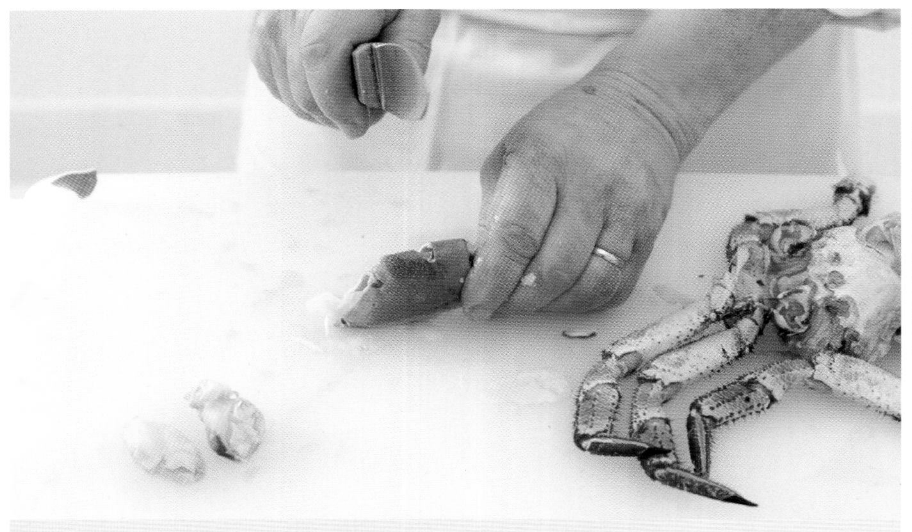

• 10 •

껍질을 깨트려 살을 꺼낸다.

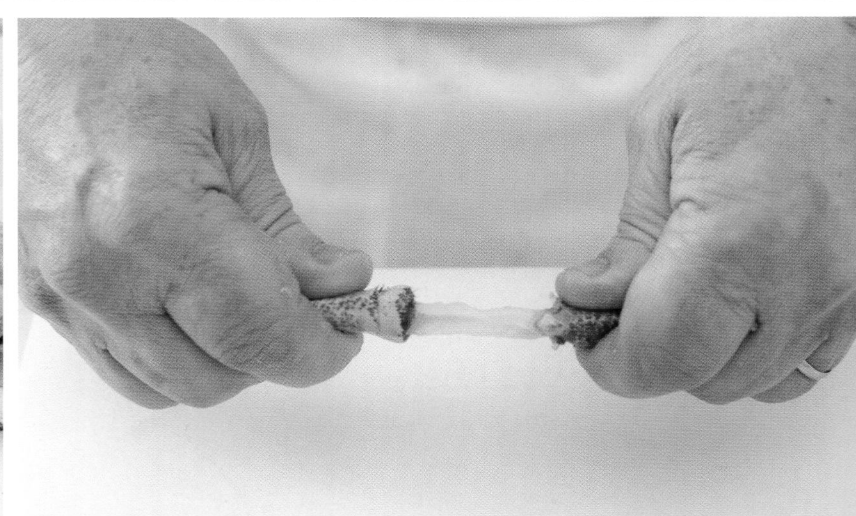

• 11 •

다리를 모두 분리해가며 살을 빼낸다.

• 13 •

반으로 쪼갠 몸통을 다시 세로로 잘라 살을 발라낸다.

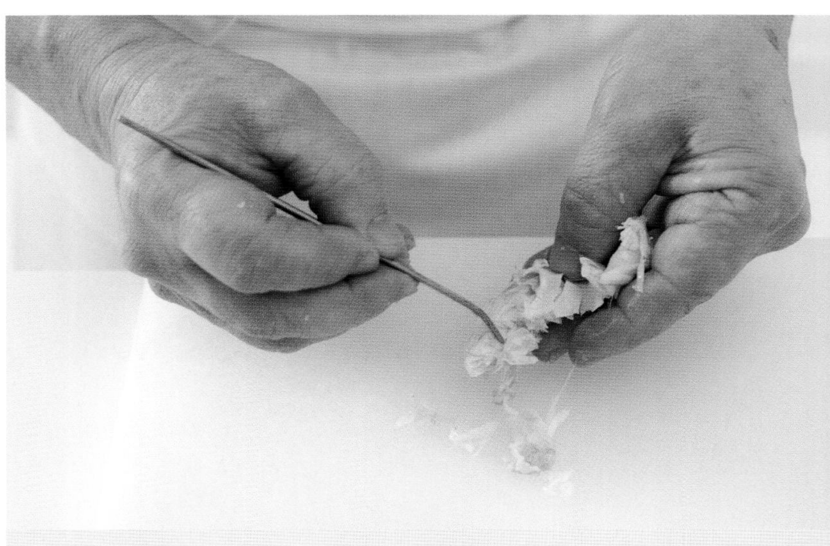

• 14 •

게 전용 포크를 이용하여 살을 전부 바른다.

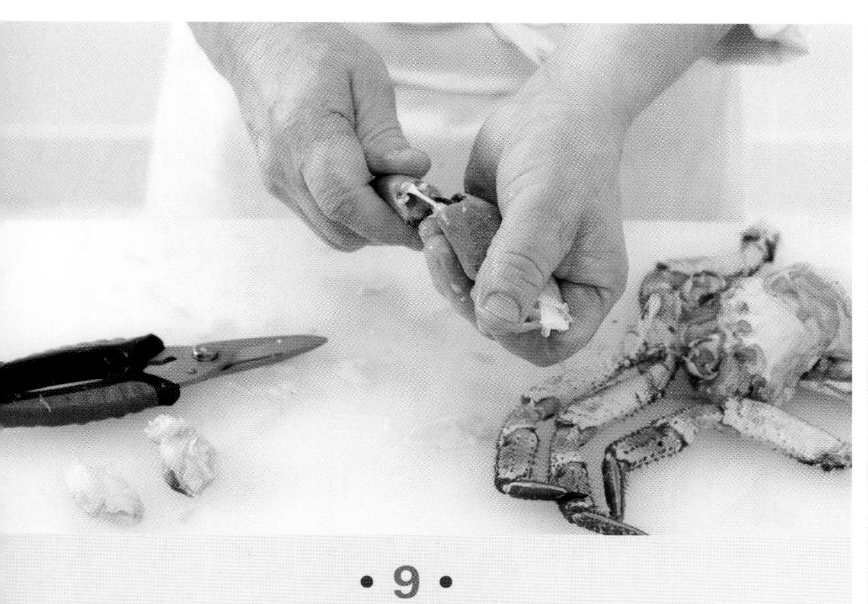

• 9 •

마디를 따라서 집게발을 3부분으로 분리한다.

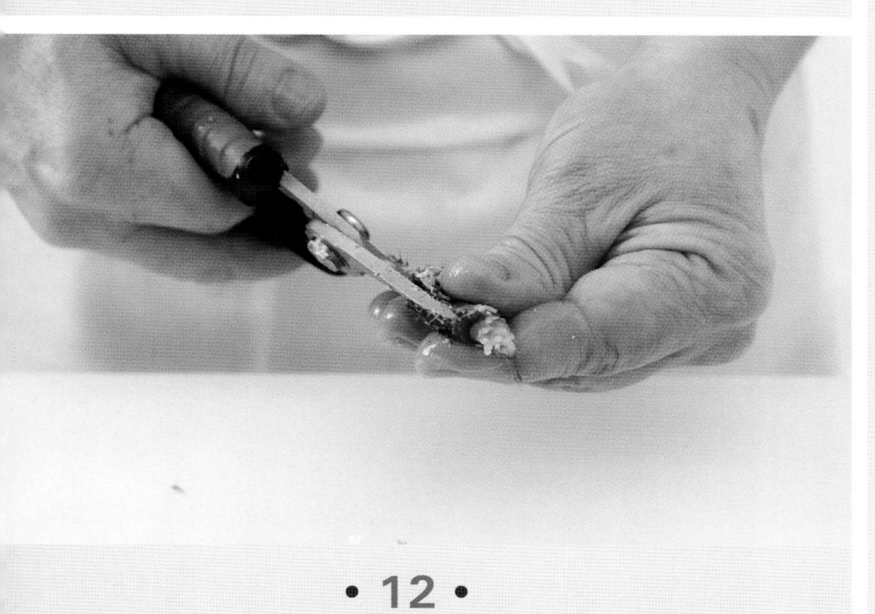

• 12 •

좀 덜 딱딱한 다리 끝 쪽은 가위로 잘라 살을 발라낸다.

• 15 •

게살을 모두 발라낸 모습.

- 테크닉 -

Préparer un homard
랍스터 손질하기

재료

랍스터 1마리

쿠르부이용(court-bouillon)
(p.64 참조)
물 2리터
화이트 와인 200ml / 식초 50ml
양파 100g / 당근 100g
샬롯 50g / 생강 25g
파슬리 줄기 50g / 월계수 잎 1장
타임 2줄기 / 타라곤 1줄기
통후추 5g / 굵게 부순 통후추 5g
레몬 껍질 제스트 1개분

• 1 •

끓는 쿠르부이용에 랍스터를 넣고 10~12분 익힌다(평균 1킬로그램당 20분). 건져서 식힌다.

• 4 •

내장을 긁어낸다.

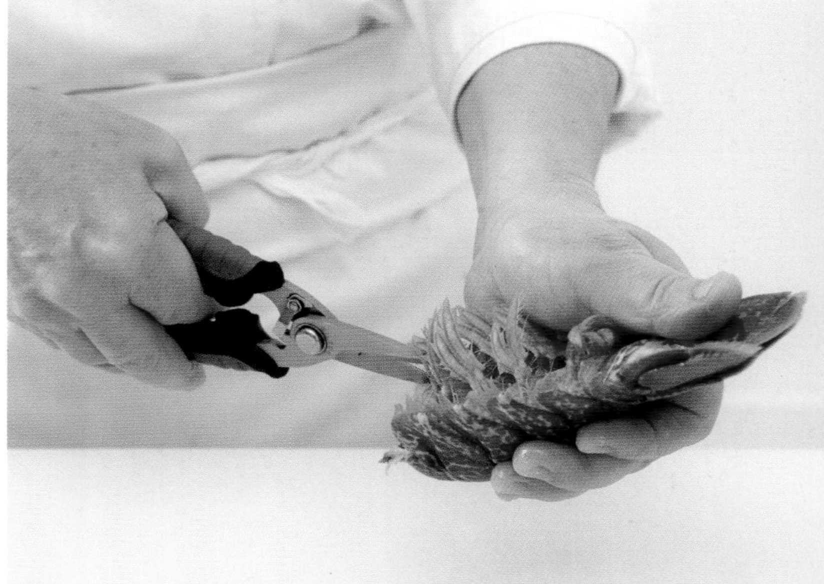

• 5 •

배 아랫면의 껍질막을 절단한다.

• 2 •

집게발을 떼어 낸다.

• 3 •

머리가슴과 배(꼬리)를 분리한다.

• 6 •

살을 한 덩어리로 잡아 빼낸다.

• 7 •

아가미를 머리가슴부에서 분리한다.

• 8 •

내장을 긁어내어 따로 둔다.

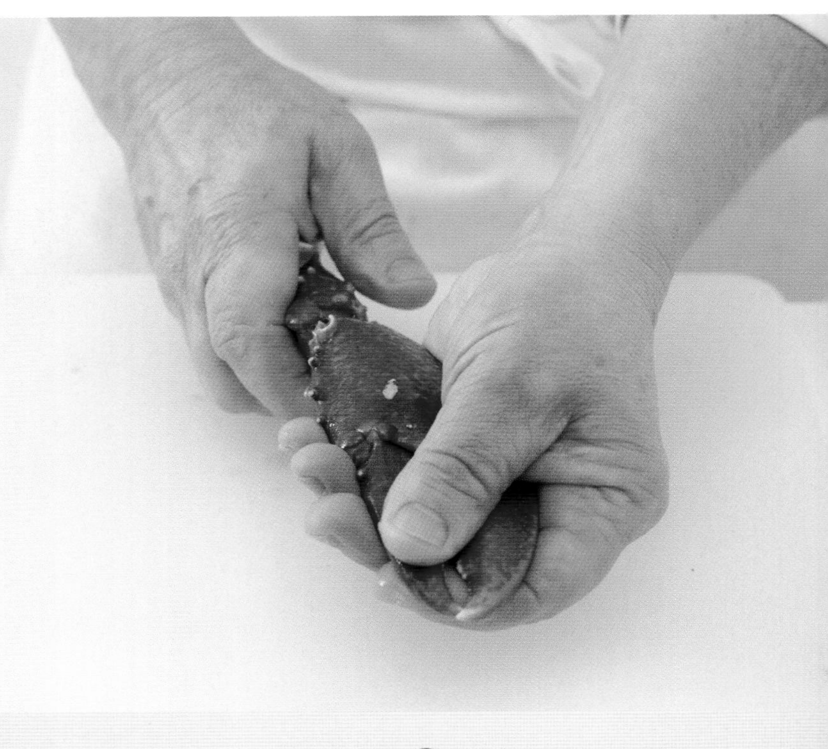

• 9 •

집게발의 마디 부분을 분리한다.

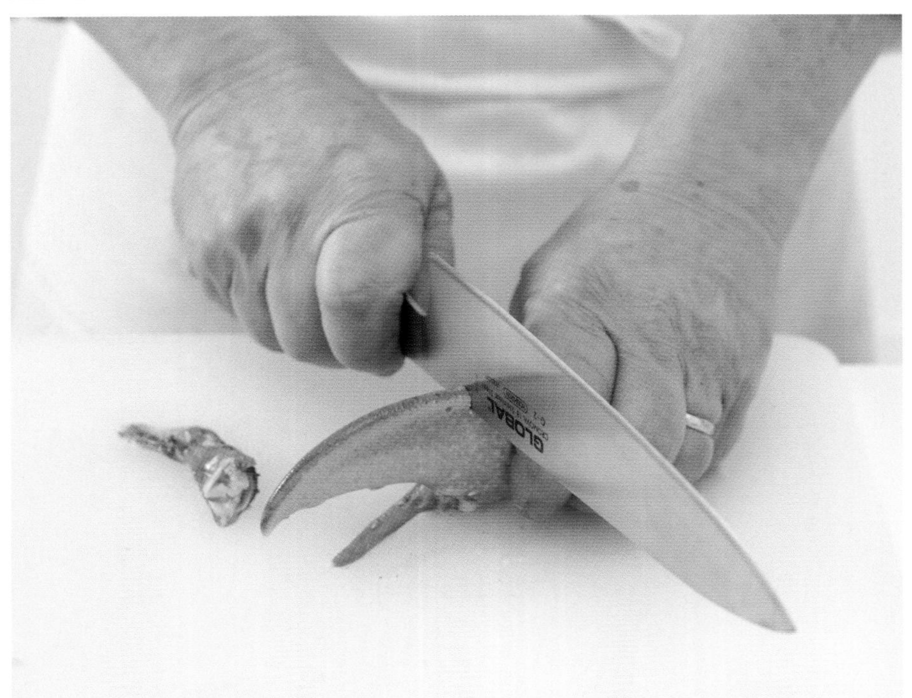

• 11 •

남은 집게 부분에 칼등으로 홈을 내서, 껍질이 쉽게 깨지도록 한다.

• 12 •

집게발의 살을 한 덩어리로 조심스럽게 빼낸다.

• 10 •

집게 끝을 잡아당겨 연골뼈를 빼낸다.

– 포커스 –

랍스터의 껍데기는 붉은색의 입자를 함유하고 있는데,
이것은 크러스타시아닌(crustacyanine)이라는
단백질에 붙어 있는 아스탁산신(astaxanthine)이다.
랍스터를 익히면 이 입자들이 서로 분리되는데,
바로 이 때문에 껍질의 색이 붉게 변하는 것이다.

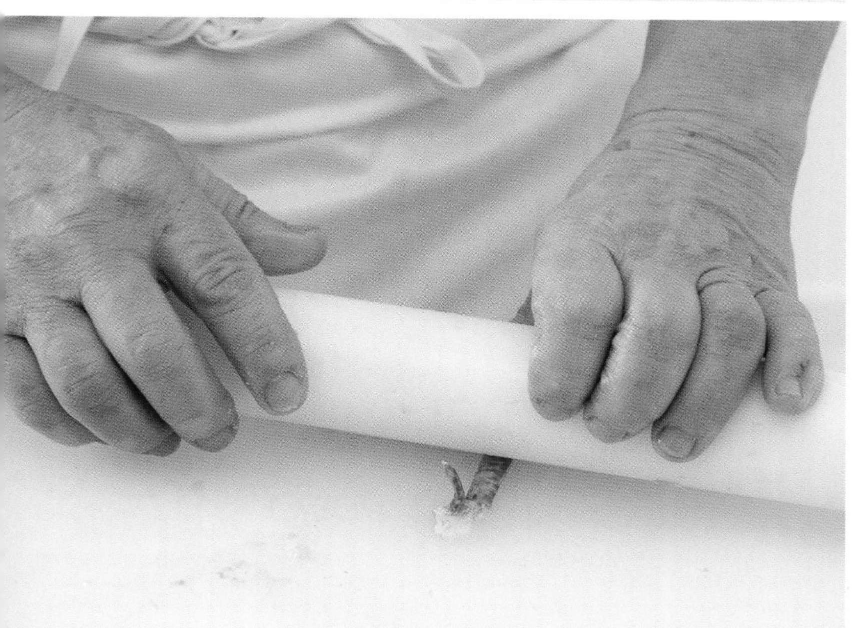

• 13 •

랍스터의 다리들은 한쪽 끝을 절단한 후, 밀대로 밀어 속살을 모두 빼낸다.

• 14 •

손질을 마친 랍스터의 살과 껍데기 모습.

- 테크닉 -

Préparer un oursin
성게 손질하기

❀

도구
가위 또는 게 전용 가위

• 1 •

소금물을 준비한다.

• 3 •

껍질의 보랏빛을 활용하려면 가시를 모두 제거한다.

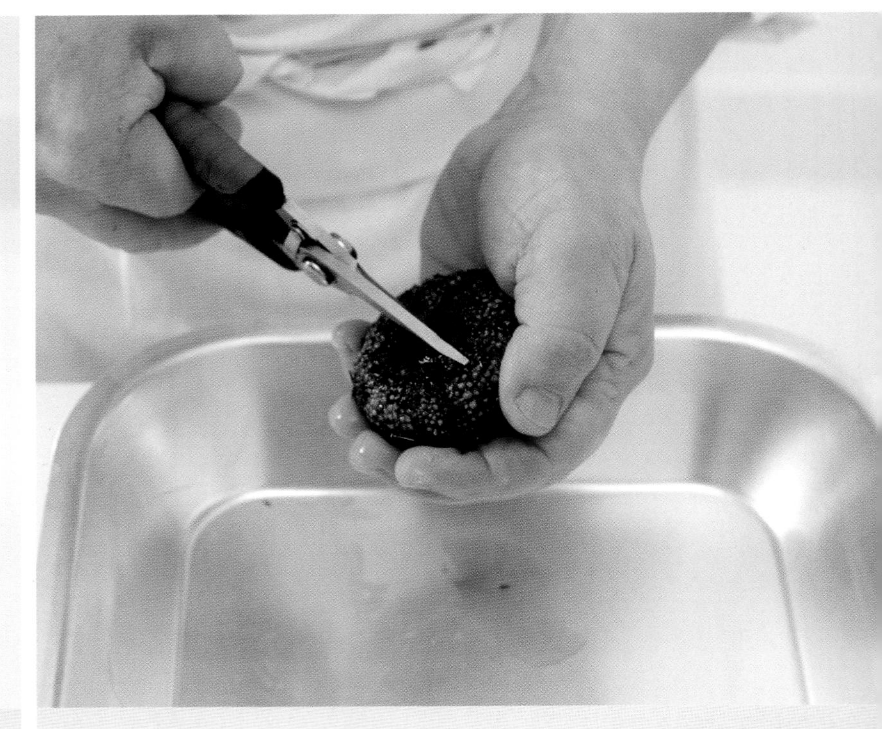

• 4 •

가위(또는 게 전용 가위)를 이용하여 껍데기 윗부분의 입 주위를 도려낸다.

• 2 •

가시에 찔리지 않도록 조심하며 성게를 씻는다.

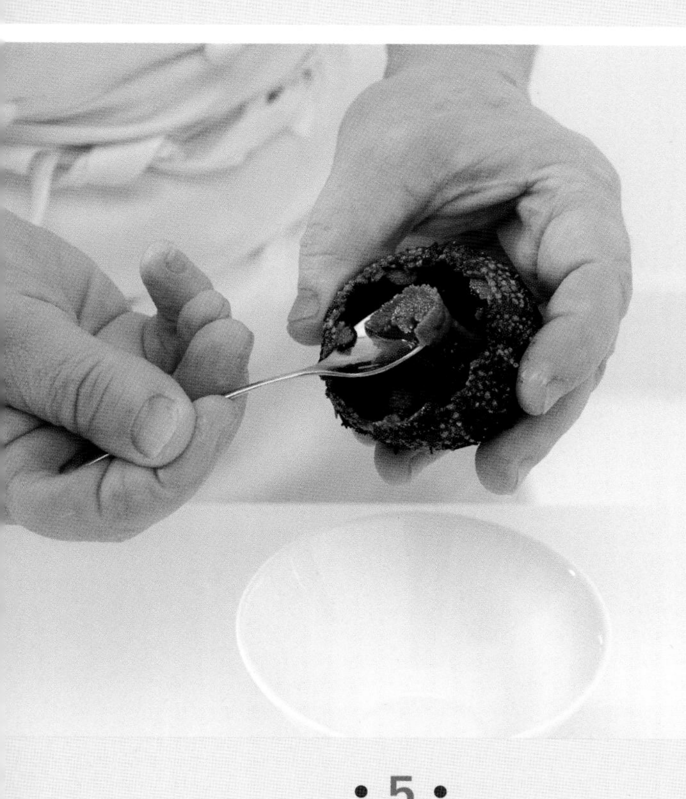

• 5 •

작은 스푼으로 속의 알(고환 혹은 난자)을 떠낸다.

– 포커스 –

성게알은 그 무엇과도 비교할 수 없는
바다향의 강한 감칠맛을 지니고 있다.
성게알은 익히지 않고, 날것으로 먹는다.
혹은 더운 요리 마지막에 추가해 넣기도 한다.

– 테크닉 –

Préparer une seiche

갑오징어 손질하기

도구

칼

조리용 비닐 장갑

• 1 •

조리용 장갑을 끼고 오징어의 가운데 뼈를 잡아 빼낸다.

• 4 •

3~4cm의 폭으로 길게 자른다.

• 2 •

검은 겉껍질과 지느러미를 벗긴다.

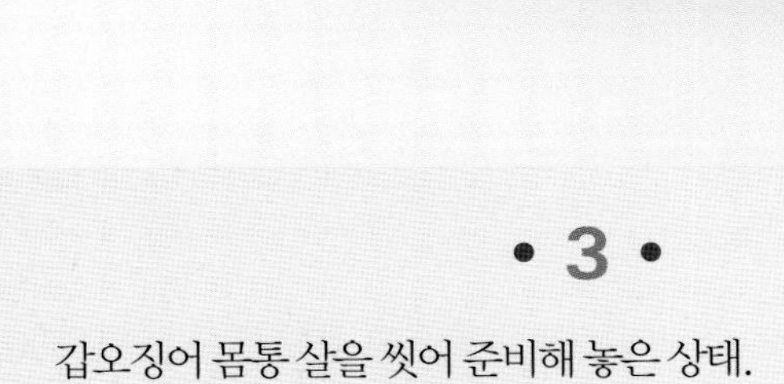

• 3 •

갑오징어 몸통 살을 씻어 준비해 놓은 상태.

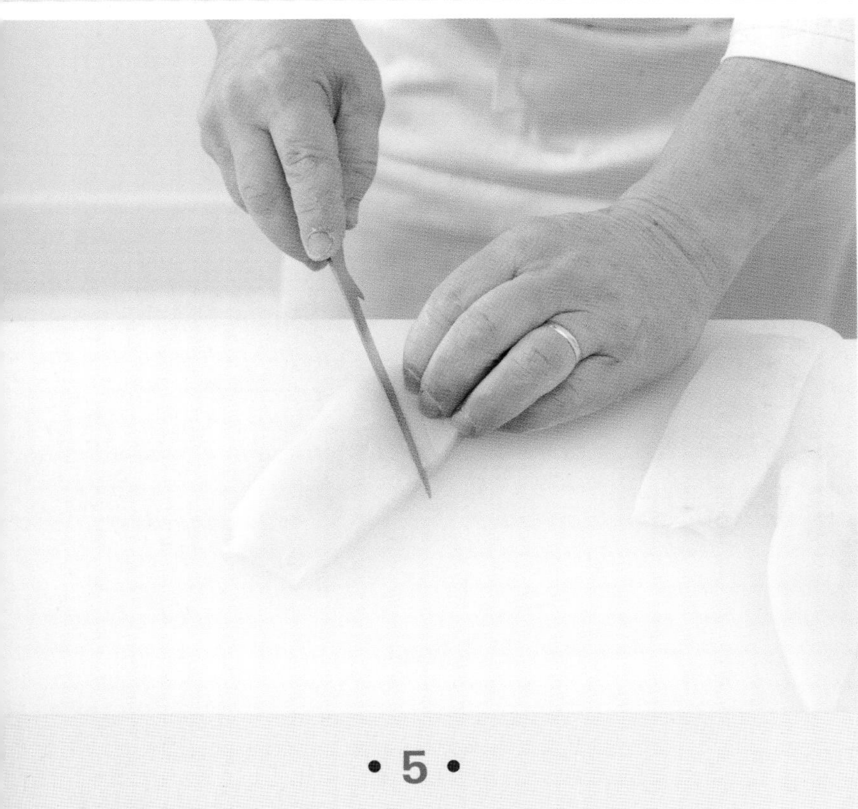

• 5 •

45° 각도로 비스듬하게 칼집을 낸다.

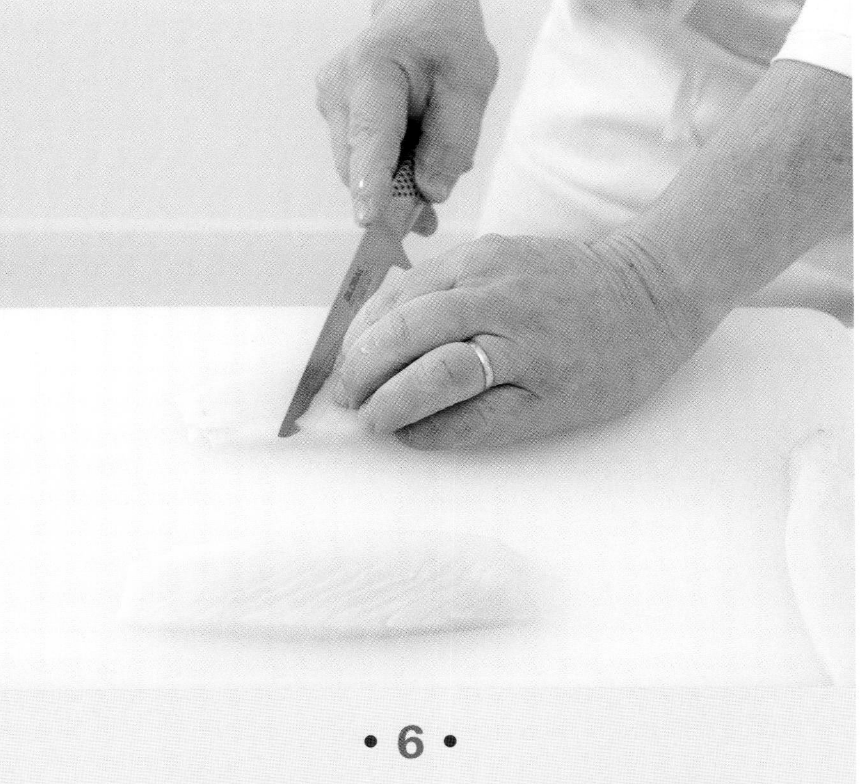

• 6 •

오징어 살의 방향을 바꾸어 마찬가지 방법으로 비스듬하게 칼집을 낸다.

- 테크닉 -

Préparer un soupion
꼴뚜기 손질하기

도구

칼

• 1 •

작업대 위에 꼴뚜기를 펴 놓는다.

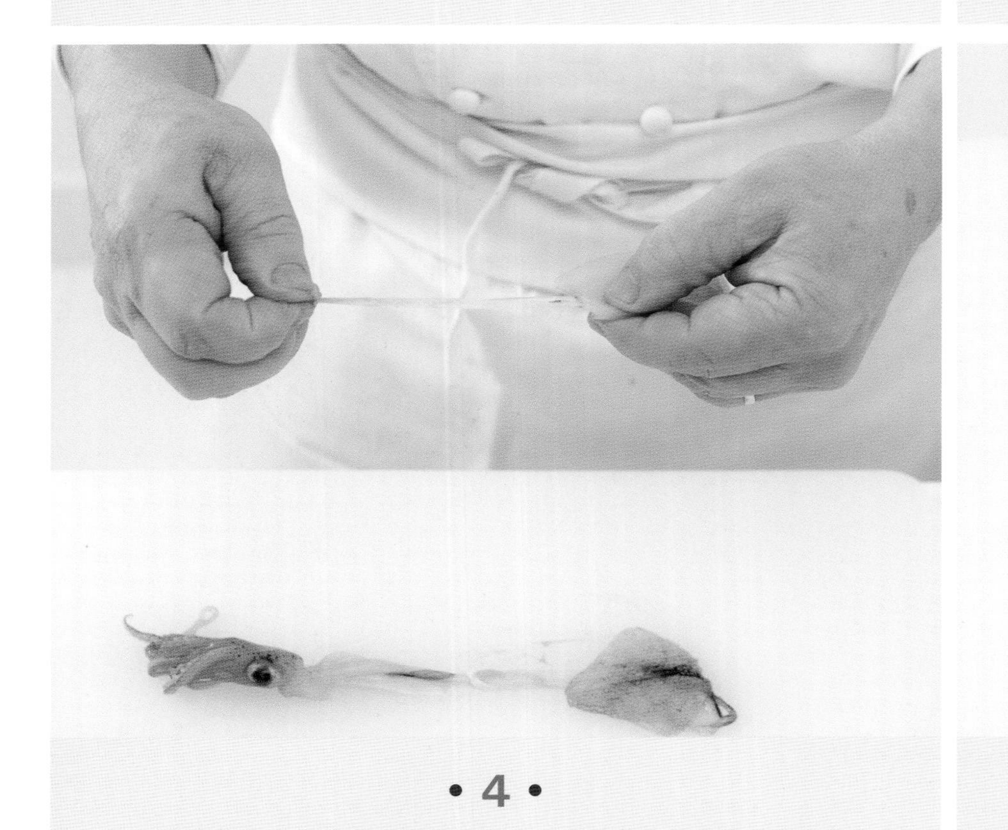

• 4 •

몸통 가운데 뼈(깃털과 모양이 비슷해서 깃털(plume)이라고 부름)를 빼낸다. 몸통을 뒤집어 깨끗이 헹구고, 다시 원래대로 뒤집어 놓는다.

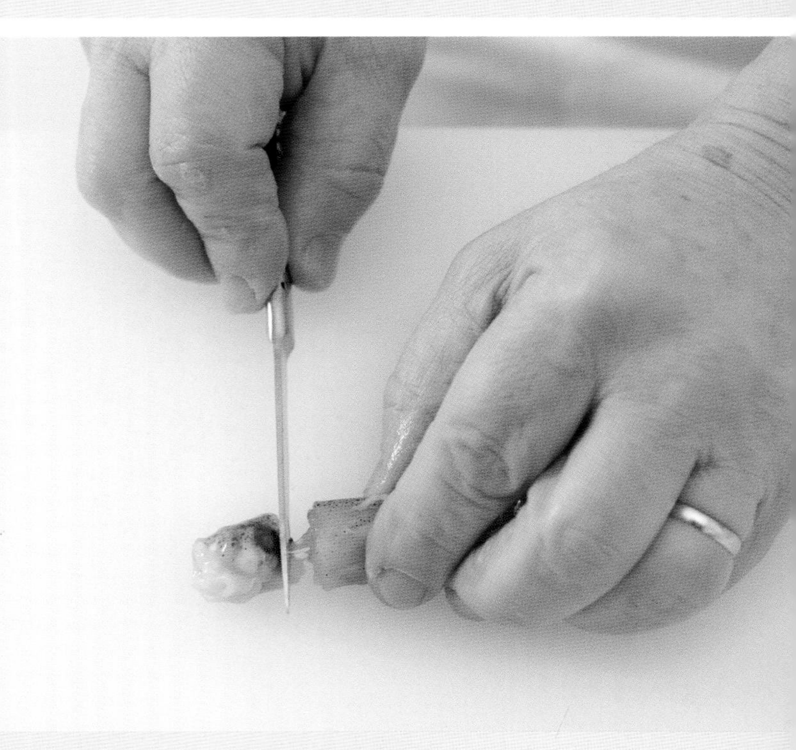

• 5 •

머리에서 입을 떼어 내고 촉수를 깨끗이 헹군다.

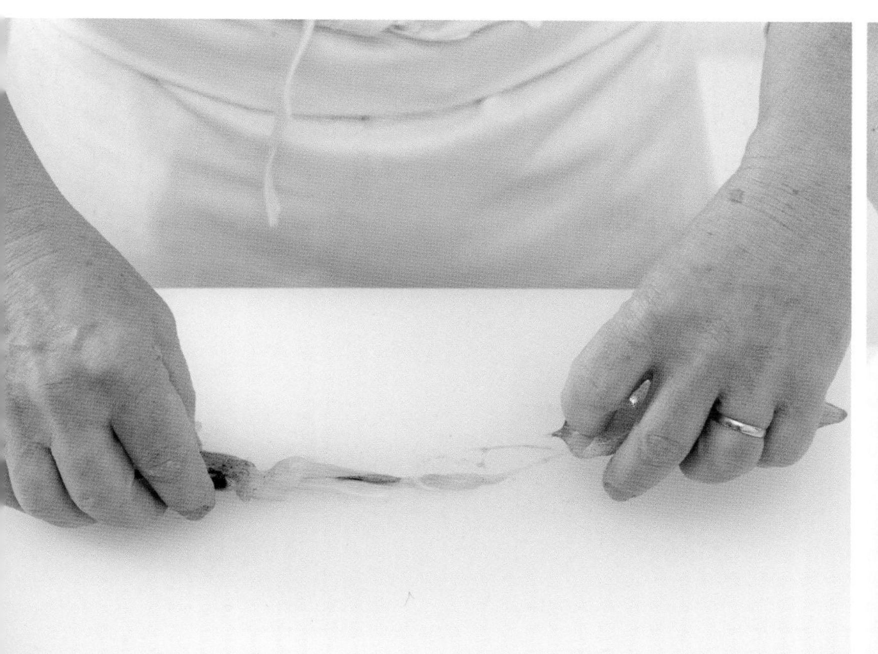

• 2 •

머리와 다리 부분을 잡아당겨 뺀다.

• 3 •

검은색 껍질과 지느러미를 벗긴다.

• 6 •

몸통과 발 촉수를 다듬어 씻어 놓은 모습.

- 테크닉 -

Cuisson des bigorneaux

고둥 삶기

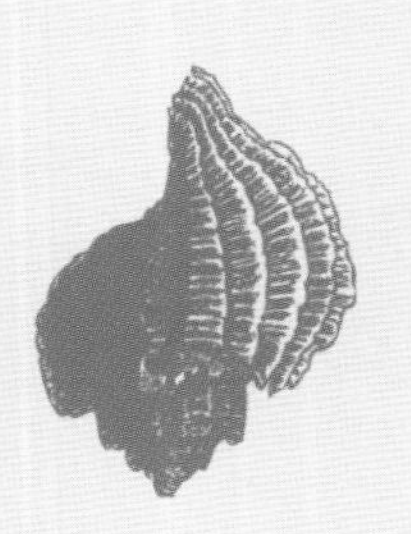

재료

경단고둥 500g
물 2리터
통후추 믹스 10g
월계수 잎 2장
타임 5줄기
이탈리안 파슬리 $\frac{1}{4}$단
회색 굵은 소금 10g

• 1 •

맑은 물에 고둥을 잘 씻어 냄비에 담는다.

• 3 •

물을 붓는다.

• 2 •

향신 재료(월계수 잎, 타임, 파슬리)와 소금, 후추를 넣는다.

• 4 •

물이 끓으면 바로 불에서 내려 그 물에 식혀준다. 이렇게 하면 살이 질겨지지 않고 재료의 향이 고둥에 잘 밴다.

– 포커스 –

경단고둥(bigorneaux)은 제일 작은 크기의 조개류 중 하나지만, 바다의 맛이 듬뿍 농축되어 있어 그 풍미는 으뜸으로 친다.
이 테크닉을 사용하면, 최적으로 익힌, 맛이 풍부한 고둥을 맛보게 될 것이다.

- 테크닉 -

Cuisson des coquillages en marinière

마리니에르 방식으로 조개류 익히기

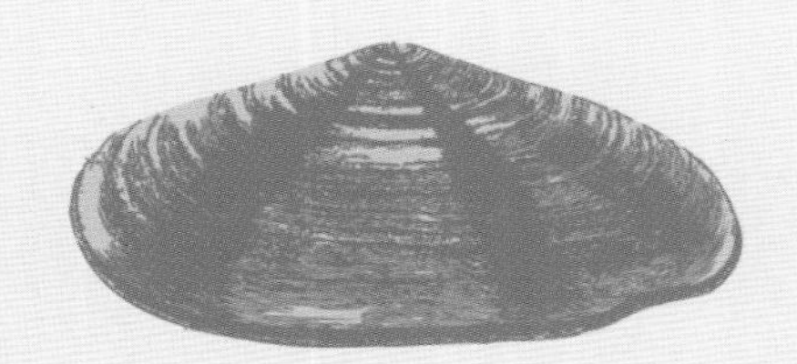

재료

홍합 500g

꼬막 500g

샬롯 50g

파슬리 줄기 50g

드라이 화이트 와인 200ml

버터 10g

마늘 1톨

부케가르니 1개

도구

주걱

• 1 •

준비한 재료를 작업대에 정리한다. 조개류는 미리 소금물에 해감한 뒤, 솔로 문질러 씻어놓는다.

• 3 •

잘게 썬 샬롯과 곱게 다진 파슬리의 2/3를 넣고, 약한 불에 수분이 나오게 볶는다.

• 5 •

꼬막(또는 다른 조개류)을 이 마리니에르(marinière) 국물에 넣어준다.

• 6 •

불을 세게 하고 뚜껑을 닫은 뒤, 조개가 모두 입을 벌릴 때까지 끓인다. 불에서 내리고 파슬리를 넣어 잘 섞는다.

• 2 •

소테팬에 버터를 녹인다.

• 4 •

화이트 와인을 넣고 끓인다.

• 7 •

조개를 채반 위에 건진다.

- 포커스 -

조개를 익히고 난 국물은 보관했다가
생선 요리에 곁들일 소스를 만들 때
사용하면 훌륭한 맛과 향을 낼 수 있다.
익힌 조개는 즉시 껍질에서 살을 발라내고
익힌 국물을 약간 부어 보관한다.

- 테크닉 -

Saumure

간수 만들기

간수 1.5리터

재료

물 1.5리터
소금 500g

• 1 •

분량의 소금을 준비한다.

• 3 •

물을 붓는다.

• 2 •

큰 볼에 소금을 담는다.

• 4 •

완전히 녹을 때까지 잘 섞는다.

- 포커스 -

간수는 생선이나 고기, 채소(예를 들어 피클) 등
식품을 저장하는 데 쓰인다.
조리하기 전 생선의 살을 단단하게
해주는 역할도 한다.

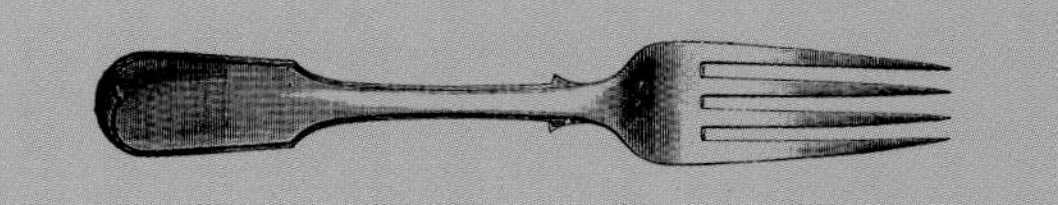

갑각류
조개류
연체류

LES CRUSTACÉS, COQUILLAGES ET MOLLUSQUES

레시피

Level 1

게딱지에 넣은 게살과 아보카도, 토마토 젤리

TOURTEAU ET AVOCAT EN COQUE D'ÉTRILLE ET GELÉE DE TOMATE

6인분 기준
준비 시간 : 1시간
휴지 시간 : 24시간(커리 오일)
조리 시간 : 30분

재료
크기가 큰 주름 꽃게(étrille) 18마리
2kg짜리 큰 게(tourteau) 1마리
(게살 360g)

커리 오일
따뜻한 물 20g
커리 파우더 20g
올리브오일 250g

아보카도 무스
판 젤라틴 $\frac{1}{2}$장
잘 익은 아보카도 2개
오이 120g
레몬 $\frac{1}{2}$개
커리 오일
소금 / 후추

토마토 젤리
토마토 1.2kg
(tomate coeur-de-boeuf: 주름 골이 진 모양의 토마토)
고수 $\frac{1}{4}$단
한천(1리터당 6g)

데코레이션
고수 잎 12장

도구
착즙 주서기
푸드 프로세서
거름용 면포

1▸ 전날, 커리 오일 만들어 놓기: 따뜻하게 데운 물에 커리 가루를 넣고 되직하게 개어 페이스트를 만든다. 올리브오일을 넣고 24시간 동안 향이 우러나게 둔다. 시간이 지나면 거름망에 걸러 기름만 사용한다.

2▸ 주름 꽃게 손질하기: 게를 솔로 닦아, 끓는 소금물에 넣어 10분간 익힌다. 껍질을 까고 게딱지는 1인당 3개꼴로(혹은 아뮈즈 부슈로 서빙할 때는 1인당 한 개) 남겨 둔다. 속은 다른 용도로 보관한다.

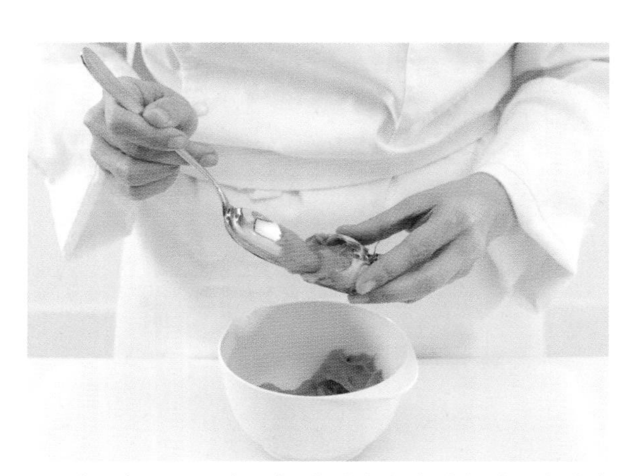

3▸ 아보카도 무스 만들기: 판 젤라틴 반 장을 찬물에 담가 둔다. 오이를 착즙기로 짜서 60g의 즙을 낸 다음 살짝 끓을 정도로 데우고, 여기에 꼭 짠 젤라틴을 넣는다. 아보카도를 세로로 잘라 씨를 빼고 살을 꺼낸다. 레몬을 뿌린 다음 젤라틴 넣은 오이즙과 섞어 믹서에 간다. 커리 오일로 간을 맞춘 다음, 게딱지에 채워 냉장고에 보관한다.

4▸ 게(투르토) 손질하기: 게의 크기에 따라(p.182 참조), 쿠르부이용에 20분 정도 익힌다. 채반에 건져 식힌 다음 살을 발라낸다.

5▸ 살에 연골이나 껍질 조각이 섞여 들어가지 않도록 세심한 주의를 기울인다. 준비해둔 꽃게 게딱지에 살을 채워 넣는다(게딱지 하나당 20g 정도). 냉장고에 보관한다.

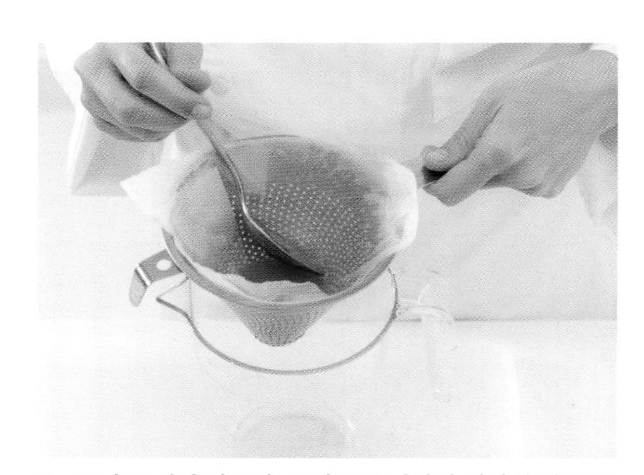

6▸ 토마토 젤리 만들기: 토마토를 껍질째 믹서에 넣고 고수와 함께 갈아준다. 면포에 받쳐 즙만 걸러낸다. 즙의 양에 알맞게 한천 가루를 넣고 끓여 30초간 유지한 뒤 불을 끈다. 식혀서 유리컵 바닥에 담고, 속을 채운 차가운 게딱지 위에도 얹어준 다음 냉장고에 넣어 굳힌다.

7▸ 유리컵 밑바닥의 토마토 젤리가 굳으면 그 위에 아보카도 무스를 채운다. 남은 게살을 얹고 장식한다.

8▸ 데코레이션: 게딱지 위에 튀긴 고수 잎을 한두 개씩 올려 장식한 다음, 서빙한다.

Level 2

샐러리악, 그린 애플을 곁들인 게살 요리

DÉCLINAISON DE TOURTEAU,
CÉLERI ET POMME VERTE

6인분 기준
준비 시간 : 2시간 30분(휴지 시간 포함)
휴지 시간 : 하룻밤(라임 오일)
조리 시간 : 20분(게)
20분(샐러리악)

재료

라임 오일
라임 1개
올리브오일 100ml

샐러리악 바바루아즈*
샐러리악 400g
생크림 240ml
판 젤라틴 5g
청사과 브뤼누아즈 (brunoise) 100g
(사과를 자르고 남은 자투리는 버리지 말고 보관한다)

사과 꽃잎
샐러리 $\frac{1}{4}$단
그래니 스미스 (granny-smith) 사과 500g
그린 애플 식용 색소

게살 샐러드
게살 (tourteau) 180g
머스터드를 넉넉히 넣은 마요네즈 (p.88 참조)
청사과 100g

데코 가니쉬
치커리
라임 올리브오일
소금

도구
지름 8cm x 높이 2cm 원형틀 6개
착즙 주서기
지름 2.5cm짜리 원형 커팅틀

* bavaroise: 과일·우유·달걀·설탕·젤라틴 등 재료로 만들어서 디저트로 먹는 프랑스 과자. 현재는 바바루아와 유사어로 사용된다.

1▸ 전날, 라임 오일 만들어 놓기: 감자 필러로 라임 껍질 제스트를 깎아, 올리브오일에 담가 하룻밤 둔다.

2▸ 샐러리악 바바루아즈 만들기: 샐러리악은 껍질을 벗기고 굵게 깍둑 썰어 끓는 소금물에 삶는다. 칼로 찔러 보아 다 익었으면 건져낸다. 미리 따뜻하게 데워 놓은 생크림 80ml를 넣고 믹서에 간다. 찬물에 담갔다가 건져 꼭 짠 판 젤라틴을 넣고 섞는다. 볼을 얼음 위에 놓고 식힌다. 나머지 생크림 160ml는 휘핑한 다음, 샐러리악 퓌레에 조심스럽게 혼합한다. 브뤼누아즈(아주 작은 큐브 모양)로 썬 청사과를 섞는다.

3▸ 원형틀에 채워 냉장고에 보관한다.

4▸ 청사과 꽃잎 만들기: 우선 샐러리즙을 만든다. 샐러리 줄기와 청사과 브뤼누아즈 자르고 남은 자투리를 함께 주서기에 넣어 짠다. 샐러리의 노란색 연한 잎사귀는 떼어 내 보관한다(나중에 치커리 잎과 함께 사용한다). 색소를 소량 넣어 연한 녹색을 낸다.

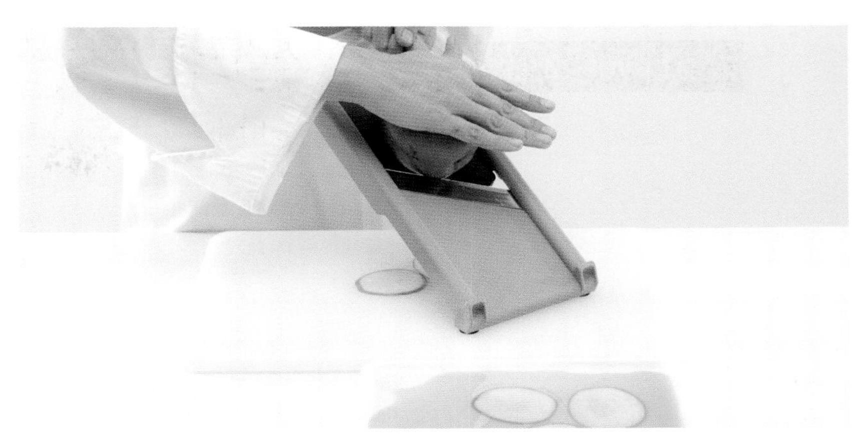

5▸ 청사과는 만돌린 슬라이서를 사용하여 껍질째 1mm 두께로 얇게 자른다. 사과를 넓은 쟁반 위에 한 켜로 놓고, 4의 녹색즙을 부어, 1시간 동안 냉장고에 넣고 재운다.

6▸ 게살 준비하기: 게를 익혀서 살을 발라 낸 다음(p.182 참조), 마요네즈를 조금 넣어 간한다. 게살이 너무 뭉치지 않도록 살살 버무린다. 가늘게 채 썬 청사과를 넣어 잘 섞는다.

7▸ 샐러드 만들기: 치커리를 씻어서 속에 있는 흰색 연한 잎만 골라 가늘게 떼어 낸다. 4에서 보관해 두었던 연한 샐러리 잎과 섞는다. 서빙 직전에 라임 올리브오일로 버무리고 간한다.

8▸ 플레이팅: 각 접시에 샐러리악 바바루아즈를 담고, 양념한 게살을 30g씩 얹은 다음, 사과 슬라이스를 꽃처럼 놓는다(바바루아즈와 같은 크기). 가운데 샐러리 치커리 샐러드를 조금 얹는다.

Level 3

유자향의 버터넛 스쿼시 라비올리, 시금치와 게살

RAVIOLES DE BUTTERNUT YUZU, ÉPINARD ET CHAIR DE CRABE

파스칼 바르보(Pascal Barbot), **페랑디 파리 객원교수**

6인분 기준
준비 시간 : 45분
조리 시간 : 45분

재료

밀크 시트 (la peau de lait)
차가운 우유 1리터
한천 17g / 젤란검* 7g

새우 페이스트
샬롯 10개
마늘 10톨 / 생강 1뿌리
식물성 기름 / 레몬그라스 줄기 5대
쥐똥고추 (piment oiseau) 3개
팜슈거 3테이블스푼
타이 새우 페이스트 100g
토마토 콩카세 600g (tomates concassées: 껍질 벗겨 속씨를 빼내고 잘게 썬 토마토)
붉은 고추 간 것 1티스푼 / 레몬즙 250ml

라비올리
버터넛 스쿼시 호박 1개

버터넛 스쿼시 무슬린
버터넛 스쿼시 자투리 500g / 버터 75g
유자즙, 유자 제스트 50g
디종 머스터드 15g
비터 아몬드 에센스 10방울
올리브오일 20g / 레몬즙 20g

시금치
시금치 150g / 게살(투르토) 250g
마늘 1톨 / 생강 10g
올리브오일 20g / 레몬즙 ½개분

도구

믹서 / 절구 또는 채소 다지기
소테팬
채소 그라인더 또는 푸드 프로세서
햄 슬라이서 / 일회용 짤주머니
지름 5cm의 원형 커팅틀

* gomme gellan: 식품의 점착성 및 점도를 증가시키고, 유황 안정성을 향상시키는 식품첨가물.

파스칼 바르보는 그 세대 요리사들 가운데 가장 신중하고 재능 있는 세프로 손꼽힌다.
소박하고 겸손하면서도 넉넉한 인심의 그는 파리 16구에 있는 식당 '라스트랑스'에서 모던 퓨전 퀴진을 선보이고 있다.

밀크 시트 만들기
하루 전날, 차가운 우유에 모든 가루를 섞고 믹서에 갈아 하룻밤 둔다. 다음 날 차가운 혼합물을 한 번 더 믹서에 갈아준 뒤, 10초간 끓인다. 혼합물이 80℃가 되면, 쟁반에 부어 1mm 두께로 얇게 펴서 식힌다. 기호에 따라 타임이나 다른 허브로 우유에 향을 내주는 것도 가능하다.

새우 페이스트 만들기
샬롯, 마늘, 생강의 껍질을 벗겨 절구에 빻거나 채소 다지기에 곱게 다진다. 커다란 소테팬에 오일을 두르고 이 양념 다짐을 약한 불에 볶는다. 짓이겨 으깬 레몬그라스와 고추, 팜슈거를 넣어 섞는다. 타이 새우 페이스트와 토마토 콩카세, 고춧가루를 넣고 30분간 익힌 다음, 레몬즙을 붓는다. 소스를 채소 그라인더에 넣어 돌린 후 완전히 식힌다. 산화를 막기 위해 기름으로 덮어준 다음 냉장고에 보관한다.

버터넛 스쿼시 라비올리 만들기
햄 슬라이서로 버터넛 스쿼시 호박을 자른 다음, 지름 5cm 원형으로 찍어낸다. 뜨거운 물에 몇 초간 데쳐내어 접히기 좋은 상태로 만들어 둔다.

버터넛 스쿼시 무슬린 만들기
버터넛 스쿼시를 잘라내고 남은 자투리를 삶아 수분을 날려 보낸다. 여기에 차가운 버터와 기타 재료(유자, 머스터드, 아몬드 에센스, 올리브오일, 레몬즙)를 모두 넣고 푸드 프로세서에 돌려 간 후, 일회용 짤주머니에 넣어 둔다.

시금치 익히기
시금치는 마지막에 재빨리 익히는 것이 중요하다. 우선, 팬에 올리브오일을 두르고 마늘과 생강, 새우 페이스트를 조금 넣고 게살을 넣어 볶다가, 시금치를 넣고 빠르게 볶는다.

플레이팅
버터넛 스쿼시 슬라이스를 콘 모양으로 접고, 그 속을 무슬린으로 채운 다음, 증기로 몇 초간 쪄낸다. 원형틀을 이용해 시금치와 게살을 깔끔하게 접시에 담는다. 그 위에 라비올리를 놓고 비스크 오일을 뿌린 다음, 시금치 잎을 몇 개 올린다. 밀크 시트를 우묵한 접시의 볼 크기에 알맞은 원형으로 잘라 게살 위에 덮어 평평하게 해준다.

\- 레 시 피 -

파스칼 바르보, 라스트랑스 * (파리)**
PASCAL BARBOT, L'ASTRANCE *** (PARIS)

Level 1

벨 뷔 랍스터

HOMARD EN BELLE-VUE

6인분 기준
준비 시간 : 2시간
조리 시간 : 50분

재료

500g짜리 브르타뉴 랍스터(homard breton) 3마리
트러플(송로버섯) 슬라이스
또는 생선의 알
홈메이드 마요네즈(p.88 참조) 100g

생선 즐레*(la gelée de poisson)

판 젤라틴 15~20장
생선 육수 (p.26 참조) 1리터
달걀흰자 2개분

쿠르부이용(court-bouillon)

당근 150g
양파 150g
샐러리 80g
부케가르니 1개
통후추 8알
팔각 3개
흰 식초 200ml
굵은 소금 20g

도구

깨끗한 면포
랍스터 익힐 때 사용할 나무판 3개
믹서
짤주머니

1▶ 생선 즐레 만들기: 하루 전날, 판 젤라틴을 찬물에 담가 냉장고에 넣어 둔다. 다음 날, 생선 육수를 조금 떠서 달걀흰자와 섞는다. 나머지 생선 육수를 끓이고, 거기에 흰자와 섞어 두었던 생선 육수 혼합물을 넣는다. 잘 저어 섞으며 15분간 약하게 끓인다.

2▶ 끓인 육수를 깨끗한 면포에 걸러 불순물을 제거한다(필요할 경우, 젤라틴을 넣고 섞자마자 바로 한 번 다시 걸러주면, 혼탁하지 않은 깨끗한 즐레를 만들 수 있다). 불린 젤라틴을 꼭 짠 뒤, 걸러 놓은 생선 육수에 넣어 섞고 식혀 두었다가 나중에 글라사주(glaçage: 반짝이게 발라 코팅해줌)용으로 쓴다.

3▶ 쿠르부이용 만들기: 야채를 모두 얇게 썬다. 냄비에 찬물을 붓고, 채소와 기타 모든 재료를 넣고 끓인다. 약 30분간 약한 불로 끓인다.

4▶ 랍스터 익히기: 작은 나무판에 살아 있는 랍스터를 묶어 고정시키거나, 또는 주방용 실로 랍스터를 단단히 묶는다(꼬리 부분은 단단하게 묶어주고, 집게발 부분은 안전하게 고무줄로 묶인 채로 그대로 둔다). 랍스터를 쿠르부이용에 넣고 약 18분간 아주 약한 불로 끓인다. 불에서 내리고 그대로 식힌다.

5▶ 랍스터 손질하기(p.186 테크닉 참조): 랍스터의 등이 아래로 가게 놓고, 가위로 배쪽 껍질의 막을 조심스럽게 잘라낸다. 껍데기는 장식용으로 보관한다. 꼬리 살을 한 덩어리로 잘 꺼내, 5mm 두께로 동그랗게 잘라준다.

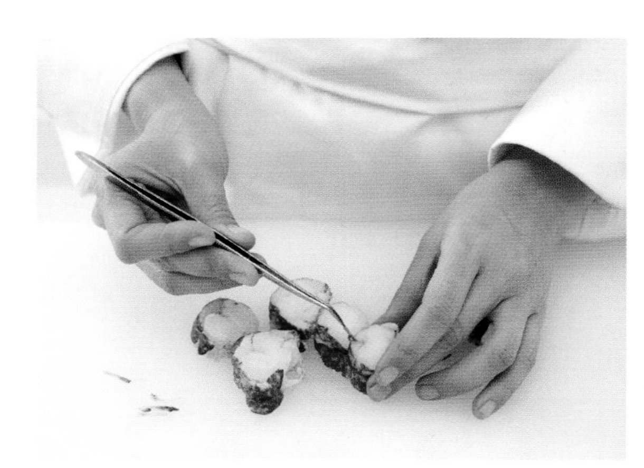

6▶ 자른 조각 사이사이에 보이는 내장을 핀셋으로 제거한다.

* gelée: 젤라틴, 펙틴, 한천 등의 교질분을 넣어 액체를 응고시킨 것. 일반적으로 프랑스어로 즐레는 잼과 비슷한 농도로, 냉각시켰을 때 고형화된 젤리보다 농도가 묽다.

7▶ 밑에 팬을 받친 깨끗한 스테인리스 그릴 위에 랍스터 조각을 올려놓는다. 매 조각 단면 위에 트러플 슬라이스 또는 생선의 알을 올려주고, 생선 즐레를 끼얹어 글라사주한다(생선 젤리는 오일과 비슷한 농도가 되어야 한다). 나머지 두 마리 랍스터도 같은 방법으로 준비한다. 즐레가 그릴 밑받침으로 흘러 떨어지지 않도록 주의하면서 한 번에 끼얹는다. 냉장고에 보관한다.

8▶ 레시피 제안: 랍스터 마요네즈 – 되직한 농도의 마요네즈를 만들어 놓는다. 랍스터의 붉은 내장에 물을 아주 조금 넣고 믹서에 간 다음 약하게 끓인다. 이 매끈한 소스를 마요네즈에 섞고 간을 맞춘다.

9▶ 완성하기: 서빙 플레이트에 빈 랍스터 껍질을 미끄러지지 않도록 잘 고정시켜 놓아준다. 랍스터 살을 머리 쪽에서 꼬리 쪽으로 큰 순서대로 껍질 위에 일렬로 배치한다. 짤주머니를 이용해 랍스터 마요네즈를 조금 짜 장식한다.

Level 2

사프란 즐레와 랍스터

HOMARD EN GELÉE DE SAFRAN

6인분 기준
준비 시간 : 3시간
조리 시간 : 1시간

재료
500g짜리 브르타뉴 랍스터(homard breton) 3마리

쿠르부이용
당근 150g / 양파 150g
샐러리 80g
부케가르니 1개
통후추 8알
팔각 3개
흰 식초 200ml
굵은 소금 20g

생선 즐레
젤라틴 10g
생선 육수 (p.26 참조) 500ml
달걀흰자 1개분

가니쉬
주키니 호박 250g
아주 좋은 품질의 올리브오일 50ml
토마토 200g / 펜넬 2개
랍스터 자투리
흰 후추 그라인드

마무리
사프란 가루
프레시 바질 잎 10장
껍질 벗긴 체리 토마토 6개
얇게 썬 펜넬 6장
올리브오일
생 아몬드(여름)
사프란 꽃술 / 고운 소금

도구
랍스터 익힐 때 사용할 판(20cm x 5cm) 3개
지름 6cm x 높이 6cm 원형틀 6개

1▶ 생선 즐레 만들기: 하루 전날, 판 젤라틴을 넉넉한 양의 찬물에 담가 냉장고에 넣어 둔다. 다음 날, 생선 육수를 조금 떠서 달걀흰자와 섞는다. 나머지 생선 육수를 끓이고, 거기에 흰자와 섞어 두었던 생선 육수 혼합물을 넣는다. 잘 저어 섞으며 15분간 약하게 끓인다.

2▶ 끓인 육수를 깨끗한 면포에 걸러 불순물을 제거한다(필요할 경우, 젤라틴을 넣고 섞자마자 바로 한 번 다시 걸러주면, 혼탁하지 않은 깨끗한 즐레를 만들 수 있다). 물에 불린 젤라틴은 손으로 꼭 짜서 최대한 물기를 없앤 뒤 따뜻한 육수에 넣어 잘 섞고, 식혀 두었다가 나중에 글라사주용으로 쓴다.

3▶ 쿠르부이용 만들기, 랍스터 익히기, 랍스터 손질하기(바로 앞 레시피와 p.186 단계별 테크닉 참조)

4▶ 스테인리스로 된 원형틀 6개의 안쪽 벽에 랍스터를 4조각씩 붙여 넣고, 남은 조각은 랩으로 밀봉해 냉장고에 보관한다. 집게발을 깨서 속살을 손상되지 않게 잘 꺼낸다. 랍스터 꼬리의 자투리 살은 5mm 크기의 작은 큐브 모양으로 잘라놓는다.

5▶ 가니쉬 준비하기: 호박은 좀 굵직한 브뤼누아즈(brunoise: 작은 큐브 모양)로 잘라 올리브오일에 재빨리 볶는다(살이 아주 단단한 상태여야 한다). 토마토를 끓는 물에 데쳐 껍질을 벗긴 후 속씨를 빼고 살만 남긴다. 펜넬은 껍질을 벗겨 미르푸아(mirepoix: 작은 주사위 모양 – p.432 참조)로 자른 다음, 약간의 물과 올리브오일, 굵은 소금을 넣고 익힌다.

6▶ 생선 즐레를 조금 덜어내어 사프란 가루를 조금 넣고 섞어준다. 바질 잎 4장을 아주 잘게 썰고, 나머지 6장은 보관해 둔다. 랍스터 자투리 살, 호박(장식용으로 조금 남겨 둔다), 얇게 썬 펜넬, 토마토, 잘게 썬 바질을 모두 같이 넣고, 사프란향의 생선 즐레를 자작하게 부어 섞는다. 소금과 흰 후추로 간한다.

7▶ 랍스터를 가장자리에 붙여둔 원형틀에 6의 혼합물을 채워 넣는다. 랩으로 씌워 냉장고에 30분간 넣어 둔다.

8▶ 마무리(각 원형틀마다): 체리 토마토는 푸른 꼭지가 떨어지지 않도록 조심하면서 껍질을 벗긴다. 랍스터를 접시에 놓고 원형틀을 빼낸다. 그 위에 나머지 랍스터와 집게살, 올리브오일로 윤기를 낸 펜넬, 바질 잎, 체리 토마토, 작은 큐브 모양으로 썬 주키니 호박, 생 아몬드(여름) 그리고 사프란 꽃술 가닥을 조금 얹는다. 올리브오일을 살짝 뿌린 뒤 서빙한다.

Level 3

❀❀❀

셰리 와인과 카카오 소스를 곁들인 랍스터

HOMARD AU CACAO ET VIN DE XÉRÈS

올리비에 롤랭제(Olivier Roellinger), 페랑디 파리 객원교수

6인분 기준
준비 시간 : 30분
조리 시간 : 35분

재료
700g짜리 브르타뉴 랍스터 (homard breton) 3마리
가염 버터 200g
셰리 와인 150ml
(vin de xérès amontillado: Montilla산 셰리 와인의 일종)
바닐라 빈 $\frac{1}{2}$줄기
로쿠*(립스틱 나무, 아나토) 알갱이 10개
왁스 처리하지 않은 레몬즙 1개분
코리앤더 씨 1테이블스푼
카옌 페퍼 약간
닭 육수 500ml
카카오 가루 $\frac{1}{2}$티스푼
경수채 잎(미즈나 잎) 또는 시금치 잎 약간

도구
원뿔체
큰 냄비
논스틱 프라이팬

올리비에 롤랭제는 신중함과 겸손함, 또 탁월한 재능으로 단연 돋보이는 셰프다. 바다에 매료된 브르타뉴 출신인 그는 여행을 통해 수집한 이국적 향신료들과 해산물의 마리아주를 선보였다. 그의 요리에서 이 환상적인 조화를 맛볼 수 있으며, 파리에 있는 그의 고급 식재료 가게에서는 이 향신료들을 만나 볼 수 있다.

랍스터 육즙 소스 (jus) 만들기
끓는 소금물에 약 5분간 랍스터를 익힌 다음, 머리, 몸통, 집게를 분리한다. 머리 부분을 열어 모래주머니를 제거한 다음, 작게 토막낸다. 팬에 가염 버터를 녹이고 이 껍질 토막낸 것을 볶다가 셰리 와인을 넣고 반으로 졸인다. 바닐라 빈, 로쿠, 레몬즙, 코리앤더 씨와 카옌 페퍼를 넣는다. 재료가 잠길 정도로 닭 육수를 붓고 끓여, $\frac{2}{3}$가 될 때까지 졸인다. 원뿔체에 거른다. 최대한 많은 즙을 추출해 낼 수 있도록 숟가락으로 꾹꾹 눌러주며 걸러 보관한다.

랍스터 익히기
몸통과 집게의 살을 발라낸다. 버터에 재빨리 볶아 꺼내고, 팬 바닥에 눌러 붙은 육즙은 준비해 둔 랍스터 육즙 소스로 디글레이즈한다. 버터 한 조각과 카카오를 넣고 적당한 농도가 될 때까지 졸인다.

플레이팅
따뜻한 접시에 랍스터 꼬리와 집게살을 담고, 시럽 농도의 랍스터 소스를 뿌린다. 랍스터 살은 반투명해야 한다. 미즈나 잎이나 시금치 잎을 몇 개 얹어 장식한다.

* rocou: 학명 *bixa orellana*. 립스틱 나무로 불리며 남미에서 재배된다. 아나토 색소가 바디페인팅의 염료나 버터 치즈의 착색에 쓰인다.

- 레 시 피 -

올리비에 룈랭제, 르 코키야주 * (캉칼)

OLIVIER ROELLINGER, LE COQUILLAGE * (CANCALE)

Level 1

미니 파바 콩과 아스파라거스를 곁들인 랑구스틴 카르파초, 보리지 꽃, 망고와 비트 소스

CARPACCIO DE LANGOUSTINES, FÉVETTES ET ASPERGES, BOURRACHE, CONDIMENT À LA MANGUE ET BETTERAVE

6인분 기준
준비 시간 : 2시간
조리 시간 : 30분

재료
랑구스틴 24마리(2 kg)
미니 파바 콩(잠두콩) 500g
가는 아스파라거스 500g
비트 1개
망고 1개
망통 (Menton)산 레몬 3개
올리브오일
줄기양파(골파) 2개
보리지 (borage) 새싹 순 100g
에스플레트 칠리 가루
플뢰르 드 셀
보리지 식용 꽃 1팩

도구
조리용 원형틀
착즙 주서기
원뿔체
햄 슬라이서(선택 사항)
조리용 붓
스포이트

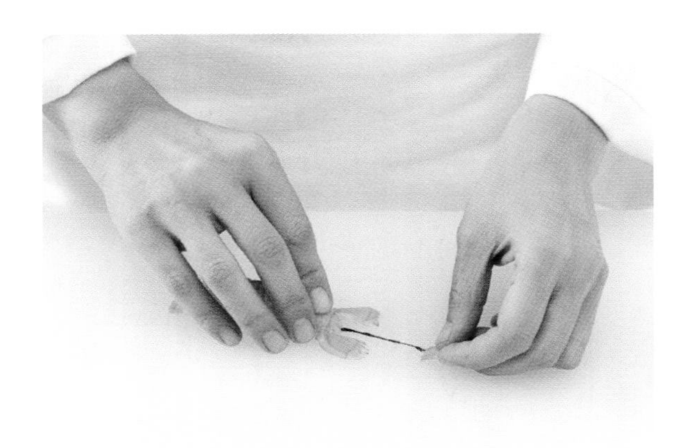

1▸ 랑구스틴의 껍질을 벗기고, 몸에서 창자를 조심스럽게 뺀다. 머리와 몸통을 분리하고 붉은색 내장은 보관한다. 머리는 두었다가 다른 용도로 쓴다.

2▸ 랑구스틴을 틀에 채워 원통형으로 만든다. 냉동실에 넣어 둔다.

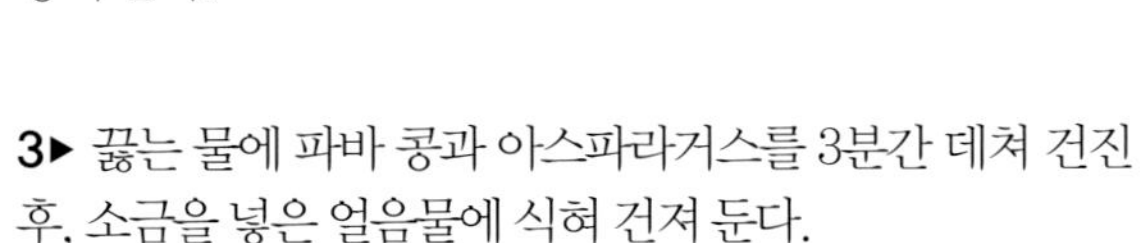

3▸ 끓는 물에 파바 콩과 아스파라거스를 3분간 데쳐 건진 후, 소금을 넣은 얼음물에 식혀 건져 둔다.

4▸ 비트는 껍질을 벗기고 착즙한 다음 약한 불로 졸여 시럽 농도로 만든다. 망고도 같은 방법으로 시럽을 만들어 둔다.

5▸ 마리네이드 만들기: 레몬즙과 껍질 제스트에 올리브오일, 줄기양파, 소금, 에스플레트 칠리 가루를 조금 넣고 믹서에 갈아 원뿔체에 걸러준다.

6▸ 카르파초 만들기: 햄 슬라이서나 아주 잘 드는 칼로 냉동실에 넣어둔 원통형 랑구스틴 살을 1.5~2mm 두께로 저며, 각 접시에 꽃 모양으로 빙 둘러 놓는다.

7▸ 준비한 마리네이드 액을 조리용 붓으로 랑구스틴에 골고루 잘 발라준다.

8▶ 줄기양파의 연한 녹색 부분을 어슷하게 썬다. 아스파라거스와 파바 콩을 마리네이드 드레싱으로 비네그레트처럼 버무린다. 이들을 모두 랑구스틴 위에 올린다. 보리지 새순을 얹고, 스포이트로 비트와 망고 소스를 카르파초 주변에 찍어 장식한다. 플뢰르 드 셀과 에스플레트 칠리 가루를 뿌려 서빙한다.

Level 2

미니 파바 콩과 야생 아스파라거스를 곁들인 랑구스틴 타르타르

TARTARE DE LANGOUSTINES,
FÉVETTES ET ASPERGES SAUVAGES

6인분 기준
준비 시간 : 1시간
조리 시간 : 1시간 30분

재료
랑구스틴 24마리(2kg)
샬롯 100g
줄기 달린 케이퍼 1병
코르니숑 (cornichon: 달지 않은 오이 피클) 1병
차이브(서양 실파) 2단
처빌 1단 / 딜 1단
라임 3개
미니 파바 콩(잠두콩) 500g
야생 아스파라거스 500g

비트 카르파초
키오지아 비트 2개
(betterave chioggia: 붉은색과 흰색의
원 모양이 있는 단면이 특징)
흰 식초 100g / 설탕 50g
미림 1병

망고 원반
망고 3개
판 젤라틴 3장

마요네즈
달걀노른자 2개분
머스터드 2티스푼 / 콩기름 300g
올리브오일 100g / 식초 50g
생크림 150g / 소금
카옌 페퍼

와사비 스펀지 비스킷
튜브에 든 와사비 1개
생크림 500g / 달걀노른자 50g
설탕 25g /밀가루 30g

도구
만돌린 슬라이서
착즙 주서기
여러 가지 사이즈의 커팅틀
소다사이폰 휘핑기(가스 충전 카트리지 2개)

1▸ 랑구스틴의 껍질을 벗기고, 몸에서 내장을 조심스럽게 빼며 머리를 떼어 낸다. 랑구스틴 살을 브뤼누아즈(brunoise: 작은 큐브 모양– p.426 참조)로 썰어 냉장고에 보관한다.

2▸ 샬롯을 잘게 자르고, 케이퍼와 코르니숑도 브뤼누아즈로 썬다. 차이브와 처빌, 딜도 잘게 썬다. 레몬은 통째로 껍질을 벗겨(peler à vif: 겉껍질과 흰 속껍질을 칼로 한 번에 잘라 벗겨낸다 – p.652 참조), 레몬 과육을 하나씩 저민다.

3▸ 채소 준비하기: 미니 파바 콩과 아스파라거스를 끓는 소금물에 3분간 데친 후 건져, 얼음물에 담가 식힌 다음 건져 둔다.

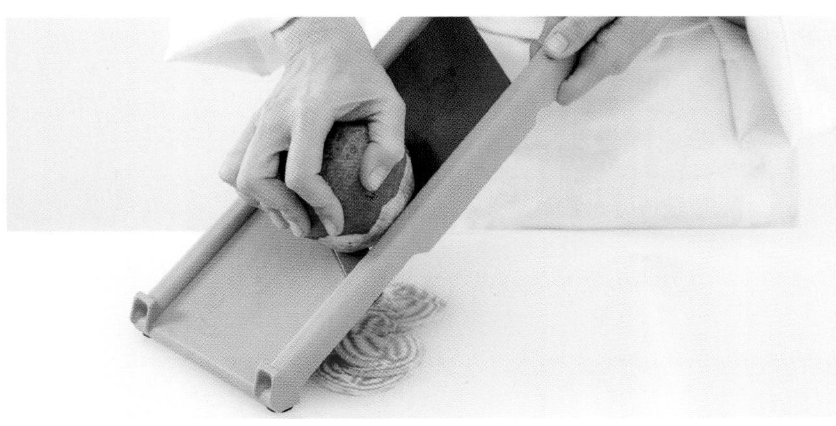

4▸ 비트 카르파초 만들기: 비트는 껍질을 벗기고, 만돌린 슬라이서를 사용하여 얇게 자른다.

5▸ 흰 식초와 설탕, 미림을 혼합해 데운 다음, 비트 슬라이스에 부어 둔다.

6▸ 망고 원반 만들기: 망고는 껍질을 벗기고 씨를 제거한 후, 살을 주서기에 간다. 망고 주스를 데운 다음, 여기에 미리 찬물에 담가 두었던 판 젤라틴을 꼭 짜서 넣는다. 쟁반에 쏟아 부어 3~4mm 정도의 두께가 되도록 편다. 랩을 씌워 냉장고에 보관한다.

7▸ 준비한 재료로, 되직한 농도의 마요네즈를 만든다(p.88 테크닉 참조). 생크림 거품을 올린 뒤 마요네즈에 섞어 냉장고에 보관한다.

8▸ 와사비 스펀지 만들기: 와사비와 크림을 섞어 데운다.

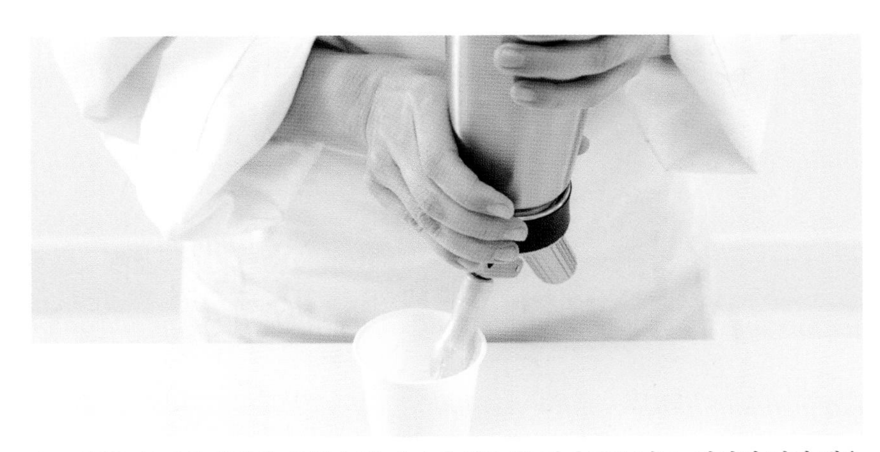

9▸ 달걀노른자와 설탕을 흰색이 될 때까지 섞은 후 밀가루를 넣고, 와사비 넣어 데운 크림의 반을 넣어 잘 섞는다. 이것을 다시 와사비와 크림을 데운 냄비에 넣고, 크렘 파티시에 만들듯이 잘 저으며 약한 불에 익힌다. 되직한 농도가 되면 소다사이폰에 넣고 가스 카트리지 2개를 끼운 다음, 플라스틱 컵에 짜 넣어 채운다.

10▸ 전자레인지 중간 세기의 강도로 1분 30분 돌려 익힌다. 와사비 스펀지가 완성되면, 큐브 모양으로 자른다.

11▸ 플레이팅: 준비해 둔 양념과 랑구스틴을 잘 섞고 마요네즈를 넣는다. 간을 한 다음 접시 가운데 담는다. 망고 젤리를 여러 사이즈의 원형틀로 커팅한다. 비트 카르파초도 마찬가지 방법으로 원형으로 찍어내어 망고 위에 얹는다. 와사비 스펀지 큐브를 랑구스틴 타르타르 주위에 뿌린다. 파바 콩과 야생 아스파라거스를 타르타르 위에 얹어 완성한다.

Level 3

랑구스틴 라비올리, 후추와 민트향의 버진 올리브오일 부이용

LA LANGOUSTINE PRÉPARÉE EN RAVIOLI SERVI DANS UN BOUILLON D'HUILE D'OLIVE VIERGE AU PARFUM POIVRE ET MENTHE

프레데릭 앙통(Frédéric Anton), **페랑디 파리 객원교수, 2007 프랑스 명장**(MOF) **획득**

6인분 기준
준비 시간 : 1시간
휴지 시간 : 1시간
조리 시간 : 20분

조엘 로뷔숑을 사사한 프레데릭 앙통은 그의 스승과 마찬가지로 대단한 요리 실력의 소유자다. 조리복 목깃의 프랑스 국기 색(M.O.F.)이 그것을 잘 말해주고 있다. 정확하고 엄격하며 체계적인 이 셰프는 끊임없는 열정으로, 단순하지만 세련된 요리들을 선보이고 있다.

재료

랑구스틴 (kg당 5~6 마리짜리 큰 사이즈) 6마리
프레시 민트 잎 6장
닭 육수 800g
버진 올리브오일 (huile d'olive vierge)

라비올리 반죽
밀가루 240g
소금 4g
라드 20g
물 90g

후추, 민트 소스
닭 육수 150g
프레시 민트 잎 8장
굵게 으깬 통후추
올리브오일 40g
콩 레시틴 가루 1꼬집

도구

파스타 기계
커팅틀
고운 원뿔체
핸드믹서

랑구스틴 준비하기
껍질을 벗겨 랑구스틴 꼬리 살을 빼낸다. 살 위쪽에 칼집을 내어 칼끝으로 내장을 제거하고, 살의 모양을 둥그렇게 구부려 나란히 놓는다. 한 마리당 민트 잎 한 장씩을 올린 뒤, 냉장고에 보관한다.

라비올리 반죽 만들기
큰 볼에 밀가루를 넣고, 소금과 잘게 자른 라드를 넣은 다음 손가락으로 잘 섞는다. 반죽이 부서지기 쉬운 상태가 된다. 뜨거운 물을 넣어 균일한 텍스처가 되도록 반죽한다. 파스타 기계에 넣어 한 번 매끈하게 밀어준다. 랩에 싸서 냉장고에 한 시간 동안 휴지시킨다.

라비올리 만들기
반죽을 아주 얇게 밀어 넓적하고 긴 띠 모양을 만든다. 랑구스틴을 반죽 피 가장자리에 3cm 간격으로 놓는다. 반대쪽 끝을 접어 덮어준다. 원형 라비올리 커팅틀로 찍어 낸다.

후추, 민트 소스 만들기
닭 육수를 끓이고 민트 잎과 으깬 통후추를 넣어 향이 우러나게 한다. 올리브오일을 넣고 핸드믹서로 섞어 걸쭉하게 한 후(에멀전), 콩 레시틴 가루를 넣는다. 고운 원뿔체로 걸러 보관한다.

라비올리 익히기
닭 육수를 아주 약하게 끓인다. 올리브오일을 조금 넣은 다음, 라비올리를 넣고 4분간 익힌다. 건져서 그릴 망 위에 올려 물기를 뺀다.

플레이팅
후추 민트 소스를 핸드믹서로 거품이 일 때까지 다시 한 번 에멀전화한다. 라비올리를 접시에 담고, 에멀전 소스로 덮는다. 으깬 통후추를 조금 뿌려 완성한다.

- 레 시 피 -

프레데릭 앙통, 르 프레 카틀랑 * (파리)**
FRÉDÉRIC ANTON, LE PRÉ CATELAN *** (PARIS)

Level 1

송로버섯 비네그레트를 곁들인 시금치 샐러리악 카넬로니와 가리비

NOIX DE SAINT-JACQUES, CANNELLONIS DE CÉLERI-RAVE AUX ÉPINARDS ET TRUFFE

6인분 기준
준비 시간 : 1시간
휴지 시간 : 1시간
조리 시간 : 30분

재료
가리비 살 18개
로즈마리 6줄기
올리브오일 50g

트러플(송로버섯) 비네그레트
송로버섯즙 50g
셰리 와인 식초 20g
레드 와인 비네거 20g
콩기름 250g
송로버섯 부스러기 3테이블스푼
후추 2.2g
소금 4.5g

튀김 반죽
밀가루 150g
달걀 1개
얼음물 220g
샐러리 연한 잎 18장

가니쉬
샐러리악 1개
시금치 어린잎 600g
올리브오일
마늘 1톨
마스카르포네 치즈 120g

도구
핸드믹서
원뿔체
만돌린 슬라이서

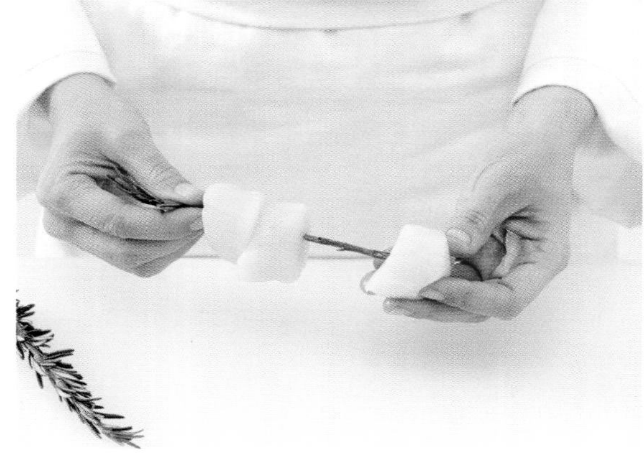

1▸ 꼬치 6개 만들기: 로즈마리 줄기의 끝부분 잎은 그대로 두고 나머지 잎은 모두 떼어 낸 다음, 가리비를 세 개씩 끼운다.

2▸ 올리브오일에 떼어 낸 로즈마리 잎과 가리비 꼬치를 넣어 1시간 동안 재워 둔다.

3▸ 팬에 버터와 오일을 달구고 가리비를 지진다. 가리비 가운데는 반투명한 상태로 남아 있어야 한다.

4▸ 송로버섯 비네그레트 만들기: 모든 재료를 넣고 핸드 믹서로 혼합한다. 마지막에 송로버섯 부스러기를 넣는다.

5▸ 튀김옷 반죽 만들기: 밀가루, 찬물 220g과 달걀을 거품기로 잘 섞는다. 원뿔체에 걸러 냉장고에 1시간 이상 넣어 둔다.

6▸ 샐러리 잎에 튀김옷을 입혀 160℃ 기름에 튀긴다. 간을 한다.

7▸ 샐러리악 시금치 카넬로니 만들기: 샐러리악은 만돌린 슬라이서로 얇게 잘라 증기에 찐다. 식혀서 사방 12cm 크기의 정사각형으로 자른다. 팬에 올리브오일과 마늘 한 톨을 넣고 달궈 생 시금치를 볶는다. 식힌 후, 최대한 물기 없이 건져 둔다. 시금치를 굵직하게 다져서 마스카르포네 치즈와 섞는다.

8▸ 사각형으로 얇게 준비해 놓은 샐러리악에 시금치 속을 넣고 카넬로니처럼 튜브 모양으로 만다. 서빙하기 바로 전, 팬에 놓고 약한 불로 살짝 데운 다음, 붓으로 올리브오일을 발라 윤기를 내준다.

9▸ 플레이팅: 접시 바닥에 트러플 비네그레트 소스를 한 번 빙 두르고, 가리비 꼬치와 시금치 샐러리악 카넬로니를 나란히 놓는다. 카넬로니 위에 샐러리 잎 튀김을 얹어 낸다.

Level 2

샐러리악을 곁들인 시금치로 싼 송로버섯과 가리비

NOIX DE SAINT-JACQUES, EPINARDS, PALETS DE CÉLERI-RAVE ET TRUFFE

6인분 기준
준비 시간 : 1시간 15분
조리 시간 : 30분

재료
신선한 시금치 1kg
가리비 살 18마리
송로버섯 슬라이스 18장
올리브오일 100g

가니쉬
샐러리악 1개
생선 육수 150g
버터 25g
사프란 1g
우유 400g
로즈마리 2줄기
갈색 버터 100g
(beurre noisette: 버터를 데워 녹여 갈색이 된 상태. 브라운 버터라고도 함)

마무리
자색 시소 1팩
플뢰르 드 셀

도구
커팅틀
짤주머니와 별 모양 깍지

1▸ 시금치의 큰 잎을 골라 굵은 잎맥을 제거한 다음, 끓는 물에 데쳐내고 얼음물에 식혀 한 장씩 물기를 제거한다.

2▸ 가리비를 가로로 둘로 저며(1인당 3마리), 중간에 송로버섯 슬라이스를 넣고 다시 원래대로 가리비를 얹어준다.

3▸ 시금치 잎으로 가리비를 잘 싼다.

4▸ 나머지 시금치에 올리브오일을 넣고 핸드믹서로 갈아 클로로필을 만들어 둔다.

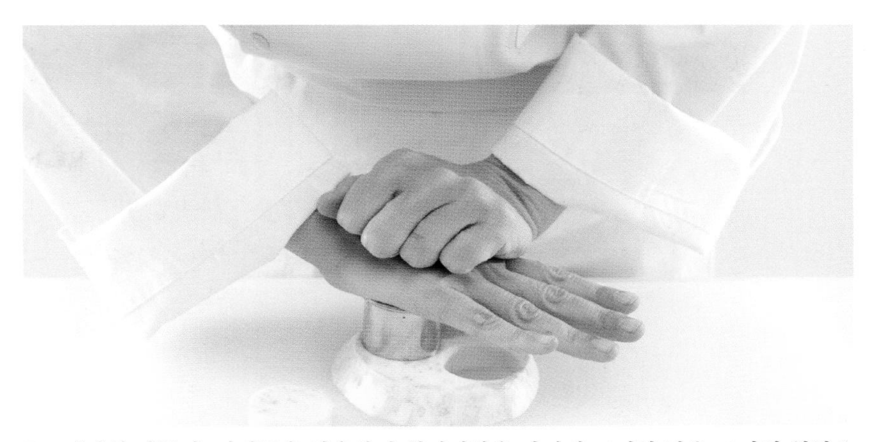

5▸ 가니쉬 만들기: 커팅틀을 사용하여 샐러리악을 가리비 크기와 같은 크기의 원형으로 찍어낸다. 단 두께는 가리비의 반이 되게 자른다. 버터와 사프란을 넣은 생선 육수에 샐러리악을 넣고 윤기 나게 익힌다. 팬의 지름과 같은 사이즈로 유산지를 잘라 덮어주고 익힌다.

6▸ 샐러리악 무슬린 만들기: 로즈마리를 우려낸 우유에 샐러리악 자투리를 넣고 익힌다. 건져서 곱게 갈고, 갈색 버터와 섞어 완성한다.

7▸ 플레이팅: 서빙 직전에, 시금치로 싼 가리비를 증기로 찐 다음, 붓으로 올리브오일을 발라 윤기를 내준다. 흰 접시에 시금치 클로로필을 3줄로 바른(6cm 간격으로 나란히 한다). 소스의 끝부분에, 한 쪽에는 가리비, 샐러리악, 가리비 순으로 놓아주고, 다른 쪽에는 샐러리악, 가리비, 샐러리악을 차례로 놓는다. 별 모양 깍지를 낀 짤주머니에 샐러리악 무슬린을 넣고, 원형 샐러리악 위에 조금씩 짜 올려준다. 자색 시소 잎으로 장식하고, 플뢰르 드 셀을 조금 뿌려 완성한다.

Level 3

절인 무, 쇠비름, 청경채를 곁들인 가리비 가쓰오부시와 치킨 크림

SAINT-JACQUES, PAK CHOÏ, POURPIER ET KATSUOBUSHI,
DAÏKON MARINÉ AU SEL, CRÈME DE VOLAILLE

알렉상드르 부르다스(Alexandre Bourdas), **페랑디 파리 객원교수**

6인분 기준
준비 시간 : 30분
조리 시간 : 3분

재료
가리비 살 12마리

치킨 크림
판 젤라틴 2g (1장)
흰색 닭 육수 (p.24 참조) 600g
한천 2.5g
포도씨유 70g
프로마주 블랑* 50g
헤비크림 130g

가니쉬
미니 청경채 4송이
쇠비름나물 150g
붉은 옥살리스 (oxalys rouge) 잎 조금
무 1개

마무리
버터
가쓰오부시 가루 8g

도구
소다사이폰 휘핑기(+ 가스 카트리지 2개)
고운 원뿔체

아베롱(Aveyron) 출신인 알렉상드르 부르다스는 어린 시절부터 생선에 매료되었다. 가자미나 고등어, 정어리, 가리비 등 모든 생선이 그의 마음을 사로잡았고 그에게 영감을 주었다. 그는 고향의 뿌리와 일본, 노르망디 그리고 아틀라스 고원의 매력을 조화롭게 결합한 생선 요리를 선보인다.

치킨 크림 만들기
판 젤라틴을 찬물에 넣어 불린다. 닭 육수를 끓여 한천을 넣고, 몇 분 더 끓도록 놔둔 다음 불에서 내린다. 젤라틴을 꼭 짜서 육수에 넣고, 나머지 재료들도 모두 넣는다. 믹서로 갈아 원뿔체에 거른 후 소다사이폰에 부어 넣고, 가스 카트리지를 2개 끼운다. 가스를 하나 끼울 때마다 잘 흔들어준 다음 따뜻하게 보관한다.

가니쉬 만들기
청경채의 잎을 하나하나 떼어 분리하고 밑동은 잘라 다듬는다. 쇠비름나물과 옥살리스 잎은 싱싱한 것을 골라 씻어 둔다. 만돌린 슬라이서를 사용하여 무를 1mm 두께의 띠 모양으로 얇게 자른 다음, 소금을 약간 넣어 절인 채로 냉장고에 보관한다.

가리비 익히기
가리비 살에 소금 간을 하고, 90℃로 예열된 오븐에서 3분간 익힌다.

플레이팅
청경채는 뜨겁게 녹인 버터에 한 번 슬쩍 넣었다 뺀다. 접시 위에 소금에 절인 무를 놓고, 가리비를 두 개씩 담는다. 청경채와 쇠비름나물, 옥살리스를 얹고, 치킨 크림을 뿌린다. 가쓰오부시 가루를 뿌려 간을 하고 완성한다.

* fromage blanc: 우유로 만든 프레시 치즈로 유지방이 적고 산미가 강한 흰색 치즈. 크림치즈와 비슷한 질감과 사워크림이나 그릭 요거트에 가까운 모양과 맛을 지녔다.

- 레 시 피 -

알렉상드르 부르다스, 사카나 ** (옹플뢰르)
ALEXANDRE BOURDAS, Sa Qua Na ** (HONFLEUR)

Level 1

판체타 칩을 곁들인 청사과 젤리, 블롱 굴 라비올리

RAVIOLIS DE BELONS, GELÉE DE POMME VERTE, CHIPS DE PANCETTA

6인분 기준
준비 시간 : 45분
휴지 시간 : 하룻밤(카피르 라임 오일)
조리 시간 : 5분

재료
판체타(이탈리아식 베이컨) 100g
블롱 굴 18개
(belon 00호: 100마리당 9~10kg)
에스플레트 칠리 가루

카피르 라임 오일
카피르 라임* 제스트 1개분
올리브오일 60ml

청사과 젤리
판 젤라틴 5장
청사과 500g
오이 250g
굴에서 나온 물 250ml
사과색 식용 색소
한천 5g(리터당 7g)

플레이팅
굵은 히말라야 핑크 소금 1kg
보리지 식용 꽃 ½팩

도구
착즙 주서기
실리콘 틀
작은 소테팬

1▸ 카피르 라임 오일 만들기: 카피르 라임 껍질의 제스트를 갈아서 올리브오일에 넣고 하룻밤 두어 향이 배게 한다.

2▸ 판체타 칩 만들기: 판체타를 아주 얇게 저며 100℃ 오븐에서 바삭해질 때까지 건조시킨 후 식혀 둔다.

3▸ 블롱 타르타르 만들기: 굴 전용 칼을 이용하거나, 100℃에서 증기로 1분간 쪄서 굴을 깐다. 이때 굴에서 나오는 물은 받아 면포에 걸러 둔다(다음 단계에서 필요하다). 굴의 살을 굵게 다져 카피르 라임 오일과 에스플레트 칠리 가루로 간한다.

4▸ 청사과 젤리 만들기: 판 젤라틴을 차가운 물에 몇 분간 넣어 불린다. 청사과와 오이를 주서기에 넣어 돌려 즙만 추출해낸다. 여기에 굴에서 나온 물과 녹색 식용 색소를 첨가하고, 한천을 넣어 녹인다. 몇 분간 끓인 후 불에서 내리고 꼭 짠 젤라틴을 넣어 잘 섞는다. 반은 굴 껍질에 붓고, 그 껍질을 굵은 소금 위에 놓아 냉장고에 보관한다. 나머지 반은 넓은 판 위에 1mm 두께로 부어 펴준 다음 냉장고에 보관하거나 반구형의 실리콘 틀에 굵게 다진 굴을 넣고 젤리를 부어 냉장고에 넣어 둔다.

* combawa: 동남아에서 나는 시트러스 계열의 과일. 쭈글쭈글한 라임과 같이 생겼으며, 레몬그라스 향이 난다.

5▸ 플레이팅: 각 굴 껍질마다 1티스푼 정도의 굴 타르타르를 넣고 동그란 청포도 오이 젤리로 덮는다. 서빙 플레이트나 각 접시에 소금을 깐 다음, 그 위에 흔들리지 않게 굴을 놓는다. 굴 한 개당 판체타 칩을 하나씩 얹고, 보리지 식용 꽃으로 장식하여 완성한다.

Level 2

굴과 가리비 나튀렐

NATUREL D'HUÎTRES ET DE SAINT-JACQUES

6인분 기준
준비 시간 : 40분
조리 시간 : 30분

재료
크기가 큰 굴 12마리
(huîtres spéciales no.2)
가리비 2.5kg
헤이즐넛 오일 20g

가니쉬
굵은 양송이버섯 500g
샬롯 50g
버터 50g
화이트 와인 50g

마요네즈
판 젤라틴 2g(1장)
애플 사이다 비네거 10g
달걀노른자 1개분
머스터드(Moutarde de Meaux) 20g
옥수수 기름 150g
소금 / 후추

해초를 넣어 만든 빵 1개
마이크로 함초 1병

비네그레트
오렌지 1개
자몽 1개
식물성 기름
소금 / 후추

도구
지름 8cm 원형틀 6개

1▸ 굴을 찜기에 넣고 100℃에서 1분간 찐 다음 껍질을 깐다(p.180 테크닉 참조). 살을 칼로 다져 냉장고에 보관한다.

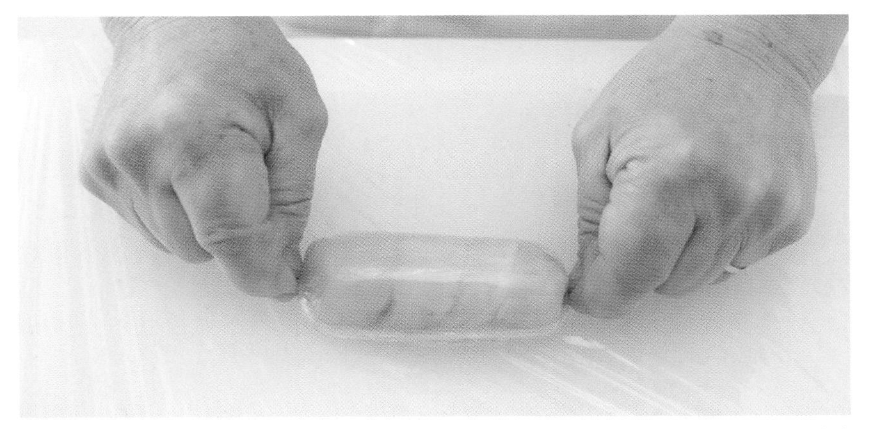

2▸ 가리비는 칼로 껍질을 까서 살만 발라낸 다음 씻어서 키친타월로 눌러 물기를 제거한다. 살을 5~6개씩 붙여 원통형으로 만든 다음, 랩으로 싸 말아 꼭 밀봉해서 냉동실에 넣어 둔다.

3▸ 가니쉬: 양송이버섯은 흐르는 물에 재빨리 헹궈 키친타월로 물기를 제거한다. 작은 큐브 모양으로(brunoise: 브뤼누아즈 – p.426 참조)로 썰어 냉장고에 보관한다. 샬롯을 잘게 썰어(ciseler: 아주 작은 주사위 모양으로 썰기 – p.477 참조) 버터에 볶으며 졸여 콩피해 준다. 화이트 와인으로 디글레이즈한다.

4▸ 마요네즈: 판 젤라틴을 찬물에 넣어 불린 후 꼭 짜서, 데워 놓은 애플 사이다 비네거에 넣어 녹이고 식혀 둔다. 머스터드와 헤이즐넛 오일로 마요네즈를 만든 다음, 젤라틴–비네거 혼합물과 섞어준다.

5▸ 비네그레트: 오렌지와 자몽의 껍질을 칼로 통째로 잘라 벗겨서(peler à vif: 겉껍질과 흰 속껍질을 한꺼번에 칼로 잘라 벗긴다.– p.652 참조), 과육만 발라내 브뤼누아즈로 자른다. 즙은 짜서 받아 둔다. 식초 대신 이 즙을 사용하여 비네그레트를 만든다.

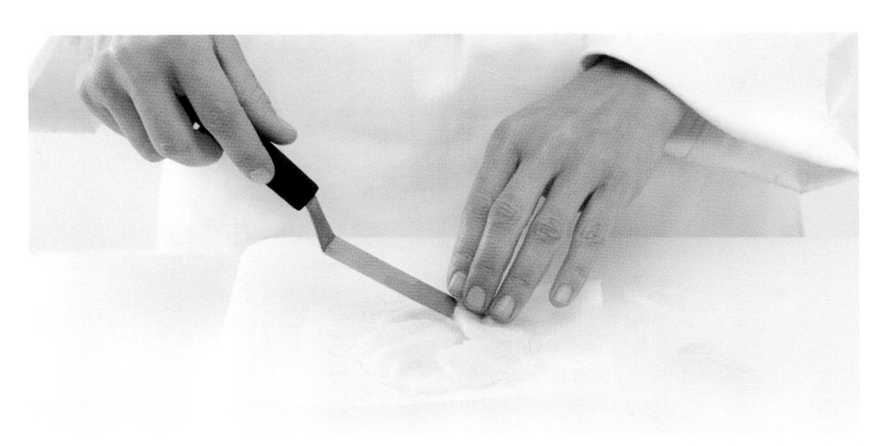

6▸ 카르파초 꽃 모양으로 만들기: 원통형으로 랩에 싸둔 가리비를 냉동실에서 꺼내 랩을 벗기고, 햄 슬라이서나 칼로 아주 얇게 썬다. 유산지를 지름 8cm의 원형으로 잘라 헤이즐넛 오일을 바르고 플레이트 위에 놓는다. 그 위에 종이 1장당 가리비 슬라이스를 6장씩 꽃 모양으로 빙 둘러 놓는다. 냉장고에 보관한다.

7▸ 플레이팅: 지름 8cm 원형틀 맨 밑에 다진 굴과 마요네즈를 섞어 채운다. 그 위에 꽃 모양 가리비를 얹는다. 시트러스즙 비네그레트를 뿌려 윤기 나게 한다. 신선한 함초 잎 몇 개와 해초를 넣어 만든 빵을 얇게 썰어 얹어 마무리한다.

Level 3

❀❀❀

매콤한 초리조 오일과 블롱 굴, 비프 콩소메 즐레, 라드 멜바

HUÎTRES BELON PIMENTÉES AU CHORIZO, CONSOMMÉ DE BOEUF PRIS ET MELBA AU LARD

야닉 알레노(Yannick Alléno), **페랑디 파리 객원교수**

6인분 기준
준비 시간 : 1시간 30분
조리 시간 : 4시간

재료

비프 콩소메
소 부채살 500g / 소 사태 500g
소꼬리 500g
당근 200g
리크(서양 대파) 200g
샐러리 100g
양파 200g / 마늘 2톨
부케가르니 1개
판 젤라틴 / 굵은 소금
소금 / 후추 그라인드

비프 즐레
판 젤라틴

초리조 오일
이베리코 초리조 50g
올리브오일 30ml

굴 바바루아즈
판 젤라틴 1장
생크림 100ml
크기가 큰 굴(Gillardeau no.2) 6마리
소금 / 후추 그라인드

라드 멜바
캉파뉴 브레드 200g
후추를 덮은 덩어리 베이컨 200g
정제 버터 30g

마무리
블롱 굴(00000: 아주 큰 사이즈) 12 마리
보리지(borage) 식용 꽃 12송이

도구
고운 원뿔체 / 분쇄기
체 / 햄 슬라이서
지름 5cm 원형 커팅틀
스테인리스 튜브
지름 2cm 원형 커팅틀

야닉 알레노 셰프는 일상적인 재료로 새로운 요리를 창조하는 것을 즐긴다. 테루아에 기초한 식재료에서 영감을 받아, 그는 늘 정통 요리에 새로움을 더해, 그만의 새로운 가스트로노미를 선보인다.

비프 콩소메 만들기

고기의 기름을 제거하고 실로 묶어 큰 솥에 넣은 다음, 재료가 잠기게 찬물을 넣고, 굵은 소금을 넣어 끓인다. 거품을 계속 건져준다. 그동안 채소의 껍질을 벗기고 씻어 준비한다. 당근과 리크, 샐러리는 적당한 크기로 자르고, 양파는 이등분하여 팬에서 캐러멜라이즈한다. 이 향신 채소들과 마늘, 부케가르니를 모두 솥에 넣고, 약한 불로 3시간 30분~4시간 푹 끓인다. 중간중간 거품과 기름을 계속 건져낸다. 콩소메를 원뿔체에 거르고, 깨끗한 면포에 다시 한 번 걸러 불순물을 모두 깨끗이 제거한다. 끓이고 남은 고기는 따로 보관해 다른 요리에 사용한다. 콩소메를 다시 끓여 반으로 졸인 뒤 간을 맞춘다. 완성된 콩소메의 반은 좀 묽은 비프 즐레용으로 따로 남겨 둔다(바로 다음 단계에 필요하다). 판 젤라틴을 찬물에 불린 다음 꼭 짜서, 나머지 뜨거운 콩소메에 넣어 섞은 후(젤라틴 양 조절은 콩소메 양을 기준으로 리터당 판 젤라틴 8장), 스테인리스 바트에 2mm 두께로 붓는다. 냉장고에 2시간 동안 넣어 굳힌다. 굳으면, 이 젤리를 가로 3cm, 세로 8cm의 직사각형으로 자른다.

비프 콩소메로 묽은 비프 즐레 만들기

판 젤라틴을 찬물에 불린다(콩소메 양을 기준으로 1리터당 젤라틴 6장). 남겨둔 콩소메 반을 다시 데우고, 불린 젤라틴을 꼭 짜서 넣고 녹여, 아주 약하게 굳을 정도의 묽은 즐레를 만든다.

초리조 오일 만들기

초리조를 분쇄기로 다져 올리브오일과 섞어 냄비에 넣고 데운다. 잠시 데워 초리조가 분리되어 붉은 지방이 빠져 나오면 불에서 내려 상온에 둔다.

굴 바바루아즈 만들기(la bavaroise d'huître)

판 젤라틴을 찬물에 불린다. 거품기로 크림을 휘저어 단단하게 거품을 올린다. 굴을 까고, 그 즙은 받아 둔다. 굴과 그 즙 50ml를 믹서로 갈아서 체에 긁어내리고 데운 다음, 젤라틴을 꼭 짜서 넣고 섞는다. 볼에 쏟아 식힌 다음, 거품 올린 크림을 넣는다. 간을 맞추고 냉장고에 보관한다.

라드 멜바 만들기(la melba au lard)

캉파뉴 브레드와 베이컨을 냉동실에 20분 정도 넣어 두어, 쉽게 썰 수 있도록 준비한다. 햄 슬라이서를 사용하여 빵을 2mm 두께로 얇게 썰고, 커팅틀로 12개의 동그라미를 찍어낸다. 유산지에 정제 버터를 얇게 발라 스테인리스 튜브에 얹어 붙이고 그 위에 이 토스트(melba)로 곡선을 감싸 놓는다(튜브의 모양을 따라 둥그렇게 구부러진 토스트를 만든다). 180℃로 예열된 오븐에 넣어 7분간 굽는다. 베이컨은 얇게 썰어 커팅틀로 12개의 원형을 찍어내어 구운 빵에 얹는다.

마무리와 플레이팅

블롱 굴의 껍질을 깐다. 초리조 오일을 발라 굴에 윤기를 낸다. 접시에 직사각형으로 자른 비프 젤리를 나란히 놓고, 2cm짜리 커팅틀로 찍어낸 굴 바바루아즈를 비프 젤리 위에 얹는다. 그 옆에 오일 바른 굴을 두 개 놓는다. 서빙 직전에, 베이컨 올린 멜바 토스트를 오븐 브로일러에 몇 초간 구워 접시에 올린다. 보리지 식용 꽃으로 장식하여 완성한다. 묽은 비프 즐레는 따로 소스용 그릇에 담아 서빙한다.

- 레 시 피 -

야닉 알레노, 르 두아옝 * (파리)**

YANNICK ALLÉNO, LEDOYEN *** (PARIS)

Level 1

오이 젤리와 절임 채소를 곁들인 맛조개 마리니에르

COUTEAUX MARINIÈRES, PETITS LÉGUMES MARINÉS, GELÉE DE CONCOMBRE

6인분 기준
준비 시간 : 1시간 30분
조리 시간 : 1시간

재료
맛조개 18마리

나주(nage: 익힘 국물 베이스)
당근 1개 / 양파 1개
부케가르니 1개
화이트 와인

채소, 오이 젤리
미니 당근 8개 / 당근 1개
긴 순무 1개
미니 비트 4개 / 검은색 무 2개
오이 2개 / 한천 2g
판 젤라틴 1장
소금

마리네이드
미림 ½병
카옌 페퍼
흰 식초 10g
소금

마요네즈
달걀노른자 2개분
머스터드 1테이블스푼
식용유 200g
미소된장 1티스푼

데코레이션
딜 1단
보리지 1단
식용 한련화 1단
재스민 꽃 1단

도구
만돌린 슬라이서
지름 3cm 원형 커팅틀
착즙 주서기 / 원뿔체
직사각형 모양 실리콘 틀

1▸ 맛조개 익히기: 여러 번 물을 갈아 가며 맛조개를 씻는다. 익힘 국물 베이스(나주)를 만든다. 우선, 브뤼누아즈(작은 큐브 모양)로 자른 당근과 양파, 부케가르니를 큰 냄비에 넣고, 화이트 와인을 부어 끓인다. 끓으면, 맛조개를 넣는다. 껍데기가 벌어지기 시작하면 건져 식힌 후, 검은 부분과 한쪽 껍데기를 떼어 낸다. 조갯살은 다른 쪽 껍질 안에 그대로 둔다. 냉장고에 보관한다.

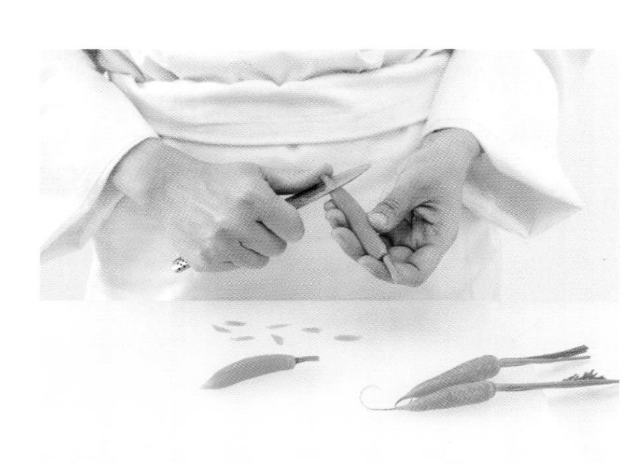

2▸ 채소 준비하기: 필러로 미니 당근의 껍질을 벗기고 연필 모양으로 다듬는다. 끓는 소금물에 1분간 데친다.

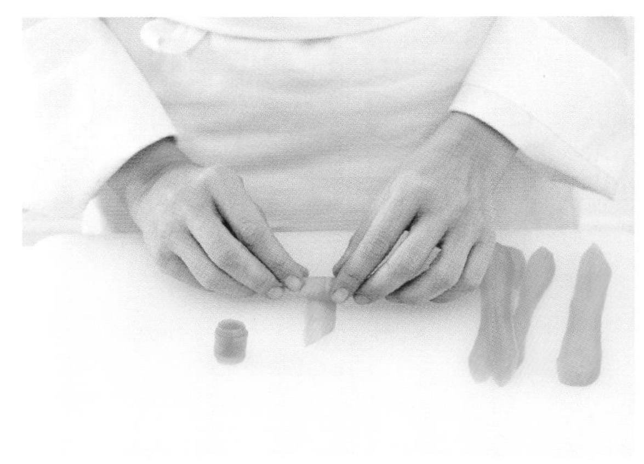

3▸ 큰 당근의 껍질을 벗겨, 만돌린 슬라이서로 얇고 길게 자른 다음 돌돌 말아 놓는다.

4▸ 순무와 미니 비트의 껍질을 벗기고, 원형 커팅틀로 찍어내 모양을 만든다.

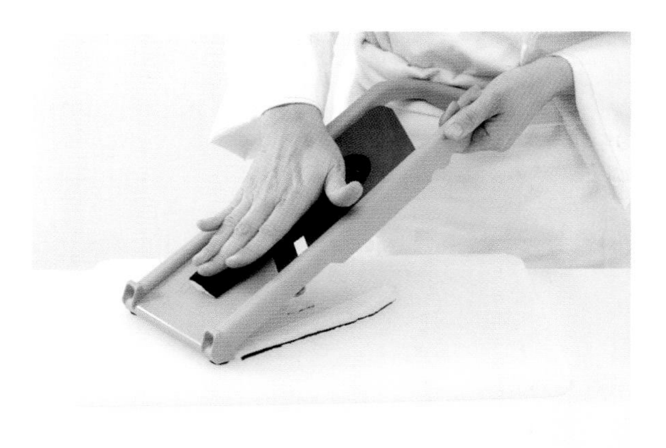

5▸ 마지막으로 만돌린 슬라이서로 검은 무를 얇게 잘라 당근과 마찬가지로 돌돌 말아 둔다.

6▸ 마리네이드 준비하기: 미림을 약간 데운 후, 소금과 카옌 페퍼 조금, 그리고 흰 식초 1 큰 술을(신맛 선호도에 따라 양 조절 가능) 넣는다. 이것을 준비한 채소에 붓고, 냉장고에 45분간 넣어 둔다.

7▸ 오이 젤리 만들기: 오이는 깍둑 썰고, 가는 소금을 뿌려 몇 분간 재워 둔 다음 헹군다.

8▸ 오이를 주서기로 착즙한 뒤, 즙을 원뿔체에 걸러 끓여 준다. 한천을 넣고 잠깐 약하게 끓인 다음, 불에서 내리고 미리 찬물에 불렸다가 꼭 짠 젤라틴을 넣는다. 다시 원뿔체에 거른 다음, 실리콘 몰드에 부어 냉장고에 보관한다.

9▸ 마요네즈 만들기: 일반적인 마요네즈를 만들고, 거기에 미소된장을 추가한다.

10▸ 플레이팅: 직사각형 몰드에 넣어 굳힌 오이 젤리를 틀에서 분리해 둥근 접시에 놓는다. 준비한 채소를 모양과 색이 골고루 분포되도록 조화롭게 배치한다. 반대쪽으로부터 시작해 마요네즈를 한 줄기로 뿌린다. 맛조개에 나주를 약간 뿌려 오븐에 데워서 접시 중앙에 놓는다. 딜, 보리지 꽃, 한련화, 재스민 꽃 등으로 장식한다.

Level 2

맛조개와 성게 크림, 절임 채소와 성게 에멀전

COUTEAUX ET CRÈME LÉGÈRE D'OURSIN, LÉGUMES MARINÉS, ÉCUME D'OURSIN

6인분 기준
준비 시간 : 1시간 30분
조리 시간 : 1시간

재료
맛조개 18마리
브르타뉴 성게 6마리

나주(nage: 익힘 국물 베이스)
당근 1개 / 양파 1개
부케가르니 1개 / 화이트 와인

에멀전
우유 100g
생크림 100g
레시틴 가루 1티스푼

성게 크림
생크림 200g / 레몬즙
카옌 페퍼
소금

채소, 오이 젤리
미니 당근 12개
당근 1개 / 긴 순무 1개
미니 비트 4개 / 검은색 무 2개
소금 / 오이 2개 / 한천 2g
판 젤라틴 1장

마리네이드
미림 $\frac{1}{2}$병
카옌 페퍼
흰 식초 10g

데코레이션
딜 1단 / 보리지 꽃 1단
식용 한련화 1단/ 재스민 꽃 1단

도구
핸드 믹서 – 블렌더
원뿔체
소다사이폰 휘핑기 + 가스 카트리지 2개
만돌린 슬라이서
착즙 주서기
지름 5cm 원형 커팅틀
직사각형 모양 실리콘 틀

1▶ 맛조개 익히기: 여러 번 물을 갈아 가며 맛조개를 씻는다. 익힘 국물 베이스(나주)를 만든다. 우선, 브뤼누아즈로 자른 당근과 양파, 부케가르니를 큰 냄비에 넣고, 화이트 와인을 부어 끓인다. 끓으면, 맛조개를 넣는다. 껍데기가 벌어지기 시작하면 건져 식힌 후, 검은 부분과 한쪽 껍데기를 떼어 낸다. 조갯살은 다른 쪽 껍질 안에 그대로 둔다. 냉장고에 보관한다.

2▶ 성게 손질하기: 가위로 성게를 잘라 열고, 알을 꺼낸다. 성게의 즙은 받아 둔다. 껍질은 씻어서 보관한다.

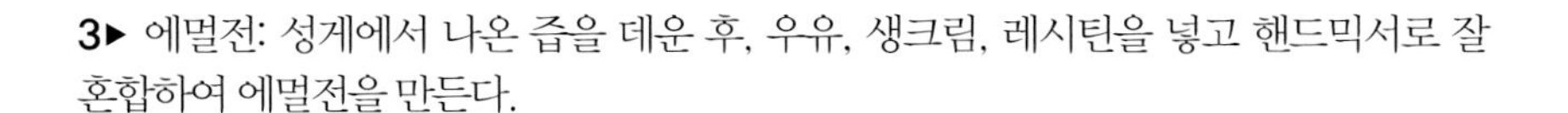

3▶ 에멀전: 성게에서 나온 즙을 데운 후, 우유, 생크림, 레시틴을 넣고 핸드믹서로 잘 혼합하여 에멀전을 만든다.

4▶ 성게 크림 만들기: 성게알 분량의 반에 생크림, 레몬즙(레몬즙의 양은 기호에 따라 조절한다), 소금 한 꼬집, 카옌 페퍼를 넣고 블렌더로 갈아준다. 원뿔체에 거른다.

5▶ 소다사이폰에 부어 넣고, 가스 카트리지 2개를 끼운다. 흔들어준 다음 냉장고에 보관한다.

6▶ 채소 준비하기: 필러로 미니 당근의 껍질을 벗기고 연필 모양으로 다듬는다. 끓는 소금물에 1분간 데쳐 낸다. 큰 당근은 껍질을 벗겨, 만돌린 슬라이서로 얇고 길게 자른 다음 돌돌 말아 놓는다. 순무와 미니 비트의 껍질을 벗기고, 원형 커팅틀로 찍어내 모양을 만든다. 검은 무도 만돌린 슬라이서로 얇게 잘라 당근과 마찬가지로 돌돌 말아 둔다.

7▶ 마리네이드 준비하기: 미림에 소금과 카옌 페퍼를 조금 넣고 살짝 데운 후, 흰 식초 1 큰 술을(신맛 선호도에 따라 양 조절 가능) 넣는다. 이것을 준비한 채소에 붓고, 냉장고에 45분간 넣어 둔다.

8▶ 오이 젤리 만들기: 오이는 깍둑 썰고, 고운 소금을 뿌려 몇 분간 재워 둔 다음 헹군다. 절인 오이를 주서로 착즙한 뒤, 즙을 원뿔체에 걸러 끓여 준다. 한천을 넣고 잠깐 약하게 끓인 다음, 불에서 내리고 미리 찬물에 불렸다가 꼭 짠 젤라틴을 넣어 녹인다. 다시 원뿔체에 거른 후, 실리콘 몰드에 부어 냉장고에 넣어 둔다. 오이 젤리가 굳으면 틀에서 분리해, 원형 커팅틀로 찍어낸다.

9▶ 플레이팅: 오이 젤리를 둥근 접시에 놓는다. 그 위에, 준비한 채소를 모양과 색이 골고루 분포되도록 조화롭게 배치한다. 성게 껍질 속에 성게 크림을 채운 다음, 성게알을 얹는다. 그 옆에 성게 에멀전을 얹은 맛조개를 놓고, 마지막으로 딜, 보리지 꽃, 한련화, 재스민 꽃 등으로 장식한다.

Level 3

여러 가지 조개와 새우 요리

COQUILLAGES ET CRUSTACÉS

알렉상드르 쿠이용(Alexandre Couillon), **페랑디 파리 객원교수**

6인분 기준
준비 시간 : 1시간 15분
조리 시간 : 1시간

재료

활 꼬막 12마리
활 옹피조개 6마리
활 대합 6마리
활 맛조개 8마리
활 꽃새우 120g

카피르 라임 오일

카피르 라임 2개
올리브오일 100ml

꽃게 부이용

양파 2개 / 당근 2개
리크(서양 대파) 1대
펜넬 작은 것 1개
마늘 2톨 / 꽃게 2kg
올리브오일

꽃게 즐레

판 젤라틴 1g ($\frac{1}{2}$장)
꽃게 부이용 375g
올리브오일 / 소금 / 후추

순무, 코코넛 크림

둥근 순무 500g
코코넛 밀크 1리터

가니쉬

여린 당근 4개
여린 리크 2줄기
붉은 피망 1개 / 콜리플라워 $\frac{1}{4}$개
여린 무 1개 / 굵은 소금 150g
레몬즙 1개분
소금 / 후추

마무리

고수 4줄기
민트 잎 6장

도구

핸드믹서

22세의 젊은 나이에 부인과 함께 외식업계에 뛰어든 알렉상드르 쿠이용은 그 특유의 성실함과 끊임없는 호기심, 진취적인 모험심으로 노력한 결과 성공한 셰프가 되었다. 그는 지역 식재료와 어시장 경매장에서 선별한 재료로, 언제나 신선하고 창의적인 요리를 선보이고 있다.

카피르 라임 오일 만들기
하루 전날, 필러로 카피르 라임 껍질 제스트를 깎는다. 올리브오일을 60℃로 데운 다음 불에서 내리고, 카피르 라임 제스트를 넣어 12시간 동안 향을 우려낸다. 향이 우러난 오일을 체에 걸러 병에 담아 둔다.

꽃게 부이용 만들기
양파와 당근의 껍질을 벗기고, 채소 재료를 모두 작은 큐브(mirepoix: 미르푸아 – p.432 참조)로 썰어 둔다. 꽃게를 큼직하게 잘라, 달군 올리브오일에 볶는다. 여기에 향신 채소를 넣고 수분이 나오도록 볶다가 2리터의 물을 붓고 끓인다. 약한 불로 30분가량 끓인 후 체에 거른 다음, 다시 원하는 진한 맛이 될 때까지 졸인다.

꽃게 즐레 만들기
판 젤라틴을 차가운 물에 넣고 불린 후, 꼭 짜서 최대한 물기를 없앤다. 꽃게 부이용 375g을 약하게 끓인다. 젤라틴을 넣어 잘 섞고, 간을 맞춘다.

순무, 코코넛 크림 만들기
순무를 씻어 껍질을 벗기고 썬다. 끓는 물에 데친 후 건져 다시 코코넛 밀크에 넣고 15분 정도 약한 불로 끓인다. 믹서로 갈고, 간을 맞춘 후 식혀 둔다.

가니쉬 만들기
모든 채소는 껍질을 벗겨 잘게 자른 다음, 굵은 소금을 뿌려 10분간 절인다. 잘 헹궈 냉장고에 보관한다.

익히기
조개류는 바닷물(또는 리터당 소금 60g을 푼 간수)에 데쳐 입을 열게 한 뒤 건지고, 살을 빼내어 냉장고에 보관한다. 새우는 껍질을 벗겨, 55℃ 스팀 오븐에서 1분간 수비드(sous-vide)로 익힌다(또는 찜기에 1분간 쪄내거나, 약하게 끓는 소금물에 몇 초간 데쳐 내어도 좋다).

플레이팅
서빙하기 바로 전에, 고수와 민트를 잘게 썬다. 올리브오일, 소금, 후추, 레몬즙으로 채소 가니쉬에 간을 한다. 접시에 순무 코코넛 크림소스를 부은 다음 조개와 새우를 담고, 가니쉬를 놓는다. 핸드믹서로 꽃게 즐레를 갈아 거품이 나게 에멀전을 만들어 접시에 조금씩 뿌린다. 고수와 민트 잎을 살짝 얹고, 카피르 라임 오일을 몇 방울 뿌려 완성한다.

\- 레 시 피 -

알렉상드르 쿠이용, 라 마린 ** (누아르무티에)

ALEXANDRE COUILLON, LA MARINE ** (NOIRMOUTIER)

Level 1

홍합 오징어 리소토

RISOTTO
DE MOULES ET CALAMARS

6인분 기준
준비 시간 : 2시간
조리 시간 : 1시간

재료

가니쉬

홍합 (moules de bouchot) 1.5 kg
샬롯 100g
이탈리안 파슬리 ½단
화이트 와인 300ml
오징어 1.5 kg
주키니 호박 400g

파르메산 튈 (la tuile de parmesan)

파르메산 치즈 즉석에서 간 것 100g

리소토

올리브오일 50ml
양파 100g
소의 사골 골수 100g
(뼈에서 빼고 물에 담가 피를 빼 둔다)
아르보리오 쌀 (riz rond arborio) 200g
화이트 와인 100ml
생선 육수 (p.26 참조) 또는 흰색 육수 2리터
파르메산 치즈 즉석에서 간 것 90g
버터 깍둑 썬 것 70g

마무리

홍합 익힌 국물 졸인 것
버터 깍둑 썬 것 40g
올리브오일
에스플레트 칠리 가루

도구

소테팬
프라이팬

1▸ 홍합 준비하기: 홍합의 수염을 떼어 내고 솔로 문질러 씻는다. 샬롯과 파슬리를 잘게 썰어 둔다. 홍합은 마리니에르 방법(à la marinière: 샬롯이나 양파를 잘게 썰어 수분이 나오게 볶다가 화이트 와인을 넣고 끓인다. – p.198 참조)으로 입을 열게 하여 익힌다. 껍질을 벗겨 살만 발라내 다듬는다. 국물은 체에 걸러서 보관한다.

2▸ 오징어 준비하기: 오징어는 입을 떼어 내고 다리와 몸통을 분리한다. 속의 내장을 깨끗이 빼내고, 연골과 껍질막, 바깥 지느러미 등을 제거한다. 몸통을 가늘게 원통형으로 자른다. 다리는 잘게 잘라 놓는다(p.194 테크닉 참조).

3▸ 주키니 호박 준비하기: 호박은 속의 무른 부분을 도려내고, 껍질째 작은 큐브 모양으로(macédoine) 잘라준다. 끓는 소금물에 데쳐 익힌다. 찬물에 식힌 후 건져 보관한다.

4▸ 파르메산 튈 만들기: 논스틱 팬을 달군 후, 즉석에서 간 파르메산 치즈를 놓고, 녹아서 약간 갈색이 날 때까지 굽는다. 팬을 불에서 내리고 파르메산이 식을 때까지 기다린다. 스패출러로 떼어 내 키친타월 위에 놓아 둔다.

5▸ 쌀 익히기: 양파를 잘게 썰고, 핏물을 깨끗하게 뺀 사골의 골수도 작은 큐브 모양으로 썰어 둔다. 소테팬에 골수를 넣어 올리브오일에 녹이고, 양파를 넣고 색이 나지 않게 볶다가 쌀을 넣는다. 골고루 저어주며 쌀의 한 알마다 기름이 코팅되도록 반짝이게 볶는다. 차가운 화이트 와인으로 디글레이즈한다.

6▶ 저으며 졸이다가 수분이 거의 없어지면, 뜨거운 생선 육수나 흰색 육수를 여러 번에 나누어 조금씩 넣어주며 익힌다. 18~20분 소요된다.

7▶ 쌀이 익으면, 파르메산 치즈를 갈아 넣고, 잘게 썬 차가운 버터를 넣는다. 서빙하기 직전, 주키니 호박과 홍합 살을 넣는다.

8▶ 플레이팅 완성하기 : 보관해 두었던 홍합 익힌 국물은 졸여준다. 졸인 국물을 데운 후 잘게 썬 차가운 버터를 넣고 섞어 에멀전으로 만든다. 간을 맞춘다. 팬에 올리브오일을 두르고, 오징어를 센 불에 재빨리 볶아낸 후, 플뢰르 드 셸과 에스플레트 칠리 가루로 간한다. 큰 우묵한 접시에 리소토를 담고, 볶아 낸 오징어를 얹는다. 거품 낸 홍합즙 에멀전을 조금 붓고, 파르메산 튀일을 접시마다 한 개씩 올려 완성한다.

Level 2

조개, 갑오징어, 왕새우를 곁들인 먹물 리소토

RISOTTO À L'ENCRE DE SEICHE, COQUES, SEICHE ET GAMBAS

6인분 기준
준비 시간 : 2시간 40분
조리 시간 : 18~20분

재료

리소토

올리브오일 50ml
양파 100g
뼈를 제거한 소의 사골 골수 100g
아르보리오 (arborio) 쌀 200g
화이트 와인 300ml
닭 육수 (또는 생선 육수 p.24 또는 p.26 참조) 1.5리터
갑오징어 먹물 6팩
파르메산 치즈 즉석에서 간 것 90g
버터 깍둑 썬 것 70g

가니쉬

꼬막 1.5kg
왕새우 500g
갑오징어 살 두툼한 부분 300g
노란 주키니 호박 400g
피키요스 고추 (piquillos: 맵지 않고 단맛이 나는 북부 스페인 고추의 일종) 200g
올리브오일 100ml
홍합 500g / 샬롯 90g
파슬리 $\frac{1}{4}$단
화이트 와인 300ml

호박꽃 튀김

튀김가루 $\frac{1}{2}$
바이올렛 바질 잎 6장
식용유

파르메산 튜브

파르메산 치즈 즉석에서 간 것 100g

새우, 조개 버터

왕새우즙 졸인 것
조개 국물 졸인 것
차가운 버터 120g
레몬 (citron de Menton) 1개

도구

스테인리스 튜브
레몬 제스터

1▸ 꼬막은 하루 전날 찬물에 담가 냉장고에 넣어 해감시킨다.

2▸ 가니쉬 준비하기: 새우는 껍질을 까고, 머리는 따로 육수를 끓인다(p.28 참조). 갑오징어 몸통의 껍질막을 벗겨내고 얇게 썰어 올리브오일을 살짝 뿌려 둔다. 주키니 호박은 길이로 가늘게 자른 뒤 속을 도려내고 껍질은 그대로 둔 채 납작하고 잘게 썰어 끓는 소금물에 데쳐 익힌다. 찬물에 식힌 후 건져 둔다. 피키요스 고추는 길쭉한 막대 모양으로 잘라 올리브오일 1테이블스푼을 뿌려 보관한다. 홍합은 수염을 떼어 내고 솔로 문질러 씻는다. 샬롯과 파슬리를 잘게 썰어 볶다가 화이트 와인을 넣고 끓여 마리니에르(marinière)를 만든다. 홍합과 꼬막을 각각 따로 마리니에르로 익혀, 입을 열면 건져서 껍질을 벗겨내고 살만 발라낸다. 국물은 체에 걸러서 보관한다.

3▸ 튀김가루 포장에 쓰여 있는 대로 반죽을 만든다. 호박꽃을 펴놓은 다음 속의 꽃술은 떼어 내고, 튀김옷 반죽을 붓으로 발라 170℃의 기름에 튀겨낸다. 건져서 키친타월 위에 놓아 기름을 빼준다. 서빙 전에 살짝 간을 한다.

4▸ 파르메산 튜브 만들기: 논스틱 팬에 즉석에서 간 파르메산 치즈를 펴 놓는다.

5▸ 파르메산 치즈가 녹고 약간 갈색이 날 때까지 굽는다. 불에서 내려 파르메산이 조금 식으면, 스테인리스 튜브에 둥그렇게 감싸 완전히 식으면 조심스럽게 떼어 낸다. 키친타월 위에 보관한다.

6▸ 새우와 조개 버터: 새우와 조개 국물을 합해 졸인 후 버터를 넣고 거품기로 저어 농도를 맞춘다.

7▸ 레몬 제스트를 갈아 뿌린다.

8▸ 리소토 만들기: 양파를 잘게 썰고, 핏물을 깨끗이 뺀 사골의 골수도 작은 큐브 모양으로 썰어 둔다. 소테팬에 골수를 녹이고, 양파를 넣고 색이 나지 않게 볶다가 쌀을 넣는다. 골고루 저어주며 쌀 한 톨 한 톨에 기름이 골고루 코팅되도록 반짝이게 볶는다. 화이트 와인으로 디글레이즈한 다음 저으며 졸이다가 수분이 거의 없어지면, 뜨거운 닭 육수를 여러 번에 나누어 조금씩 넣어주며 익힌다. 18~20분 정도 소요된다.

9▸ 쌀이 익으면, 오징어 먹물, 간 파르메산 치즈, 잘게 썬 차가운 버터를 넣는다. 그 다음, 미리 조개 버터를 조금 넣고 데워 놓은 가니쉬를 모두 넣는다. 마지막으로, 준비해 둔 갑오징어 살을(2 참조) 올리브오일을 조금 두른 팬에 넣고 센 불에 재빨리 익힌다.

10▸ 플레이팅: 우묵한 접시에 리소토를 담고, 갑오징어 살을 얹은 다음 조개 버터를 뿌려준다. 호박꽃 튀김과 파르메산 튜브를 얹어 완성한다.

Level 3

케이퍼, 올리브, 경수채를 곁들인 오징어구이

ENCORNETS GRILLÉS,
CÂPRES, OLIVES, MIZUNA

윌리암 르되이(William Ledeuil), **페랑디 파리 졸업생**

6인분 기준
준비 시간 : 20분
조리 시간 : 4~6분

재료
작은 왜오징어 12 마리
플뢰르 드 셀

청사과-시트러스 드레싱
(condiment pomme verte-agrumes)
생 강황 1뿌리
레몬그라스 줄기 1대
청사과 2개
오렌지 1개
레몬 2개
올리브오일 6테이블스푼

가니쉬
경수채 (mizuna: 미즈나, 일본 루콜라) 1줌
올리브오일 3테이블스푼
줄기 달린 케이퍼 18개
블랙 올리브 18개
(olive noire taggiasche : 이탈리아 리구리아서 재배되는 작은 블랙 올리브. 맛이 뛰어나다)
플뢰르 드 셀

도구
착즙 주서기

윌리엄 르되이의 레스토랑에서는 아시아의 풍미가 더해진 요리를 맛볼 수 있다. 레몬그라스와 갈랑가의 미묘한 향을 사랑하는 그는 프랑스의 식재료와 아시아의 향미가 조화롭게 어우러진 마술 같은 요리를 선보인다. 그의 요리는 모두 상큼하고 가벼운 것이 특징이다. 그의 레스토랑에서 즐기는 식사는 또 하나의 행복한 여행이다.

청사과-시트러스 드레싱 만들기
강황 껍질을 벗겨 얇게 저민다. 레몬그라스도 저며 잘라준다. 청사과는 깍둑 썰어 강황과 레몬그라스와 함께 주서기에 넣어 착즙한다. 오렌지와 레몬도 즙을 내어 여기에 섞는다. 올리브오일을 넣고 믹서에 갈아 섞어 둔다.

오징어 준비하기
오징어를 흐르는 물에 잘 씻어 물기를 제거한다. 살의 앞뒷면에 살짝 칼집을 낸다. 살이 뚫어지지 않게 조심한다(p.96 단계별 테크닉 참조).

마무리
미즈나 잎에 올리브오일 1테이블스푼과 플뢰르 드 셀을 넣어 살살 버무린다. 팬에 올리브오일을 두르고 오징어를 한 면에 2~3분씩 노릇하게 굽는다. 황금색이 나며 살은 아주 연해야 한다(오래 익히면 질겨지므로 주의한다).

플레이팅
한 접시당 오징어 두 마리씩 담고, 케이퍼와 올리브를 올린다. 경수채(미즈나) 잎을 얹고 청사과-시트러스 드레싱을 뿌려 완성한다.

- 레 시 피 -

월리암 르되이, 즈 키친 갤러리 * (파리)
WILLIAM LEDEUIL, ZE KITCHEN GALLERY * (PARIS)

육류, 가금류, 수렵육

LES VIANDES, VOLAILLES ET GIBIERS

개요 P. 248

양
L'AGNEAU
테크닉 P. 254 | 레시피 P. 260

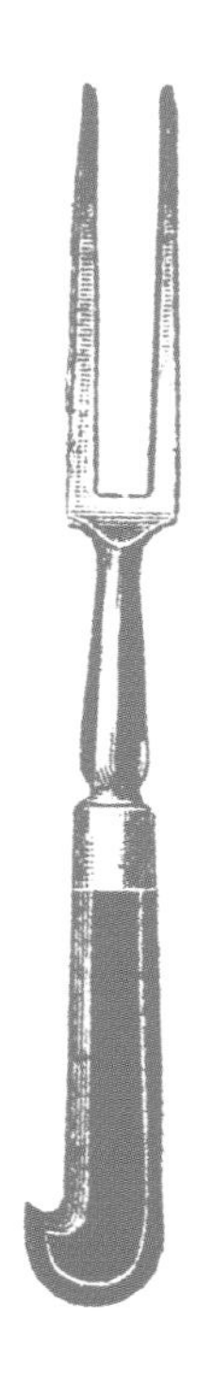

송아지
LE VEAU
테크닉 P. 276 | 레시피 P. 280

소
LE BŒUF
레시피 P. 294

돼지
LE PORC
레시피 P. 308

내장 및 부산물
LES ABATS
개요 P. 322 | 레시피 P. 324

가금류
LA VOLAILLE
테크닉 P. 337 | 레시피 P. 361

수렵육
LE GIBIER
개요 P. 388 | 테크닉 P. 392 | 레시피 P. 396

육류

Les viandes

고기를 잘 선택하는 것은 요리 성공의 첫 번째 관건이다. 그러므로 정육점 주인과의 연대는 아주 중요하다. 전문가인 그가 당신에게 조언을 해줄 뿐 아니라, 최적의 고기 선택과 구매를 도와줄 것이다. 그와 신뢰의 관계를 구축한다면, 실수 없는 최선의 구매를 하게 될 것이다.

육류 보관

고기를 최적의 상태로 잘 보관하기 위해선, 구매해 온 포장 그대로 두어서는 안 된다. 키친타월로 잘 닦아 보풀이 일지 않는 깨끗한 면포(가능하면 섬유유연제를 넣지 않고 세탁한 것)에 싸 둔다. 고기 덩어리의 크기에 따라 접시나 쟁반에 놓는다. 고기가 숨을 쉬도록 하는 것이 중요하다.
고기를 김밥 싸는 용도의 대나무 발에 올려놓아도 좋고, 작은 조각은 망에 올려놓아도 좋다.

소

소가 선사시대 조상들이 사냥하던 들소의 후손이라고 주장하는 사람들이 있는가 하면, 어떤 이들은 아시아가 그 기원이라고 주장하고 있다. 단 한 가지 확실한 사실은 이미 4천 년 전부터 중국에 소가 존재했다는 것이다. 소를 가축으로 키우기 시작한 것은 7천 년 전 마케도니아, 크레타, 아나톨리아에서이다. 그 후, 고기를 아주 좋아하는 그리스, 로마, 갈리아 족도 소를 가축으로 기르게 되었다.

명칭

'소(bœuf)'라는 이름을 들으면, 그 사육 연령에 따라 달라지는 여러 명칭의 동물을 떠올리게 된다. 수송아지, 암송아지, 젖을 더 이상 짜지 않는 암소 육우, 또 일반적으로 부르는 소(30개월~4년 사이에 거세한 수소)까지 모두 여기에 속한다.

선택

어떻게 하면 좋은 소고기를 고를 수 있을까?

제일 좋은 선별법은 우선 육안으로 보는 것인데, 어느 부위를 고르든지, 우선 한눈에 사고 싶은 마음이 생겨야 한다. 고기는 전체적으로 살이 탄력이 있고 윤기가 나는 것이 좋다. 지방의 분포도 품질을 좌우하는 척도가 된다.

생산 정보: 고기에 붙어 있는 스티커는 여러 가지 기본 정보를 제공한다. 동물의 원산지, 도축 장소, 동물의 품종, 성별 그리고 고기의 품질 기준을 알 수 있다(젖을 더 이상 짜지 않는 암소는 육우라고 명시되어 있고, 고기 질을 높이기 위해 특별히 키운 품종 등은 표시가 되어 있다). AOP(Appellation d'Origine Protégée: 원산지 명칭 보호), IGP(Indication Géographique Protégée; 지리적 명시 보호) 또는 Label Rouge(레드 라벨) 등의 표시가 붙은 것은 우수 품질을 보증하는 것으로, 안심하고 구입해도 좋다.

구입 시 주의 사항: 고기는 약간의 지방이 고루 분포되어 있고 와인 빛을 띤 것으로 고른다. 살 사이사이에 지방이 박힌 고기가 더 연하고 맛도 좋다. 우리가 흔히 '마블링(marbré)'이라고 부르는 것은 살 안에 분포된 더 촘촘한 지방망을 말한다.
육안으로 보아 마음에 드는 것을 골라야, 원하는 고기를 살 수 있다. 소고기의 경우, 선홍색을 띠고 윤기가 있어야 하며, 냄새는 은은하고 좋은 고기향이 나야 하고, 지방은 흰색 또는 연한 노르스름한 색을 띠는 것이 좋다. 고기 색깔이 어두운 것은 나이가 많은 동물의 고기다.

셰프의 조언

전문적으로 소를 잘 선별하고, 도축 후 최적의 상태로
숙성해서 최상의 상태의 고기를
제공해 줄 수 있는 좋은 정육점을 고른다.
정육점 주인은 고기 조리법에 대한 조언을 해줄 뿐 아니라,
올바른 선택을 하도록 도와줄 것이다.

소고기는 얼리지 않는 것이 좋다.
특히 최상급 고기일 경우에는 더더욱 얼리지 말아야 한다.
고기의 맛을 최대로 즐기기 위해서는
신선육으로 조리하는 것을 권장한다.

조리법

많이 움직이지 않은 부위의 근육은 조리 시간을 짧게 한다. 많이 사용한 근육은 콜라겐을 많이 함유하고 있으며, 익는 시간이 오래 걸린다.

부위	조리법
설도(보섭살) Le tende de tranche	로스트비프
설도(설깃살) La tranche grasse	로스트, 그릴, 소테
우둔살 Le rumsteak	스테이크, 퐁뒤, 꼬치구이
채끝등심 Le faux-filet	로스트, 그릴
안심 Le filet	로스트, 그릴, 소테
꽃등심(립아이) 또는 윗등심살 L'entrecôte, bassecôte	소테, 그릴
갈빗살 La côte	소테, 그릴, 로스트
치마살 La bavette	그릴, 소테
치마양지 La bavette de flanchet	수육
설도(보섭살, 도가니살) La gîte noix	그릴, 로스트
설도(삼각살) Le rond de gîte	로스트
설도(도가니살) Le nerveux de gîte	그릴, 소테
설도(설깃머리살) L'aiguille baronne	스튜
꾸리살 Le jumeau à steak	그릴, 로스트, 소테

부위	조리법
앞사태 Le jumeau à pot-au-feu	스튜, 수육
부채살 Le paleron	스튜, 수육
부채덮개살 La macreuse à steak	스튜
사태(상박살) La macreuse à pot-au-feu	스튜, 수육
갈비 Le plat de côtes	수육
양지 Le flanchet	스튜, 수육
목심 La veine	스튜, 수육
아롱사태 Le gîte-gîte, jarret	스튜, 수육
설도(도가니살) L'araignée	그릴, 소테
설도(보섭살) La poire	그릴, 소테
설도(보섭살) Le merlan	그릴, 소테
안창살 La hampe	그릴, 소테
토시살 L'onglet	그릴, 소테

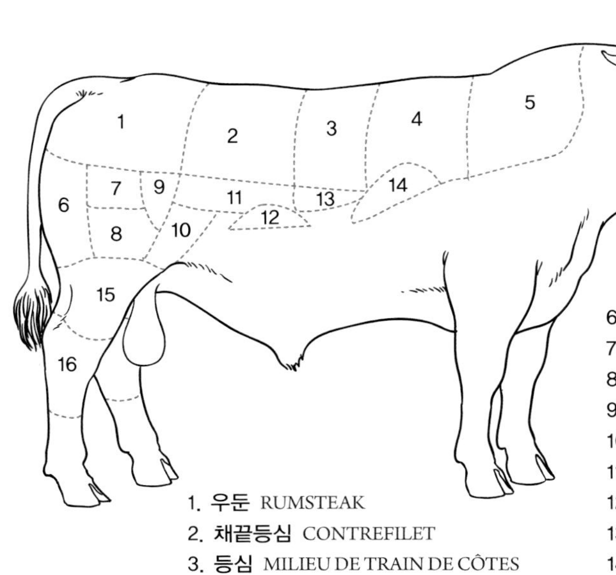

1. **우둔** RUMSTEAK
2. **채끝등심** CONTREFILET
3. **등심** MILIEU DE TRAIN DE CÔTES
4. **등심** TRAIN DE CÔTES DECOUVERT
5. **윗등심** BASSE CÔTES
6. **우둔(삼각살)** ROND DE GÎTE
7. **설도(보섭살)** TENDE TRANCHE
8. **설도(도가니살)** GÎTE À LA NOIX
9. **설도(설깃머리살)** AIGUILLETTE BARONNE
10. **설도(설깃살)** TRANCHE GRASSE, ROND DE TRANCHE
11. **안심** FILET
12. **치마살** BAVETTE
13. **토시살** ONGLET
14. **안창살** HAMPE
15. **뒷사태** GÎTES ARRIÈRE
16. **도가니, 사골** CROSSE

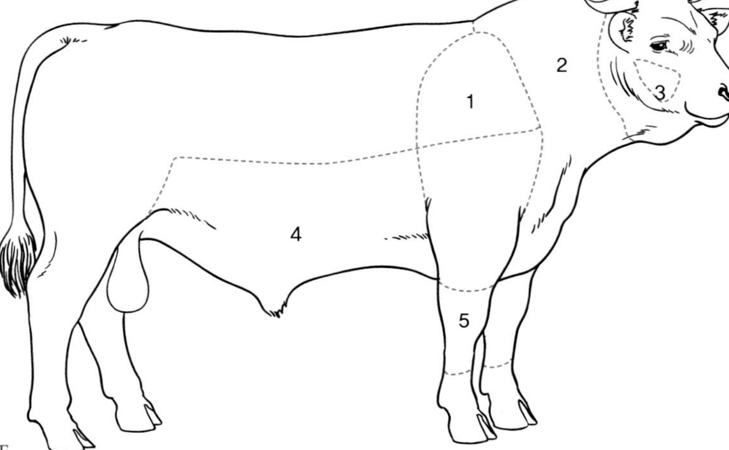

1. **어깨** ÉPAULE
2. **목심** COLLIER
3. **볼** JOUES
4. **복부** CAPARAÇON
5. **우족** JAMBE

송아지

송아지는 소의 새끼를 말하며, 태어나서 젖을 뗄 때까지 송아지라고 부른다. 송아지는 일반적으로 태어난 지 100일 정도 지나 무게가 110~130kg이 되면 도축된다.

'모유 송아지(veau de lait)'라는 명칭은 오직 어미의 젖만 먹고 자란 송아지를 뜻하며, 송아지 고기 중 최상급으로 친다. 초장에서 자란다면 '풀 뜯는(brutard) 송아지'라고 불린다. 송아지 고기는 밝은 색이고 분홍빛을 띠며, 진주빛의 광이 난다. 송아지 콩팥을 둘러싼 주변에는 살짝 윤이 나는 흰 지방이 풍부하다.

조리법

부위에 따라 조리법과 시간이 달라진다.

부위	조리법
목심 collier	스튜, 로스트
갈비 Côte découverte, côte seconde, côte première	그릴, 소테, 로스트
안심, 등심, 갈빗살 Filet, longe, côte filet	소테, 로스트
볼기살 Quasi	로스트
허벅지살, 사태 Noix, sous-noix	그릴, 로스트, 소테
양지 Flanchet	스튜
삼겹양지 Tendron	스튜, 소테
삼겹살, 차돌박이 Poitrine	스튜
어깨살 Épaule	소테, 그릴, 로스트
정강이 Jarret	수육, 스튜

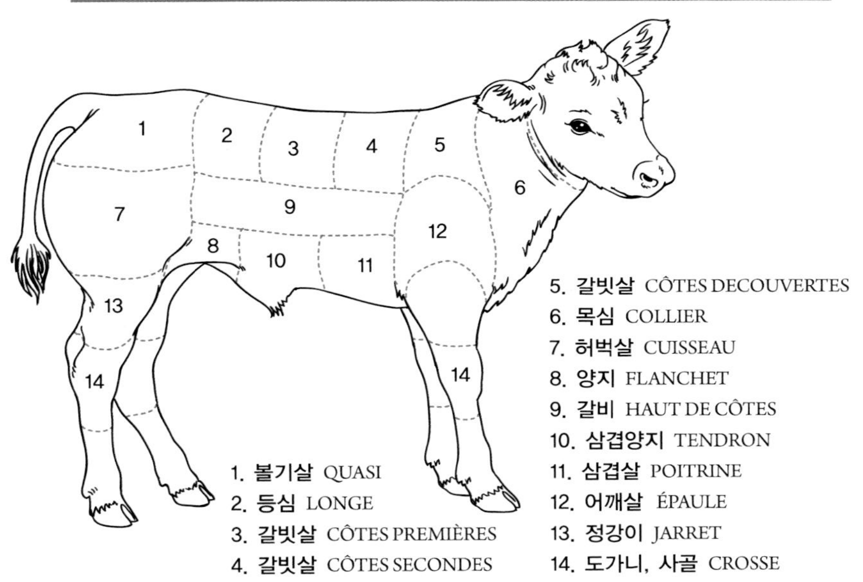

1. 볼기살 QUASI
2. 등심 LONGE
3. 갈빗살 CÔTES PREMIÈRES
4. 갈빗살 CÔTES SECONDES
5. 갈빗살 CÔTES DECOUVERTES
6. 목심 COLLIER
7. 허벅살 CUISSEAU
8. 양지 FLANCHET
9. 갈비 HAUT DE CÔTES
10. 삼겹양지 TENDRON
11. 삼겹살 POITRINE
12. 어깨살 ÉPAULE
13. 정강이 JARRET
14. 도가니, 사골 CROSSE

양

프랑스에는 식육(viande), 양모(laine), 양유(lait : Larzac, Pyrénée 지방)의 사용 목적에 따라 엄격하게 선별된 30여 종의 품종이 있다. 양고기는 키운 산지와 라벨에 따라 등급이 달라진다.

태어나서 40일까지의 어린 양은 '램(l'agneau)'이라고 불리며, 이때부터 가금 사육시장에서 매매되기 시작한다. 생후 70일에서 150일 사이에 도축된 어린 양은 화이트 램 또는 밀크 페드 램(milk-fed lamb), 6~9개월 사이에 도축된 것은 회색 램 또는 '풀 먹고 자란 양(brutard)'이라고 불린다. 살 사이에 지방이 많은 양고기는 모든 육류 중 가장 기름지고, 특유의 향을 갖고 있다.

선택

살이 붉지 않고, 냄새가 은은하며 지방질이 풍부한 프랑스산 양고기를 추천한다(피레네Pyrénées, 포이악Pauillac, 시스테롱Sisteron산 양이나, 센느 만(灣) 또는 몽 생 미셸의 프레 살레 양(agneau de pré-salé: 해변에서 기른 양) 등).

양고기는 부활절 기간에 많이 소비되는데, 바로 이 즈음이 양이 자라 도축되는 시기와 맞물리기 때문이다.

셰프의 조언

껍질을 벗기고, 그 안의 두꺼운 기름 층은 그대로 둔 상태로 고기를 익히는 것이 좋다. 타임, 마늘, 월계수 잎이 양고기와 잘 어울린다.

양고기의 육질을 좀 더 연하게 하고, 풍미를 더하려면 올리브오일, 줄기에서 떼어 낸 로즈마리 잎과 타임으로 고기를 문질러 주면 좋다.

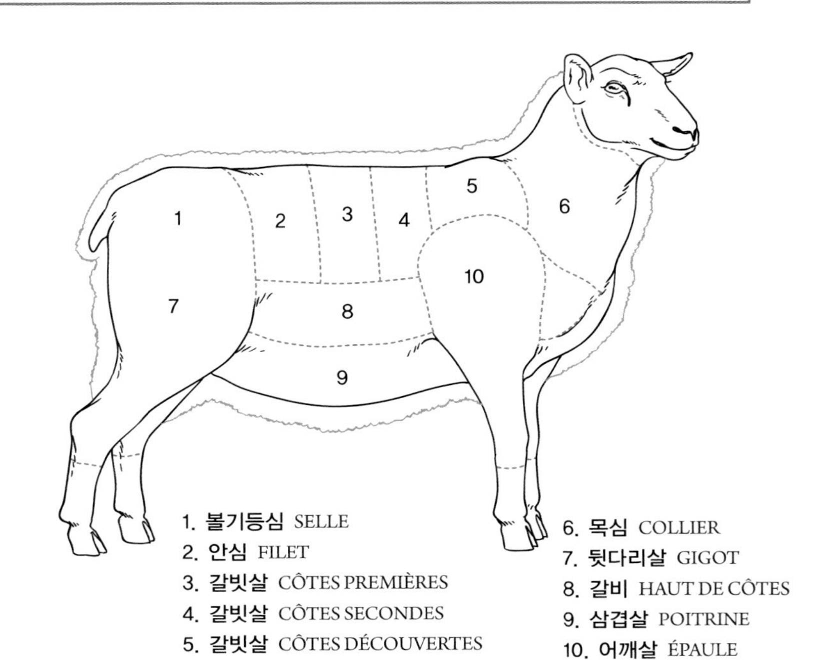

1. 볼기등심 SELLE
2. 안심 FILET
3. 갈빗살 CÔTES PREMIÈRES
4. 갈빗살 CÔTES SECONDES
5. 갈빗살 CÔTES DÉCOUVERTES
6. 목심 COLLIER
7. 뒷다리살 GIGOT
8. 갈비 HAUT DE CÔTES
9. 삼겹살 POITRINE
10. 어깨살 ÉPAULE

조리법

부위	조리법
목심 collier	수육, 스튜, 소테
갈비 Côtes	그릴, 소테
안심, 갈빗살 Filet, côte filet	그릴, 소테, 로스트
볼기 등살, 자른 뒷다리살 Selle, gigot raccourci	로스트
삼겹살, 갈빗살 Poitrine, haut de côtes	소테, 로스트, 스튜
어깨살 Épaule	로스트, 소테
랙 오브 램, 양갈비 Carré	로스트

셰프의 조언

로스트 포크를 만들 때는 목심을 선택하고,
냄비에 자작하게 수분을 넣어 뚜껑을 닫은 채로 천천히 익혀준다.
수분이 없어지고 온도가 올라가면서
마지막에 돼지고기가 천천히 색이 나며 구워질 것이다.
일반적으로 돼지고기는 안심(필레 미뇽)을 제외하고는,
조리 처음부터 색을 내주는 것이 아니라, 마지막에 색을 낸다.

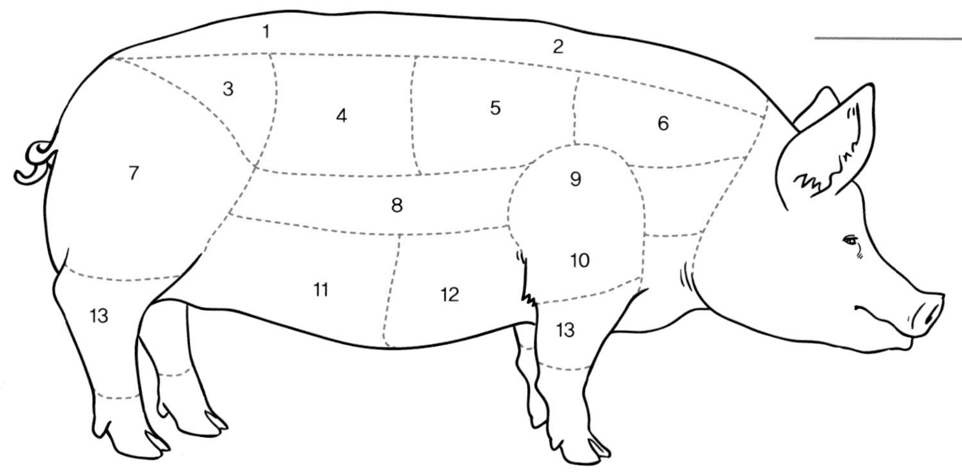

돼지

돼지고기는 시장에서 쉽게 만날 수 있는 고기 가운데 하나다. 21세기에도 "돼지는 무엇이든지 다 좋다(Dans le cochon, tout est bon)."라는 말이 여전히 통한다. 합리적인 가격도 장점일 뿐 아니라, 고기의 맛도 좋고 여러 가지 레시피로 다양하게 조리할 수 있다는 점으로 많은 사랑을 받고 있다.

선택

살은 분홍빛을 띠고 탄력이 있어야 하며, 수분이 흘러나오거나 분비물이 스며 나오면 안 된다. 최고의 맛으로 치는 생후 2개월 된 15kg짜리 새끼 돼지(cochon de lait: 어미의 젖만 먹고 자란 새끼돼지)는 살이 향기롭고 아주 연하다.

알아두세요!

생고기(돼지 등심, 안심, 갈비, 목살 등)와 염장 고기(다짐육 소나 테린용으로 쓰이는 돼지비계, 소시지, 살라미, 햄 등)로 구분한다.

조리법

부위	조리법
목심 collier	그릴, 로스트
등심 Côtes premières et secondes	소테, 그릴, 로스트
안심 Filet	로스트
뼈 붙은 안심 Côte filet	로스트, 그릴
안심살 Filet mignon	소테, 그릴, 로스트
앞다리살 Palette	수육, 스튜
정강이 Jarret avant et arrière	수육, 스튜
등갈비 Travers	그릴
삼겹살 Poitrine	수육, 그릴

1. 라드, 돼지기름 LARD
2. 기름층 GRAS
3. 안심 POINTE DE FILET
4. 안심 MILIEU DE FILET
5. 등심 CARRÉ
6. 목심 ECHINE
7. 뒷다리살 JAMBON
8. 등갈비 TRAVERS
9. 앞다리살 PALETTE
10. 어깨살 ÉPAULE
11. 삼겹살 POITRINE
12. 갈빗살 PLAT DE CÔTES
13. 정강이 JARRET

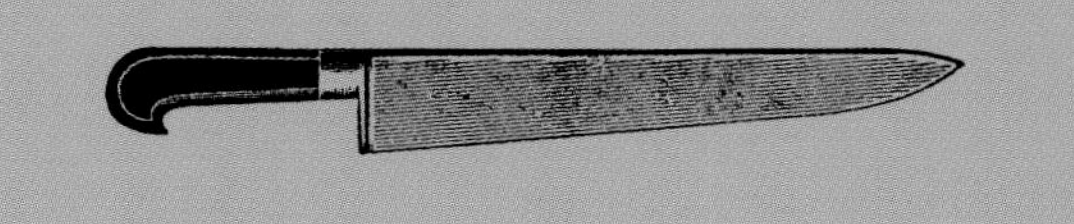

양

L'AGNEAU

– 테크닉 –

Habiller un carré d'agneau
양갈비 손질하기

도구

뼈 제거용 나이프

톱

• 1 •

고기를 미리 차갑게 해둔(차갑게 굳으면 기름을 잘라내기가 훨씬 쉽다) 다음, 바깥 껍질을 잘라내고 지방층 일부분은 그냥 둔다.

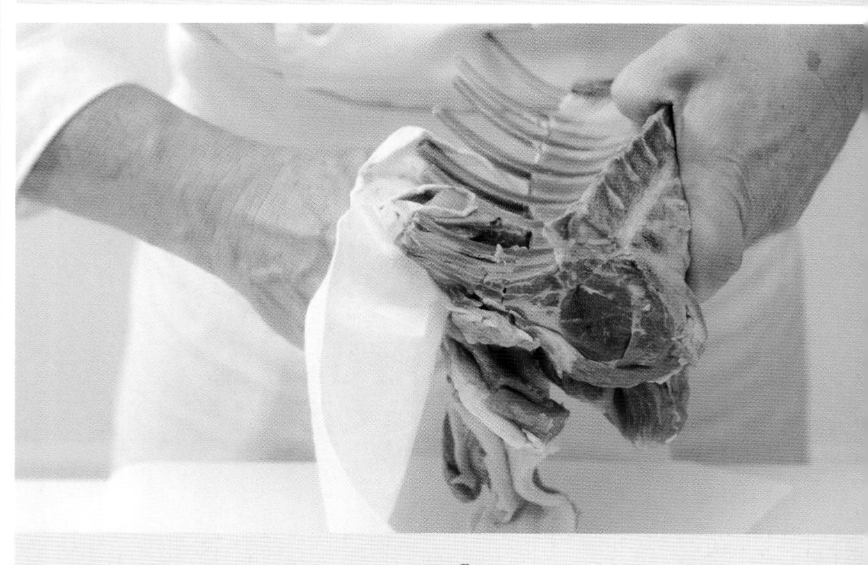

• 4 •

깨끗한 행주로 뼈 사이의 살을 돌려가며 제거한다.

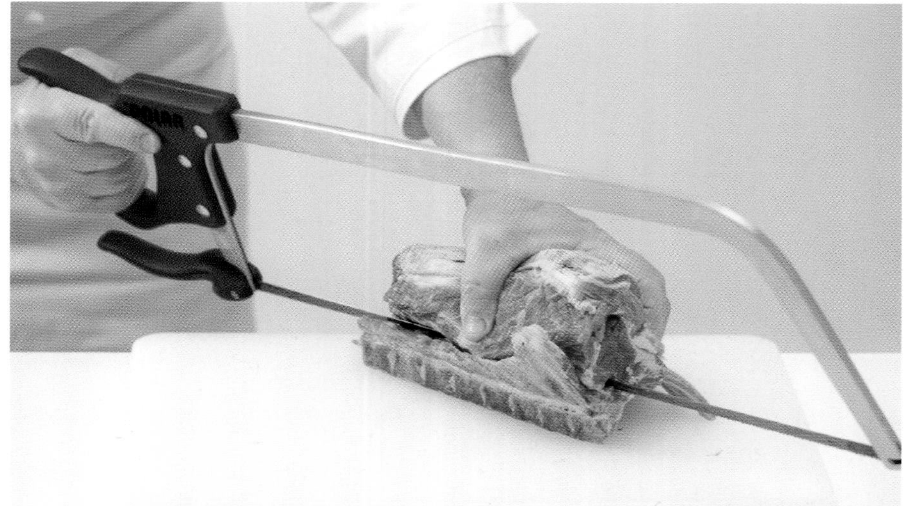

• 7 •

톱을 이용해 척추뼈를 완전히 떼어 낸다.

• 8 •

기름을 제거하고, 조리 중에 수축되지 않도록 등 쪽 힘줄을 반드시 떼어 낸다.

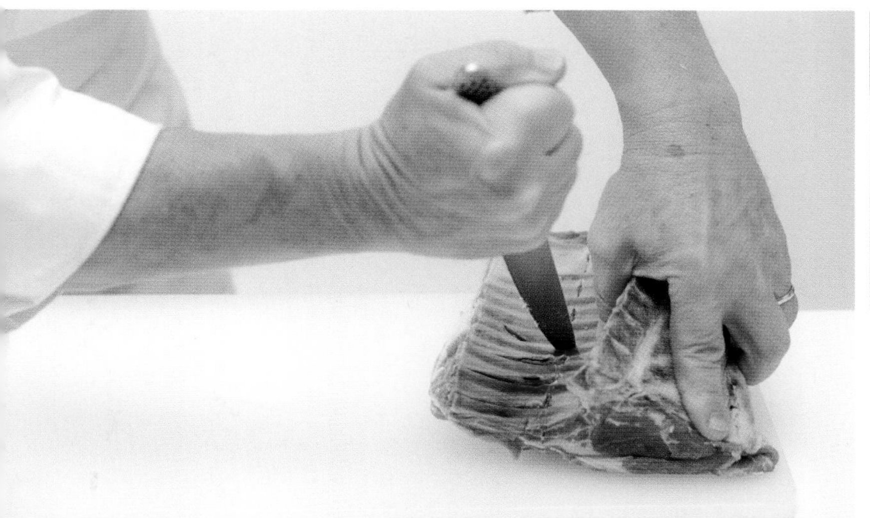

• 2 •

갈비대의 중간에 칼을 넣어 끝까지 잘라 뼈들을 모두 분리한 다음, 뼈 사이사이의 살을 전부 긁어낸다.

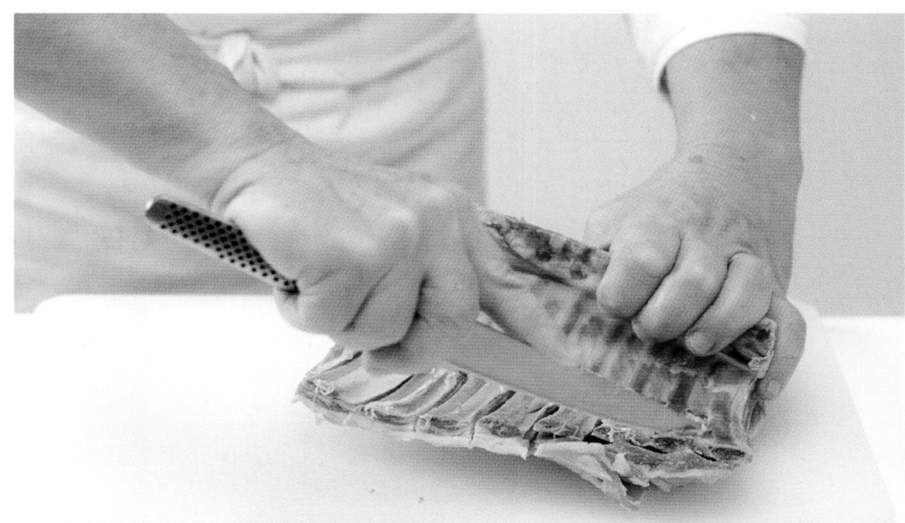

• 3 •

갈비뼈마다 붙어 있는 껍질막을 양쪽 모두 하나하나 깨끗하게 긁어낸다.

• 5 •

갈비뼈 손잡이가 완성되었다(carré manchonné). 긁어낸 자투리 고기와 껍질 등은 육즙 소스를 만들 때 필요하니 보관해 둔다.

• 6 •

척추뼈에서 살을 분리한다.

• 9 •

남겨진 기름 위에 사선으로 칼집을 내어 조리 중 말라 수축되지 않게 한다.

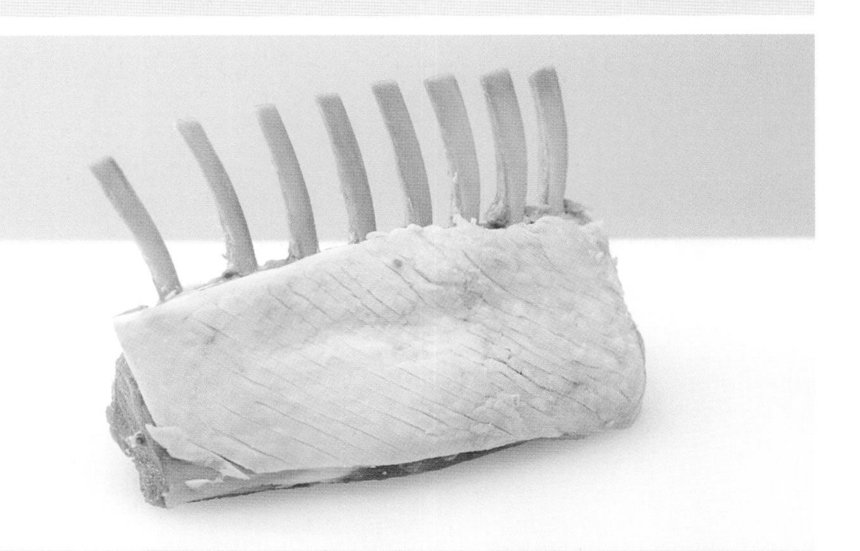

• 10 •

손질을 마친 양갈비 모습.

- 테크닉 -

Préparer une selle d'agneau
양 볼기등심 손질하기

❀

도구
칼

• 1 •

양 볼기등심 덩어리를 작업대에 납작하게 놓는다.

• 3 •

칼날을 납작하게 밀어주면서 겉껍질과 기름의 일부분을 떼어 낸다.

• 5 •

뒤집어서 콩팥을 잘라 꺼낸다.

• 2 •

가운데 살짝 칼집을 넣고, 한쪽 끝부분부터 칼끝을 넣는다.

• 4 •

다른 쪽도 마찬가지로 껍질과 기름의 일부를 잘라낸다. 양쪽 날개 살 부분은 그대로 둔다.

– 포커스 –

"셀 앙글레즈(selle anglaise)"라고도 불리는 셀 다뇨(selle d'agneau: 양의 볼기등심)는 다양한 방법으로 조리할 수 있다. 뼈를 제거한 다음 속을 채워 넣어 요리할 수도 있고, 넓적하게 썰어서 팬 프라이하거나, 필레를 통째로 로스트한 다음 동그란 토막으로 썰어 서빙하기도 한다.

• 6 •

콩팥을 반으로 잘라 열고, 껍질막을 제거한다.

• 7 •

기름과 뇨관을 제거한다.

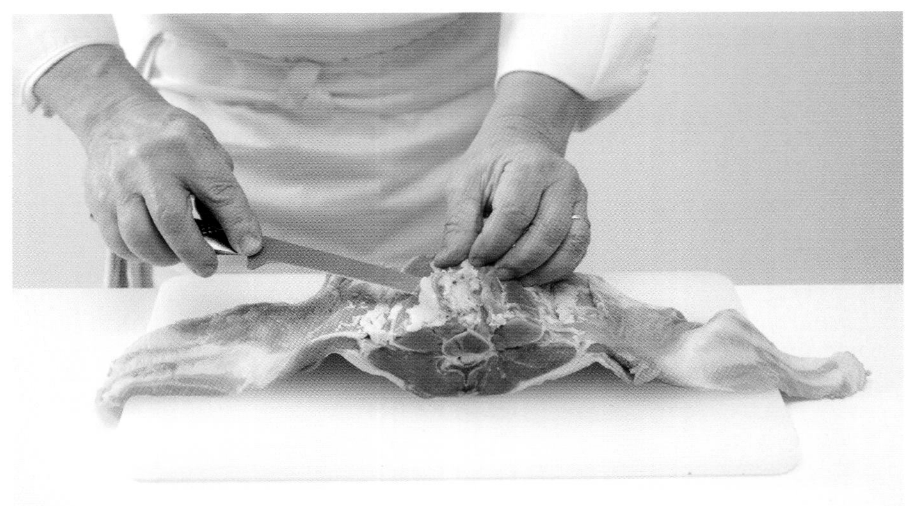

• 8 •

근막과 기름을 잘라내 정리한다.

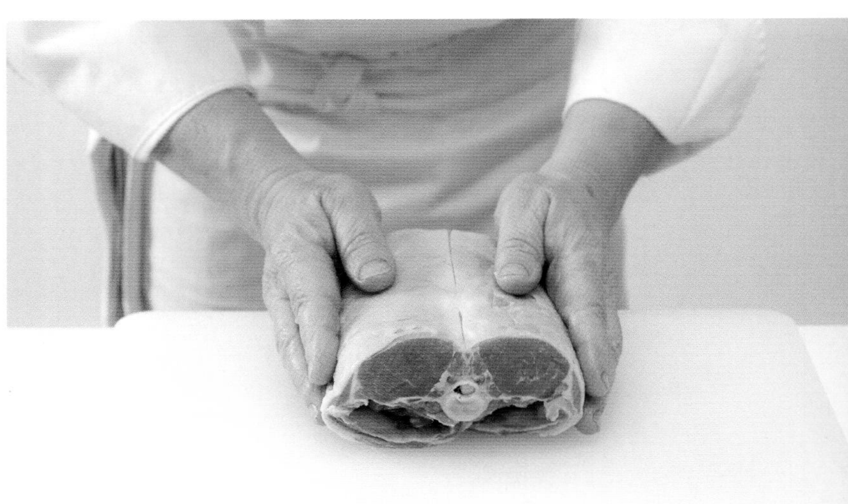

• 9 •

다시 뒤집어 양쪽 날개 살 껍데기로 몸통을 감싸준다.

• 11 •

뒤집어서 필레 미뇽을 잘라낸다.

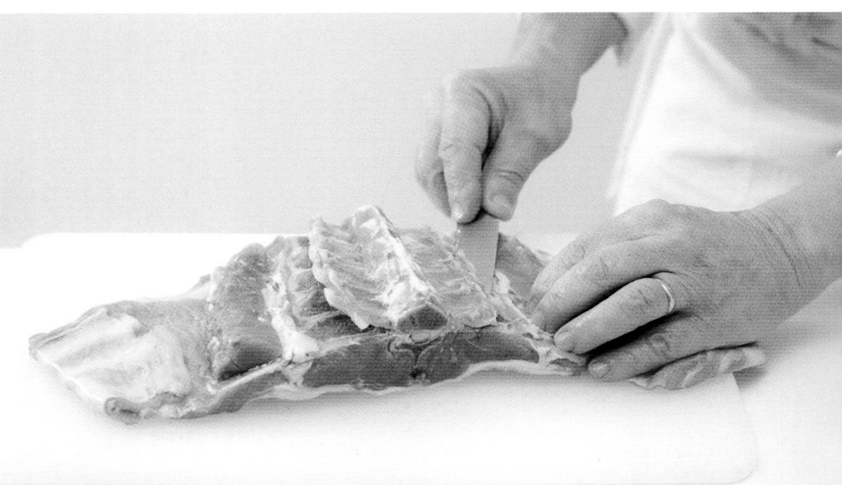

• 12 •

칼날을 척추뼈 밑으로 조심스럽게 밀어 넣는다.

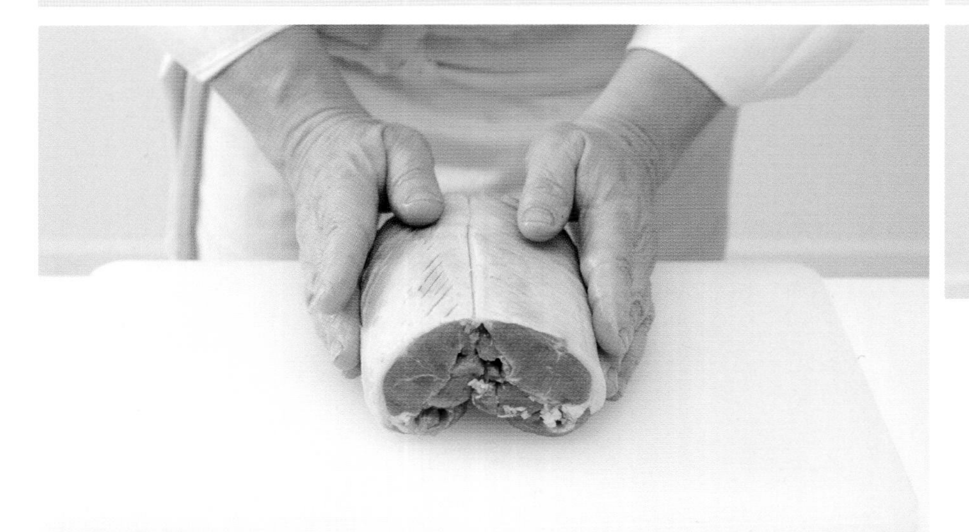

• 14 •

다시 뒤집어서 날개 살 껍데기에 격자로 칼집을 낸 후, 살덩어리 밑으로 넣어 감싼다. 이 단계에서 익히거나, 전체적으로 속을 채우는 것이 가능하다.

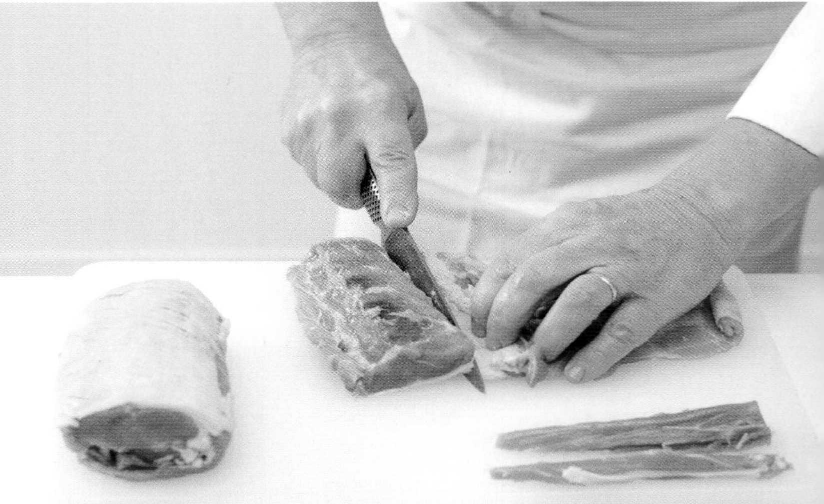

• 15 •

덩어리를 반으로 길게 자른다. 껍데기로 가운데 살을 감싸 놓는다(왼쪽). 날개 살 껍데기와 중앙의 살 덩어리를 분리해주고, 필레 미뇽도 잘라낸다(오른쪽).

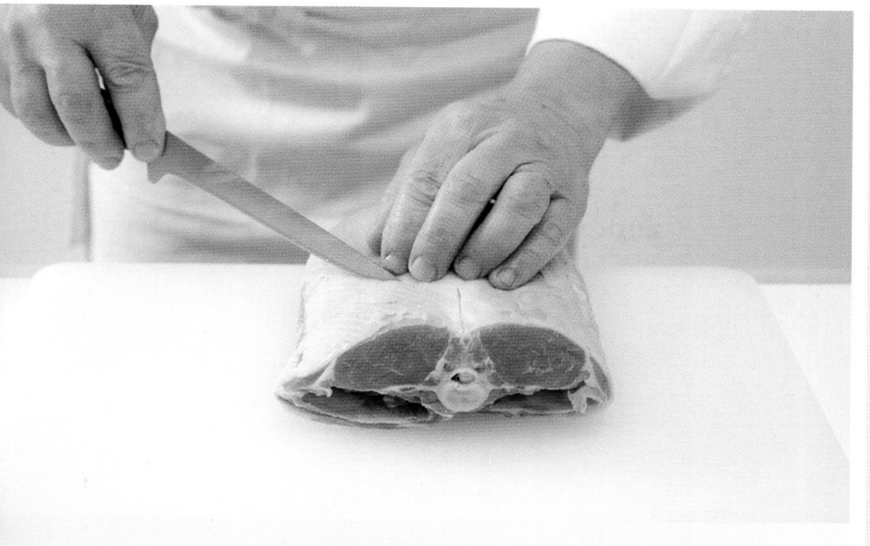

• 10 •

기름 부분에 사선으로 일정하게 칼집을 낸다. 이 단계까지 마치면 실로 묶어 그 상태로 로스트할 수 있다.

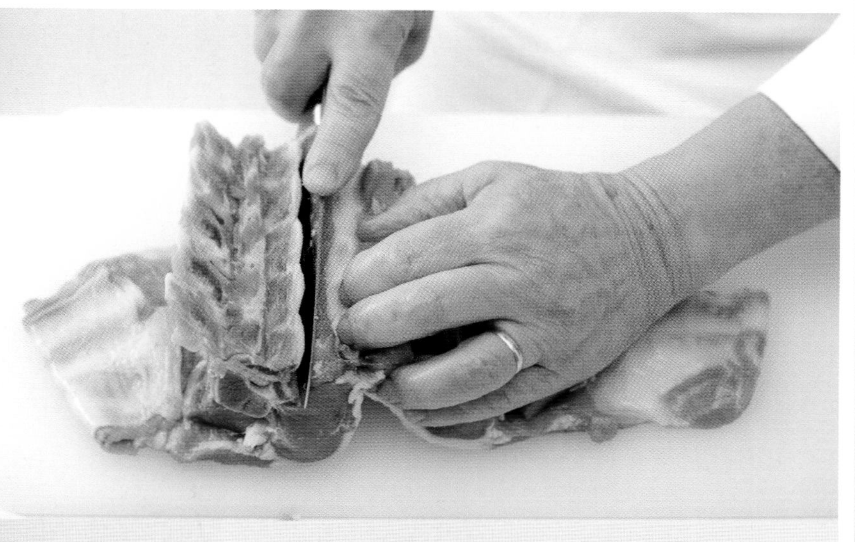

• 13 •

척추뼈를 들어내고 등 힘줄을 제거한다.

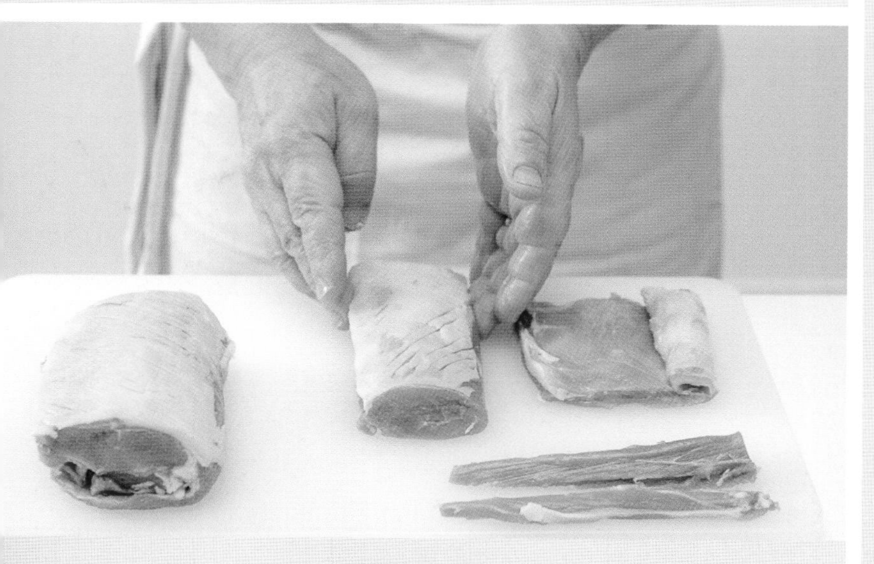

• 16 •

왼쪽: 속을 채워 실로 묶어 익힐 준비가 되었다. 오른쪽 : 덩어리 전체 혹은 원형으로 잘라 익힐 준비가 되었다. 로스트할 준비가 된 필레 미뇽.

Level 1

파슬리 크러스트를 입힌 양갈비 로스트와 모둠 채소

CARRÉ D'AGNEAU DU QUERCY
RÔTI EN PERSILLADE ET PETITS LÉGUMES

6인분 기준
준비 시간 : 1시간 20분
조리 시간 : 1시간

재료
갈비 6대짜리 램 랙 (rack of lamb) 2개
향신 재료(양파, 당근, 마늘, 부케가르니) 200g
녹인 버터
올리브오일

페르시야드(persillade)
빵가루 80g
마늘 1톨
파슬리 2줄기

햇채소
둥근 순무 3개
미니 당근 12개
버터 80g
설탕
가는 그린 빈스 300g
파바 콩 300g
방울 토마토 6개
올리브오일
소금 / 후추

도구
푸드 프로세서

1▸ 양고기 준비하기: 기름을 정리해 다듬고, 척추뼈를 제거한 다음 갈비대의 뼈를 깨끗이 긁어낸다.

2▸ 육즙 소스 만들기: 양갈비를 다듬고 남은 뼈들과 자투리를 잘라서 뜨거운 팬에 지져 색을 낸 다음, 빠져 나온 기름을 제거하고 향신 재료를 모두 넣는다. 모두 색이 날 때까지 볶다가 물을 조금씩 붓고 약한 불로 졸인다. 프로방스 허브를 넣어 향을 더한다. 양갈비는 통째로 팬에 굽는다. 살은 핑크색이 날 정도로 익힌다.

3▸ 페르시야드 만들기: 빵가루와 껍질 깐 마늘, 파슬리를 모두 푸드 프로세서에 넣고 갈아준다. 혼합물이 뭉쳐 끈적하게 반죽되지 않고 가루 상태로 있도록 살짝만 갈아준다. 녹인 버터를 양갈비에 바른다.

4▸ 페르시야드를 넉넉히 뿌려 살짝 눌러 붙인 다음, 올리브오일을 몇 방울 뿌린다. 오븐에 넣고 노릇해지도록 굽는다.

5▸ 채소 준비하기 : 순무와 미니 당근의 껍질을 벗겨 적당하게 썬다. 소테팬에 한 켜로 깔아 준 다음 채소 높이의 반만큼 물을 붓고 버터, 소금, 설탕을 넣는다. 유산지로 뚜껑을 만들어 덮고 약한 불로 익힌다.

6▸ 그린 빈스와 파바 콩은 끓는 소금물에 데쳐 익힌다. 파바 콩의 속껍질을 벗긴다. 토마토는 끓는 물에 몇 초간 데쳐 껍질을 벗기고, 속을 빼낸 뒤 소금, 후추로 간을 하고 페르시야드 가루 믹스를 듬뿍 뿌린다. 올리브오일을 몇 방울 뿌린 후, 살짝 노릇해질 때까지 오븐에서 익힌다.

7▸ 서빙 플레이트 가운데 양갈비를 놓고, 색이 고루 분포되도록 채소들을 조화롭게 배치한다. 육즙 소스를 조금 붓고, 1인당 갈비 2대씩 잘라 접시에 채소와 함께 서빙한다.

Level 2

몽 생 미셸 프레 살레 양갈비 로스트

CARRÉ D'AGNEAU RÔTI DES PRÉS-SALÉS
DU MONT-SAINT-MICHEL

6인분 기준
준비 시간 : 1시간 30분
조리 시간 : 1시간

재료
프레 살레* 양갈비 6대짜리 2개
소금 / 후추

육즙 소스
향신 재료(양파, 당근, 마늘, 부케가르니) 120g
버섯 자투리
처빌 / 타라곤
(페르시야드 재료 쓰고 남은 것)

페르시야드(persillade)
아몬드 가루 50g
빵가루 80g
마늘 1톨
파슬리 1단
처빌 1단 / 타라곤 1단
노르망디 산 버터 80g

채소 가니쉬
함초 300g
느타리버섯 200g
그린 아스파라거스 12개
붉은 체리토마토 12개
노랑 체리토마토 12개
타원형 미니 햇감자 6개
카망베르 치즈 100g
노르망디산 버터 100g
생크림 100ml

식물 추출 클로로필(coagula végétal)
파슬리 1단
처빌 2단
타라곤 2단

도구
푸드 프로세서

* agneau de pré-salé: 브르타뉴 노르망디 해변에서 목축한 양. 염분을 흡수하는 함초 등의 풀을 뜯어먹고 자라 독특한 풍미를 갖고 있다.

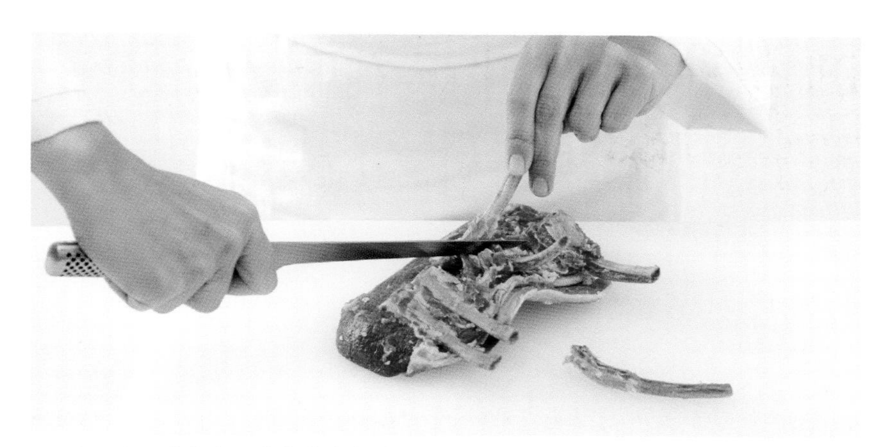

1▸ 양고기 준비하기: 6대의 양갈비 뼈를 하나 걸러 한 개씩 제거하여 3인분을 준비한다(남겨진 3개의 뼈는 살과 연결되는 부분까지 깨끗하게 긁어내 하얀 손잡이처럼 만들어주고(manchonner: 망쇼네), 뼈에 붙은 살이 원의 4등분 모양을 하도록 동그랗게 다듬는다). 기름은 떼어 내고, 척추뼈를 잘라낸 다음, 뼈 3개를 꼼꼼히 긁어낸다.

2▸ 육즙 소스 만들기: 다듬어 정리한 뼈들과 자투리를 모두 잘라서 뜨거운 팬에 지져 색을 낸 다음, 빠져나온 기름을 제거하고, 향신 재료를 모두 넣는다. 모두 색이 날 때까지 볶다가 물을 조금씩 붓고 약한 불로 졸인다. 버섯 다듬은 자투리를 넣고, 처빌과 타라곤을 넣어 향을 낸다.

3▸ 양갈비는 180℃로 예열한 오븐에서 12~15분간 로제(rosé: 익었으나 약간 핑크빛을 띤 상태)로 굽는다.

4▸ 페르시야드 만들기: 아몬드 가루, 빵가루, 껍질 깐 마늘, 다진 파슬리, 처빌, 타라곤을 모두 푸드 프로세서에 넣고, 가루 상태를 유지하도록 살짝 갈아 혼합한다. 이 녹색 가루 혼합물을 따로 조금 남겨두고, 나머지는 버터와 섞어 페이스트를 만들어준다.

5▸ 양갈비에 버터와 혼합한 페르시야드를 0.5cm 두께로 펴 바른다.

6▸ 남겨놓았던 혼합 가루를 그 위에 골고루 뿌린다.

7▸ 브로일러 아래 놓고 녹색 크러스트 부분이 노릇해지도록 지켜보며 구워낸다.

8▸ 버터를 넣고 함초를 데운다. 느타리버섯은 버터에 익힌 다음, 크림을 넣는다. 아스파라거스를 끓는 소금물에 데쳐 익히고, 체리 토마토는 통째로 85℃ 오븐에 익혀 콩피한다. 감자는 속을 파내고 구운 다음, 카망베르 치즈를 얹어 그라탱처럼 브로일러에 구워낸다.

9▸ 플레이팅: 양갈비를 3등분으로 자른다. 고기를 담고 주변에 가니쉬를 추상적인 채소 정원처럼 놓아준다. 육즙 소스를 뿌린 뒤 물을 약간 섞어 희석한 녹색식물 추출액(클로로필)을 몇 방울 뿌려 완성한다.

Level 3

두 번에 걸쳐 서빙되는 시스테롱 양고기 요리(첫 번째 서빙)

AGNEAU DE SISTERON EN DEUX SERVICES (1er SERVICE)

아르노 동켈(Arnaud Donckele), **페랑디 파리 졸업생**

6인분 기준
준비 시간 : 2시간
조리 시간 : 1시간

재료

첫 번째 서빙

양고기

갈비뼈 13개 붙은 양의 전반신 1짝
블랙 올리브 크림 (crème d'olive taggiasche) 100g
양고기 1kg당 소금 12g / 양고기 1kg 당 후추 3g
그라인드 후추 / 세이보리* 1줄기

세이보리 비에누아즈(viennoise à la sarriette)

버터 100g / 세이보리 5g / 시금치 20g
고운 흰색 빵가루 40g / 고운 소금 / 후추

양파, 토마토 마멀레이드

줄기양파 콤포트 300g / 토마토 콩카세 300g
와일드 타임 (thym serpolet) 1줄기
바롤로 와인 식초** 50g
유자 오일(또는 다른 시트러스 오일) 50g

시칠리아 가지 원반(palets d'aubergine de Sicile)

시칠리아산 가지 2개 / 올리브오일 100g
와일드 타임(thym serpolet) 1줄기
마늘 2톨 / 양파 토마토 마멀레이드 300g
노랑 주키니 호박 1개
고운 소금 / 후추

데코레이션

토마토 콩피 막대 모양으로 자른 것 6개
블랙 올리브 조각 6개 / 볶은 잣 6알
와일드 타임 잎 6송이

양 육즙 소스(jes d'agneau)

양갈비 다듬고 남은 자투리 300g
샬롯 50g / 붉은 피망 50g
피키요스 고추 20g
콩기름 50g / 버터 50g
마늘 으깬 것 20톨 / 닭 육수 1리터
화이트 와인 100g / 세이보리 1줄기
고운 소금

재능이 넘치는 젊은 셰프 아르노 동켈은 지중해의 상상력과 태양의 식재료에서 영감을 받은 다양한 요리를 선보이고 있다.

첫 번째 서빙 : 아르간 오일향의 소스와 와일드 타임을 곁들인 램 바롱(baron d'agneau: **어린 양의 대접살과 안심으로 이루어진 부분**)**, 시칠리아산 가지, 토마토와 흰 양파 마멀레이드**
두 번째 서빙 : 농축 소스와 피키요스-세이보리즙을 곁들인 양의 발, 어깨, 흉선, 콩팥 요리

양고기 손질하기
양의 전반신에서 필레 미뇽을 발라낸다(p.254 단계별 테크닉 참조). 블랙 올리브 크림을 발라준 다음, 하나하나 키친랩으로 돌돌 말아 냉동실에 보관한다.

양갈비 살 준비하기
양갈비에서 볼기 등살까지 이르는 살 부분(누아제트: noisette)만 한 덩어리로 길게 분리해 내어 기름을 제거하고 모양을 다듬는다. 다듬으면서 나온 자투리 고기는 보관해 두었다가 육즙 소스를 만들 때 사용한다. 정리한 살은 6등분으로 자르고 무게에 따라 적당한 양의 소금과 후추로 간한 다음, 모든 면을 굽는다. 식혀 둔다.

익히기
누아제트 살코기에 칼집을 세로로 넣어 벌린 다음, 동그랗게 말아 냉동실에 넣어 두었던 안심 필레를 끼워 넣고 랩을 이용하여 다시 말아준다. 이것을 지퍼락이나 수비드용 진공팩에 넣고, 83℃에서 5분간, 그리고 온도를 64℃로 낮춰 고기 중앙의 온도가 54℃가 될 때까지 익힌다. 또는 냄비의 물을 58℃로 맞춰 유지한 상태에서, 키친랩으로 단단하게 말아 싼 고기를 넣어 고기 속 온도가 54℃가 될 때까지 익혀주어도 된다. 식혀 둔다.

세이보리 비에누아즈(la viennoise à la sarriette) **만들기**
버터를 작은 조각으로 자르고, 세이보리 잎과 시금치 잎은 모두 하나씩 떼어 놓는다. 모든 재료를 빵가루와 섞어 푸드 프로세서로 갈아준다. 두 장의 유산지 사이에 혼합물을 펴 놓은 다음 냉동실에 넣어 굳힌다. 굳으면 꺼내 양고기 누아제트 크기의 직사각형으로 자른 다음, 해동하기 전에 접시에 놓는다.

양파, 토마토 마멀레이드
양파 콤포트와 토마토 콩카세를 잘 섞고, 서빙하기 바로 전에 와일드 타임과 바롤로 와인 식초, 유자 오일 (또는 다른 시트러스 오일)을 넣어 양념한다.

시칠리아산 가지로 원반 모양(les palets d'aubergine de Sicile) **가니쉬 만들기**
시칠리아산 가지를 1.5cm 두께로 동그랗게 잘라 소금, 후추로 간하고 올리브오일을 조금 뿌린 다음 양면을 먼저 굽는다. 다시 올리브오일을 조금 뿌리고, 와일드 타임과 으깬 마늘 2톨을 넣고, 180℃로 예열한 오븐에서 30분간 익힌다. 익은 가지를 커팅틀로 잘라낸다. 원형틀 맨 밑에 가지, 중간에 토마토 양파 마멀레이드, 다시 가지 순서로 쌓는다. 노랑 주키니 호박은 3~4mm 두께로 6개의 원형을 잘라, 원형틀 맨 위층 가지 위에 하나씩 올린다. 진공으로 압축하거나 무거운 것으로 눌러준다. 서빙 직전에 120℃ 오븐에서 6분간 굽고, 졸인 육즙 소스를 살짝 뿌려 윤이 나게 한 다음, 데코레이션 재료를 올린다.

육즙 소스 만들기
양고기 다듬고 난 자투리를 대충 자른다. 샬롯과 피망, 피키요스 고추를 모두 비슷하게 썬다. 냄비에 콩기름을 두르고 뜨거워지면 자투리 고기를 넣고 지져 색을 내준다. 간을 하고 버터를 넣은 다음 잘게 썬 샬롯, 피망, 피키요스 고추, 으깬 마늘 몇 쪽을 넣어 같이 볶아 색을 낸다. 갈색으로 색이 나고 채소도 익으면, 기름을 제거하고 치킨 부이용 가루를 살짝 뿌려 섞는다. 화이트 와인으로 디글레이즈한 다음, 와인이 거의 졸아들면 재료가 잠길 정도로 물을 붓고, 세이보리 잎을 넣어 끓인다. 반으로 졸인 다음 원뿔체에 거르고, 건더기는 따로 건져 둔다. 그 건더기를 다시 냄비에 넣고, 깨끗한 물을

* sarriette: 세이보리. 유럽산 차조기과 식물의 일종.
** vinaigre barolo: 이탈리아 피에몬테의 특산 바롤로 와인으로 만든 식초.

높이만큼 부어 재탕을 끓여 졸인 다음 다시 원뿔체로 거른다. 두 번에 걸쳐 끓여 졸여낸 육즙 소스를 합하고 간을 맞춘다.

양 육즙 소스 완성하기
당일 저녁에 만든 양고기 육즙 소스 300g
잘게 썬 세이보리 1줄기 분 / 버터 50g
레몬 콩피 작은 큐브 모양으로 썬 것 50g
피키요스 고추 작은 큐브 모양으로 썬 것 50g
레몬즙 ½개분 / 아르간 오일 50g
후추 그라인드

토마토 캐러멜
토마토 6개 / 타임 1줄기
레몬그라스 1줄기

마무리
와일드 타임 잎

도구
지름 3cm 원형 커팅틀
조리용 온도계 / 푸드 프로세서
핸드믹서 / 원뿔체

당일 저녁 만드는 양고기 육즙 소스
이 육즙 소스는 서빙 전에 만드는 신선하고 독특한 소스다. 콩기름을 뜨겁게 달군 후 양고기의 자투리를 지져 색을 내고, 버터, 샬롯, 토마토, 피키요스 고추를 넣은 다음 수분이 나오게 볶는다. 화이트 와인으로 디글레이즈하고 수분이 거의 증발하면 미리 준비해 놓은 양고기 육즙 소스를 재료가 잠기도록 부어 재빨리 끓인다. 세이보리를 넣어 향이 우러나게 한다. 원뿔체에 걸러 중탕으로 보관한다.

토마토 캐러멜 만들기
토마토의 속을 긁어내 냄비에 넣고, 타임 1줄기와 잘게 저민 레몬그라스 줄기, 100ml의 물을 넣은 다음 졸여서 캐러멜 농도로 만든다.

양고기 육즙 소스 완성하기
서빙 직전, 양고기 누아제트를 52℃ 오븐에서 데운 후, 양의 기름과 세이보리를 넣고 달군 팬에 한 번 굴려준다. 누아제트를 슬라이스하고 양기름과 그라인드 후추로 간을 한다. 팬을 그날 저녁 서빙 전에 만들어 놓은 양고기 육즙 소스로 디글레이즈한 다음 버터를 넣고 거품기로 잘 섞어 소스를 마무리 한다. 양고기 육즙 완성용 재료를 모두 넣고 간을 맞춘다.

플레이팅
평평한 접시 한쪽에 세이보리 비에누아즈를 깔고, 슬라이스한 양고기 누아제트를 얹는다. 반대쪽에 원형으로 쌓은 가지를 두 개 놓아준 다음, 토마토 캐러멜로 점을 골고루 찍고, 와일드 타임 잎으로 장식하여 완성한다. 최종 완성된 육즙 소스는 소스 용기에 담아 옆에 따로 낸다.

Level 3

❀❀❀

(두 번째 서빙)

(2nd SERVICE)

6인분 기준
준비 시간 : 2시간
조리 시간 : 1시간

재료
양고기 윗등심살과 덮개살
윗등심과 덮개살 600g
콩기름 100g / 버터 100g
샬롯 50g / 붉은 피망 50g
피키요스 고추 50g / 양고기 육즙 소스 400g
잘게 썬 세이보리 2줄기 / 근대 잎 녹색 부분 6장
옥수수 녹말 (Maïzena) 30g
피키요스 고추 브뤼누아즈로 썬 것 50g
레몬 콩피 브뤼누아즈로 썬 것 50g
고운 소금 / 후추

양 어깨살 콩피 만들기
어깨쪽 윗등심과 그 옆에 붙은 덮개살에 소금, 후추로 간을 하고, 콩기름을 달군 냄비에 지져 색을 낸다. 버터와 잘게 썬 샬롯, 붉은 피망과 피키요스 고추를 넣고 같이 볶아 갈색이 나게 한다. 색이 나고 채소가 익으면, 양고기 육즙 소스를 재료 높이까지 붓고, 잘게 썬 세이보리 줄기를 넣은 다음 뚜껑을 덮고 100℃로 예열한 오븐에 넣어 밤새도록 은근히 익힌다.
다음 날, 근대의 녹색 부분만 다듬어 데쳐 놓는다. 오븐에서 냄비를 꺼내 고기를 건져 살을 뜯어 놓고, 익힌 국물은 체에 거른 다음 졸인다. 옥수수 전분으로 리에종(liaison)하여 농도를 맞춘 다음, 뜯어 놓은 고기와 섞는다. 브뤼누아즈로 썰어 둔 피키요스 고추와 레몬 콩피(조금 남겨 둔다), 잘게 썬 세이보리 1줄기를 넣고 잘 혼합한다. 키친랩 위에 데쳐놓은 근대 잎을 깐 다음 그 위에 고기를 놓고 말아 순대 모양을 만든 후, 랩은 벗긴다.
서빙 직전 잘라서 위에 시금치 잎을 덮어 위 아래를 잘 막아준 다음, 오븐에 넣어 데운다.
브뤼누아즈로 자른 피키요스 고추와 레몬 콩피를 조금 얹고, 졸여 농축한 양고기 육즙 소스를 살짝 뿌려 윤기 나게 마무리한다.

양 스위트브레드(le ris d'agneau) 준비하기
찬물에 양의 흉선(스위트브레드)과 굵은 소금을 넣은 다음 끓여서 2~3분간 데쳐낸다. 찬물에 담가 식힌 후, 껍질막을 벗기고, 올리브오일을 조금 발라 보관한다.

Level 3

❀❀❀

양의 흉선(스위트브레드)

양 흉선 (ris d'agneau) 200g
굵은 소금
올리브오일 50g

양의 발

양의 발 3개
양의 창자 300g / 굵은 소금
양파 50g / 마늘 10g / 당근 50g
굵게 부순 통후추 5g
세이보리 1줄기
토마토 100g
올리브오일 100g

양의 콩팥

양의 콩팥(볼기 등살에 붙어 있다) 2개
올리브오일
고운 소금 후추

양갈비

양갈비(중간부터 뒤쪽) 6대
올리브오일
졸인 양고기 육즙 소스 50ml
고운 소금 / 후추

가니쉬

붉은 체리토마토 12개
마늘 1톨 / 올리브오일
미니 주키니 호박 6개
그린 올리브 꽃잎 모양으로 저민 것 100조각
양고기 육즙 소스 150ml
버터 20g
소금 / 후추

피키요스-세이보리 에멀전

양고기 육즙 소스 100g
생크림 100g / 우유 50g
피키요스 고추 20g
세이보리 16줄기 / 두유 1티스푼

마무리

졸인 양고기 육즙 소스 150ml
마조란 오일 50ml
피키요스-세이보리 에멀전

데코레이션

미니 루콜라 새싹 1인당 3장씩 x 6인분
호박꽃 꽃잎 2개분
주키니 호박 동그랗게 잘라낸 것 1인당 2개씩 x 6인분

양의 발을 토마토와 함께 익히기

양의 발과 창자를 찬물에 넣고 끓여 거품을 건져가며 익힌다. 굵은 소금, 양파, 마늘, 당근, 굵게 부순 후추, 세이보리를 넣고 아주 약한 불에 7시간 동안 끓인다(혹은 다용도 압력솥에 1시간 반). 양의 발을 건져 내고, 토마토를 넣은 다음 1시간 더 끓인다. 발은 뼈를 발라내고 깍둑 썰어 식힌 다음, 토마토와 허브, 양고기 육즙 소스를 넣고 잘 섞어 10분간 약한 불에 은근하게 졸인다. 양의 창자를 삼각형 모양으로 만들어준다. 콩팥은 껍질막을 벗겨 둔다.

양갈비 준비하기

양갈비 6대를 모두 잘라 분리하여 소금, 후추로 간한 다음, 원하는 정도의 익힘으로 굽는다. 서빙 직전, 농축된 양고기 육즙 소스를 입혀 윤기 나게 한다.

가니쉬 준비하기

체리 토마토는 끓는 물에 살짝 데쳐 껍질을 벗긴 후, 소금, 후추, 올리브오일과 마늘조각을 넣고 80℃ 오븐에서 완전히 익을 때까지 콩피해 준다. 동그랗게 잘라낸 미니 주키니 호박은 끓는 소금물에 데쳐 익힌다.

피키요스-세이보리 에멀전

양고기 육즙 소스를 끓인 다음 생크림과 우유를 넣고, 잘라 놓은 피키요스 고추와 세이보리를 넣어 10분간 향을 우려낸다. 핸드믹서로 재빨리 갈아 원뿔체에 거르고 두유를 넣은 다음 중탕으로 따뜻하게 보관한다.

마무리와 플레이팅

서빙 직전, 토마토와 미니 주키니, 올리브 조각에, 버터와 혼합한 양고기 육즙 소스를 넣고 데워 윤기 나게 글레이즈한다. 양 흉선은 철판이나 프라이팬에 올리브오일을 두르고 소테한 다음 자른다. 접시 맨 밑에 농축한 양고기 육즙 소스를 조금 뿌린다. 양 어깨살 콩피, 발, 흉선, 슬라이스한 콩팥과 소스를 발라 글레이즈한 양갈비를 보기 좋게 담는다. 채소 가니쉬와 데코레이션 재료를 조화롭게 배치하고 마조란 오일과 피키요스-세이보리 에멀전을 뿌려 완성한다. 에멀전을 소스 용기에 담아, 옆에 따로 낸다.

- 레 시 피 -

아르노 동켈, 라 바그 도르 * (생 트로페)**
ARNAUD DONCKELE, LA VAGUE D'OR *** (SAINT-TROPEZ)

Level 1

감자를 곁들인 양고기 스튜

NAVARIN D'AGNEAU
AUX POMMES DE TERRE

6인분 기준
준비 시간 : 45분
조리 시간 : 55분

재료

양고기

올리브오일 20g
버터 20g
양 목심 600g
(50g씩 자른 덩어리 12개)
양 어깨살 600g
(50g씩 자른 덩어리 12개)
양 삼겹살 12조각
소금 / 흰 후추
설탕 5g / 밀가루 60g
맑은 갈색 닭 육수 또는 양고기 육수
(p.38 참조) 1.5리터
완숙 토마토 6개
토마토 퓌레 200g
햇마늘 3톨
부케가르니 1개
(레몬타임, 월계수 잎, 로즈마리, 셀러리)

채소

살이 단단한 감자 30개
(belle de fontenay, charlotte, amandine 품종이 좋다)
작은 방울양파(미지근한 물에 담가 껍질 벗긴 것) 30개
버터 100g / 설탕 20g
고운 소금
그라인드 후추

도구

주물 냄비(스타우브나 르크루제 타입)
소테팬 / 큰 냄비
유산지 원형으로 자른 것 2장
(주물 냄비와 팬용으로 각각 1장씩)

1▸ 양고기 준비하기: 오븐은 200℃로 예열해 둔다. 주물 냄비에 올리브오일과 버터를 넣고 센 불에 달군다. 양고기 토막들을 소금, 후추, 설탕으로 양념한 후 달궈진 냄비에 지져 색을 낸다(설탕이 캐러멜라이즈화하면서 고기와 소스에 색을 내준다).

2▸ 고기가 구워져 갈색이 나면, 냄비의 기름을 제거하고 밀가루를 솔솔 뿌린 다음 냄비를 오븐에 10분간 넣어 밀가루를 익힌다.

3▸ 갈색 육수를 붓는다. 끓는 물에 몇 초간 데쳐 껍질을 벗기고 잘게 썬 토마토와, 토마토 퓌레, 으깬 마늘, 부케가르니를 넣는다. 유산지를 씌우고 또 냄비 뚜껑을 덮어, 160℃ 오븐에서 45분간 뭉근하게 익힌다.

4▸ 채소 준비하기: 감자는 껍질을 벗겨 타원형으로 보기 좋게 돌려깎기(p.504 참조)해서 찬물에 넣고 같이 삶기 시작해, 끓은 후 3분간 익혀 건져 놓는다. 소테팬에 방울양파와 버터, 설탕, 소금, 후추를 넣고 물을 재료 높이의 반 정도 넣은 다음, 유산지를 덮은 상태로 약한 불에 양파가 캐러멜라이즈화할 때까지 익힌다.

5▸ 거품체로 고기를 건져 다른 냄비에 넣고, 고기를 익힌 국물은 체에 걸러 고기 냄비에 붓는다.

6▸ 갈색으로 글레이즈된 방울양파와, 데친 다음 찬물에 식히지 않은 감자를 넣어준 다음, 15분 정도 더 끓이면 감자가 소스 안에서 완전히 익는다. 접시나 아주 뜨거운 서빙 플레이트에 담는다.

Level 2

일 드 프랑스 지방의 채소와 크리스피 양 흉선을 곁들인 양고기 스튜

NAVARIN D'AGNEAU DISTINGUÉ AUX PETITS LÉGUMES DES JARDINS D'ÎLE-DE-FRANCE, RIS CROUSTILLANTS

6인분 기준
준비 시간 : 1시간 15분
휴지 시간 : 하룻밤(양 흉선)
조리 시간 : 1시간

재료

양고기

올리브오일 20g
버터 20g
양의 볼기 등살 600g
(6등분으로 나눠 자른 것)
양 어깨살 600g
(6등분한 것)
양갈비 12대
(중간 쪽 갈비, 뼈를 긁어 정리해 둔다: p.254 참조)
흉선 (ris d'agneau) 6조각
소금 / 흰 후추
설탕 8g / 밀가루 70g
갈색 닭 육수 또는 양고기 육수 (p.38 참조) 1.5리터
완숙 토마토 6개
토마토 퓌레 200g
햇마늘 3톨
부케가르니 1개
(레몬타임, 월계수 잎, 로즈마리, 샐러리)

채소

햇당근 1단
햇 순무 1단
흰 줄기양파 작은 것 1단
붉은 래디시 1단
햇 완두콩 750g
햇 알감자 750g
버터 200g
설탕 / 고운 소금
그라인드 후추

도구

뚜껑 있는 주물 냄비(스타우브나 르크루제 타입)
소테팬
소테팬 사이즈로 자른 원형 유산지 3장

1▸ 양 흉선 준비하기: 하루 전, 흉선을 데친다. 찬물에 흉선을 넣고 끓여, 그 상태로 2분간 데친다. 찬물에 식혀 헹궈 깨끗한 행주로 싼 다음, 무거운 것을 얹어 하룻밤 동안 눌러 놓는다.

2▸ 양고기 준비하기(흉선 제외): 오븐은 200℃로 예열해 둔다. 주물 냄비에 올리브오일과 버터를 넣고 센 불에 달군다. 양고기 토막을 소금, 후추, 설탕으로 양념한 후 달궈진 냄비에 지져 색을 낸다(설탕이 캐러멜라이즈화하면서 고기와 소스에 색을 내준다). 고기가 구워져 갈색이 나면, 냄비의 기름을 제거하고 밀가루를 솔솔 뿌린 다음 냄비를 오븐에 넣어 10분간 밀가루를 익힌다. 갈색 육수를 붓고, 끓는 물에 몇 초간 데쳐 껍질을 벗기고 잘게 썬 토마토와, 토마토 퓌레, 으깬 마늘, 부케가르니를 넣는다. 뚜껑을 덮어, 오븐(160℃)에서 45분간 뭉근하게 익힌다.

3▸ 오븐에서 냄비를 꺼내 고기를 건져 다른 냄비에 옮긴다. 소스는 체에 걸러 고기 냄비에 부어준다. 갈색으로 글레이즈된 채소들을 넣고(**4.** 참조), 15분간 함께 익혀 마무리한다.

4▸ 채소 준비하기: 당근과 순무, 양파는 줄기와 각각의 모양을 그대로 살려둔 상태로 껍질을 벗기고, 래디시는 껍질과 줄기 일부분을 그대로 둔다. 완두콩은 깍지를 까서 꺼내고, 햇 알감자는 껍질을 솔로 살살 긁어준다. 당근, 순무, 래디시와 양파를 버터, 설탕, 소금, 후추, 물 1테이블스푼과 함께 넣고 물에 적신 유산지로 뚜껑을 덮어 약한 불에 익힌다(햇 채소들은 수분을 많이 함유하고 있으므로, 그 자체로 쪄 익히기 충분하다).

5▸ 완두콩과 감자는 끓는 소금물에 삶아 데친다. 준비된 모든 채소를 고기 냄비에 넣고 약한 불에 15분간 같이 뭉근히 익힌다(**3.** 참조).

6▸ 양 흉선 완성하기: 먹기 좋은 크기로 잘라(각 20g 정도), 밀가루를 묻힌다.

7▸ 팬에 버터를 녹이고 흉선을 바삭하게 튀기듯 굽는다. 소금, 후추로 간하고 마지막에 스튜에 얹는다.

8▸ 접시나 아주 뜨거운 서빙 플레이트에 담는다.

Level 3

카탈루냐식 '엘 자이' 양갈비 로스트 양 어깨살과 살구를 넣은 타진, 가지 콩피

CARRÉ D'AGNEAU CATALAN *EL XAÏ* RÔTI, ÉPAULE À L'ABRICOT EN TAJINE, AUBERGINES CONFITES

질 구종(Gilles Goujon), **페랑디 파리 자문위원회 멤버, 1996 프랑스 명장**(MOF) **획득**

뛰어난 재능을 가진 셰프 질 구종은 한 단계 한 단계 성실한 노력을 통해 요리 예술의 정상에 올랐다. 그의 요리에는 태양과 지중해, 대지의 향이 묻어난다.

6인분 기준
준비 시간 : 2시간
조리 시간 : 30분

재료

마리네이드
양파 40g / 건살구 25g / 살구 50g
해바라기유 50ml
고수 $\frac{1}{2}$단 / 민트 $\frac{1}{2}$단 / 타임 $\frac{1}{4}$단
라스 엘 하누트* 8g
생강 가루 5g / 큐민 가루 5g
아르간 오일 30ml
플레인 요거트 1개
양 어깨살 $\frac{1}{2}$개

가지
가지 3개 / 타임 1단
올리브오일 100ml / 소금 / 후추

양고기 육즙 소스
토마토 2개
양 뼈 자른 것 200g / 양 자투리 살 200g
올리브오일 100g / 라스 엘 하누트 1꼬집
흰색 육수 2리터 / 타임 3줄기 / 레몬즙 1개분

살구 페이스트리 타르틀레트
퍼프 페이스트리 반죽 150g
정제 버터 (p.66 참조) 100g
설탕 100g / 살구 6개

양갈비
갈비 6대씩 붙은 것 2덩어리
(정육점에서 손잡이 뼈를 긁고 기름을 떼어내 손질해 온다)
버터

마무리
아르간 오일

도구
고운 원뿔체 / 커팅틀

* ras-el-hanout : 중동이나 북부 아프리카의 향신료 믹스. 카다몬, 정향, 계피, 칠리 분말, 코리앤더, 큐민, 메이스, 육두구, 후추, 강황 등을 혼합해 만든다.

마리네이드 준비하기(48시간 전)
양파의 껍질을 벗기고 얇게 썬다. 건살구는 다지고, 생 살구는 6등분으로 자른다. 팬에 해바라기유를 두르고 양파를 수분이 나오도록 볶는다. 여기에 건살구와 살구를 넣고 같이 졸여 콤포트를 만든다. 식힌 다음, 다진 허브를 넣고 섞는다. 향신 스파이스와 아르간 오일, 요거트를 넣어 잘 섞는다. 이것을 양 어깨살(덩어리의 반)에 골고루 발라 덮고, 냉장고에 넣어 하룻밤 재워 둔다.

양 어깨살 익히기(하루 전)
마리네이드한 양 어깨살에서 양념을 털어낸 후, 로스팅 팬에 달군 버터와 올리브오일에 넣어 지져 모든 면에 골고루 색을 낸다. 여기에 마리네이드했던 양념과 즙, 그리고 물 500ml를 넣는다. 알루미늄 포일을 덮어 90℃로 예열한 오븐에 넣고 7시간 동안 뭉근히 익힌다. 중간중간 국물을 끼얹어 마르지 않게 한다. 익히는 도중에 수분이 부족하면 물을 조금 보충해준다.

가지 준비하기
가지는 2cm 두께로 잘라 팬에 올리브오일을 두르고 양면을 노릇하게 굽는다. 소금, 후추로 간하고 꺼내 둔다. 오븐에 넣은 양 어깨살이 반쯤 익었을 때, 이 가지구이로 덮어주고 다시 뚜껑을 닫아 계속 익힌다.

양고기 육즙 소스 만들기
토마토를 세로로 등분해 잘라 둔다. 냄비에 올리브오일을 뜨겁게 달군 후 양 뼈와 자투리 살을 넣고 지져 색을 낸 다음, 냄비에 흘러나온 기름을 제거해준다. 썰어놓은 토마토와 라스 엘 하누트를 넣고 같이 볶는다. 흰색 육수로 디글레이즈한 다음, 3시간 정도 기름과 거품을 건져가며 약하게 끓인다. 고운 원뿔체에 걸러 냉장고에 넣고 차게 한 다음, 위에 떠 굳은 기름을 제거한다. 다시 시럽 농도가 될 때까지 졸인다. 타임을 몇 줄기 넣고 약 10분 우려낸다. 체에 거르고, 레몬즙을 넣은 후 보관한다.

살구 페이스트리 타르틀레트 만들기
퍼프 페이스트리를 3mm 두께로 얇게 밀어 포크로 군데군데 찍은 다음, 커팅틀로 6개의 원형을 찍어낸다. 이 원형 페이스트리에 붓으로 정제 버터를 바르고 설탕을 솔솔 뿌린다. 오븐용 팬에 유산지를 깔고 페이스트리 반죽을 놓는다. 200℃로 예열된 오븐에서 10분 동안 굽는다. 살구는 반으로 쪼개 씨를 빼낸 다음, 자른 면에 붓으로 정제 버터를 바르고 설탕을 뿌린다. 마찬가지로 오븐에 넣어 220℃에서 10분간 굽는다. 페이스트리가 다 구워지면, 구운 살구 반쪽을 페이스트리 하나당 두 개씩 올린다.

양갈비 익히기
로스팅팬에 버터를 약간 녹여 달군 후, 양갈비 덩어리의 기름 쪽부터 지져 전체적으로 골고루 색을 낸다. 160℃로 예열한 오븐에 8분간 익힌다. 오븐 문 위에 올려 놓고 따뜻한 상태로 10분 정도 휴지시킨다.

플레이팅
양갈비의 갈비대를 따라 자른다(1인당 갈비 2대). 큰 스푼으로 양 어깨살을 6덩어리 꺼낸다. 각 접시 가운데에 어깨살 덩어리를 담고, 그 위에 양갈비를 교차해서 놓는다. 가지 두 조각을 놓은 다음 살구 타르틀레트를 얹는다. 타임향의 육즙 소스를 조금 뿌리고, 아르간 오일을 한 번 둘러 완성한다.

- 레 시 피 -

질 구종, 로베르주 뒤 비유 퓌 *** (퐁종쿠즈)
GILLES GOUJON, L'AUBERGE DU VIEUX PUITS *** (FONTJONCOUSE)

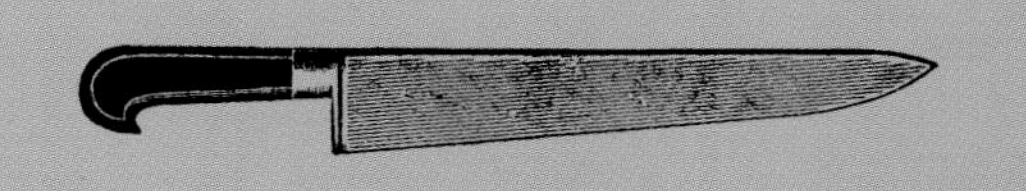

송아지

LE VEAU

– 테크닉 –

Habiller un carré de veau
송아지 갈비 손질하기

도구
조리용 가위
비늘 제거기

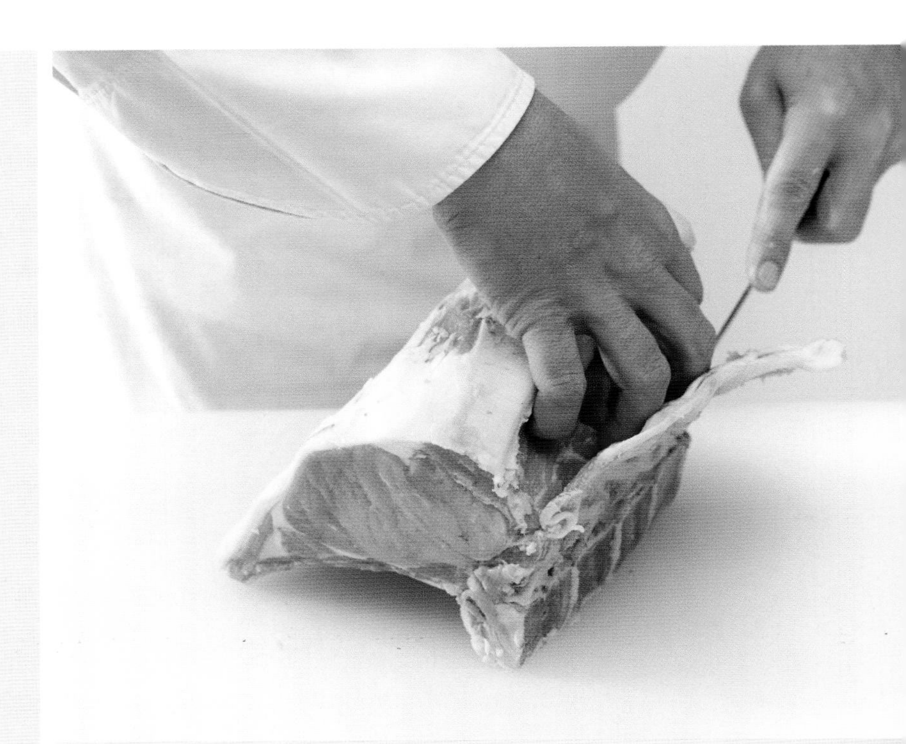

• 1 •

뼈 제거용 칼로 살과 척추뼈 사이에 칼집을 넣어 분리한다.

• 4 •

등 힘줄을 제거한다.

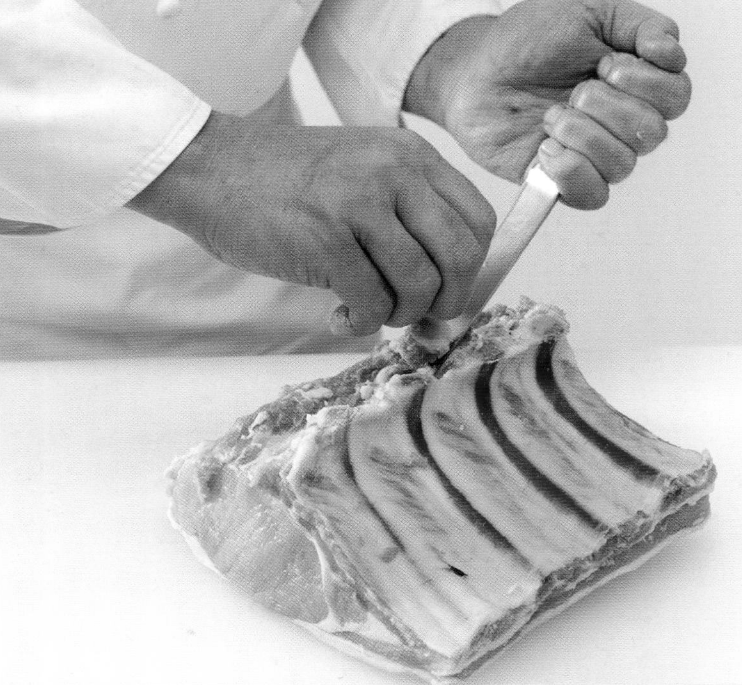

• 5 •

칼로 갈비 사이사이에 남아 있는 척추뼈를 잘라낸다.

• 2 •

살에 흠집을 내지 않도록 조심하면서 칼이 갈비뼈까지 닿도록 자른다.

• 3 •

뒤집어서 톱으로 척추뼈와 갈비를 완전히 분리한다.

• 6 •

갈비 사이에 있는 껍질막을 떼어 낸다.

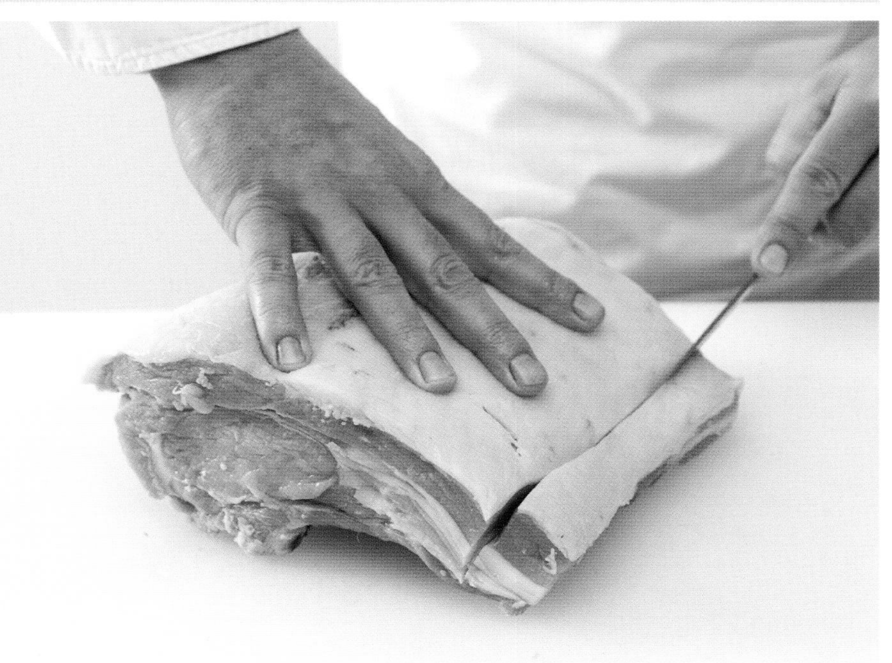

• 7 •

갈비뼈 끝에서 3cm 되는 곳에 칼집을 넣고, 뼈 사이사이의 살까지 칼날이 지나가도록 자른다.

– 포커스 –

송아지 갈비는 살이 연하고 맛있어서
많은 사람들이 선호하는 부위다.
즙을 자주 끼얹어주면서 천천히 조리해,
핑크빛이 돌 정도로(rosé) 익히는 것이 가장 좋다.
노릇하게 구운 감자, 볶은 버섯 그리고
농축한 송아지 육즙 소스를 곁들이면
최상의 조합이 될 것이다.

• 8 •

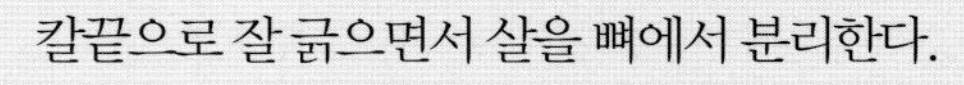

칼끝으로 잘 긁으면서 살을 뼈에서 분리한다.

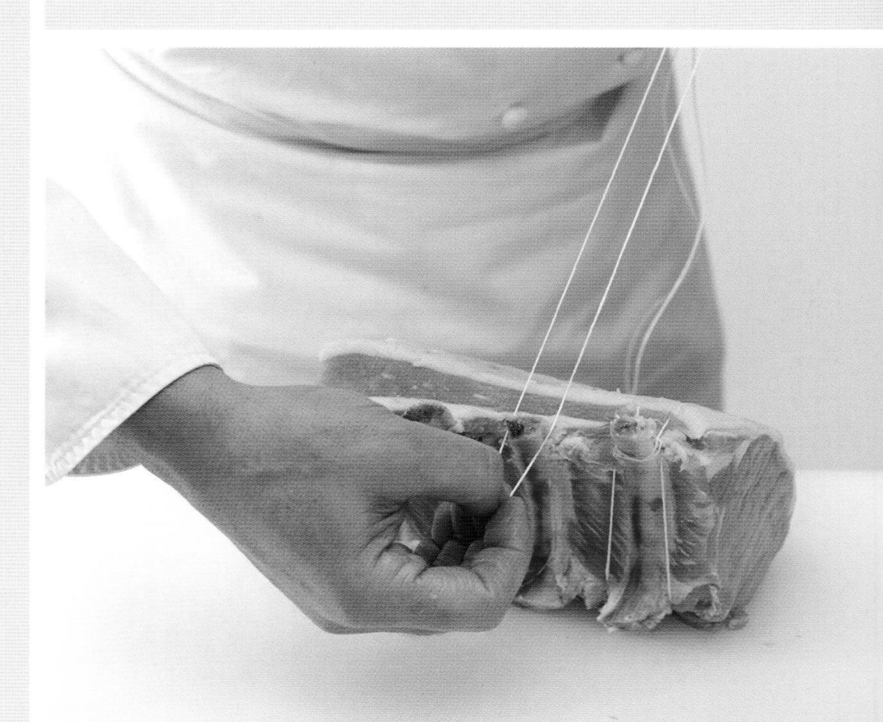

• 11 •

조리용 실로 고리를 만들어 뼈끝에 걸고 살을 한 바퀴 감싸준다.

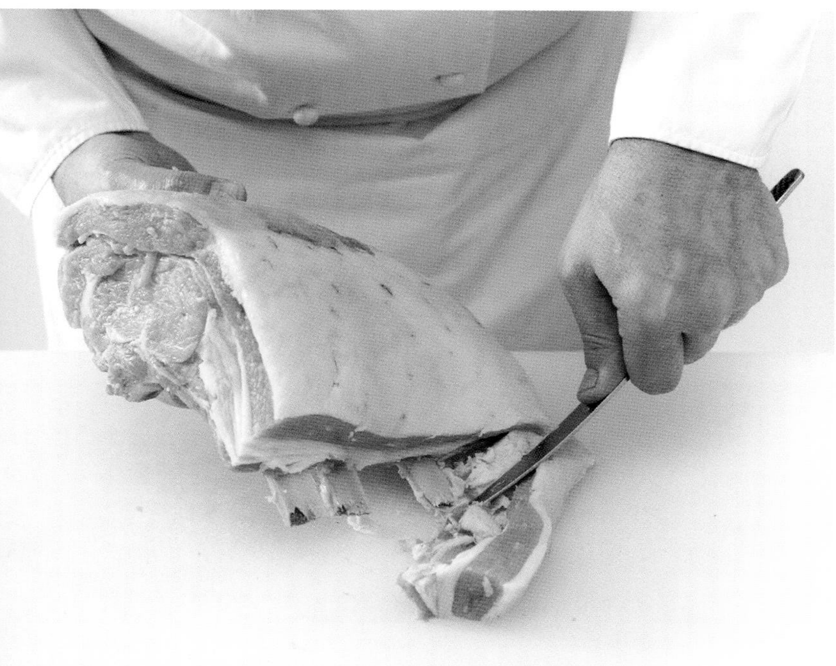

• 9 •

뼈로부터 살과 기름을 모두 긁어 제거해 손잡이를 만들어준다 (manchonner: 망쇼네).

• 10 •

기름 쪽 면에 격자로 칼집을 낸다.

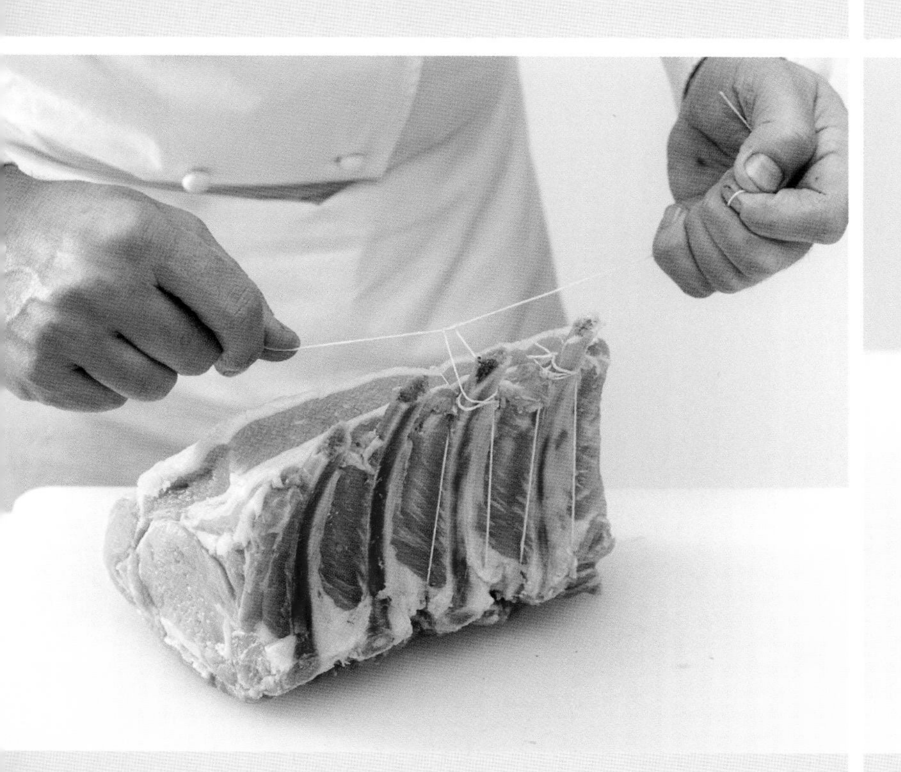

• 12 •

살을 감싸 돌린 실을 뒤에서 다시 앞으로 가져와 다음 뼈끝에 걸고 반복하여 마지막 뼈까지 다 묶어준다.

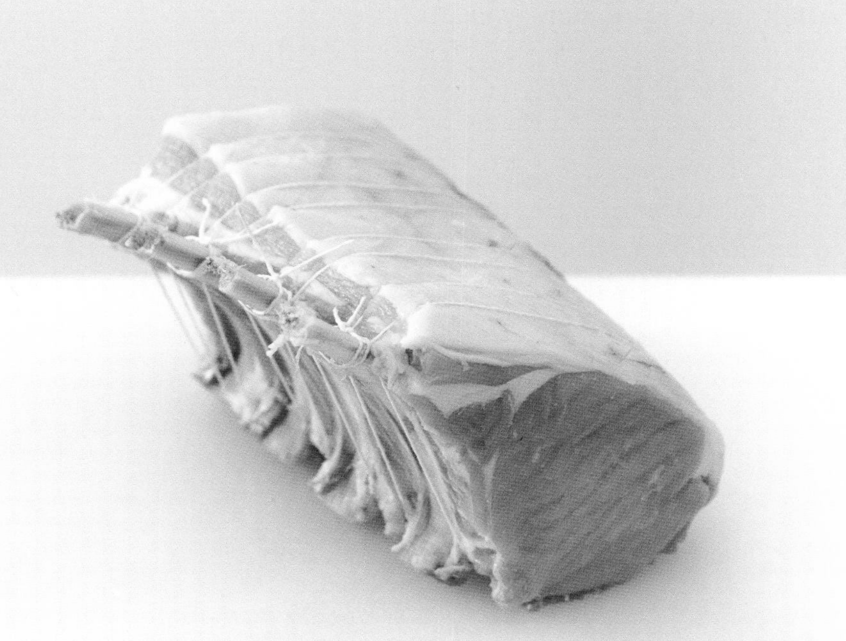

• 13 •

송아지 갈비의 뼈를 긁어 손질하고, 실로 묶어, 익힐 준비가 끝난 모습.

Level 1

옛날식 블랑케트 드 보*

BLANQUETTE DE VEAU
À L'ANCIENNE

6인분 기준
준비 시간 : 2시간
조리 시간 : 50분

재료
송아지 어깨살 800g
굵은 소금
흰 후추
고운 소금

향신 재료
당근 100g
양파 100g
정향 1개
리크(서양 대파) 흰 부분 100g
샐러리 50g
마늘 1톨

고기 익히는 용도
물 1리터

블루테*
버터 30g
밀가루 30g
고기 익힌 육수 500ml
달걀노른자 20g
헤비크림(crème épaisse) 100ml

옛날식 가니쉬
작은 양파 130g
버터 10g
설탕
물 50g
양송이버섯 130g
레몬

도구
고운 원뿔체

1▸ 고기 준비하기: 모양을 다듬고 기름을 제거한 송아지 어깨살을 4cm 크기의 정육면체 모양으로 잘라 데친다. 냄비에 자른 고기를 넣고, 재료의 높이까지 찬물을 붓는다. 끓기 시작하면 거품을 건져가며 몇 분간 익힌다. 고기를 건져 흐르는 물에 헹궈 둔다.

2▸ 향신 재료 준비하기: 당근은 긴 막대 모양으로 자른다. 양파는 세로로 등분하고 정향을 꽂아준다. 리크, 샐러리, 둘로 자른 마늘쪽으로 부케가르니를 만든다.

3▸ 스튜 만들기: 고기를 다시 냄비에 넣고 깨끗한 물을 재료보다 2~3cm 더 높게 붓는다. 굵은 소금을 넣어 간을 하고 끓인다. 거품을 건지고 준비한 향신 재료를 모두 넣은 다음 뚜껑을 덮고, 약한 불로 50분간 끓인다.

4▸ 화이트 루(roux blanc) 만들기: 소스팬에 버터를 녹이고 거품이 나기 시작하면 밀가루를 넣어 잘 섞는다. 균일하게 섞이면 잠깐 익힌 다음, 식힌다.

5▸ 옛날식 가니쉬 만들기: 소테팬에 버터, 설탕과 물을 넣고 작은 양파를 색이 나지 않고 윤기 나도록 익힌다. 얇게 썬 버섯은 팬에 약간의 물과 버터, 레몬즙, 소금, 후추를 넣고 뚜껑을 덮어 색이 나지 않게 익힌다. 버섯 익힌 즙은 버리지 않고 보관한다.

6▸ 고기 건지고 블루테 완성하기: 익은 고기는 거품체로 건지고 국물은 고운 원뿔체에 걸러준다. 거른 국물 500ml를 식힌 화이트 루에 조금씩 넣으며 잘 저어 섞는다. 버섯 익힌 즙도 넣고, 다시 끓기 시작할 때까지 잘 저어 섞는다.

* velouté: 채소나 육수로 만드는 부드러운 소스.

* blanquette de veau: 화이트 소스로 만든 송아지 고기 스튜 요리.

7▸ 블루테를 약한 불로 10분정도 더 끓인다. 달걀노른자를 크림과 섞어, 불에서 내린 블루테에 넣고 잘 저으며 혼합해준다.

8▸ 다시 불에 올려 끓인 다음, 고운 원뿔체에 걸러 고기에 붓는다.

9▸ 버섯과 양파를 넣고, 고운 소금과 후추로 간을 맞춘 다음, 따뜻하게 서빙한다.

Level 2

와일드 라이스를 곁들인 옛날식 블랑케트 드 보

BLANQUETTE DE VEAU
À L'ANCIENNE AU RIZ SAUVAGE

6인분 기준
준비 시간 : 2시간
조리 시간 : 50분

재료
송아지 허벅지 살 (quasi de veau) 2kg
블랙 와일드 라이스
굵은 소금
고운 소금
흰 후추

향신 재료
줄기 달린 당근 1단
미니 리크(서양 대파) 1단
샐러리 1줄기
마늘 1톨
줄기양파 2단
정향
부케가르니 1개
차이브 1단

고기 익히는 용도
흰색 송아지 육수 (p.24 참조) 1리터

블루테
버터 30g
밀가루 30g
고기 익힌 육수 500ml
달걀노른자 20g
헤비크림 100ml

옛날식 가니쉬
양송이버섯 130g
레몬
버터 10g
설탕
작은 양파 130g
물 50g

도구
고운 원뿔체
원형틀(필라프용)

1▸ 고기 준비하기: 모양을 다듬고 기름을 제거한 송아지 허벅지 살을 5cm 크기의 정육면체 모양으로 잘라 데친다. 냄비에 자른 고기를 넣고, 재료의 높이까지 찬물을 붓는다. 끓기 시작하면 거품을 건져가며 몇 분간 데친다. 고기를 건져 깨끗한 물에 헹궈 둔다.

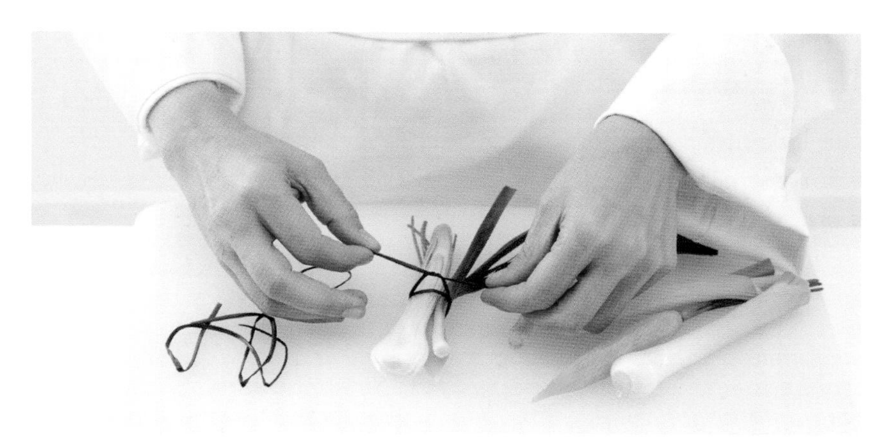

2▸ 향신 재료 준비하기: 채소는 껍질을 벗기고 자르지 않은 상태로 둔다. 양파에는 정향을 박아 둔다. 줄기 당근, 미니 리크, 샐러리, 양파와 마늘을 한데 묶어 부케가르니를 만든다.

3▸ 스튜 만들기 : 고기를 다시 냄비에 넣고, 흰색 송아지 육수를 재료보다 2~3cm 더 높게 붓는다. 굵은 소금으로 간을 하고 끓인다. 거품을 건지고, 묶어 놓은 채소를 모두 넣은 다음 뚜껑을 덮어, 약한 불로 40~50분간 끓인다.

4▸ 화이트 루 만들기: 버터를 녹이고 밀가루를 넣어 잘 섞으며 색깔이 나지 않게 잠깐 익힌다. 식혀 둔다.

5▸ 옛날식 가니쉬 만들기: 작은 양파를 색이 나지 않고 윤기 나도록 익힌다. 양송이 버섯은 모양을 내어 돌려 깎은 다음, 팬에 약간의 물과 버터, 레몬즙, 소금, 후추를 넣고 뚜껑을 덮어 색이 나지 않게 익힌다. 버섯 익힌 즙은 버리지 않고 보관한다.

6▸ 고기 건지고 블루테 완성하기: 익은 고기를 건지고 국물을 고운 원뿔체에 걸러준다. 거른 국물 500ml를 식은 화이트 루에 조금씩 넣으며 잘 저어 섞는다. 버섯 익힌 국물도 넣고, 다시 끓기 시작할 때까지 잘 젓는다. 블루테를 약한 불로 10분 더 끓인다.

7▸ 리에종하여 소스 완성하기: 달걀노른자를 크림과 섞어, 불에서 내린 블루테에 조금씩 넣고 잘 저으며 혼합해준다. 불에 올려, 다시 끓을 때까지 젓는다. 끓으면 바로 불에서 내리고, 고운 원뿔체에 걸러 고기에 붓는다. 버섯과 양파를 넣어준다.

8▸ 블랙 와일드 라이스로 필라프를 만든다(p.608 테크닉 참조).

9▸ 플레이팅: 원형 접시 중앙에 스튜를 담고, 모양내 돌려 깎은 버섯을 올린다. 그 옆에 묶어 놓은 채소(당근, 파, 샐러리, 양파)와 원형틀에 넣어 동그랗게 담은 필라프를 놓는다. 글레이즈한 작은 양파를 세로로 잘라 놓고, 고운 소금과 후추로 간한다.

Level 3

블랑케트 드 보

BLANQUETTE DE VEAU

올리비에 나스티(Olivier Nasti), **페랑디 파리 자문위원회 멤버,**
2007 **프랑스 명장**(MOF) **획득**

6인분 기준
준비 시간 : 1시간
조리 시간 : 2시간

재료
송아지 어깨살 1.4kg

향신 재료
샐러리 250g / 당근 400g
정향을 박은 양파 200g
리크(서양 대파) 75g
부케가르니 1개 / 양송이버섯 25g

버섯 뒥셀*
잘게 썬 샬롯 15g
양송이버섯 200g
파슬리 50g / 버터 25g

송아지 스터핑
송아지 스위트브레드(흉선) 300g
정제 버터 (p.66 참조)
다진 송아지 살(어깨살) 400g
달걀흰자 60g / 생크림 300g
후추 1g / 소금 9g

가니쉬
당근 300g
작은 양송이버섯 200g
작은 방울양파 300g
미니 리크 250g
파슬리(송아지 고기 미니 크넬용)

블랑케트 스튜 소스
버터 30g / 밀가루 30g
송아지 육수 500ml
생크림 200g / 달걀노른자 2개분

마무리
잘게 자른 쪽파 / 잘게 자른 차이브

도구
푸드 프로세서 / 스팀 오븐
송아지 고기 굳힐 용도의 스테인리스 사각틀

* duxelles de champignons: 잘게 다진 버섯과 샬롯을 버터에 볶아 만든 스프레드로 주로 스터핑용으로 많이 사용된다.

최고의 셰프들을 사사한 올리비에 나스티의 요리는 그의 엄격하고도 까다로운 특징을 잘 나타내준다. 세심한 테크닉으로 무장한 그의 감각은, 재료의 맛을 최대한 끌어내 고객들의 입맛을 만족시키는 완벽한 요리로 태어난다.

고기 익히기
송아지 어깨살을 통째로 데친다. 데친 고기를 향신 재료(4등분으로 길게 자른 당근, 샐러리, 자르지 않은 리크)와 함께 다시 냄비에 넣고 물을 부어 끓여 익힌다. 중간중간 거품을 잘 건져주며, 약 2시간 30분간 익힌다.

루 만들기
버터를 녹이고 밀가루를 넣어 색이 나지 않게 잠깐 익힌 다음 식힌다. 블랑케트 소스 만들 때 사용된다.

버섯 뒥셀 만들기
샬롯을 잘게 썰고, 버섯도 브뤼누아즈로 잘게 썬다. 파슬리는 다진다. 팬에 버터를 두르고 샬롯을 수분이 나오도록 볶은 다음 버섯을 넣는다. 간을 맞춘다. 수분이 완전히 날아갈 때까지 재빨리 볶고, 마지막에 다진 파슬리를 넣어 섞는다.

송아지 스터핑 만들기
송아지 스위트브레드를 끓는 물에 데쳐낸 다음, 큐브 모양으로 썰어 정제 버터에 지진다. 푸드 프로세서에 스위트브레드를 갈고, 달걀흰자를 넣어 섞은 다음 체에 긁어내린다. 크림을 휘저어 거품을 올린 다음, 스위트브레드 간 것과 버섯 뒥셀 200g, 잘게 썬 차이브를 넣어 잘 섞어 둔다(이 중 200g은 미니 크넬을 만드는 데 사용된다).

고기 익힘 마무리하기
송아지 어깨살은 건져내고, 익힌 국물은 고운 원뿔체에 거른 다음, 다시 끓여 반으로 졸인다. 송아지 어깨살은 고기의 넓이 방향으로 이등분한다. 첫 번째 조각을 스테인리스 사각 팬이나 틀 또는 도자기로 된 사각형 그릇에 넣어 깔아준다. 그 위에 송아지 스터핑을 한 켜 바르고, 마지막으로 두 번째 고기를 덮어 누른다. 85℃의 스팀 오븐에 넣고 25분간 익힌 다음, 꺼내 식힌다. 깔끔한 사각형으로 자른다.

가니쉬 만들기
당근과 양송이버섯을 모양을 내 돌려 깎은 다음, 윤기 나게 익힌다. 남은 송아지 스터핑으로 두 종류의 크넬 모양 미니 완자를 만든다. 한 종류는 스터핑을 그대로, 또 한 종류는 다진 파슬리를 섞어서 만든다. 향신 부이용을 끓여 약하게 끓인 상태에서 완자를 데쳐 익힌다.

스튜 소스 완성하기
고기를 익히고 난 국물을 끓이고, 여기에 루를 넣어 잘 섞는다. 크림은 달걀노른자와 섞어 둔다(농후제 역할). 냄비를 불에서 내리고 함께 섞어 리에종한다. 크렘 앙글레즈(커스터드 크림)와 같이 스푼에 흘러내리지 않고 묻는 농도가 되어야 한다. 10분간 익힌다.

플레이팅
사각형으로 자른 송아지 고기는 소스를 끼얹어주며 오븐에서 데운다. 우묵한 접시 바닥에 스튜 소스를 담고, 송아지 고기와 채소 가니쉬를 보기 좋게 놓은 다음, 썰어 놓은 파와 잘게 썬 차이브를 뿌려 완성한다.

- 레 시 피 -

올리비에 나스티, 르 샹바르 ** (카이제르스베르그)

OLIVIER NASTI, LE CHAMBARD ** (KAYSERSBERG)

Level 1

양상추 찜을 곁들인 송아지 갈비 오븐 구이

CARRÉ DE VEAU POÊLÉ, LAITUES BRAISÉES

6인분 기준
준비 시간 : 2시간
조리 시간 : 1시간 30분

재료
송아지 갈비 3대짜리 1덩어리 약 1.5kg
콩기름 50g
버터 50g

양상추 찜용 향신 재료
속이 꽉 찬 레터스(양상추) 6송이
당근 100g
양파 100g
샐러리 50g
흰색 송아지 육수 (p.24 참조) 2리터
돼지 껍데기 200g
부케가르니 1개
버터

송아지 오븐 구이용 향신 재료
당근 100g / 양파 200g
샬롯 100g
토마토 200g
부케가르니 1개
마데이라 와인* 150ml
갈색 송아지 육수 (p.36 참조) 1.5리터

도구
조리용 붓
고운 원뿔체

1▸ 양상추 찜: 양상추의 밑동을 자르고 씻는다. 보기 좋은 녹색 잎 6장을 골라(마지막에 사용) 따로 둔 다음, 이 잎들과, 통째로 익히는 양상추를 따로 분리해서, 끓는 소금물에 3분간 센 불로 데친다. 얼음물에 담가 익힘을 중단시키고, 건져 둔다. 양배추용 가니쉬를 페이잔느(paysanne: 1.2cm × 1.2cm × 0.3cm 크기의 직육면체로 납작한 네모 형태의 크기)로 잘라, 버터를 녹인 팬에 수분이 나오고, 색이 나지 않게 볶는다.

2▸ 냄비에 양상추의 끝을 가운데로 오게 놓은 다음 간을 하고, 재료의 높이까지 송아지 육수를 붓는다. 부케가르니를 넣고, 돼지 껍데기로 덮어준다. 유산지로 속뚜껑을 만들어 얹고, 냄비 뚜껑을 덮은 다음, 180℃ 오븐에서 1시간~1시간 15분(양상추 크기에 따라 조절) 정도 익힌다.

3▸ 오븐에서 꺼내, 양상추를 건지고 망에 올려 물기를 뺀다. 익힌 국물은 원뿔체에 걸러 다시 졸인다. 양상추를 반으로 잘라 심을 제거하고, 졸인 국물을 붓으로 발라준 다음, 접어 감싸 원뿔 모양으로 만든다.

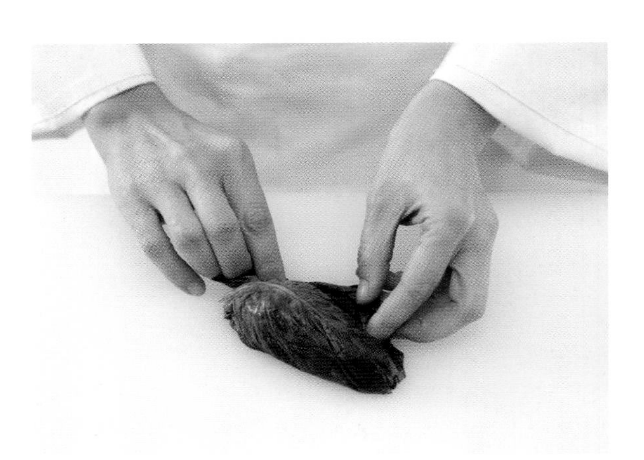

4▸ 다시 졸인 소스를 바르고, 미리 골라서 데쳐놓은 녹색 잎으로 하나씩 잘 감싼다(경우에 따라 잎을 둘로 잘라 사용한다).

* madère: 포르투갈 마데이라산 포도주.

5▶ 마지막으로 다시 한 번 졸인 즙을 발라 촉촉하고 간이 잘 배게 한다.

6▶ 송아지 갈빗살을 손질한다(p.276 테크닉 참조). 실로 묶은 다음 소금, 후추로 충분히 간을 한다. 손질하고 남은 뼈와 자투리는 잘라 두었다가, 냄비 밑에 깔아 소스의 베이스로 사용한다. 양배추 찜용 향신 재료는 미르푸아(mirepoix: 작은 큐브 모양)로 자른다.

7▶ 송아지 오븐구이용 향신 재료는 굵은 브뤼누아즈(brunoise: 아 주 잘게 썬 큐브 모양)로 자른다.

8▶ 송아지 갈비 익히기: 두꺼운 냄비에 식용유와 버터를 넣고 달군다. 송아지 갈비를 넣고 지져 골고루 색을 내준 후, 꺼내 놓는다. 냄비 바닥에 송아지 뼈와 자투리를 깔아준 다음, 그 위에 갈비를 얹고 뚜껑을 덮어, 180℃ 오븐에 넣어 익힌다. 15분이 지나면 향신 재료를 넣고, 흘러나온 기름을 갈비에 끼얹어준 뒤 다시 뚜껑을 닫아 40분간 익힌다. 그 다음, 뚜껑을 열고 계속 육즙을 끼얹어주며 갈색이 날 때까지 익혀 마무리한다. 갈비를 꺼내 쟁반에 담고, 실을 제거한 뒤, 알루미늄 포일로 덮어 따뜻하게 레스팅한다. 오븐에서 꺼낸 냄비는 센 불에 다시 올려, 냄비에 남은 육즙이 갈색으로 눌어붙도록 해준다. 기름을 제거한 다음 마데이라 와인으로 디글레이즈하고, 갈색 송아지 육수를 붓는다. 약하게 20분정도 끓인 다음 원뿔체에 거르고, 다시 약간 졸인다.

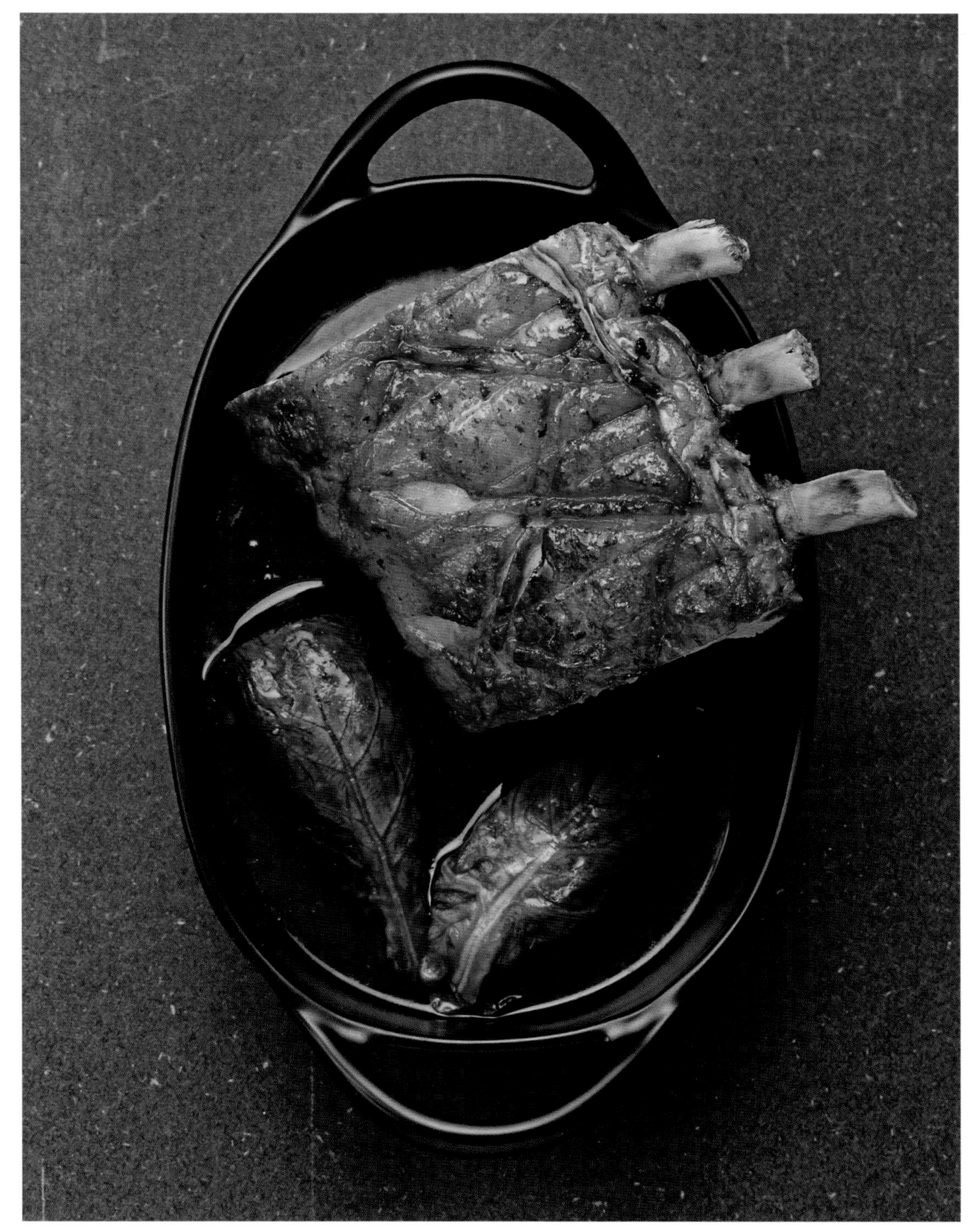

9▶ 소스의 간을 맞추고, 따뜻하게 보관해둔 송아지 갈비에 조금 끼얹어 반짝이게 글레이즈한다. 갈비 덩어리의 가장자리를 자른 다음, 서빙 용기에 소스와 함께 담고 주위에 양상추 찜을 보기 좋게 놓는다.

Level 2

초리조를 넣은 송아지 갈비구이 스위트브레드 양상추 찜

CARRÉ DE VEAU FERMIER LARDÉ AU CHORIZO DOUX, LAITUES BRAISÉES AUX RIS DE VEAU

6인분 기준
준비 시간 : 2시간 30분
휴지 시간 : 하룻밤(송아지 흉선)
조리 시간 : 1시간 30분

재료
송아지 스위트브레드(흉선) 200g
타임 / 월계수 잎
버터 100g / 샬롯 1개
마데이라 와인 200ml
흰색 송아지 육수 (p.24 참조) 1.5리터
농가에서 기른 토종 송아지 갈비 1덩어리
(갈비 3대짜리 약 1.5kg)
맵지 않은 초리조 200g
콩기름 100ml

양배추 찜용 향신 재료
속이 꽉 찬 레터스(양상추) 6송이
샬롯 1개 / 당근 1개
양파 1개 / 샐러리 1줄기 / 마늘
흰색 송아지 육수 (p.24 참조) 2리터
부케가르니 1개
돼지 껍데기 200g / 버터 60g

송아지 갈비 오븐 구이용 향신 재료
당근 100g / 양파 200g
샬롯 100g / 토마토 200g
부케가르니 1개
마데이라 와인 150ml
갈색 송아지 육수 (p.36 참조) 1.5리터

그레몰라타*
이탈리안 파슬리 $\frac{1}{2}$단
마늘 2톨 / 오렌지 1개
레몬 2개 / 식빵 100g

도구
고운 원뿔체
레몬 제스터

* gremolata: 레몬 제스트, 다진 마늘, 파슬리를 혼합해 만든 양념으로 전통적으로 밀라노식 오소부코에 얹어 먹는다.

1▸ 송아지 스위트브레드 준비하기 : 하루 전, 송아지 스위트브레드를 찬물에 넣고 타임과 월계수 잎을 넣은 다음 끓여 충분히 데친다. 얼음물에 넣어 식혀 껍질막을 벗기고, 면포에 싼 다음 무거운 것으로 눌러, 냉장고에 하룻밤 둔다. 다음 날, 소테팬에 버터를 녹여 거품이 일면 스위트브레드를 넣고 튀기듯이 지진다. 노릇하게 색이 나면 꺼낸다. 같은 팬에 얇게 썬 샬롯을 수분이 나오게 볶은 다음, 마데이라 와인을 재료의 높이 반 정도 높이까지 넣어 디글레이즈해주고 졸인다. 흰색 육수를 재료의 반 정도 높이까지 붓고, 지져낸 스위트브레드를 다시 넣어, 190℃ 오븐에서 20분간 익힌다. 중간중간 국물을 끼얹어준다. 스위트브레드를 꺼내 쟁반에 놓고, 국물은 체에 거른 다음, 농도를 보고 필요하면 더 졸인다. 이 졸인 소스를 스위트브레드에 발라준 다음, 작은 큐브 모양으로 잘라 두었다가 양상추 찜 속용으로 사용한다.

2▸ 양상추 찜 준비하기 : 바로 앞 레시피의 단계 1, 2를 참고한다.

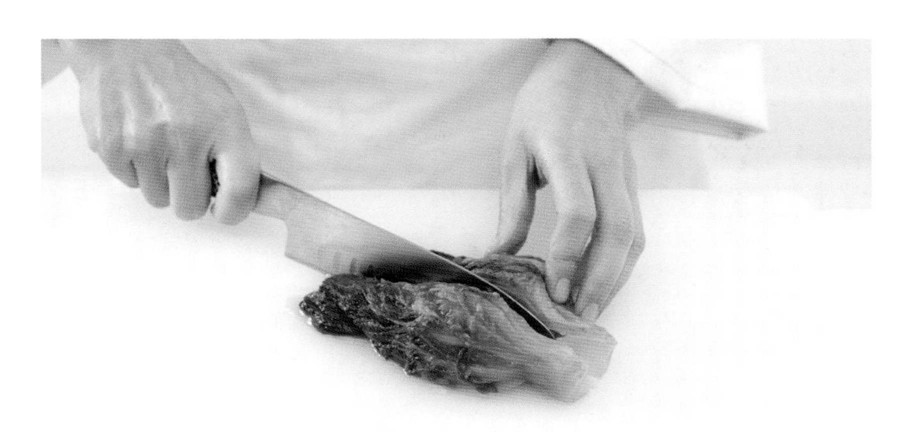

3▸ 양상추가 다 익으면, 망 위에 건져 놓고, 익힌 국물은 원뿔체에 거른 다음, 필요하면 더 졸인다. 양상추를 길게 반 잘라 버터에 살짝 볶은 후, 밑동과 심을 제거한다. 졸인 소스를 양상추 안쪽에 붓으로 골고루 발라준다.

4▸ 작은 스푼을 이용하여, 잘게 썬 송아지 흉선을 양상추 안에 채운다.

5▸ 작은 실리콘 주걱을 이용해 반으로 접어 감싸 원뿔 모양으로 만든다. 졸인 소스를 양상추에 다시 한 번 발라 촉촉하게 유지한다.

6▸ 골라서 미리 데쳐 놓았던 양상추 잎으로 하나씩 팽팽하게 감싸준다(경우에 따라 잎을 둘로 잘라 사용한다).

7▸ 송아지 갈비 준비하기: 초리조는 껍질을 벗기고 길쭉한 막대 모양으로 잘라 유산지 위에 놓은 다음 냉동실에 넣는다. 송아지 갈비를 손질하고 실로 묶는다(p.276 단계별 테크닉 참조). 딱딱해진 초리조를 라딩 니들(lardoire: 기름살을 끼우는 꼬챙이)에 넣고, 갈빗살을 잘랐을 때 단면에 고루 분포되도록 박아준다. 소금, 후추로 넉넉히 간한다. 송아지 갈비를 손질하고 남은 뼈와 자투리는 잘라서 냄비 밑에 깔아 소스의 베이스로 사용한다. 향신 재료는 미르푸아(mirepoix: 작은 큐브)로 자른다. 부케가르니도 만들어 둔다.

8▸ 향신 재료 준비하기: 모든 재료를 굵은 브뤼누아즈로 썰어준다.

9▸ 송아지 갈비 익히기: 두꺼운 냄비에 식용유와 버터를 달군 후, 송아지 갈비를 넣고 지져 골고루 색이 나면, 꺼내 놓는다. 냄비 바닥에 송아지 뼈와 자투리를 깐 다음, 그 위에 갈비를 얹고 뚜껑을 덮어, 오븐에 넣어 익힌다. 15분이 지나면 향신 재료를 넣고, 흘러나온 기름을 갈비에 끼얹어준 뒤, 다시 뚜껑을 닫고 40분간 익힌다. 그 다음, 뚜껑을 열고 계속 육즙을 끼얹어주며 갈색이 날 때까지 익혀 마무리한다.

10▸ 갈비를 꺼내 쟁반에 담고, 실을 제거한 뒤, 알루미늄 포일로 덮어 따뜻하게 보관한다. 오븐에서 꺼낸 냄비는 센 불에 다시 올려, 냄비에 남은 육즙이 눌어붙어 갈색으로 변하게 한다. 기름을 제거하고 마데이라 와인으로 디글레이즈해 졸인 다음, 리에종한 송아지 육수(루로 농도 조절)를 붓는다. 약하게 20분 정도 끓인 다음 고운 원뿔체에 거르고, 다시 약간 졸인다. 간을 맞추고, 오븐에 익혀 따뜻하게 보관한 갈비에 조금 끼얹어 글레이즈한다. 갈비 덩어리의 가장자리를 잘라 놓는다.

11▸ 그레몰라타 만들기: 식빵을 아주 작은 크루통 사이즈로 깔끔하게 잘라 120℃ 오븐에 넣어 노릇하게 굽는다. 파슬리는 잎만 떼어 내 곱게 다지고, 마늘도 곱게 다진다. 오렌지와 레몬은 제스터로 껍질을 갈아준다. 재료를 모두 혼합해 그레몰라타를 만들고 이것을 갈비에 뿌린다. 졸인 소스는 소스 용기에 따로 낸다.

Level 3

❀❀❀

포치니 버섯을 입혀 구운 송아지 갈비와 스위트브레드, 크리미 크로켓 꼬치

CARRE DE VEAU EN ÉCAILLES DE CÈPES
ET BROCHETTE MARGARIDOU

레지스 마르콩(Régis Marcon), 페랑디 파리 자문위원회 멤버

6인분 기준
준비 시간 : 3시간
조리 시간 : 45분

재료
송아지 갈비(중앙 갈비 3대짜리) 1덩어리
생 포치니 버섯(중간 크기) 6개
+ 볶음용 포치니 버섯(가니쉬용)

버섯 스터핑
송아지 살코기 150g
생크림 100ml
양송이버섯 150g
샬롯 1개
다진 파슬리 1테이블스푼
버터(조리용+알루미늄 포일에 바를 것) 50g
소금

꼬치와 크로켓
말린 모렐 버섯 200g
생크림 200g / 버터 20g
밀가루 20g / 쌀가루 100g
달걀흰자 3개분 / 빵가루 200g

송아지 스위트브레드 500g

페리괴 소스 (sauce Périgueux)
샬롯 2개 / 레드 포트와인 200ml
송아지 육즙 소스(p.50 참조) 200ml
트러플즙 100ml
블랙 트러플 20g
버터 15g

생 모렐 버섯 200g / 샬롯 1개
정제 버터 60g
누아이 프라트* 100ml
소금 / 후추
생 햄 1조각

도구
오븐 조리용 온도계
실리콘 반구형 몰드(지름 2cm짜리)
고운 원뿔체 / 나무 꼬치

2004년에 합류한 아들 자크와 함께 운영하는 레지스 마르콩(Régis Marcon)의 레스토랑에는 고정 메뉴가 없다. 계절성을 중시하는 이 셰프의 메뉴는 제철의 식재료에 따라 달라지고 있으며, 그의 요리는 언제나 전통과 혁신의 조화를 보여 준다.

정육점에서 송아지 갈비를 손질하고 손잡이 뼈 부분도 긁어 깨끗하게 정리해 온다.

버섯과 송아지 고기 스터핑 만들기
송아지 살코기는 작은 큐브 모양으로 잘라, 부드러운 포마드 상태가 되도록 믹서에 곱게 간다. 소금과 크림을 넣고 다시 매끄럽게 갈아 냉장고에 보관한다. 버섯은 작은 큐브 모양으로 썬다. 잘게 썬 샬롯을 버터를 달군 팬에 넣고, 수분이 나오도록 볶는다. 여기에 버섯과 소금 한 꼬집을 넣고 뚜껑을 연 채로 5분간 익힌다. 다진 파슬리를 넣고 간을 맞춰 마무리한다. 이것을 송아지 간 것과 혼합한다.

송아지 갈비 손질과 익히기
오븐을 120℃로 예열한다. 완성된 스터핑을 송아지 갈비 바깥 면에 3mm 두께로 발라 입힌다. 포치니 버섯은 얇게 썰고, 팬에 버터를 녹여 거품이 나면 1분간 볶아낸다. 얼른 접시에 펼쳐 식힌다. 이 버섯을 송아지 갈비 바깥 면 둥그런 부분에 한 장씩 겹쳐가며 비늘처럼 붙여 덮는다. 알루미늄 포일에 버터를 발라 버섯 비늘 위에 얹고, 오븐에 넣어 20분간 익힌다. 온도를 80℃로 낮춘 다음, 고기 중앙의 온도가 58℃가 될 때까지(조리용 온도계를 찔러 넣어 측정) 익힌다. 따뜻하게 보관한다.

크리미 크로켓 만들기
하루 전날, 말린 모렐 버섯을 물에 담가 불린다. 버섯을 건지고, 불린 버섯 물은 1/4이 되게 졸여 크림을 넣고 섞어 둔다. 버터와 밀가루로 루를 만들고, 버섯 물을 조금 넣어 희석한 다음, 몇 분간 끓인다. 여기에 남겨둔 크림을 넣고, 간을 맞춘다. 고운 원뿔체에 걸러 반구형 실리콘 몰드에 채워 넣은 다음 냉동실에 10시간 동안 넣어 둔다. 단단히 얼면 몰드에서 분리한다. 따뜻한 팬 위에 반구형의 평평한 면을 살짝 녹여 두 개를 붙여 구형을 만든다. 이것을 쌀가루, 풀어놓은 달걀흰자, 빵가루 순서로 묻힌다. 똑같은 순서로 한 번 더 반복해 입힌 다음 냉동실에 보관한다.

송아지 스위트브레드 준비하기
스위트브레드의 핏줄을 제거하고 키친랩을 사용하여 순대 모양으로 말아, 80℃의 물에서 6분간 데쳐 익힌다. 얼음물에 담가 식힌 후 건져 둔다.

페리괴 소스 만들기
샬롯은 껍질을 벗기고 잘게 썬다. 소스팬에 샬롯과 포트와인을 넣고 2/3가 될 때까지 졸인다. 송아지 육즙 소스를 넣고 30분 동안 끓인 다음 체에 걸러 둔다.

모렐 버섯 준비하기
불순물을 골라낸 생 모렐 버섯을 씻어 모양이 흐트러지지 않게 조심하며 건진다. 팬에 버터 30g을 녹이고, 잘게 썬 샬롯을 수분이 나오게 볶은 다음, 누아이 프라트로 디글레이즈한다. 수분이 완전히 없어질 때까지 졸인 다음, 모렐 버섯을 넣고 뚜껑을 덮어 30분간 익히고, 간을 한다.

마무리하기
오븐을 150℃로 예열해 둔다. 송아지 스위트브레드에 밀가루를 묻힌다. 너무 많이 묻은 밀가루는 탁탁 쳐서 털어낸다. 서빙 직전, 팬에 정제 버터 30g을 넣고, 스위트브레드를 노릇하게 튀기듯이 2분간 지진다. 냉동 상태의 크로켓을 180℃ 기름에서 5분간 튀긴다. 생 햄은 네모로 자른다. 소스는 버터를 넣어 거품기로 잘 섞은 후, 트러플즙과 다진 트러플을 넣어준다.

플레이팅
나무 꼬치에 캐러멜라이즈화해 지져낸 스위트브레드 한 조각, 네모로 자른 햄, 모렐 버섯 한 개, 크로켓을 순서대로 끼운다. 꼬치를 모렐 버섯 위에 얹고, 페리괴 소스는 따로 낸다.

* Noilly Prat: 프랑스산 베르무트 브랜드.

- 레 시 피 -

레지스 마르콩, 레지스 에 자크 마르콩 * (생 보네 르 프루아)**

RÉGIS MARCON, RÉGIS ET JACQUES MARCON *** (SAINT-BONNET-LE-FROID)

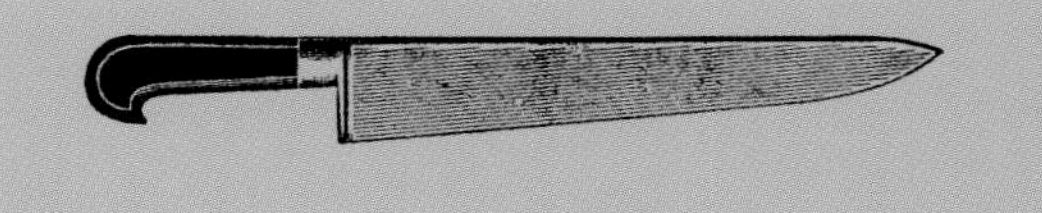

소
LE BŒUF

Level 1

소고기와 당근 요리

BOEUF - CAROTTES

6인분 기준
준비 시간 : 2시간
조리 시간 : 3시간

재료
소 볼살 1.5 kg
당근 120g
샐러리 900g
양파 75g
샬롯 75g
적포도 150g
통후추
정향 1개
오렌지 껍질 제스트 1개분
타닌이 강한 레드 와인 1.5리터
포트와인 750ml
토마토 페이스트
밀가루
갈색 송아지 육수 (p.36 참조) 1.5리터
크렘 드 카시스
(블랙 커런트 시럽 리큐르) 150ml

가니쉬
굵은 당근 1.8kg
버터 200g
흰색 닭 육수 (p.24 참조) 1리터
생크림 150ml
방울 양배추 200g
오렌지 1개
튀김용 식용유 1리터

하루 전날

1▸ 소 볼살 준비하기: 볼살을 둘러 싸고 있는 껍데기와 질긴 힘줄을 제거한다.

2▸ 브뤼누아즈로 썬 당근, 샐러리, 양파, 샬롯, 적포도, 통후추, 정향 1개, 오렌지 제스트를 고기와 함께 넣고 레드 와인과 포트와인을 부어 마리네이드한다.

다음 날

1▸ 고기 익히기: 재워 둔 고기를 건지고, 마리네이드한 국물과 채소는 따로 보관한다. 두꺼운 냄비에 고기를 지져 색을 내주고 꺼내 둔다.

2▸ 고기를 지진 냄비에, 마리네이드했던 향신 재료 건더기를 넣고 수분이 나게 볶는다. 토마토 페이스트를 넣고 섞어 살짝 익힌 다음, 밀가루를 솔솔 뿌려 잠깐 익혀준다. 고기를 다시 냄비에 넣고, 마리네이드 국물과 갈색 송아지 육수를 부은 다음, 뚜껑을 덮어 140℃로 예열한 오븐에서 3시간 익힌다.

3▸ 고기가 다 익으면, 잘게 찢어서 6등분으로 나눠 놓는다. 익힌 국물은 숟가락 뒤에 묻을 정도의 농도가 될 때까지 졸인다. 필요한 경우 전분으로 농도를 더해준다. 간을 맞추고, 크렘 드 카시스를 넣는다.

4▸ 가니쉬 익히기: 당근은 껍질을 벗겨 길이 7cm, 넓이 2cm, 두께 2cm 크기로 자른다. 자르고 난 자투리는 당근 칩 용으로 보관해 둔다.

5▶ 큰 소테팬에 버터를 녹이고 거품이 나면 당근을 넣고 고루 섞어 버터를 입힌 다음, 흰색 닭 육수를 넣는다. 칼끝으로 찔러 보아 부드럽게 들어갈 때까지 당근을 익힌다.

6▶ 당근 자투리 중 뾰족한 끝부분(칩 만들 때 사용)을 제외하고 모두 끓는 소금물에 데친 다음, 믹서에 간다. 생크림을 섞어 농도를 부드럽게 한다. 당근의 섬유질이 거칠게 살아 있어 약간 되직해야 플레이팅할 때 채소를 꽂기 쉽다.

7▶ 미니 양배추는 잎을 한 장씩 분리해 큰 녹색 잎만 고른다. 끓는 물에 1분간 데친 후, 얼음물에 재빨리 넣어 식혀 건진다.

8▶ 당근 칩을 만든다. 당근 자투리를 만돌린 슬라이서로 얇게 슬라이스한 다음, 노릇하고 바삭해질 때가지 140℃ 온도의 기름에 튀겨낸다.

9▶ 오렌지를 통째로 속의 흰 부분까지 모두 껍질을 벗긴(p.652 참조) 다음 과육만 잘라낸다. 즙은 따로 보관한다. 오렌지 과육을 3등분으로 자르고, 속껍질은 꼭 짜서 즙을 받아 둔다. 오렌지즙을 모두 합하여, 시럽 농도가 되도록 졸인다. 데코레이션할 때 사용한다.

10▶ 플레이팅: 소 볼살을 1인당 100g 정도씩 둥그렇게 뭉쳐, 망 위에 놓고 소스를 끼얹은 다음 접시 왼쪽에 담는다. 소스로 접시 곳곳에 점을 찍어준다. 졸인 오렌지즙으로도 사이사이에 점을 찍어준다. 오른쪽에 긴 막대 모양의 당근을 놓은 다음, 그 위에 당근 퓌레를 올리고 당근 칩과 미니 양배추, 오렌지 속살, 치커리 잎을 보기 좋게 꽂아 장식한다. 고기 위에 소스를 뿌려 서빙한다.

Level 2

색연필 모양 채소를 곁들인 소 볼살 요리

JOUE DE BOEUF,
CRAYONS DE COULEUR DE L'ÉCOLIER

6인분 기준
마리네이드: 24~48시간
준비 시간 : 2시간
조리 시간 : 3시간

재료
레드 와인 1.5리터
포트와인 1리터
소 볼살 2kg
소고기 육즙 소스 2리터

향신 재료
샐러리 200g
양파 200g
당근 200g
계피 스틱 20g
설탕 150g
뮈스카 포도(raisin noir muscat) 200g
정향 20g
주니퍼 베리(baie de genièvre) 20g

가니쉬
사골 골수 60g
식초
레몬 20g
샬롯 10g
레몬 콩피 1개
버터
보라색 굵은 당근 1kg
노랑색 굵은 당근 1kg
주황색 굵은 당근 1kg

도구
분쇄기
커팅틀
연필깎이

1▸ 향신 재료 준비하기: 샐러리, 양파, 당근을 미르푸아(mirepoix: 큐브 모양 p.432 참조)로 썬다.

2▸ 큰 냄비에 레드 와인과 포트와인을 넣고 끓여 플랑베한 다음, 불꽃이 꺼지면 향신 재료 미르푸아를 넣는다. 식힌 후, 소 볼살을 넣고 24~48시간 마리네이드한다.

3▸ 재워 둔 소 볼살과 향신 채소를 따로 건져 놓고, 국물은 보관한다. 두꺼운 냄비에 기름을 조금 달군 뒤 소 볼살을 덩어리째 지져 색을 내고, 건져둔 향신 채소를 넣는다. 몇 분간 수분이 나오게 볶다가 마리네이드 국물로 디글레이즈한다. 소고기 육즙 소스를 붓고, 고기 살이 뜯어질 정도로 2~3시간 끓여 푹 익힌다.

4▸ 고기가 익으면 꺼내 찢어서 따뜻할 때 원형틀에 넣어 6인분을 만들어 놓는다. 뚜껑을 덮고 중탕으로 따뜻하게 보관한다. 고기 익힌 즙은 보관한다.

5▸ 가니쉬 준비하기: 식초를 탄 얼음물에 소 골수를 30분 정도 담가 핏물을 뺀다.

6▸ 레몬 껍질 제스트를 깎아내 120℃ 오븐에서 건조시킨 다음, 분쇄기에 갈아준다. 샬롯을 잘게 자른다. 레몬 콩피는 아주 작은 브뤼누아즈로 자른다.

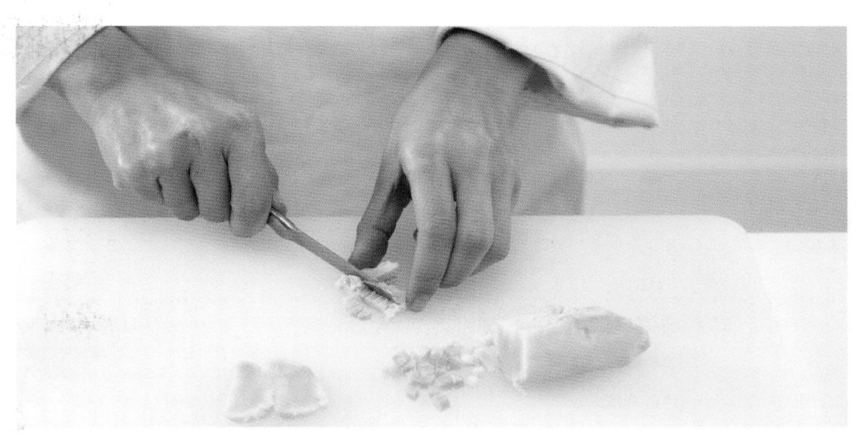

7▸ 소 골수를 작은 주사위 모양으로 자른다.

8▸ 샬롯을 버터에 수분이 나게 볶는다. 샬롯, 레몬 콩피, 골수를 모두 섞는다.

9▸ 세 종류 당근의 껍질을 벗기고 지름 1.5cm의 긴 원형 막대 모양을 만든다(일본 커팅 틀을 이용한다). 양 끝을 연필깎이로 돌려 뾰족하게 깎는다(또는 필러를 사용해도 된다). 끓는 소금물에 넣어 익힌다. 식힌 다음 8cm 길이로 일정하게 자른다. 레몬 제스트 가루, 소금, 후추로 간을 한다. 당근을 다듬고 난 자투리로 세 가지 색의 당근 퓌레를 만든다.

10▸ 완성하기 : **4**의 고기 익힌 즙을 졸여 약간 묽은 시럽 농도로 만든 다음, 원형틀에 넣어 나눠 놓은 고기에 뿌려 촉촉하고 윤기 나게 해준다. 3가지 색의 연필 모양 당근을 팬에 버터를 조금 넣고 데운다. 접시에 볼살 고기를 원형틀 모양대로 담고, 색깔별로 2개씩의 연필 모양 당근과 3색 당근 퓌레를 놓는다. 골수와 레몬 콩피 섞은 것을 얹어 완성한다.

Level 3

샬롯 콩피와 당근을 곁들인 오브락 비프 안심 로스트

LE FILET DE BOEUF FERMIER PURE RACE AUBRAC, LARDÉ, RÔTI À LA BROCHE, ÉCHALOTES RÔTIES ET CONDIMENT CAROTTE

미셸 브라스(Michel Bras)

6인분 기준
준비 시간 : 1시간
조리 시간 : 20분

재료
두툼한 라르도 디 콜로나타* 500g
500g짜리 안심 덩어리 2개

칩, 샬롯
알이 굵은 감자 4개
정제 버터 (p.66 참조) 120g
샬롯(모양이 보기 좋은 것) 12개
가염 버터 200g

당근 양념
당근 500g / 오렌지즙 125g
펜넬 씨 3g
생강 20g / 소금 5g

도구
햄 슬라이서 / 만돌린 슬라이서

- 포커스 -

라르도 디 콜로나타(콜로나타 라드)는 200kg짜리 돼지에서 나오는 비계로, 저장고에서 염장하고, 여러 향신료를 가미해 오래 숙성했기 때문에 그 향이 라드 안에 잘 배어 있다. 얇게 썰어서 구운 빵에 얹어 먹으면 햄보다 더 맛있다.

소 안심을 살 때는 정육점 주인에게 안심 머리 쪽으로 잘라 달라고 주문하자. "오레이유(oreille 귀)"라고 불리는 부분이 가장 좋은 부위다.

* lardo di Colonnata: 소금과 향신료로 염장하여 숙성시킨 이탈리아의 돼지비계.

미셸 브라스의 레스토랑은 오브락(Aubrac) 한 가운데, 하늘과 땅이 만나는 고원 위에 있다. 그는 아들 세바스티앙과 함께 일상의 자연을 요리에 담아, 고객들을 언제나 감동이 충만한 미식 여행으로 안내한다.

라드와 안심 준비하기

햄 슬라이서를 사용해 라드 덩어리를 3mm 두께로 얇게 자른다(혹은 정육점에서 얇게 썰어달라고 한다). 안심 덩어리를 길게 칼집을 내어, 자른 라드를 길이 전체로 전부 넣고, 다시 안심을 포갠다. 너무 꽉 조이지 않게 실로 묶는다.

감자칩과 샬롯 콩피 만들기

감자는 껍질을 벗겨, 물에 씻지 않고 행주로 닦아준다. 만돌린 슬라이서로 최대한 얇게 자른다. 오븐팬에 유산지를 깔고, 감자 슬라이스를 면의 1/3씩 겹치게 포개놓아 폭 6cm, 길이 20cm의 긴 띠 모양을 만든다. 정제 버터를 감자 위에 바른 다음, 130℃로 예열된 오븐에 넣어 30분간 구워 건조시킨다. 감자가 바삭하고 반투명해져야 한다. 샬롯은 껍질을 벗겨 씻은 다음, 끓는 소금물에 넣어 센 불에 3분간 데친다. 두꺼운 냄비에 버터와 샬롯을 넣고 천천히 익혀 콩피해준다. 다 익힌 후 따뜻하게 보관한다.

당근 퓌레 만들기

당근은 껍질을 벗기고 씻는다. 재료를 모두 넣고 믹서에 간 다음 걸러서 즙을 빼준다.

완성하기

안심을 로스팅 브로일러에 끼운다. 온도 조절이 가장 중요하다. 처음엔 센 불로 굽기 시작해 고기의 겉면을 재빨리 익힌 다음, 불을 낮춰 은근히 굽는 것이 좋다. 고기와 불의 거리를 조절해 가면서 온도를 바꿔준다. '블루 레어'로 익힐 것을 권한다(블루는 레어보다 조금 덜 익은 상태). 불에서 꺼낸 다음 유산지를 덮고, 따뜻한 곳에서 20분간 레스팅한다. 6등분으로 나눠 썬다. 안심을 190℃로 예열한 오븐에서 15분간 구운 다음, 오븐 문 위에 놓고 15분간 휴지시켜도 좋다.

플레이팅

각 접시에 소고기 안심을 담고 플뢰르 드 셀, 후추로 간을 한다. 감자칩을 세로로 보기 좋게 놓고, 당근 퓌레로 크넬*을 만들어 놓는다. 버터에 콩피한 샬롯 2개를 놓고, 콩피한 버터를 몇 방울 떨어뜨려 장식한다.

* quenelle: 숟가락 두 개를 이용하여 돌려가면서 만드는 세 면이 살아 있는 길죽한 타원 모양.

\- 레 시 피 -

미셸 브라스, 브라스 * (라기욜)**
MICHEL BRAS, BRAS *** (LAGUIOLE)

Level 1

로시니 안심 스테이크

TOURNEDOS
ROSSINI

6인분 기준
준비 시간 : 40분
조리 시간 : 30분

재료
버터(정제 버터용) 200g
식빵 6장
안심 150g짜리 6개
(샤롤레 비프의 안심 가운데 토막 boeuf de charolais : AOC 인증을 받은 프랑스의 최고급 소고기 품종)
콩기름 50g
푸아그라 6조각
(오리 푸아그라, 한 조각당 50g)
소금 12g
흰 후추 2g
블랙 트러플 슬라이스 6조각
소고기 글레이즈 50g
(농축한 데미 글라스 – p.22 참조)
버터(고기와 감자 익힘용) 100g

페리괴 소스
소고기 자투리
버터
굵게 으깬 통후추 6g
트러플즙 15g
리에종한 송아지 육즙 소스 (p.50 참조) 600ml
다진 블랙 트러플 12g

도구
소 안심 사이즈의 원형 커팅틀

– 포커스 –

이 요리에는 폼 수플레(pommes soufflées) 또는 폼 안나(pommes Anna) 등의 감자 요리를 곁들여 내면 좋다.
(p.510 테크닉 참조)

1▸ 페리괴 소스 만들기: 소고기 자투리 살에 굵게 으깬 후추를 뿌리고 버터에 볶다가, 트러플즙으로 디글레이즈한다. 리에종한 송아지 육즙 소스를 붓고, 소스가 숟가락에 묻을 정도의 농도가 되도록 졸인다. 간을 한다.

2▸ 정제 버터 만들기: 작은 냄비에 버터를 천천히 녹여 버터와 유당이 분리되도록 잠시 놔둔다. 밑에 가라앉은 유당이 따라 흘러들어가지 않도록 조심하며 위쪽의 정제 버터를 따라낸다.

3▸ 원형 커팅틀로 식빵을 동그랗게 찍어낸다.

4▸ 팬에 정제 버터를 두르고, 찍어낸 빵을 튀긴다. 바삭해지면 건져 둔다.

5▸ 팬에 콩기름을 달군 후, 안심을 원하는 정도로 굽고, 휴지시킨다. 그동안 푸아그라도 뜨거운 팬에 노릇하게 지져낸다(밀가루를 살짝 입혀 지져도 좋다). 간을 한다.

6▸ 완성하기: 둥근 크루통*에 소고기 글레이즈를 바른다(위에 얹을 소 안심의 즙이 스며들지 않도록). 그 위에 안심을 올리고, 따뜻한 푸아그라를 얹어준다. 뜨거운 오븐에 1분간 넣었다 꺼내 서빙한다.

* croûton: 빵을 기름에 튀기거나 오븐으로 구운 것.

7▸ 안심 스테이크 위에 트러플 슬라이스를 1개씩 올려준다. 접시나 서빙 플레이트에 담고,
페리괴 소스는 직접 뿌리거나, 따로 낸다.

Level 2

푸아그라와 송로버섯을 넣은 채끝 등심 구이

UN DIAMAMT NOIR DANS UN TRÉSOR
ENVELOPPÉ DE RICHESSE

6인분 기준
준비 시간 : 40분
조리 시간 : 30분

재료
소고기 채끝 등심(기름기 없는 부위) 800g
버터 50g
콩기름 50g
블랙 트러플 30g짜리 1개

로시니 고기 속 재료
블랙 트러플 60g짜리 1개
익힌 푸아그라 120g
통조림 트러플 오일 10g

감자 퓌레
감자 (bintje) 500g
우유 150g
통조림 트러플 오일 50ml
다진 트러플 12g
버터 300g
굵은 소금

페리괴 소스
소고기 자투리 살
버터
굵게 으깬 통후추 6g
트러플즙 15g
리에종한 송아지 육즙 소스 (p.50 참조) 600ml
다진 블랙 트러플 12g

폼 막심 (pomme Maxim's)
감자 (bintje) 600g
정제 버터 (p.66 참조) 300g
소금

마무리
식용 금박 6장

도구
반구형 실리콘 몰드(지름 3cm)
논스틱 원형 몰드(지름 8~10cm) 6개
지름 4cm 원기둥 모양 커팅틀
멜론 볼러

1▸ 로시니 고기 속 준비하기: 멜론 볼러의 작은 쪽을 이용해 트러플을 5mm의 작은 구슬 모양으로 잘라낸다.

2▸ 익힌 푸아그라는 체에 긁어 곱게 내린다.

3▸ 구슬 모양을 잘라내고 남은 트러플 자투리를 다져, 푸아그라, 트러플 오일과 섞는다. 반구형 실리콘 몰드에 채우고(모두 12개), 한 쪽에 6개의 트러플 구슬을 하나씩 중간에 놓는다.

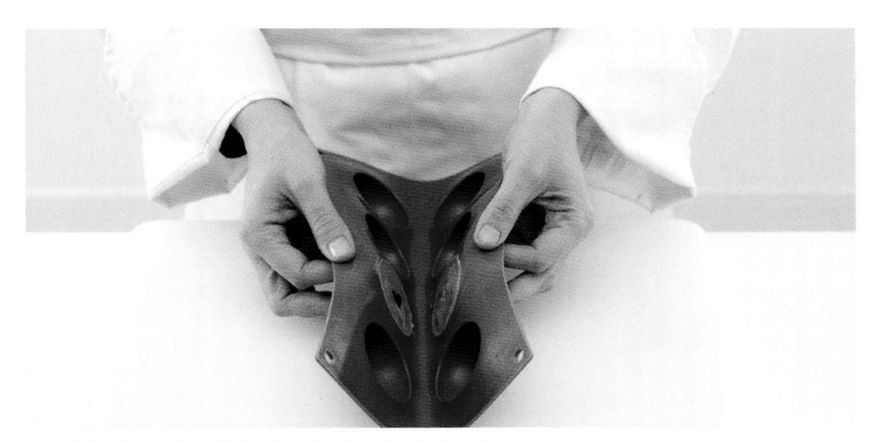

4▸ 반구형 두 개를 맞붙인 다음 냉동실에 넣는다.

5▸ 고기 준비하기: 고기를 닦고 기름을 잘라낸다. 자투리는 소스용으로 보관한다. 덩어리를 길이로 이등분한 다음, 랩으로 순대처럼 말아 냉동실에 넣어 둔다.

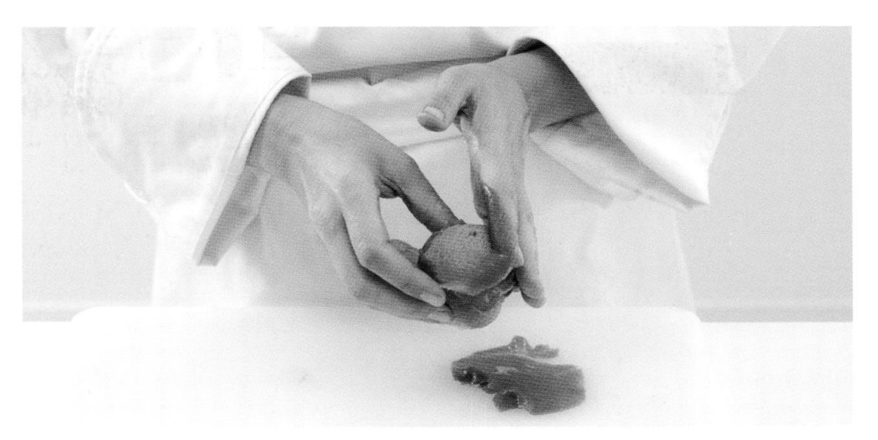

6▸ 고기가 얼면 꺼내 1mm 두께로 얇게 썰어, 푸아그라 볼을 덮어 겹겹이 감싼다(푸아그라 하나당 고기 80g). 맨 마지막 겹 고기는 이음새 없이 매끈하게 덮는다.

7▸ 감자 퓌레 만들기: 굵은 소금을 깔고 그 위에 감자를 통째로 익힌 다음, 체에 긁어 곱게 내린다. 물기가 남아 질척하면, 냄비에 넣고 약한 불에 잠깐 수분을 날려준다. 살짝 끓인 우유, 트러플 오일, 다진 트러플, 버터를 넣고 잘 섞는다. 간을 맞춘다.

8▸ 폼 막심 만들기: 감자의 껍질을 벗기고 원기둥형 커팅틀로 찍어낸 뒤, 얇은 동그라미로 자른다. 정제 버터를 발라 논스틱 원형 몰드 바닥에 꽃 모양으로 촘촘하게 포개가며 깔아준다. 오븐에 구운 다음 소금으로 간을 하고 따뜻하게 보관한다.

9▸ 페리괴 소스 만들기: 버터를 달군 후 소고기 자투리에 굵게 으깬 통후추를 넣고 지진다. 트러플즙으로 디글레이즈한 다음, 리에종한 송아지 육즙 소스를 붓고 끓여, 숟가락 뒤에 묻는 농도가 될 때까지 졸인다. 간을 맞춘다.

10▸ 플레이팅: 고기로 싼 볼을 소테팬에 넣고 센 불로 노릇하게 익힌다. 원하는 정도로 익힌 다음 접시에 그대로, 혹은 반 잘라서 담는다. 폼 막심을 놓고 그 위에 고기 익힌 소스를 조금 올린다. 소스와 트러플 감자 퓌레는 따로 낸다. 식용 금박으로 장식한다.

Level 3

포트와인 소스의 붉은 양파 파이와 송로버섯 소스를 곁들인 로시니 비프

BOEUF ROSSINI REVISITÉ RÔTI DOUCEMENT,
TARTELETTE D'OIGNON ROUGE AU PORTO, JUS CORSÉ À LA TRUFFE

크리스티앙 테트두아(Christian Têtedoie), 1996 **프랑스 명장**(MOF) **획득**

6인분 기준
준비 시간 : 45분
조리 시간 : 1시간 15분

재료

소고기
소 안심 950g
푸아그라(2조각) 150g
소금 12g

가니쉬
식빵 3 조각
정제 버터 (p.66 참조) 60g
붉은 양파 300g
포트와인 300ml
줄기 달린 당근 12개
감자 250g
(감자 퓌레 200g)
우유 250ml
물 100g
호두 오일 20g
한천 4g
카파* 3g
소금 / 후추

소고기 육즙 소스
소고기 육즙 소스(jus de bœuf) 300ml
트러플 15g
버터 30g
그라인드 후추

데코레이션
차이브 10g
처빌 10g
별꽃 (stellaria media) 15g
붉은 머스터드 잎 15g
헤이즐넛 오일 30ml

플레이팅
해바라기유 60ml
버터 25g
플뢰르 드 셀
블랙 트러플 30g

도구
소다사이폰 휘핑기 + 가스 카트리지

어릴 때부터 요리에 흥미를 가졌던 크리스티앙 테트두아는, 어릴 적 삼촌이 선물한 폴 보퀴즈(Paul Bocuse)의 요리책『라 퀴진 뒤 마르셰(La cuisine du marché)』를 보면서 요리사로서의 운명을 감지하게 되었다고 한다. 그때 그의 나이는 불과 열한 살이었다. 프랑스 요리 명장 타이틀을 획득한 이 셰프는 식재료의 존중과 고객 만족이라는 두 가지 목표를 위해 최선을 다하고 있다.

소 안심 준비하기

안심은 기름을 떼어 내고 깔끔히 다듬은 뒤, 길게 반으로 갈라 소금으로 간한다. 자른 면 안에 푸아그라를 가로로 잘라 넣어준다. 다시 덮어 랩으로 잘 감싸 62℃의 스팀 오븐에서, 고기의 중앙 온도가 52℃가 되도록 익힌다. 스팀 오븐이 없는 경우에는 고기를 실로 묶은 다음 온도계를 찔러 넣고 90℃ 오븐에서 중앙 온도가 52℃될 때까지 익힌다. 식혀 둔다.

가니쉬 준비하기

멜바 토스트: 식빵은 가장자리를 잘라내고 둘로 자른다. 정제 버터를 바르고 두 장의 오븐팬 사이에 놓고 누른 상태로 150℃ 오븐에서 15분간 굽는다. 꺼내 둔다.
붉은 양파: 포트와인을 반으로 졸인다. 붉은 양파는 껍질을 벗기고 얇게 썰어 두꺼운 냄비에 약한 불로 천천히 익힌다. 1시간 정도 익혀 콤포트 상태가 되면 졸인 포트와인을 넣는다.
당근: 줄기 달린 당근은 껍질을 벗겨 소금물에 삶는다. 얼음물에 식혀 건져 놓았다가 서빙할 때 버터에 살짝 데운다.
헤이즐넛: 껍질 벗긴 헤이즐넛을 150℃ 오븐에서 15분간 로스팅한다.
감자: 감자 퓌레를 만들어 놓는다. 여기에 우유, 물, 호두 오일, 한천, 카파를 모두 넣고 끓으면 불을 끄고 간을 맞춘다. 소다 사이폰 휘핑기에 넣고 카트리지 2개를 끼운 다음 실리콘 몰드에 쏘아 채워 넣는다. 손으로 집을 수 있을 정도로 굳을 때까지 식힌다.

트러플을 넣은 소고기 육즙 소스 만들기

트러플 부스러기를 소고기 육즙 소스에 넣은 다음, 버터를 넣고 거품기로 잘 저어 혼합해 농도를 맞춘다. 간을 맞춘다.

데코레이션

허브를 씻어서 싱싱한 것만 고른다. 서빙 직전, 헤이즐넛 오일로 살짝 버무린다.

플레이팅

각 접시에 토스트 반쪽짜리 한 개, 양파 콤포트, 헤이즐넛 한 개, 당근 그리고 허브 샐러드를 놓는다. 소 안심은 간을 하고, 향이 강하지 않은 식용유와 버터를 달군 팬에 넣어 겉면에 색을 내준 다음, 180℃ 오븐에서 4분간 익힌다. 최소한 5분 이상 휴지 후 자른다. 플뢰르 드 셀, 소고기 육즙 소스, 트러플 조각을 얹어 서빙한다.

* kappa: 한천과 비슷한 가루로, 액체를 젤리화한다.

- 레 시 피 -

크리스티앙 테트두아, 테트두아 * (리옹)
CHRISTIAN TÊTEDOIE, TÊTEDOIE * (LYON)

돼지
LE PORC

Level 1

툴루즈식 카술레

CASSOULET
DE TOULOUSE

6인분 기준
준비 시간 : 3시간
조리 시간 : 3시간

재료

마른 흰 강낭콩 600g
오리 다리 2개
타임
월계수 잎
그라인드 검은 후추
오리 기름 200g
돼지 어깨살 600g
양 어깨살 600g
양파 2개
마늘 5톨
부케가르니 1개
툴루즈 소시지 300g
굵은 소금
고운 소금

카술레 육수

돼지 껍데기 300g
염장 돼지 정강이 1개
돼지 족발 1개
로즈마리를 넣어 만든 부케가르니 1개
당근 1개
정향 꽂은 양파 1개

도구

도기 냄비 또는 퐁뒤용 냄비

1▸ 하루 전날, 카술레 육수를 준비한다. 돼지 껍데기를 돌돌 말아 실로 묶는다. 돼지 정강이와 족발, 껍데기를 끓는 물에 데친 다음, 깨끗한 물에 헹궈서 다시 큰 냄비에 넣고 찬물을 부어 끓인다. 부케가르니와 향신 재료를 넣고 3시간 이상 끓인다. 오리 다리는 굵은 소금을 뿌리고, 타임, 월계수 잎, 후추를 넣어 하룻밤 재운다.

2▸ 마른 흰 강낭콩이 충분히 잠길 정도로 찬물을 부은 다음, 냉장고에 넣어 불린다. 절여두었던 오리 다리를 헹군 다음 오리 기름과 함께 100℃ 오븐에 넣어 뼈에서 살이 완전히 분리될 때까지 뭉근히 익힌다.

3▸ 서빙 당일: 불린 콩을 건져 끓는 물에 데친다. 헹궈낸 다음, 냄비에 카술레 육수와 함께 넣고 익힌다. 콩이 완전히 익어야 하지만, 터져서 모양이 부서지면 안 된다.

4▸ 돼지 어깨살과 양 어깨살을 3~4cm 크기의 큐브 모양으로 잘라 소금으로 살짝 간을 한 다음, 오리 기름을 달군 팬에 센 불로 재빨리 지져 낸다. 두꺼운 냄비에 넣고, 다진 양파, 다진 마늘, 후추를 갈아 넣은 다음, 카술레 육수를 부어 끓인다. 부케가르니를 넣고, 후추를 넉넉히 넣어준다. 약한 불로 뭉근하게 오래 끓인다.

5▸ 툴루즈 소시지는 길게 돌돌 말린 원래 상태로, 포크로 찔러 구멍을 낸 다음 팬에 지진다. 카술레 육수에서 고기 건더기를 건져낸다. 돼지 족발은 뼈를 발라내고 큼직하게 깍둑 썬다. 돼지 껍데기도 마찬가지로 썬다. 돼지 정강이도 뼈를 발라내 살을 잘게 뜯고, 껍질은 굵직한 큐브 모양으로 자른다.

6▸ 재료를 한데 모아 카술레 완성하기: 준비된 고기 재료(소시지와 오리 제외)와 콩을 섞어준다.

7▸ 도기 냄비(또는 퐁뒤용 냄비)나 도기로 된 우묵한 용기에 고기와 콩을 담고, 그 위에 먹기 좋은 크기로 자른 소시지와 오리 다리 콩피를 얹는다. 카술레 육수를 붓고 180℃ 오븐에 넣어, 위 표면이 갈색이 날 때까지 천천히 익힌다. 전통에 따르자면 카술레가 오븐에서 익어가는 중간중간 나무 주걱으로 표면을 평평하게 눌러주어야 한다(원칙대로 하자면 일곱 차례에 걸쳐 눌러준다!). 냄비째로 뜨겁게 서빙한다.

Level 2

돼지 등심과 다양한 강낭콩 요리

VARIATION DE PORC ET DE HARICOTS

6인분 기준
준비 시간 : 2시간
담가 불리기 : 하룻밤(붉은 강낭콩)
조리 시간 : 1시간 30분

재료
돼지등심 1kg짜리 덩어리

송아지 육즙 소스
송아지 고기 자투리 500g
향신 재료 200g
(당근, 양파, 마늘 2톨, 리크, 부케가르니)

모둠 채소
향신 재료 300g
(당근, 양파, 마늘, 리크, 부케가르니)
신선한 흰 강낭콩 200g
닭 육수 (p.24 참조) 1리터
붉은 강낭콩 100g
스노우 피* 100g
깍지콩 (pois gourmand) 100g
줄기 토마토 500g
에스플레트 칠리 가루

마무리 재료
리크 새싹 1팩
비트 잎 20장
보리지꽃 12송이

도구
고운 원뿔체
지름 3cm 원형 커팅틀

* mangetout: 짧고 납작한 모양의 껍질콩.

1▶ 고기 준비하기: 돼지고기 등심을 잘라 직사각형 모양으로 다듬는다.

2▶ 송아지 육즙 소스: 냄비에 기름을 조금 두르고 달군 후, 자투리 고기를 넣고 지져 색을 낸다. 냄비 바닥의 기름을 제거한 다음, 잘게 썬 향신 재료를 넣고 수분이 나오게 볶는다. 재료의 높이까지 물을 붓고 끓인다. 부케가르니를 넣고 약한 불에서 끓여 반으로 졸인다. 고운 원뿔체에 거르고 간을 해둔다.

3▶ 팬에 기름을 달구고 돼지등심살 덩어리를 지져 색을 낸 다음, 90℃의 낮은 온도의 오븐에 넣어 살이 촉촉하게 익을 때까지 익힌다.

4▶ 흰 강낭콩은 끓는 물에 데쳐 건져 헹군 뒤, 향신 재료 150g과 함께 닭 육수에 넣어 익힌다. 하룻밤 찬물에 담가 불린 붉은 강낭콩도 데친 후, 나머지 향신 재료 150g을 넣고 닭 육수에 익힌다. 깍지콩과 스노우 피는 끓는 소금물에 데쳐 익힌 다음, 찬물에 식혀 어슷하게 썰어준다(p.436 참조).

5▶ 토마토를 끓는 소금물에 몇 초간 데쳐 껍질을 벗겨낸 후, 살만 동그랗게 틀로 찍어낸다.

6▶ 토마토를 100℃ 온도의 오븐에 넣고 살이 흐물흐물해질 때까지 천천히 콩피한다.

7▶ 기호에 따라 퓌레를 만든다. 흰색 퓌레는 흰 강낭콩으로, 녹색 퓌레는 깍지콩과 스노우 피, 또 붉은 퓌레는 붉은 강낭콩으로 만든다. 퓌레에 채소 삶은 물을 조금 넣어 농도를 조절하며 믹서로 간 다음, 버터를 넣어 거품기로 잘 혼합해준다.

8▶ 플레이팅: 접시에 채소와 퓌레를 강줄기처럼 길게 흐르는 느낌으로 담고, 사이사이 송아지 육즙 소스로 점을 찍어준다. 등심은 슬라이스한 후 반으로 잘라서 채소 사이사이에 놓는다. 리크 새싹과 비트 잎, 보리지꽃으로 장식하여 완성한다.

Level 3

생강향의 주키니, 토마토 처트니*를 곁들인 크리스피 삼겹살

MOELLEUX DE POTRINE DE PORC CROUSTILLANTE,
CHUTNEY DE COURGETTE ET TOMATE AU GINGEMBRE

프랑수아 파스토(François Pasteau), **페랑디 파리 졸업생, 페랑디 동문회장**

6인분 기준
준비 시간 : 45분
조리 시간 : 15 분 + 24시간

재료
돼지 삼겹살 1.5kg
생마늘 3톨
이탈리안 파슬리 $\frac{1}{2}$단
밀가루 50g
달걀 2개
빵가루 200g
올리브오일
버터

처트니
주키니 호박 750g
토마토 400g
생강 75g
마늘 2톨
와인 식초 15ml
화이트 와인 15ml
설탕 225g
커리 가루 1테이블스푼
강황 가루 1테이블스푼
굵은 소금

도구
푸드 프로세서
큰 냄비 또는 주물 냄비
소테팬

프랑수아 파스토는 환경에 매우 민감한 셰프로, 새로운 메뉴 개발을 위해 끊임없이 힘쓰고 있고, 최대한 각 계절에 맞는 식재료로 요리를 만들고 있다. 그는 팀원들과 함께 일상에서 영감을 얻는 것을 좋아하며, 특히 '로커보어(locavore: 사는 곳과 가까운 거리에서 재배·사육되는 로컬 푸드를 즐김)'를 지향하는 책임감 있는 식탁을 선보이고 있다.

처트니 만들기

주키니 호박과 토마토를 작은 주사위 모양(mirepoix: 미르푸아)으로 썬다. 껍질 벗긴 생강, 마늘과 토마토 한 개를 푸드 프로세서에 넣고 간다. 큰 냄비에 와인 식초, 화이트 와인, 설탕, 향신료와 생강을 넣고 끓인 후, 잘라 놓은 주키니 호박과 토마토, 굵은 소금을 넣는다.

삼겹살 익히기

삼겹살의 껍데기를 제거하고 고기를 펼쳐 놓는다. 마늘은 껍질을 벗겨 반을 갈라 속에 있는 싹을 제거한 다음 끓는 물에 데친다. 이탈리안 파슬리는 잎만 떼어 내 잘게 썬다. 마늘을 다져 파슬리와 섞어서 삼겹살 위에 발라 덮어준다. 삼겹살을 조리용 랩으로 돌돌 말아 싼다. 다시 한 번 랩으로 단단히 싸서 밀봉한 다음, 수비드(sous vide)용 비닐봉투에 넣고, 70℃에서 24시간 익힌다.

식힌 후에 완성하기

익은 삼겹살이 식으면 2cm 두께로 썬다. 각 슬라이스를 밀가루, 달걀, 빵가루 순서로 묻혀, 올리브오일과 버터를 달군 팬에 노릇한 색이 나도록 지진다. 처트니를 곁들여 즉시 서빙한다.

* chutney: 과일이나 채소에 향신료를 넣어 만든 인도의 소스.

\- 레 시 피 -

프랑수아 파스토, 레피 뒤팽 (파리)
FRANÇOIS PASTEAU, L'ÉPI DUPIN (PARIS)

Level 1

생 햄과 감자를 곁들인 돼지 안심 구이

FILET MIGNON DE PORC RÔTI,
POMME DE TERRE ET JAMBON CRU

6인분 기준
준비 시간 : 1시간 30분
조리 시간 : 1시간

재료
돼지 안심살 1 덩어리
생 햄 2조각
감자 (pomme de terre agria) 3개
굵은 소금 200g
길쭉한 모양의 감자 (pomme de terre BF15) 10개
정제 버터 (p.66 참조)
샬롯 6개
버터 50g
레드 와인 300g
차이브 1단
처빌 $\frac{1}{2}$단
이탈리안 파슬리 $\frac{1}{4}$단
헤이즐넛 오일 20g

돼지고기 육즙 소스
돼지 삼겹살과 갈비 500g
샬롯 100g
양파 50g
샐러리 50g
당근 100g
부케가르니 1개
버터 100g
물 또는 갈색 송아지 육수 1리터
레드 와인 또는 포트와인 100ml
통후추

도구
고기 두드리는 망치
지름 10cm 원형틀 6개

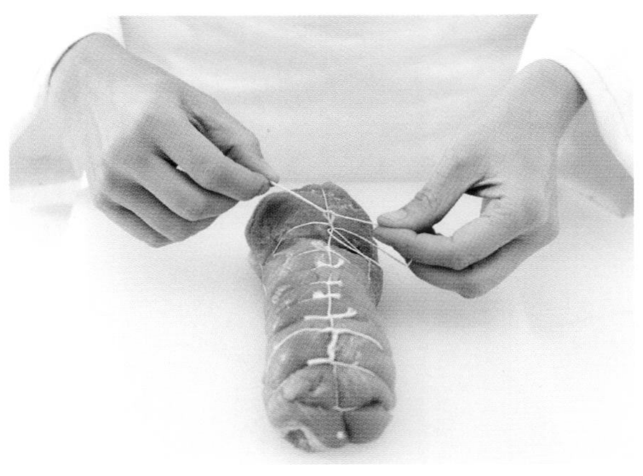

1▸ 돼지 안심살을 덩어리째 실로 묶어 로스트 준비를 한다.

2▸ 소테팬에 지져 골고루 색을 낸 다음, 180℃로 예열한 오븐에서 12분간 익힌다.

3▸ 돼지 안심을 구운 팬에 육즙 소스를 만든다(p.50 단계별 테크닉 참조). 소스를 데미 글라스 농도로 졸인 다음, 잘게 썬 생 햄을 넣는다.

4▸ 감자 두드려 준비하기: 감자는 굵은 소금 위에 올려서, 180℃ 오븐에 1시간 동안 익힌다. 껍질을 벗기고, 두 장의 유산지 사이에 넣어 고기 두드리는 망치나 밀대로 눌러 두께 1.5cm 정도로 납작하게 만든다. 원형틀로 직경 10cm의 원반 모양을 6개 찍어내, 올리브오일을 바른 유산지 두 장 사이에 하나씩 따로 끼워 둔다.

5▸ 폼므 안나(pomme Anna) 만들기: 길쭉한 모양의 감자(BF15)를 씻어서 껍질을 벗긴 후 물에 헹구지 말고 얇은 동그라미로 균일하게 썰어준다. 오븐팬에 유산지를 깔고, 감자를 꽃 모양으로 동그랗게 포개가며 놓는다. 정제 버터를 발라준 다음, 160℃로 예열한 오븐에 넣어 살짝 노릇해질 때까지 굽는다.

6▸ 샬롯 준비하기: 팬에 버터를 녹이고 얇게 썬 샬롯을 수분이 나오게 볶다가 와인으로 디글레이즈하고 졸이며 은근히 익힌다. 돼지고기 육즙 소스를 넣어 잘 혼합한 다음, 필요하면 더 졸인다.

7▸ 플레이팅: 돼지 안심을 얇게 자른다. 감자는 유산지를 떼지 않은 상태로 논스틱 팬에 구워 색을 낸다.

8▸ 접시 가운데 원형 감자를 담고 그 위에 와인에 졸인 샬롯 콩피를 조금 놓은 다음, 얇게 슬라이스한 돼지 안심을 꽃 모양으로 몇 장 포개 동그랗게 얹는다. 맨 위에 폼므 안나를 올리고, 헤이즐넛 오일로 가볍게 버무린 허브 샐러드(5cm로 자른 차이브, 처빌, 이탈리안 파슬리)를 올려 장식한다. **3**의 소스를 빙 둘러 뿌린다.

Level 2

이베리코 하몽을 넣어 구운 돼지 안심과 감자 와플

FILET MIGNON DE PORC RÔTI À LA PATA NEGRA, GAUFRES DE POMME DE TERRE

6인분 기준
준비 시간 : 1시간 30분
조리 시간 : 1시간

재료
이베리코 하몽 (jambon cru pata negra) 6장
이베리코 흑돼지 안심 1덩어리
이탈리안 파슬리 1단
크레핀 (crépine: 돼지 위의 얇은 막) 200g
돼지고기 육즙 소스 (p.314 참조) 200g
세이보리 ¼단
포도씨유 100g
감자 삶아 눌러놓은 살 (p.314 레시피 참조) 600g
달걀 4개
피키요스 고추 3개

가니쉬
큰 아티초크 (camus 종) 속살 3개
레몬 1개
생크림 80g
버터 15g
작은 아티초크 (artichaut poivrade) 3개
올리브오일
흰색 육수 100g
미니 파바 콩 12줄기

마무리
이탈리안 파슬리 잎 18장

도구
조리용 온도계
짤주머니(깍지 필요 없음)
조리용 붓
와플 기계

1▶ 고기 준비하기: 이베리코 하몽 슬라이스를 안심 크기에 맞춰 자르고, 자투리는 보관한다.

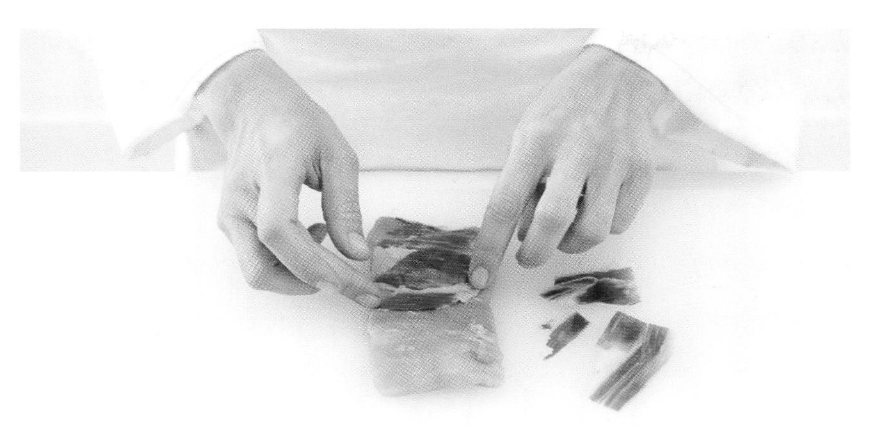

2▶ 안심을 6등분해서, 칼로 납작하게 살을 저며 펴준 다음, 잘라 놓은 이베리코 햄을 올린다.

3▶ 안심을 작은 로스트용으로 돌돌 말고, 마지막에 이탈리안 파슬리를 넣어 두른다.

4▶ 크레핀으로 감싸 만 다음, 묶어준다.

5▶ 팬에 6개의 안심을 지져 색을 낸 후, 그중 하나에 오븐용 온도계를 꽂아 80℃로 예열된 오븐에 넣고, 고기 중앙 온도가 58℃가 될 때까지 익힌다. 오븐에서 꺼내 알루미늄 포일을 덮어 15분간 휴지시킨다.

6▶ 돼지고기 육즙 소스를 만든 다음(p.50 참조. 송아지 대신 돼지 삽겹살과 갈비로 육수를 만든다), 세이보리를 넣어 향을 우려낸다.

7▶ 이베리코 하몽 오일 만들기: 남겨둔 이베리코 햄 자투리를 포도씨유에 넣고 데운다. 맛이 우러나도록 그대로 담가 두었다가 체에 거른다.

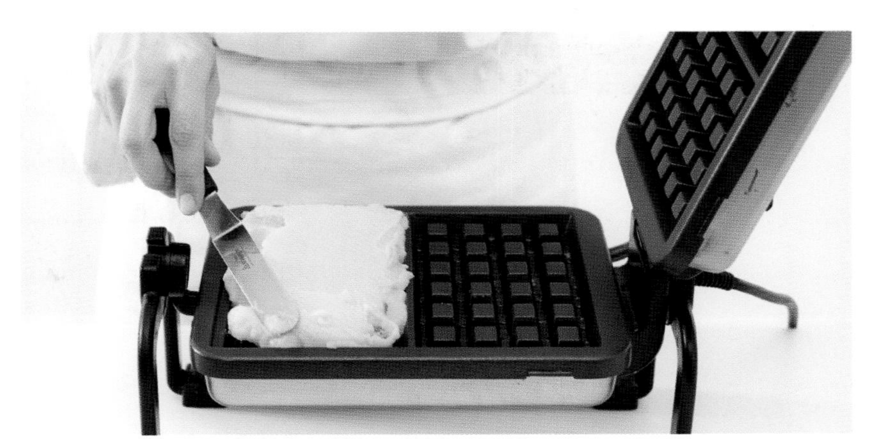

8▶ 감자 와플 만들기: 삶아 두드려 놓은 감자 살에 달걀 4개를 넣어 섞은 다음, 와플 기계에 넣고 굽는다.

9▶ 가니쉬 만들기: 물에 소금과 레몬즙을 넣고 끓인 다음, 큰 아티초크 살을 넣고 10분간 익힌다. 건져서 생크림과 버터를 넣고 되직한 농도가 되도록 믹서에 간다. 간을 하고 짤주머니에 넣어 둔다.

10▶ 작은 아티초크는 돌려깎기(p.446 참조)한 다음, 길이로 4등분한다. 올리브오일과 흰색 육수에 15분간 익힌 후, 콩깍지에서 빼낸 미니 파바 콩을 넣고 2~3분 더 익힌다.

11▶ 평평한 접시에 랩을 팽팽히 씌운 다음 붓으로 식용유를 바른다. 그 위에 기름을 발라 놓은 이탈리안 파슬리 잎을 펴 놓고, 다시 랩으로 한 겹 덮어 팽팽하게 싼다. 랩을 이쑤시개로 여러 군데 찔러준 다음, 전자레인지(900W)에 넣고 1~3 분간(잎의 사이즈와 양에 따라 조절) 가열한다. 30초마다 익는 상태를 확인한다. 파슬리 잎을 꺼내 키친타월 위에 올려 기름을 뺀다.

12▶ 플레이팅: 1인분씩 구워 낸 안심을 5cm 두께의 3조각으로 동그랗게 자른다(médaillon: 메다이용). 각 접시에 3조각의 안심을 담고, 3칸 크기로 자른 감자 와플을 놓는다. 와플의 칸칸마다 피키요스 고추를 잘게 잘라(brunoise: 브뤼누아즈) 넣고, 세이보리 향을 낸 육즙 소스를 이베리코 하몽 오일과 섞어 뿌린다. 아티초크 크림을 보기좋게 짤주머니로 짜 놓는다. 파바 콩과 볶은 아티초크를 보기 좋게 놓고, 소스로 점을 찍어준다. 마지막으로 전자레인지에서 튀긴 이탈리안 파슬리 잎으로 장식한다.

Level 3

감초 소스와 단호박, 이베리코 로모*를 곁들인 바스크 돼지 안심 구이

FILET MIGNON DE COCHON BASQUE RÔTI,
CONFETTIS DE LOMO, POTIMARRON ET JUS À LA RÉGLISSE

아망딘 셰뇨(Amandine Chaignot), **페랑디 파리 졸업생**

6인분 기준
준비 시간 : 1시간
조리 시간 : 30분

재료
바스크 (Basque)산 돼지 안심 6조각
(한 조각당 120g. 안심살 덩어리 두 개를 잘라 준비)

비에누아즈
마늘 $\frac{1}{2}$통 / 라임 1개
빵가루 60g / 버터 80g
파르메산 치즈 15g

육즙 소스
마늘 2톨
샬롯 50g
돼지갈비 자투리 300g
버터 50g
닭 육수 (p.24 참조) 1리터
타임 1줄기
감초 스틱 1개

가니쉬
단호박 1개
이베리코 로모 250g
마스카르포네 치즈 200g
올리브오일 50ml
버터 50g
마늘 1톨
타임 1줄기
소금 / 후추

마무리
야생 루콜라 또는
아트시나 크레스(Atsina® cress:micro greens) 120g

도구
원뿔체
지름 8cm 원형틀 또는 초승달 모양 틀
햄 슬라이서
짤주머니

프로페셔널 요리 분야에서 여성 셰프들의 활약이 비교적 드문 게 사실이다. 이런 환경에서 아망딘 셰뇨는 새로운 시선으로 요리에 진정한 여성적 감각을 선보이는 독보적인 여성 셰프다. 그녀는 자신의 요리에 대해 '솔직 담백하고, 생기 넘치는 이 시대의 음식'이라고 말한다. 자신의 특징을 보여 주는 정확한 표현이다.

비에누아즈 만들기
마늘을 잘게 다지고, 라임 껍질은 제스터로 갈아준다. 두꺼운 냄비에 80g의 버터를 녹인 다음 빵가루를 넣고 볶아 식힌다. 파르메산 치즈 간 것, 다진 마늘, 라임 제스트와 섞는다. 이 비에누아즈를 두 장의 유산지 사이에 넣고 눌러 편 다음, 3cm 폭의 띠 모양으로 잘라 냉동실에 보관한다.

안심 로스트 준비하기
돼지 안심은 기름을 제거하고 모양을 다듬어 로스트용으로 실로 묶어 둔다(끝부분은 밑으로 접어 넣어 모양을 일정하게 한다).

육즙 소스 만들기
마늘과 샬롯은 껍질을 벗겨 얇게 썬다. 두꺼운 냄비에 버터를 옅은 갈색이 나도록 녹여 달군 후, 돼지 자투리 살을 넣고 지진다. 샬롯을 넣고 수분이 나오도록 볶은 다음, 마늘을 넣는다. 닭 육수를 부은 다음, 타임을 넣고, 감초 스틱도 깨트려 넣는다. 약하게 한 시간가량 은근히 끓인(시머링) 후, 원뿔체로 거르고 다시 시럽 농도가 되도록 졸인다. 간을 맞춘다.

단호박 준비하기
단호박은 껍질을 벗기고, 반으로 갈라 씨와 속을 빼낸다. 세로로 등분해 자른 다음 모양틀을 이용해 초승달 모양으로 찍어낸다. 팬에 버터를 조금 두르고 단호박을 앞뒷면 각각 3분씩 익힌다. 따뜻하게 보관한다.

'로모 색종이 모양 조각' 만들기
햄 슬라이서로 로모를 얇게 슬라이스한 뒤, 사방 1.5cm 크기의 정사각형 40개를 잘라 둔다. 기름을 바른 유산지 위에 두 줄로 나란히 놓는다. 그중 20개의 조각 위에 짤주머니로 마스카르포네 치즈를 조금씩 짜 얹는다. 나머지 20개의 조각으로 덮어준다. 냉장고에 보관한다.

안심 익히기
두꺼운 주물 냄비에 약간의 기름과 버터를 넣고 달군 후, 돼지 안심(필레 미뇽)을 넣고 골고루 지져 색을 낸다. 으깬 마늘과 타임을 넣고 소금과 후추로 간을 한 다음, 180℃로 예열한 오븐에 넣고 15분간 익힌다. 살이 핑크빛을 띠도록 익힌다. 5분간 휴지시킨 다음 실을 풀어준다.

마무리
띠 모양의 비에누아즈는 돼지 안심의 사이즈에 맞춰 자른다. 냉동 상태인 비에누아즈를 각 안심 조각 위에 올리고, 브로일러 아래에 잠깐 넣어 노릇하게 구워낸다.

플레이팅
접시에 초승달 모양의 단호박과 안심 구이를 놓는다. 색종이 모양의 로모를 골고루 놓은 다음, 야생 루콜라나 아트시나 크레스 잎을 올려 장식한다. 마지막으로 후추를 갈아 뿌리고, 감초향의 소스로 마무리한다.

* iberico lomo: 건조시킨 스페인 돼지 안심살.

- 레 시 피 -

아망딘 셰뇨, 로즈우드 런던 호텔 (런던)
AMANDINE CHAIGNOT, ROSEWOOD LONDON HOTEL (LONDRES)

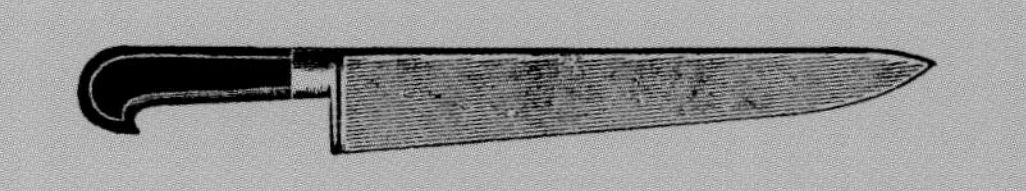

내장 및 부산물

LES ABATS

내장 및 부산물

Les abats

내장 및 부산물은 제5의 부위에 해당하며, 도축된 짐승의 허드레 부위나 내장 기관을 말한다. 보통 육류 부산물을 전문적으로 취급하는 상점에서 구매가 가능하지만, 돼지의 부산물은 샤퀴티에(charcutier)에 의해 가공, 판매되고 콩팥과 간은 일반 정육점에서 구입할 수 있다.

보관

부산물은 아주 빨리 상하기 때문에, 구입한 즉시 사용하는 것이 좋다. 짧은 시간 동안이라도 보관을 해야 한다면, 깨끗한 면포에 싸서 접시에 놓은 다음 냉장고에 보관한다.

부산물의 분류

흰 부산물: 흉선(스위트브레드), 골, 척수, 머리, 발, 위장, 장간막(腸間膜), 유방, 고환

붉은 부산물: 간, 콩팥, 혀, 염통, 허파

송아지 간(LE FOIE DE VEAU)

송아지 간은 내장류 중에서 가장 맛있고 많이 소비되는 부위임에 틀림없다. 우툴두툴하지 않고 매끈하며 선홍색을 띤 것으로 고르는 것이 좋다. 조리하기 전에 껍질을 벗기고 핏줄과 혈관을 제거한다. 또는 정육점에서 구입할 때 미리 손질해 온다.

셰프의 조언

송아지 간은 익히기 전, 물기를 완전히 제거하고
밀가루를 앞뒤로 묻힌 다음
탁탁 쳐서 너무 많이 묻은 부분은 털어 낸다.
버터를 연한 갈색이 되게 녹인 팬에 넣어,
중불로 천천히 익힌다.
거의 다 익은 마지막에는 불을 올려주어 캐러멜라이즈한다.

익히는 팬에 으깬 마늘을 한 톨 넣어 송아지 간에 향을 배게 한다.
마지막에 와인 식초(셰리비네거를 사용하면 더 좋다)로
디글레이즈한다.

콩팥

송아지의 콩팥은 그 특유의 섬세한 맛으로 많은 애호가층을 갖고 있다. 신선한 콩팥은 선명한 색(밤색)을 띠고 있어야 하고, 쭈글쭈글하거나 말라 있으면 안 된다. 특히 늑막 아래쪽이 윤기가 나야 한다. 콩팥 자체의 기름으로 둘러싸인 것을 선택하는 게 좋다. 이 기름은 콩팥을 조리한 후 다시 덮어주는 데 사용할 수 있다.

모유만 먹고 자란 어린 양(agneau de lait)의 콩팥은 부드럽고 연해 그 맛이 으뜸으로 꼽힌다. 콩 모양을 하고 있으며, 조리하기 전에 반으로 절개해 안쪽의 막과 깔때기 모양의 신우(腎盂)를 제거한다. 통째로 익힌 다음, 슬라이스한다(escalope: 에스칼로프).

익히기

익히기 전에 기름을 잘라내고 막과 신우를 제거한다. 송아지 콩팥의 경우는 소엽(小葉) 모양에 칼집을 넣어 분리해준다. 소테팬에 재빨리 볶아 건져낸 다음, 다시 한 번 볶아 완전히 익힌다.

셰프의 조언

송아지 콩팥은 통째로 익힌다. 우선 한 번 슬쩍 지져 건져낸 후,
거품 나는 버터와 송아지 육즙 소스를
계속 끼얹어 주면서, 중불에서 익혀 마무리한다.
다 익으면, 식초, 포트와인, 마데이라 와인으로
디글레이즈하거나, 코냑으로 플랑베한다 .
(flamber: 알콜에 불을 붙여 잡내를 날려 보내고 향을 돋워주는 조리법)
핑크빛으로 익은 상태로 서빙한다.
얇게 슬라이스해서 머스터드 크림,
또는 페르시야드(persillade)를 곁들여 낸다.

혀
우설과 송아지 혀가 가장 보편적이고, 돼지 혀는 샤퀴트리(charcuterie: 살라미, 소시지 햄, 파테 등의 육가공품)용으로 종종 사용된다.

익히기
혀는 **익히기 전**에 미리 찬물에 담그고, 계속 깨끗한 물로 갈아주며 한 시간 정도 핏물을 빼야 한다. 끓는 물에 3분 정도 데쳐 낸 후, 다시 부이용에 넣고 1시간 30분 ~ 2시간 익힌다.
익힌 다음 껍질을 벗긴다. 혀는 슬라이스해서 기호에 따라 소스 그리비쉬(gribiche), 소스 라비고트(ravigote), 소스 샤퀴티에르(charcutière) 또는 소스 로베르(robert, 코르니숑을 넣어도 좋고, 생략해도 좋다)를 곁들여 낸다. 송아지 혀는 얇게 썰어 카르파초로 서빙하기도 한다.

송아지와 양의 흉선
흉선(스위트브레드)은 목젖(pomme)과 인후(gorge: 볼로방 vol-au vent 파이 만들 때 종종 사용됨), 두 부분으로 이루어져 있다.

익히기
익히기 전에 흉선(pomme 목젖 부분)을 식초를 조금 넣은 찬물에 담가 두 시간 이상(중간에 물을 갈아주며) 핏물을 뺀다. 송아지 흉선의 경우, 찬물에 넣고 끓여 3분간 데친 후, 얼음물에 넣어 식히고, 껍질을 벗겨 깨끗한 면포에 싸서 24시간 동안 무거운 것으로 눌러 둔다. 양의 흉선은 이 과정이 필요 없다.
이렇게 손질이 끝난 흉선을 '뫼니에르(meunière)' 방법으로 조리한다. 팬에 버터를 갈색이 나도록 데운 뒤(beurre noisette: 브라운 버터), 흉선에 밀가루를 아주 살짝 묻혀 표면이 윤이 나게 캐러멜라이즈해 지져 낸다. 계속 버터를 끼얹어 주며 입에서 살살 녹을 정도로 잘 익혀 서빙한다.

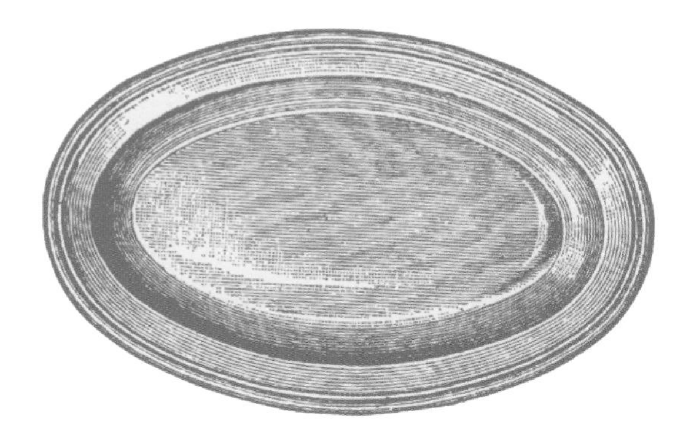

돼지 족발
셰프들의 마음을 설레게 하는 이 식재료는 저렴한 가격으로 즐길 수 있는 좋은 선택이다. 또한 여러 가지 방법으로 조리할 수 있다는 장점도 있다.

익히기
압력솥에 1시간 동안 족발을 익힌다. 익힌 족발은 뼈를 발라내고, 다지거나 굵게 썬 다음, 팬에 볶는다. 마지막에 식초 한 방울과 머스터드(moutarde de Meaux)를 넣는다. 또는 파르망티에(parmentier: 으깬 감자를 얹어 굽는 요리법)나 크로켓으로 만들어 서빙하기도 한다.

위장
양의 위장은 내장 요리나 족발 요리를 만드는 데 들어간다. 송아지 위장은 앙두이유(andouille: 소시지, 순대종류) 만들 때, 돼지 위장은 샤퀴트리용으로 사용되며, 소의 위장으로는 창자와 천엽 등이 있다.

볼살
볼살은 잘라서, 또는 통째로 수육으로 익히거나 스튜처럼 뭉근히 조린다.
주로 부르기뇽(bourguignon: 고기 와인찜 요리)이나 도브(daube:스튜나 찜) 등 장시간 익히는 요리를 할 때 선호하는 부위다.

셰프의 조언

볼살은 타닌이 강한 레드 와인에 미리 재워 둔 다음,
건져 수분을 제거하고, 팬에 지져 색을 낸다.
재워 두었던 마리네이드 국물을 다시 붓고,
고기가 푹 무를 때까지 오랫동안 익힌다(3시간 정도).
고기가 익으면, 살을 뜯어 원형틀에 넣고 모양을 잡은 다음,
익힌 국물을 졸여 레몬 제스트를 넣고 만든 소스를 끼얹어준 뒤,
홈 메이드 감자 퓌레를 곁들여 서빙한다.

토시살(onglet), 안창살(hampe), 설도 도가니살(araignée)은
길쭉한 모양을 한 부위로, 반으로 갈라 펴서 슬라이스한 다음,
굽거나 소테하고, 샬롯을 듬뿍 곁들이면 좋다.

Level 1

푸아그라 테린

TERRINE DE FOIE GRAS

6인분 기준

준비 시간 : 48시간 혹은 36시간

휴지 시간 : 12시간. 푸아그라를 우유에 담가 두는 시간(선택 사항)

24시간(양념에 재우는 시간)

12시간(익힌 후)

조리 시간 : 1시간

재료

생 오리 푸아그라 800g짜리 1덩어리

우유 500ml

고기를 싸서 굽는 용도의 라드 100g (프랑스어로 barde라고 한다)

거위 기름 50g

푸아그라 양념

고운 소금 6g

아질산염 6g (샤퀴트리 상점에서 구입)

그라인드 흰 후추 2g

넛멕 간 것 1g

파프리카 가루 1g

아스코르빅 산 1g (약국에서 구입)

설탕 2g

포트와인 또는 마데이라 와인 20g

도구

도기로 된 테린틀(뚜껑 있는 것)

조리용 온도계

1▸ 푸아그라 준비하기: 필요한 경우, 하루 전날, 소금을 조금 넣은 우유에 생 푸아그라를 담가 하룻밤 동안 냉장고에 넣어 둔다. 푸아그라를 갈라 열고, 덩어리 안쪽 중앙에 있는 핏줄을 들어내며 조심스럽게 잔 핏줄들도 제거한다.

2▸ 중간에서부터 핏줄이 있는 곳까지 조심스럽게 벌려가며, 칼로 핏줄을 살짝 들어낸 다음, 부서지지 않도록 살살 잡아당겨 핏줄을 제거한다.

3▸ 모든 양념 재료를 섞은 후, 분리된 푸아그라 양면에 골고루 뿌려준다.

4▸ 테린에 넣기: 높이가 있는 도기 테린 용기에 푸아그라의 두 쪽을 다시 본래대로 합쳐 넣고, 꼭꼭 눌러준다. 중간에 공기 구멍이 생기지 않도록 완전히 눌러야, 익힌 후에 녹색빛을 띠지 않는다. 유산지로 잘 덮어 산화되지 않도록 밀봉한 다음 냉장고에 하룻밤 넣어 둔다.

5▸ 테린 익히기: 테린의 표면을 라드로 덮어 익히는 도중 마르는 것을 방지한다. 테린 뚜껑을 덮고, 65~70℃로 예열한 오븐에서 중탕으로 익힌다. 온도계를 사용하여 체크한다. 중심 온도가 58℃가 되어야 한다.

6▸ 익힌 후: 거위 기름을 녹여 65℃를 넘지 않게 데운다. 푸아그라 위에 덮었던 라드는 떼어 내 버린다. 조리 중 나온 액체도, 저장하는 동안 상할 수 있으므로 버린다. 표면이 희끗희끗해지지 않도록, 녹인 거위 기름을 푸아그라 높이까지 올라오게 부은 다음, 냉장고에 보관한다.

7▸ 다음 날부터 먹을 수 있다.

Level 2

양송이버섯과 푸아그라 미니 타르트

TARTELETTE DE CHAMPIGNONS
DE PARIS ET FOIE GRAS

6인분 기준
준비 시간 : 1시간
조리 시간 : 3시간(푸아그라)

재료

가니쉬

500g짜리 생 오리 푸아그라 1 덩어리
베르쥐 (verjus: 익지 않은 포도로 만든 신 포도즙) 1리터
단단한 양송이버섯 1kg
소금
그라인드 후추

갈레트(galette)

버터 50g
메이플 시럽 40g
필로 페이스트리 시트(fillo pastry, feuilles de brick) 12장

레몬 페이스트

왁스 처리하지 않은 레몬 2개
버터 100g
레몬 시럽(병에 든 시판용) 1테이블스푼

마무리

왁스 처리하지 않은 레몬 100g
헤이즐넛 오일 50g
플뢰르 드 셀
유자 50g
캐비어 레몬 50g
식용 팬지꽃 ½단
포치니 버섯 가루

도구

지름 12cm 원형틀
만돌린 슬라이서

1▸ 푸아그라 준비하기: 푸아그라 덩어리의 두 쪽을 갈라 열고, 굵은 핏줄을 제거한 다음, 베르쥐에 담가 3시간 동안 재워 둔다.

2▸ 갈레트 만들기: 버터와 메이플 시럽을 함께 녹인다.

3▸ 필로 페이스트리 시트를 틀로 찍어 18장의 원형을 만들어 놓은 다음, 메이플 시럽과 함께 녹인 버터를 붓으로 발라준다.

4▸ 3장씩 겹쳐 놓는다.

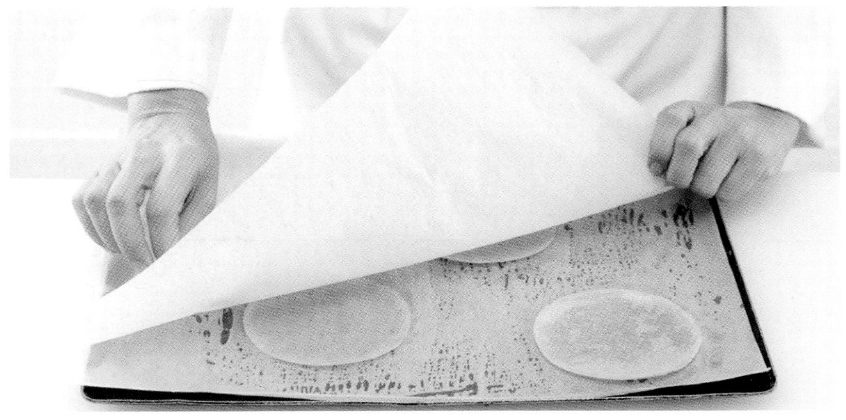

5▸ **4**의 위 아래로 유산지를 놓은 다음 두 장의 오븐팬 사이에 넣고 눌러, 160℃로 예열한 오븐에서 10분 정도 굽는다. 오븐에서 꺼내 둔다.

6▸ 버섯 준비하기: 양송이의 껍질을 벗긴 후 씻지 않고 산화를 방지하기 위해 레몬즙을 뿌려 놓는다.

7▸ 레몬 페이스트 만들기: 레몬을 씻어 알루미늄 포일에 싸서, 150℃로 예열된 오븐에 넣어 30분간 익힌다. 꺼내서 반으로 잘라 속을 파낸(파낸 속은 버린다) 다음, 껍질만(흰 부분 포함) 버터 100g과 레몬 시럽을 넣고 믹서로 간다.

8▸ 미니 타르트 만들기: 만돌린 슬라이서로 버섯을 얇게 썰고, 푸아그라는 너무 얇지 않게 슬라이스한다. 구워놓은 원형 필로 페이스트리 위에 버섯(레몬즙, 헤이즐넛 오일, 플뢰르 드 셀, 시트러스 제스트로 양념해 놓은 것)과 소금, 후추로 간을 한 푸아그라를 교대로 쌓아올린다. 맨 마지막 층은 버섯으로 마무리한다.

9▸ 포치니 버섯 가루를 뿌린다. 식용 팬지꽃과 캐비어 레몬 (citron caviar: 마치 캐비어처럼 생긴 알갱이가 속에 꽉 찬 길쭉한 모양의 레몬) 알갱이로 장식하고, 레몬 페이스트를 접시 가장자리에 담아 서빙한다.

Level 3

조개를 곁들인 랑드(Landes)산 푸아그라

FOIE GRAS DES LANDES
ET COQUILLAGES

필립 에체베스트(Philippe Etchebest)
2000 프랑스 명장(MOF) **획득**

6인분 기준
준비 시간 : 1시간 30분
조리 시간 : 1시간 30분

재료
굵게 으깬 통후추 20g
굵은 소금 1kg
푸아그라 500g

맛조개(큰 사이즈) 300g
대합 300g

바다 간수
굴에서 나온 즙 50ml
탄산수 400ml
붉은 해초 (dulse) 30g
녹색 해초 (laitue de mer) 30g
라임즙 50g

데침용 육수(부이용)
샬롯 50g
파슬리 $\frac{1}{4}$단
버터 50g
화이트 와인 100ml
양식 홍합 (moules de bouchot) 250g
생선 육수 (p.26 참조) 150ml
미소된장 10g

채소
미니 당근 6개
미니 리크 6개
붉은 해초 20g
녹색 해초 30g
아필라 크레스* 1팩
라임 1개

도구
고운 원뿔체
조리용 온도계
연필깎이(당근용)

이 요리는 겉보기와는 또 다른 성향을 지닌 셰프의 이미지를 잘 보여주는 레시피다. 럭비 선수처럼 딱 벌어진 어깨와 강한 성격을 가진 필립 에체베스트는 속으로는 따뜻한 마음과 너그러운 심성을 가진 셰프로, 이는 현대적이고 세심하며 풍부한 맛을 보여 주는 그의 요리에도 잘 드러나고 있다.

하루 전날, 푸아그라 준비하기
굵게 으깬 통후추와 굵은 소금을 섞는다. 여기에 푸아그라 놓고 두껍게 덮어준 다음 1시간 30분간 절인다. 푸아그라를 헹궈서 수비드(sous vide)로 55℃에서 1시간 15분 익힌다.
또는 조리용 필름으로 잘 싸서 완벽하게 밀봉한 다음, 55℃의 물에 넣어 익힌다.
다음 날까지 식혀 둔다.

바다 간수 만들기
모든 재료를 섞어 끓인다. 끓으면 바로 불을 끄고 그대로 한나절 두어, 향이 배게 한다.

서빙 당일
밀봉한 푸아그라를 꺼내 한 조각당 40g 정도의 에스칼로프(escalope)로 슬라이스한다. 격자로 구운 자국이 나도록 뜨거운 그릴에 굽는다.

데침용 부이용과 홍합 준비하기
냄비에 버터를 녹여 거품이 나면 샬롯과 파슬리를 넣고 볶다가, 홍합을 넣는다. 화이트 와인을 넣어 디글레이즈한 다음 뚜껑을 덮고, 홍합이 입을 열도록 익힌다. 홍합은 다른 그릇에 건져놓고, 익힌 국물에 같은 양의 생선 육수를 넣는다. 미소된장을 풀어 섞는다.

채소 준비하기
당근을 연필 모양으로 깎는다. 줄기는 떼어 내고(끝의 연한 잎은 보관한다), 끓는 소금물에 데쳐 익힌다. 건진 다음, 당근의 가장 굵은 쪽 끝에 이쑤시개로 찍어 구멍을 내어, 보관해 두었던 당근의 연한 잎을 박아 넣는다. 리크(서양 대파)를 끓는 물에 데쳐내고, 해초는 깨끗한 물에 넣어 소금기를 빼준다.

조개 익히기와 플레이팅
고운 원뿔체에 바다 간수를 거른다. 팬에 올리브오일을 조금 두르고 달군 후, 맛조개와 대합을 볶으며 입을 열게 한다. 70℃로 데운 부이용에 푸아그라를 넣고 잠깐 데운 다음, 우묵한 접시에 조개, 채소, 해초와 함께 담는다. 아필라 크레스로 장식하고, 레몬 제스트를 갈아 뿌려 완성한다. 바다 간수를 따로 서빙한다.

* Affila cress® micro greens: 작은 완두콩의 일종으로 줄기 끝의 구불구불한 예쁜 모양 덕에 흔히 플레이팅의 마무리 데코레이션으로 사용된다. 맛도 뛰어나 부드러운 요리와 잘 어울린다.

- 레 시 피 -

필립 에체베스트, 르 카트리엠 뮈르 (보르도)
PHILIPPE ETCHEBEST, LE QUATRIEME MUR (BORDEAUX)

Level 1

그리비슈 소스를 곁들인 송아지 머리 요리

TÊTE DE VEAU
SAUCE GRIBICHE

6인분 기준
준비 시간 : 1시간
조리 시간 : 1시간 30분

재료

뼈를 제거한 송아지 머리 1.4 kg짜리 1개
물 3리터 / 밀가루 100g
레몬즙 1개분

향신 재료

부케가르니 1개
당근 3개
리크 1줄기
양파 2개 / 샬롯 3개
샐러리악 100g
샐러리 1줄기 / 마늘 3톨
굵은 소금 / 흰 통후추

가니쉬

길고 작은 알감자 750g (BF15)
굵은 소금
파슬리 다진 것 $\frac{1}{8}$단

그리비슈 소스(sauce gribiche)

달걀 3개
머스터드 60g
고운 소금
흰 후추 그라인드
콩기름 250 ml
샬롯 $\frac{1}{2}$개 / 타라곤 $\frac{1}{8}$단
차이브(서양 실파) $\frac{1}{2}$단
이탈리안 파슬리 $\frac{1}{8}$단
처빌 $\frac{1}{8}$단 / 케이퍼 10g
코르니숑(달지 않은 오이피클) 10g

도구

고운 원뿔체

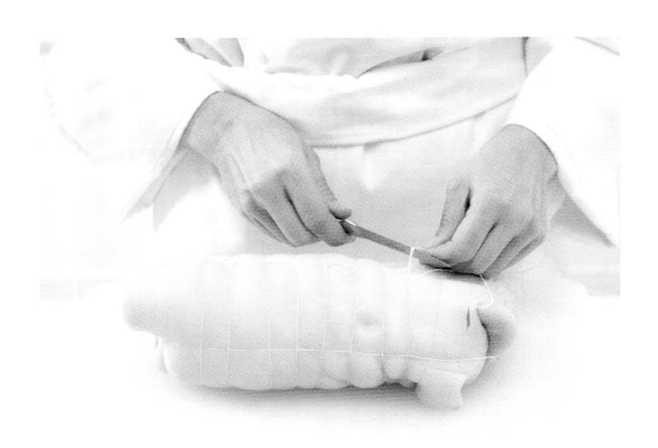

1▸ 송아지 머리 준비하기: 얼굴 부분을 잘 긁어낸 뒤 뼈를 꼼꼼히 제거하고, 흐르는 물에 솔로 충분히 닦아 씻는다. 혀를 꺼내 깨끗이 씻고, 혀와 머리를 단단히 감싸 말아 둔다. 실로 묶거나, 조리용 망에 넣는다. 또는, 이미 말아서 실로 묶어놓은 상태의 송아지 머리를 구입해도 좋다.

2▸ 익히기: 찬물을 넉넉히 잡아 냄비에 넣고, 송아지 머리를 담가 끓이며 거품을 건진다. 머리를 건져 흐르는 물에 식힌다. 다시 큰 냄비에 넣고, 밀가루를 체에 내리며 솔솔 뿌려준다.

3▸ 밀가루를 뿌렸던 체 위로 찬물을 부어 냄비를 채운다. 이것을 '블랑 드 퀴송(blanc de cuisson: 하얀 익힘물)'이라 부르며, 이는 머리 고기를 더 부드럽고 하얗게 삶아준다. 레몬즙을 넣는다.

4▸ 다시 끓이며 거품을 건진다. 부케가르니와 굵게 깍뚝 썬 향신 채소를 넣고, 굵은 소금과 흰 통후추를 넣어 간한다. 뚜껑을 덮고 약하게 1시간 30분 정도 끓인다. 약한 불로 천천히 익힐수록 더 연해지고, 재료의 향이 더 깊게 밴다. 손가락으로 눌러보아 쉽게 찢어질 정도면 다 익은 것이다. 서빙할 때까지 냄비에 그대로 보관한다.

5▶ 감자(belles de fontenay) 익히기: 감자는 껍질을 벗기고 돌려 깎는다(7면의 긴 타원형). 찬물에 굵은 소금을 조금 넣고 감자를 넣은 다음 약한 불로 끓여, 칼끝이 쉽게 들어갈 정도로 익힌다. 서빙 시 감자 위에 뿌려줄 이탈리안 파슬리를 다져 놓는다.

6▶ 그리비슈 소스 만들기: 달걀은 물이 끓기 시작한 후 넣어 9분간 삶는다. 껍질을 까고 노른자를 분리한다. 흰자는 다져 놓는다. 그릇에 머스터드와 소금, 후추를 넣고 노른자를 으깨 잘 섞어준 다음, 식용유를 넣고 마요네즈처럼 거품기로 잘 저어 섞는다. 다진 샬롯과 허브, 잘게 으깬 양념 재료들과 다진 흰자를 넣고 섞어준다.

7▶ 플레이팅: 송아지 머리는 실을 푼 다음 자른다. 서빙용 접시에 자른 머리 고기를 담고 함께 익힌 육수도 조금 부어준다. 주위에 감자를 담고 다진 파슬리를 뿌린다. 그리비슈 소스는 따로 낸다.

Level 2

그리비슈 소스를 곁들인 송아지 머리 테린

TÊTE DE VEAU FROIDE
SAUCE GRIBICHE

6인분 기준
준비 시간 : 1시간
휴지 시간 : 하룻밤
조리 시간 : 1시간 30분

재료
뼈를 제거한 송아지 머리 1.4 kg짜리 1개
물 3리터 / 밀가루 100g

향신 재료
부케가르니 1개 / 당근 3개
리크 1줄기
양파 2개 / 샬롯 3개
샐러리악 100g / 샐러리 1줄기
마늘 3톨 / 굵은 소금 / 흰 통후추

가니쉬
길고 작은 알감자 50g (BF15)
굵은 소금

미니 채소 가니쉬
미니 당근 6개
미니 순무 6개 / 미니 리크 6개
흰색 송아지 육수 (p.24 참조) 500ml
버터 20g / 굵은 소금

그리비슈 소스
달걀 3개 / 머스터드 60g
고운 소금 / 흰 후추 그라인드
콩기름 250ml / 샬롯 $\frac{1}{2}$개
타라곤 $\frac{1}{8}$단 / 차이브 $\frac{1}{2}$단
이탈리안 파슬리 $\frac{1}{8}$단
처빌 $\frac{1}{8}$단 / 케이퍼 10g
코르니숑 10g

마무리
줄기 달린 케이퍼 6개
완숙 달걀 작은 큐브 모양으로 썬 것
플뢰르 드 셀

도구
고운 원뿔체
지름 3cm 원형틀
10cm x 3cm x 3cm 크기의 직사각형 틀

1▶ 송아지 머리 준비하기: 얼굴 부분을 잘 긁어낸 뒤 뼈를 꼼꼼히 제거하고, 흐르는 물에 충분히 솔로 닦아 씻는다. 혀를 꺼내 깨끗이 씻고, 혀와 머리를 단단히 감싸 말아 둔다. 실로 묶거나, 조리용 망에 넣는다.

2▶ 익히기: 찬물을 넉넉히 잡아 냄비에 넣고, 송아지 머리를 담가 끓이며 거품을 건진다. 머리를 건져 흐르는 물에 식힌 다음, 다시 큰 냄비에 넣는다.

3▶ 밀가루를 체에 내리며 솔솔 뿌려준다. 그 체 위로 찬물을 부어주며 냄비를 채운다. 이것을 '블랑 드 퀴송(blanc de cuisson: 하얀 익힘물)'이라 부르며, 이는 머리 고기를 더 부드럽고 하얗게 삶아준다.

4▶ 다시 끓이며 거품을 건진다. 부케가르니와 굵게 깍둑썬 향신 채소를 넣고, 굵은 소금과 흰 통후추를 넣어 간한다. 뚜껑을 덮고 약하게 1시간 30분 정도 끓인다. 약한 불로 천천히 익힐수록 더 연해지고, 재료의 향이 더 깊게 밴다. 손가락으로 눌러보아 쉽게 찢어질 정도면 다 익은 것이다. 머리 고기를 꺼내 살을 뜯어 직사각형 틀에 채워 넣는다. 꼭꼭 눌러 채운 후 랩으로 씌워 냉장고에 하룻밤 넣어 둔다.

5▶ 감자(belles de fontenay) 익히기: 감자는 껍질을 벗기고, 필요한 경우 모양을 내어 돌려 깎는다(7면의 긴 타원형). 찬물에 굵은 소금을 조금 넣고 감자를 넣은 다음 약한 불로 끓여, 칼끝이 쉽게 들어갈 정도로 익힌다. 또는, 통째로 익힌 감자를 건져, 5mm 두께로 썬 다음 원형틀로 찍어낸다.

6▶ 미니 채소 익히기: 채소의 껍질을 벗긴 후, 소테팬에 흰색 육수를 재료의 반 정도 높이만큼 넣고 버터와 소금을 약간 넣어 채소별로 따로 따로 익혀준다. 유산지로 팬에 알맞은 사이즈의 뚜껑을 만들어 덮고, 약한 불로 끓여 약 15분간 익힌다. 칼끝을 찔러 넣어 보아 익었는지 확인한다(약간 살캉거릴 정도로 익혀야 한다). 건져 둔다.

7▶ 그리비슈 소스 만들기: 달걀은 물이 끓기 시작한 후 넣어 9분간 삶는다. 껍질을 까고 노른자를 분리한다. 그릇에 머스터드와 소금, 후추를 넣고 노른자를 으깨 잘 섞어준다.

8▶ 식용유를 넣고 마요네즈 만들듯이 거품기로 잘 저어 섞는다.

9▶ 다진 샬롯과 허브, 잘게 으깬 양념 재료들과 다진 흰자를 넣고 섞어준다(작은 큐브 모양으로 자른 흰자는 조금 남겨놓는다).

10▶ 완성하기 : 머리 고기를 직사각형 틀에서 분리하여 접시에 담는다. 그 위에 미지근한 원형 감자 슬라이스를 포개가며 올리고, 그 위에 둘로 자른 미니 채소들을 얹어준다. 케이퍼와 잘게 썬 달걀흰자 큐브를 놓고, 플뢰르 드 셀을 뿌린다. 옆에 소스를 조금 곁들여 낸다.

Level 3

❀ ❀ ❀

'알리 밥'* 송아지 머리 요리

TÊTE DE VEAU
ALI-BAB

베르나르 르프랭스(Bernard Leprince), 1997 프랑스 명장(MOF) 획득,
'프레르 블랑(Frères Blanc)' 그룹의 총괄 셰프

6인분 기준
준비 시간 : 1시간 30분
조리 시간 : 4시간 30분

재료
송아지 머리 2kg짜리 1개
송아지 혀 1개
당근 200g
양파 300g
리크 1줄기
부케가르니 1개
갈색 송아지 육수 (p.36 참조) 5리터
버터 150g

다진 송아지 살
다진 송아지 어깨살 400g
달걀흰자 60g
생크림 300g
소금 8g
후추 1g
닭 육수 (p.24 참조)

가니쉬
길쭉한 감자 (BF 15) 600g
완숙 달걀 3개
미니 코르니숑 100g
작은 양송이버섯 300g
이탈리안 파슬리 1단

도구
고운 원뿔체
푸드 프로세서

베르나르 르프랭스는 무려 열 개가 넘는 레스토랑을 이끌고 있는 셰프다. '콩파뇽 뒤 투르 드 프랑스(Compagnon du Tour de France: 프랑스 전역을 돌며 전문가에게 도제식 교육과 연수를 받는 과정을 담당하는 장인 교육기관)' 연수생 출신인 이 셰프는 언제나 새로운 모험을 즐기고, 호기심이 충만하다. '프레르 블랑' 그룹 전체 레스토랑의 식자재 구매와 메뉴 선정 작업을 총괄하는 그는, 명실공히 '자가 제조(Fait Maison)'를 지향하는 미식 전도사라 할 수 있을 것이다.

송아지 머리와 혀 손질하기
송아지 머리 껍질 부분의 잔털을 긁어 제거하고 깨끗이 씻은 후, 혀와 함께 끓는 물에 넣어 3분간 데쳐 낸다. 건져 헹궈 놓는다. 당근과 양파의 껍질을 벗기고, 리크(서양 대파)는 씻어 둔다. 당근을 둥글게 썰고, 양파는 잘게 썬다. 리크도 송송 썰어 놓는다. 큰 냄비에 송아지 머리 고기, 혀, 썰어 놓은 채소와 부케가르니를 모두 넣은 다음, 부이용을 붓고 끓인다. 약한 불에 은근히 끓이며(시머링) 4시간 반 동안 익힌다.

소스 만들기
머리 고기가 다 익으면 건져내고, 혀는 껍질막을 벗겨 둔다. 익힌 국물은 망에 걸러 3/4이 되도록 졸인다. 간을 맞춘 후 버터를 넣어 거품기로 잘 섞는다. 숟가락 뒷면에 흐르지 않고 묻을 정도의 농도가 되어야 한다.

송아지 살 완자 만들기
푸드 프로세서에 송아지 어깨살 고기를 간 다음, 달걀흰자, 생크림, 소금, 후추를 넣고 다시 한 번 갈아서 곱고 매끈하게 만든다. 볼에 덜어낸 다음, 디저트용 스푼으로 크넬 모양 완자를 만들어, 닭 육수(또는 다른 향신료를 넣은 부이용)에 데쳐 익힌다.

가니쉬 만들기
감자는 껍질을 벗긴 다음 모양을 내어 돌려 깎는다(p.504 단계별 테크닉 참조). 끓는 소금물에 15분 정도 삶아 따뜻하게 보관한다. 완숙한 달걀은 굵직하게 다지고, 코르니숑(달지 않은 오이피클)과 버섯은 작은 주사위 모양(brunoise: 브뤼누아즈)으로 자른다. 파슬리도 잘게 썰어 둔다.

플레이팅
송아지 머리 고기는 3~4cm 정도의 큐브 모양으로 자르고, 혀는 슬라이스해서 두꺼운 냄비나 서빙용 플레이트에 담는다. 주위에 따뜻한 감자를 놓고, 송아지 살 완자를 담는다. 다진 달걀, 양송이와 코르니숑 브뤼누아즈, 잘게 썬 파슬리를 뿌려준다. 아주 좋은 품질의 머스터드(오를레앙 머스터드 또는 디종 머스터드)를 곁들여 낸다. 특별한 파티일 경우, 트러플을 잘게 부수어 뿌려주면 더욱 좋다.

---

* ali-bab: 프랑스의 유명한 요리책 *Gastronomie pratique* 의 저자 앙리 바빈스키(Henri Babinski)의 필명.

- 레 시 피 -

베르나르 르프랭스
BERNARD LEPRINCE

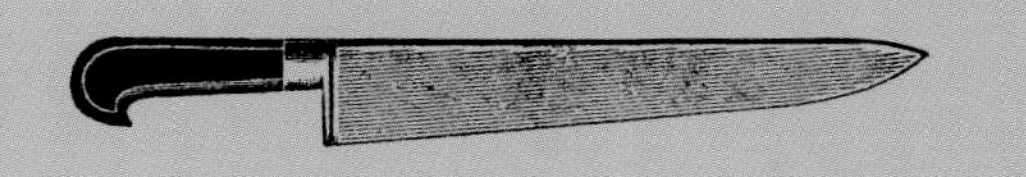

가금류
LA VOLAILLE

테크닉

- 테크닉 -

Habiller un poulet

닭 손질하기

❀

도구

토치

고기 전용 칼

• 1 •

닭을 쭉 늘여 잡아당긴다.

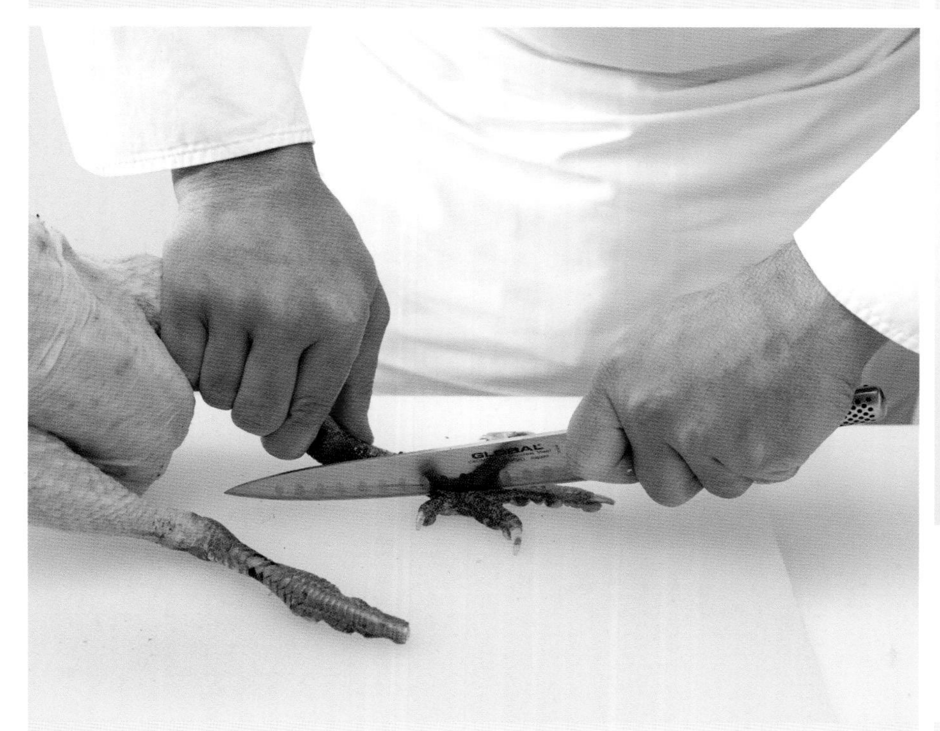

• 4 •

발가락은 가운데 부분만 남겨둔 채 자르고, 발톱을 제거한다.

• 5 •

발을 끓는 물에 몇 초간 담근다.

• 2 •

토치나 가스불로 다리와 살을 그슬려 솜털이나 깃털 뿌리 등을 말끔히 제거한다(껍질을 너무 오래 그슬려 태우거나 너무 뜨거워지지 않도록 조심한다).

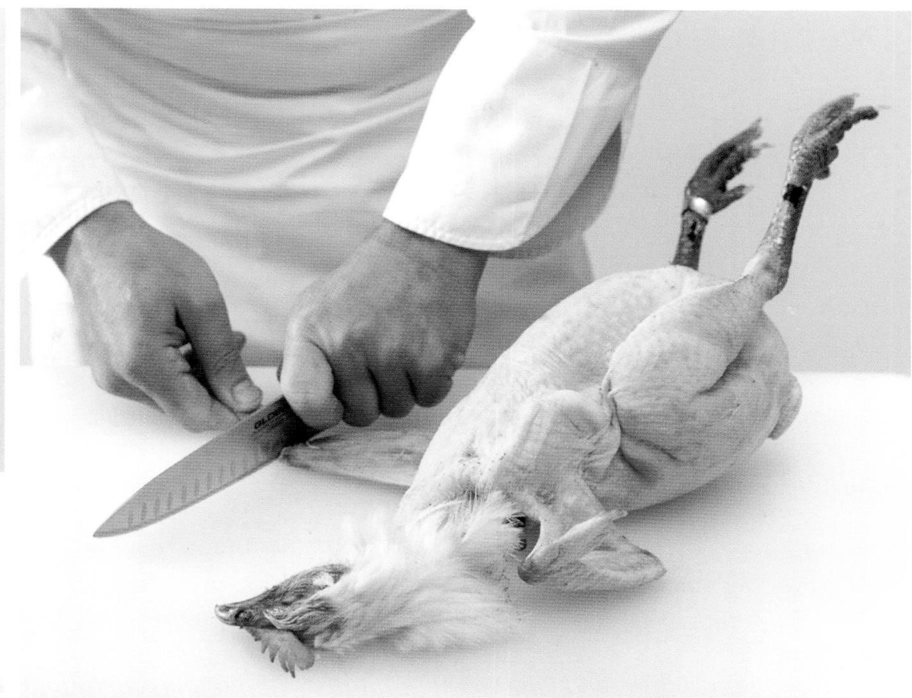

• 3 •

양 날개 끝부분을 잘라낸다.

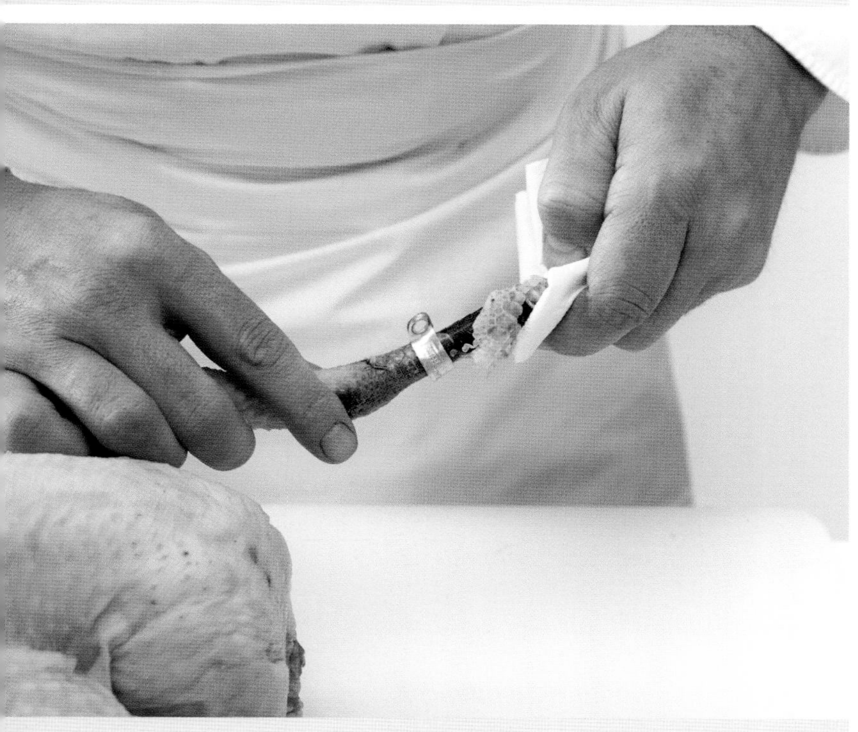

• 6 •

키친타월이나 행주를 사용해 발 껍질을 제거한다.

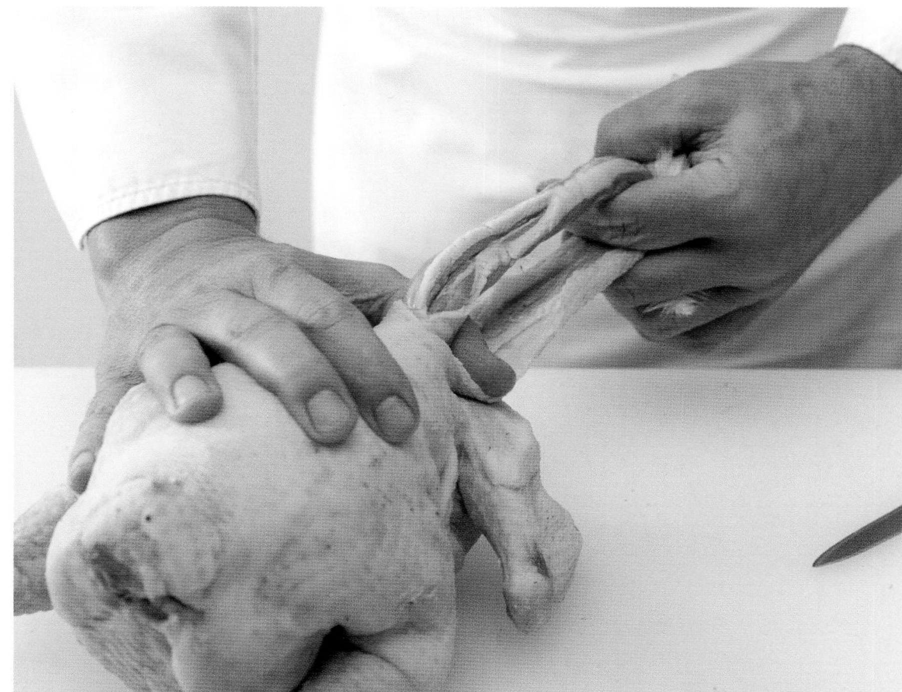

• 7 •

껍질을 팽팽히 당겨주면서 목을 꽉 잡고, 목을 따라 길게 칼집을 넣는다.

- 포커스 -

요리 용어는 때때로 사람들을 의아하게 만든다.
예를 들어 프랑스어로 '닭을 손질한다(Habiller un poulet)'는
표현은 직역하면 '닭에게 옷을 입히다'라는 뜻이다.
하지만 정작 닭은 털이 뽑히고, 내장을 빼 속을 비우고,
끝부분은 잘려나간 상태가 된다.
손질이 끝나면(habillé)
닭은 통째로 또는 토막 낸 상태로 조리 준비를
마치게 되는 것이다.

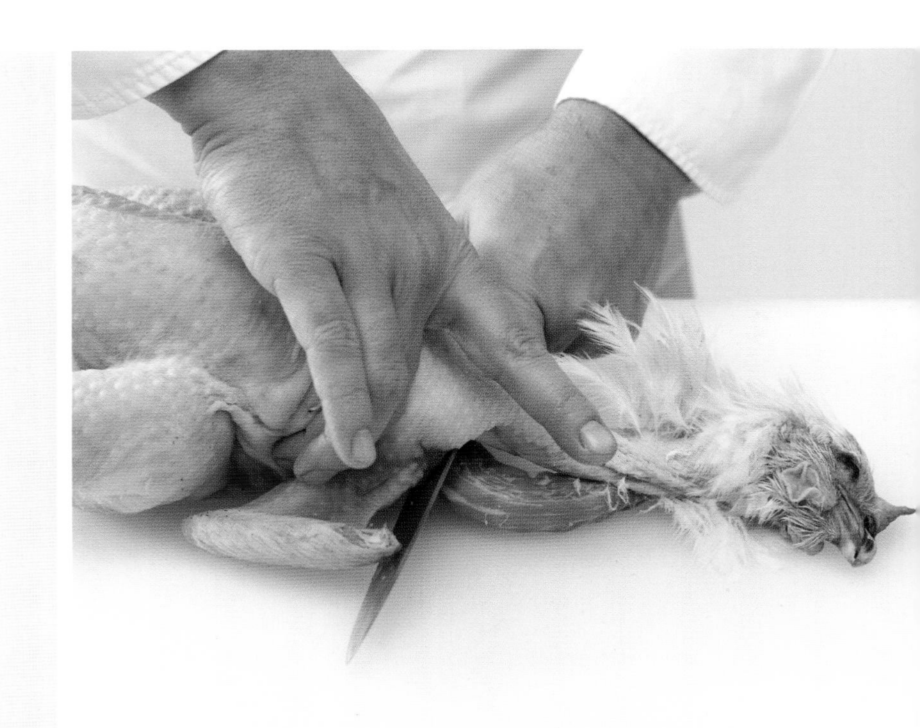

• 8 •

목을 껍질에서 분리한 다음, 목의 맨 밑 부분을 자른다.

• 11 •

항문을 잘라낸다.

• 9 •

가슴 쪽 내장을 떼어 낸다(호흡, 소화기관 내장, 식도와 모이주머니).

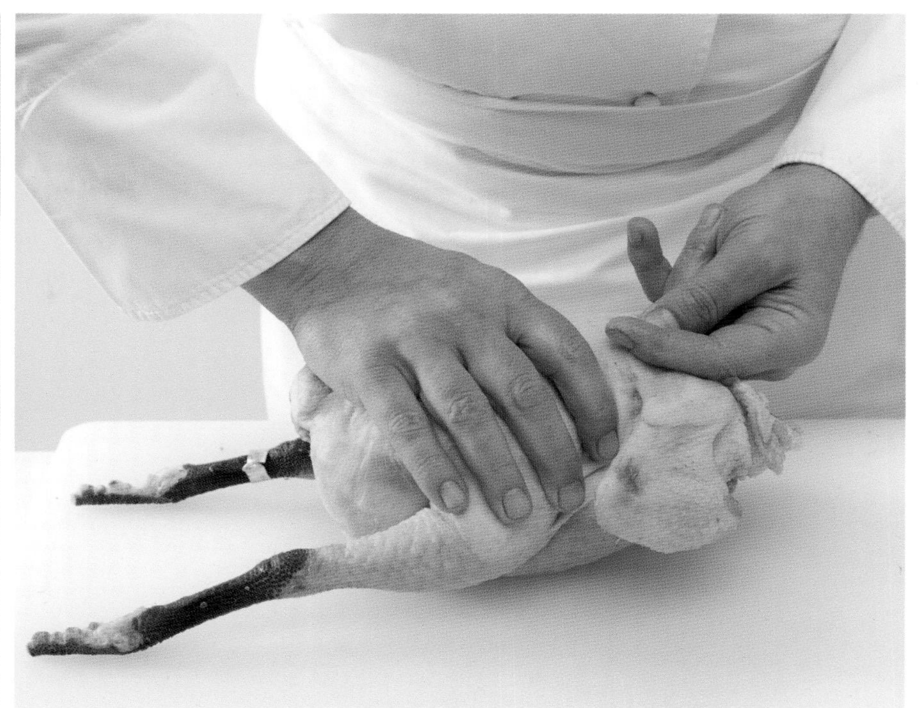

• 10 •

손가락을 흉곽 안으로 집어넣어 살살 돌리면서 허파와 염통을 떼어 낸다. 찢어지지 않도록 주의하며 한 덩어리로 빼낸다.

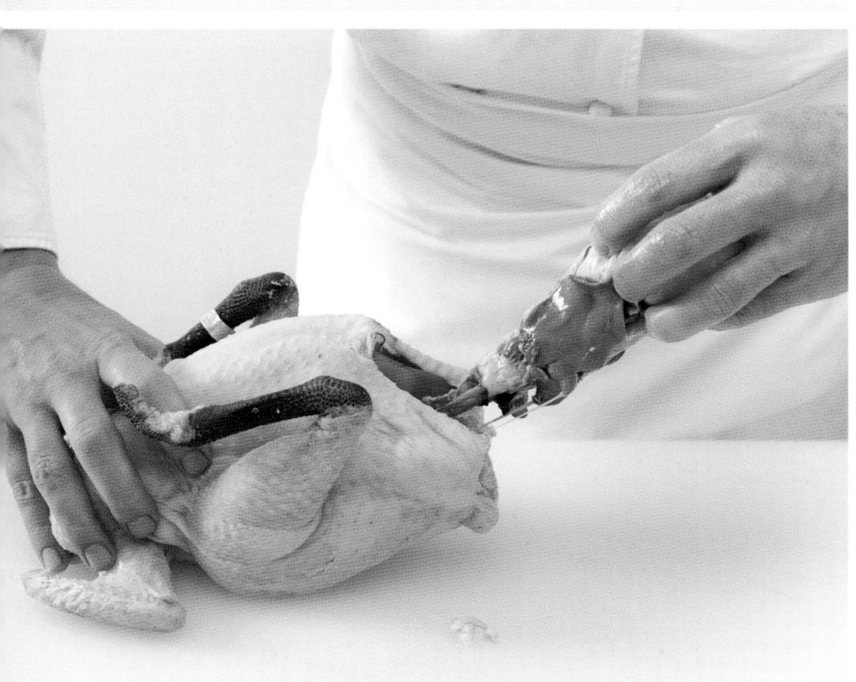

• 12 •

조심스럽게 내장 전체를 떼어, 한 덩어리로 완벽하게 빼낸다.

• 13 •

기름을 제거하고 모래주머니를 떼어 낸다. 둘로 갈라 울퉁불퉁한 부분을 제거하고 깨끗이 헹군다. 염통의 밑 부분을 집어내 허파와 분리하고, 녹색을 띤 주머니를 터트리지 않도록 주의하면서 간에서 쓸개를 떼어 낸다.

– 테크닉 –

Découper un poulet en 4 et en 8
닭 4토막, 8토막 내기

❀

도구

칼

작은 톱

• 1 •

닭을 측면으로 비스듬히 눕힌 다음, 닭다리를 손으로 잡고 칼을 돌려가면서 가슴에서 분리한다.

• 4 •

칼날을 흉곽 뼈와 살 사이에 넣고 가슴살을 자른 다음, 날개 관절 쪽을 잘라 분리한다.

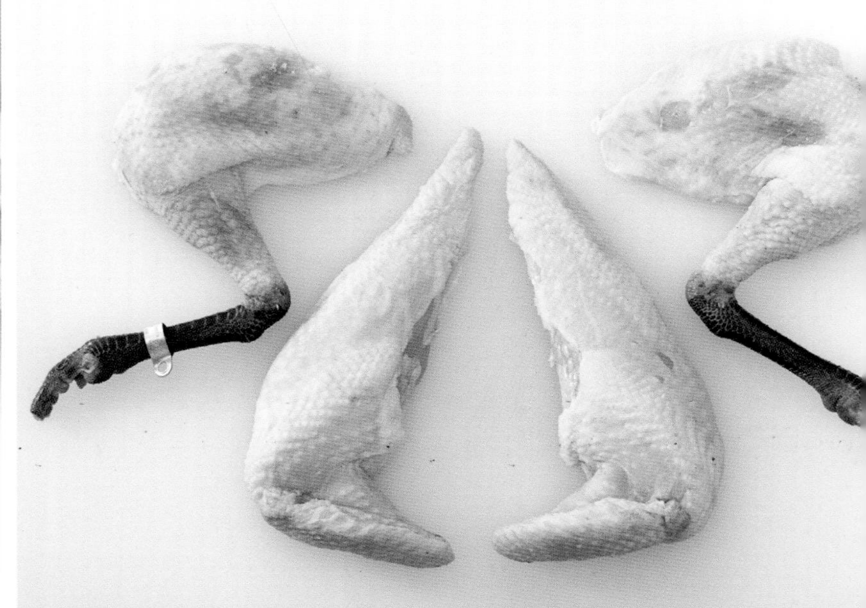

• 5 •

닭을 4토막으로 자른 모습: 다리 2개, 가슴살 2개.

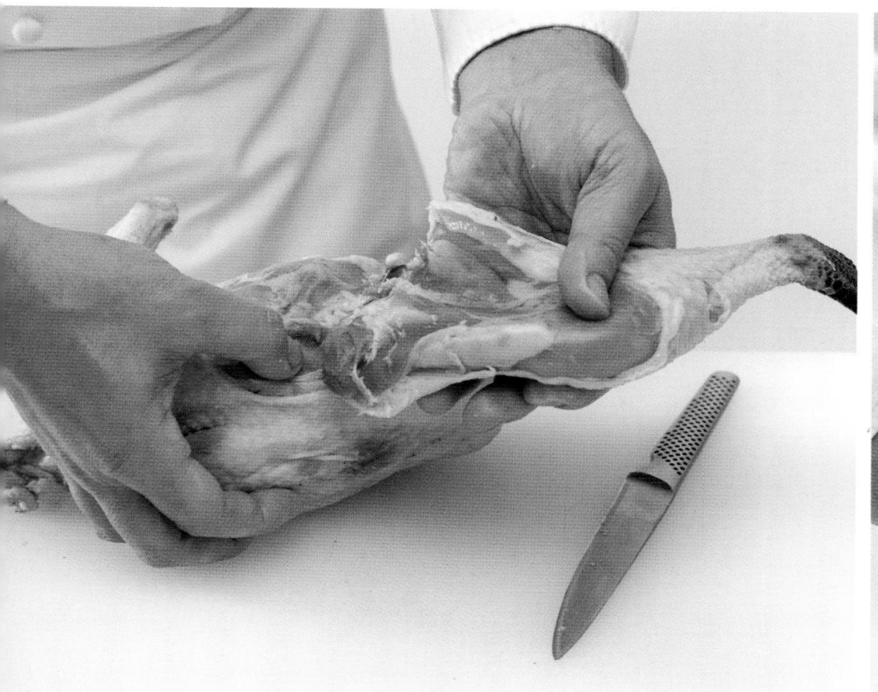

• 2 •

골반 뼈에 붙어 있는 살(sot-l'y-laisse)도 칼로 같이 잘라준 다음, 닭다리를 꺾어 떼어 낸다.

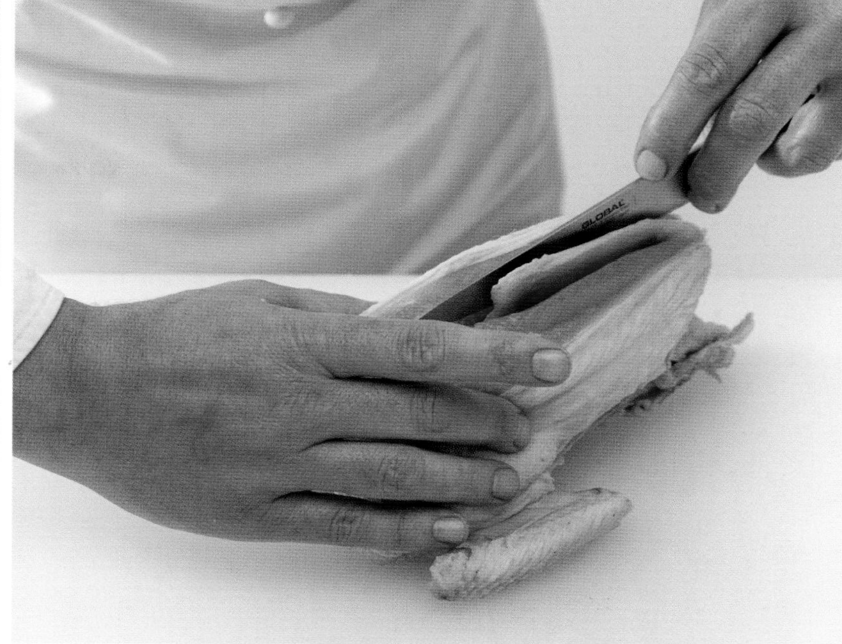

• 3 •

몸통을 손가락으로 팽팽히 잡고, 가슴뼈를 따라 양쪽으로 길게 칼집을 낸다.

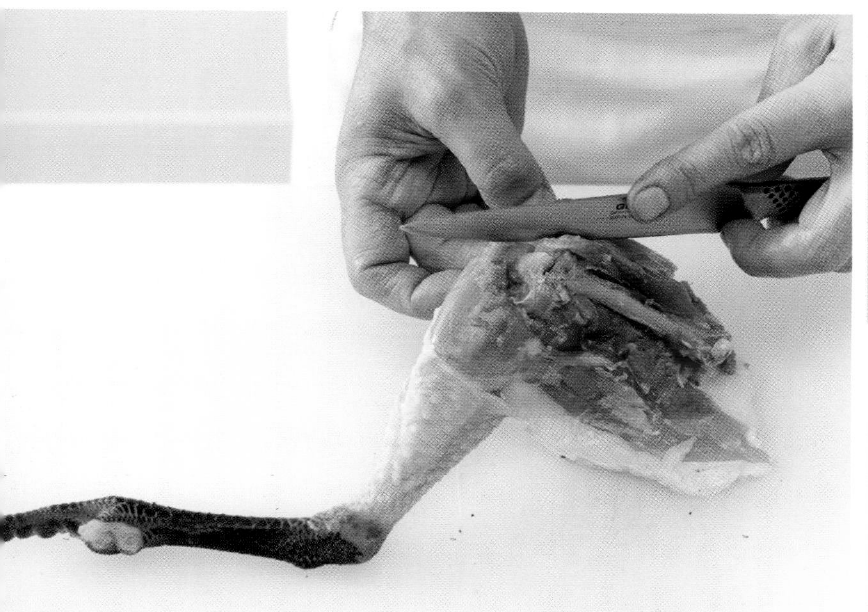

• 6 •

닭다리 장딴지 쪽의 뼈를 살에서 제거하기 위해 긁어가면서 떼어 낸다.

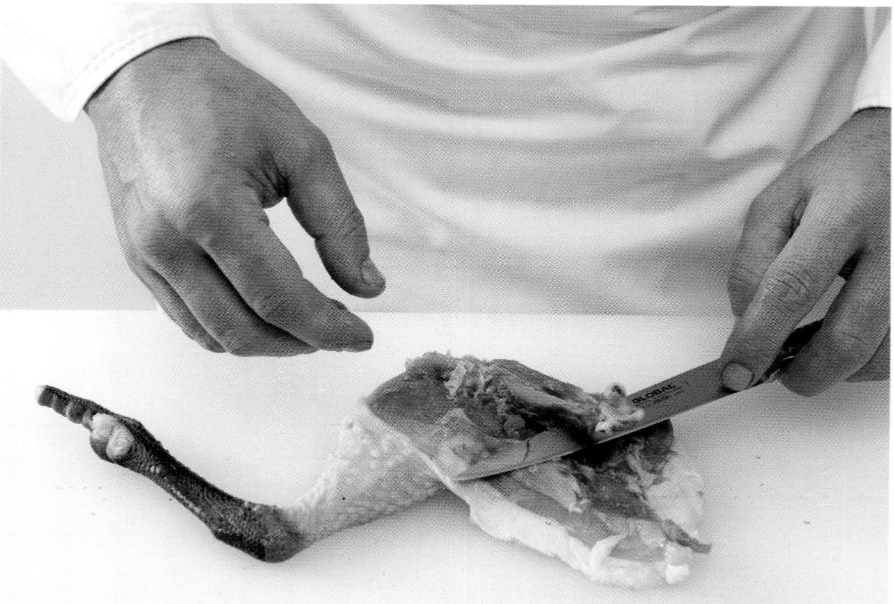

• 7 •

칼날을 뼈 밑에 넣고 다리의 관절에서 분리해 제거한다.

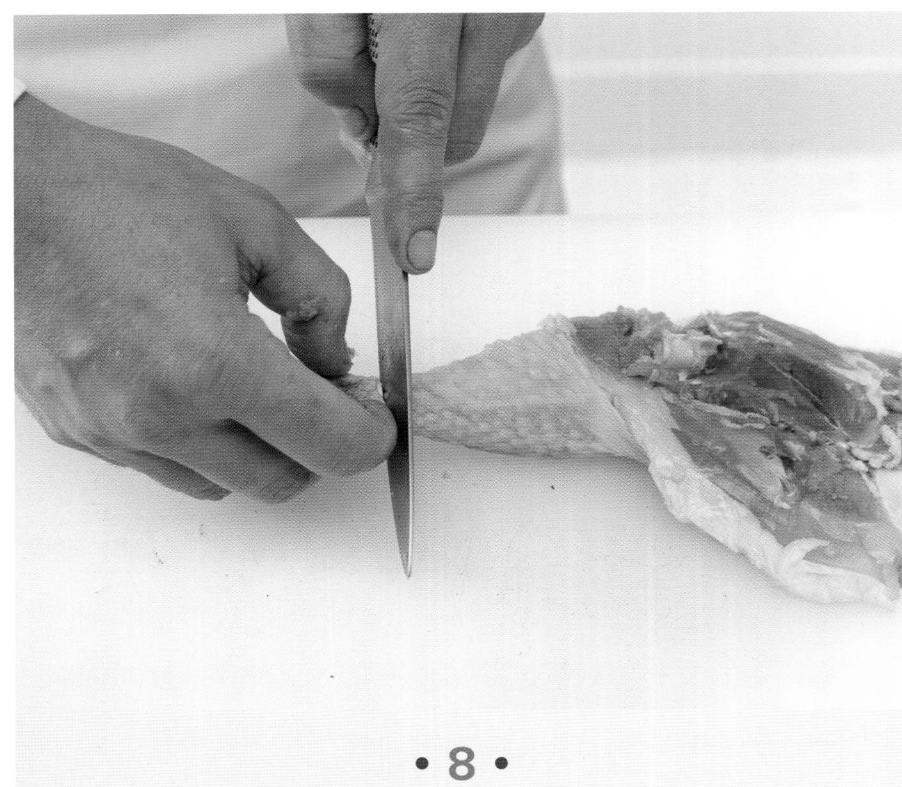

• 8 •

닭다리 끝부분 뼈를 빙 둘러가며 칼집을 낸다.

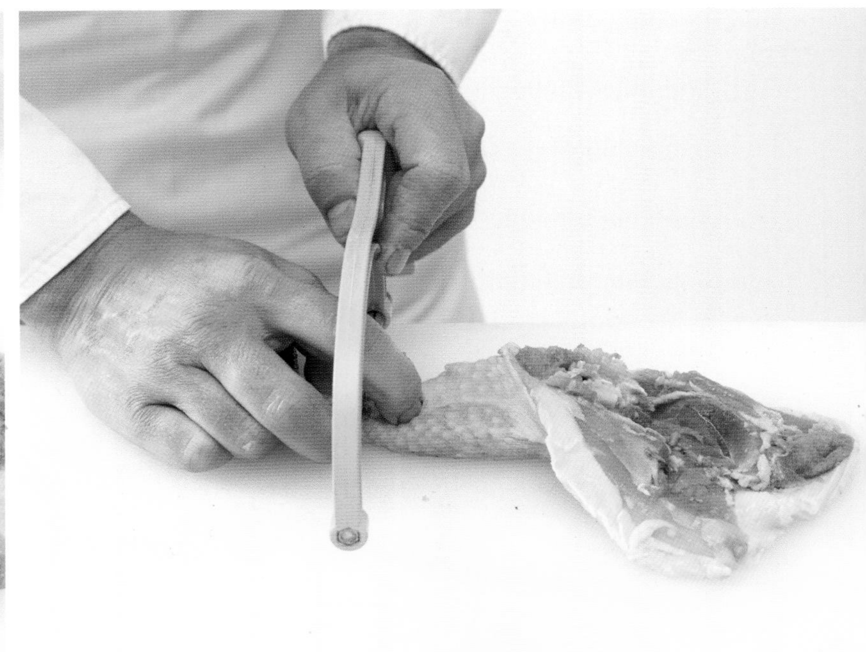

• 9 •

톱으로 뼈를 자른다.

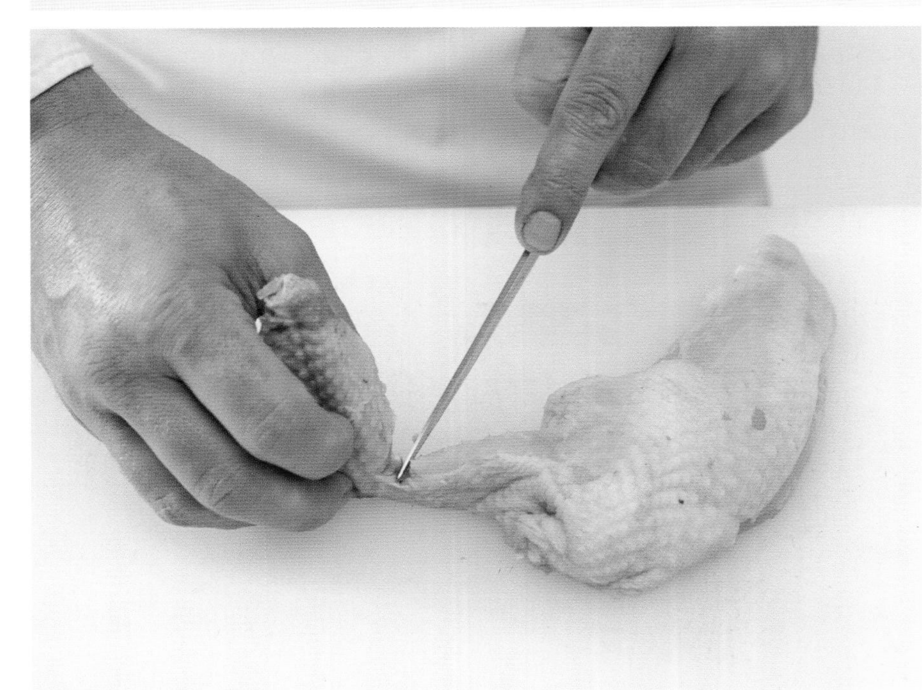

• 12 •

날개의 관절 부분에 칼집을 낸다.

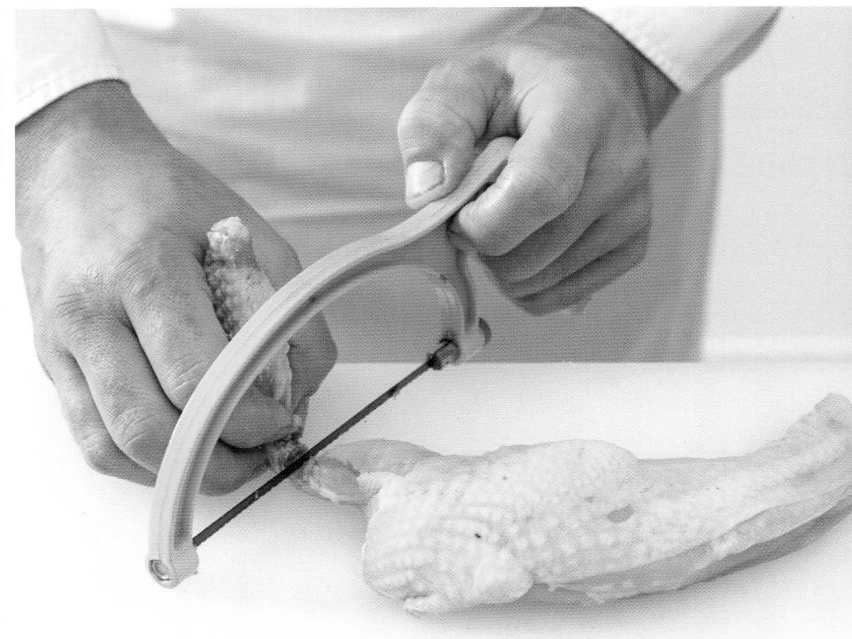

• 13 •

톱으로 날개 끝부분을 자른다.

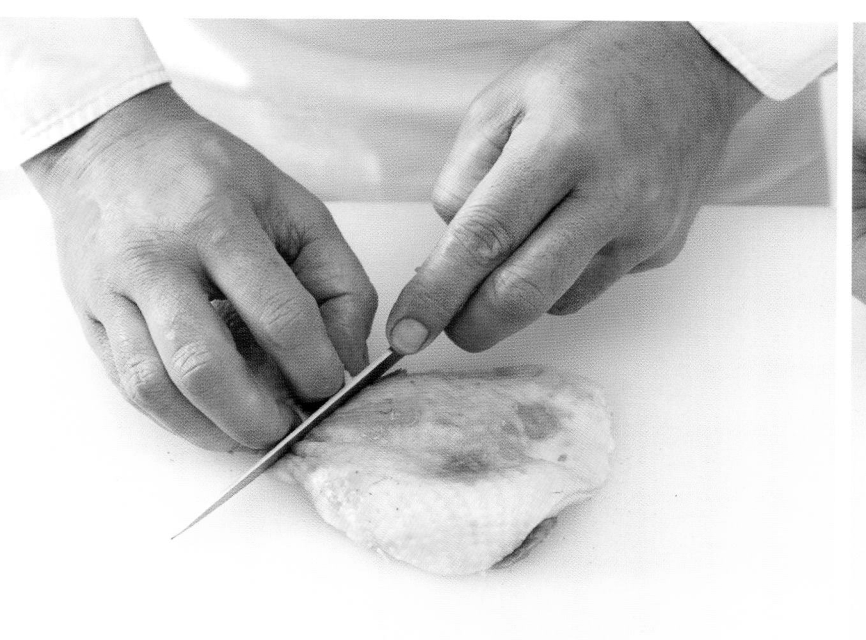

• 10 •

닭의 넓적다리 살과 드럼 스틱 부분을 분리한다.

• 11 •

끝부분 뼈의 살을 긁어 밀어 2cm 정도 뼈가 나오게 해준 다음, 다리살 껍질로 통통하게 감싼다.

• 14 •

가슴살은 반으로 나누어 비스듬히 자른다.

• 15 •

닭을 8토막으로 자른 모습.

– 테크닉 –

Brider un poulet à deux brides

닭 실로 묶기

도구

조리용 바늘

조리용 실

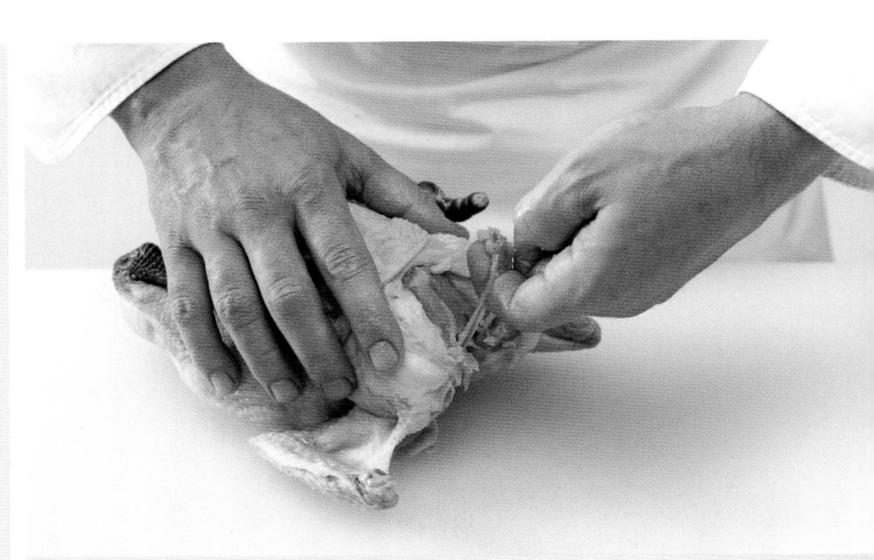

• 1 •

쇄골 부분의 V자 뼈(wishbone: 위시본)를 떼어 낸다.

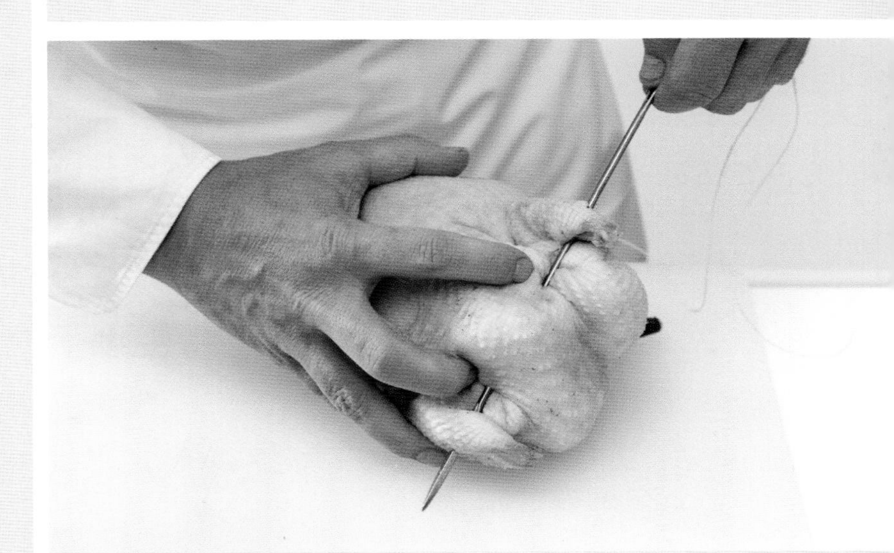

• 4 •

계속해서 한쪽 날개뼈 쪽으로 바늘을 찔러 넣어, 흉곽을 덮은 목 껍데기를 통과시켜 다른 쪽 날개로 뺀다.

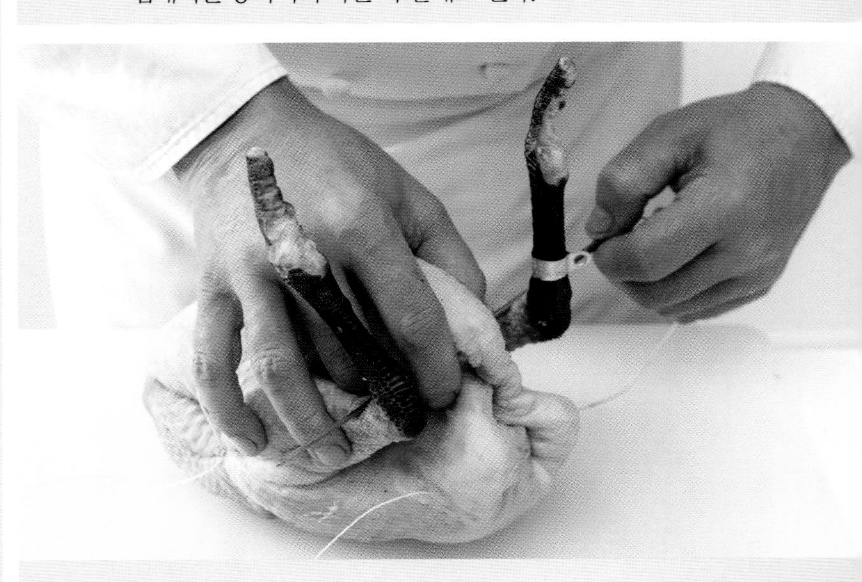

• 7 •

계속해서 반대쪽으로부터 찔러 넣고, 발은 잘 붙잡은 채로 가슴뼈 끝부분 아래를 통과시킨다.

• 2 •

발의 관절 부분에 있는 힘줄이 수축되지 않도록 칼집을 내어 끊어 준다. 닭의 안쪽에 간을 한다.

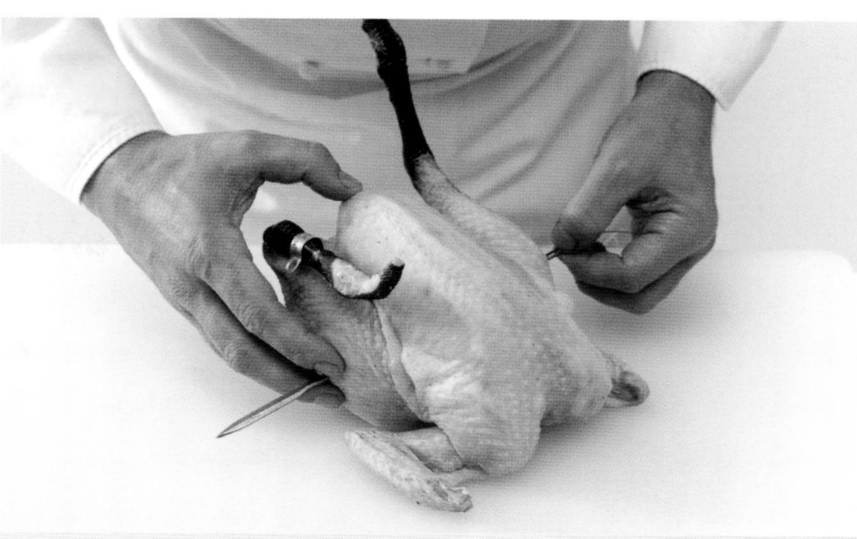

• 3 •

조리용 바늘에 실을 꿰어, 다리의 관절 부분으로 넣어 다른 쪽 같은 부분으로 빼낸다.

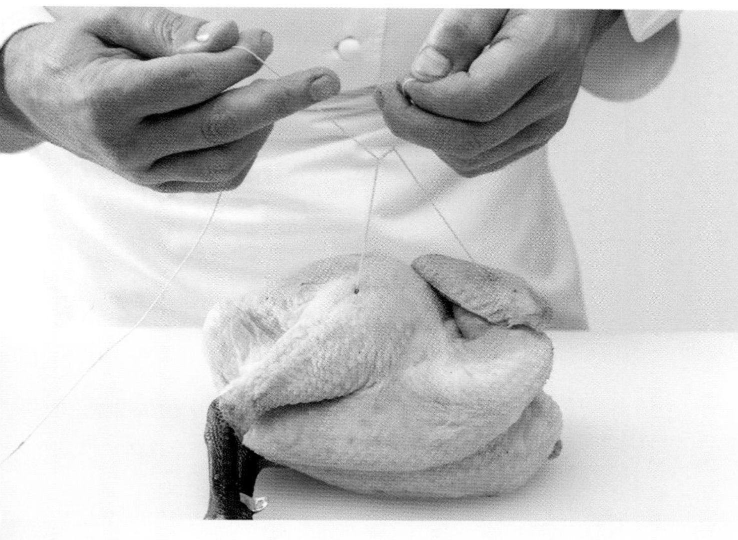

• 5 •

맨 처음 바늘을 찔렀던 다리 쪽의 실과 마지막 빼낸 날개 쪽의 실을 팽팽히 잡아당겨 단단히 두 번 매듭지어 묶는다.

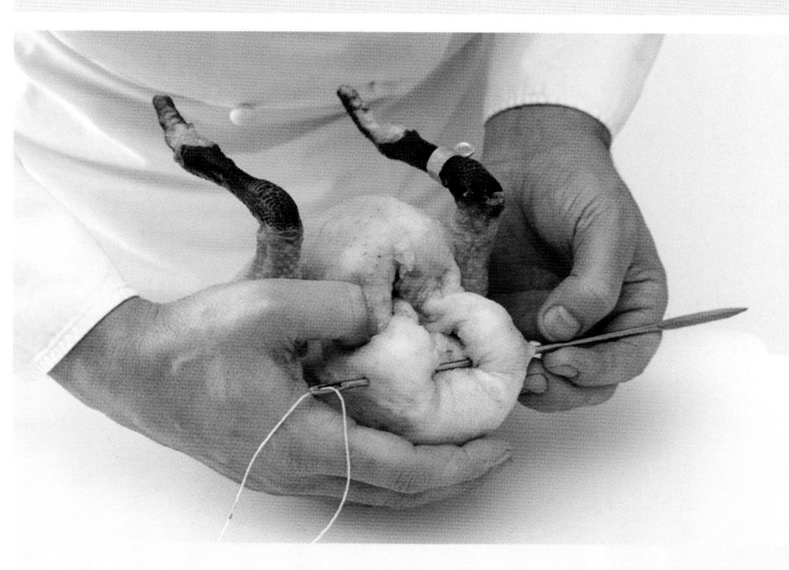

• 6 •

엉덩이를 몸통 뼈 안쪽으로 밀어 넣고, 바늘을 찔러 넣어 양쪽을 통과시킨다.

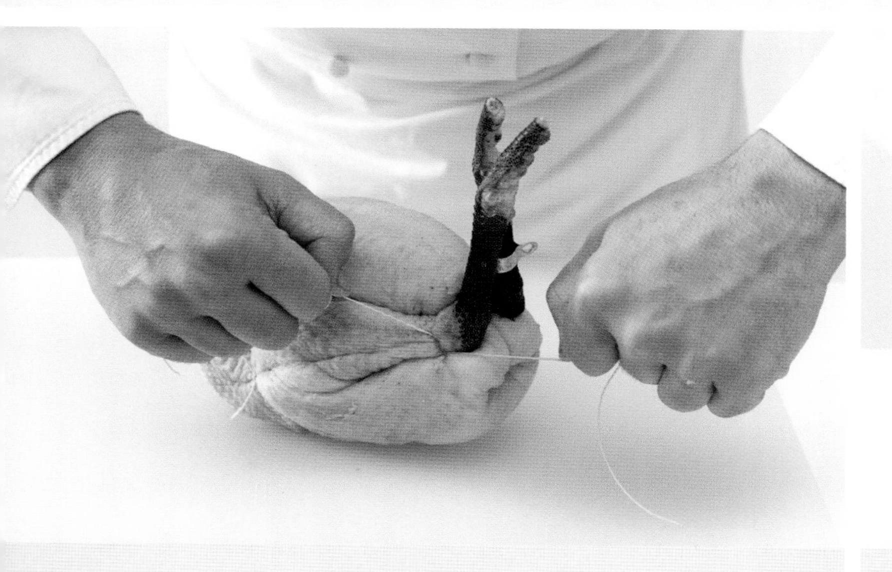

• 8 •

실을 빼내어 시작 부분의 실과 전체를 단단히 잘 묶어 두 번 매듭짓는다.

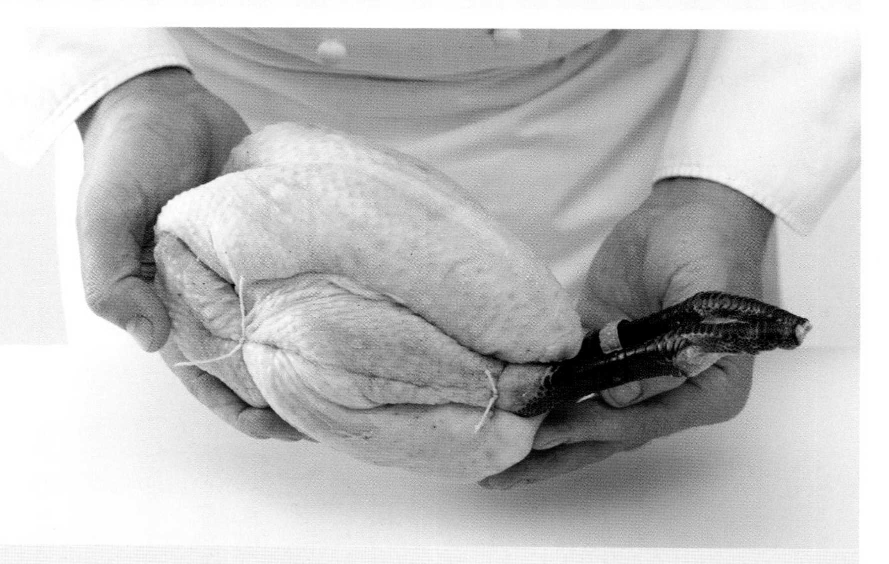

• 9 •

조리 준비가 된 모습.

- 테크닉 -

Habiller un canard
오리 손질하기

도구

토치

(또는 가스레인지)

작은 칼 또는 핀셋

• 1 •

오리를 쭉 잡아 늘린다.

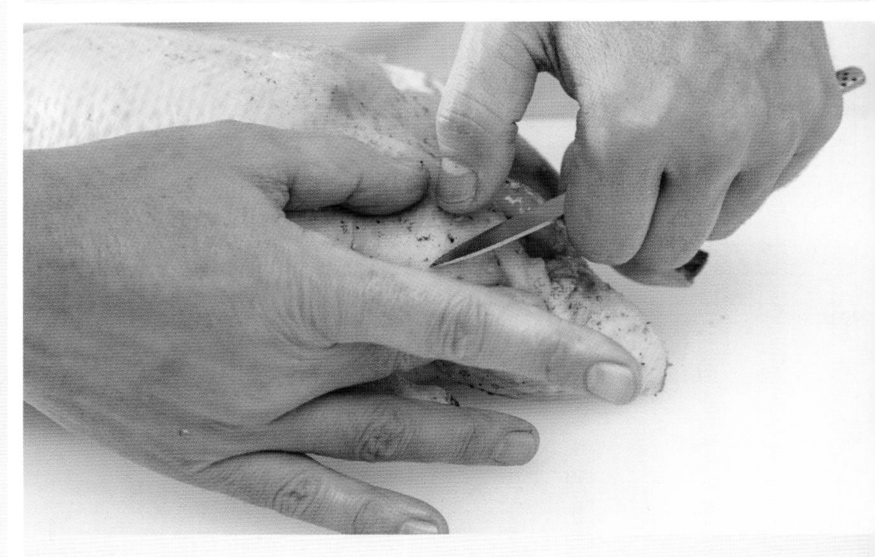

• 4 •

작은 칼끝으로, 남아 있는 깃털 자국 뿌리를 제거한다. 칼과 엄지 손가락으로 눌러가며 꼼꼼히 빼준다.

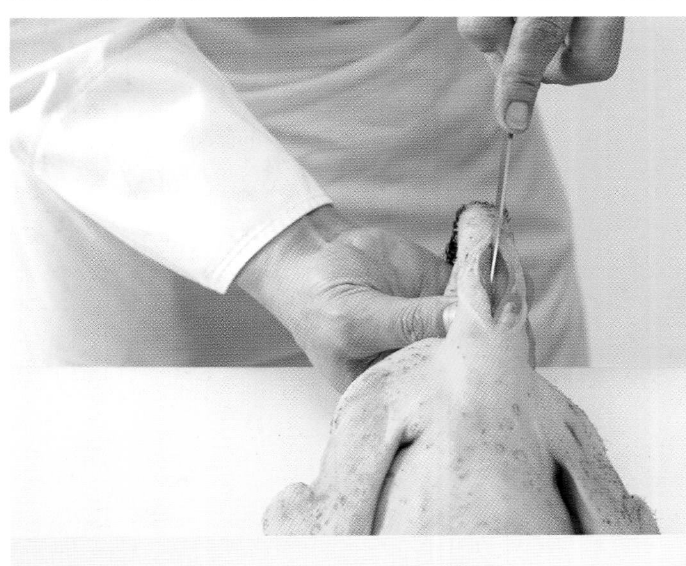

• 7 •

오리의 목을 꽉 잡고 껍데기를 팽팽하게 당긴 다음, 목을 따라 길게 칼집을 넣어 절개한다.

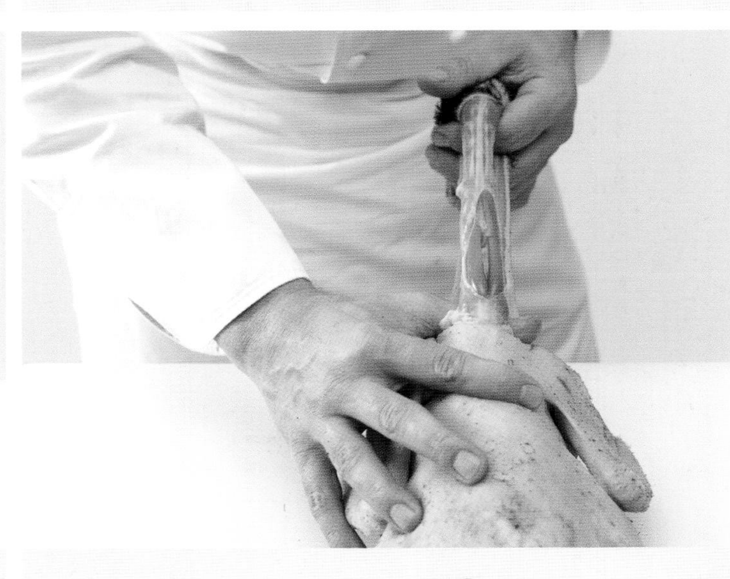

• 8 •

껍질과 목을 분리한다.

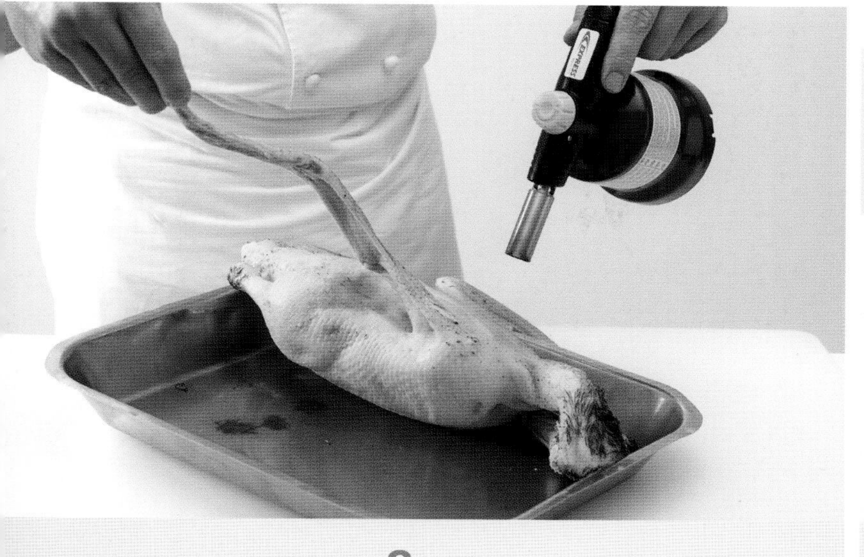

• 2 •

토치로 발과 껍질을 그슬려(껍질이 타지 않게 주의), 솜털, 깃털 뿌리, 남은 잔 깃털을 꼼꼼히 제거한다.

• 3 •

발의 관절 위쪽을 자른 다음, 끝을 불로 그슬린다. 키친타월이나 깨끗한 면포로 잡고 껍질을 제거한다.

• 5 •

또는 핀셋을 이용해서 깃털 자국 뿌리를 제거한다.

• 6 •

날개 끝을 자른다.

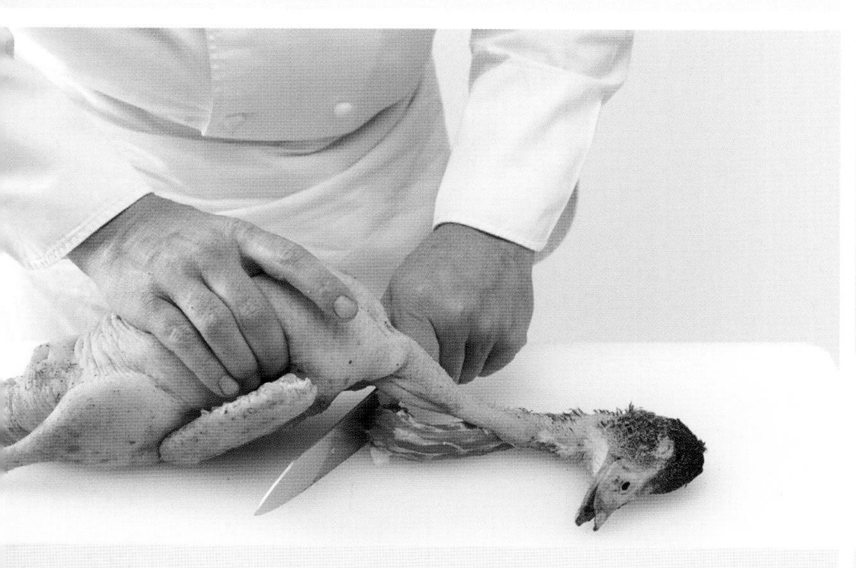

• 9 •

오리를 납작하게 눕히고, 목의 제일 아래쪽을 자른다.

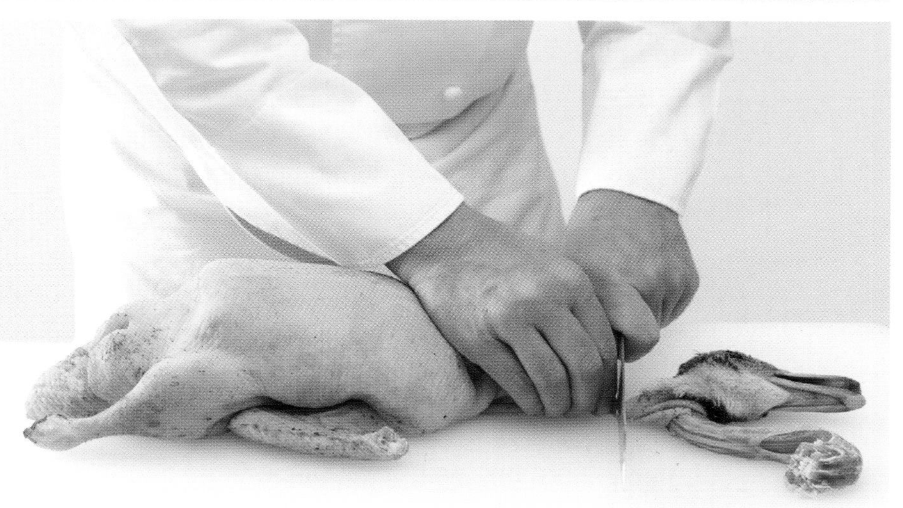

• 10 •

머리에서 4~5cm 떨어진 부분에서 목 껍질을 자른다.

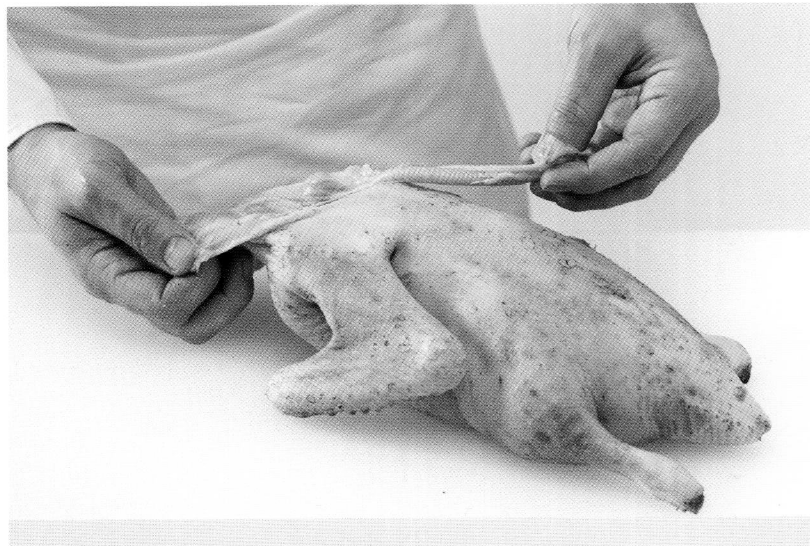

• 11 •

흉곽 속의 내장(호흡, 소화기관 내장, 식도와 모이주머니)을 목 껍질에서 떼어 분리한다.

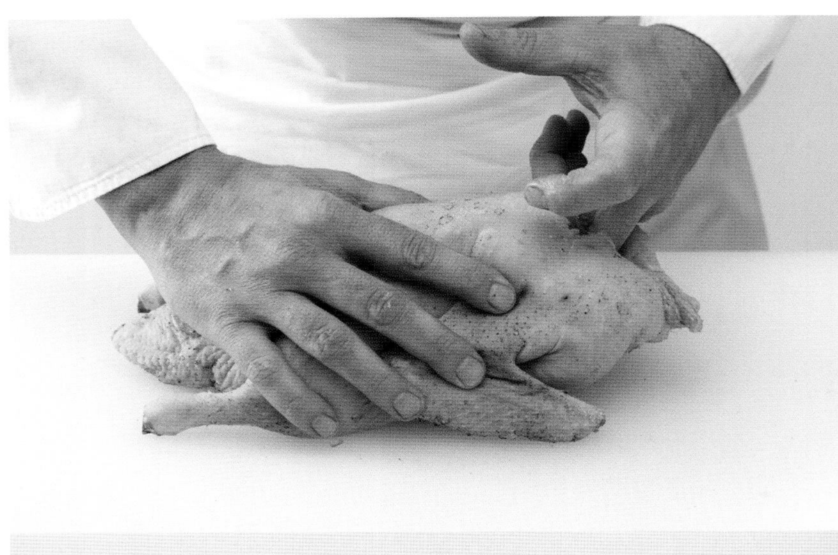

• 12 •

손가락을 흉곽 안으로 집어넣어 살살 돌리면서 허파와 염통을 떼어 낸다. 찢어지지 않도록 주의하며 한 덩어리로 뗀다.

• 15 •

호흡, 소화기관 내장 덩어리에는 허파, 염통, 간, 위 그리고 모래주머니가 붙어 있다.

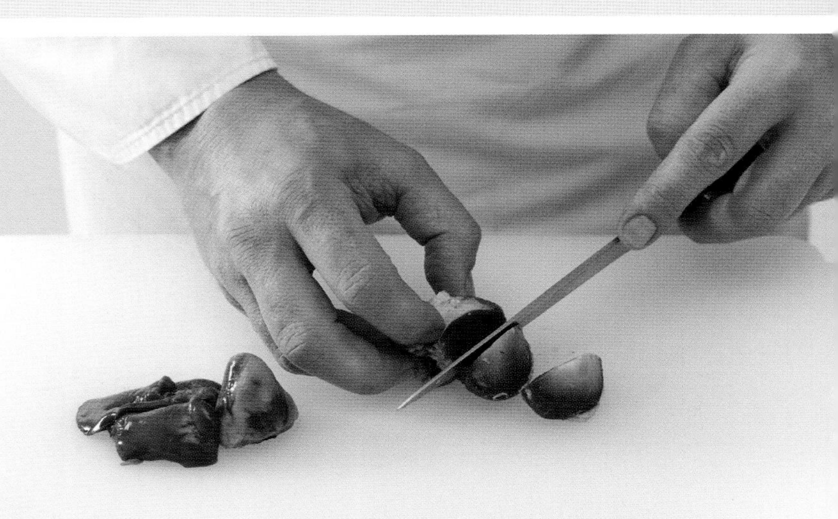

• 16 •

쓸개를 떼어 낸 간, 염통, 모래주머니는 보관한다.

• 19 •

오리의 안쪽에 간을 한다.

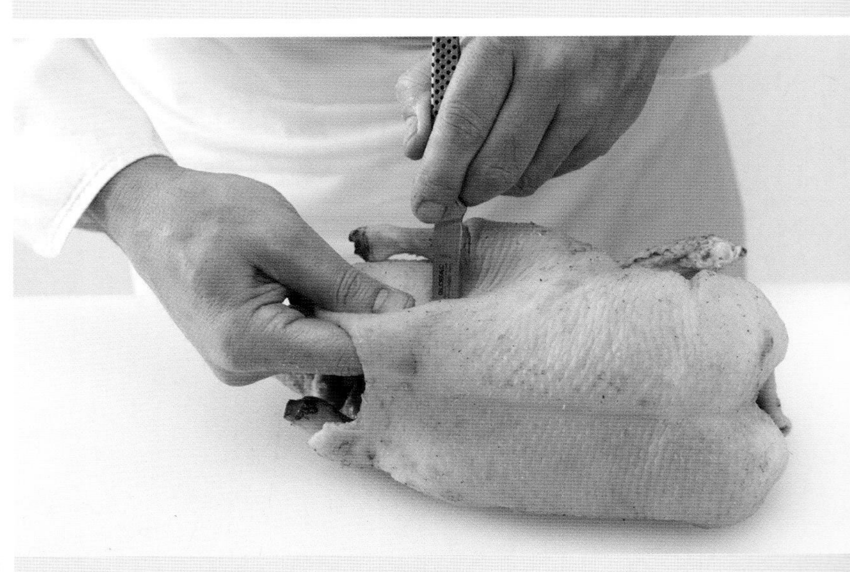

• 20 •

칼끝으로 가슴뼈 뒤쪽 옆면의 껍질을 잘라 칼집을 낸다.

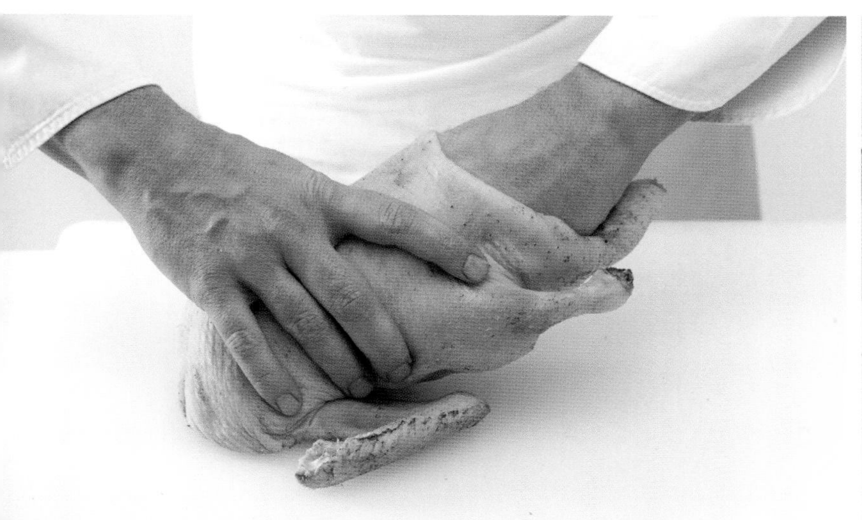

• 13 •

항문을 잘라낸 다음, 내장 전체를 떼어 낸다.

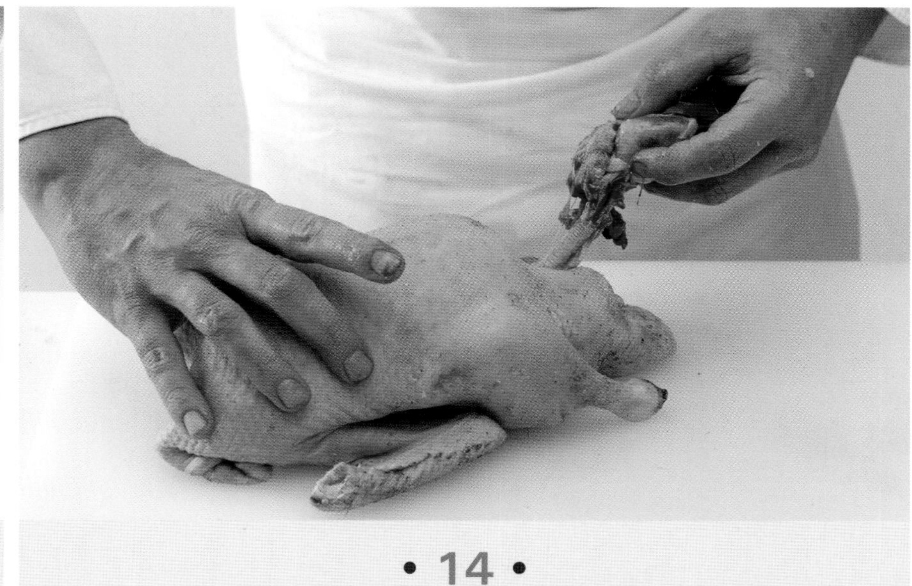

• 14 •

조심스럽게 한 덩어리로 잡아 빼낸다.

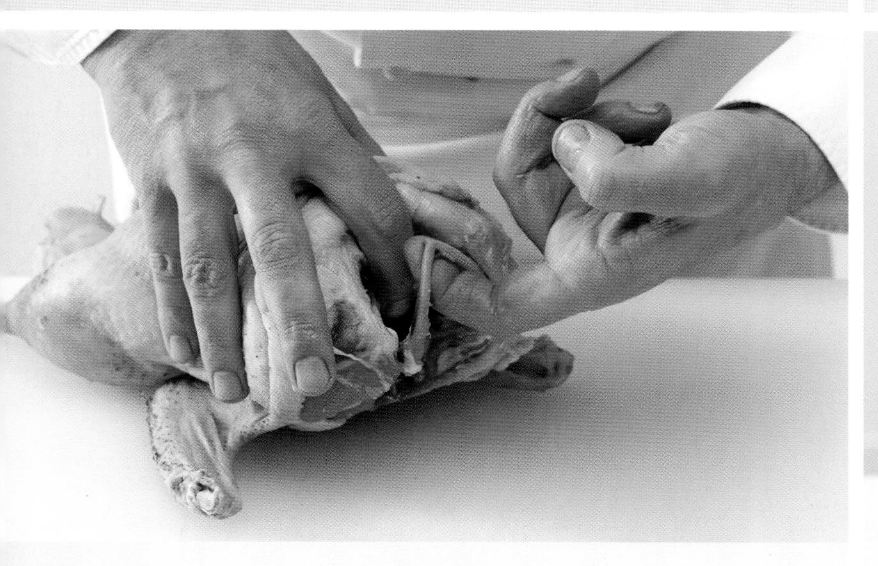

• 17 •

쇄골의 V자 뼈(wishbone: 위시본) 주변에 칼집을 낸 후, 검지를 넣어 잡아 빼낸다.

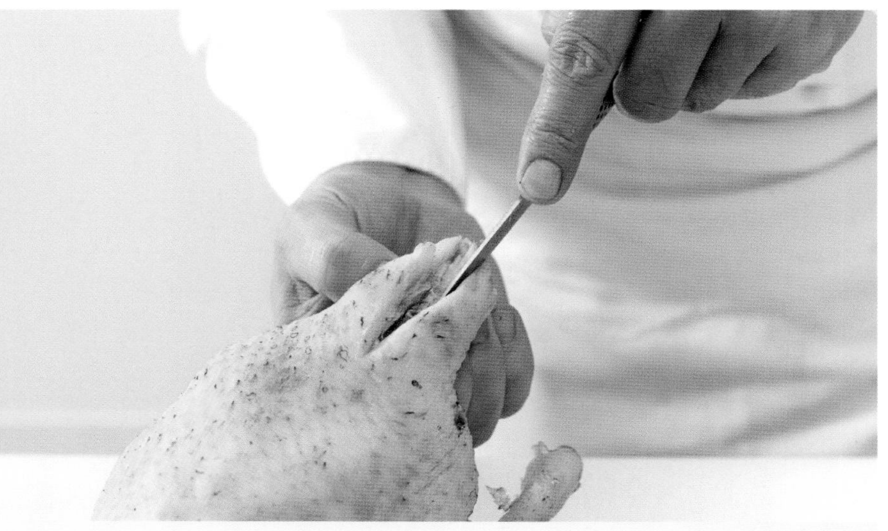

• 18 •

작은 칼끝으로, 엉덩이에 칼집을 내어 절개한 뒤, 두 개의 기름덩어리를 잘라낸다.

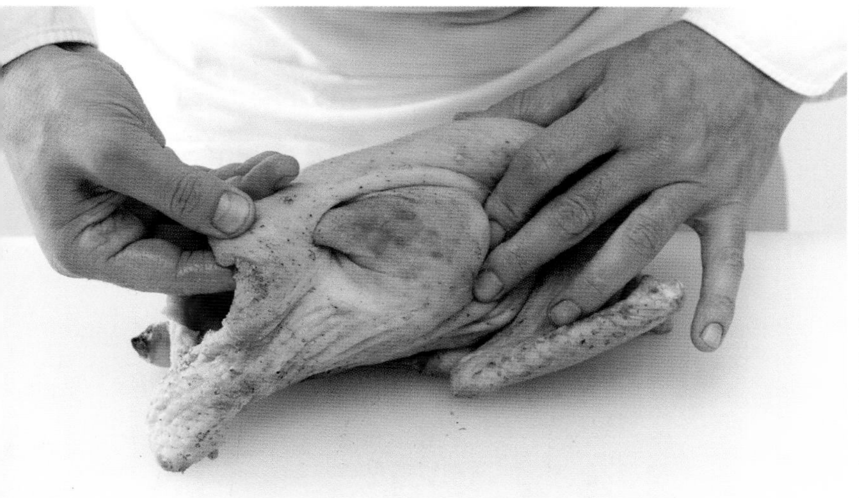

• 21 •

다리 끝을 그 안으로 집어넣는다.

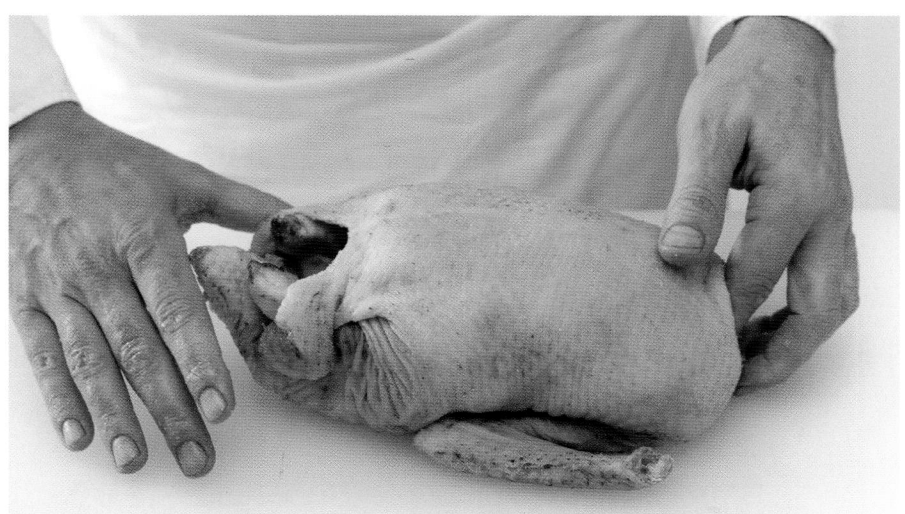

• 22 •

오리 다리를 몸통에 끼워 넣은 후, 조리 준비를 마친 상태.

- 테크닉 -

Brider un canard
오리 실로 묶기

도구

조리용 바늘

조리용 실

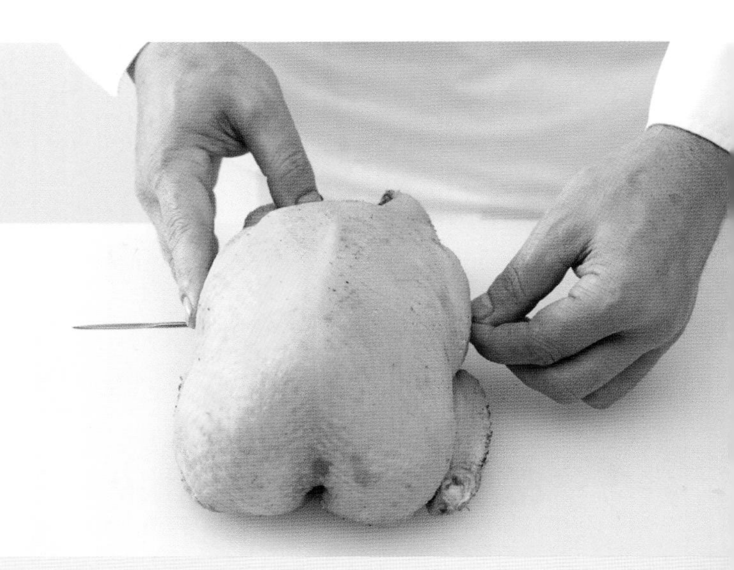

• 1 •

오리 안쪽에 간을 한다. 조리용 바늘에 실을 꿰어, 다리의 관절 부분으로 넣고 다른 쪽 같은 부분으로 빼낸다.

• 3 •

목 껍질로 흉곽을 덮어준 다음, 바늘을 찔러 통과시켜 다른 쪽 날개로 뺀다.

• 5 •

엉덩이를 몸통뼈 안쪽으로 밀어 넣고, 바늘을 찔러 넣어 양쪽을 통과시킨다.

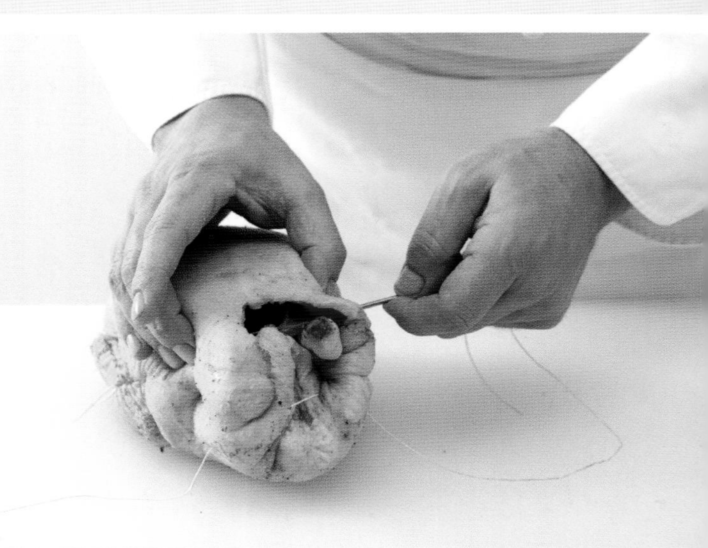

• 6 •

몸통 안에 집어넣은 다리 위쪽에 바늘을 찔러 넣고 반대편으로 뺀다.

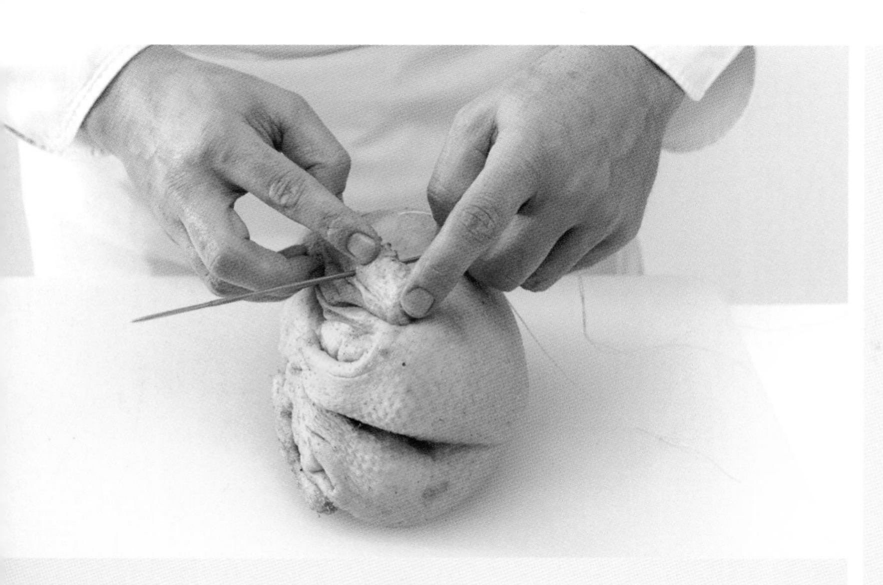

• 2 •

계속해서 한쪽 날개뼈 쪽으로 바늘을 찔러 넣는다.

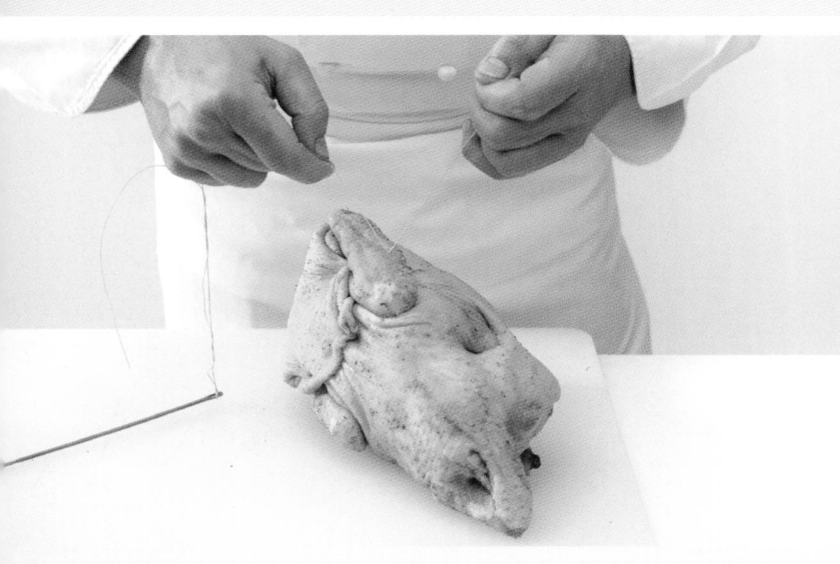

• 4 •

맨 처음 바늘을 찔렀던 다리 쪽의 실과 마지막 빼낸 날개 쪽의 실을 팽팽히 잡아당겨 단단히 두 번 매듭지어 묶는다.

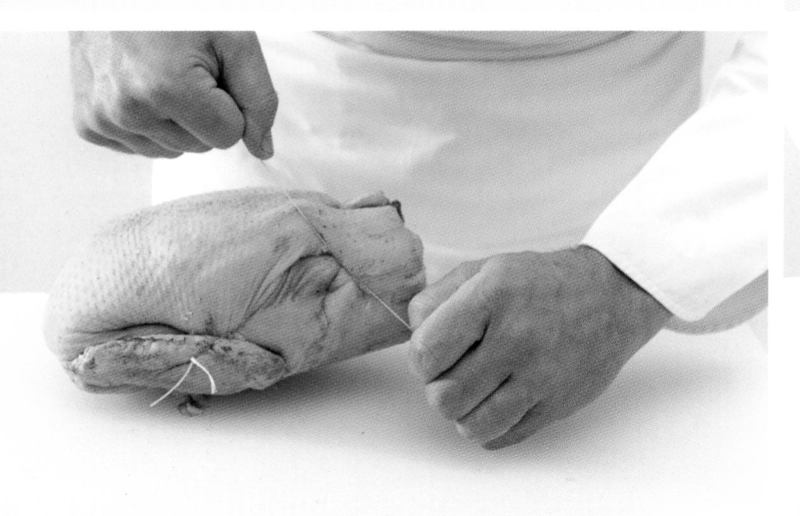

• 7 •

단단히 당겨서, 두 번 매듭지어 묶는다.

– 포커스 –

닭이나 오리를 실로 묶는 테크닉의 제일 큰 목적은
살을 고루 익게 하는 것이다.
물론 맨 처음 실습하기는 까다롭고
어느 정도 손에 익어야만 하지만,
조리 후의 결과를 확인해보면 충분히
익혀둘 만한 가치가 있는 조리 기술이다.

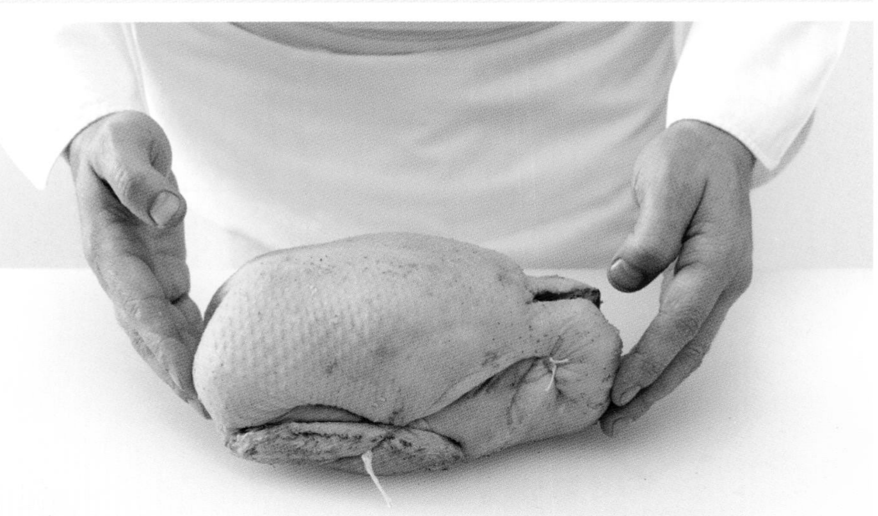

• 8 •

조리 준비가 된 모습.

- 테크닉 -

Découper un canard

오리 토막 내기

도구

칼

주방용 가위

• 1 •

오리를 측면으로 비스듬히 눕힌 다음 다리 끝을 손으로 잡고, 다리 둘레에 칼집을 내주며 가슴에서 분리한다.

• 4 •

조리용 가위로 척추뼈를 잘라낸다.

• 7 •

드럼 스틱의 다리뼈를 따라 칼집을 내고 꼼꼼히 긁어준다.

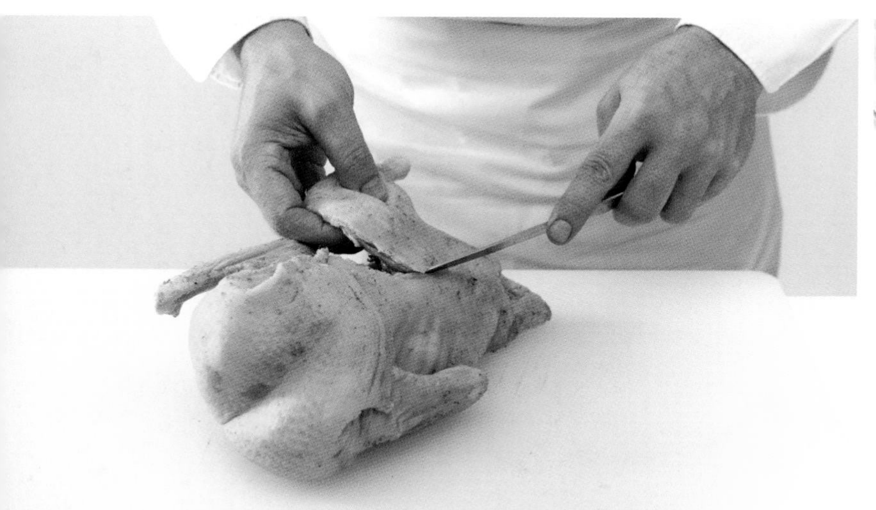

• 2 •

칼집을 계속 내서 윗다리살 관절까지 잘라준다. 골반 뼈에 붙어 있는 살(sot-l'y-laisse)도 같이 잘라낸다.

• 3 •

다리를 붙잡고, 손으로 살살 돌리듯이 다리를 꺾어 떼어 낸다.

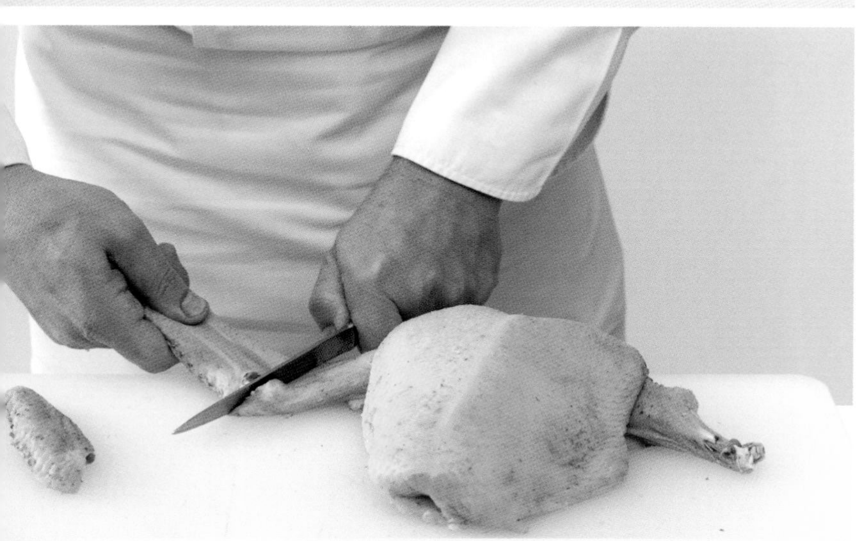

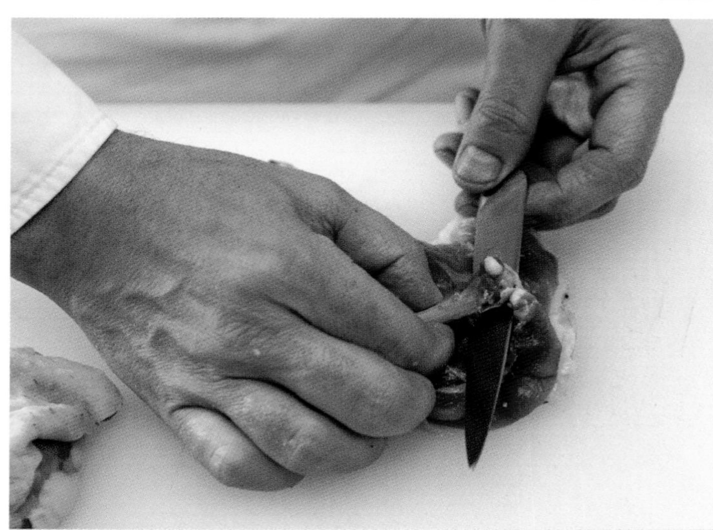

• 5 •

날개를 자르고 윗날개뼈를 긁어 다듬는다.

• 6 •

작은 칼로 윗다리살의 뼈를 제거한다.

• 8 •

뼈를 잘 발라낸 후, 떼어 낸다.

• 9 •

껍질과 양쪽 몸통에 칼집을 나란히 넣어준다. 가슴 통째로 조리할 준비가 완료되었다.

- 테크닉 -

Désosser un pigeon

비둘기 뼈 제거하기

❀

도구

뼈 제거용 칼

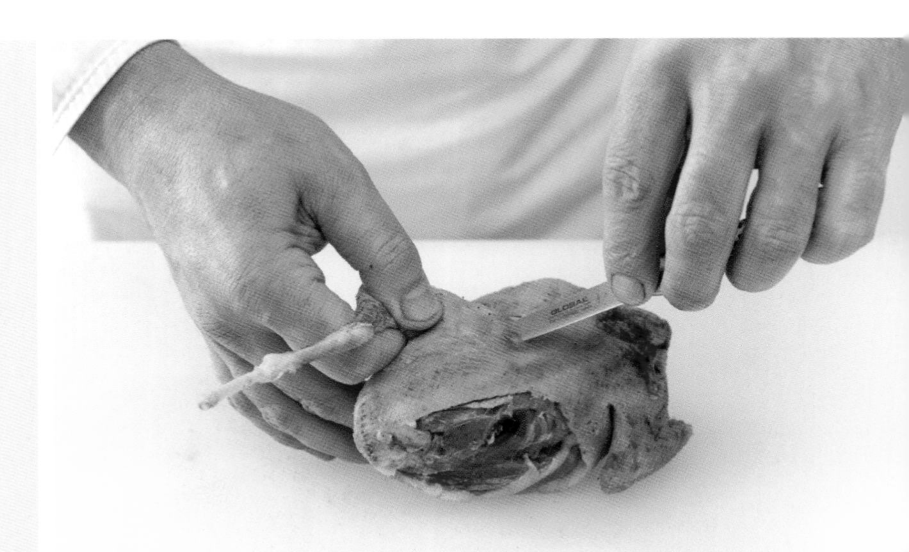

• 1 •

비둘기 다리를 살짝 들고, 가슴과 다리 사이 부분의 껍질부터 칼집을 넣어 자른다.

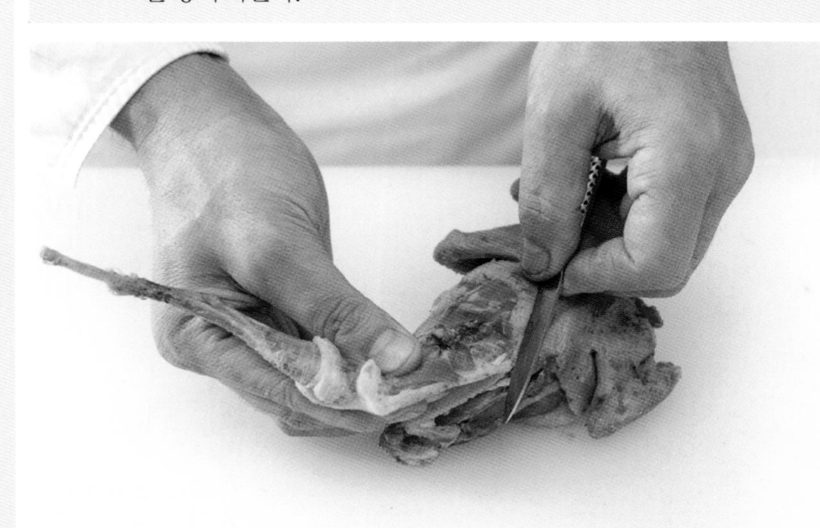

• 3 •

다리를 관절 부위에서 분리하여 뒤쪽으로 꺾고, 힘줄을 자른다.

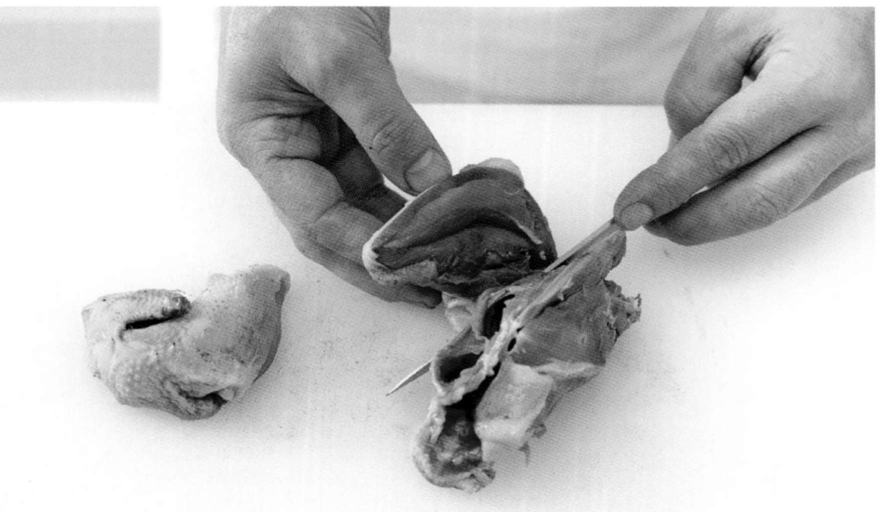

• 5 •

관절 부분까지 칼을 넣어 가슴살을 잘라낸다.

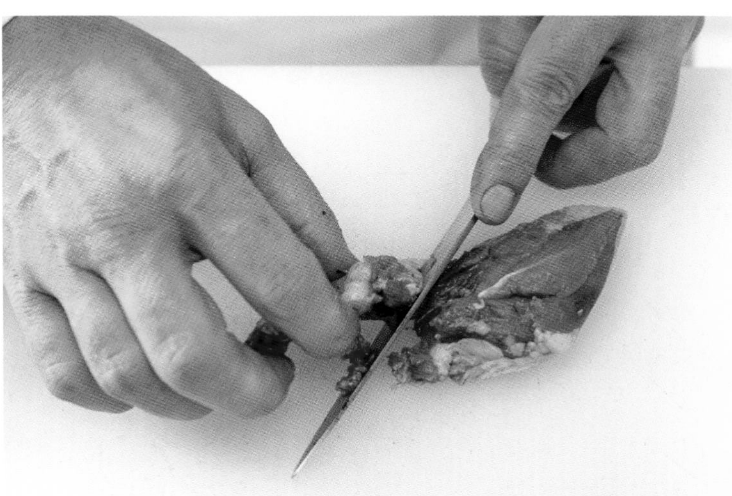

• 6 •

가슴살과 날개를 분리한다.

• 2 •

비둘기를 돌려놓고, 윗다리 둘레를 따라 둥그렇게 자르고 칼날을 관절 부위까지 밀어 넣는다.

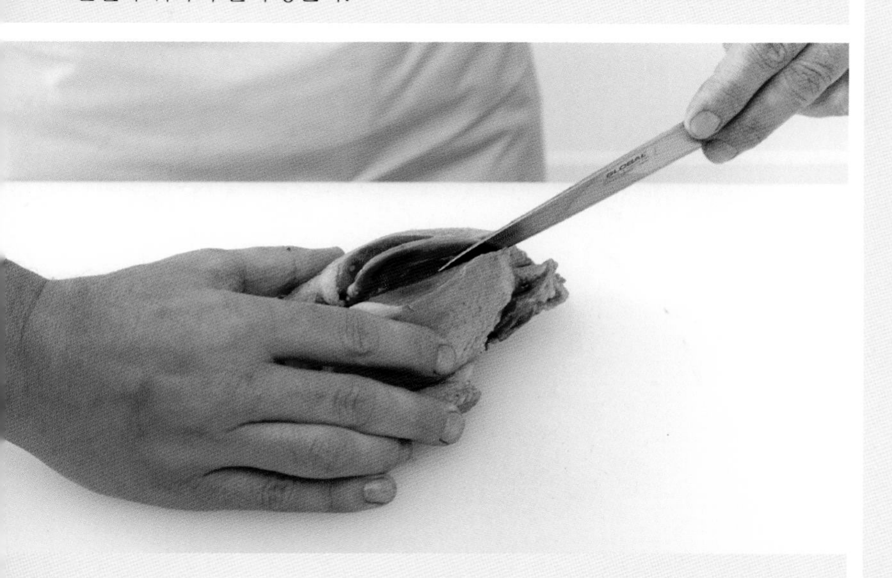

• 4 •

가슴살 껍질을 팽팽히 잡고, 가슴뼈를 따라 칼집을 내어 살을 잘라 준다.

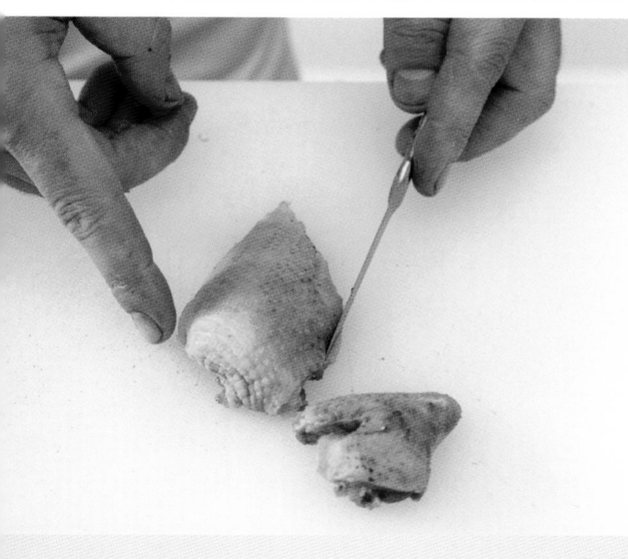

• 7 •

가슴살의 기름과 너무 긴 껍질은 다듬어 잘라내어, 균일한 토막으로 정리한다.

– 포커스 –

아주 잘 드는 적당한 용도의 칼을 사용해서,
쉽게 활용할 수 있는 테크닉이다.
조리 중에 껍질이 수축하지 않도록 팽팽히 잡아당기며,
칼로 골격을 따라 잘라주면, 살을 잘 발라낼 수 있다.
날개를 떼어 낼 때는 관절 부분을 이용해 자르면 쉽다.
골반 뼈에 붙어 있는 살(sot-l'y-laisse)도
잊지 말고 잘라낸다.

• 8 •

가슴살, 날개, 다리로 자른 모습.

- 테크닉 -

Découper un lapin

토끼 토막 내기

도구

고기 전용 칼

• 1 •

간과 콩팥, 기름을 떼어 낸다. 특히 콩팥 주위에 있는 기름을 잘 떼어 낸다.

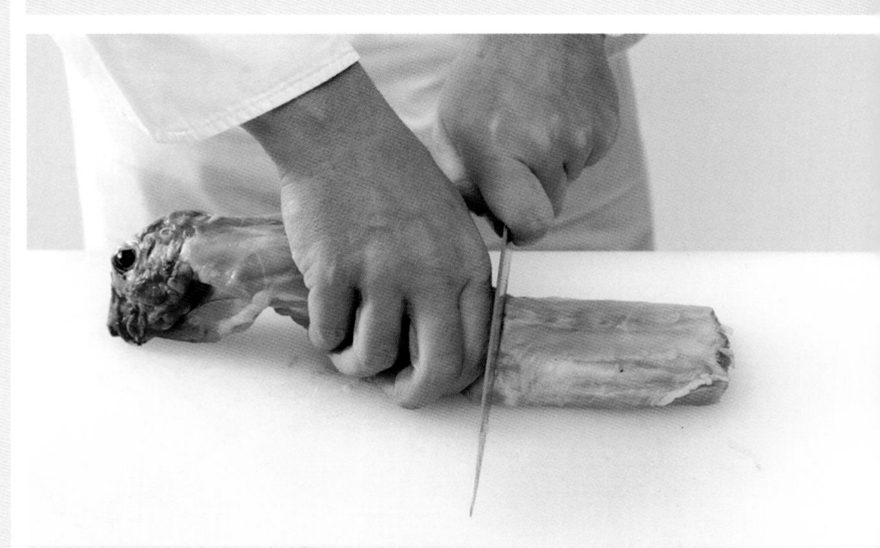

• 4 •

허리를 자른다.

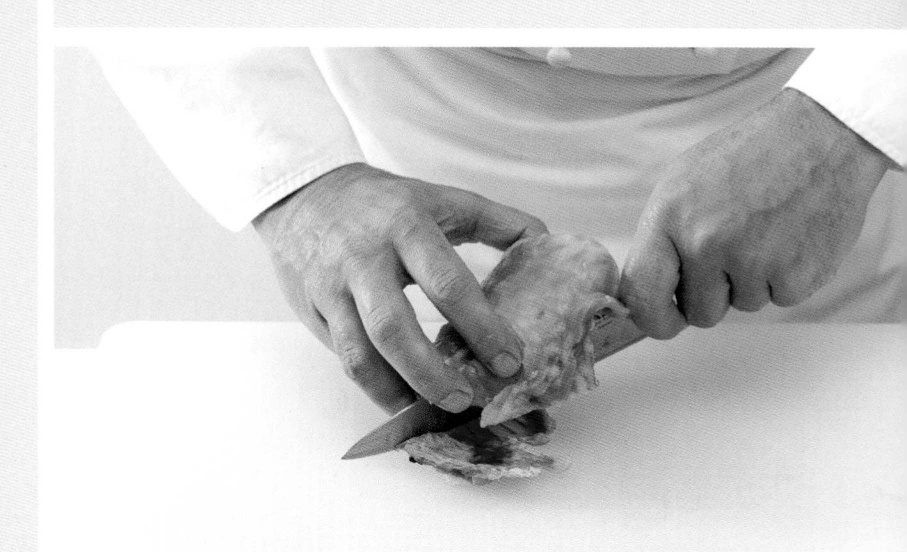

• 7 •

갈비뼈의 끝을 잘라낸다.

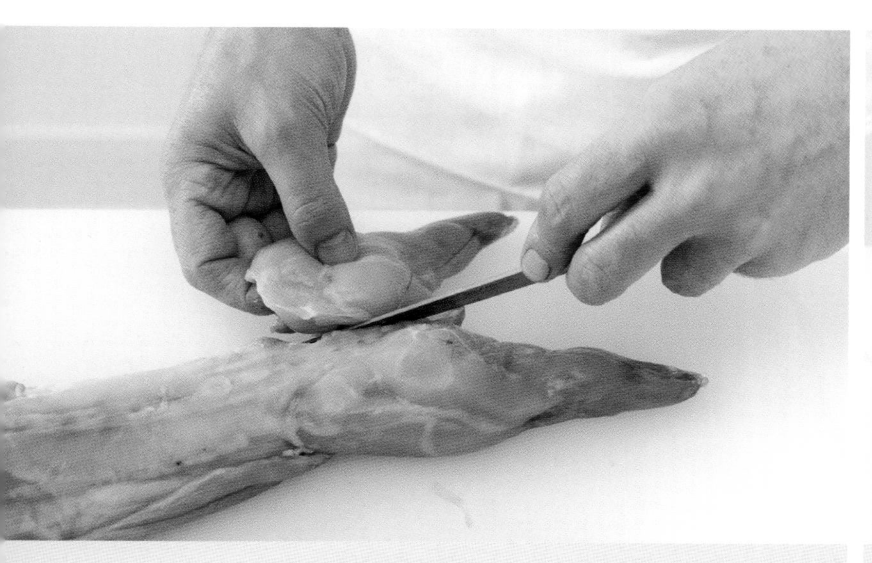

• 2 •

관절 부위를 잘 찾아 뼈를 절단하지 않도록 조심하면서 토끼의 다리를 잘라낸다.

• 3 •

토끼의 허리 끝부분을 자른다.

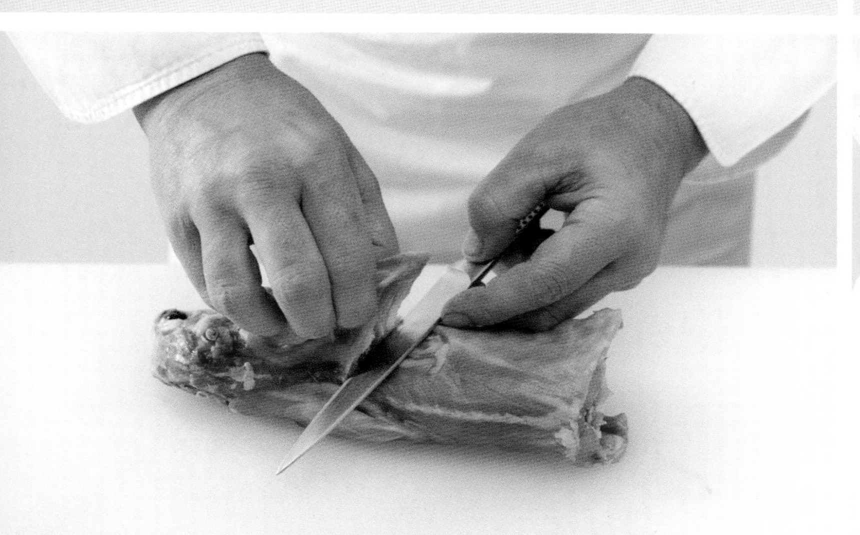

• 5 •

흉곽을 따라 칼집을 넣어 어깨살을 잘라낸다.

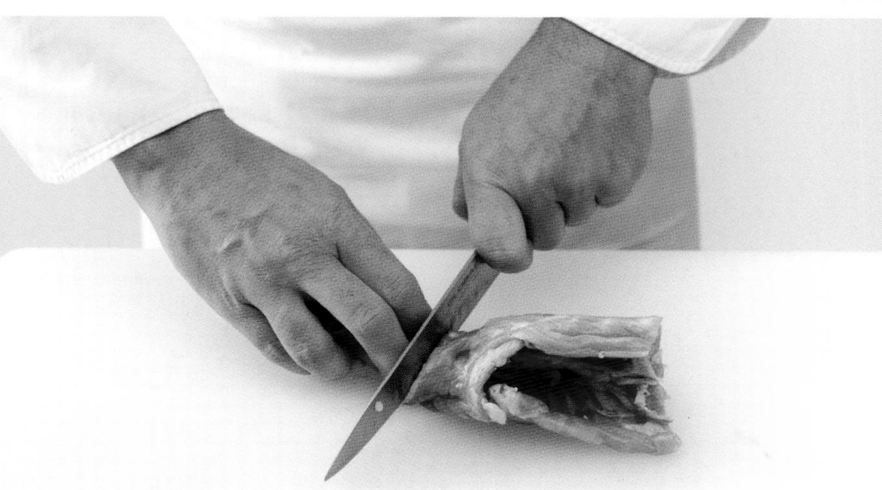

• 6 •

흉곽으로부터 머리를 잘라낸다.

• 8 •

토끼를 6조각으로 토막 낸 모습: 다리, 허리살 , 어깨살, 흉곽.

• 9 •

토끼를 10조각으로 토막 낸 모습: 둘로 절단한 다리와 3등분한 허리 살.

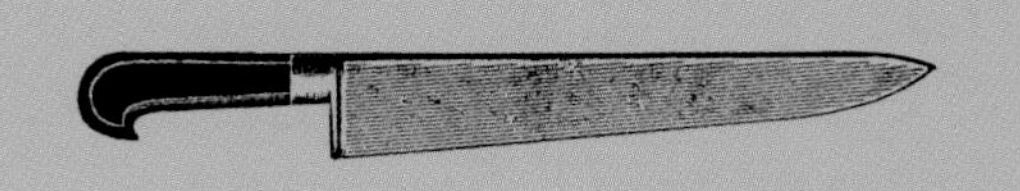

가금류
LA VOLAILLE

레시피

Level 1

앙리 4세풍 브레스산 닭 요리

VOLAILLE DE BRESSE
HENRI IV

6인분 기준
준비 시간 : 1시간 25분
조리 시간 : 1시간 10분

재료

브레스산 닭 1마리 (poulet de Bresse)

허브 버터

처빌 1단
타라곤 1단
이탈리안 파슬리 1단
버터 150g
레몬즙 1개분
고운 소금
흰 후추 그라인드

향신 재료(흰색 육수)

당근 300g
대파 300g
양파 400g
샐러리 200g
부케가르니(타임, 월계수 잎, 파슬리) 1개
정향 3개
물 또는 흰색 육수
굵은 소금
흰 통후추
핑크색 통후추
코리앤더 씨

가니쉬

당근 800g
가는 리크 500g
둥근 순무 400g
샐러리 400g

도구

짤주머니
조리용 바늘
고운 원뿔체

1▶ 허브 버터 만들기: 허브는 잎만 따서 잘게 다진 후 상온의 포마드 버터(상온에 둔 버터를 잘 섞어 부드러워진 상태)와 잘 섞는다. 레몬즙과 소금, 그라인드 후추를 넣는다.

2▶ 잘 섞은 허브 버터를 짤주머니(깍지는 필요 없다)에 넣는다. 잎을 떼어 낸 허브 줄기들은 부케가르니 만들 때 사용한다.

3▶ 향신 재료 준비하기(흰색 육수): 채소는 모두 껍질을 벗기고 씻은 다음, 두툼하게 어슷 썰기한다. 양파 중 1개에 정향을 3개 박아 둔다. 부케가르니를 만든다(타임, 월계수 잎, 파슬리 줄기).

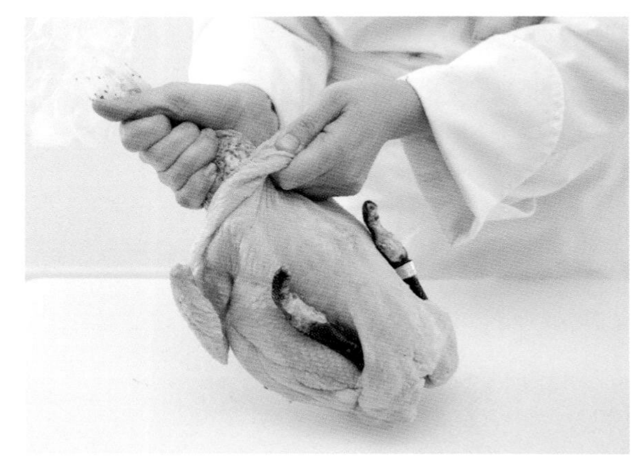

4▶ 닭 손질하기: 닭을 쭉 늘여 잡아당긴 다음, 토치로 그슬려 털을 제거한다. 발을 끓는 물에 몇 분간 담갔다 꺼낸 다음, 키친타월로 잡고 발의 껍질을 벗긴다. 필요 없는 부분은 잘라주고, 내장을 빼 낸 후, 다듬은 자투리(발, 목, 날개 끝)는 작게 토막 내 둔다. 목 쪽으로 조심스럽게 손가락을 넣어 가슴살과 다리 부분의 껍질을 살과 분리해 떼고, 허브 버터를 껍질과 살 사이에(다리, 넓적다리, 가슴살) 짜 넣는다. 닭의 안쪽에 간을 한 다음, 실로 묶어준다(p.346 테크닉 참조).

5▶ 국물에 닭 익히기: 두꺼운 냄비에 닭과 자투리, 양파를 넣고, 재료의 높이까지 찬물, 또는 채소 등을 한 번 익혀냈던 국물이나 닭 육수를 붓는다. 간을 하고 약한 불로 끓이면서 거품을 건져낸다. 향신 채소와 부케가르니, 통후추를 넣고 1시간 동안 익힌다.

6▸ 당근과 순무는 껍질을 벗기고 리크는 깨끗이 씻어서 모두 어슷하게 썰어, 끓이고 있는 닭이 완성되기 30분 전에 넣는다.

7▸ 칼끝이나 바늘로 넓적다리와 종아리를 찔러보아 더 이상 핏기가 흘러나오지 않으면 다 익은 것이다.

8▸ 닭은 건져내 실을 풀어 제거한 다음 서빙용 도기 냄비에 담는다. 채소 가니쉬를 둘러 담고 뚜껑을 닫아 따뜻하게 유지한다. 닭을 익힌 국물은 고운 원뿔체에 걸러, 필요한 경우 더 졸여 진한 국물을 만든다. 간을 맞추고, 닭 위에 붓는다.

9▸ 플레이팅: 서빙용 냄비에 닭, 채소와 국물을 담아 내고, 닭을 꺼내 도마 위에서 해체해 6조각, 또는 12조각으로 자른 다음, 다시 냄비에 담아 서빙한다.

Level 2

트러플을 넣은 브레스산 닭 요리, 알뷔페라 소스

POULARDE DE BRESSE
TRUFFÉE EN VESSIE
SAUCE ALBUFERA

6인분 기준
준비 시간 : 2시간
조리 시간 : 3시간 30분

재료
소 방광 1개
브레스산 닭 1마리
블랙 트러플 40g짜리 1개
생 오리 푸아그라 400g짜리 1개
소금 / 후추

흰색 닭 육수
당근 300g / 샐러리 200g
리크 300g
양파 400g / 정향 3개
부케가르니 1개
닭발 4개 / 닭 몸통뼈 1개
굵은 소금 / 흰 통후추
핑크색 통후추

피망 버터
피키요스 고추 100g
포마드 버터 100g

가니쉬
당근 800g
가는 리크 500g
둥근 순무 400g / 샐러리 400g

알뷔페라 소스(sauce albufera)
버터 100g / 밀가루 100g
흰색 닭 육수 1리터
헤비크림 200g
황금색 글레이즈* 30g / 레몬즙 1개분

도구
고운 원뿔체
믹서 / 체
주방용 실

* glace blonde: 흰색 닭 육수를 농축한 글레이즈.

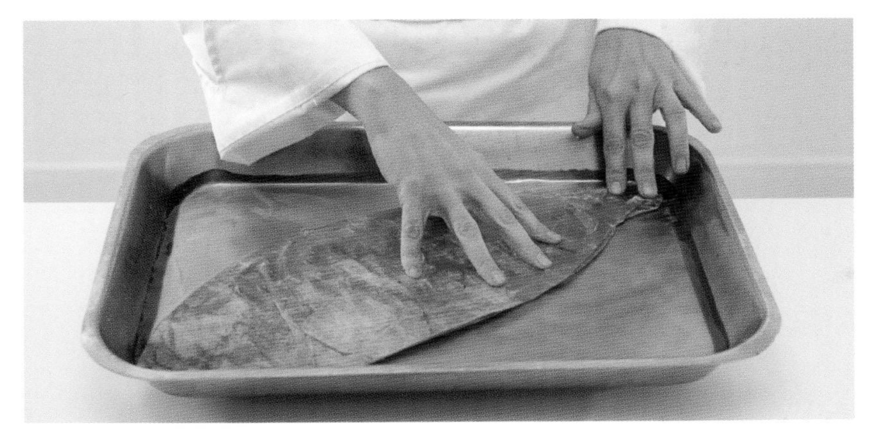

1▸ 말린 소 방광을 찬물에 담가 불린다.

2▸ 흰색 닭 육수 만들기: 채소는 모두 껍질을 벗겨 씻는다. 당근, 샐러리, 리크의 흰 부분을 굵직하게 썬다. 리크의 녹색 부분은 부케가르니용으로 남겨 둔다. 양파 중 한 개에 정향 3개를 찔러 박고, 월계수 잎, 타임, 파슬리 줄기를 리크의 녹색 부분으로 말아 부케가르니를 만든다. 닭발을 끓는 물에 몇 분 담갔다가 헹궈 둔다. 냄비에 미리 토막 내둔 닭 뼈와 발, 향신 채소, 부케가르니를 넣고, 재료의 높이까지 찬물을 붓는다. 간한 다음 끓인다. 계속 거품을 건지며, 1시간 15분 정도 약한 불에 끓인다. 뼈와 발을 건져낸 다음 국물을 고운 원뿔체에 거르고, 더 농축된 진한 육수를 원하면 다시 졸여준다.

3▸ 닭 손질하기: 닭을 쭉 늘여 잡아당긴 다음, 토치로 그슬려 털을 제거한다. 발을 끓는 물에 몇 분간 담갔다 꺼낸다. 필요 없는 부분은 잘라내고, 내장을 빼낸다(p.338 테크닉 참조). 목 쪽으로 조심스럽게 손가락을 넣어 가슴살과 다리 부분의 껍질을 살과 분리해 떼어 낸다. 얇게 저민 트러블을 닭의 껍질과 살(종아리, 넓적다리, 가슴살) 사이에 밀어 넣는다.

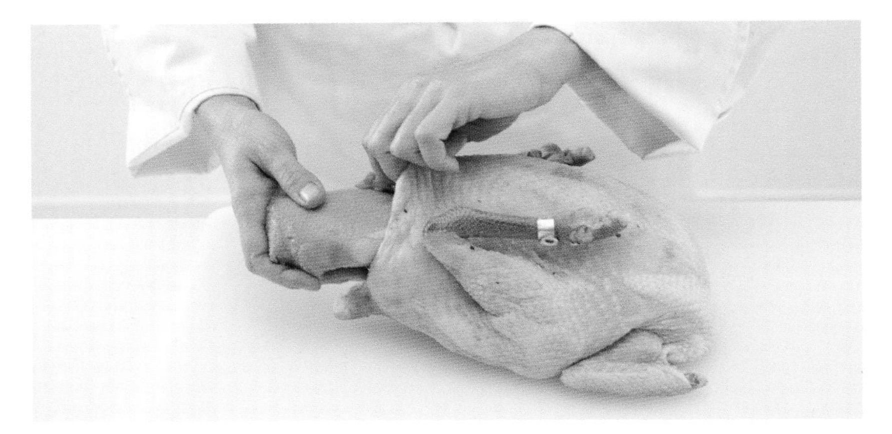

4▸ 닭의 안쪽에 간을 한 다음, 간을 충분히 한 생 푸아그라 덩어리를 밀어 넣는다.

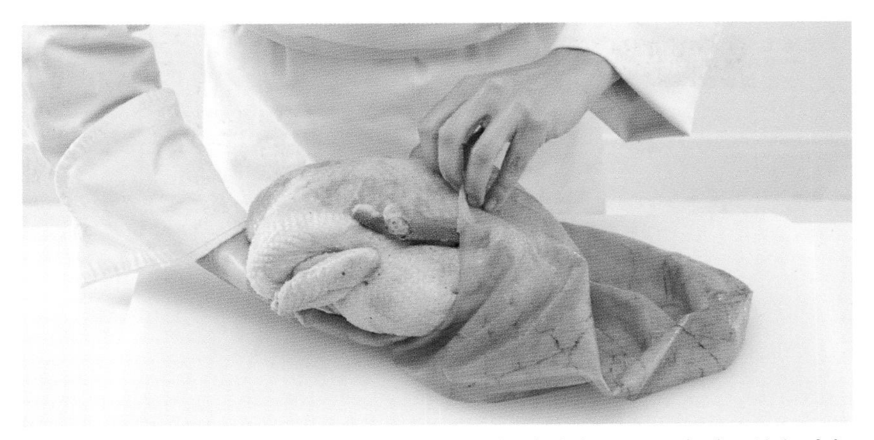

5▸ 닭을 실로 묶은 다음, 소 방광 주머니에 넣는다. 닭 육수를 두 국자 정도 부은 다음, 실로 묶어 밀봉한다.

6▸ 큰 냄비에 물을 반쯤 넣고 약하게 끓고 있는 상태에서 닭 주머니를 넣은 다음 뚜껑을 닫고, 닭의 크기에 따라 1시간 15분~1시간 30분 익힌다. 중간중간 국자로 국물을 끼얹어주며 익힌다(방광 주머니는 익히는 동안 점점 부풀어 오른다).

7▸ 피망 버터 만들기: 피키요스 고추를 씻어 믹서에 곱게 간 다음, 체에 곱게 긁어내려 상온의 포마드 버터와 섞는다. 간을 맞춘 후 냉장고에 보관한다.

8▸ 가니쉬 만들기: 채소는 껍질을 벗기고 씻는다. 당근과 순무는 모양을 내어 돌려 깎기 하고, 샐러리와 리크 흰 부분은 어슷하게 썬다. 각각 따로 닭 육수에 익힌다.

9▸ 알뷔페라 소스 만들기: 화이트 루를 만들어 식힌다. 뜨거운 닭 육수를 루에 부으며 거품기로 잘 섞은 다음, 끓이면서 계속 저어준다. 크림을 넣고, 이어서 황금색 글레이즈를 넣고, 레몬즙도 조금 넣는다. 마지막으로 피망 버터를 넣고 거품기로 잘 저어 섞은 다음, 간을 맞추고 고운 원뿔체에 거른다.

10▸ 플레이팅: 닭 주머니는 냄비에서 건져내 우묵한 서빙 플레이트나 도기 냄비에 흰색 육수와 함께 담아 테이블에 내어 보인 후, 방광 주머니를 잘라 닭을 꺼낸다. 묶은 실을 제거하고, 6조각 또는 12조각으로 자른다. 닭 속에 넣었던 푸아그라를 꺼내 얇게 자른 다음 접시에 보기 좋게 담는다. 알뷔페라 소스를 넉넉하게 끼얹어 서빙한다.

Level 3

술에 재운 브레스산 닭 요리, 대추와 버섯 샐러드

POULARDE DE BRESSE IVRE SERVIE TIÈDE,
SALADE DE CHAMPIGNONS AUX DATTES CHINOISES

아들린 그라타르(Adeline Grattard), 페랑디 파리 졸업생

6인분 기준
준비 시간 : 1시간
조리 시간 : 30분

재료
브레스산 닭 2kg짜리 1마리

마리네이드
소홍주 2리터
간장 200ml
설탕 20g
생강 편으로 썬 것 50g

버섯 샐러드
작은 사이즈의 지롤 버섯 (girolles: 꾀꼬리버섯) 500g
말린 대추 30g
해바라기유 100ml
다진 마늘 10g
설탕 2g
간장 50ml
화이트 발사믹 식초 100ml
엑스트라 버진 올리브오일 100ml
소금 / 그라인드 후추

가니쉬와 양념
쪽파 3줄기
해바라기유 100ml
간장 50ml
오향 가루* 2꼬집

도구
스티머(찜기)

아시아에 매료된 아들린 그라타르는 홍콩에서 찜 요리, 웍(Wok: 중국 팬)을 사용한 볶음, 튀김 등 중국요리의 기초를 다져, 일상에서 응용하고 있다. 중국요리의 식재료와 식문화가 프랑스의 재료와 만나, 각 재료의 맛과 특성을 살리는 새로운 요리를 만들어낸다.

하루 전날, 마리네이드 준비하기
닭은 다듬어서 쇄골의 V자 위시본(wishbone)을 제거한다. 이때 가슴살을 덮을 목 껍질을 손상시키지 않도록 주의한다. 소홍주와 간장, 설탕을 섞고, 생강을 넣은 다음, 닭을 담가 재워 둔다. 냉장고에 넣어 최소 12시간 이상 마리네이드한다.

조리 당일, 가니쉬 만들기
지롤 버섯은 살살 긁어 불순물을 제거하고, 씻어 건져 둔다. 말린 대추는 끓는 물에 10분간 담갔다가 건져 씨를 빼고, 살만 도려낸 다음 얇게 채 썬다.

지롤 버섯 익히기
뜨겁게 달군 중국 팬에 해바라기유를 두른 다음, 다진 마늘, 고운 소금, 설탕, 대추와 함께 버섯을 볶는다. 플레이트에 쏟아 담고 간장, 화이트 발사믹 식초, 올리브오일, 그라인더 후추를 넣고 잘 섞는다. 맛을 보고 간을 조절한다.

닭 익히기
마리네이드한 닭을 건져내 물기를 털고, 25분간 증기로 찐 다음, 최소 30분 휴지시킨다.
파는 얇게 채 썰어 둔다. 해바라기유를 데운다. 닭 가슴살과 다리를 잘라 뼈를 제거한 다음 살을 1cm 두께로 자른다. 살이 반짝여야 한다. 플레이트에 놓고 채 썬 파를 얹은 다음, 끓는 기름을 붓는다(칙~하는 소리가 나야 한다). 간장으로 간을 한 다음, 오향 가루를 뿌린다.

플레이팅
접시에 대추를 넣은 버섯 샐러드와 고기 썬 것을 보기 좋게 담고, 그 위에 소스(기름과 간장)를 뿌린다. 또 실파 꽃이 제철일 경우에는 그것으로 장식해도 좋고, 지롤 버섯이 없으면 뿔나팔버섯(troppettes-de-la-mort)으로 대치한다.

* 쓰촨 페퍼, 팔각, 계피, 정향, 회향 가루를 섞은 중국 향신료.

\- 레 시 피 -

아들린 그라타르, 얌 차 * (파리)
ADELINE GRATTARD, YAM T'CHA * (PARIS)

Level 1

무, 건자두, 버섯을 곁들인 오리 로스트

CANARD RÔTI AUX NAVETS,
PRUNEAUX ET CHAMPIGNONS

6인분 기준
준비 시간 : 1시간 30분
조리 시간 : 50분

재료
2.5kg짜리 오리 1마리
포도씨유 50ml
버터 8g

오리 육즙 소스
잘라낸 오리 자투리(발, 날개, 목)
식용유과 버터
굵게 으깬 통후추
설탕 50g
애플 사이다* 식초 100ml
드라이 애플 사이다 300ml
브라운 버터 70g

가니쉬
긴 순무 1.5kg 1개
설탕
버터 80g
작은 양송이버섯 300g
레몬 1개
건자두 100g
애플 사이다 400ml
애플 사이다 식초 1리터
식용유 100ml
버터 40g
고운 소금
그라인더 후추

도구
고운 원뿔체

* cidre: 사과즙을 발효시켜 만든 노르망디 지방의 대표적 알코올 음료.

1▸ 오리 손질하기: 오리를 잡아 늘인 다음, 토치로 그슬려 솜털과 잔 깃털을 제거하고, 필요 없는 부분을 잘라낸다. 내장(염통, 간, 모래주머니)을 꺼내고, 속에 간을 한 뒤 실로 묶어준다(p.348~352 테크닉 참조). 잘라낸 날개 끝, 발, 목은 작게 토막 내 둔다.

2▸ 가니쉬 준비하기: 순무는 껍질을 벗기고 다듬어 놓는다. 작은 칼을 사용해 끝이 뾰족한 타원형 모양으로 돌려 깎은 다음, 설탕 한 꼬집, 조각으로 자른 버터, 물을 넣고 유산지로 덮어 갈색이 나도록 윤기 나게 익힌다(글라사주). 무가 익고, 수분이 졸아들면 겉 표면이 약간 갈색이 나도록 흔들어 글레이즈한다. 양송이버섯은 기둥 끝부분을 잘라 다듬고 레몬즙을 뿌린 다음, 기름을 살짝 둘러 뜨겁게 달군 팬에 갈색이 나게 재빨리 볶는다. 마지막에 버터를 한 조각 넣어 마무리한다. 건자두는 씨를 빼고, 따뜻한 애플 사이다에 넣어 불린다.

3▸ 오리 익히기: 두꺼운 냄비에 포도씨유와 버터를 넣고, 오리 자투리를 깐 다음, 그 위에 오리를 올린다. 소금, 후추로 간을 하고, 180℃ 오븐에 넣어 50분간 익힌다.

4▸ 오리를 뒤집어준다. 15분마다 한 번씩 기름을 끼얹어 주며 익힌다.

5▸ 냄비를 오븐에서 꺼내고, 오리를 건져낸 다음 묶은 실을 제거한다. 알루미늄 포일로 덮어 휴지시킨다. 냄비는 다시 센 불에 올려 바닥에 눌어붙은 육즙과 자투리 뼈가 갈색이 되도록 지진다. 기름을 제거한다.

6▸ 애플 사이다로 디글레이즈해서 육즙 소스를 만든다. 고운 원뿔체에 걸러, 중탕으로 따뜻하게 보관한다.

7▸ 플레이팅: 접시 가운데에 오리를 놓고, 주위에 빙 둘러 글레이즈한 무와 불린 건자두를 보기 좋게 담는다. 양송이버섯도 골고루 놓는다. 육즙 소스는 소금으로 간을 한 브라운 버터와 함께 소스 용기에 따로 낸다.

Level 2

스파이스 허니 오리 가슴살과 애플 사이다에 콩피한 오리 다리살, 무, 건자두, 버섯

POITRINE DE CANARD AU MIEL D'ÉPICES, CUISSES CONFITES AU CIDRE, NAVETS, PRUNEAUX ET CHAMPIGNONS

6인분 기준
준비 시간 : 2시간 40분
조리 시간 : 1시간 35분

재료
브레스산 거세된 오리(큰 사이즈) 1마리

마리네이드
그린 카다몸 2g / 코리앤더 씨 4g
쓰촨 페퍼 2g
굵게 으깬 통후추 2g / 꿀 150g
드라이 애플 사이다 200ml
애플 사이다 식초 / 고운 소금

오리 육즙 소스
오리 몸통 뼈 / 샬롯 250g
버터 100g / 모과 젤리 50g
통후추 믹스(후추, 핑크색 통후추)
칼바도스* 50ml
농가에서 제조한 전통 애플 사이다 500ml

스파이스 허니
설탕 50g / 와인 식초 50ml
스파이스 허니 1테이블스푼
(miel épicé: 허브, 소금, 에스플레트 칠리 가루, 계피, 후추, 큐민 등의 향신료를 섞어 향을 낸 꿀)

오리 다리 콩피
굵은 소금 / 모과 젤리 50g
칼바도스 50ml / 오리 육즙 소스
농가에서 제조한 전통 애플 사이다 500ml

가니쉬
긴 순무 1.5kg / 설탕 50g / 애플 사이다 식초 100ml
농가에서 제조한 전통 애플 사이다 400ml
아주 신선한 양송이버섯 12개(지름 4.5cm 정도)
버터 100g / 건자두 12개

도구
가위 / 고운 원뿔체

* calvados: 프랑스 노르망디 지방의 사과 브랜디.

1▸ 마리네이드 만들기: 향신료를 곱게 갈아 꿀과 섞은 후, 애플 사이다를 넣어 갠다. 애플 사이다 식초를 넣는다.

2▸ 오리 손질하기: 오리를 잡아 늘인 다음, 토치로 그슬려 솜털과 잔 깃털을 제거한다. 필요 없는 부분을 잘라내고, 내장을 꺼낸다(p.348 테크닉 참조). 잘라낸 목, 발, 날개 끝은 따로 보관한다. 가슴살 쪽에 최대한 껍질을 많이 남겨둔 채로 다리를 잘라낸 뒤, 뼈를 발라내고 껍질을 벗긴다. 큰 가위로 척추뼈를 가슴에서 잘라내고, 흉곽이 손상되지 않도록 조심하며 꽁지를 잘라낸다. 가슴은 껍질을 팽팽히 당겨 살을 잘 감싸준 다음 냉동실에 보관한다.
냉동실에서 겉면이 어느 정도 굳으면(껍질이 딱딱하게 굳는 게 중요), 껍질 쪽에 V자로 선명하게 여러 개의 칼집을 내준다. 준비한 **1**의 마리네이드 액을 골고루 뿌려 냉장고에 넣어 재운다.

3▸ 오리 육즙 소스 만들기: 오리 뼈와 잘라낸 자투리를 잘게 토막 낸다. 샬롯은 잘게 잘라 둔다. 냄비에 버터를 녹여 달군 뒤, 뼈와 자투리를 넣고 지져 색을 낸 다음, 기름을 제거한다. 통후추 믹스를 넣고, 향신 재료(샬롯과 모과 젤리)를 넣어 수분이 나오도록 볶다가, 칼바도스를 넣는다. 잠깐 데우다가 플랑베(flamber: 알코올에 불을 붙여 잡내는 날아가게 하고 향을 내주는 조리법)하고, 재료의 높이까지 애플 사이다를 붓는다. 위에 뜨는 거품과 불순물을 제거하고 계속 기름을 건져가면서 뚜껑을 덮고 약한 불에서 1시간 끓인다. 고운 원뿔체에 걸러 보관한다.

4▸ 스파이스 허니 소스 만들기: 설탕과 와인 식초, 스파이스 허니 1테이블스푼을 넣고 캐러멜이 될 때까지 졸인 후, 오리 육즙 소스를 넣어 숟가락 뒤에 묻을 정도의 농도가 되게 잘 섞는다. 중탕으로 따뜻하게 보관한다.

5▸ 오리 다리 준비하기: 오리 다리에 굵은 소금을 덮고 10분간 둔다. 소금을 걷어내고 물에 헹구어 물기를 닦아준 다음, 오리 기름을 조금 넣어 달군 냄비에 지져 색을 낸다. 칼바도스를 넣고 플랑베한다. 오리 육즙 소스를 재료 높이까지 붓고 뚜껑을 덮은 다음, 살이 완전히 흐물흐물하게 익어 조려질(confit: 콩피) 때까지 약한 불에서 익힌다.

6▸ 가니쉬 준비하기: 무는 껍질을 벗기고 1.5cm 두께로 동그랗게 잘라 둔다. 팬에 설탕을 넣고 중불에 녹여 캐러멜을 만든 다음, 무를 넣어 양면에 모두 색을 낸다. 애플 사이다 식초로 디글레이즈하고, 졸인 다음 다시 한 번 애플 사이다로 디글레이즈한다.

7▸ 버섯을 모양내 돌려 깎고(p.470 테크닉 참조), 팬에 버터를 녹여 거품이 나면 노릇하게 지져낸다. 건자두는 씨를 빼 둔다. 작은 그라탱 용기의 가장자리에 무와 건자두, 버섯을 놓고, 중앙에 콩피한 오리 다리살을 뜯어놓는다. 졸여 농축한 오리 육즙 소스를 전체적으로 뿌린다.

8▸ 오리 가슴살 익히기: 마리네이드한 오리 가슴살을 건져 물기를 턴 다음, 소금, 후추로 간을 하고, 팬에 달군 정제 버터에 지져 색을 낸다. 오븐용 로스팅 팬에 올려놓고, 마리네이드 국물을 붓으로 골고루 발라준다. 중간중간 마리네이드 국물을 끼얹어주며 200℃의 오븐에서 12분간 굽는다. 익으면 10분간 휴지시킨 다음, 흉곽에서 가슴살만 떼어 내어 길이로 두툼하게 자른다.

9▸ 플레이팅과 서빙: 각 접시에 가슴살 슬라이스 2쪽을 담고 그 옆에 오리 다리를 콩피해서 뜯은 살과 가니쉬를 놓는다. 졸인 오리 육즙 소스를 가슴살 주변에 빙 둘러 뿌리고, 남은 소스는 따로 낸다.

Level 3

배추를 곁들인 야생 오리와 비트, 포도 에멀전 소스

DERNIER VOL DU CANARD SAUVAGE TOUT CHOUX,
ÉMULSION BETTERAVE RAISIN

에릭 게랭(Éric Guérin), 페랑디 파리 자문위원회 멤버

6인분 기준
준비 시간 : 30분
조리 시간 : 50분

재료
야생 오리 가슴살 6조각
또는 오리 가슴 부위 전체 3개
올리브오일
컬러 콜리플라워 1개
녹색 양배추 1개
적색 양배추 1개
포도 1송이
게랑드산 플뢰르 드 셀
가염 버터
그라인드 후추

블리니 (blinis: **러시아식 팬케이크)**
녹색 양배추 퓌레 90g
감자 익혀 으깬 살 75g
굵은 소금
생크림 75g
프로마주 블랑* 50g
흰 밀가루(T55: 제빵용 강력분) 100g
달걀 1개 + 노른자 1개분 + 흰자 1.5개분(45g)
게랑드산 플뢰르 드 셀

에멀전 소스
유기농 포도 주스 1리터
익힌 비트 2개
주니퍼베리 3알
정향 1개
쓰촨 페퍼 $\frac{1}{2}$ 티스푼
현미식초 50ml

도구
푸드 프로세서
고운 원뿔체

탁월한 예술적 감각을 지닌 셰프 에릭 게랭은, 어린 시절부터 할머니, 증조할머니와 함께하는 요리 환경에서 자라 일찌감치 미래의 직업을 예측할 수 있었다. 그의 스타일리시한 요리는 개성이 있고, 화려하며 창의적인 감각이 묻어 있다. 그의 플레이트는 우선 눈으로 맛을 음미할 수 있을 정도로 아름답다.

블리니 만들기
양배추는 끓는 소금물에 데쳐 익힌 다음 건져 물기를 털고, 믹서에 갈아 고운 퓌레를 만든다. 감자는 굵은 소금 위에 올려놓고, 180℃ 오븐에서 구워, 칼끝으로 찔러 속까지 부드럽게 들어갈 정도로 익힌다. 감자의 살만(75g 정도) 긁어내, 다른 블리니 재료(양배추 퓌레, 크림, 프로마주 블랑, 밀가루, 달걀)와 잘 섞는다. 혼합물을 냉장고에 차갑게 보관한다(가능하면 하룻밤).

에멀전 소스 만들기
푸드 프로세서에 재료를 모두 넣고 갈아, 고운 원뿔체에 걸러준 다음 간을 맞춰 냉장고에 보관한다.

오리 익히기
접시에 오리 가슴살을 놓고, 올리브오일을 살짝 뿌린 다음 간을 한다. 조리용 필름을 덮고 60℃ 오븐에 넣어 20분간 익힌다.

블리니 익히기
논스틱 팬에 올리브오일을 조금 두르고 살짝 달군 다음, 기름이 너무 많으면 키친타월로 살짝 닦아낸다. 팬에서 연기가 조금 날 정도로 달군 다음, 블리니 반죽을 한 숟갈 올려 1분간 구워 표면이 구워지면 플뢰르 드 셀을 중앙에 조금 뿌리고 뒤집는다. 나머지 블리니 반죽도 같은 방법으로 팬에 부친다. 각 접시에 양배추 블리니를 몇 개씩 놓는다.

플레이팅
다른 팬에 오리 가슴살을 껍질 쪽부터 바삭해지도록 지진다. 가염 버터로 마무리하고 건져 접시에 놓는다. 색을 입히고 잘게 자른 콜리플라워 샐러드를 그 위에 얹는다. 녹색 양배추와 적색 양배추는 동그랗게 잘라 끓는 물에 데치고, 버터에 살짝 볶아 접시 곳곳에 배치한다. 포도 알갱이는 반으로 잘라 씨를 빼고 접시에 올린다. 따뜻한 소스와 함께 서빙한다(단, 소스는 너무 오래 데우지 않도록 주의한다. 너무 오래 데우면 먹음직스럽지 않은 갈색으로 변하고, 풍미를 잃게 된다).

* fromage blanc: 우유로 만든 프레시 치즈로 유지방이 적고 산미가 강한 흰색 치즈. 크림치즈와 비슷한 질감과 사워크림이나 그릭 요거트에 가까운 모양과 맛을 지녔다.

- 레시피 -

에릭 게랭, 라 마레 오 좌조 * (생 조아킴)
ÉRIC GUÉRIN, LA MARE AUX OISEAUX * (SAINT-JOACHIM)

Level 1

야생 버섯과 푸아그라를 넣은 비둘기 쇼송

PIGEONNEAU FERMIER
AUX CHAMPIGNONS DES BOIS ET FOIE GRAS EN CHAUSSON

6인분 기준
준비 시간 : 2시간
조리 시간 : 40분

재료
400~500g짜리 비둘기 3마리
녹색 사보이 양배추 1개
지롤 버섯 1kg
샬롯 1개
푸아그라 500g
퍼프 페이스트리 반죽 500g
돼지감자 1kg
베이컨 6장

콘샐러드 1팩
헤이즐넛 오일
포트와인(레드)

브라운 육수
당근 100g
양파 100g
버터 250g
월계수 잎 1장

식용유 50g
소금
후추
타임 1줄기

도구
블렌더
고운 원뿔체
커피 필터
파스타 기계
(또는 제과제빵용 밀대)

1▶ 비둘기의 가슴살과 다리를 잘라 둔다.

2▶ 배추는 잎을 한 장씩 떼어 내 자르지 말고 그대로 끓는 물에 데쳐 건져 둔다.

3▶ 지롤 버섯은 골라내고 씻은 다음, 버터를 녹인 팬에 잘게 썬 샬롯을 넣고 볶아 둔다.

4▶ 생 푸아그라는 한 조각 당 70g 정도로 얇게 자른다.

5▶ 퍼프 페이스트리 반죽은 파스타 기계 또는 밀대를 사용하여 3~4mm 두께로 민 다음, 3cm 폭의 긴 띠로 자른다.

6▶ 비둘기의 뼈와 자투리로 농축된 갈색 육수를 만든다 (p.36 육수 만들기 테크닉 참조).

7▶ 돼지감자는 물과 우유를 반씩 섞어 놓은 냄비에 넣고 끓여 익힌다. 칼끝으로 찔러보아 속까지 부드럽게 들어가면 건져서 으깨 고운 퓌레를 만든다. 체에 긁어내려, 100~150g의 버터를 넣고 거품기로 잘 섞은 다음 블렌더에 간다.

8▶ 데쳐 놓은 사보이 양배추 잎의 굵은 잎맥은 칼로 잘라 제거한다. 지롤 버섯은 뒥셀처럼 다진다.

9▶ 양배추 잎으로 싸기: 비둘기 가슴살에 간을 한 다음, 다진 버섯 뒥셀로 가슴살 윗면을 덮는다. 그 위에 푸아그라를 얹고 간을 한다. 데친 양배추 잎 한 장, 또는 두 장을 이어서 이것을 잘 감싸준다.

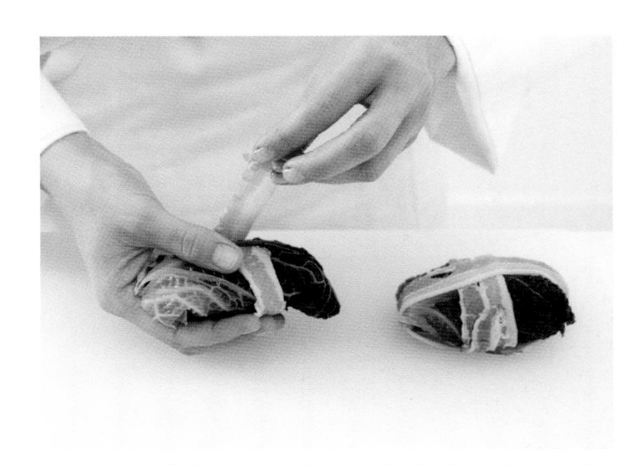

10▶ 아주 얇게 썬 베이컨으로 한 번 더 감싸 풀어지지 않게 한다.

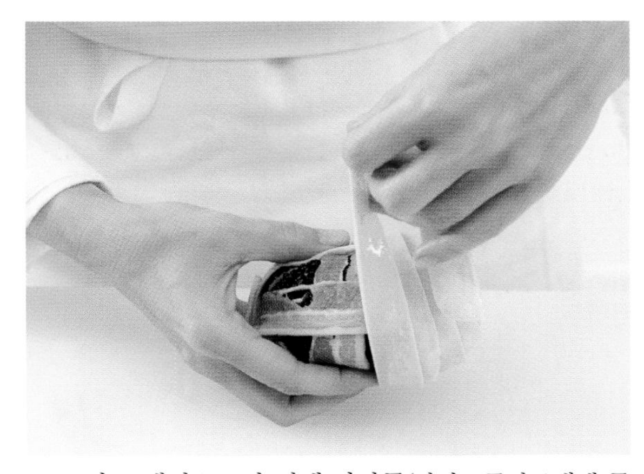

11▶ 퍼프 페이스트리 띠에 달걀물(달걀노른자 1개에 물 1테이블스푼)을 붓으로 바른다. 배추와 베이컨으로 싼 **10** 위에 페이스트리 띠를 마치 쇼송 오 폼므(chausson aux pommes: 사과 파이)를 만들 듯이, 조금씩 겹쳐가며 둘러싼다. 냉장고에 보관한다.

12▶ 비둘기 다리는 냄비에 비둘기 육수를 조금 넣고 뚜껑을 닫아, 살이 완전히 부드러워질 때까지 뭉근히 익힌다. 헤이즐넛 오일로 살짝 버무린 콘샐러드 잎을 위에 얹어 따로 서빙한다.

13▶ 퍼프 페이스트리 반죽 띠에 다시 한 번 달걀물을 바르고, 200℃ 오븐에서 노릇한 색이 날 때까지 12분간 굽는다.

14▶ 소스 만들기: 포트와인을 졸여 250g의 글레이즈를 만든다(p.22 참조). 남은 비둘기 육수를 넣고 다시 졸여, 숟가락 뒤에 흐르지 않고 묻을 정도의 농도를 만든다. 마지막으로 푸아그라 자투리를 넣고 거품기로 잘 섞어준다. 고운 원뿔체에 거른 다음, 다시 한 번 커피 필터에 걸러 아주 고운 소스를 추출한다. 접시 중앙에 소스를 뿌리고, 그 위에 오븐에서 구워낸 쇼송을 얹는다. 다리는 따로 서빙한다.

Level 2

푸아그라 루아얄, 버섯 라비올리를 곁들인 토종 비둘기 요리

PIGEON FERMIER, ROYALE DE FOIE GRAS, RAVIOLES DE GIROLLES ET SON PARMENTIER

6인분 기준
준비 시간 : 2시간
조리 시간 : 50분

재료
500g짜리 비둘기 3마리
돼지감자 500g
생크림 500ml
지롤 버섯 350g
녹색 사보이 양배추 ½개
길쭉한 감자 250g

비둘기 다리 양념
샬롯 2개
차이브 1단
굵게 채 썬 베이컨 60g

익힘용 양념
버터 20g / 식용유 20g
소금 / 후추

향신 재료
당근 50g / 양파 50g
타임 1줄기
월계수 잎 1장

라비올리 피 반죽
밀가루 500g
달걀노른자 360g
소금 / 후추

푸아그라 루아얄(royale de foie gras)
생크림 500ml
푸아그라 400g / 달걀 4개

도구
고운 원뿔체 / 블렌더
반구형 실리콘 몰드
입자가 가는 체
소다사이폰 휘핑기 + 가스 카트리지 2개

1▸ 비둘기의 깃털을 뽑고, 토치로 그슬린 다음, 내장을 빼낸다. 다리를 잘라내고 가슴살은 몸통뼈에 그대로 둔다.

2▸ 비둘기 육즙 소스 만들기: 비둘기 뼈 자투리를 팬에 지져 색을 낸 다음 잘게 썬 당근과 양파를 넣고 수분이 나오게 볶는다. 재료 높이만큼 물을 붓고 타임, 월계수 잎을 넣은 다음 시럽 농도가 될 때까지 약하게 졸인다. 고운 원뿔체에 걸러 둔다.

3▸ 라비올리 피 반죽을 해 둔다(p.630 참조).

4▸ 푸아그라 루아얄 만들기: 생크림을 데우고, 큐브 모양으로 썬 푸아그라를 넣어 향이 잘 배게 우린다. 식힌 다음 체에 거르고, 달걀을 넣어 블렌더에 갈아준다. 고운 원뿔체에 거른 다음 반구형 몰드에 채워 넣고, 110℃ 오븐에서 모양이 굳을 때까지 익힌다.

5▸ 돼지감자는 물과 우유를 반씩 섞어 놓은 냄비에 넣고 끓여 익힌다. 칼끝으로 찔러보아 속까지 부드럽게 들어가면 건져서 으깨 고운 퓌레를 만든다. 체에 긁어내려, 크림을 섞은 다음, 소다사이폰에 부어 넣는다. 가스 카트리지 2개를 끼우고, 중탕으로 보관한다.

6▸ 비둘기 다리는 냄비에 향신 재료를 함께 넣고 뚜껑을 닫아, 살이 완전히 부드러워질 때까지 뭉근히 익힌다. 익은 다리는 껍질을 벗겨 살을 발라내고, 베이컨을 넣은 다음, 졸인 국물과 잘 섞어 둔다.

7▸ 지롤 버섯은 버터를 녹인 팬에 잘게 썬 샬롯을 넣고 볶은 다음, 마지막에 다진 차이브를 넣어 섞는다. 사보이 양배추 잎은 끓는 물에 데쳐 건져 낸 후, 직사각형 모양으로 잘라 둔다.

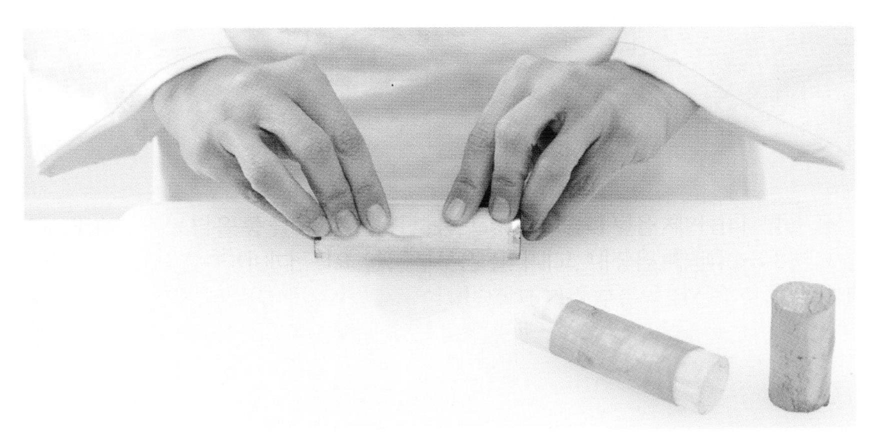

8▸ 원통형 감자칩 만들기: 감자는 만돌린 슬라이서를 이용하여 길이로 얇게 자른 다음, 스테인리스 원통 튜브에 감싸 말아준다. 기름에 노릇하게 튀겨 낸 다음 건져 원통 튜브를 빼 둔다.

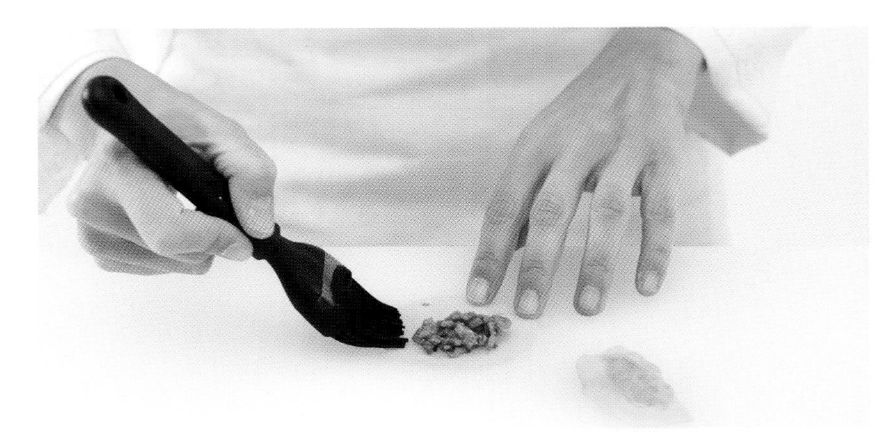

9▸ 지롤 버섯 라비올리 만들기: 반죽을 얇게 밀어 6cm 원형틀로 12개의 피를 찍어낸다. 가운데 지롤 버섯을 조금 넣고 붓으로 달걀물(노른자 1개 + 물 1티스푼)을 피 가장자리에 발라준다.

10▸ 반달 모양으로 접어 가장자리를 눌러 붙인다.

11▸ 익히기: 가슴살의 껍질을 팽팽히 당겨 감싼 후, 조리용 필름으로 싸서, 64℃ 오븐에서 24분간 익힌다. 익으면 가슴살을 버터와 기름을 달군 팬에 구운 다음, 뼈에서 살 부분만 떼어 낸다.

12▸ 플레이팅: 원통형 감자칩 안을 돼지감자 퓌레와 다리살로 채운 다음, 그 위에 돼지감자 에스푸마(거품)를 덮어준다. 라비올리는 끓는 물에 넣고, 끓어 넘치지 않도록 약한 불에 삶아낸다. 잘라놓은 녹색 양배추는 정제 버터에 살짝 데운다. 각 접시에 직사각형 양배추를 한 장씩 깔고, 버섯 라비올리를 2개씩 놓는다. 푸아그라 루아얄을 따뜻하게 데워 반구형 한 개씩 접시에 올린다. 졸인 소스에 푸아그라를 조금 넣고 거품기로 잘 섞은 다음 접시에 뿌린다. 그 위에 가슴살을 사선으로 잘라 얹는다.

Level 3

버섯을 곁들인 비둘기 가슴 요리와 빵가루를 묻혀 구운 다리살

MAGRET DE PIGEON AUX PIEDS-DE-MOUTON, VIENNOISE DE CUISSE

장 쿠소(Jean Cousseau), 페랑디 파리 객원교수

6인분 기준
준비 시간 : 1시간
조리 시간 : 2시간

재료

깃털과 내장을 제거한 비둘기 500g짜리 6 마리
식용유 350ml
버터 50g
밀가루
양파 2개
샬롯 2개
당근 2개
타임
월계수 잎
레드 와인 1.5리터
(타닌이 강한 madiran 종류)
턱수염버섯 (pieds-de-mouton) 600g
(없으면 지롤 버섯으로 대치)
올리브오일
디종 머스터드
빵가루
샬롯 50g
파슬리 2줄기
소금 / 후추

도구

원뿔체
무쇠 주물 냄비
작은 소스팬
프라이팬

장 쿠소의 부모는 1850년에 처음 문을 연 식품점 겸 여관을 멋진 호텔과 레스토랑으로 개조하여 이미 명성을 얻고 있었다. 이를 물려받아 현재 장 쿠소와 그의 아내, 동생 자크가 함께 운영하고 있다. 그의 요리에는 호수와 숲, 그리고 바다로부터 영감을 받은 랑드(Landes) 지방의 다양한 특징과 그 식재료가 잘 반영되어 있다.

비둘기 뼈 제거하기
비둘기 다리의 뼈를 제거하고 살짝 눌러 납작하게 한다. 가슴살은 흉곽에 그대로 두고, 나머지 뼈는 잘라 둔다.

육즙 소스 만들기
팬에 버터와 기름을 달군 뒤, 비둘기 뼈를 지진다. 소금을 넣고, 밀가루를 솔솔 뿌려준다. 향신 재료(양파, 샬롯, 당근, 타임, 월계수 잎)와 미리 플랑베해 알코올을 날려둔 레드 와인을 넣은 다음, 뚜껑을 덮고 200℃ 오븐에서 2시간 익힌다. 소스를 고운 원뿔체에 걸러 둔다.

버섯 준비하기
턱수염버섯을 씻은 후, 올리브오일을 달군 팬에서 살캉거리게 볶는다.

다리 익히기
비둘기 다리는 180℃ 오븐에 넣어 5분간 구운 다음, 머스터드를 바르고 빵가루를 묻힌다. 살라만더 그릴(salamander grill) 아래 넣어 노릇하게 굽는다. 또는 오븐에 구워내도 좋다.

가슴살 익히기
가슴살은 흉곽째 팬에서 지져 껍질 쪽에 노릇하게 색을 낸 후, 뜨거운 오븐에 넣어 7분간 굽는다. 알루미늄 포일을 덮어 따뜻한 곳에서 15분간 휴지시킨다.

플레이팅
비둘기 가슴살을 뼈에서 떼어 낸다. 버섯은 간을 하고 샬롯과 파슬리를 넣어 섞는다.
가슴살 필레는 길이로 얇게 잘라 접시에 담고, 빵가루를 묻혀 구운 비둘기 다리와 볶은 턱수염 버섯을 보기 좋게 놓는다. 소스는 따로 낸다.

\- 레 시 피 -

장 쿠소, 르 흘레 드 라 포스트 ** (마제스크)
JEAN COUSSEAU, LE RELAIS DE LA POSTE ** (MAGESCQ)

Level 1

머스터드 크림소스의 옛날식 토끼 요리

LAPEREAU ET CRÈME DE MOUTARDE
À L'ANCIENNE

6인분 기준
준비 시간 : 20분
조리 시간 : 1시간

재료
토막 낸 토끼 1.2kg
(정육점에서 균일한 크기의 10토막으로 잘라온다)
식용유 20g / 버터 20g / 밀가루
화이트 와인 500ml
흰색 송아지 육수 (p.24 참조) 1리터
소금 / 후추 / 굵은 소금

향신 재료
당근 150g / 양파 150g
샬롯 50g / 샐러리악 50g
샐러리 30g / 버섯 밑동 자투리 / 마늘 3톨
부케가르니 1개
로즈마리 1줄기
세이보리 1줄기

가니쉬
양송이버섯 갓만 뗀 것 250g
레몬즙 1개분 / 버터 20g / 물 50ml
방울양파 150g / 물 100ml
버터 20 g/ 설탕 30g

소스
밀가루 30g / 버터 30g
흰색 송아지 육수와 화이트 와인 졸인 것 500ml
휘핑크림 250ml
홀 그레인 머스터드 100g

마무리
처빌 $\frac{1}{4}$단
이탈리안 파슬리 / 샐러리 연한 잎

도구
고운 원뿔체
유산지

1▸ 향신 재료 준비하기: 채소는 모두 씻어 작은 주사위 모양(mirepoix: 미르푸아)으로 자른다. 토끼고기는 소금, 후추로 간하고 밀가루를 살짝 묻힌 다음, 기름과 버터를 달군 소테팬에 넣어 색이 너무 진하게 나지 않게 지진다. 고기를 건져 둔다. 팬의 기름을 제거한 뒤, 향신 채소(마늘, 허브, 부케가르니 제외)를 넣어 수분이 나오고, 색이 나지 않게 볶는다.

2▸ 토끼 익히기: 소스팬에 화이트 와인을 붓고, 2/3가 될 때까지 졸인다. 향신 재료를 볶은 팬에 토끼고기를 다시 넣고, 마늘과 부케가르니, 로즈마리와 세이보리를 넣은 다음, 졸인 화이트 와인을 붓는다. 흰색 송아지 육수를 재료의 높이까지 부은 다음, 굵은 소금을 아주 조금 넣고 끓인다. 약하게 끓인 다음 뚜껑을 덮고, 180℃로 예열한 오븐에 넣어 40분간 익힌다. 고기가 익었나 확인하고(살이 손가락으로도 쉽게 떨어질 정도가 되어야 한다), 완전히 익었으면, 구멍 뚫린 국자로 건져낸다. 우묵한 그릇에 담고 랩을 씌워 미지근한 오븐 안에 보관한다. 남은 국물은 원뿔체로 거르고 1/4이 되도록 졸인다.

3▸ 버섯 익히기: 버섯은 모양을 내어 돌려깎기(p.470 테크닉 참조)한 다음, 레몬즙을 뿌려 둔다. 소테팬에 물, 레몬즙, 버터를 넣고 약하게 끓으면 버섯을 넣는다. 유산지를 덮고, 버섯색이 검게 변하지 않도록 재빨리 익힌다. 버섯을 건져내고, 남은 국물은 시럽 농도로 졸인다.

4▸ 방울양파 익히기: 소테팬에 껍질 벗긴 방울양파, 물, 버터와 설탕을 넣고 끓인다. 유산지로 뚜껑을 만들어 덮고, 약한 불로 양파가 투명해지도록 익힌다. 칼끝으로 찔러보아 익었는지 확인한다. 양파가 익으면 유산지를 걷어내고 센 불로 올려, 팬을 흔들어주면서 익힌 즙을 양파에 고루 입혀 윤이 나게 한다. 양파에 색이 나지 않도록 주의한다.

5▶ 완성하기: 토끼를 익힌 육즙 소스가 500ml가 되도록 졸인다. 화이트 루를 최대한 천천히 익혀가며 만들어 식힌다. 식힌 루에 육즙 소스를 조심스럽게 부어 다시 데우고, 휘핑크림을 섞는다. 끓으면 불에서 내려 머스터드를 넣고 분리되지 않도록 잘 섞어준다. 간을 맞춘 후, 서빙 용기에 따뜻하게 담은 토끼고기 위에 붓는다. 모양내어 깎은 버섯과, 글레이즈한 방울양파를 보기 좋게 놓은 다음, 처빌, 파슬리, 샐러리 잎으로 장식한다.

Level 2

머스터드 크림소스와 겨울 채소를 곁들인 토끼 요리

LAPEREAU, CRÈME DE MOUTARDE À L'ANCIENNE ET PETITS LÉGUMES D'HIVER

6인분 기준
준비 시간 : 3시간
조리 시간 : 1시간 20분

재료
토끼 허리살 등심 6개
토끼 흉곽뼈 6개
밀가루 / 버터 20g
식용유 20g / 소금 / 후추
돼지 위 막* 1개
화이트 와인 500ml
흰색 송아지 육수 (p.24 참조) 1리터
굵은 소금

포치니 버섯 뒥셀
포치니 버섯 250g
버터 30g / 잘게 썬 샬롯 50g

향신 재료
당근 150g / 양파 150g
샬롯 50g / 샐러리악 50g
샐러리 30g / 버섯 밑동 자투리
마늘 3톨 / 부케가르니 1개
로즈마리 1줄기
세이보리 1줄기

가니쉬
양송이 갓만 뗀 것 250g / 물 50ml
레몬즙 1개분 / 버터 20g
방울양파 150g / 버터 20g
물 100ml / 설탕 30g
미니 당근 6개 / 미니 순무 6개
미니 리크 6줄기 / 밤 200g

소스
버터 30g / 밀가루 30g
흰색 송아지 육수 500ml
휘핑크림 250ml / 머스터드 100g

도구
주방용 실

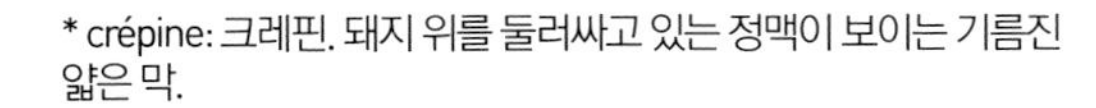

* crépine: 크레핀. 돼지 위를 둘러싸고 있는 정맥이 보이는 기름진 얇은 막.

1▸ 토끼 준비하기: 정육점에서 토끼의 흉곽뼈를 제거하고, 갈비뼈는 둔 상태로 마치 작은 양갈비처럼 손질해온다. 소금, 후추로 간하고 실로 묶어놓는다.

2▸ 포치니 버섯 뒥셀 만들기: 포치니 버섯의 껍질을 벗기고, 이끼가 두껍게 낀 곳은 제거한다. 아주 작은 큐브 모양(mirepoix: 미르푸아)으로 썬다. 팬에 버터를 녹이고 잘게 썬 샬롯을 색이 나게 볶은 다음, 버섯을 넣고 센 불에서 10분 정도 볶는다. 간을 한다.

3▸ 토끼 익힘 준비하기: 토끼 허리살의 뼈를 발라낸 다음(p.394 테크닉 참조), 살을 버섯 뒥셀로 채워 말고, 크레핀으로 싼 뒤 실로 묶는다. 밀가루를 묻혀, 기름을 달군 냄비에 너무 색이 진하게 나지 않도록 지진 뒤 건져 둔다. 냄비에 남은 기름을 제거한다. 향신 채소(마늘과 부케가르니 제외)는 모두 씻어 작은 큐브 모양으로 썰어 이 냄비에 넣고 수분이 나오도록, 약한 불에 색이 나지 않게 볶는다.

4▸ 토끼 익히기: 소스팬에 화이트 와인을 넣고 2/3가 되도록 졸인다. 향신 채소를 볶은 냄비에 토끼고기를 다시 넣고, 마늘, 부케가르니, 로즈마리와 세이보리를 넣는다. 졸인 화이트 와인을 붓고, 흰색 송아지 육수를 재료 높이까지 넣은 다음, 굵은 소금을 아주 조금만 넣고 끓인다. 약하게 끓으면, 뚜껑을 닫고 180℃로 예열된 오븐에 넣어 40분간 뭉근히 익힌다. 고기가 익었나 확인하고(살이 손가락으로도 쉽게 떨어질 정도가 되어야 한다), 완전히 익었으면 구멍 뚫린 국자로 건진다. 우묵한 그릇에 담고 랩을 씌워 미지근한 오븐 안에 보관한다. 토끼고기 익힌 국물에 실로 묶어놓은 흉곽 갈비를 넣고 30분간 익힌 뒤 건져 랩에 싸서 보관한다. 남은 국물은 원뿔체에 걸러, 팬에서 1/4이 되게 졸인다.

5▸ 버섯 익히기: 버섯은 모양을 내어 돌려 깎은(p.470 참조) 다음, 레몬즙을 뿌려 둔다. 우묵한 팬에 물, 레몬즙, 버터를 넣고 약하게 끓으면 버섯을 넣는다. 유산지를 덮고, 버섯의 색이 검게 변하지 않도록 재빨리 익힌다. 버섯을 건져 내고, 남은 즙은 농축액 상태로 졸여, 나중에 소스에 넣는다.

6▸ 방울양파 익히기: 소테팬에 껍질 벗긴 방울양파, 물, 버터와 설탕을 넣고 끓인다. 유산지로 뚜껑을 만들어 덮고, 약한 불로 양파가 투명해지도록 익힌다. 칼끝으로 찔러보아 익었는지 확인한다. 양파가 익으면 유산지를 걷어내고 센 불로 올려, 팬을 흔들어주면서 익힌 즙을 양파에 고루 입혀 윤이 나게 한다. 양파에 색이 나지 않도록 주의한다.

7▸ 겨울 채소 익히기: 채소는 껍질을 벗기고 각각 따로 익힌다. 물을 재료의 높이 반 정도로 붓고, 버터와 굵은 소금을 조금 넣은 다음, 유산지로 덮고 약한 불로 끓여, 채소를 약간 살캉거리게 익힌다.

8▸ 완성하기: 토끼를 익힌 육즙 소스를 500ml가 되도록 졸인다. 화이트 루를 최대한 천천히 익혀가며 만들어 식힌다. 식힌 루에 육즙 소스를 조심스럽게 부어 다시 천천히 데우고, 휘핑크림을 섞는다. 끓으면 불에서 내려 머스터드를 넣고 분리되지 않도록 잘 섞어준다. 간을 맞춘다.

9▸ 서빙 준비: 준비한 채소와 삶은 밤은 소테팬에 흰색 송아지 육수와 버터를 조금 넣고 윤기 나게 데운다. 각 접시에 소스를 조금씩 붓는다. 토끼 허리살을 2조각씩 소스 위에 놓고, 글레이즈한 미니 채소를 보기 좋게 놓는다. 모양낸 버섯과 방울양파를 놓고, 한쪽에 슬라이스한 갈비를 놓는다. 처빌로 장식하여 완성한다.

Level 3

굴로 속을 채운 토끼 요리 감자 퓌레, 샤블리 와인에 절인 샐러리와 감자

RÂBLES DE LAPIN FARCIS AUX HUÎTRES, PURÉE DE POMME DE TERRE, POMME DE TERRE ET CÉLERI MARINÉS AU CHABLIS

티에리 막스(Thierry Marx), 페랑디 파리 자문위원회 멤버

6인분 기준
준비 시간 : 1시간 55분
조리 시간 : 1시간 40분

재료
토끼 허리살 등심 3개
굴(no. 3: 중간크기) 12개
소금 / 후추

닭고기 다짐 소
닭고기 100g
달걀흰자 1개분
휘핑크림 100g

가니쉬
길쭉한 감자 3개
바두아* 탄산수(익힘용 물로 사용)
샤블리 와인 500ml
샐러리악 1개

새싹 샐러드
머스터드 잎 새싹 1팩
경수채 (mizuna: 겨자 과의 일본 채소) 잎 새싹 1팩
오이스터 잎 (Oyster Leaves®) 새싹 1팩

도구
믹서
키친 랩
스팀오븐
만돌린 슬라이서

티에리 막스는 남에게 베푸는 삶을 실천하는 우리 시대의 셰프다. 지혜롭고 올바른 그의 나눔 의식은 단지 주방에 국한되는 것이 아니라 청년들의 직업교육 분야에서도 잘 드러나고 있다. 그는 요리사라는 직업의 가치를 잘 전달하고, 일상에서 그 열정을 나누고자 노력하고 있다.

토끼 허리살 속 채우기
허리살의 뼈를 제거하고 살의 중앙부터 저며 펴준다. 핏줄과 기름을 떼어 내고 고운 소금으로 간을 한 다음, 후추를 살짝 뿌려 둔다. 이 단계까지는 정육점에서 손질해 와도 좋다. 닭고기 다짐 소의 재료를 모두 넣고 믹서에 간다. 믹서에 간 소를 작은 실리콘 주걱으로 토끼살 중앙에 펴 바른다. 깨끗이 씻어 다듬고 키친타월로 물기를 제거한 굴 4개를 토끼 살 가운데에 위에서 아래로 나란히 놓는다. 키친 랩으로 싸서 고기를 잘 말아 단단히 감싼다. 다시 조리용 랩으로 한 번 더 감싸 조리할 때 수분이 들어오는 것을 방지한다. 75℃의 스팀오븐에서 1시간 쪄낸 다음, 얼음물에 넣어 식힌다. 냉장고에 보관한다.

감자 준비하기
만돌린 슬라이서를 사용해 감자를 1cm 두께로 자른 다음, 6cm 길이의 막대 모양으로 자른다. 바두아 탄산수에 삶아 낸 다음, 얼음물에 식힌다. 샤블리 와인에 재워 둔다.

샐러리악 준비하기
샐러리악의 껍질을 벗겨 2mm 두께로 자른 다음, 길이 7cm 폭 1.5cm의 띠 모양으로 자른다. 약하게 끓고 있는 바두아 탄산수에 넣어 익힌 다음, 얼음물에 넣어 식힌다. 샤블리 와인에 재워 둔다. 돌돌 말아 서빙한다.

감자 퓌레 만들기
막대 모양으로 자르고 난 감자 자투리를 삶아 감자 그라인더에 넣고 돌려 퓌레를 만든다. 냄비에 감자 퓌레와 생크림, 버터를 넣고 약한 불 위에서 거품기로 잘 섞으며 원하는 농도로 만든다.

새싹 샐러드 만들기
머스터드 잎, 경수채(미즈나) 잎, 오이스터 잎의 새싹을 싱싱한 것으로 골라 다듬은 다음 깨끗이 씻는다.

* Badoit: 프랑스의 천연 탄산수 브랜드.

- 레 시 피 -

티에리 막스, 르 만다린 오리엔탈 ** (파리)
THIERRY MARX, LE MANDARIN ORIENTAL ** (PARIS)

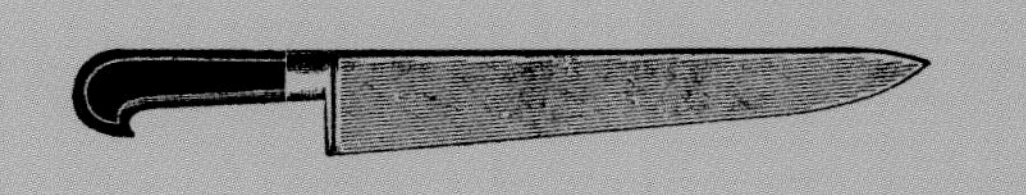

수렵육
LE GIBIER

수렵육

Le gibier

수렵육은 털이 있는 것과 깃털이 있는 것, 두 종류로 분류된다. 자세한 정보를 얻으려면, 이것을 파는 상점의 주인에게 질문을 하여 전문가의 조언과 지식을 듣는 것이 좋다. 특히 짐승에 따라 달라지는 숙성 기간 등 중요한 정보를 정확하게 얻도록 하자. 항상 수컷보다는 암컷(까투리, 암사슴 등)을, 크기가 작은 것을 고르는 것이 좋다. 예를 들어 같은 종류의 새라도, 회색 새끼 자고새(perdreau gris)는 살짝 익힌 레어(rare)로 서빙되는 반면, 어미 자고새(perdrix)는 오래 익혀야 한다.

정의

식당업계에서 일반적으로 수렵육(gibier, game)이라 함은, 야생 상태의 살아 있는 식용 짐승으로, 사냥으로 잡아서 규정에 정해진 기간 내에 판매되는 고기를 총칭한다. 사냥 시즌 이외에도 상점에서 꽤 많은 종류의 수렵육을 볼 수 있는데, 이는 포획해서 기른 짐승의 것들로, 결국 일 년 내내 구매할 수 있다.

식당에서 판매할 때는, 수렵육에 위생 인증 표시가 반드시 찍혀 있어야 한다.

수렵육은 두 종류로 분류된다:

털이 있는 수렵육: 몸집이 큰 짐승(암사슴, 수사슴, 노루, 멧돼지, 새끼 멧돼지) / 몸집이 작은 짐승(산토끼, 작은 산토끼)

깃털이 있는 수렵육: 들판이나 산에 서식하는 짐승(멧도요, 꿩과의 뇌조(雷鳥), 꿩, 산쑥들꿩, 어미 자고새, 새끼 자고새, 산비둘기, 목도리뇌조, 멧닭, 메추라기) / 작은 사냥감이나 작은 조류(종달새, 멧새, 개똥쥐빠귀, 티티새, 꾀꼬리, 물떼새) / 물에 사는 짐승(야생 오리, 댕기물떼새, 기러기, 상오리).

멧닭과 멧도요, 그리고 멧새는 판매가 금지되어 있다.

수렵육의 판매는 법령으로 정해져 있다. 지방에 따라, 사냥 기간이 시작된 다음 날부터 기간 종료 후 일주일까지의 날짜 중에 걸쳐 있다. 야생 수렵육은 법으로 허가된 기간 내에만 운송과 판매가 가능하다. 몸집이 큰 수렵육의 경우는 1992년 유럽 공동체 규정에 의거, 24시간 이내에 의무적으로 내장을 들어내야 한다(급성 선모충증의 위험이 있기 때문이다. 특히 멧돼지의 경우가 그렇다).

야생 수렵육의 경우 레스토랑 업자가 준수해야 할 의무는 반드시 정확한 수렵육 확인증명서를 제시하는 것이다(철제 스테이플러로 찍은 것, 납으로 된 표시판, 또는 종이 표시판 등).

구매 요령

수컷보다는 암컷을 구입하도록 한다, 살이 훨씬 연하다.

신선한 깃털 있는 수렵육은, 깃털과 내장이 그대로 있는 상태로 매장에 나와 있다.

새의 큰 날개 깃털 끝은 뾰족하고, 깃털 아래 솜털이 있어야 한다. 자고새나 꿩의 눈 주위를 둘러싸고 있는 살은 너무 늘어져 있지 않아야 하고, 발은 윤이 나고 껍질이 너무 거칠지 않아야 하며, 발가락이 작은 것이 좋다. 가슴뼈는 탄력이 있어야 하고, 가슴은 살이 많고 발달해 있는 것이 좋으며, 부리는 부드럽게 탄성이 있어야 한다. 탄환에 손상되어 있거나, 개에 물린 자국이 있는 것은 피한다.

털이 있는 수렵육은 털이 윤기가 나고 깨끗한 것이 좋다. 혈종 조각이 있거나 큰 피뭉치가 보이는 것은 피한다. 구매할 때는 주저하지 말고 냄새를 맡아본다. 동물 특유의 냄새가 있긴 하지만, 너무 심하게 나는 것은 짐승의 나이가 많거나, 고기가 신선하지 않다는 증거이므로 피하는 것이 좋다.

사냥한 짐승의 생활양식이나 식습관은 그 고기의 질감이나 맛을 좌우한다. 늙은 짐승의 살은 밀도가 더 높고 질기므로, 더 어리고 신선한 짐승을 선택해야 한다. 짐승은 언제나 '놀란' 상태에서 포획된 것이 '강제로' 잡힌 것보다 훨씬 건강하다. 왜냐하면 스트레스로 인해 고기 살에 요산이 생기기 때문이다.

-수렵육 조리법-

		조리 방법					
동물	**부위**	**수육**	**로스트**	**팬 프라이**	**그릴**	**소테**	**스튜**
깃털이 있는 수렵육							
메추라기	한 마리 전체		X	X	X	X	X
비둘기	한 마리 전체		X	X	X	X	X
새끼 자고새	한 마리 전체		X				
어미 자고새	한 마리 전체						X
꿩	2인당 1마리		X	X		X	X
오리	2인당 1마리		X	X	X	X	X
털이 있는 수렵육 (작은 짐승)							
산토끼	엉덩이, 허리살, 다리			X		X	X
작은 산토끼	엉덩이, 허리살, 다리					X	X
털이 있는 수렵육 (큰 짐승)							
암노루, 수노루	허벅지살 또는 다리살		X	X			
	둔부쪽 등심 또는 엉덩이살		X	X			
	갈비		X				
	갈비살				X	X	
	등심				X	X	
	안심		X		X	X	
	어깨살		X				X
	삼겹살				X	X	X
암사슴, 수사슴	허벅지살		X	X			X
	둔부쪽 등심		X	X			
	갈비		X			X	
	갈비살				X	X	
멧돼지	허벅지살		X	X			X
	둔부쪽 등심		X	X			
	갈비		X			X	
	갈비살				X	X	
	머리	X					X

마리네이드

2등급, 또는 3등급 부위의 고기만 마리네이드한다. 이 부위는 주로 스튜처럼 오래 끓여 익히는 레시피에 사용된다. 마리네이드에는 두 가지 방법이 있다.

작은 짐승용 신선 마리네이드(marinade crue): 레드 와인, 올리브오일(아주 조금) 또는 콩기름과 향신 재료(타임, 월계수 잎, 당근, 양파, 대파 녹색 부분, 샐러리), 정향 1~2개, 주니퍼베리를 혼합해 고기를 넣어 최대 24시간 재운다.

큰 짐승 또는 콜라겐이 많은 부위용 익힌 마리네이드(marinade cuite): 기름을 달궈 향신 채소를 수분이 나오도록 볶다가 술을 재료 높이만큼 붓고, 향신료를 넣어 30분 정도 약하게 끓인다. 체에 걸러 식힌 다음, 고기를 넣고 24~48시간 재운다. 마리네이드용 와인을 고를 때는 타닌이 아주 많이 함유된 것을 선택한다. 비싼 와인을 고를 필요는 없다. 향신용 허브(세이보리, 세이지, 로즈마리)를 신선한 것으로 사용할 때는 양을 조금만 넣어도 된다. 말린 허브를 사용할 때보다 양을 반으로 줄여 사용한다.

최근에는 장시간 마리네이드하는 것보다, 조리하기 1~2시간 전, 신선한 수렵육에 붓으로 향신 재료를 발라 재우는 '즉석 마리네이드(marinade instantanée)'를 선호하는 추세다.

셰프의 조언

수렵육을 냉동할 때는 숙성한 지 2~3일 지나고 나서 한다.
노루나 멧돼지의 다리살의 경우는 가능하면 제 껍질째로 냉동한다.

각 수렵육마다 알맞은 익힘 정도가 있다.
그보다 더 오래 익히지 않도록 주의한다.
주로 초식동물의 고기는 살짝 익혀 레어(rare)로 서빙하는 반면,
잡식성 동물의 살은 위생상의 이유로
반드시 완전히 익혀 먹어야 한다는 사실을 주지해야 한다.

수렵육으로 스튜를 만들 때는 항상 2~3일 전에 미리 만들어 놓고,
가능하면 서빙하기 전에 두어 번 더 끓여서 내도록 한다.
맛의 풍미가 한층 더 깊어진다.

피를 사용해 소스를 리에종(liaison)할 때는
선홍색을 띠며 냄새가 나지 않는, 가장 신선한 피를 사용해야 한다.
전분을 아주 조금 넣어 섞어주고, 식초도 약간 넣는다.
카카오 함량이 많은 다크 초콜릿을 아주 조금 넣으면
소스 맛을 좀 중화시키면서 풍미를 한층 더 높여줄 수 있다.
한번 리에종한 소스는 절대 다시 끓이지 않는다.

어울리는 가니쉬

수렵육은 와인에 익힌 배, 모과, 사과, 포도, 무화과, 체리, 허클베리(또는 크랜베리) 즐레, 레드 커런트, 블루베리(또는 빌베리) 등의 가니쉬와 무난하게 어울린다. 엔다이브, 양상추, 구워 익힌 흰 양배추나 적 양배추는 최상의 조합이다. 버섯(포치니, 꾀꼬리버섯, 모렐 버섯, 느타리버섯 등)도 곁들이면 아주 좋고, 밤, 양파, 파바 콩, 감자, 고구마로 만든 퓌레도 잘 어울리는 가니쉬다.

샐러리악 퓌레: 샐러리악에 소금 크러스트 반죽(밀가루 1kg에 소금 100g과 물을 조금 넣고 말랑하게 반죽한다)을 입혀 180℃의 오븐에서 2시간~ 2시간 반 익힌다. 샐러리악 살을 꺼내 으깨서 고운 체에 긁어내리면 향이 좋고 부드러운 퓌레가 완성된다.

또는 재료를 섞어서 만들 수도 있다. 레드 와인에 넣어 촉촉하게 한 건무화과와 샐러리를 넣고 만든 모과 콤포트, 여기에 아몬드, 호두, 헤이즐넛 등의 견과류를 곁들여도 훌륭하다.

소스

수렵육은 일반적으로 소스를 곁들인다. 큰 짐승의 고기는 소스 그랑 브뇌르(sauce grand veneur: 레드 와인과 레드 커런트 즐레 베이스)나 소스 디안느(sauce diane: 소스 푸아브라드에 크림을 더한 것) 등, 주로 소스 푸아브라드(sauce poivrade: p.76 단계별 테크닉 참조)의 파생 소스들을 곁들인다.

소스 비가라드(sauce bigarade: 씁쌀한 오렌지를 넣는다)는 오리와 잘 어울린다. 꿩, 메추라기, 새끼 자고새 등의 조류는 소스 살미스(sauce salmis: 뼈에 색을 내고 브라운 육수로 소스를 만든 후에, 다진 내장을 넣고 리에종한다), 소스 스티만느(sauce stimane: 사워크림과 다진 양파로 소스를 만들고, 화이트 와인으로 디글레이즈한다), 또는 소스 페리괴(sauce périgueux: 트러플 베이스)가 주로 함께 서빙된다. 토끼나 산토끼 요리에는 크림이나 머스터드를 넣은 소스가 좋은 궁합이다.

셰프의 조언

깃털 달린 짐승의 간과 염통은 버리지 말고, 구워서 서빙하거나
익혀서 다진 다음 구운 빵에 얹어 먹어도 좋다.

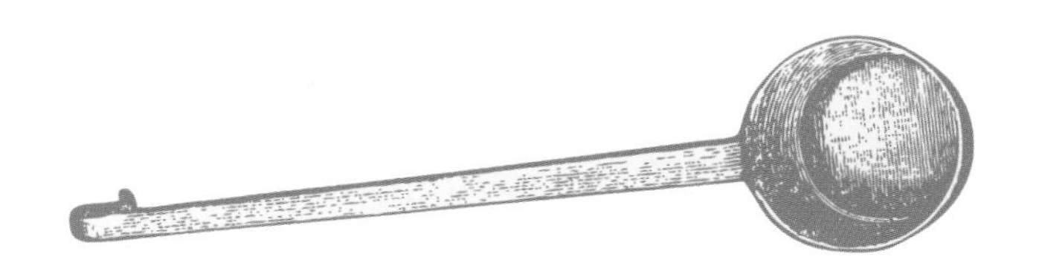

셰프의 조언

수렵육으로 테린을 만들 때에는 너무 건조해 뻑뻑해지지 않도록
돼지 목살의 기름이나 삼겹살의 비계를 30% 정도 넣어 주어야 한다.
돼지 목살 비계를 깍뚝 썬 다음,
닭 육수에 넣고 익혀, 테린용 살코기와 섞어준다.
수렵육 육수를 진하게 농축한 글레이즈를 넣어 풍미를 더한다.
테린을 완벽하게 익히려면, 테린의 중심 온도가
절대로 72℃를 넘지 않게 해야 한다.
단백질이 용해되는 융점이 65℃라는 것을 기억하자.

테린을 180℃~200℃의 뜨거운 오븐에서 먼저 구워
마이야르(Maillard) 반응으로 겉면에
약 5mm의 갈색 크러스트를 형성한 후,
중탕으로 천천히 계속 익힌다.

투르트(tourte) 파이의 경우,
퍼프 페이스트리를 더욱 완벽하게 굽기 위하여,
미리 구운 1~2mm 두께의 파트 브리제(pâte brisée)를 바닥에 깐다.
그러면 그 위에 얹게 될 다짐육 소나 고기의 즙을 흡수할 수 있다.
투르트 파이 전체를 퍼프 페이스트리로 덮어 싼다.

여러 종류의 수렵육

깃털 달린 수렵육

멧도요(bécasse)는 다리가 가늘고 긴 철새로 3~4월과 10~11월이 사냥 시즌으로 이때 가장 살에 기름이 오르고 연하다. 낙엽과 비슷한 깃털을 하고 있어 눈에 잘 띄지 않고, 또 판매가 금지된 새이므로, 오로지 사냥에 능한 지인이 잡은 것만을 맛볼 수 있을 것이다. 부리가 날카로운 새를 칭하는 연작류(燕雀類: becfigue)는 나무에 서식하고 소리 내어 지저귀는 특징을 갖고 있으며, 둥지를 짓고 사는, 4개의 발가락을 가진 작은 새들이 포함된다. 티티새, 나이팅게일, 참새, 까마귀 등이 여기에 속한다.

메추라기(caille)는 원산지가 극동지방인 철새로, 프랑스의 평원지대에서 봄, 여름에 볼 수 있는 어미 자고새와 비슷하다. 현재는 닭과 마찬가지로 사육된다.

큰 뇌조(coq de Bruyère)는 큰 사이즈의 순계류(鶉鷄類)로서 큰 멧닭(grand tétras)이라고도 불린다(다 자란 수컷은 중량이 8kg에 육박한다). 아르덴느(Ardenne), 보주(Vosges), 피레네(Pyrénées) 지방에서 정해진 규정에 따라 사냥이 가능하다.

꿩(faisan)은 아시아가 원산지로, 최근 사냥으로 인해 점점 야생 개체수가 줄어들고 있기 때문에, 사육용 꿩을 자연에 방사해서 번식을 장려하고 있다. 다 자라 늙은 꿩들만 잡아서 숙성할 수 있다.

들꿩(grouse)도 마찬가지로 순계류에 속하는 새로, 같은 들꿩류인 목도리뇌조(gélinotte)와 흡사하며 스코틀랜드에 많은 개체수가 서식하고 있다. 수렵육 애호가들은 이 새의 살을 최고의 맛으로 친다.

멧새(ortolan)는 참새과에 속하는 깃털 달린 작은 조류로, 사냥감 중 가장 세련되고 섬세한 맛을 지니고 있다. 주로 베리류, 식물의 싹, 포도 알갱이, 좁쌀과 작은 곤충을 먹고 살기 때문에 살이 아주 오묘한 맛을 지니고 있다. 이 종은 프랑스뿐 아니라 유럽 전체에서 보호되고 있기 때문에, 요리로 접할 기회가 아주 드물다. 보통 오븐에서 굽거나, 브로일러에 꿰어 굽는다.

어미 자고새(perdrix)는 프랑스 전역에서 사냥되며, 소비자가 아주 선호하는 수렵육이다. 붉은 새(제일 큰 사이즈가 400~500g)와 회색 새, 두 종류로 구분한다.

새끼 자고새(perdreau)는 탄력 있는 부리와 날개의 첫 번째 깃털에 있는 흰 점으로 쉽게 구분할 수 있다.

상오리(sarcelle)는 작은 크기의 야생 철새 오리다. 두 종류가 있는데 하나는 겨울 상오리로 갈색과 녹색의 머리를 하고 있고, 또 한 종류는 여름 상오리로 머리가 회색이며 흰색 줄이 나있다.

댕기물떼새(vanneau)는 다리가 가늘고 긴 조류로, 등은 구릿빛 녹색을 띠고 있고, 배는 흰색이다. 크기가 비둘기와 비슷한 이 새의 살은 그 섬세한 맛으로 많은 애호가를 갖고 있다.

털이 있는 수렵육

암사슴(biche)은 사슴류의 암컷을 말한다.

수사슴(cerf)은 유럽, 아시아, 아메리카의 숲에 서식하는 야생 반추동물로, 다 자랐을 때의 키가 1.5m, 무게가 200kg에 이른다. 중세시대부터 즐겨 식용하였으며, 어린 사슴의 살이 제일 연하고 맛있다.

노루(chevreuil)도 마찬가지로 사슴과에 속하는 동물로, 그 크기가 좀 작다. 유럽, 아시아의 숲에서 서식하는 반추동물로, 다 자란 큰 노루의 무게가 25kg을 넘지 않는다. 생후 6개월까지의 새끼는 아기노루(faon: 퐁), 18개월까지는 새끼 노루(chevrillard 슈브리야르), 그 이후의 것은 한 살 된 수노루(brocard 브로카르)라고 부르고, 암컷은 슈브레트(chevrette)라고 부른다.

산토끼(lièvre)는 토끼과에 속하는 초식 포유동물로 주로 북반구에 서식한다. 긴 뒷다리와 큰 귀가 특징이다. 암컷은 아즈(hase), 수컷은 부캥(bouquin)이라 부른다.

멧돼지(sanglier)는 유럽과 아시아의 숲 지대에 서식하는 야생 돼지다. 삼각형의 두상을 하고 있으며, 돌출된 송곳니가 특징이다. 새끼 멧돼지(marcassin)의 살이 특유의 섬세한 풍미를 지니고 있다면, 다 자란 멧돼지의 살은 좀 더 향이 강하다.

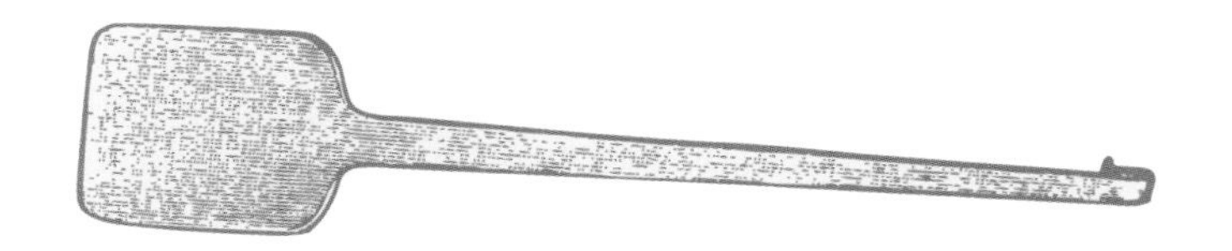

- 테크닉 -

Brider un faisan

꿩 실로 묶기

❀

도구

주방용 바늘

주방용 실

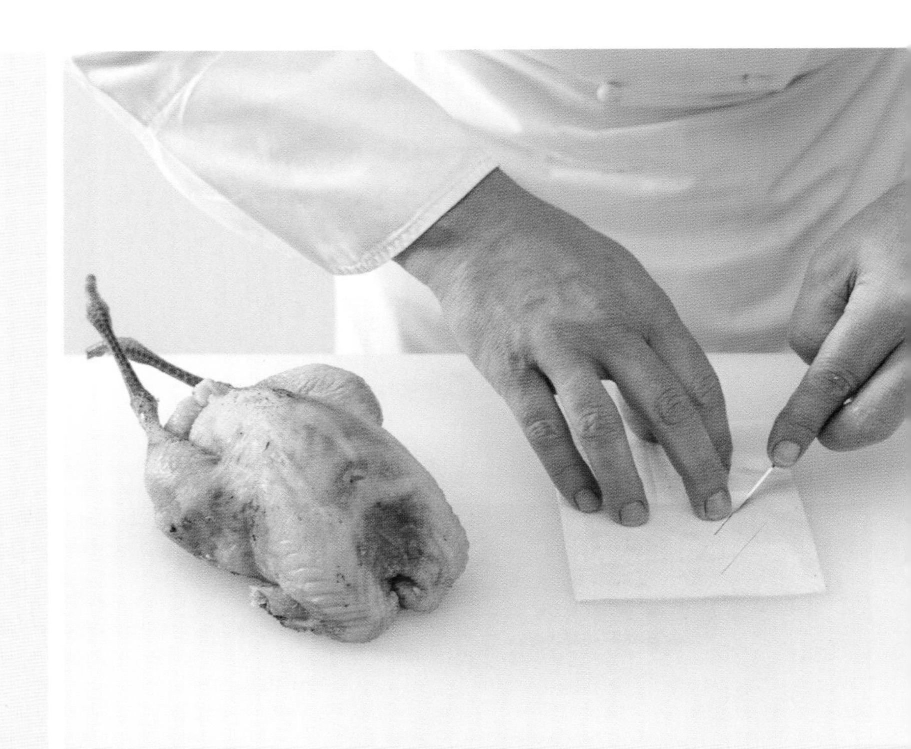

• 1 •

꿩 크기로 자른 라드에 사선으로 칼집을 낸다.

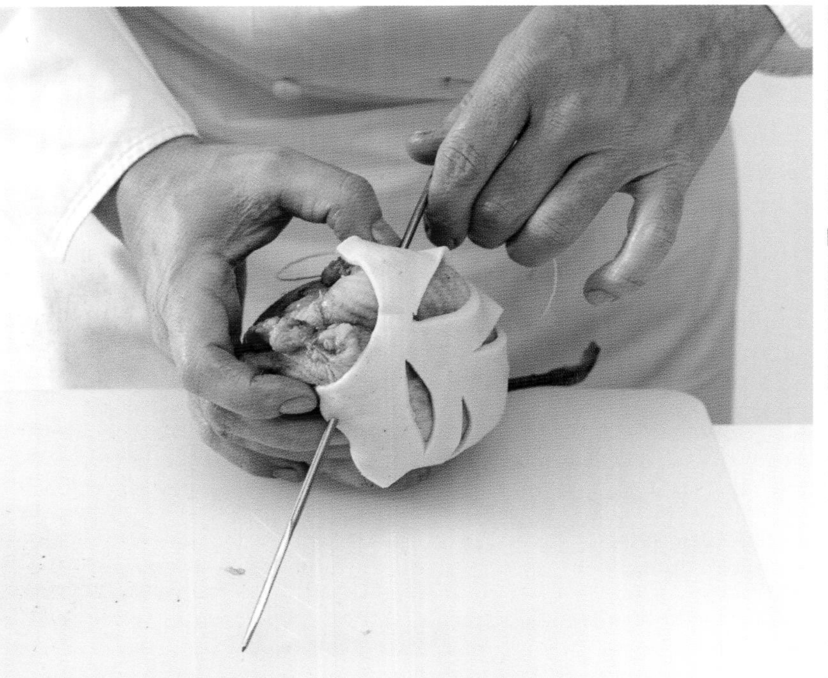

• 4 •

계속해서 날개 쪽으로 찔러 넣고, 목 부위의 껍질을 통과해 반대쪽 날개 부위로 바늘을 빼낸다. 이때 라드도 같이 찔러준다.

• 5 •

처음 시작 부분의 실과 마지막 뺀 부분의 실을 단단하게 당겨, 두 번 매듭지어 묶는다.

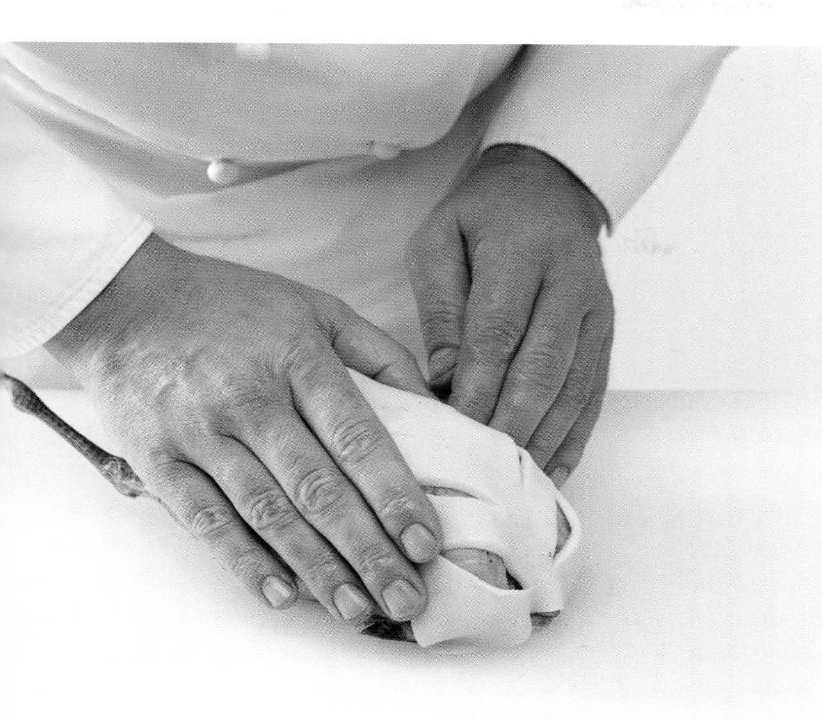

• 2 •

꿩에 간을 한 다음, 라드를 가슴 쪽 몸통뼈에 덮어 감싼다(익히는 도중 살이 건조되는 것을 방지하기 위해서다).

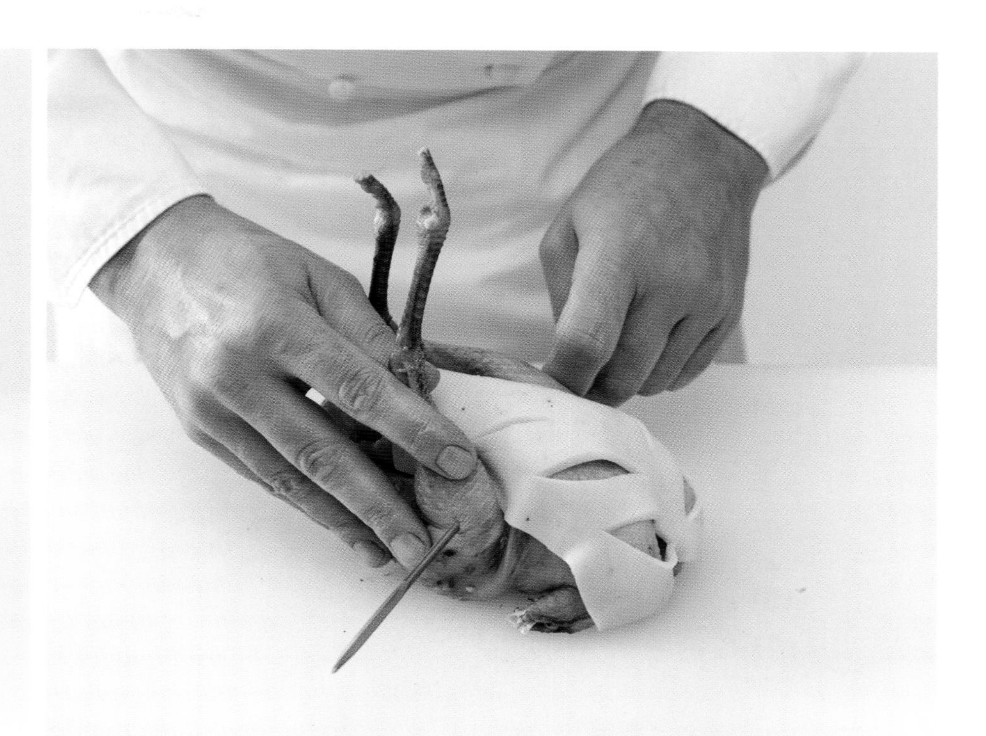

• 3 •

주방용 바늘에 실을 꿰어, 다리의 관절 쪽을 찔러 반대편 같은 위치로 빼낸다.

• 6 •

엉덩이 부분을 몸통뼈 안쪽으로 접어 넣은 다음, 바늘을 찔러 넣어 양쪽을 꿰매고, 가슴뼈 끝의 아랫부분으로 찔러 빼준다. 단단히 잡아당겨, 두 번 매듭지어 묶는다.

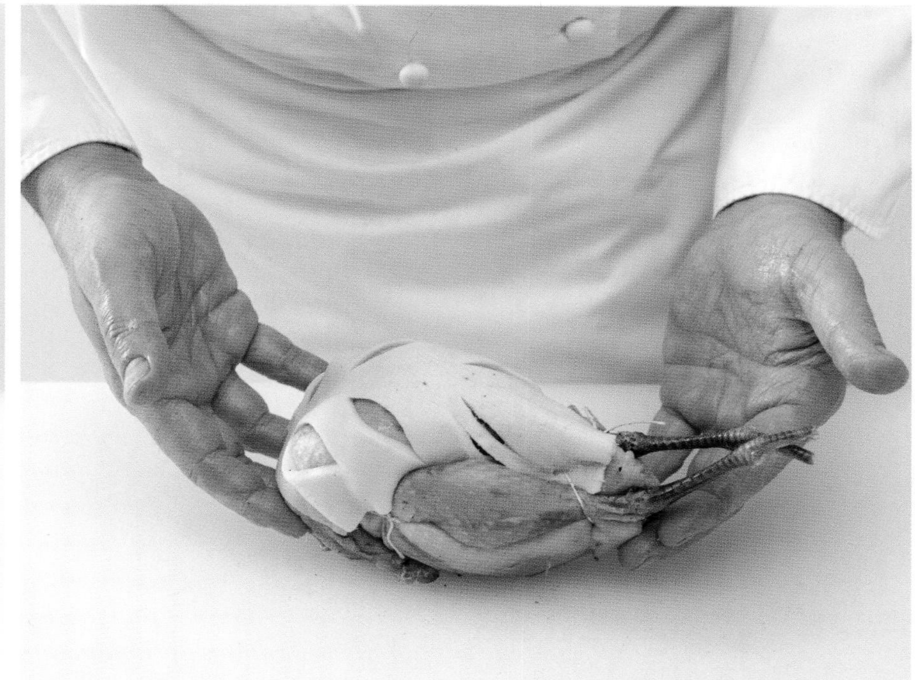

• 7 •

꿩을 라드와 함께 실로 묶어 놓은 모습.

- 테크닉 -

Désosser un râble

토끼 허리살 뼈 제거하기

도구

뼈 제거용 칼

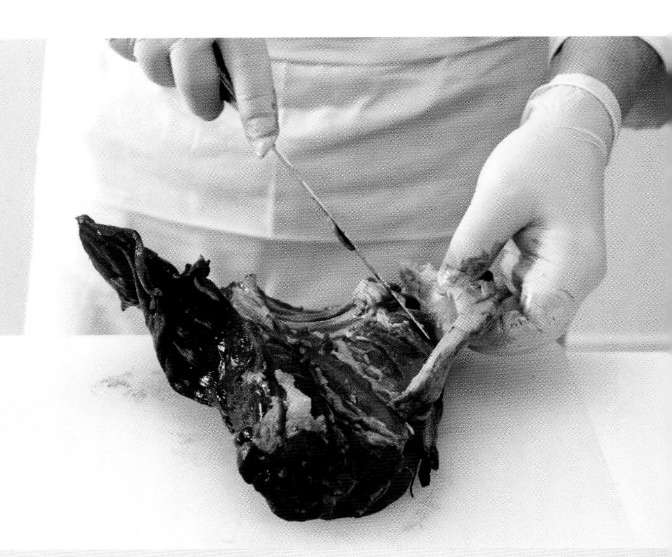

• 1 •

기름을 잘라내고, 필요한 경우 콩팥도 떼어 낸 다음, 등을 아래쪽으로 놓는다.

• 4 •

척추뼈를 따라 자르며 등심을 잘라 분리한다.

• 7 •

두 번째 필레도 마찬가지 방법으로 잘라낸다.

• 2 •

안쪽의 작은 안심 필레를 잘라 분리한다.

• 3 •

뒤집어서 척추뼈를 따라 등심에 칼집을 낸다.

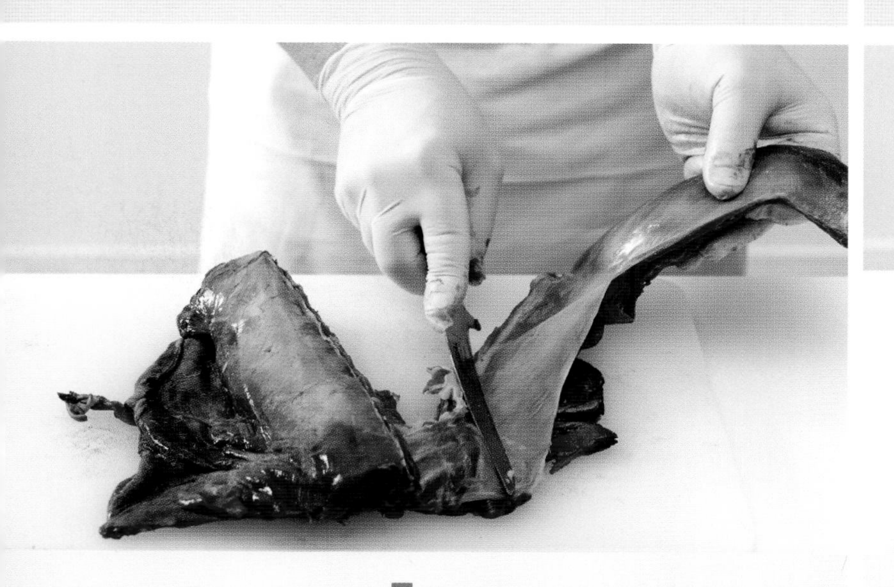

• 5 •

척추뼈에서 첫 번째 등심 필레를 잘라준다.

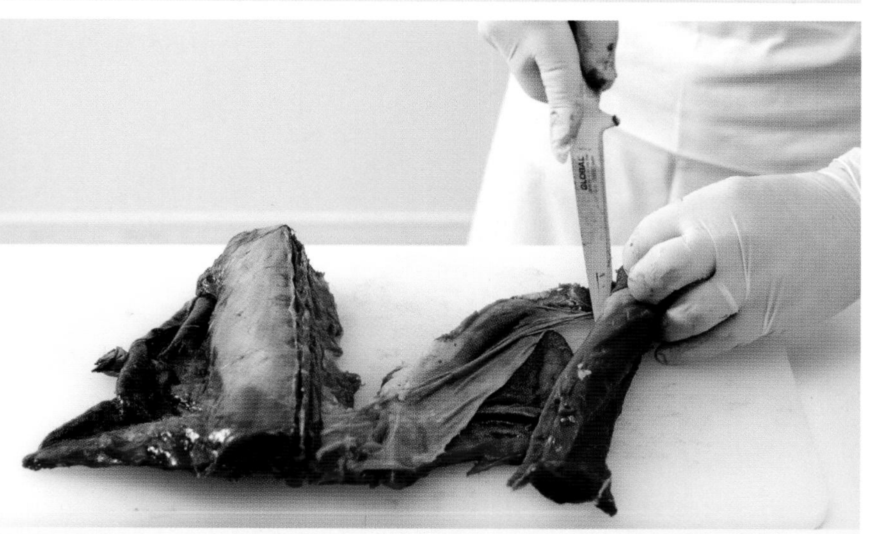

• 6 •

등심 필레 살만 떠낸다.

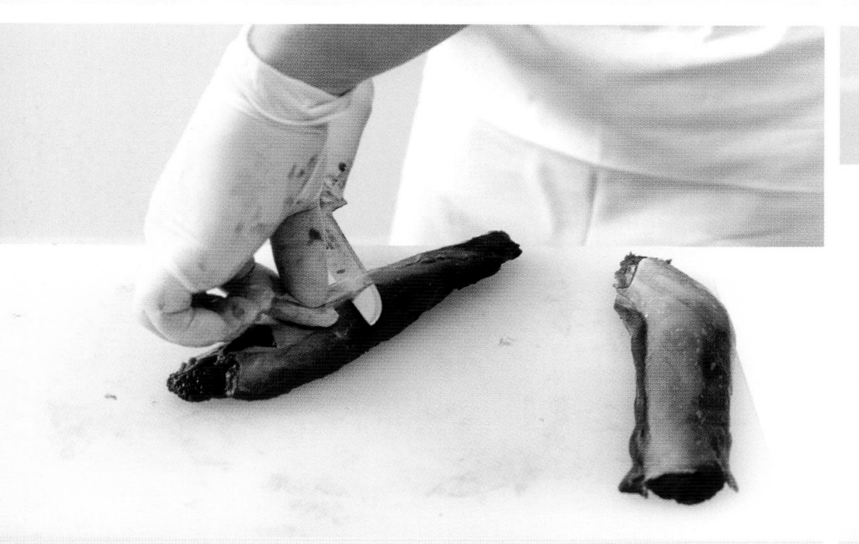

• 8 •

힘줄이 두꺼운 곳부터 시작해 칼을 밀어주면서, 힘줄을 제거한다.

• 9 •

등심, 안심 필레를 잘라내, 조리 준비가 된 모습.

Level 1

숲의 향미를 낸 노루 등심 메다이용*

MÉDAILLON DE CHEVREUIL
AU PARFUM DE LA FORÊT

6인분 기준
준비 시간 : 1시간 30분
조리 시간 : 2시간 30분

재료
노루의 엉덩이 쪽 등심살 1덩어리
해바라기 유

푸아브라드 소스(sauce poivrade)
노루 뼈와 자투리 살
해바라기 유
향신 재료 500g(당근 120g, 양파 120g, 샐러리 120g, 마늘 50g, 토마토 90g)
밀가루
코냑
레드 와인 300ml
부케가르니 1개
주니퍼베리
검은 후추
레드 커런트 즐레 30g

가니쉬
길쭉한 알 감자 (BF15) 6개
버터 100g
주황색 단호박 1개
해바라기유 100ml
에스플레트 칠리 가루
뿔나팔버섯 100g
마늘 1톨
타임 1줄기
껍질 깐 진공 포장 밤 200g
이탈리안 파슬리 1단
소금
그라인드 후추

도구
원뿔체
푸드 프로세서

1▸ 노루의 등심을 뼈에서 잘라낸다(p.394 산토끼 허리살 뼈 제거하기 테크닉 참조). 뼈에서 분리한 등심살은 힘줄을 제거하고 동그랗게 메다이용으로 자른다.

2▸ 푸아브라드 소스 만들기: 살을 분리하고 남은 뼈와 자투리 살을 작게 토막 내어, 해바라기유를 달군 팬에 지져 색을 낸 후, 다른 냄비에 옮겨 넣는다. 작은 미르푸아로 썰어둔 향신 재료를 넣고 수분이 나오게 볶는다. 기름을 제거한 다음, 밀가루를 솔솔 뿌리고, 코냑을 넣은 다음 불을 붙여 알코올을 날려 보낸다(플랑베). 레드 와인으로 디글레이즈한 후, 물을 붓고, 부케가르니, 주니퍼베리, 으깬 검은 통후추를 넣어 약한 불로 2시간 끓인다. 레드 커런트 즐레를 넣어준다. 간을 맞춘 뒤, 원뿔체에 걸러 둔다.

3▸ 가니쉬 준비하기: 감자는 껍질을 벗겨, 원통형으로 잘라 헹군 다음, 만돌린 슬라이서를 이용해 얇은 원형으로 자른다. 감자 슬라이스는 씻지 말고, 소금 간을 한 정제 버터(p.66 참조)에 넣었다 빼준 다음, 유산지 위에 꽃 모양으로 동그랗게 포개 놓는다. 냉장고에 보관한다.

4▸ 논스틱 팬에 정제 버터를 두르고, 꽃 모양의 감자를 노릇한 색이 나게 굽는다.

5▸ 단호박 퓌레 만들기: 단호박은 껍질을 벗기고 작게 자른다. 냄비에 담고 물과 소금을 넣어 칼끝으로 찔러보아 쑥 들어갈 정도로 익힌다. 또는 알루미늄 포일에 싸서 오븐에 30분 구워 익혀도 된다. 속의 씨를 빼준다.

* médaillon: 프랑스어로 소고기, 송아지고기, 돼지고기 등을 둥글게 썬 조각을 말한다.

6▸ 건져낸 후 버터 30g과 함께 믹서에 간다. 또 다른 냄비에 단호박 껍질과 물을 조금 넣고 익힌다. 여기에 해바라기유 100ml와 소금, 에스플레트 칠리 가루를 넣고 약한 불로 끓인 다음 체에 거르고, 내린 기름만 보관한다.

7▸ 뿔나팔버섯의 밑동을 잘라내고 흙을 털어낸 다음, 재빨리 헹군다. 팬에 버터 30g과 마늘 1톨, 타임 한 줄기를 넣고 버섯을 볶는다. 밤은 데워 둔다.

8▸ 노루 등심 메다이용을 팬에 굽는다. 살은 핑크색이 나도록 익히는 게 적당하다.

9▸ 플레이팅: 각 접시에, 사선으로 자른 노루 등심과 단호박 퓌레를 담고, 꽃 모양으로 구워낸 감자 위에 밤을 3개씩 얹어준다. 볶은 버섯을 보기 좋게 담고, 이탈리안 파슬리 잎을 군데군데 놓는다. 단호박 기름을 조금씩 방울방울 뿌린다.

Level 2

가을 풍미의 노루 등심 로스트

SELLE DE CHEVREUIL
DANS SES SAVEURS ET PARURES AUTOMNALES

6인분 기준
준비 시간 : 2시간
마리네이드: 12시간
조리 시간 : 15분

재료
노루 등심 1개
피레네식으로 후추 염장한 흑돼지 삼겹살 100g

마리네이드
보르도 레드 와인 1병
오래 숙성된 와인 식초 50ml
향신 재료 500g
(당근, 양파, 샐러리, 마늘, 부케가르니)

푸아브라드 소스(sauce poivrade)
노루 뼈와 자투리 살 500g
마리네이드에 넣었던 향신 재료
해바라기유 / 밀가루
코냑
마리네이드했던 레드 와인
마리네이드에 넣었던 부케가르니
주니퍼베리 10개
검은 후추 / 레드 커런트 즐레 30g
엑스트라 비터 다크 초콜릿 20g

가니쉬
길쭉한 모양의 감자 (BF15) 큰 것 3개
파스닙 1개 / 돼지감자 2개
버터넛 스쿼시 1개
생크림 100ml / 우유 100ml
달걀 1개 / 양젖 치즈 100g
포치니 버섯 200g / 버터
마늘 1톨 / 타임 2줄기
허클베리(월귤나무 열매) 또는 크랜베리 50g
설탕 / 라임 1개
단감 2개 / 크레송 ½단
바질 1줄기 / 소금 / 후추

도구
만돌린 슬라이서 / 푸드 프로세서
고운 원뿔체

1▸ 노루 등심살의 힘줄을 제거하며 다듬는다. 중간중간 구멍을 찔러 후추 염장한 흑돼지 삼겹살 비계를 박아 넣는다.

2▸ 레드 와인에 와인 식초, 향신 재료를 모두 넣고 고기를 담가, 12시간 동안 냉장고에 재워 둔다.

3▸ 푸아브라드 소스 만들기: 마리네이드한 건더기를 건져 고기는 냉장고에 보관한다. 노루의 뼈와 자투리 살을 작게 토막 내, 해바라기유를 조금 넣어 달군 팬에 지져 색을 내준 다음 두꺼운 냄비에 옮겨 담는다. 마리네이드에 넣었던 향신 재료들을 넣고 수분이 나오게 볶는다. 기름을 제거하고, 밀가루를 조금 뿌린 다음, 코냑 반 컵을 넣고 불을 붙여 알코올을 날려 보낸다(플랑베). 마리네이드했던 레드 와인으로 디글레이즈하고 끓이다가 수분이 다 증발하면, 재료의 높이까지 물을 붓고 끓인다. 부케가르니, 주니퍼베리, 으깬 검은 통후추를 넣고 2시간 동안 약하게 끓인다. 레드 커런트 즐레를 넣고, 잘게 다진 초콜릿을 넣은 다음 거품기로 잘 섞어준다. 간을 맞추고, 원뿔체에 걸러 둔다.

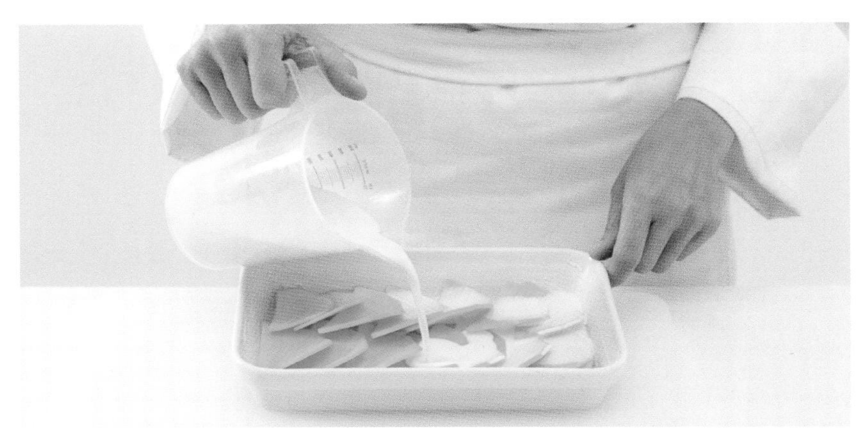

4▸ 가니쉬 준비하기: 채소 밀푀유를 만든다. 우선 4종류의 채소를 모두 만돌린 슬라이서로 얇게 슬라이스한 다음 간을 한다. 우유와 크림, 달걀을 잘 섞는다. 버터를 바른 직사각형 용기에 슬라이스한 채소를 교대로 포개 깔아준다. 감자는 다른 채소 위아래마다 매번 놓는다. 매 켜 사이사이 우유 크림 믹스를 부어준다.

5▸ 얇게 저민 양젖 치즈를 맨 위에 올리고, 180℃로 예열한 오븐에 넣어 30분 동안 그라탱처럼 익힌다. 다 익으면 휴지시킨 다음, 그릇에서 분리해 일인분씩 잘라준다(정사각형 혹은 직사각형 모양으로 자른다). 다시 용기에 담아 둔다.

6▸ 포치니 버섯은 버터를 넣은 팬에 으깬 마늘과 타임을 함께 넣고 볶는다. 허클베리에 설탕과 라임즙을 넣고 졸여 콤포트를 만든다.

7▸ 단감은 껍질을 벗기고 얇게 슬라이스해 둔다. 크레송은 끓는 소금물에 넣어 센 불에 재빨리 데친다. 건지기 몇 초 전에 바질 잎도 몇 장 같이 넣는다. 흐르는 찬물에 헹궈 식힌 다음, 물을 넣고 믹서로 갈아, 간을 한 다음 원뿔체에 걸러 둔다.

8▸ 기름을 달군 팬에 노루 등심 덩어리를 지져 색을 낸 다음, 200℃로 예열한 오븐에 넣어 살이 핑크빛이 되도록 익힌다.

9▸ 플레이팅: 완성된 노루 등심을 가니쉬 채소와 함께 통째로 낸 다음, 고기를 메다이용으로 동그랗게 슬라이스해 각 접시에 놓고, 가니쉬도 골고루 담아 서빙한다.

Level 3

무와 헤이즐넛 프랄린, 후추 소스를 곁들인 노루 등심 구이

NOISETTE DE CHEVREUIL RÔTIE AU PRALIN DE NOISETTE, NAVETS FONDANTS, JUS AU POIVRE MANIGUETTE

에릭 프라(Éric Pras), **페랑디 파리 객원교수, 2004 프랑스 명장**(MOF) **획득**

6인분 기준
준비 시간 : 1시간 5분
조리 시간 : 1시간 35분

재료
솔로뉴(Sologne)산 노루 등심 필레 160g짜리 3개
정제 버터 (p.66 참조) 50g
차가운 버터 30g
소금, 후추

마니게트 후추* 소스(jus au poivre maniguette)
샬롯 70g / 레드 와인 150ml
노루고기 육즙 소스 400ml
가스트릭 (gastrique: 설탕과 식초를 졸인 것) 20g
마니게트 후추
버터

헤이즐넛 프랄린
설탕 40g / 헤이즐넛 150g
버터 185g / 헤이즐넛 파우더 75g
흰 빵가루 105g / 고운 소금
헤이즐넛 오일

무와 버터넛 스쿼시
긴 무 750g / 화이트 발사믹 식초 300ml
화이트 포트와인 150ml
버터넛 스쿼시 100g / 버터 40g + 30g

폴렌타 시트
폴렌타 가루 22.5g / 흰색 육수 135g
마스카르포네 치즈 37.5g
소금 / 한천 1.05g

레이스 튈(tuile dentelle)
꾀꼬리버섯 100g
잘게 썬 샬롯 10g / 버터 20g
당근 퓌레 37.5g / 버터 120g
밀가루 22.5g / 물 45g

데코레이션
머스터드 잎 40g
헤이즐넛 오일로 만든 비네그레트 15ml

* poivre maniguette: 기니 후추나무의 열매로, '그레인 오브 파라다이스'라고도 불린다.

프랑스 로안(Roanne)의 트루아그로(TROIGROS), 솔리유(Saulieu)의 루아조(LOISEAU), 생 테티엔느(Saint-Étienne)의 가니에르(GAGNAIRE) 등 유명 셰프의 레스토랑에서 화려한 경력을 쌓은 에릭 프라는 2008년 자크 라믈루아즈(Jacques LAMELOISE) 레스토랑의 셰프로 영입되어 그 본래의 훌륭한 명맥을 성공적으로 이어나가고 있다. 단순하면서도 넉넉한 그의 요리는 전통과 모던함이 잘 어우러져 있다.

고기 익히기
노루 등심 필레는 핑크색이 돌 정도로 로스트해 익힌다.

마니게트 후추 소스 만들기(jus au poivre maniguette)
냄비에 샬롯과 레드 와인을 넣고 시럽 농도가 되도록 졸인 다음, 노루고기 육즙 소스를 붓고, 가스트릭을 넣어 다시 살짝 졸인다. 마니게트 후추 알갱이를 넣고 3분간 두어 향이 우러나게 한다. 원뿔체에 거르고, 버터를 넣어 거품기로 잘 섞는다.

프랄린 만들기
설탕을 녹여 황금색이 나는 캐러멜이 되면, 헤이즐넛을 넣고 3분간 익힌 후 식힌다. 푸드 프로세서에 넣고 간 다음, 상온의 포마드 버터와, 헤이즐넛 파우더, 빵가루, 소금, 헤이즐넛 오일 몇 방울을 넣어 잘 섞는다. 조리용 폴리에틸렌 시트 두 장 사이에 펴 발라 주고, 굳으면 직사각형 모양으로 자른다. 이것을 노루 등심 필레 위에 얹는다.

무 준비하기
만돌린 슬라이서를 사용하여 무를 폭 9cm의 넓은 띠 모양으로 자른 다음, 끓는 물에 데쳐 식힌다. 또, 무 200g을 2mm 두께의 얇은 막대 모양으로 썰어 마찬가지로 데쳐 식힌다.
식초를 반으로 졸인 다음, 얇게 채 썬 무를 넣고 익힌다. 잘게 썬 이탈리안 파슬리를 넣고 섞은 다음, 띠 모양 무에 넣고 말아 카넬로니(cannelloni)를 만든다.

버터넛 스쿼시 준비하기
멜론 볼러를 이용하여 버터넛 스쿼시의 살을 동그란 모양으로 잘라낸 다음, 끓는 물에 데쳐 익힌다. 서빙 직전, 버터에 윤기 나게 데워준다.

폴렌타 시트 만들기
폴렌타를 익힌 다음, 마스카르포네 치즈와 한천을 넣어 섞는다.
조리용 폴리에틸렌 시트 두 장 사이에 얇게 펴 발라 넣고, 식으면 사방 10cm , 두께 3~4mm의 정사각형으로 자른다.

레이스 튈 만들기
재료를 모두 섞은 다음, 논스틱 팬에 반죽을 1테이블스푼씩 펴서 굽는다. 틀에 넣어 굳혀 모양을 만든다.

플레이팅
노루 필레 위에 헤이즐넛 프랄린을 얹은 다음 살라만더 그릴 아래에 잠깐 넣어 노릇하게 구워낸다. 필레를 둘로 자른다. 접시 중앙에 폴렌타 시트를 깔고, 증기로 쪄서 데운 무 카넬로니를 놓는다. 그 위에 버터에 윤기 나게 글레이즈한 버터넛 스쿼시 볼을 4개 얹어준다. 튈과 머스터드 잎 샐러드를 한쪽 옆에 담고, 버섯을 놓는다. 마니게트 후추 소스를 뿌려 완성한다.

- 레 시 피 -

에릭 프라, 메종 라믈루아즈 * (샤니)**
ÉRIC PRAS, MAISON LAMELOISE *** (CHAGNY)

Level 1

살구를 곁들인 산토끼 허리살 꼬치구이 토끼 다리살과 샐러리악

BROCHETTES DE RÂBLE DE LIÈVRE ET ABRICOTS, LIÈVRE À LA ROYALE DE CUISSE ET CÉLERI-RAVE

6인분 기준
준비 시간 : 2시간
조리 시간 : 6시간

재료
신선한 산토끼 몸통 앞부분 750g
산토끼 허리등심 2개(약 1.4kg)
올리브오일 100g
와일드 타임 $\frac{1}{4}$단
오리 푸아그라 60g

마리네이드
당근 250g / 샐러리 100g
샬롯 200g / 마늘 50g
레드 와인(시라) 1리터
타임 $\frac{1}{4}$단 / 월계수 잎 1장
이탈리안 파슬리 1단
정향 / 통후추

스튜 소스
리에종한 송아지 육수 (p.36 참조) 2리터
돼지기름(라드) 200g
산토끼 뼈 / 마리네이드했던 국물
산토끼 피 / 전분 30g
포트와인(레드) 100g
다크 초콜릿 칩

꼬치 가니쉬
건살구 300g / 물 1리터
계피 / 팔각 / 사프란
쓰촨 페퍼 / 정향 2개

두 번째 가니쉬
밀가루 1kg(소금 크러스트 반죽용)
고운 소금 100g(소금 크러스트 반죽용)
샐러리악 2kg / 레몬 100g
올리브오일 100g / 물 1리터
우유 1리터

도구
나무 꼬치 / 블렌더
고운 원뿔체 / 원형 커팅틀

이틀 전
1▸ 산토끼 손질하기: 산토끼의 가죽을 벗긴다. 또는 이미 가죽 벗긴 산토끼를 구입한다. 염통과 허파, 피를 코냑에 담가두고, 스튜 준비하는 것과 마찬가지로, 토끼의 앞부분을 토막 내 둔다. 허리살은 뼈를 분리해 살만 잘라낸다. 잘라낸 필레를 깨끗이 닦아서, 올리브오일과 와일드 타임 잎을 넣고 재워 둔다.

2▸ 마리네이드 끓여서 준비하기: 채소를 모두 미르푸아로 썰어, 올리브오일과 라드에 수분이 나오게 볶은 다음, 와인을 붓고, 향신료(타임, 월계수 잎, 파슬리, 정향, 통후추)를 넣어 끓인다. 즉시 식혀 둔다. 마리네이드가 완전히 식으면, 토끼 앞부분 다리 부위와 허리뼈를 다 같이 넣고 냉장고에 재워 둔다.

하루 전
1▸ 토끼고기 스튜 만들기: 마리네이드해둔 다리와 채소, 뼈를 모두 건져낸다. 두꺼운 냄비에 고기 조각을 지져 색을 내고 꺼내 둔 다음, 다시 그 냄비에 뼈와 마리네이드했던 향신 채소를 넣고 색이 나게 볶는다.

2▸ 고기 토막을 다시 냄비에 넣은 다음, 송아지 육수와 끓인 마리네이드 와인(원뿔체에 미리 걸러 불순물을 제거해 둔다)을 붓고 약한 불로 4시간 끓인다. 그대로 식힌다.

3▸ 꼬치 가니쉬 준비하기: 냄비에 건살구와 물, 향신료를 모두 넣고 끓인다. 끓기 시작하면 불을 끄고 그 상태로 식힌다.

서빙 당일
1▸ 끓여 식혀둔 산토끼 스튜를 다시 데운 다음, 소스에 푸아그라를 넣고 거품기로 잘 섞으며 농도를 맞춘다(리에종).

2▸ 토끼의 허리살 필레를 하나에 20g 정도의 큐브 모양으로 잘라, 나무꼬치에 고기 4조각, 자른 건살구 3조각을 번갈아 끼워준다.

3▸ 코냑에 담가 놓았던 염통, 허파와 피를 믹서로 간 다음, 고운 원뿔체에 걸러 피를 받아놓는다.

4▸ 스튜에서 건더기를 건져, 다리살은 뼈를 발라내고 찢어 둔다. 소스는 체에 거른 다음, 필요하면 더 졸인 후, 미리 감자 전분과 레드 포트와인을 넣어 혼합해 둔 토끼 피를 넣고, 거품기로 잘 섞어주며 리에종한다. 마지막으로 다크 초콜릿 칩을 넣고 거품기로 잘 젓는다. 소스의 일부분을 찢어놓은 다리살에 붓고, 60~65℃의 오븐에 넣어 둔다.

5▶ 두 번째 가니쉬 만들기: 밀가루와 소금, 물을 혼합해 소금 크러스트 반죽을 만들어, 샐러리악을 감싸 덮고 180℃ 오븐에서 2시간 동안 익힌다.

6▶ 오븐에서 꺼내 크러스트를 깨트려 제거해준다.

7▶ 샐러리악을 반으로 잘라 속을 파낸 다음, 버터 1조각을 넣고 블렌더에 갈아 퓌레를 만든다.

8▶ 완성하기: 꼬치는 프라이팬 또는 그릴팬에 약간의 기름을 두르고 레어로 굽는다. 접시 중앙에, 잘게 뜯어 소스를 부은 다리살을 원형틀을 이용해 동그랗게 담아준다. 꼬치와 샐러리악 퓌레 크넬(quenelle: 두 개의 스푼을 사용하여 갸름한 모양을 만들어 낸 것)을 보기 좋게 담고, 주위에 소스를 뿌려 완성한다.

Level 2

초리조 크러스트의 산토끼 허리살 구이, 샐러리악과 레드 와인 소스

RÂBLE DE LIÈVRE, CROÛTE ÉCARLATE DE CHORIZO, CÉLERI EN DEUX FAÇONS, JUS « O TINTO »

6인분 기준
준비 시간 : 1시간
조리 시간 : 1시간

재료

샐러리악 600g
샐러리 50g
버터 50g
레몬 1개
소금 / 후추

산토끼 고기와 소스

600g짜리 산토끼 허리등심 2개
산토끼 몸통 앞부분 400g
올리브오일 50ml
생 오리 푸아그라 50g

가니쉬

당근 100g
회색 샬롯 100g
부케가르니(타임, 월계수 잎)
틴토 레드 와인 1리터
(tinto: 스페인에서 레드 와인을 칭하는 말)
포트와인 200ml
감자 전분 10g
산토끼 또는 돼지의 피 80ml
비터 다크 초콜릿 50g

초리조 크러스트

초리조 30g
식빵 30g
버터 30g

도구

원형 커팅틀
압력솥
고운 원뿔체
분쇄기 또는 푸드 프로세서

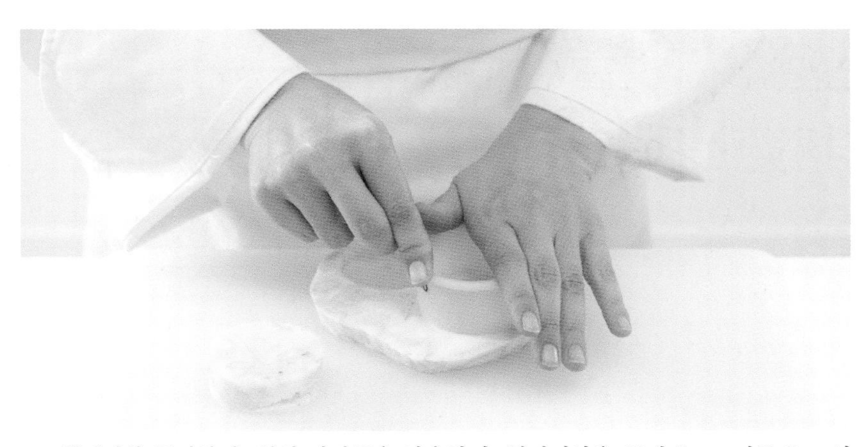

1▸ 샐러리악 준비하기: 원형 커팅틀을 사용하여, 샐러리악을 두께 5cm, 지름 5cm의 원통형으로 찍어낸다.

2▸ 원통형 샐러리악의 속을 파낸 다음(서빙할 때 산토끼 다리살 뜯은 것을 담아 놓을 용도), 소테팬에 버터, 물, 레몬즙, 소금, 후추와 함께 넣고 뚜껑을 닫아 익힌다. 샐러리 줄기의 연한 잎 부분은 떼어 보관한다.

3▸ 산토끼 고기와 소스 만들기: 산토끼 허리등심의 척추뼈를 제거하고 필레만 잘라낸다. 몸통 뼈와 앞부분 자투리 뼈로 육수를 만든다. 발라낸 필레는 올리브오일을 조금 뿌려 재워 둔다. 푸아그라는 0.5cm 두께의 가는 막대 모양으로 잘라 간을 한 다음, 냉동실에 넣어 딱딱하게 굳힌다(푸아그라를 자르고 난 자투리는 보관해 두었다가 토끼 다리살 뜯은 것과 섞는다. 6 참조). 딱딱해진 푸아그라 막대를 필레에 박는다. 뼈를 오븐에 구워 색을 낸 다음, 향신 채소(당근, 회색 샬롯)와 부케가르니를 넣고, 수분이 나오도록 함께 볶는다. 틴토 와인과 포트와인을 넣고 디글레이즈한다. 압력솥에 옮겨 담고, 재료의 높이만큼 틴토 와인을 부은 다음 30분간 익힌다. 소스를 고운 원뿔체에 거른 다음, 비교적 걸쭉한 농도로 졸인다(마지막에 리에종할 것을 감안하여 농도를 조절한다).

4▸ 초리조 크러스트 만들기(chouriça: 포르투갈 초리조): 분쇄기 또는 푸드 프로세서에 식빵 분량의 일부분을 뜯어 넣고, 초리조와 버터를 넣은 다음 갈아 균일하게 섞이도록 한다.

5▸ 유산지 두 장 사이에 놓고 2mm 두께로 얇게 밀어 냉동실에 넣어 둔다.

6▸ 토끼 앞부분 다리와 뼈에 붙은 살을 뜯어 가늘게 찢어준다. 포트와인과 피에 전분을 넣고 잘 갠 다음, 만들어 놓은 소스에 붓고 아주 살짝만 끓여준다(3 참조). 서빙 직전에 다크 초콜릿을 넣고 거품기로 잘 섞는다(소스는 숟가락 뒤에 묻을 정도의 농도가 되어야 한다). 소스의 일부분은 남겨놓고, 나머지는 뜯어놓은 살코기에 뿌려 섞어준다. 여기에 푸아그라 자투리도 함께 넣는다.

7▸ 산토끼 허리살 필레 익히기: 달군 팬에 필레를 지져 모든 면을 골고루 레어로 익힌 다음 간을 한다. 익힌 샐러리악을 플레이트에 놓는다. 익힌 국물은 졸여 샐러리악 글레이즈용으로 사용한다. 붉은 식빵 크러스트 일부분을 잘라 그릴에 구운 다음 빵가루로 갈아준다. 남은 식빵은 크루통 모양으로 잘라 살짝 기름을 두른 팬에 굽는다.

8▸ 플레이팅: 얼려둔 초리조 크러스트를 긴 띠 모양으로 잘라, 필레 위에 얹고 오븐 브로일러 아래에서 굽는다.

9▸ 뜯어놓은 고기를 샐러리악 속 파낸 부분에 담는다.

10▸ 고기를 채운 샐러리악을 접시에 놓는다. 졸여 놓은 샐러리 익힌 즙을 뿌려 윤기 나게 하고, 소스도 조금 뿌린다. 빵가루를 조금 뿌리고, 크루통을 그 위에 놓는다. 샐러리 잎으로 장식한다.

Level 3

샬롯을 곁들인 새끼 산토끼 다리 스튜, 사과 콩피와 버섯 라비올리

CUISSES DE LEVREAU EN CIVET À L'ÉCHALOTE GRISE, POMME REINETTE CONFITE, RAVIOLES AUX CHANTERELLES

에릭 브리파르(Éric Briffard), 페랑디 파리 자문위원회 멤버, 1994 프랑스 명장(MOF) 획득

도전 정신에 있어서 단연 최고인 에릭 브리파르는 수많은 대회에서 수상하며 화려한 경력을 쌓은 한편, 여러 훌륭한 셰프를 사사하며 단단한 내공을 쌓아왔다. 엄격하고 열정적인 이 셰프의 머릿속엔 오직 계절에 맞는 식재료를 최우선으로 하여 자신이 할 수 있는 최고의 요리를 선보이겠다는 생각뿐이다.

6인분 기준
준비 시간 : 3시간
조리 시간 : 2시간

재료

산토끼 몸통 앞부분 6개
코트 뒤 론 레드 와인 1병
둥글게 썬 햇 당근 150g
둥글게 썬 회색 샬롯 150g
송송 썬 대파 150g
타임 / 월계수 잎
베이컨 75g
콩기름 50ml / 버터 90g
큐브 모양으로 썬 양송이버섯 90g
밀가루 1테이블스푼
돼지 피 70ml / 와인 식초 1테이블스푼
허클베리(월귤나무 열매) 또는 크랜베리 70g

꾀꼬리버섯 라비올리

회색 꾀꼬리버섯 300g
버터 30g
휘핑크림 60ml
파스타 반죽 300g
물에 불린 판 젤라틴 2장
소금 / 그라인드 후추

샬롯

회색 샬롯 9개
굵은 소금 200g

사과 콩피

사과 (pomme reine des reinettes) 3개
버터 70g / 황설탕 30g
포 스파이스* 1꼬집
계피 가루 1꼬집

도구

작은 오븐팬
원형, 정사각형 커팅틀

마리네이드 준비하기

토끼의 몸통 앞쪽에서 다리를 분리한다. 남은 몸통뼈는 작게 토막 낸 다음, 썰어놓은 향신 채소(당근, 샬롯, 대파)와 타임, 월계수 잎, 베이컨과 함께 레드 와인에 넣어 3시간 동안 재운다.

향신 재료 익히기

마리네이드한 건더기를 건져낸 뒤 국물은 보관한다. 두꺼운 냄비에 기름과 버터를 달군 후, 어깨살과 자투리 뼈들을 지져 색을 낸다. 건져내고, 거기에 다시 마리네이드 향신 재료와 양송이버섯을 넣고 15분간 색을 내며 익힌다.

어깨살 익히기

밀가루를 솔솔 뿌려 주걱으로 섞으며 익힌 다음, 마리네이드 국물을 붓는다. 다리(어깨살)와 자투리 살을 모두 넣고, 140℃ 오븐에서 1시간 30분 뭉근히 익힌다. 어깨살을 건져내고, 남은 국물은 망에 걸러 작은 냄비에 받은 뒤 2/3가 되게 졸인다.

소스 만들기

볼에 돼지 피, 식초, 허클베리(또는 크랜베리)를 모두 넣고 섞은 다음, 소스팬에 넣고 약한 불에 걸쭉하게 익힌다(끓이면 안 된다). 체에 거르고 간을 맞춘다.

꾀꼬리버섯 라비올리 만들기

꾀꼬리버섯은 껍질을 벗겨 씻은 뒤, 팬에 볶고 간을 한다. 크림을 넣고, 물에 담가 불린 젤라틴을 넣어 섞은 다음 2cm 높이의 작은 바트에 쏟아 놓는다. 냉장고에 식혀 굳으면, 원형틀을 이용해 잘라놓는다. 파스타 반죽을 밀어 라비올리를 만든다(p.634 참조). 넉넉한 양의 물에 소금을 넣고 끓여 라비올리를 3분간 익혀낸다.

회색 샬롯 준비하기

굵은 소금 위에 샬롯을 얹어 150℃ 오븐에서 20분간 익힌다. 오븐에서 꺼낸 다음 샬롯을 길이로 이등분하고, 플뢰르 드 셀을 조금 뿌린다.

사과 콩피하기

사과는 껍질을 벗기고 속과 씨를 제거한다. 2cm의 큐브 모양으로 잘라, 버터를 두른 팬에 황금색이 나도록 볶은 다음, 설탕과 계피 가루, 포 스파이스를 넣고 캐러멜라이즈된 색이 날 때까지 익힌다. 사각틀에 채워 둔다.

플레이팅

각 접시에 따뜻한 다리(어깨살) 두 개를 담고 소스를 끼얹는다. 버섯 라비올리와 샬롯, 사과 콩피를 보기 좋게 담는다. 소스는 따로 서빙한다.

* quatre-épices: 후추, 정향, 넛멕, 생강을 섞은 혼합 향신료.

- 레 시 피 -

에릭 브리파르, 르 생크 **, 호텔 조르주 생크 (파리)

ÉRIC BRIFFARD, LE CINQ **, HÔTEL GEORGES V (PARIS)

Level 1

꿩 샤르트뢰즈*

CHARTREUSE
DE FAISAN

6인분 기준
준비 시간 : 2시간 15분
조리 시간 : 1시간 15분

재료
생 소시지 200g
까투리(암꿩) 1마리

닭고기 곱게 간 소(스터핑)
닭 가슴살 1조각 / 생크림 00g
달걀흰자 $\frac{1}{2}$개분
소금 / 그라인더 후추

로스트 육즙 소스
까투리 뼈
샬롯 150g
식용유 / 버터

샤르트뢰즈
사보이 양배추 녹색 잎 1개분
상온의 포마드 버터 100g
닭고기 스터핑

배추 볶음
사보이 양배추 속 부분
스위트 양파 100g
베이컨 100g / 콩기름 100ml
버터 100g

채소 가니쉬
완두콩 300g
로마네스코 브로콜리 200g
당근 2개 / 무 3개
버터 100g / 설탕
닭 육수(또는 물) / 소금

도구
샤를로트 틀(moule à charlotte)
짤주머니
주방용 붓

1▶ 소시지를 찬물에 넣고 끓여, 약하게 15분간 데쳐 익힌다. 건져서 껍질을 벗기고, 도톰하게 원형으로 잘라 둔다.

2▶ 큐브 모양으로 썰어놓은 닭 가슴살은 간을 하고 믹서에 간 뒤, 차가운 크림과 달걀흰자를 넣어 섞는다. 체에 긁어 곱게 내린다.

3▶ 까투리 손질하기: 까투리의 몸을 잡아 늘린 다음, 토치로 그슬리고, 필요 없는 부분은 잘라낸다. 내장을 꺼내고 실로 묶어 놓는다(p.338~347 테크닉 참조). 또는 이 단계까지 상점에서 준비해 온다.

4▶ 까투리 살짝 익히기(cuisson 'vert cuit'): 까투리에 간을 한 다음, 팬이나 냄비에 지져 골고루 색을 낸다. 210℃로 예열된 오븐에 넣어 15분간 익힌다. 표면은 노릇하게, 속살은 핑크색으로 익힌다. 오븐에서 꺼내, 쟁반에 놓고 실을 풀어 제거한 다음, 4등분으로 자른다. 가슴살을 잘라내고, 다리의 뼈를 발라낸다. 살을 다시 12조각으로 얇게 자른다. 소스를 만들 뼈는 작게 토막 내 둔다.

5▶ 육즙 소스 만들기: 두꺼운 냄비에 뼈를 지져 캐러멜라이즈한 다음, 미르푸아로 썬 샬롯을 넣고 색이 나게 볶는다. 재료의 높이까지 물을 붓고, 40분간 약하게 끓인다.

6▶ 양배추 익히기: 사보이 양배추의 녹색 잎 중간에 있는 굵은 잎맥을 잘라낸 다음, 끓는 물에 넣고 센 불에 약 5분간 데친다. 녹색 잎을 먼저 넣어 데치고, 노랑 속잎은 나중에 넣어준다. 건져서 얼음물에 넣어 익힘을 중단시킨다. 조심스럽게 건져 노랑 잎은 채 썰어 둔다. 양파와 베이컨을 얇게 썰어, 버터를 넣은 팬에 수분이 나오도록 볶는다. 여기에 채 썰어둔 양배추 노랑 잎을 넣고 뚜껑을 닫아 약한 불로 익힌다.

7▶ 마무리용 가니쉬 만들기: 완두콩은 깍지에서 꺼내고, 로마네스코 브로콜리는 뾰족한 끝부분을 먹기 좋은 작은 크기로 잘라 둔다. 각각 따로, 끓는 소금물에 데쳐 익힌다. 익으면 건져 얼음물에 재빨리 식힌다. 당근과 무는 어슷하게 썬 다음, 버터 몇 조각, 설탕 한 꼬집과 닭 육수(또는 물)를 넣고 뚜껑을 덮은 다음, 약한 불로 졸이며 익혀 색이 나지 않게 글레이즈한다.

8▶ 샤르트뢰즈 만들기: 샤를로트 틀 안쪽에 버터를 넉넉히 바르고, 바닥과 벽 안쪽에 유산지를 댄다. 버터를 다시 한 번 바른다. 양배추 녹색 잎을 옆면과 바닥에 전부 깔아준다.

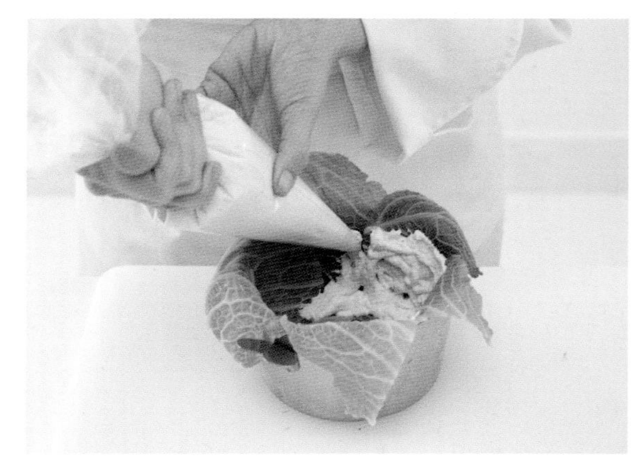

9▶ 닭고기를 간 소를 짜 넣어 바닥과 옆면에 바른다.

* chartreuse: 익힌 배추와 수렵육 등의 고기를 층층이 쌓아 돔 모양으로 틀에 넣어 중탕으로 익힌 요리. 틀에서 분리해 따뜻하게 서빙한다.

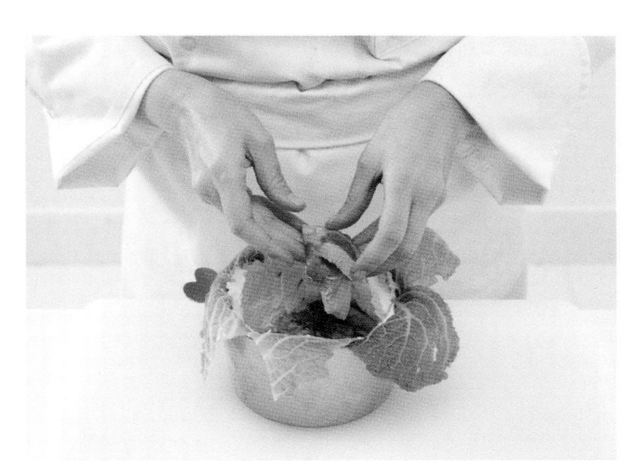

10▸ 버터에 볶은 양배추, 까투리 고기 조각을 연이어 채워 넣는다.

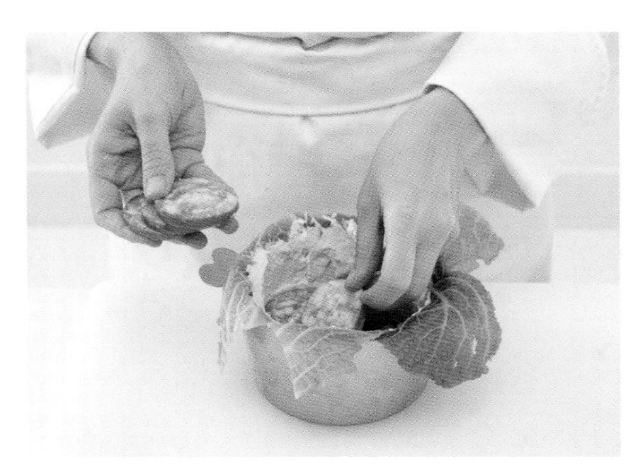

11▸ 소시지를 올리고 다시 볶은 양배추를 넣는 식으로 계속 층층이 쌓아 올린다.

12▸ 간 닭고기 스터핑으로 마무리한 다음 녹색 양배추 잎으로 잘 덮는다. 알루미늄 포일을 덮어 170℃로 예열된 오븐에 중탕으로 35분 정도 익힌다.

13▸ 플레이팅: 샤르트뢰즈를 틀에서 분리해 서빙 용기에 담고, 녹인 버터를 붓으로 발라 윤기 나게 해준다. 팬에 버터를 녹여 살짝 데운 로마네스코 브로콜리와 완두콩을 담는다. 글레이즈한 당근과 무를 주위에 보기 좋게 담고, 육즙 소스는 소스 용기에 담아 따로 낸다.

Level 2

푸아그라와 트러플을 넣은 꿩 샤르트뢰즈와 제철 채소

CHARTREUSE DE FAISAN,
FOIE GRAS ET TRUFFE, LÉGUMES DU MOMENT

6인분 기준
준비 시간 : 2시간 45분
조리 시간 : 1시간 5분

재료
모르토 소시지(saucisse de Morteau) 1개
까투리 1마리 / 생 푸아그라 400g

꿩 육즙 소스
꿩의 뼈와 자투리(목, 발, 날개 끝부분)
식용유 / 버터 / 양파 100g

양배추 볶음
사보이 양배추 속잎
소시지 자투리
스위트 양파 100g
버터 80g

샤르트뢰즈
큰 당근 800g / 사보이 양배추 녹색 잎 1개분
포마드 버터 50g / 닭고기 곱게 간 소(스터핑)

가니쉬 채소
완두콩 500g / 미니 리크 1단
미니 당근 1단
뿌리 처빌* 300g
버터 100g / 설탕 1 꼬집 / 소금
트러플(송로버섯) 40g짜리 1개

닭고기 곱게 간 소(스터핑)
닭 가슴살 1개 / 생크림 100ml
달걀흰자 ½개분 / 트러플 부스러기
소금 / 그라인더 후추

도구
햄 슬라이서
샤를로트 틀
만돌린 슬라이서
작은 원형(지름 2cm 정도) 커팅틀
짤주머니 / 스패출러 / 믹서

* cerfeuil tubéreux: 감자와 밤의 중간 맛이 나는 뿌리 채소. 일반적으로 사용하는 처빌 잎과는 달리, 이 뿌리에 달린 잎은 독성이 있어 먹지 않는다.

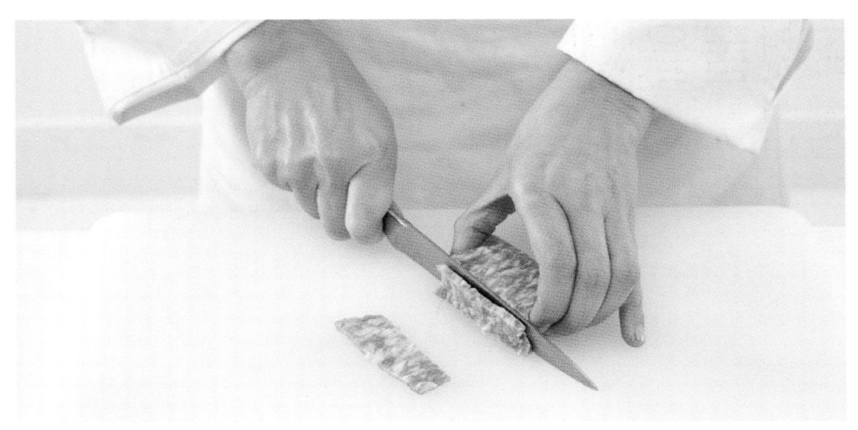

1▸ 모르토 소시지 튈 만들기: 찬물에 모르토 소시지를 넣고 끓여, 끓기 시작한 후 15분간 데쳐 익힌다. 건져서 껍질을 벗기고 평평하게 다듬어 자른 다음, 햄 슬라이서나 잘 드는 칼을 이용하여 길이로 6장 얇게 잘라 둔다.

2▸ 오븐 팬에 유산지를 깔고 소시지 슬라이스를 놓은 다음, 또 한 장의 유산지를 덮고, 다른 오븐팬을 얹어 110℃로 예열한 오븐에 넣고 구워 건조시킨다. 꺼내서 키친타월에 얹어 기름을 뺀다.

3▸ 까투리 손질하기: 까투리의 몸을 잡아 늘린 다음, 토치로 그슬리고, 필요 없는 부분은 잘라낸다. 내장을 꺼내고 실로 묶어 놓는다(p.338~p.347 테크닉 참조).

4▸ 까투리 살짝 익히기: 까투리에 간을 한 다음, 팬이나 냄비에 지져 골고루 색을 낸다. 210℃로 예열된 오븐에 넣어 12분간 익힌다(표면은 노릇하게, 속살은 익지 않은 상태로 있어야 한다).

5▸ 오븐에서 꺼내, 쟁반에 놓고 실을 풀어 제거한 다음, 4등분으로 자른다. 가슴살을 잘라내고, 다리의 뼈를 발라낸다. 살을 다시 12조각으로 자른다. 소스를 만들 뼈는 작게 토막 내 둔다.

6▸ 육즙 소스 만들기: 기름을 달군 두꺼운 냄비에, 까투리 뼈를 지져 캐러멜라이즈한 다음, 양파를 넣고 색이 나게 볶는다. 재료의 높이까지 물을 붓고, 뚜껑을 덮어 40분간 약한 불로 끓인다.

7▸ 양배추 익히기(p.408, **6** 참조): 팬에 무염 버터를 달군 후, 얇게 썬 스위트 양파와 작은 큐브(브뤼누아즈)로 썬 모르토 소시지를 함께 넣고 수분이 나오도록 볶는다. 채 썰어 놓은 양배추 속잎을 넣고 뚜껑을 닫아 약한 불로 익힌다.

8▸ 샤르트뢰즈 껍질 준비하기: 당근은 껍질을 벗겨 만돌린 슬라이서로 길게 슬라이스 한 다음, 끓는 소금물에 살캉거리게 데친다. 얼음물에 넣어 식힌 후 조심스럽게 건진다. 당근과 양배추 잎을 같은 크기로 자른다. 남은 당근을 작은 원형 틀로 찍어낸다.

9▸ 가니쉬 채소 준비하기: 완두콩은 깍지에서 꺼내고, 미니 리크와 미니 당근은 씻어 다듬은 뒤 각각 따로 끓는 소금물에 데친 다음 얼음물에 식혀 건져 둔다. 뿌리 처빌은 깨끗이 문질러 씻어서, 설탕 한 꼬집과 소금, 버터, 물을 넣고 약한 불로 졸이며 수분이 완전히 없어질 때까지, 색이 나지 않게 글레이즈한다. 트러플은 만돌린 슬라이서로 얇게 자른다. 부스러기와 자투리는 보관했다가 스터핑용으로 사용한다.

10▸ 닭고기 스터핑 만들기: 스터핑 재료를 모두 넣고 믹서에 간 다음, 트러플 부스러기를 섞어준다.

11▸ 푸아그라 준비하기: 푸아그라는 1.5cm 두께로 자른 다음, 간을 한다. 기름을 두르지 않고 뜨겁게 달군 팬에 양면을 노릇하게 지진다. 건져서 식힘망 위에 놓아 둔다.

12▸ 샤르트뢰즈 만들기: 샤를로트 틀 안쪽에 버터를 넉넉히 바르고, 바닥과 안벽에 유산지를 대준다. 버터를 다시 한 번 바른다. 몰드 바닥에 동그랗게 자른 당근을 꽃 모양으로 포개가며 깔고, 안쪽 벽은 길게 자른 당근과 양배추 녹색 잎을 붙여준다.

13▸ 짤주머니에 닭고기 스터핑을 넣고 몰드 바닥과 안쪽 벽에 짜 넣는다. 스패출러로 평평하게 한 다음 그 위에 볶은 양배추, 까투리 고기 조각, 지져낸 푸아그라, 트러플 슬라이스를 차례대로 반복하며 쌓아올린다. 맨 위에 스터핑을 다시 한 번 짜서 마무리한 다음 양배추 녹색 잎으로 덮는다. 170℃로 예열한 오븐에서 중탕으로 25분간 익힌다. 15분 정도 휴지시킨 후 틀에서 분리한다.

14▸ 플레이팅: 샤르트뢰즈를 틀에서 꺼내 서빙 플레이트에 담고, 녹인 버터를 붓으로 발라 윤기 나게 해준다. 팬에 버터를 녹여 윤기 나게 살짝 데운 채소 가니쉬들을 주위에 보기 좋게 담는다. 모르토 소시지 튈을 얹어 완성한다. 육즙 소스는 소스 용기에 담아 따로 낸다.

Level 3

헤이즐넛 크럼블, 트러플 타프나드와 배 처트니를 곁들인 로시니 스타일의 꿩 파테

PÂTÉ EN CROÛTE DE FAISAN FAÇON ROSSINI, CRUMBLE NOISETTES, TAPENADE DE TRUFFE, CHUTNEY POIRE

알랭 뒤투르니에(Alain Dutournier), 페랑디 파리 자문위원회 멤버

6인분 기준
준비 시간 : 2시간 30분
조리 시간 : 4시간 15분
휴지 시간 : 하루

재료
한 번 익힌 오리 푸아그라 1cm 두께로 자른 것 200g
블랙 트러플 간 것 50g
미니 양배추 3개

크러스트 반죽
밀가루 150g / 버터 75g
달걀노른자 2개분 / 소금 1 꼬집

파테 소 혼합물
뼈를 제거한 어린 야생 꿩 2마리
소금물에 절인 닭 간 50g
오래 숙성한 말린 햄 50g
미리 익혀둔 송아지 흉선(스위트브레드) 100g
돼지 삼겹살 익힌 것 75g
데쳐서 찬물에 식힌 돼지 목젖살 75g
흐물흐물하게 익힌 돼지 족발 $\frac{1}{2}$개
유기농 레몬 콩피 $\frac{1}{2}$개 / 잘게 썬 샬롯 50g
포트와인 50ml / 달걀 1개 / 흰 빵가루 20g
그린 카다몸 빻은 것 1 줄기분
소금 15g / 검은 후추 4g
넛멕 간 것 $\frac{1}{4}$개분
아르마냑 50ml
물에 데쳐 찬물에 식힌 피스타치오 20g

육수
꿩의 몸통뼈 / 올리브오일 50ml
세라노 하몽 50g
샬롯 50g / 당근 50g
셰리 와인 (vin de xérès) 150ml / 물

헤이즐넛 크럼블
버터 50g / 헤이즐넛 가루 50g
밀가루 50g / 설탕 50g / 소금 한 꼬집

배 처트니
윌리엄 서양배 (poire William) 1개
머스터드 씨 10g / 코리앤더 씨 10g
설탕 50g / 애플 사이다 식초 20g
소금 / 커리 가루 1 꼬집
작은 허클베리(또는 크랜베리) 20g

블랙 트러플 타프나드
케이퍼 50g / 올리브오일 30g
블랙 트러플 찧은 것 20g

프랑스 남서부 출신인 알랭 뒤투르니에는 식재료의 맛과 그 고유성을 존중하는 셰프다. 열정이 넘치는 그의 요리는 전통의 맛을 잘 살려내고 있으며 오로지 '행복을 가져다주는' 음식을 선보인다는 마음으로 요리한다.

하루 전, 파이 크러스트 반죽하기(파트 아 퐁세 pâte à foncer)
재료를 모두 혼합해(파트 브리제 pâte brisée 만들 때와 같다), 재료가 잘 섞여 균일해지도록 반죽한다. 살짝 눌러 넓적하게 만든 후, 랩에 싸서 냉장고에 보관한다.

파테 소 혼합물 만들기
꿩의 가슴살은 작은 주사위 모양으로 썰고, 다리살은 다진다. 닭 간은 곱게 으깨고, 햄은 브뤼누아즈로 잘게 썰어 둔다. 송아지 흉선도 작은 주사위 모양으로 잘라 놓는다. 돼지 삼겹살도 잘게 썰고, 목젖살과 발은 곱게 다진다. 레몬은 껍질만 얇게 벗겨 곱게 다진다. 샬롯은 잘게 썰어, 포트와인을 넣고 뚜껑을 닫은 후 10분 정도 익힌다. 기름 바른 파테 틀 안쪽에 버터를 발라준다. 모든 재료를 골고루 섞는다. 푸아그라와 트러플 간 것을 3등분으로 나눠 놓는다. 섞어놓은 파테 소 혼합물도 마찬가지로 3등분으로 나눠 둔다. 첫 번째 $\frac{1}{3}$ 분량의 푸아그라와 트러플을 파테 틀 맨 밑에 깔아 채운다. 그 위에 파테 소 혼합물 $\frac{1}{3}$을 덮고, 다시 두 번째 $\frac{1}{3}$ 분량의 푸아그라와 트러플, 파테 소 혼합물을 채운 다음, 마지막 세 번째 분량의 푸아그라와 트러플로 마무리한다. 그 위에 나머지 소 혼합물을 덮어준 다음, 68℃에서 수비드로 익힌 후, 식혀서 냉장고에 보관한다.

육수 만들기
꿩의 뼈는 작게 토막쳐 둔다. 양파와 당근은 껍질을 벗기고 브뤼누아즈로 잘게 썬다. 햄도 브뤼누아즈로 썰어둔다. 뼈를 오븐팬에 올리브오일과 함께 넣고 180℃로 예열된 오븐에서 색이 나도록 굽는다. 색이 나면 잘게 썬 햄을 넣고 수분이 나오게 몇 분간 익힌 다음, 이어서 양파와 당근을 넣고 마찬가지로 수분이 나오게 볶는다. 건더기를 모두 건져 두꺼운 냄비에 옮겨 담는다. 팬에 눌어붙은 육즙은 셰리 와인으로 디글레이즈해서 긁어낸 다음, 냄비에 붓는다. 재료의 높이만큼 물을 붓고, 2시간 30분 동안 약한 불로 끓인다. 체에 걸러 둔다.

트러플 타프나드 만들기
케이퍼는 찬물에 10분간 담가 둔다. 트러플은 다지고, 케이퍼는 건져 빻는다. 두 재료를 섞은 다음, 올리브오일을 넣고 계속 으깨가며 잘 혼합한다. 병에 넣어 시원한 곳에 보관한다.

배 처트니 만들기
배는 껍질을 벗겨 브뤼누아즈로 잘게 썬 다음, 작은 소스팬에 넣는다. 머스터드 씨, 코리앤더 씨, 설탕, 애플 사이다 식초, 소금, 커리 가루 한 꼬집을 넣고 약한 불에서 천천히 졸인다. 처트니가 어느 정도 콩포트처럼 졸아들고 식초가 다 증발하면, 이때 허클베리(또는 크랜베리)를 넣고 불을 끈다.

다음 날, 파테 익히기
수비드로 익힌 파테 속을 틀에서 꺼내고 익으면서 생긴 육즙과 즐레도 따로 보관한다. 파트 아 퐁세 반죽은 파테용 테린 용기 사이즈에 맞는 두 개의 원형으로 밀어준다. 한 장은 밑에 깔고, 한 장은 덮는 용도이다. 둥근 테린 용기에 버터를 넉넉히 바르고 첫 번째 반죽을 바닥에 잘 깔아 놓는다. 테린 크기를 넘어가는 가장자리 남는 부분은 그대로 둔 채 꼼꼼히 옆 벽으로 잘 붙인다. 익혀둔 파테 속을 넣고, 가장자리를 접어 넣고, 나머지 원형 반죽으로 덮는다. 가장자리는 꼼꼼히 용기 안으로 밀어 넣는다. 파테 겉면에 붓으로 달걀노른자를 바른 다음, 표면을 장식한다. 칼로 중앙에 굴뚝처럼 구멍을 내, 익히는 동안 증기가 빠져나가도록 한다. 180℃로 예열한 오븐에서 1시간 15분 익힌다. 꿩의 뼈와 셰리 와인으로 만든 육수와, 파테 소를 미리 익힐 때 생긴 육즙과 젤리를 혼합해 졸여 액상 즐레를 만들어 둔다. 다 익힌 파테를 오븐에서 꺼내 식힌 다음, 이 젤리를 끼얹는다. 냉장고에 한나절 보관하여 휴지시킨다.

헤이즐넛 크럼블 만들기
재료를 모두 혼합한 뒤, 유산지를 깔아 놓은 오븐팬에 펼쳐 놓고, 180℃ 오븐에서 20분 정도 굽는다. 크럼블이 노릇하게 구워지면 완성된 것이다.

미니 양배추 준비하기
미니 양배추의 잎을 하나씩 떼어 낸 다음, 끓는 물에 데쳐내, 얼음물에 담가 재빨리 식힌다.

플레이팅
원형의 파테를 케이크처럼 조각으로 자른다. 접시에 세워서 담고, 헤이즐넛 크럼블과 배 처트니를 미니 양배추 잎에 채워 보기 좋게 놓는다. 블랙 트러플 타프나드는 작은 크넬 모양을 만들어 양배추 잎 위에 얹는다.

채소
LES LÉGUMES

개요 P. 416

채소
LES LÉGUMES
테크닉 P. 425 | 레시피 P. 571

버섯
LES CHAMPIGNONS
개요 P. 460 | 테크닉 P. 464 | 레시피 P. 597

구근류, 허브
LES BULBES ET FINES HERBES
테크닉 P. 473

토마토, 피망
LES TOMATES ET POIVRONS
테크닉 P. 483

감자
LES POMMES DE TERRE
개요 P. 491 | 테크닉 P. 494

마른 콩류
LES LÉGUMES SECS
개요 P. 584 | 레시피 P. 586

곡류
LES CÉRÉALES
개요 P. 606 | 레시피 P. 608

채소

Les légumes

채소는 우리가 소비하는 식용 식물을 뜻하며, 그 종류에 따라 낱알, 잎사귀, 줄기, 열매, 뿌리 등으로 나눌 수 있다. 채소는 우리 식탁에 싱싱한 리듬감을 더해줄 뿐 아니라 계절에 따라 변화 있게 다양한 메뉴를 만들 수 있게 해준다. 완전히 익은 채소를 맛보기 위해서는 기다림의 미학이 필요하다. 그래야만 그 채소가 가진 최상의 맛을 얻을 수 있고, 이는 그 어떤 것과도 비교할 수 없는 기쁨이다.

*

봄

*

뿌리줄기 식물인 녹색, 보라색 또는 흰색 아스파라거스는 봄을 알리는 첫 신호다. 우리가 먹는 아스파라거스는 주로 모래가 섞인 토양과 온화한 기후를 가진 지방에서 올라온다. 특히 화이트 아스파라거스는 랑그독 루시용(Languedoc-Roussillon), 피레네(Pyrénées), 페르투이(Pertuis), 솔로뉴(Sologne)와 알자스(Alsace) 등지에서 많이 재배한다.

아스파라거스는 모양이 곧고 단단하며 줄기가 건조하지 않고 심이 너무 많지 않은 신선한 것을 골라야 한다. 아스파라거스를 신선하고 맛있게 즐기려면, 반드시 수확한 지 최대 일주일 안에 소비하는 것이 좋다. 젖은 면포에 싸서 냉장고의 채소 칸에 보관하되, 3일 이상은 넘기지 않아야 한다. 화이트 아스파라거스는 중간 크기, 녹색 아스파라거스는 작은 것을 고르는 게 좋다.
익히기 전에, 아스파라거스의 줄기 밑동은 잘라내고, 뾰족한 윗부분에서 2cm 되는 지점부터 시작해 감자 필러를 사용하여 아래쪽으로 껍질을 벗긴다. 부러지지 않도록 아스파라거스를 작업대에 뉘어 놓고 껍질을 벗겨준다. 그다음 단으로 묶어서, 끓는 소금물에 젖은 면포를 덮고 데친다. 아주 싱싱한 아스파라거스일 경우, 뾰족한 끝부분은 올리브오일에 넣고, 유산지로 덮어 익혀도 된다.

셰프의 조언

아스파라거스를 다듬고 남은 자투리는 버리지 말고,
루아얄(royale: 틀에 넣어 굳힌 달걀 커스터드 푸딩)이나 채소 육수(bouillon)
또는 크림 수프(velouté)를 만들 때 활용한다.
아스파라거스를 크림에 익힌 다음 믹서에 갈아 원뿔체에 거른다.

햇채소(당근, 파바 콩, 무, 양파, 완두콩, 래디시)는 아주 신선한 것으로 구입해, 즉시 조리해야 한다. 같은 계절에 나오는 다른 재료들과 함께 조리하면, 봄의 풍성한 향기가 가득한 채소 냄비요리를 즐길 수 있다.

셰프의 조언

채소가 신선할수록 익힐 때 물은 적게 넣는다.
기름만 조금 넣고 약한 불에 유산지를 덮어 익히기도 한다.
햇 채소의 녹색 부분, 이파리, 줄기 및 콩깍지 등은
버리지 말고 재활용한다.
완두콩 깍지의 경우, 비에누아즈(viennoise:빵가루를 섞어
함께 갈은 크러스트) 만드는 데 사용할 수 있다.
완두콩 깍지와 빵가루, 버터를 갈아 혼합해 크러스트 반죽을 만든 다음,
생선 위에 얹어 서빙 직전 그릴 아래에서 구워 낸다.
또는 크림을 넣고 익힌 다음 믹서에 갈아서
민트 잎으로 향을 내주어도 좋다.
햇양파의 녹색 줄기 부분은 차이브(chive: 골파)처럼 잘게 송송 썰어
비시수아즈 수프(vichyssoise: 서양 대파 리크와
감자로 만든 차가운 크림 수프)에 섞어주면 좋다.

작은 파바 콩(févette)은 물에 데친 다음 속껍질을 벗겨 버터나 올리브오일에 살짝 볶는다(sauter).
시금치의 어린잎은 마늘을 한 톨 넣고 버터에 재빨리 볶아야 한다. 또 식물 추출액 클로로필을 만드는 데도 사용된다(p.62 참조).

콜리플라워는 잎사귀가 달려 있는 것을 사야 신선함을 오래 유지할 수 있으며, 단단한 속살을 희고 촘촘한 상태로 보존할 수 있다. 콜리플라워는 날것으로 먹을 수도 있고(얇게 저며 카파치오로 또는 굵직하게 강판에 갈아서 생으로 먹는다), 또는 아삭하게 살짝 익혀서 먹는다. 퓌레를 만들 때는 속의 두꺼운 줄기도 사용한다.

브로콜리는 소금을 넣은 물에 뚜껑을 열고 삶아 익힌다. 조각이 물러서 떨어져 나가지 않도록, 너무 오래 익히지 않아야 한다. 익은 브로콜리를 건져 물기를 털어내고 뜨거운 상태에서 버터를 넣고 갈아 퓌레를 만든다.

순무는 크게 세 종류로 분류한다. 흰 무(nantais 낭테: 약간 보랏빛이 도는 흰색 기본형), 노랑색 무(boule d'or: 불르 도르), 그리고 녹색 무(boule de Bussy: 불르 드 뷔시)가 있다. 싱싱한 무는 단단하고 밀도가 촘촘하며 무거운 것이다. 먹어봐서 매운 맛이 강한 무는 자랄 때 수분이 부족했다는 증거다. 흰 무는 포토푀(pot-au-feu: 고기와 채소를 오래 끓인 국물 요리)에 주로 사용되거나, 햇무일 경우에는 오리 요리의 가니쉬로 쓰인다. 노랑색 무는 만돌린 슬라이서로 얇게 썰어 생으로 먹기도 하고, 볶음이나 퓌레에도 사용된다. 당도가 높은 녹색 무는, 가장 섬세한 맛을 보여 준다. 매장에서 혹시 어쩌다 눈에 띄는 나블린느(naveline)는 알자스 지방에서 슈크루트(choucroute) 만들 때 쓰는 배추처럼, 무를 얇게 채 썰어 소금에 절인 것이다.

*

여름

*

마늘은 3가지 색으로 구분된다. 쪽이 굵은 흰색 마늘은 7월에서 이듬해 1월까지 나오고, 핑크색 마늘은 7월에서 3월까지, 그리고 보라색 마늘은 7월에서 12월까지 나온다. 5~6월에 처음 출하되기 시작하는 초록빛의 햇마늘은 향이 좋으며, 특히 파바 콩을 볶을 때 넣어주면 최고의 맛을 낸다.

셰프의 조언

햇마늘은 퓌레로 만들면 아주 맛있다.
마늘을 통째로 타임 1~2줄기, 올리브오일과 함께
유산지로 싸서(papillote: 파피요트), 150℃ 오븐에 넣어
30분간 익혀낸 다음, 살만 꺼내서 믹서에 간다.
마늘 크림을 만들려면, 우선 마늘을 반으로 갈라
싹을 제거(많이 익은 마늘일 경우)한 후, 2~3번 데쳐낸다.
그다음 생크림과 함께 조심스럽게 믹서에 갈아준다.
또한, 만돌린 슬라이서로 마늘을 얇게 자른 다음,
130℃ 온도의 기름에서 튀겨 마늘 칩을 만들어도 좋다.

토마토는 여름철 최고의 과일(채소)이다. 가지과에 속하는 토마토는 그 종류가 매우 많기 때문에, 기호, 색, 맛뿐 아니라 만들고자 하는 요리의 레시피에 따라 다양하게 선택할 수 있다. 예를 들어 '로마(roma)' 토마토는 소스를 만드는 데 가장 이상적이고, 그린 토마토(green zebra)나 블랙 토마토(noire de Crimée) 는 샐러드를 만들 때 아주 좋다. 토마토를 양념하는 드레싱은 오일과 비네거로만 만든다(머스터드는 넣지 않는다!). 우선 플뢰르 드 셀과 식초에 오일을 넣어 잘 섞은 다음, 통후추를 1~2번 갈아 뿌린다. 싱싱한 바질 잎으로 마무리한다.

셰프의 조언

토마토는 맛 증진제 역할을 한다.
맛이 없는 딸기에 넣어주면 풍미가 훨씬 살아난다.

가지는 그 크기와 색깔별로 아주 다양하다. 리틀핑거(little finger)는 다발로 자라는 가늘고 긴 모양의 작은 가지이고, 로사 비앙카(rosa bianca)는 이탈리아의 재래 품종 중 하나로 연한 핑크빛과 하얀 무늬가 있는 연보라색이며 단맛이 난다. 루이지애나 롱 그린(Louisiana long green)은 녹색의 큰 가지이며, 블랙 뷰티(black beauty)는 달걀 모양의 짙은 보라색 큰 가지이다. 시칠리아(sicilienne) 가지는 통째로 오븐에 익히고, 무거운 것으로 눌러 물기를 완전히 짠다. 식힌 다음, 미소된장을 발라 다시 오븐에 살짝 구워 썰어서 먹는다.

셰프의 조언

가지를 조리할 때 기름을 너무 많이 흡수하지 않게 하려면
증기에 1분간 미리 쪄준다.
가지 캐비어(caviar d'aubergine)를 만들려면, 우선 가지 껍질을
불에 그슬린 다음, 알루미늄 포일에 완전히 밀봉해 싸서
뜨거운 오븐에 넣어 살이 흐물흐물해질 때까지 익힌다.
익은 가지의 속을 파내 으깬 다음, 올리브오일을 넣고,
커민이나 커리 가루를 조금 섞어 향을 돋운다.

피망도 토마토와 마찬가지로 가지과에 속하는 채소로, 에스플레트 칠리(piment d'Espelette), 카옌 페퍼(piment de Cayenne), 쇠뿔고추(corne-de-boeuf), 스위트 롱 칠리(long des Landes), 스위트 스페인 칠리(doux d'Espagne) 등 다양한 종류를 자랑한다. 일반적으로 시장에 나와 있는 피망은 노랑색, 녹색, 붉은색 그리고 긴 모양의 피망 등이 있다.

셰프의 조언

피망 껍질을 쉽게 벗기고, 그 살에 특별한 불 맛을 더하려면,
우선 가스불에 껍질을 태우거나 토치로 그슬려 태운다.
그다음 샐러드 볼에 넣고 랩으로 잘 씌워두면 껍질이 잘 벗겨진다.
꼭지를 떼고 속 씨를 파낸 피망은 스터핑을 채워 조리하거나,
아니면 그대로 올리브오일에 담가 저장해도 좋다.

주키니 호박은 크게 박과(科)에 속하는 채소로, 여러 종류의 형태와 색깔을 띠고 있다. 진녹색 주키니 호박인 '블랙 뷰티(black beauty)'는 살이 연해서, 얇게 썰어 마늘과 줄기양파를 넣고 팬에 재빨리 볶아 살을 살캉거리게 익혀준다. 노랑 호박인 '골드 러쉬'는 크림색의 연한 살을 갖고 있으며 좀 작은 사이즈가 좋다. 둥근 애호박인 '롱드 드 니스(ronde de Nice)'는 전통적으로 속을 채워 조리하는 호박이다. 호박꽃도 속을 채워 요리하거나, 튀김으로 서빙한다. 주키니 호박은 언제나 껍질을 그대로 보존하여야 하고, 윤기가 나고 단단한 것이 좋다.

샬롯은 그 모양에 따라, 둥근 것, 긴 것, 중간형 세 가지 타입으로 나뉘고, 회색과 핑크색 두 가지로 구분된다. 제르모르(jermor), 롱고르(longor), 플루모르(ploumor), 델바드(delvad), 롱들린느(rondeline), 아르브로(arvro) 등 다양한 종류의 샬롯이 있다. 회색 샬롯은 크기가 가장 작고 맛도 가장 뛰어나며 뵈르 블랑(beurre blanc: 백색 버터를 의미하는 정통 프랑스 소스. 샬롯, 와인 식초 등을 차가운 버터에 넣어 소스가 진하고 부드러워질 때까지 휘저어 졸인 버터소스), 베아르네즈 소스(sauce béarnaise:p.86 테크닉 참조) 혹은 마르샹 드 뱅 소스(sauce marchand de vin: 레드와인에 잘게 썬 샬롯을 넣고 약한 불로 끓여 데미 글라스 농도가 되도록 졸인 프랑스의 클래식 소스)을 만들 때 사용한다. '퀴스 드 풀레(cuisse de poulet)' 샬롯은 부이용이나 생선 육수 등의 향신 재료로 사용된다.

양파는 가장 손쉽게 만날 수 있는 채소 중 하나다. 노랑 양파가 제일 흔하고 많이 쓰이며, 흰 양파는 육수나 소스 등의 향신 재료로 쓰이는 주방의 기본 재료다. 흰 양파는 튀김용으로도 아주 좋고, 살짝 볶거나 꿀을 조금 넣어 버터에 은근히 익혀 졸여도 맛있다. 주로 생으로 먹는 붉은 양파는 아삭한 질감으로 양파들 중에 으뜸인 풍미를 자랑한다. 세벤느의 스위트 양파(onion doux des Cévennes)는 가장 섬세하고 깊은 맛을 지니고 있어, 양파 콤포트나 잼, 또는 양파 타르트 타탱(tarte Tatin)을 만들기에 적합하다. 과일 향과 독특한 풍미를 자랑하는 로스코프(Roscoff) 양파는 생으로도 사용하고 익혀서도 사용하는데, 특히 양파 수프나 토마토 콩카세를 만들 때 넣으면 좋다. 또한 줄기 달린 작은 양파인 세베트(cébettes)나 길고 가는 타이 세베트(cébettes thaïes)는 가늘게 송송 썰어 주로 생으로 요리에 넣어 먹는다. 작은 방울양파인 그를로(onion grelot)는 윤기 나고 색이 나지 않게 글라세(glacé à blanc)하거나, 캐러멜라이즈하여 익혀 먹고, 또는 생으로 피클을 담그기도 한다.

*

가을과 겨울

*

엔다이브는 최대한 희고, 단단하며 특히 끝부분이 녹색이 나지 않고 연한 노란색을 띠는 것으로 고르는 것이 좋다. 씁쌀한 맛을 없애려면, 뿌리의 심을 감자 필러의 뾰족한 끝으로 찔러 도려내 준다. 레시피에 변화를 주려면, 붉은색 엔다이브 카르민느(carmines)를 선택하거나 혹은 미니 엔다이브로 타르트 타탱(tarte Tatin)을 만들어 보아도 좋다.

샐러리악은 단단하고 무거우며 밀도가 촘촘한 것이 좋다. 페어링 나이프로 껍질을 벗긴 후엔 검은색으로 변하지 않도록 레몬즙을 짜넣은 물에 담가 두는 것을 잊지 말아야 한다. 생으로 먹는 레시피에는, 만돌린 슬라이서이나 햄 슬라이서로 아주 가늘게 썰어 채 쳐서 드레싱에 버무리는 레물라드(rémoulade)가 있다. 또는 샐러리악으로 독특한 채식 라비올리를 만들기도 한다. 익혀서 먹을 때는 팬프라이, 소테, 로스트 또는 소금 크러스트를 씌워 오븐에 익히기도 하며, 퓌레를 만들기도 아주 좋은 재료이다.

샐러리는 부이용이나 육수의 향신 재료로 쓰인다. 샐러리는 먹기 전에 감자 필러로 질긴 섬유질을 벗겨 제거한 다음, 기호에 따라 생으로 또는 익혀서 먹는다. 생으로 먹을 때는 얇게 잘라서 샐러드에 넣거나, 태국식 부이용에 넣는다. 샐러리를 익힐 때에는 소금을 넣은 끓는 물에 데치거나, 색이 나지 않고 윤기 나게 볶는다.

셰프의 조언

샐러리 잎에 오일을 바르고,
접시 위에 팽팽히 씌운 두 장의 랩 사이에 끼워 펴놓은 다음,
전자레인지에 몇 초만 돌려주면, 가볍고 바삭한 칩을 만들 수 있다.

리크(서양 대파)는 백합과에 속하며, 그로 쿠르 드 루앙(gros court de Rouen), 몽스트뤼외 드 카렁탕(monstrueux de Carentan), 몽스트뤼외 델뵈프(monstrueux d'Elbeuf), 롱 드 메지에르(long de Mézières , 크레용(crayon), 미니(mini) 등 그 종류만 27가지에 달한다. 리크는 전부 다 먹을 수 있다. 굵은 리크의 경우는 잎 사이사이마다 흙이 있을 수도 있으므로 깨끗이 씻어야 한다. 길이로 반을 갈라 머리 쪽을 아래로 두고 잎 사이를 꼼꼼히 씻는다.

> ### 셰프의 조언
>
> 리크는 신선하게 사용하며, 얼리지 않도록 한다.

호박(늙은 호박이나 단호박류)은 박과(科)에 속하는 채소로, 그 형태나 색깔, 크기가 눈에 확 띄는, 가을의 대표적 농산물이다. 주황색 껍질과 살을 가진 단호박(potimarron)은 시장에서 제일 흔하게 볼 수 있는 것으로, 호박과 밤 맛이 동시에 나는 단맛으로 소비자들에게 많은 사랑을 받고 있다. 단호박은 로스트 치킨의 가니쉬로 아주 잘 어울린다. 프로방스 호박(courge musquée de Provence)은 크기가 크고, 몸 옆선에 울퉁불퉁하게 패인 골과, 주황색 껍질이 약간 초록색을 띠고 있는 모습으로 쉽게 구분할 수 있다. '붉은색 큰 호박(rouge vif d'Etampes: 신데렐라 펌킨이라고도 불린다)'으로 널리 알려진 커다란 늙은 호박은 껍질을 벗긴 후, 기름 없이 오븐에서 익힌다. 달걀형 모양을 하고, 노란 베이지색의 껍질과 오렌지빛 노랑색의 속살을 가진 버터넛 스쿼시는, 페어링 나이프로 껍질을 벗겨 브뤼누아즈로 썬 다음 생으로 먹거나, 리소토에 넣기도 하고 익혀서 수플레나 그라탱을 만든다. 또는, 물을 넣지 않고 약한 불에서 뚜껑을 닫고, 호박 자체에서 나오는 수분으로 2시간 익힌 후, 퓌레를 만들기도 한다. 납작호박(pattypan squash)은 속을 채우기 좋은 작은 사이즈의 호박이다. 특히 '성직자의 모자(Bonnet d'électeur)'라는 이름의 흰색 납작호박은 살이 단단하고 단맛이 거의 없어 마치 아티초크와 비슷한 맛을 낸다.

뿌리 채소

비트는 다양한 모양과 색깔을 띤 여러 종류가 있어 기호에 맞게 선택해서 식탁에 올릴 수 있는 채소다. 가장 일반적인 붉은 비트(ronde de Détroit)는 약간 단단할 정도로 통째로 익혀서 만돌린 슬라이서로 얇게 자른 다음, 속에 콩테 치즈(comté)를 넣고 채소 라비올리를 만들 수 있다. 쭈글쭈글하고 길쭉하게 생긴 크라포딘 비트(crapaudine)가 단맛이 제일 강하다. 붉은 살에 흰색의 마블링 모양이 섞여 있는 키오지아 비트(la tonda di Chioggia)는 만돌린 슬라이서로 얇게 잘라서 올리브오일과 플뢰르 드 셀을 조금 뿌려 생으로 먹는다. 둥근 모양의 노랑색 살을 가진 버피즈 골덴 비트(burpee's golden)는 소금 크러스트로 감싸 덮거나, 타임과 마늘을 조금 넣고 올리브오일을 뿌린 다음 유산지로 싸서 180℃로 예열한 오븐에 1시간 익힌다.

블랙 샐서피(scorsonera: 쇠채)는 국화과에 속하는 식물로, '스코르소네르(scorsonère)'라는 이름에 들어 있는 이탈리아어 '스코르조네(scorzone: 검은 뱀이라는 뜻)'의 의미대로 길고 검은 모습을 하고 있다. 겉은 검정색이고 속살은 하얀 블랙 셀서피는 같은 과에 속한 일반 흰 셀서피보다 훨씬 더 흔히 볼 수 있다. 시장에 가면 긴 줄 같은 모양을 하고 흙이 묻은 어두운 색깔의 이 채소를 금방 찾을 수 있을 것이다. 껍질을 까는 작업이 쉬운 일은 아니지만, 달고 미묘한 향과 맛이 나는 속살을 맛보기 위해선 수고할 만한 가치가 있다.

> ### 셰프의 조언
>
> 블랙 샐서피의 껍질을 벗기기 위해서는
> 우선 손에 장갑을 끼어 손이 미끌거리는 것을 방지한다.
> 그다음, 속살이 드러나게 세게 껍질을 긁어 벗기고
> 씻어서 재빨리 레몬즙을 넣은 물에 담근다.
> 우유나 밀가루를 푼 물(blanc: 물 1리터에 밀가루 100g)에
> 미리 익힌 다음, 팬에 버터를 넣고 볶아준다.

파스닙(panais): 가장 통통한 품종인 세미 롱 파스닙(demi-long de Guernesey), 길고 곧은 모양의 롱 파스닙(exibition long), 넓은 윗부분과 40cm에 달하는 긴 뿌리를 가진 텐더 앤 트루(tender and true) 등의 파스닙 종류는 감자가 대세인 요즘 점점 잊혀 가는 채소다. 다시 옛 영화를 찾아 인기가 차츰 높아지면서, 파스닙 퓌레와 크림 수프(블루테)는 그 달콤한 맛과 향으로 많은 미식가를 행복하게 해주고 있다. 파스닙은 초리조와 잘 어울려서, 파스닙 포타주에 아주 잘게 썬 초리조를 넣어 서빙하기도 하고, 꿀과 참깨와도 궁합이 잘 맞으며, 감자처럼 가늘게 채 썰어 부침개로 지져내기도 한다.

돼지감자(topinambour)는 아티초크와 같이 미묘하고 섬세한 맛이 난다. 소화를 도와주는 세이지 잎을 한 장 넣은 우유에 먼저 익힌 다음 갈아서 퓌레를 만들어 먹는다. 또 바삭한 칩을 만들거나, 볶아 먹기도 한다.

초석잠(crosne 두루미 냉이라고도 한다)은 2~3g 정도의 작은 덩이줄기로 그 위로 30cm 이상 높이 자라는 식물의 밑에서 영양분을 공급한다. 거의 툭 부러질 정도로 단단한 것으로 골라 행주에 놓고 굵은 소금을 한 줌 뿌려 문질러 닦아준다. 물로 헹군 다음 데쳐 익힌 후, 버터에 볶는다.

뿌리 처빌(cerfeuil tubéreux)은 미식가들이 찾는 특별한 뿌리 채소로, 밝은 색을 띤 연한 살이 훌륭한 식재료로 사용된다. 살짝 회향 향기가 나는 이 뿌리 식물은 존 도리(달고기)와 같은 생선과 잘 어울리고, 송아지고기나 닭고기의 가니쉬로도 훌륭하다. 감자 필러로 껍질을 벗겨 우유에 익힌 다음, 퓌레를 만들거나 버터에 볶아 서빙한다.

부케가르니

요리에 빠져서는 안 될 필수 요소인 부케가르니는, 이것이 들어가는 요리의 재료와 밀접한 연관성을 갖는다. 기본적으로 타임, 월계수 잎, 파슬리 줄기, 샐러리와 리크의 녹색 부분으로 구성된다.

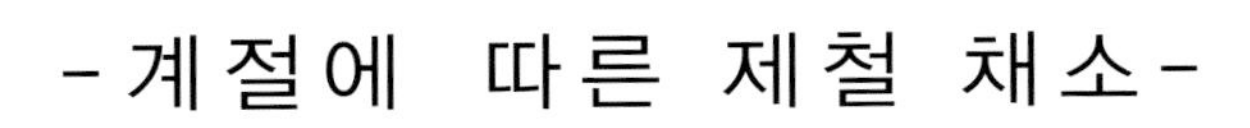

-계절에 따른 제철 채소-

	1월	2월	3월	4월	5월	6월	7월	8월	9월	10월	11월	12월
샐러드용 채소 LES SALADES												
상추 LAITUE	■	■	■	■	■	■	■	■	■	■	■	■
바타비아 BATAVIA	■	■	■	■	■	■	■	■	■	■	■	■
배추상추(로메인 레터스) ROMAINE	■	■	■	■	■	■	■	■	■	■	■	■
오크 잎 FEUILLE DE CHENE	■	■	■	■	■	■	■	■	■	■	■	■
롤라로사 LOLLA ROSSA	■	■	■	■	■	■	■	■	■	■	■	■
치커리 FRISEE	■	■	■	■	■	■	■	■	■	■	■	■
에스카롤 SCAROLE	■	■	■	■	■	■	■	■	■	■	■	■
적치커리(라디치오) TREVISE	■	■	■				■	■	■	■	■	■
물냉이(크레송) CRESSON		■	■	■					■	■	■	
마타리 상추(콘샐러드) MACHE NANTAISE	■	■	■								■	■
녹색 민들레 PISSENLIT VERT		■	■									
흰 민들레 PISSENLIT BLANC	■										■	■
슈가로프 치커리 BARBE DE CAPUCIN	■	■									■	■
시금치 순 POUSSES D'EPINARD	■	■	■	■							■	■
쇠비름 POURPIER			■	■	■	■	■	■	■	■		
루콜라 ROQUETTE				■	■	■	■	■	■			
슈크린 레터스 SUCRINE				■	■	■	■	■	■			
야생 루콜라 RIQUETTE	■	■	■	■	■				■	■	■	■
번행초(여름 시금치) TETRAGONE							■	■	■	■		
아이스플랜트 FICOIDE GLACIALE			■	■	■	■	■	■	■	■		

	1월	2월	3월	4월	5월	6월	7월	8월	9월	10월	11월	12월
양념 재료 채소 LES CONDIMENTS												
줄기 달린 햇마늘 AIL Botte				■								
흰 마늘 AIL Blanc						■	■	■	■	■	■	■
보라색 마늘 AIL Violet						■	■	■	■	■	■	■
로트렉산 핑크색 마늘 AIL Rosé de Lautrec	■	■	■	■				■	■	■	■	■
오베르뉴산 핑크색 마늘 AIL Rosé d'Auvergne	■	■	■	■				■	■	■	■	■
줄기 달린 샬롯 ECHALOTE Botte			■	■								
회색 샬롯 ECHALOTE Grise								■	■	■	■	■
핑크색 샬롯 ECHALOTE Jersey	■	■	■	■	■	■	■	■	■	■	■	■
동그란 샬롯 ECHALOTE Ronde	■	■	■	■	■	■	■	■	■	■	■	■
브르타뉴산 타원형 샬롯 ECHALOTE Demi-longue de Bretagne	■	■	■	■	■	■	■	■	■	■	■	■
긴 모양의 샬롯 ECHALOTE Longue	■	■	■	■	■	■	■	■	■	■	■	■
줄기 달린 햇양파 OIGNON Blanc en botte			■	■	■	■	■	■	■			
노랑 양파 OIGNON Jaune	■	■	■	■	■	■	■	■	■	■	■	■
붉은 양파 OIGNON Rouge	■	■	■	■	■	■	■	■	■	■	■	■
로스코프산 핑크색 양파 OIGNON Rosé de Roscoff	■	■	■					■	■	■	■	■
붉은 고추 PIMENT Rouge							■	■	■	■	■	

	1월	2월	3월	4월	5월	6월	7월	8월	9월	10월	11월	12월
뿌리 채소 LES RACINES												
햇당근 CAROTTES Primeur					■	■	■	■	■			
크레앙스산 모래흙 당근 CAROTTES des sables de Créance	■	■	■	■					■	■	■	■
랑드산 모래흙 당근 CAROTTES des sables de Landes	■	■	■					■	■	■	■	■
둥근 순무 NAVET Rond	■	■	■	■	■	■			■	■	■	■
무청이 달린 작고 둥근 순무 NAVET Botte	■	■	■	■	■	■			■	■	■	■
긴 순무 NAVET Long						■	■	■	■	■	■	
노랑색 둥근 순무 NAVET Jaune(Boule d'or)	■	■								■	■	■
샐러리악 CELERI-RAVE	■	■	■	■						■	■	■
비트 BETTERAVE	■	■	■	■	■	■	■	■	■	■	■	■
핑크 래디시 RADIS Rose			■	■	■	■						
동그란 붉은 래디시 RADIS Rond rouge				■	■	■						
검정 무 RADIS Noir	■	■	■						■	■	■	■
긴 모양의 검정 무 RADIS Long blanc					■	■	■	■	■	■		
초석잠(두루미냉이) CROSNE	■	■	■								■	■
돼지감자 TOPINAMBOUR	■	■	■							■	■	■
파스닙 PANAIS	■	■								■	■	■
양고추냉이(홀스래디시) RAIFORT									■	■	■	
샐서피/블랙 샐서피 SALSIFIS/SCORSONERE	■	■							■	■	■	■
스웨덴 순무(루타바가) RUTABAGA	■	■	■							■	■	■
루트 파슬리 PERSIL RACINE	■	■								■	■	■
뿌리 처빌 CERFEUIL TUBEREUX	■	■								■	■	■

	1월	2월	3월	4월	5월	6월	7월	8월	9월	10월	11월	12월
채소 과일 LES LEGUMES-FRUITS												
이스라엘산 아보카도(Fuerte 종) AVOCAT Fuerte-Israel	■	■									■	■
남아공산 아보카도(Fuerte 종) AVOCAT Fuerte-Afrique du Sud				■	■	■	■	■				
이스라엘산 아보카도(Hass 종) AVOCAT Hass-Israel	■	■										
스페인산 아보카도(Hass 종) AVOCAT Hass-Espagne	■	■	■	■								■
멕시코산 아보카도(Hass 종) AVOCAT Hass-Mexique	■	■	■							■	■	■
남아공산 아보카도(Hass 종) AVOCAT Hass-Afrique du Sud				■	■	■	■	■				
브르타뉴산 둥근 완숙 토마토 TOMATE Ronde de Bretagne				■	■	■	■	■	■	■	■	
세로로 울퉁불퉁 골이 파인 토마토(마르망드산) TOMATE Cotelee de Marmande				■	■	■	■	■	■	■		
로마 토마토(올리브 크기) TOMATE Roma(olivette)				■	■	■	■	■	■	■		
칵테일 체리토마토 TOMATE Cerise cocktail				■	■	■	■	■				
가지 AUBERGINE						■	■	■	■			
오이 CONCOMBRE				■	■	■	■	■				

	1월	2월	3월	4월	5월	6월	7월	8월	9월	10월	11월	12월
프로방스산 둥근 애호박 COURGETTE Ronde de Provence					■	■	■	■	■			
긴 모양의 주키니 호박 COURGETTE Longue					■	■	■	■	■			
피망 POIVRON						■	■	■	■			

작은 크기의 채소들 LES PETITS LÉGUMES												
미니 양배추(브뤼셀 양배추) CHOU DE BRUXELLES	■	■								■	■	■
엔다이브 ENDIVE	■	■	■	■						■	■	■
펜넬 FENOUIL											■	■
강낭콩(coco de Paimpol 종) HARICOT À ÉCOSSER Coco de Paimpol								■	■	■		
강낭콩(Michelet 종) HARICOT À ÉCOSSER Michelet								■	■			
파바 콩(잠두콩) FÈVE					■	■	■	■				
깍지콩(mangetout: 중간 굵기의 짧은 껍질콩) HARICOT VERT Mangetout				■	■	■	■	■	■	■		
가는 그린 빈스(extra-fin: 가장 가느다란 껍질콩) HARICOT VERT Extra-fin				■	■	■	■	■	■	■		
노랑색 그린 빈스 HARICOT VERT Beurre							■	■	■			
납작한 그린 빈스 HARICOT VERT Plat								■	■			
스노우 피 POIS GOURMAND							■	■				
완두콩 PETIT POIS					■	■	■					
시금치 ÉPINARD	■	■	■	■	■	■				■	■	■

채소류 LES LÉGUMES												
큰 아티초크(Camus de Bretagne 종) ARTICHAUT Camus de Bretagne						■	■	■	■	■		
아티초크(Macau 종) ARTICHAUT Macau				■	■	■						
작은 크기의 아티초크(푸아브라드) ARTICHAUT Poivrade				■	■							
브로콜리 BROCOLI						■	■		■	■		
브르타뉴 콜리플라워 CHOU-FLEUR breton	■	■	■	■	■				■	■	■	■
로마네스코 브로콜리 CHOU Romanesco									■	■	■	
뾰족한 양배추 CHOU POMMÉ pointu			■	■	■							
흰 양배추 CHOU Blanc	■	■	■	■						■	■	■
붉은 양배추 CHOU Rouge	■	■	■	■						■	■	■
사보이 양배추 CHOU Vert(frisé)	■	■	■	■	■	■	■	■	■	■	■	■
리크(서양 대파) POIREAU	■	■	■								■	■
카르둔(엉겅퀴과의 줄기 식물) CARDON	■	■	■							■	■	■
근대 BLETTE					■	■	■	■	■	■		
버터넛 스쿼시 COURGE Butternut	■	■								■	■	■
국수 호박(스파게티 스쿼시) COURGE spaghetti	■	■								■	■	■
늙은 호박 CITROUILLE	■	■								■	■	■

	1월	2월	3월	4월	5월	6월	7월	8월	9월	10월	11월	12월
납작호박(패티팬 스쿼시) PÂTISSON	■	■								■	■	■
단호박 POTIMARRON	■	■								■	■	■
주황색 미국 늙은 호박 GIRAUMON	■	■								■	■	■
샐러리 CÉLERI BRANCHE					■	■	■	■	■	■	■	■
화이트 아스파라거스 ASPERGES Blanches				■	■	■						
보라색 아스파라거스 ASPERGES Violettes				■	■							
그린 아스파라거스 ASPERGES Vertes			■	■	■	■						
야생 아스파라거스 ASPERGES Sauvages			■	■								
허브 LES HERBES												
러비지(lovage) ACHE					■	■						
딜(dill) ANETH				■	■	■	■	■	■	■	■	
바질(basil) BASILIC					■	■	■	■	■	■		
처빌(chervil) CERFEUIL				■	■	■	■	■	■	■	■	
차이브(chive 골파) CIBOULETTE				■	■	■	■	■	■	■	■	
고수(cilantro) CORIANDRE				■	■	■	■	■	■	■	■	
타라곤(taragon) ESTRAGON				■	■	■	■	■	■	■	■	
월계수(bay leaf) LAURIER	■	■	■	■	■	■	■	■	■	■	■	■
라벤더(lavender) LAVANDE					■	■	■					
산 러비지(lovage: 샐러리와 비슷한 허브의 일종) LIVÈCHE						■	■	■	■	■		
마조람(marjoram) MARJOLAINE				■	■	■	■	■	■	■	■	
민트(mint) MENTHE				■	■	■	■	■	■	■	■	
오레가노(oregano) ORIGAN				■	■	■	■	■	■	■	■	
소렐(sorrel: 수영) OSEILLE				■	■	■	■	■	■	■	■	
파슬리(parsley) PERSIL				■	■	■	■	■	■	■	■	
로즈마리(rosemary) ROMARIN	■	■	■	■	■	■	■	■	■	■	■	■
세이지(sage) SAUGE	■	■	■	■	■	■	■	■	■	■	■	■
타임(thyme 백리향) THYM	■	■	■	■	■	■	■	■	■	■	■	■
버베나(verbena) VERVEINE					■	■	■	■	■	■	■	

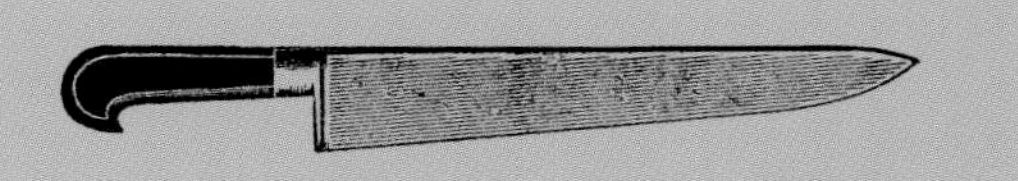

채소
LES LÉGUMES

테크닉

– 테크닉 –

Brunoise* de carottes
당근 브뤼누아즈 썰기

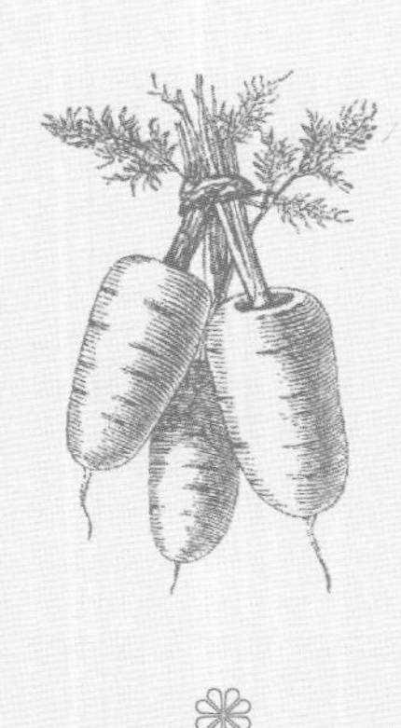

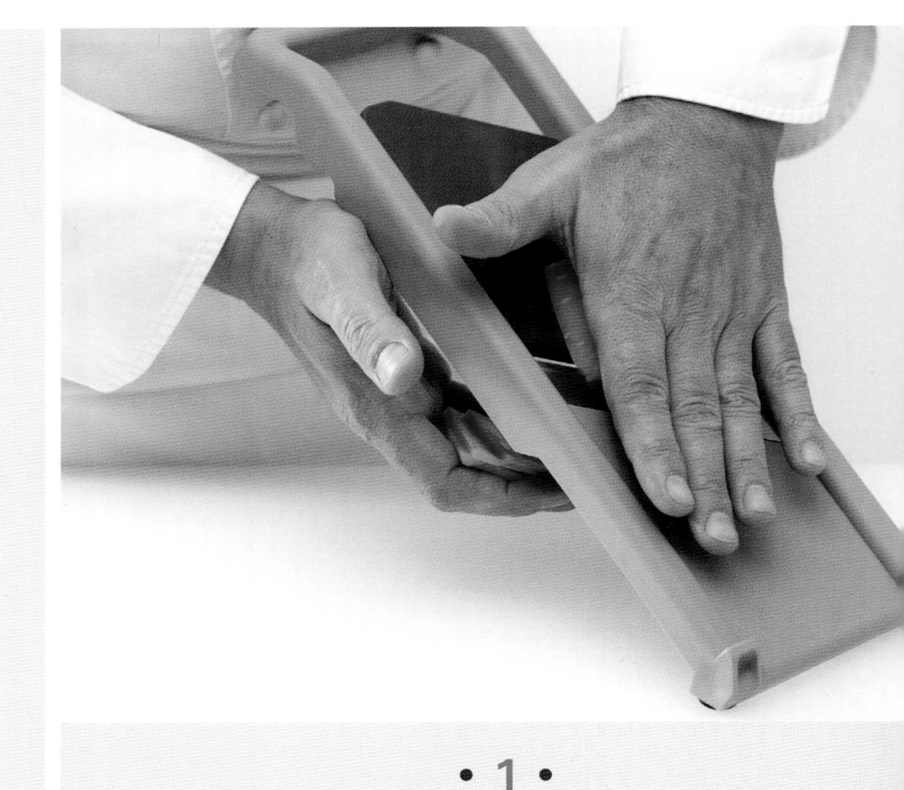

• 1 •

만돌린 슬라이서를 이용하여 당근을 2~3mm 두께로 얇게 자른다.

도구

만돌린 슬라이서

잘 드는 칼

* brunoise: 아주 작은 큐브 모양

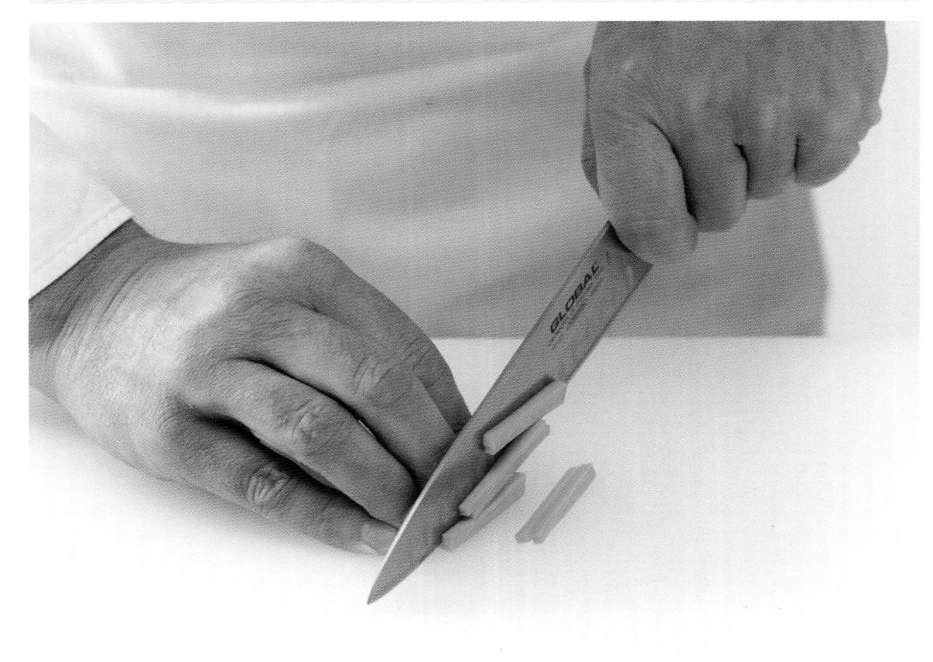

• 2 •

2~3mm두께의 가는 막대 모양으로 썬다.

• 3 •

2~3mm 크기의 작은 큐브 모양으로 자른다.

- 테크닉 -

Paysanne* de carottes
당근 페이잔 썰기

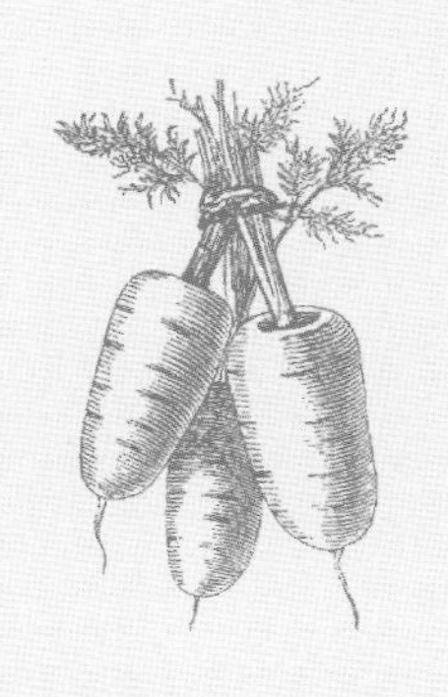

❀

도구

잘 드는 칼

* paysanne: 작은 삼각형 모양으로 얇게 썰기

• 1 •

당근을 7~8cm 길이로 토막낸 다음, 반으로 자른다.

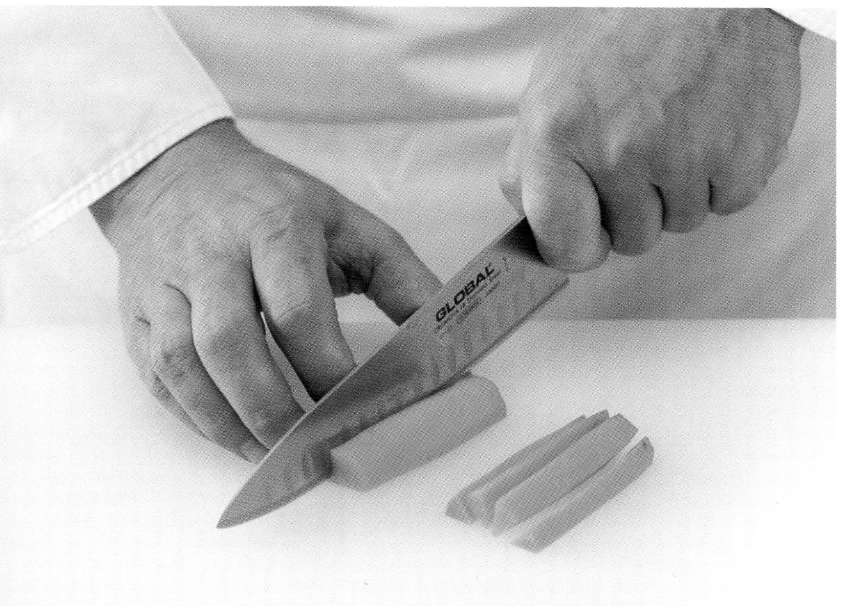

• 2 •

삼각형 모양으로 길게 자른다.

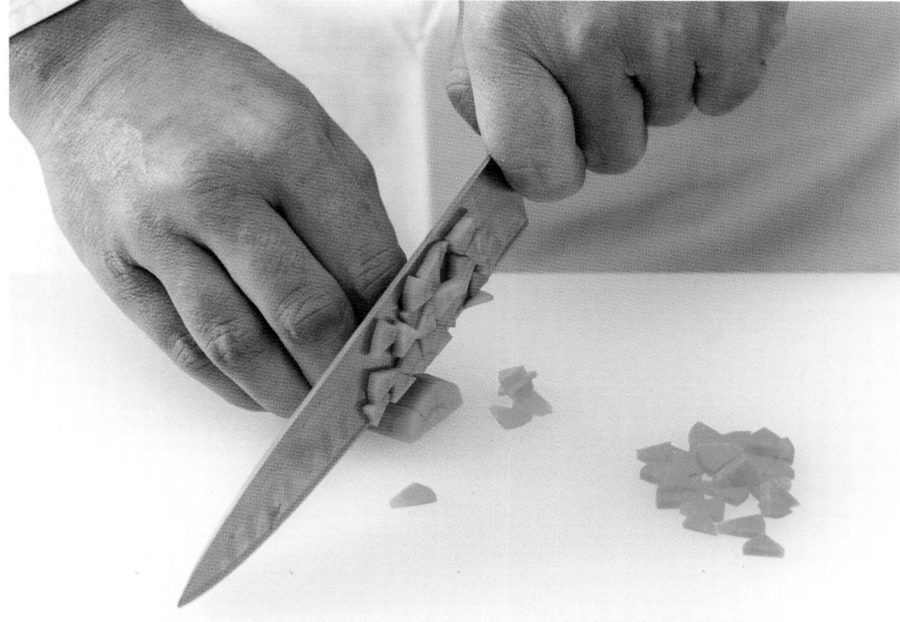

• 3 •

2mm 두께로 얇게 썬다.

– 테크닉 –

Julienne* de carottes
당근 줄리엔 썰기

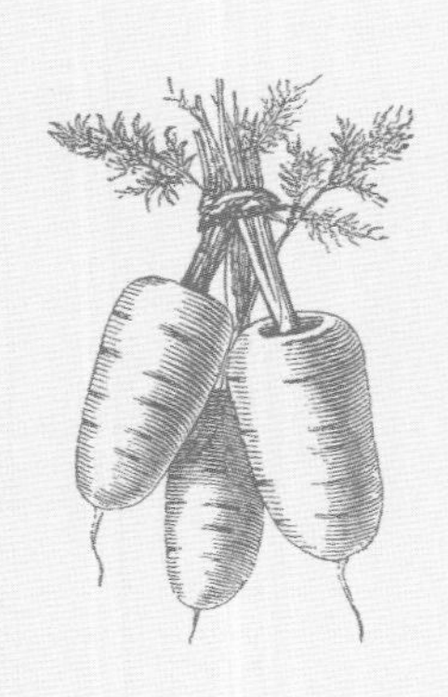

도구

만돌린 슬라이서
잘 드는 칼

• 1 •

만돌린 슬라이서를 이용하여 당근 토막을 1mm 두께로, 세로로 자른다.

• 2 •

1mm 굵기로 가늘게 채 썬다.

* julienne: 가늘고 길게 채 썰기

– 테크닉 –

Julienne de poireaux

리크(서양 대파) 줄리엔 썰기

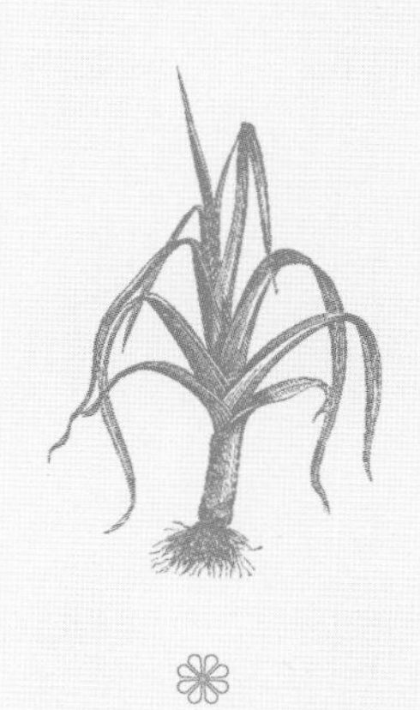

❀

도구

잘 드는 칼

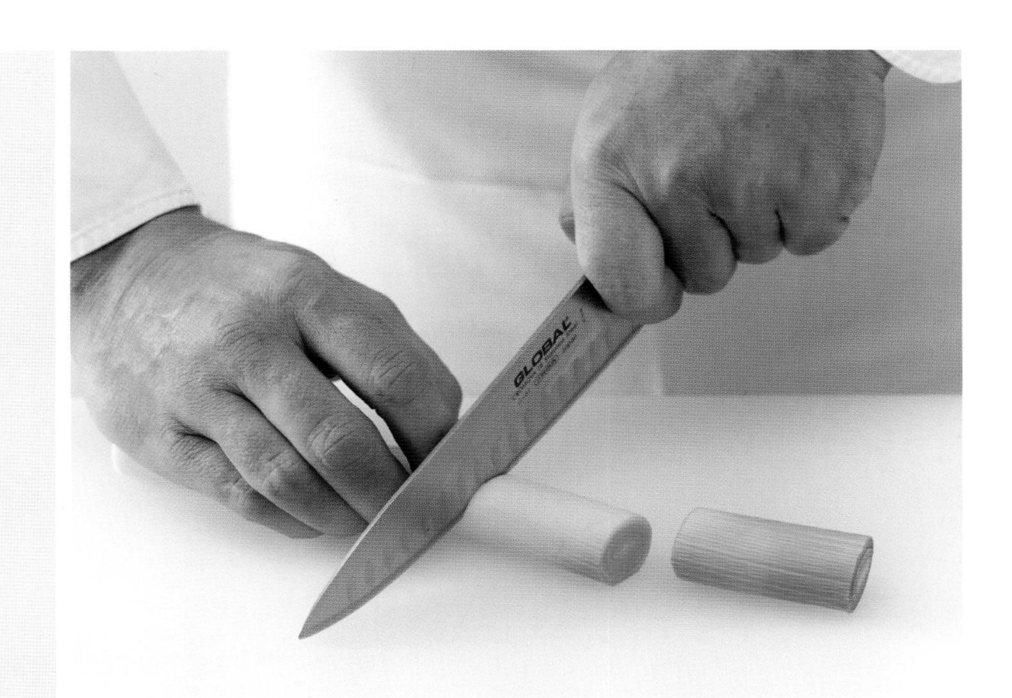

• 1 •

리크를 5~6cm 길이로 토막낸다.

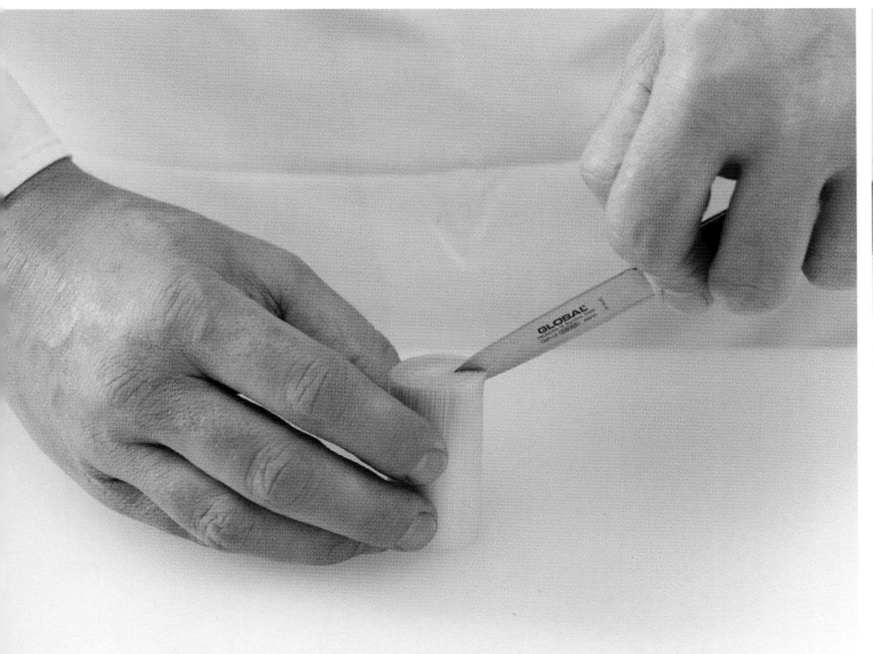

• 2 •

길이로 반을 자른다.

• 3 •

길이로 자른 반을 도마에 납작하게 펴 누르고, 1mm 굵기로 가늘게 채 썬다.

- 테크닉 -

Matignon* céleri-rave, carotte et oignon
샐러리악, 당근, 양파 마티뇽 썰기

도구

잘 드는 칼

• 1 •

샐러리악을 4~5mm 두께로 자른다.

• 3 •

잘라놓은 채소 슬라이스를 4~5mm 두께의 긴 막대 모양으로 자른다.

* matignon: 4~5mm 크기의 큐브 모양

• 2 •

토막으로 자른 당근을 세로로 4~5mm 두께로 자른다.

• 4 •

4~5mm 크기의 큐브 모양으로 썬다.

- 포커스 -

마티뇽은 팬 프라이나
조림용 향신 채소를 사방 4~5mm 크기의
정육면체로 써는 방법이다.
이렇게 균일한 크기로 잘라줌으로써
재료를 동일한 시간에 고르게 익힐 수 있다.

– 테크닉 –

Mirepoix* carotte et oignon
당근, 양파 미르푸아 썰기

도구

잘 드는 칼

* mirepoix: 1.5cm 크기의 큐브 모양

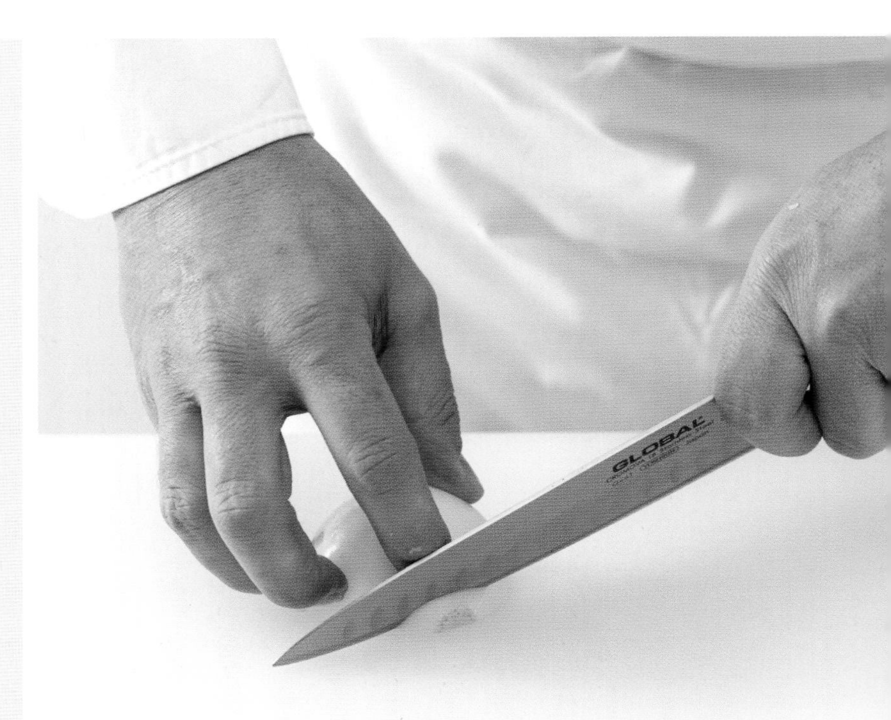

• 1 •

양파는 양끝을 잘라낸다.

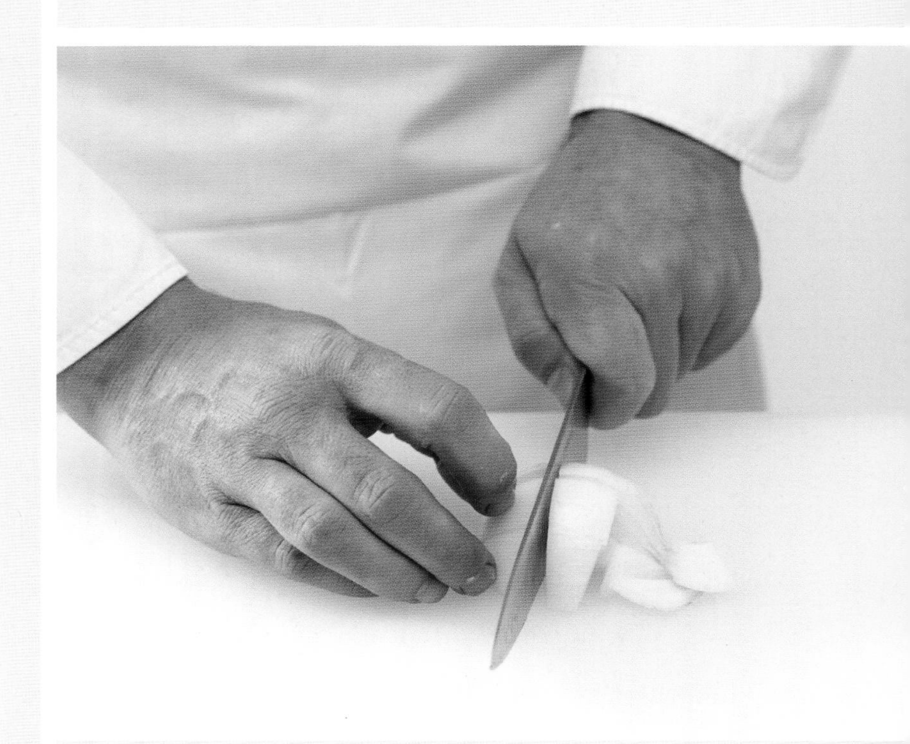

• 3 •

양파를 돌려놓고 가로로 같은 방법으로 썬다.

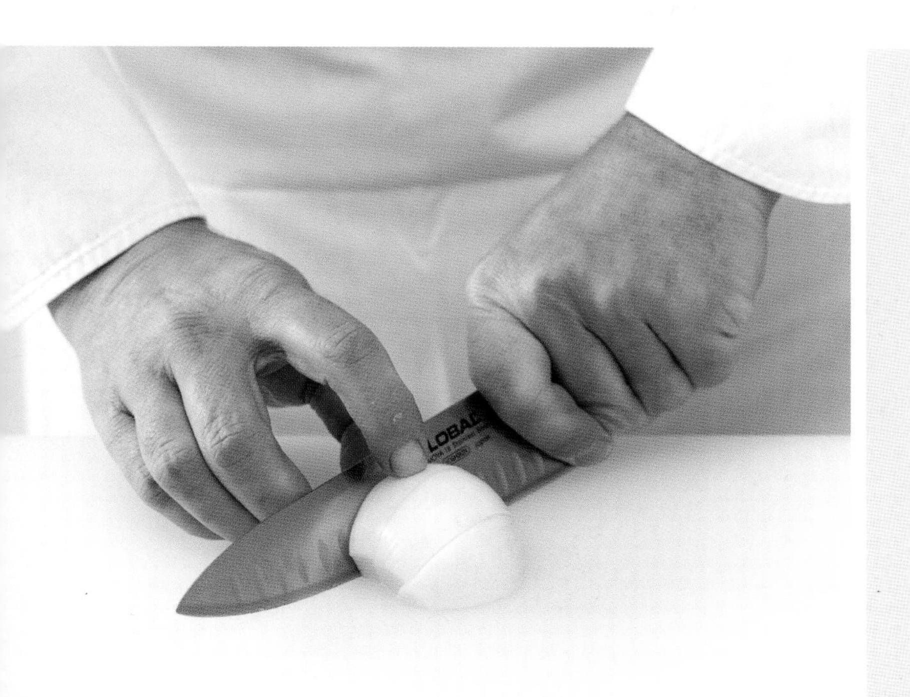

• 2 •

반 자른 양파를 엎어놓고 부채 모양으로, 세로로 자른다.

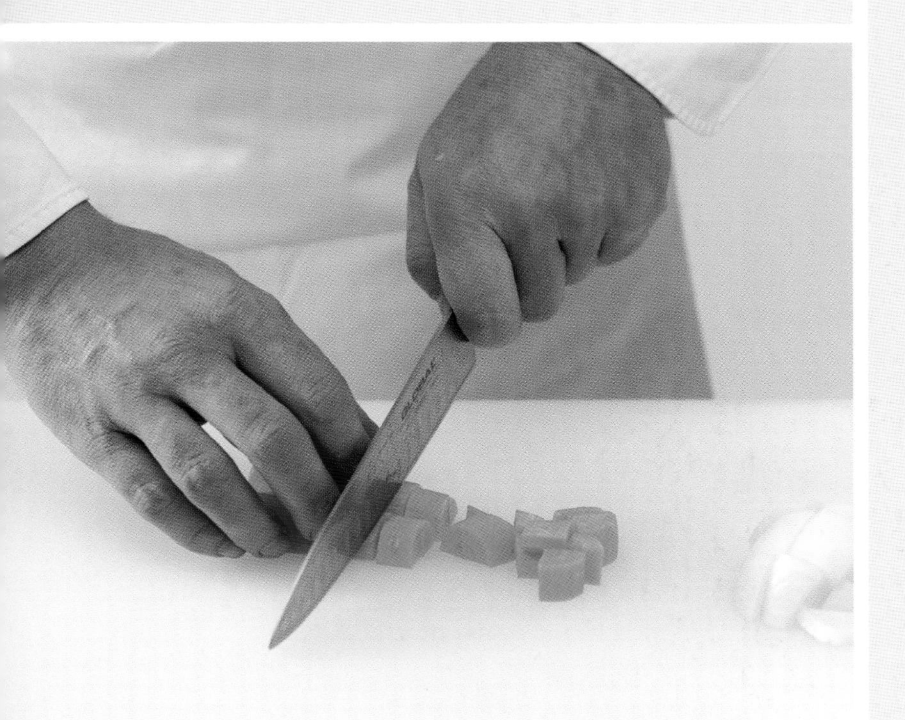

• 4 •

토막으로 자른 당근을 길이로 반으로 잘라준 다음, 다시 또 길이로 반을 자른다. 1.5cm 굵기의 삼각형 모양으로 썬다. 크기는 조리 레시피에 따라 조절할 수 있다.

– 포커스 –

미르푸아는 사방 1.5cm로
가장 큰 크기의 깍둑썰기다.
치킨 육수나 송아지 육수를 만들 때 넣는
향신 채소를 써는 방법으로 주로 사용되고,
또 조림이나 스튜 요리의 가니쉬용으로도 사용된다.
이 방법은 레비 미르푸아 공작(Duc Lévis-Mirepoix)의
요리사에게서 유래되었다.

- 테크닉 -

Jardinière* de carottes

당근 자르디니에르 썰기

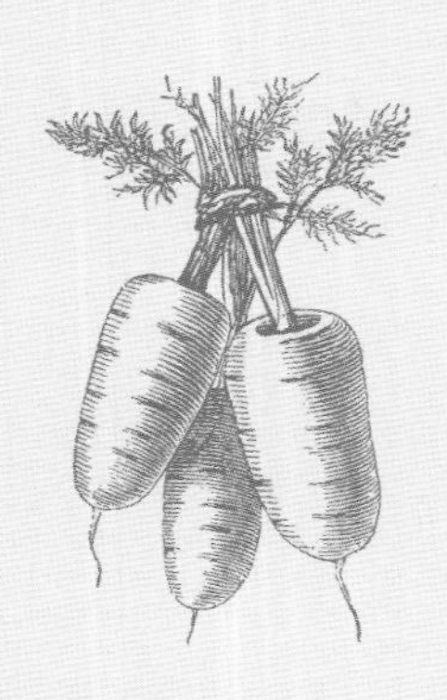

도구

만돌린 슬라이서
잘 드는 칼

* jardinière: 일정한 굵기의 막대 모양으로 썰기

• 1 •

당근을 6cm 길이로 토막낸 다음, 7~8mm 두께로, 세로로 자른다.

• 2 •

슬라이스한 당근을 7~8mm 굵기의 막대 모양으로 썬다.

- 테크닉 -

Jardinière de navet
무 자르디니에르 썰기

도구

잘 드는 칼

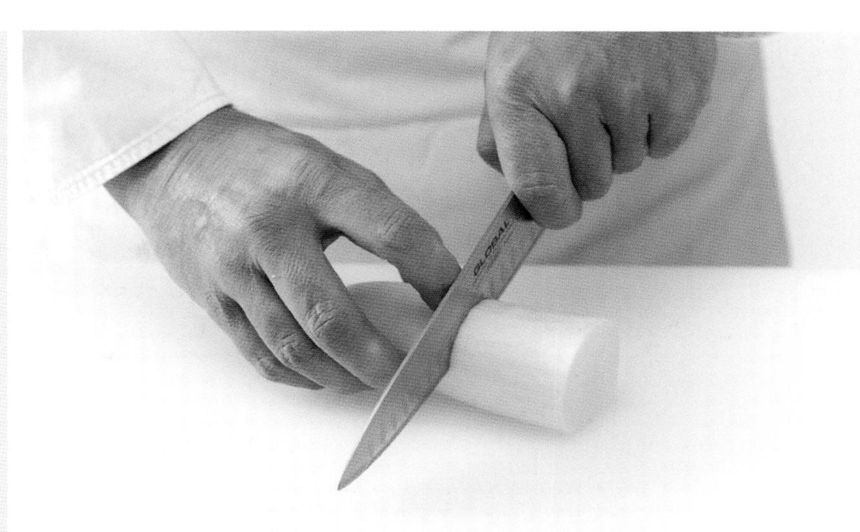

• 1 •

긴 모양의 무를 6cm 길이의 토막으로 자른다.

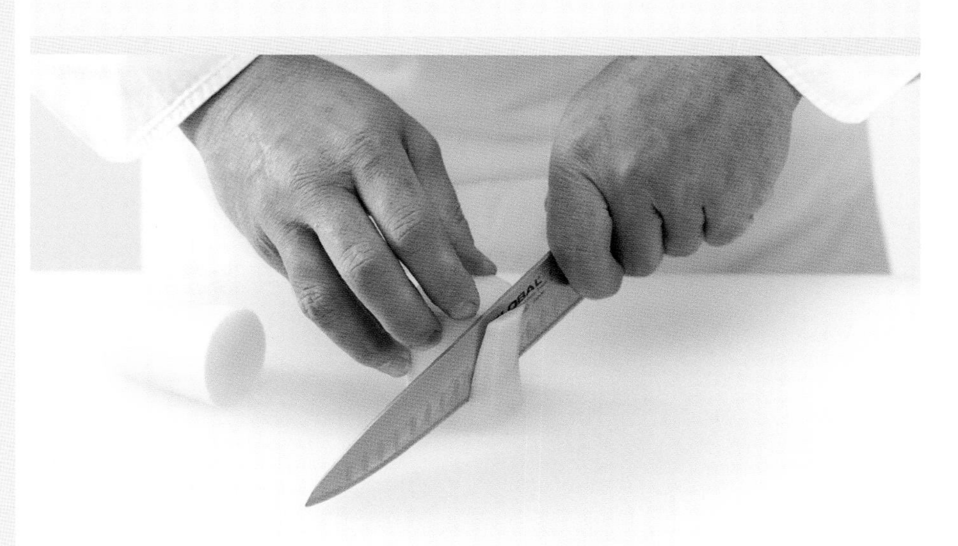

• 2 •

가장자리를 잘라내 직육면체 모양으로 만든다.

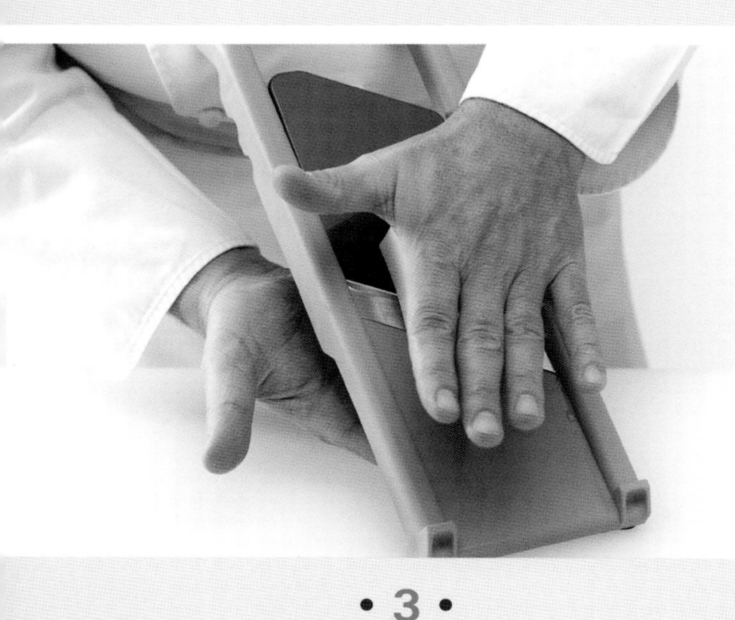

• 3 •

만돌린 슬라이서를 사용하여 7~8mm 두께로 자른다.

• 4 •

7~8mm 굵기의 막대 모양으로 썬다.

– 테크닉 –

Sifflets* de poireau

리크(서양 대파) 시플레 썰기

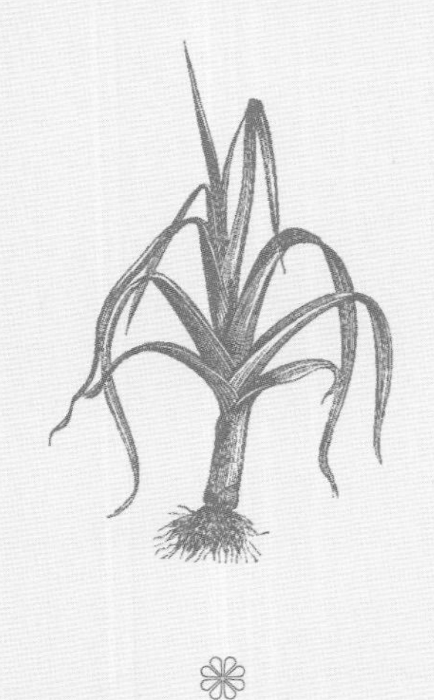

❀

도구

페어링 나이프

• 1 •

리크를 2~3cm 폭으로 어슷 썬다.

• 2 •

시플레로 썬 모습.

* sifflets: 어슷하게 썰기

- 테크닉 -

Macédoine*

마세두안 썰기

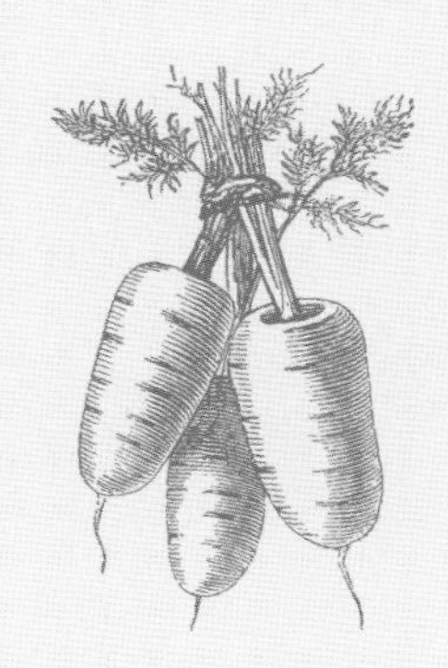

❀

도구

칼

• 1 •

채소를 3~4mm 굵기의 막대 모양으로 썬다.

• 2 •

사방 3~4mm 크기의 큐브 모양으로 썬다.

* macédoine: 일정 크기의 큐브 모양으로 썰기

- 테크닉 -

Rondelles cannelées* de carotte

골이 패인 원형으로 당근 썰기

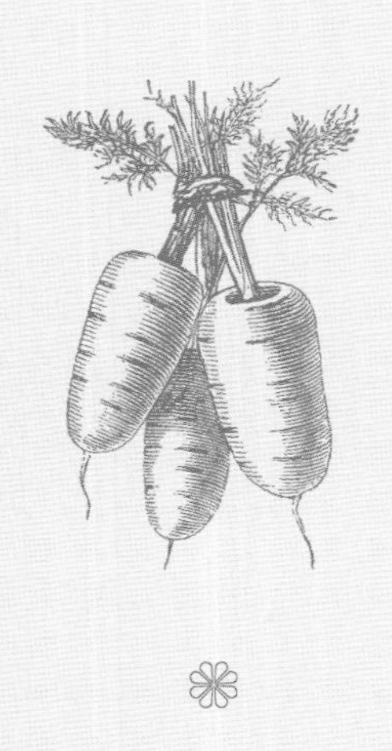

❀

도구

홈 파내는 도구(canneleur)
만돌린 슬라이서

* rondelles cannelées: 골이 패인 원형(롱델 카늘레)

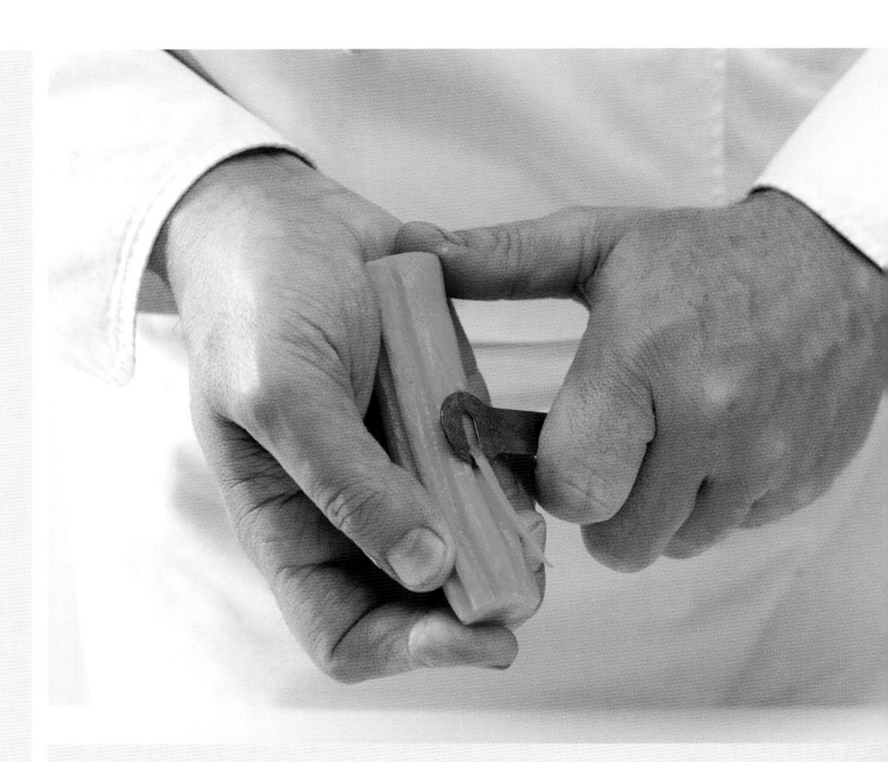

• 1 •

홈 파는 도구를 사용해 일정한 간격으로 당근 전체에 길게 홈을 파준다.

• 2 •

만돌린 슬라이서로(또는 칼로) 동그랗게 자른다.

- 테크닉 -

Billes de légumes

구슬 모양내기

도구

멜론 볼러(melon baller)

• 1 •

작은 멜론 볼러를 이용하여, 껍질 벗긴 비트를 레시피에 알맞은 크기의 원형으로 도려낸다.

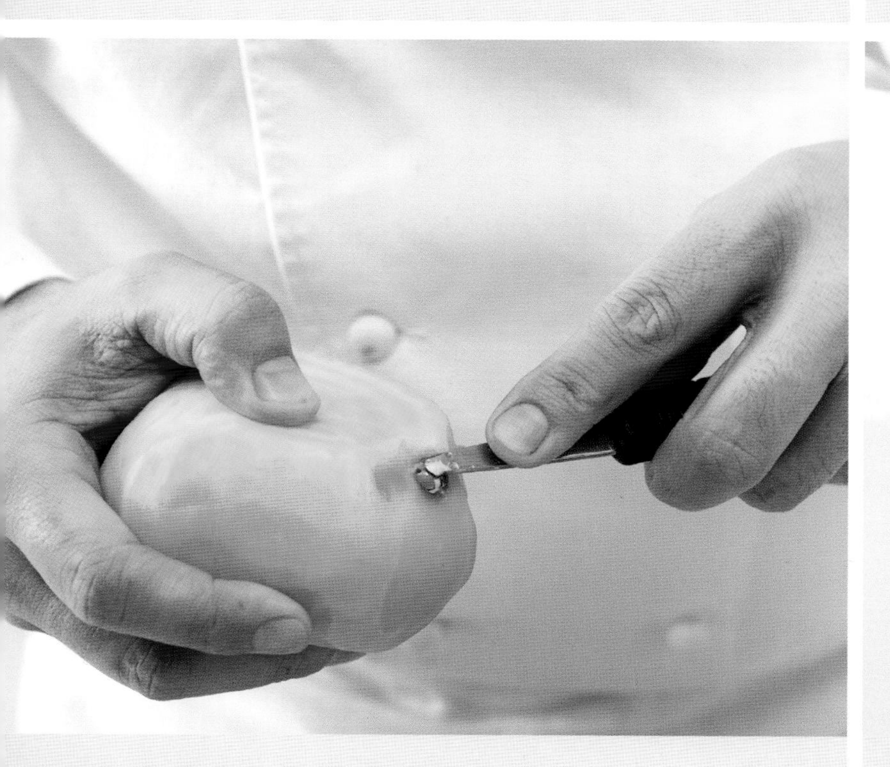

• 2 •

작은 멜론 볼러(또는 스푼 볼러)를 이용하여, 껍질 벗긴 감자를 레시피에 알맞은 크기의 원형으로 도려낸다.

• 3 •

주키니 호박은 껍질을 그대로 둔 상태로, 멜론 볼러를 사용하여 원하는 크기의 원형으로 도려낸다.

- 테크닉 -

Chiffonade* d'épinards
시금치 시포나드 썰기

도구

홈 파내는 도구(canneleur)
만돌린 슬라이서

* chiffonade: 잎채소를 여러 겹으로 겹쳐 가늘게 채 썰기

• 1 •

시금치는 줄기를 떼어 한 잎씩 다듬고, 큰 잎의 경우 가운데 굵은 잎맥도 조심스럽게 제거해준다.

• 3 •

포갠 잎을 말아준다.

• 4 •

말아놓은 상태로 얇게 채 썬다.

• 2 •

씻어서 물기를 털어내고 시금치 잎을 가로로 포개 놓는다.

• 5 •

시포나드로 썬 시금치 모습.

– 포커스 –

시포나드는 주로 수영(소렐)을 썰 때 자주 이용하는데,
이 밖의 모든 잎채소에도 응용할 수 있는 테크닉이다.
시포나드로 썬 채소는 생으로 먹거나,
포타주에 넣기도 하며,
버터에 살짝 볶아서 가니쉬로 서빙할 수도 있다.

– 테크닉 –

Tourner les courgettes
주키니 호박 돌려깎기

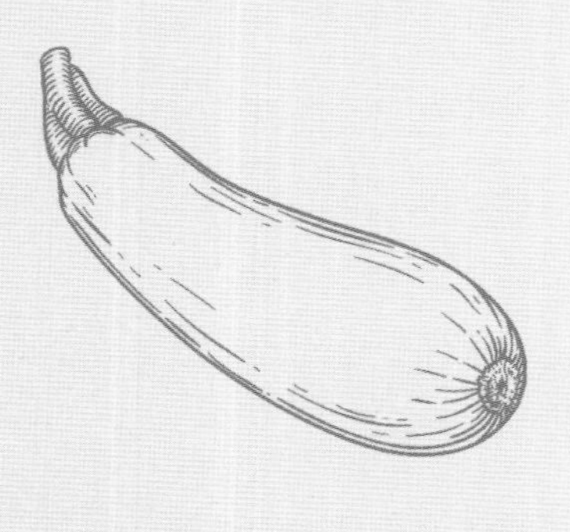

도구

잘 드는 칼

샤토 나이프(칼날이 둥글게 휜 채소 돌려깎기용 작은 칼)

• 1 •

주키니 호박을 일정한 길이로 토막낸다.

• 3 •

돌려깎을 준비가 된 모습.

• 4 •

샤토 나이프(또는 페어링 나이프)로, 칼을 둥글게 돌리듯이 밀어가며 가장자리를 도려내(껍질 쪽보다 속살 쪽을 더 도려낸다), 길죽한 타원형으로 잘라준다. 모두 같은 모양으로 일정하게 깎는다.

• 2 •

크기에 따라 4등분 또는 6등분하여 길이로 자른다.

• 5 •

돌려깎기하여 조리 준비가 된 주키니 호박 모습.

- 포커스 -

기술적으로 잘 돌려깎은 채소는 물론 보기에도 좋지만,
이 테크닉은 플레이팅의 시각적 아름다움을
더해주는 것 이외에도,
가니쉬를 일정하고 고르게 익도록 해준다.

– 테크닉 –

Tourner les artichauts
아티초크 돌려깎기

도구

샤토 나이프(칼날이 둥글게 휜 채소 돌려깎기용 작은 칼)

셰프 나이프

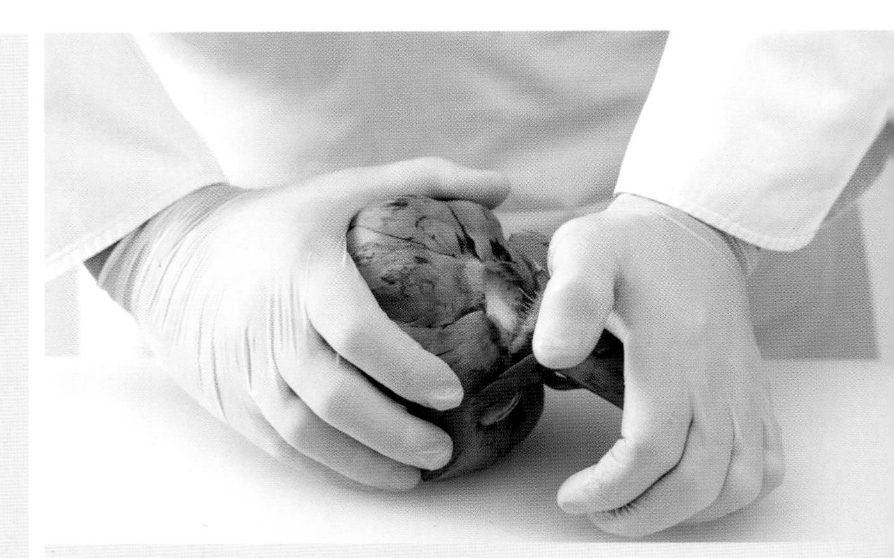

• 1 •

아티초크를 작업대 위에 놓은 다음 한 손으로 단단히 붙잡고, 줄기를 세게 꺾어 부러뜨려 섬유질까지 한 번에 끊는다.

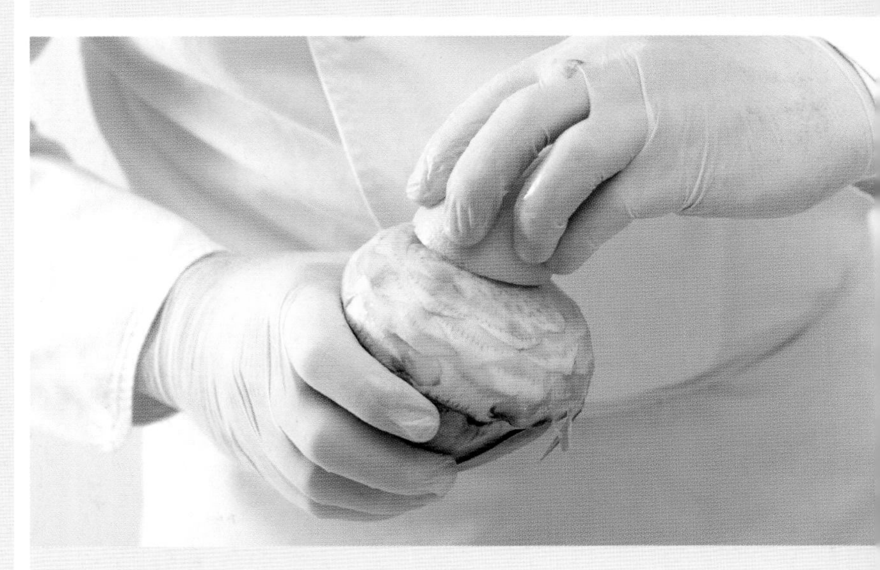

• 4 •

레몬을 반으러 잘라, 아티초크 깎은 부분을 문질러주어 색이 검게 변하지 않도록 한다.

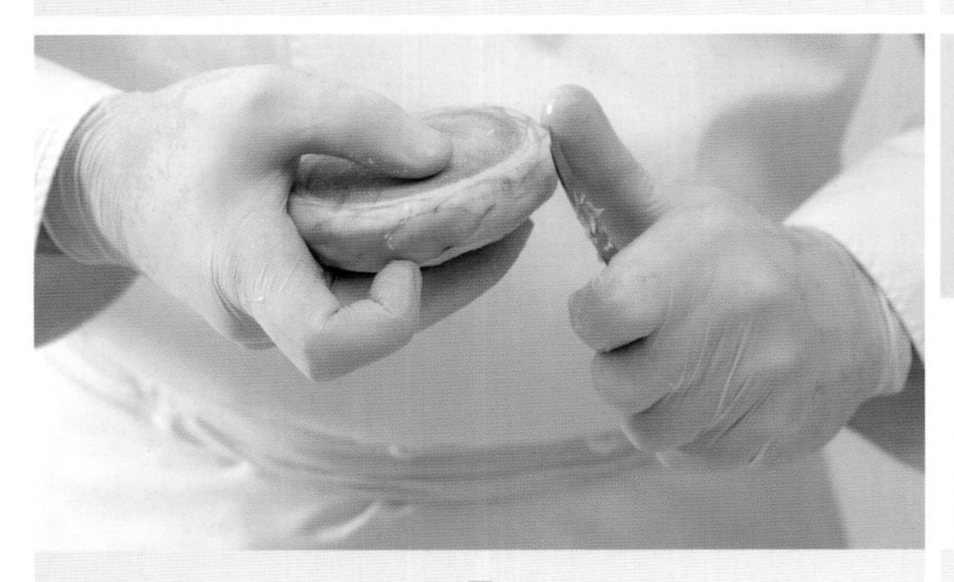

• 7 •

살의 가장자리를 잘라내어 동그랗게 다듬는다. 깎으면서 재빨리 레몬즙을 바른다.

• 8 •

레몬즙을 넣은 물에 담가 색이 검게 변하는 것을 방지한다.

• 2 •

샤토 나이프로 맨 겉잎과 밑동의 녹색 부분을 둥근 모양을 따라 도려낸다.

• 3 •

계속해서 둥근 모양을 따라가며 잎을 잘라낸다.

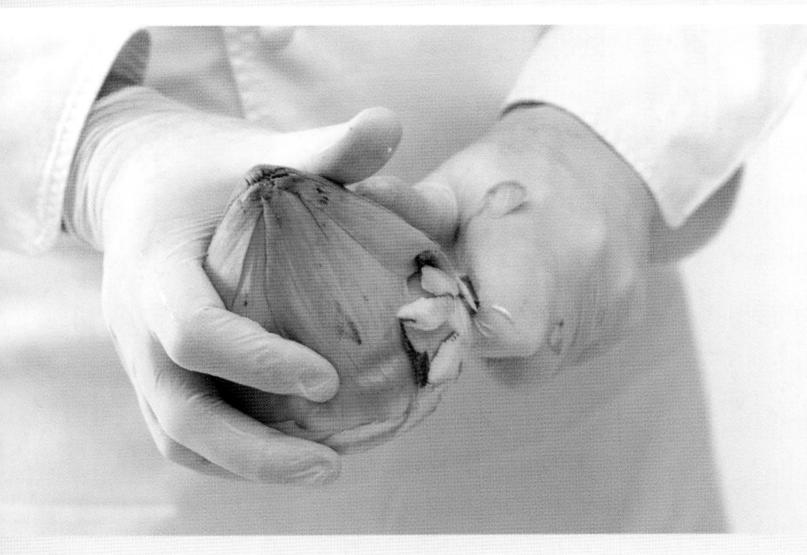

• 5 •

계속 위쪽 잎으로 올라가며 깎아, 아래의 살이 그 형태를 드러내도록 다듬는다.

• 6 •

위 꼭지를 잡고, 밑동의 살 부분을 큰 칼로 잘라낸다. 살이 분리되었다.

• 9 •

멜론 볼러를 사용하여, 속을 파낸다.

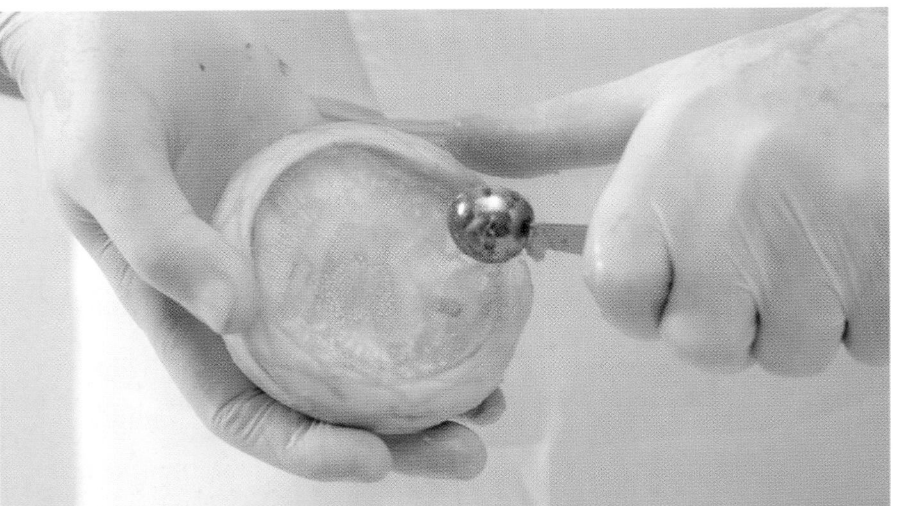

• 10 •

돌려깎기를 마치고, 조리 준비가 끝난 아티초크.

– 테크닉 –

Tourner les artichauts poivrade
작은 아티초크 돌려깎기

도구

감자 필러(또는 페어링 나이프)

샤토 나이프(칼날이 둥글게 휜 채소 돌려깎기용 작은 칼)

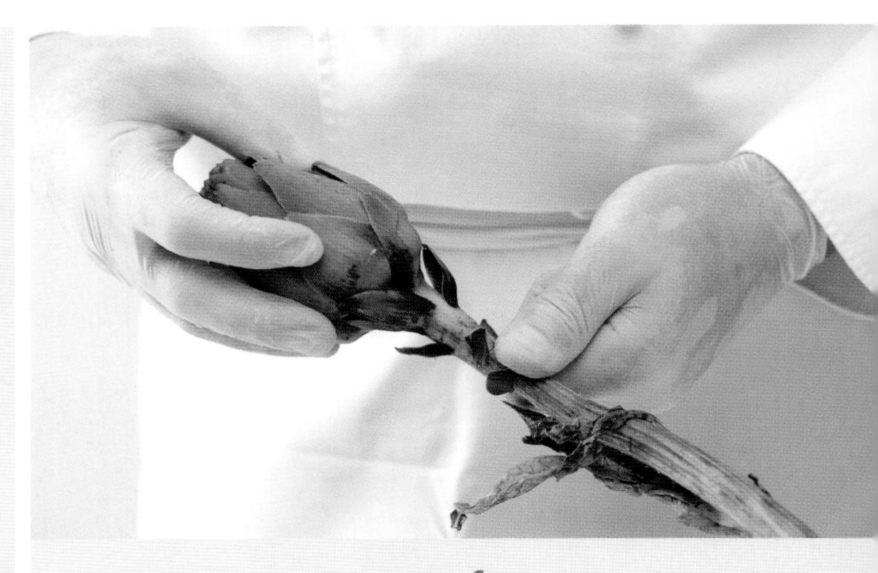

• 1 •

줄기는 8cm만 남기고 잘라낸다.

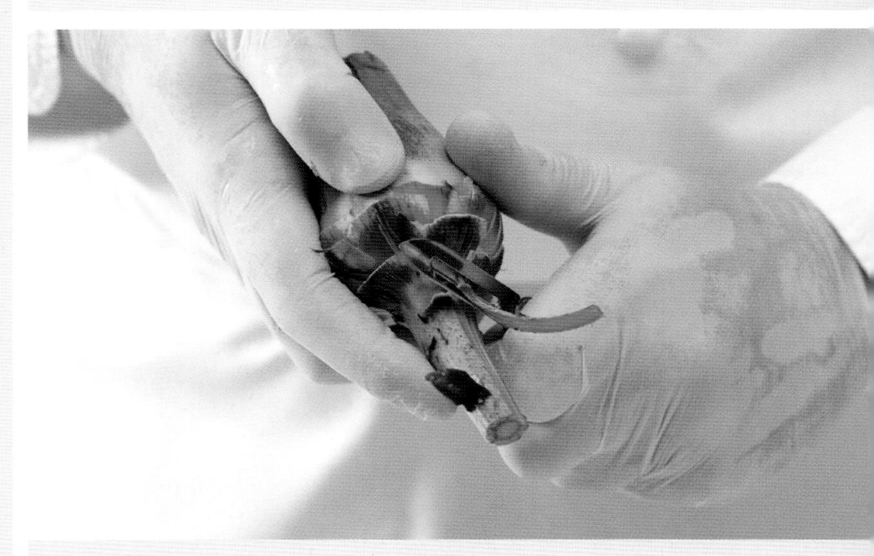

• 3 •

감자 필러나 페어링 나이프로 줄기에서 살 밑동 쪽으로 껍질을 벗겨 잘라낸다.

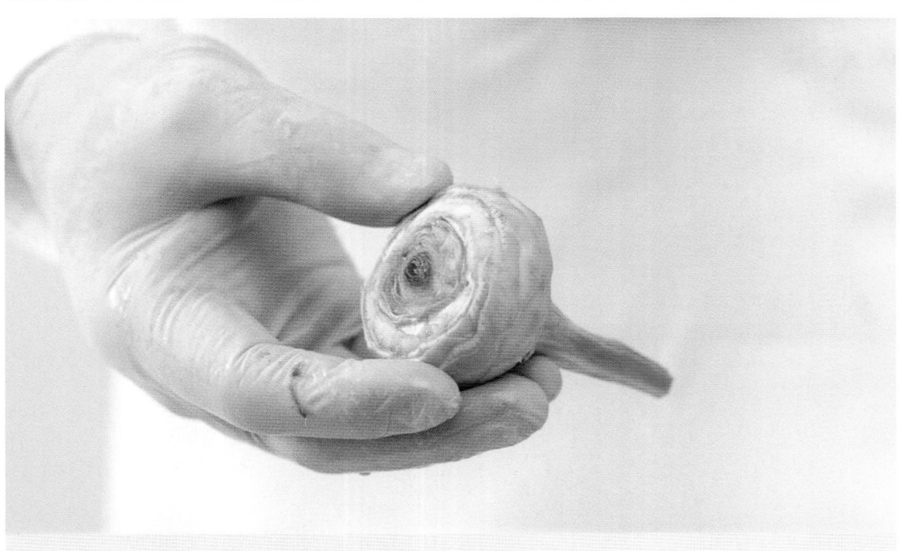

• 5 •

잎을 잘라내고, 살 밑동을 분리한다.

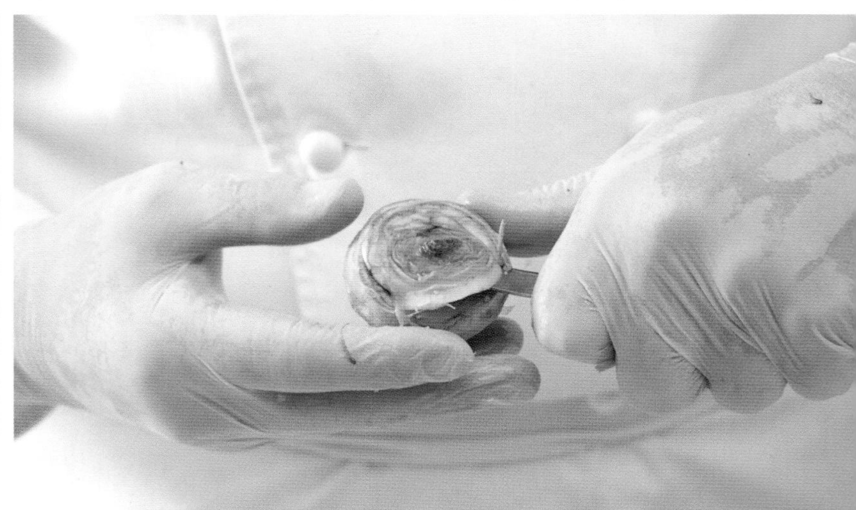

• 6 •

페어링 나이프로 살의 위 표면을 자른다.

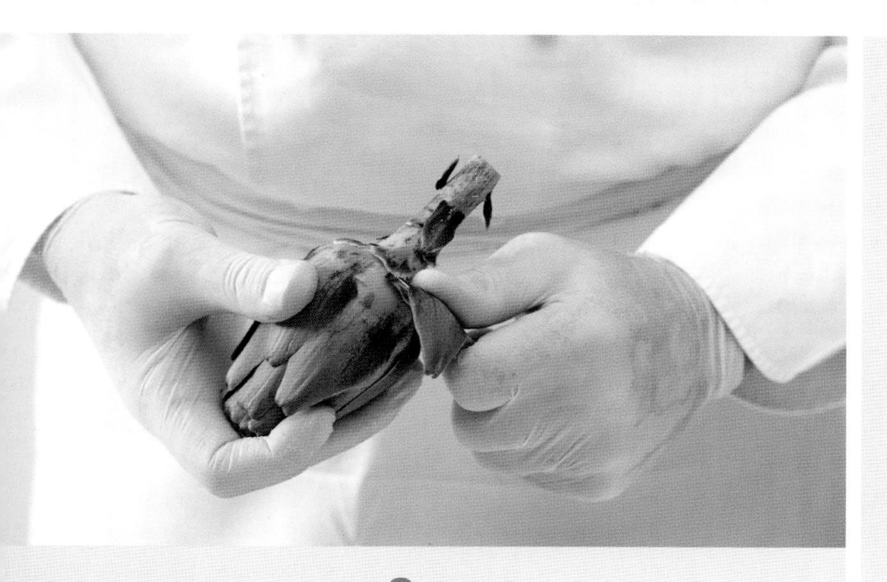

• 2 •

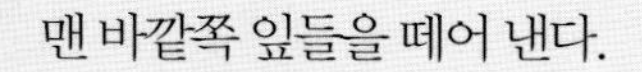

맨 바깥쪽 잎들을 떼어 낸다.

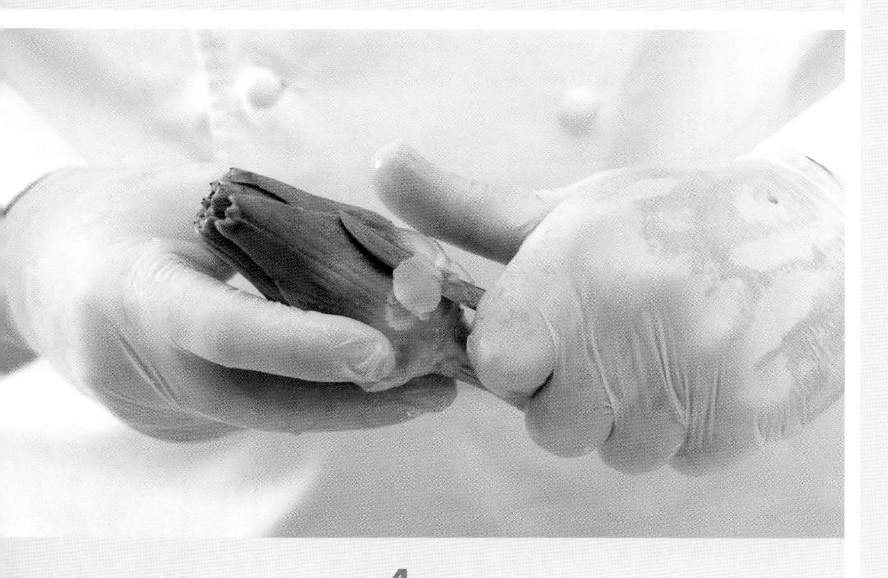

• 4 •

샤토 나이프(또는 페어링 나이프)로, 둥근 모양을 따라가며 녹색 부분을 돌려깎는다.

– 포커스 –

어린 채소인 푸아브라드 아티초크는 맛이 뛰어나고 살이 아주 연하다.
막 나오기 시작하는 시즌 초에는 속에 털이 생기지 않아, 얇게 카르파초로 썰어 생으로 먹기도 한다.

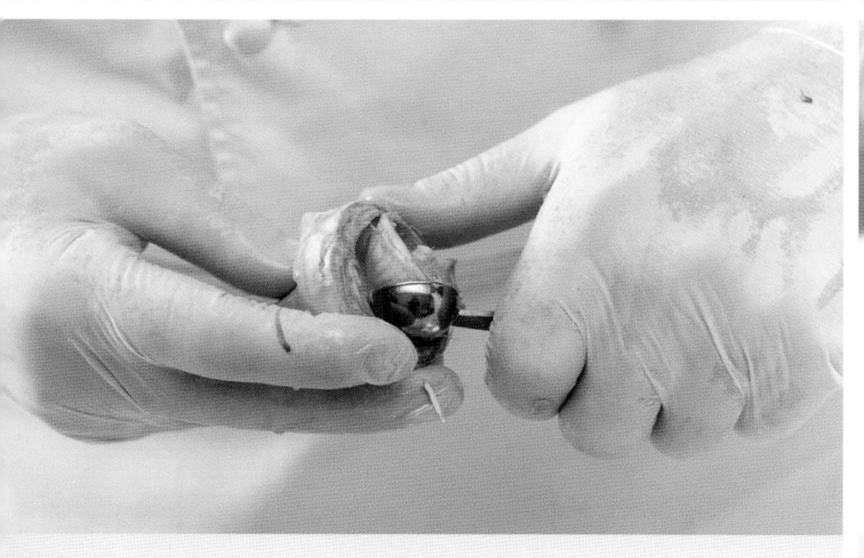

• 7 •

멜론 볼러로 아티초크 속을 도려낸다.

• 8 •

깎은 아티초크에 레몬즙을 발라 색이 검게 변하지 않도록 한다. 조리 준비가 끝난 모습.

- 테크닉 -

Tourner les carottes
당근 돌려깎기

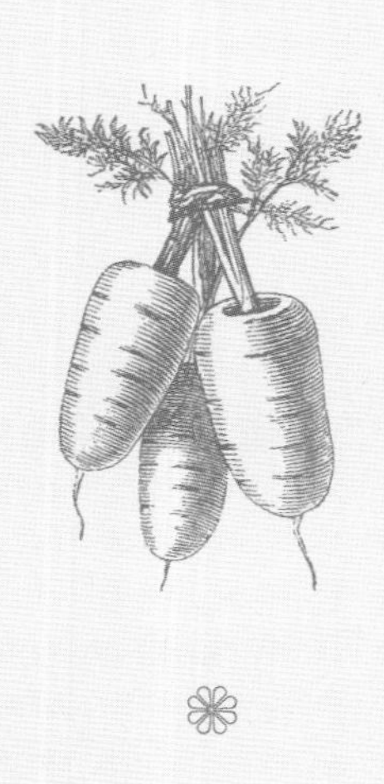

❀

도구

페어링 나이프

샤토 나이프(칼날이 둥글게 휜 채소 돌려깎기용 작은 칼)

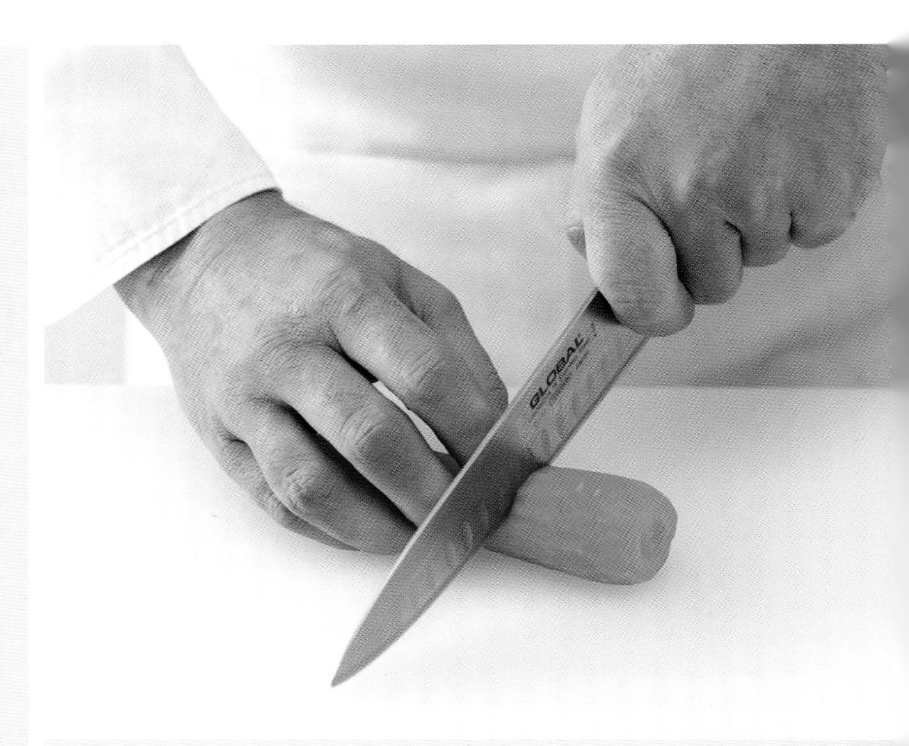

• 1 •

당근은 껍질을 벗기고 5cm 길이의 토막으로 썬다.

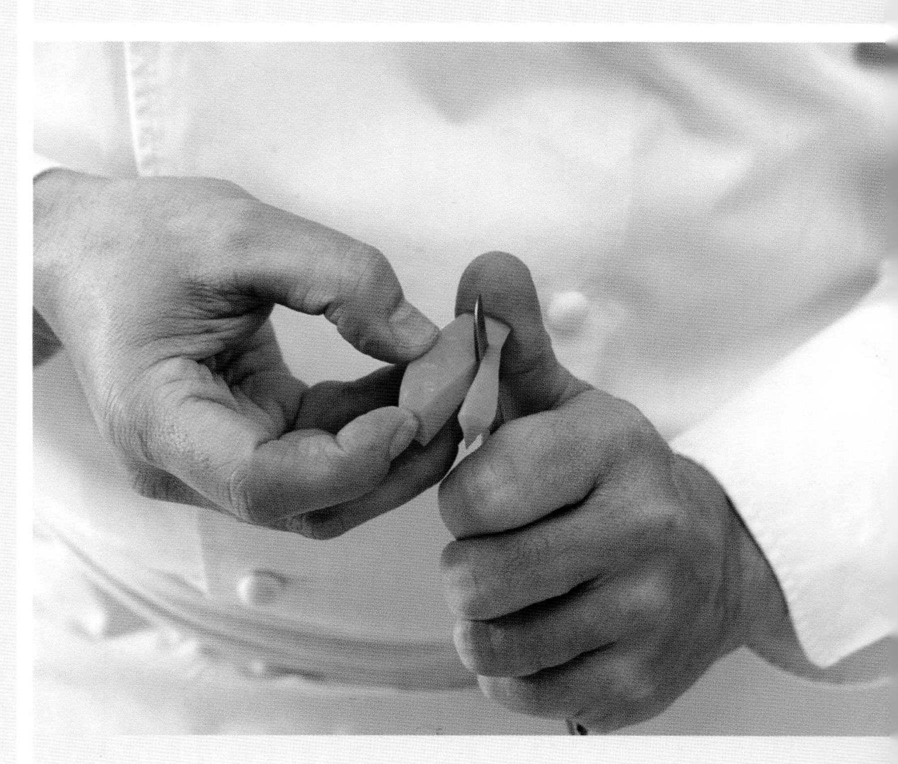

• 3 •

페어링 나이프로 길쭉한 타원형 모양으로 일정하게 돌려깎는다.

• 2 •

토막으로 썬 당근을 세로로 4등분한다.

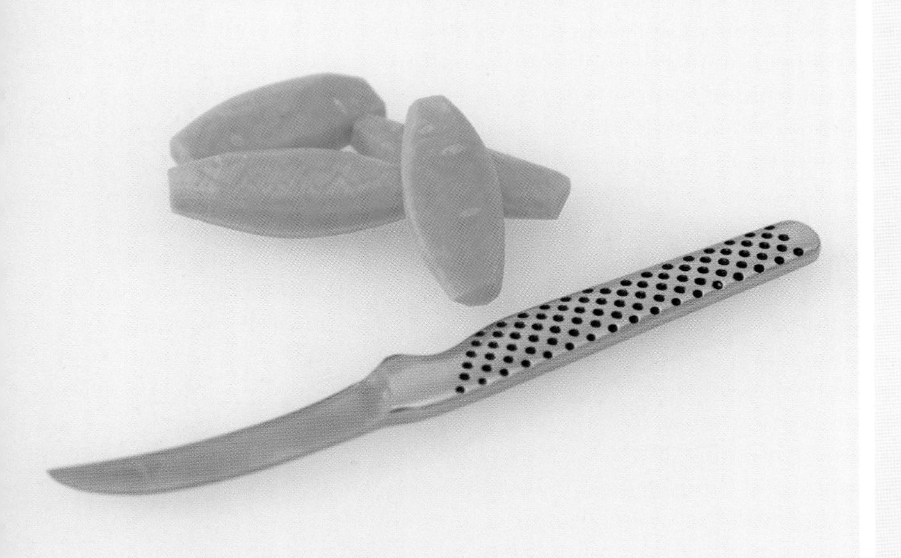

• 4 •

돌려깎기한 당근 모습.

– 포커스 –

돌려깎기 전용 칼은 이 테크닉을 사용할 때 아주 유용하다.
칼날이 둥그렇게 휘어져 있어 채소의
모양을 둥그렇게 밀어 깎기 쉬울 뿐 아니라,
안쪽으로 당겨 깎을 때 일정한 각도로 자를 수 있다.
채소를 전부 고르게 익히기 위해서는,
크기가 모두 일정해야 한다.

– 테크닉 –

Glacer* des légumes
채소 글레이즈하기

1인분 기준

재료

당근 100g
버터 50g
소금 한 꼬집
설탕 10g

도구

유산지
소테팬

* glacer: 버터, 소금, 설탕, 물을 넣고 채소를 윤기 나게 익히기

• 1 •

작은 소테팬에 당근을 한 켜로 깔고, 버터와 소금, 설탕을 넣는다.

• 4 •

몇 분간 끓인 다음, 유산지를 거두어 내고, 수분이 다 증발할 때까지 끓인다.

• 5 •

마지막 수분이 거의 다 증발할 때, 물에 적신 붓으로 팬 가장자리를 닦아준다.

• 2 •

재료의 높이까지 물을 붓는다.

• 3 •

끓으면, 팬의 크기에 맞춰 잘라 중앙에 증기 구멍을 뚫은 유산지를 덮는다.

• 6 •

수분이 거의 졸아들었을 때 팬을 흔들어 돌려주며, 남아 있는 버터를 당근에 골고루 입혀 반짝이게 글레이즈한다.

• 7 •

완성된 당근 글라세(carottes glacées).

– 테크닉 –

Peler les salsifis*

샐서피 껍질 벗기기

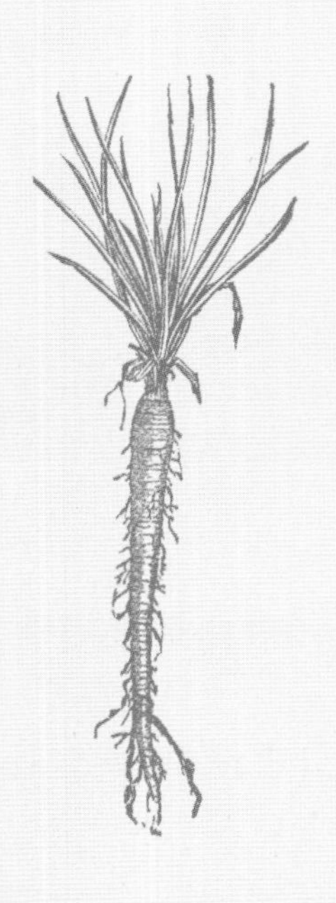

도구

주방용 장갑

감자 필러

* salsifis: 달고 부드러운 맛의 긴 뿌리 채소. 어린 잎도 식용 가능하다.

• 1 •

작업대에 샐서피를 놓고 한쪽 끝을 잡은 다음, 감자 필러로 검은 껍질을 벗긴다.

• 3 •

레몬즙을 넣은 물에 담근다.

• 2 •

다시 한 번 필러로 긁어내, 맨 바깥쪽 하얀 막을 한 겹 벗겨낸다.

• 4 •

레시피에 따라 알맞게 잘라준다. 시플레로 자른 모습.

– 포커스 –

샐서피 껍질을 벗기는 작업을 시작하기 전에
우선 장갑을 착용한다. 검은색 껍질을 벗기는 동안
피부에 심하게 검은 물이 들 뿐 아니라,
채소에 함유된 희고 끈끈한 즙이 손에 달라붙어
끈적거리기 때문이다. 껍질을 벗긴 샐서피는
밀가루를 푼 물에 익히거나,
브레이징(brasing: 소스나 액체와 함께 뭉근히 졸임)한다.

- 테크닉 -

Préparer les cucurbitacées
호박류 손질하기

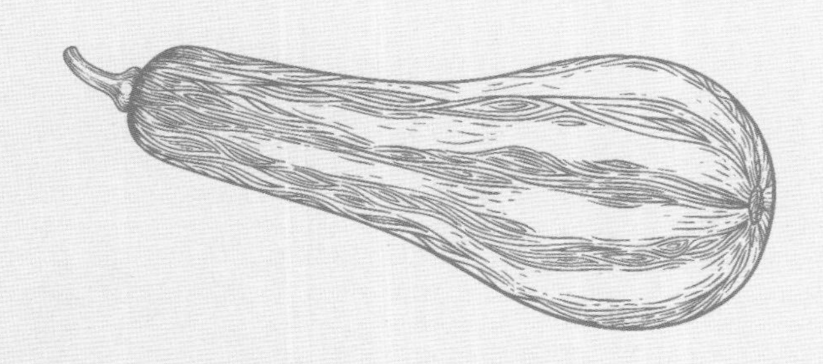

도구
셰프 나이프

• 1 •

호박을 반으로 자른다.

• 3 •

숟가락으로 속의 씨와 섬유질을 모두 긁어 빼낸다.

• 2 •

반쪽의 호박을 자른 면이 바닥에 닿게 놓고, 큰 나이프로 껍질을 벗긴다.

• 4 •

넓게 자른 다음, 용도에 맞게 큐브, 웨지, 브뤼누아즈 등으로 썬다.

- 포커스 -

큰 호박은 둘로 잘라서, 자른 면을 바닥에 놓고
껍질을 벗겨야 더 쉽고 안전하다.
파낸 호박씨는 말린 다음 오븐에 살짝 로스팅하면
아페리티프에 스낵으로 서빙하기 좋다.

- 테크닉 -

Sommités de choux

콜리플라워, 브로콜리 송이 다듬기

도구

페어링 나이프

• 1 •

페어링 나이프로 콜리플라워의 작은 송이를 분리한다.

• 3 •

매 송이마다 밑동을 자른다.

• 4 •

작은 송이 밑 부분을 일정한 모양으로 다듬는다.

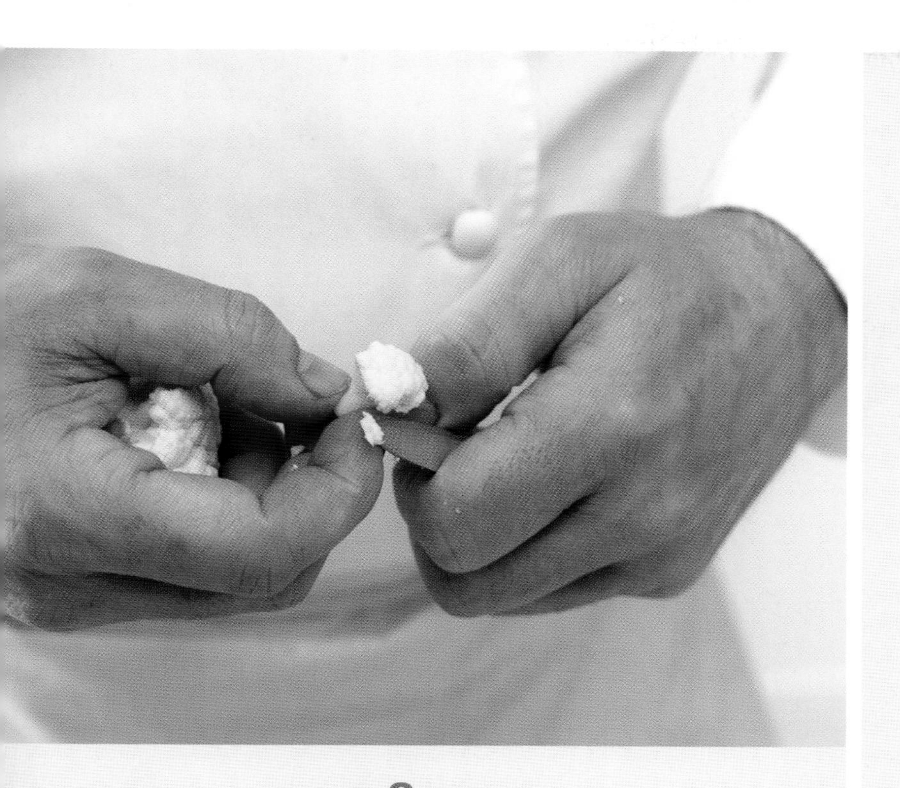

• 2 •

칼끝으로 밑동을 잘라 다듬는다.

• 5 •

송이의 줄기 부분도 잘라 다듬어 통일감을 준다.

– 포커스 –

우선 콜리플라워나 로마네스코 브로콜리의
속을 감싸고 있는
녹색 겉잎들을 먼저 제거한다.
그 다음 속심을 송이의 뿌리 부분까지 잘라낸다.
작은 송이들을 하나하나 떼어 내 분리한다.
여기에 프로마주 블랑을 곁들이면,
아페리티프로 즐기기 좋다.

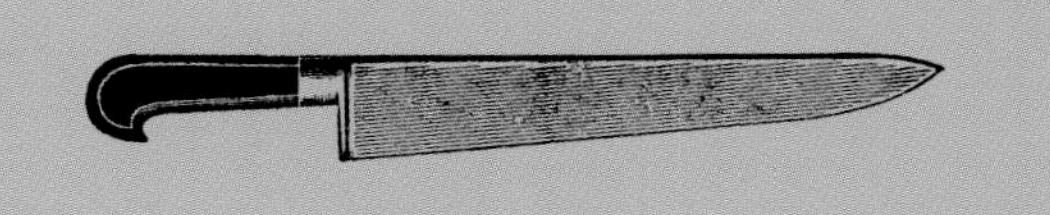

버섯
LES CHAMPIGNONS

테크닉

버섯

Les champignons

버섯은 신비한 존재다. 물론 몇몇 종류는 현재 농가에서 기를 수 있게 되어 연중 내내 재배되긴 하지만, 버섯은 자연이 주는 선물임에 틀림없다. 오로지 버섯 채집자의 경험과 지식, 기다림만이 그것을 발견하여 맛있게 즐기는 기쁨을 누리게 해준다.

버섯은 꽃도 잎사귀도 뿌리도 아니다. 그것은 민꽃식물군에 속하며, 우리 눈에 띄고 우리가 먹는 부분인 과병(果柄)과 눈에 띄지 않는 허여스름하고 물렁한 섬유 조직망인 균사체로 나뉜다.

일 년 중 대부분의 기간 동안 얻을 수 있는 야생 버섯은, 여름 끝 무렵과 가을이 버섯이 자라기에 가장 좋은 시기임에도 불구하고, 특히 봄철에 많이 채집되는데 이는 버섯이 아주 많은 습기를 필요로 하기 때문이다. 환경 및 기후 조건과 밀접한 관련을 맺고 있는 버섯은, 그것이 서식하고 있는 나무에게 꼭 필요한 파트너다.

분류

버섯은 크게 4종류로 분류된다.

갓 버섯(à lamelles): 가장 흔한 담자균류(擔子菌類)로 양송이버섯(champignon de Paris)이나 광대버섯(amanite) 등과 같이 삿갓 밑에 주름이 형성되어 있다.
망 버섯(à tubes): 이 경우는 버섯의 삿갓 부분 대신 튜브 모양의 주머니들이 서로 붙어 있으며, 쉽게 떼어진다. 그물버섯(bolet)이 여기에 속한다.
침 버섯(à aiguillons): 턱수염버섯(pied-de-mouton)처럼 작고 길쭉한 침 모양의 조직이 서로 촘촘하게 붙어 있다.
기타: 곰보버섯(morille 모렐)이나 마귀곰보버섯(gyromitre)처럼 갓 부분이 벌집구멍처럼 쭈글쭈글한 것도 있고, 트러플과 같이 기둥도 갓도 없는 모양을 한 버섯 등 종류가 매우 다양하다.

야생 버섯이 식탁의 왕으로 대접받고 있고, 셰프의 요리에 이것이 등장하면 특별한 식사로 여겨지긴 하지만, 우리가 재배하는 일반 버섯도 다양한 조리법으로 주방에서 애용되고 있다.
예를 들어 아주 흔한 양송이버섯 같은 경우에도 질이 아주 좋고 신선한 것을 고르면 기억에 남는 훌륭한 요리가 될 수 있다. 양송이는 프랑스 요리의 기본 재료이며, 그 대표적인 것이 뒥셀(duxelles)이다. 뒥셀은 잘게 다진 양송이버섯과 샬롯을 버터에 볶은 것으로, 크림을 섞어주면 탈리아텔레(tagliatelles: 면이 넓적한 파스타) 생 파스타 요리의 훌륭한 소스가 되기도 하고, 다른 요리나 투르트(tourte)와 같은 파이의 재료로도 사용할 수 있다.

셰프의 조언

트러플은 언제나 럭셔리한 식재료의 대명사지만,
그렇다고 전혀 접근할 수 없는 것은 아니다.
왜냐하면 30g 정도의 작은 트러플 한 개만 있어도
여러 가지 음식에 사용할 수 있기 때문이다.
밀폐 용기에 달걀과 함께 넣어두면 향이 배어,
트러플을 한 조각도 넣지 않아도
트러플 향이 풍부한 오믈렛을 만들 수 있다.
또한, 껍질을 벗기면서 나오는 자투리도
올리브오일에 조금 넣어 몇 시간 두면
트러플 향의 샐러드 드레싱을 만들 수 있고,
리소토나 스크램블드 에그에도 이 오일로 향을 낼 수 있다.
얇게 자른 트러플을 카망베르나 브리 치즈 속에 넣어두면
그 향이 입혀져 훌륭한 맛의 치즈로 변신한다.

보관, 저장

꾀꼬리버섯(chanterelle), 곰보버섯이나 포치니 버섯 등 물기가 적은 버섯은 건조시켜 보관하기에 적당하다. 포치니는 얇게 썰어 말린다. 버섯은 통째로 또는 가루로 만들어 보관할 수 있다. 살이 많은 버섯류는 소독한 병에 보관하거나 냉동 보관한다. 작은 사이즈의 버섯은 오일, 식초 또는 소금물 간수에 저장한다.

*

계절별 제철 버섯

*

봄

식용 모렐 버섯(절대 날것으로 먹지 않는다)은 큰 사이즈로 금방 알아볼 수 있으며, 갓이 타원형이고 윤이 나는 황갈색을 띠고 있다.
원뿔 모렐은 갓 부분이 원뿔처럼 뾰족하게 생겼고, 올리브색이 나는 황갈색을 하고 있으며 벌집 모양 부분이 길쭉한 모습을 하고 있다.
밤버섯(mousseron)은 생 조르주 송이버섯(tricholome de la Saint-Georges)이라고도 불리는데, 이것은 최고의 버섯들 중 하나로 꼽힌다. 흰색 또는 크림색을 띠고 있고 갓 부분은 통통하며, 재스민과 비슷한 향이 난다.

여름

여름 트러플: 생 장 트러플(truffe de la Saint-Jean)이라고 불리며, 르 가르(le Gard), 르 트리카스탱(le Tricastin), 르 로(le Lot), 르 케르시(le Quercy), 르 보클뤼즈(le Vaucluse), 이탈리아 피에몬테(le Piémont) 등지에서 많이 난다. 겨울 트러플보다는 향이 훨씬 못하다.

늦여름, 가을

세자르 광대버섯(amanite des Césars)이라고 불리는 민달걀버섯은 남 프랑스에서 떡갈나무나 밤나무 밑에 많이 자란다. 갓이 주황색을 띠고 있어서 눈에 띄며, 은은한 헤이즐넛 향이 난다.
끈적 비단그물 버섯(bolet bai)은, 갈색 갓으로 구분할 수 있으며, 어린 것을 먹어야 그 참맛을 즐길 수 있다.
보르도 포치니 버섯(cèpe de Bordeaux)은 황갈색을 띠고 있으며, 큰 것은 15~20cm에 달하는 갓의 크기로 쉽게 구분될 뿐 아니라, 맛이 아주 좋아 애호가들에게 큰 사랑을 받고 있다.
큰 갓 버섯(coulemelle)은 어린 것이 식용으로 좋은데, 이 버섯은 다른 버섯과는 다른 독특한 몸의 비율과 갈색 호피 무늬의 비늘 껍질로 덮인 갓, 그리고 기둥 부분에 두른 띠가 특징이다.
지롤 버섯(girolle: 꾀꼬리버섯의 일종)은 침엽수림에서 많이 자라고, 과일향이 감도는 훌륭한 맛을 내는 버섯이다. 주황색을 띤 황색에서 달걀의 노른자 색까지 다양한 종류의 색을 띠고 있다.
민자주방망이 버섯(pied-bleu)은 침엽수림에 많이 나고, 보랏빛 회색을 띠고 있으며, 단맛과 회향의 향기가 난다. 봄에도 채취한다.
턱수염버섯(pied-de-mouton)은 주로 너도밤나무 밑에서 자라는데, 뾰족하게 생긴 주름은 아주 연해 깨지기 쉽고, 살은 흰색, 표면은 흰색과 황색을 띠고 있다. 두툼한 갓은 모양이 불규칙적이다.
뿔나팔버섯(trompette-des-mort 또는 trompette-de-la-mort)은 어두운 검은 회색을 하고 있으며, 갓이 완전히 움푹 패인 깔때기 모양으로 벌어져 있다.

연중 내내

양식 버섯 중 대표적인 것은 흰색 또는 크림색을 띤 **양송이버섯**이다.
큰 느타리버섯(pleurote)은 굴과 비슷한 모양을 하고 있고, 색깔은 보랏빛 검정부터 푸른 회색까지 다양하며, 어떤 종류는 노랑색을 띠기도 한다. 파종해서 준비해놓은 양버들 나무(포플러) 위에서 자란다. 버섯이 어릴 때 채취해야 한다.
표고버섯(shiitake 또는 lentin-des-chênes)은 일본에서 오래전부터 재배해온 종류로 참나무 숲에서 자란다. 익히면 **포치니 버섯**과 비슷한 풍미가 난다.
에노키라 불리는 **팽이버섯**은 가늘고 긴 모양을 하고 아주 작은 단추 모양의 갓이 있는 버섯으로 갈색이나 흰색의 **만가닥 버섯**과 비슷하다. 두 버섯 모두 덩어리로 뭉쳐서 자란다.
일 년 내내 구할 수 있는 또 다른 종류로는, 불룩하고 굵은 기둥과 갈색 갓을 지닌 **포토벨로**(portobello 대형 느타리), **목이버섯**(oreille-de-Judas), 뭉치로 재배하는 **영지버섯**(polypore) 등이 있다.

사용시 주의점

대부분의 경우에 버섯은 물로 씻거나 껍질을 벗기지 않는다. 우선, 마른 상태에서 젖은 행주로 닦고, 붓을 이용해 흙을 털어낸다. 기둥에 흙이 묻었거나, 억세거나 벌레가 먹었을 때는 잘라낸다. 그물버섯(bolet)의 경우, 그물망이 스폰지처럼 물을 먹어 너무 물렁하면 제거해주고, 갓의 너무 익은 부분은 잘라준다. 부득이하게 버섯을 꼭 씻어야 할 때는, 얼른 물에 씻어 건져(절대 물에 담가두지 않는다), 키친타월로 물기를 제거한다.

버섯즙을 얻기 위해서는, 팬에 기름 없이 익혀 수분이 나오게 한 다음, 나온 즙을 체에 거른다. 요리의 가니쉬로 사용할 때는 버터(향을 좋게 해준다), 향이 강하지 않은 오일 또는 올리브오일을 쓴다. 모렐 버섯 같은 경우에는 헤이즐넛 오일을 사용하기도 한다.

셰프의 조언

버섯은 섬세하고 독특한 향과 맛을 가진 식재료로
그 본래의 맛을 살리는 것이 중요하다.
가능한 한 마늘은 피하고, 샬롯, 리크의 흰 부분,
허브, 파슬리 등을 넣고 조리한다.

-계절에 따른 제철 버섯-

	1월	2월	3월	4월	5월	6월	7월	8월	9월	10월	11월	12월
민달걀버섯 Amanite des Césars								■	■	■		
그물버섯 Bolet									■	■	■	
보르도 포치니 버섯 Cèpe de Bordeaux						■	■		■	■	■	
꾀꼬리버섯 Chanterelle										■	■	
큰갓 버섯 Coulemelle										■	■	
지롤 버섯(꾀꼬리버섯의 일종) Girolle				■	■	■			■	■	■	
모렐 버섯(곰보 버섯) Morille				■	■							
젖버섯 Lactaire										■	■	■
밤버섯 Mousseron					■	■			■	■		
턱수염버섯 Pied-de-mouton										■	■	
민자주방망이 버섯 Tricholome nu(ou pied bleu)									■	■	■	■
뿔나팔버섯 Trompettes-des-morts										■	■	■
블랙 트러플(검은 송로버섯) Truffe noire	■	■									■	■
부르고뉴 트러플 Truffe de Bourgogne										■	■	■
여름 트러플 Truffe d'été						■	■	■	■	■		
알바산 화이트 트러플 Truffe blanche d'Alba										■	■	

꾀꼬리버섯
CHANTERELLE

뿔나팔버섯
TROMPETTE-DE-LA-MORT

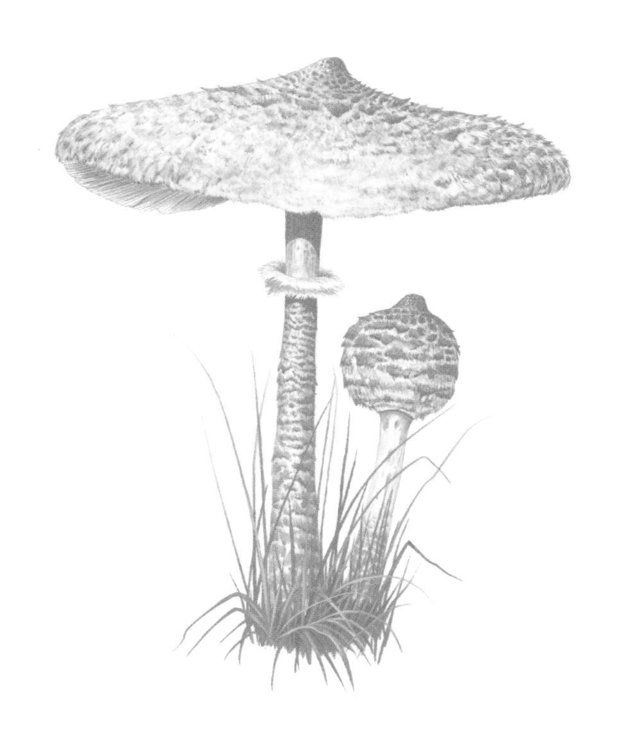

큰 갓버섯
COULEMELLE

보르도 포치니 버섯
CÈPE DE BORDEAUX

턱수염버섯
PIED-DE-MOUTON

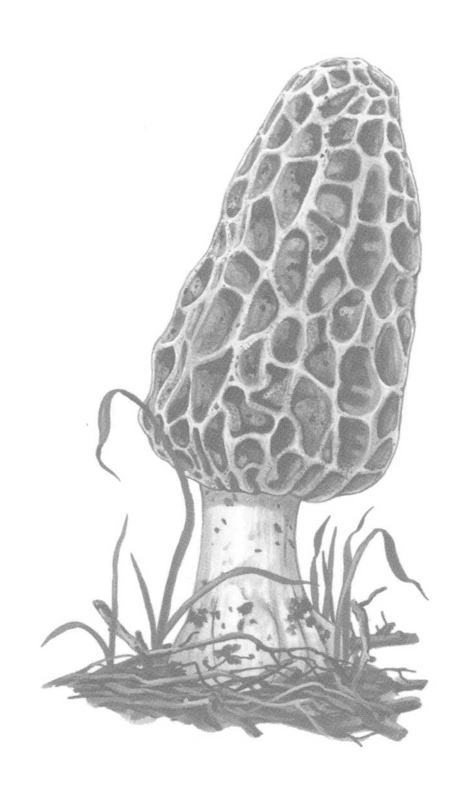

원뿔 모렐 버섯
MORILLE CONIQUE

– 테크닉 –

Escaloper* les champignons
버섯 어슷하게 저며 썰기

도구
잘 드는 칼

* escaloper: 에스칼로페

• 1 •

버섯의 갓을 사선으로 이등분한다.

• 2 •

반으로 자른 버섯을 그 크기에 따라 2등분, 3등분으로 어슷하게 썰어준다.

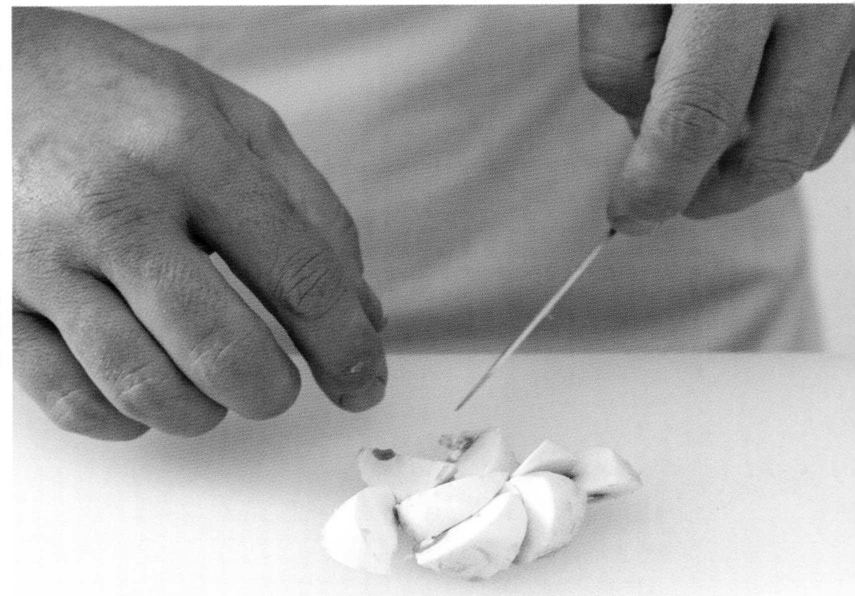

• 3 •

버섯을 에스칼로프로 썬 모습.

– 테크닉 –

Réaliser des quartiers de champignons
버섯 등분 내어 썰기

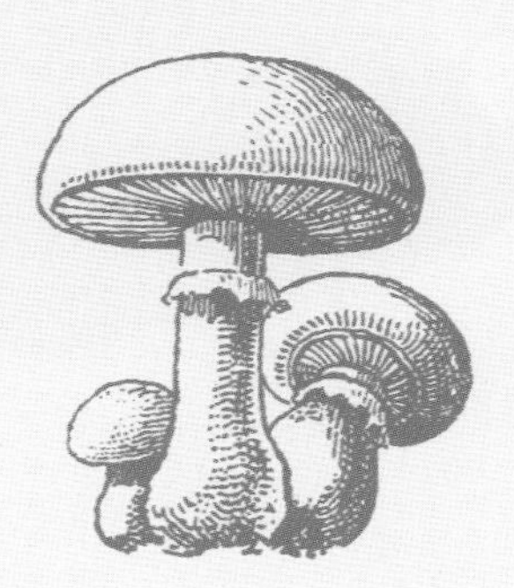

도구

잘 드는 칼

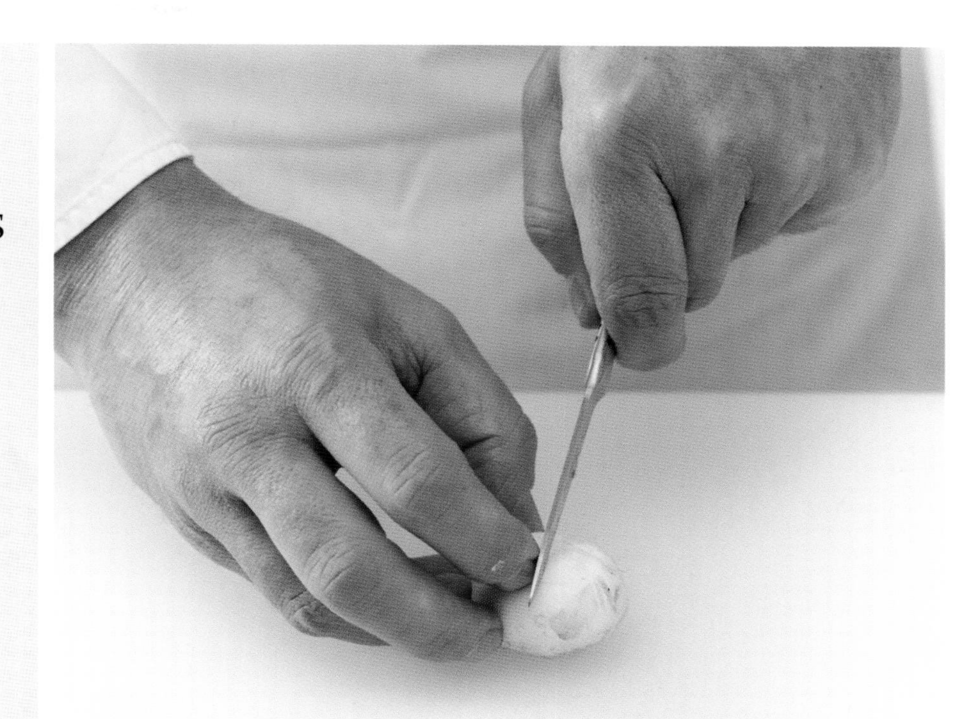

• 1 •

버섯을 반으로 자른다.

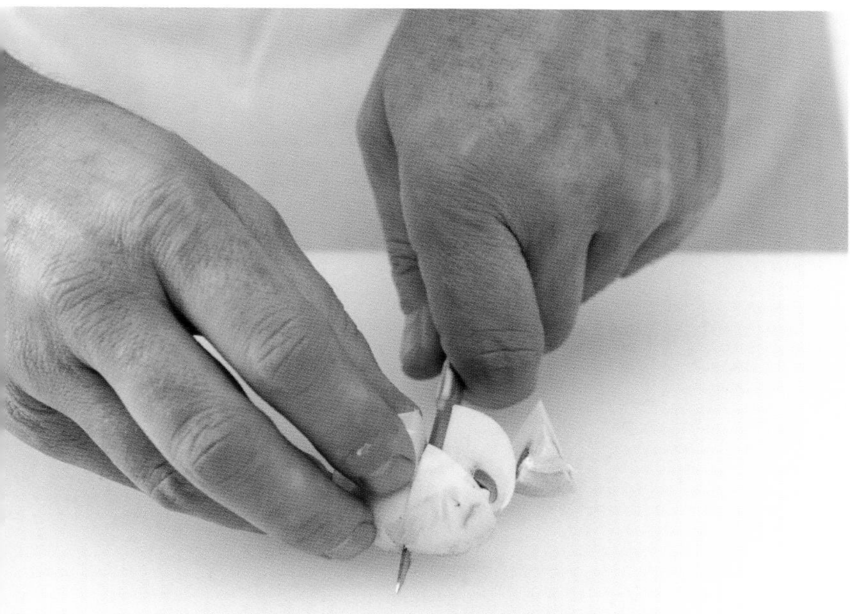

• 2 •

반으로 자른 버섯을 크기에 따라 2등분 또는 3등분으로 자른다.

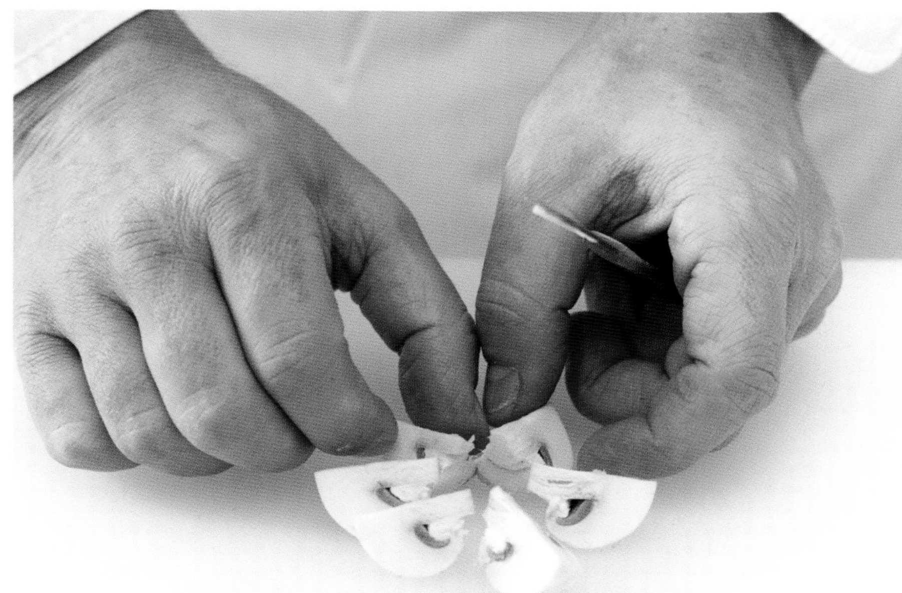

• 3 •

버섯을 등분해 자른 모습.

– 테크닉 –

Émincer* les champignons
버섯 얇게 저며 썰기

도구

셰프 나이프

* émincer: 에맹세

• 1 •

셰프 나이프로 버섯의 머리 부분을 얇게 저며 썬다.

– 포커스 –

버섯을 일정한 두께로 쉽게 자르기 위해서는
버섯 밑동을 잘라내 버섯을
도마에 평평하게 놓은 후 자른다.
버섯은 부서지기 쉬운 식재료이므로
조심해서 다루고,
산화되어 색이 변하지 않도록
항상 맨 마지막에 자른다.

– 테크닉 –

Salpicon* de champignons
버섯 살피콘 썰기

도구
잘 드는 칼

* salpicon: 브뤼누아즈와 마찬가지로 작은 큐브 모양으로 썰기

• 1 •

버섯의 머리 부분을 가로로 두껍게 자른다.

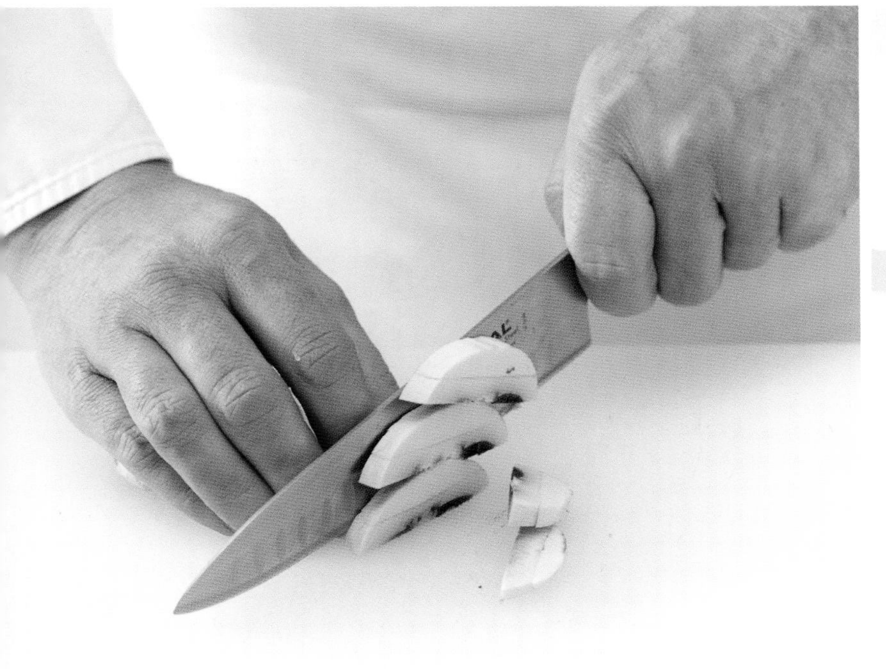

• 2 •

길게 바토네(bâtonnet: 길쭉한 막대 모양)로 자른다.

• 3 •

사방 3~4mm 크기의 큐브 모양으로 자른다.

– 테크닉 –

Julienne ou duxelles* de champignons

버섯 줄리엔, 뒥셀 썰기

도구

잘 드는 칼

* duxelles: 아주 작은 큐브 모양으로 썰기

• 1 •

버섯의 껍질을 벗긴다.

• 3 •

얇게 채 썰면 줄리엔(julienne)이 된다.

• 2 •

버섯을 가로로 얇게 자른다.

• 4 •

줄리엔으로 썬 버섯을 다시 아주 작은 주사위 모양으로 썰어주면, 뒥셀을 만들 준비가 끝난다.

– 포커스 –

완벽하게 썰기에 성공하려면,
날이 잘 선 적합한 칼을 준비해야 한다.
가능하면 얇은 칼날을 가진 칼이 좋다.
균일한 크기로 곱게 썬 양송이버섯으로 만든 뒥셀은
요리를 한층 더 세련되게 마무리해 줄 것이다.

– 테크닉 –

Tourner les champignons
버섯 모양내어 돌려깎기

도구

샤토 나이프(칼날이 둥글게 휜 채소 돌려깎기용 작은 칼)

• 1 •

버섯의 기둥과 밑동을 붙잡은 상태에서, 칼날의 뒤쪽을 잡고 돌리며 홈을 깎아낸다.

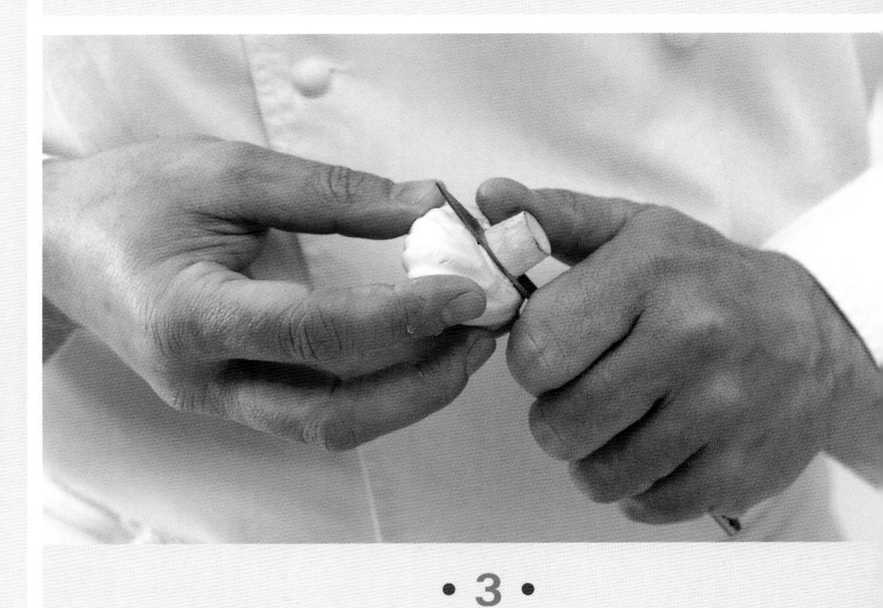

• 3 •

기둥을 자른다.

• 5 •

버섯 밑동 둘레에 칼끝을 넣어 잘라준다.

• 2 •

꼭대기부터 밑동 쪽으로 돌려깎으며 버섯 머리 부분 전체에 일정하게 홈을 낸다.

• 4 •

버섯의 밑동을 잘라 다듬어 균일한 모양을 만들어준다.

– 포커스 –

버섯 돌려깎기를 완벽하게 하려면,
페어링 나이프 날의 밑부분을
엄지와 중지 손가락으로 받치고
검지 손가락으로 칼끝을 잡은 상태로
버섯 머리 부분의
맨 중앙 꼭대기부터 아래 밑동까지
원을 그리는 동작으로 칼날을 밀어준다.

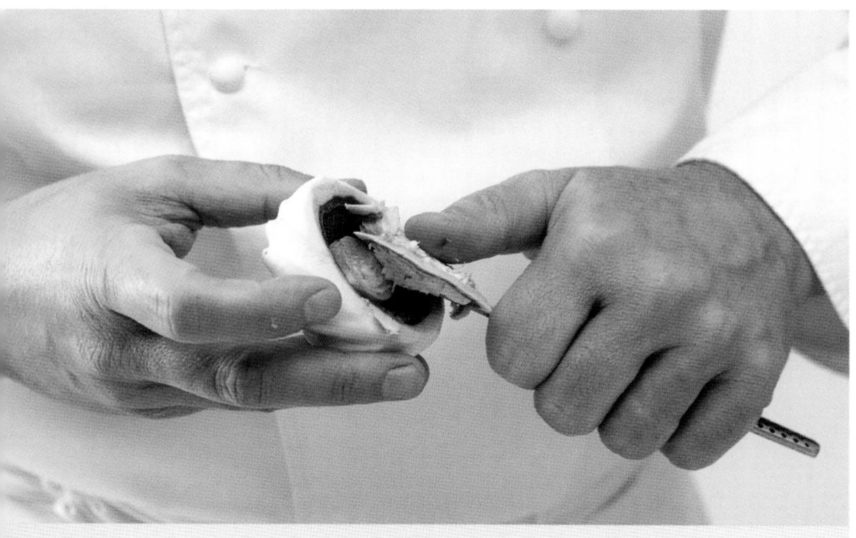

• 6 •

밑동을 도려낸다.

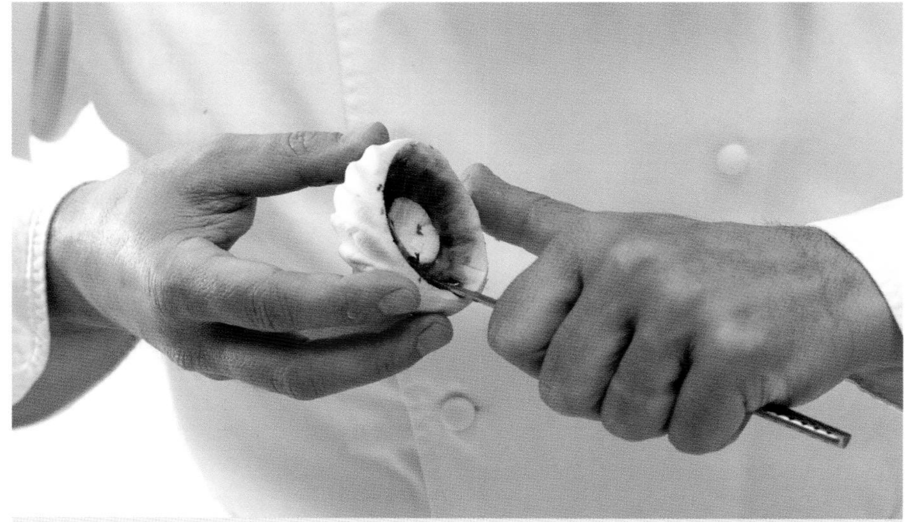

• 7 •

버섯 속을 긁어낸다.

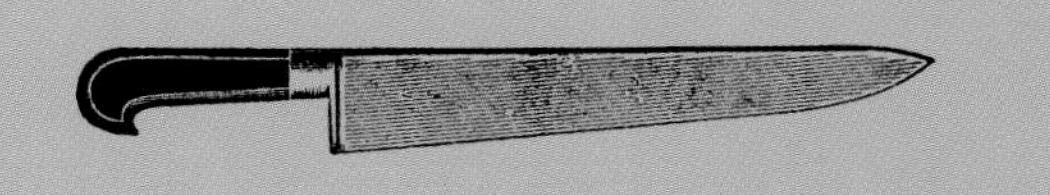

구근류, 허브
LES BULBES ET FINES HERBES

테크닉

– 테크닉 –

Ciseler* un oignon

양파 잘게 썰기

❀

도구

잘 드는 칼

* ciseler: 시즐레

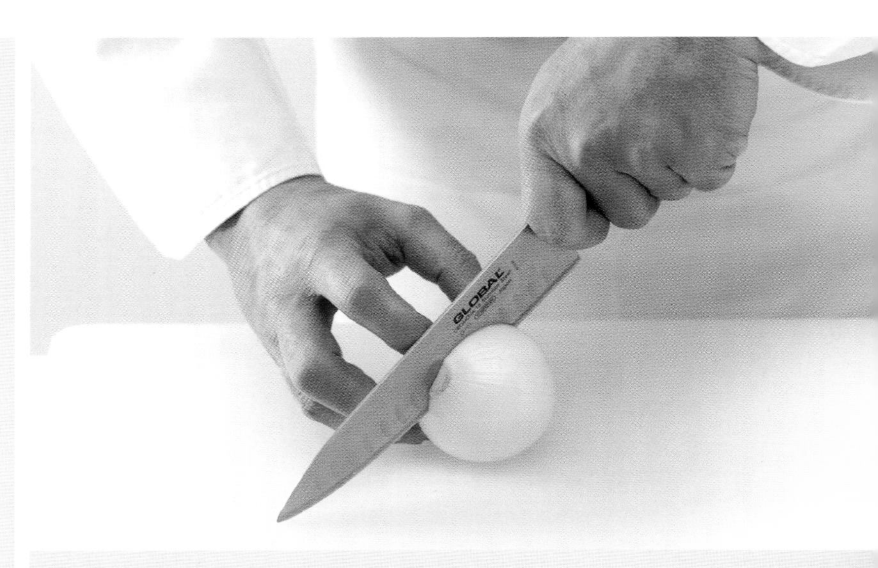

• 1 •

양파를 반으로 자른다.

• 2 •

자른 면을 아래로 평평하게 놓고 일정한 간격으로 얇게 썬다. 양파의 끝부분은 붙어 있는 상태여야 한다.

• 3 •

양파를 단단히 붙잡고, 이번에도 양파의 끝 쪽까지 자르지 않도록 조심하면서, 아래쪽부터 위쪽까지 가로로 얇게 썬다.

• 4 •

세로로 얇게 잘라, 아주 작은 크기의 브뤼누아즈가 되게 한다.

– 테크닉 –

Émincer un oignon
양파 얇게 저며 썰기

도구
페어링 나이프

• 1 •

반으로 자른 양파를 도마에 놓고 끝부분을 잘라낸다.

• 2 •

일정한 두께로 아주 얇게 자른다.

– 테크닉 –

Ciseler de la ciboulette

차이브 잘게 썰기

도구

잘 드는 칼

• 1 •

차이브를 깨끗이 씻어 물기를 제거한 후 도마에 가지런히 모아준다. 칼을 밀듯이 움직여주며 아주 잘게 썬다.

– 포커스 –

차이브는 일단 썰고 나면 아주 빨리 산화가 되는
허브이기 때문에, 그 신선함과 향기를
최대한 살리기 위해서는,
서빙 직전 필요한 양만큼만 썰어서
사용하는 것이 좋다.
차이브 줄기에 칼날이 한 번씩만
지나가도록 주의해서 썬다.

- 테크닉 -

Ciseler une échalote

샬롯 잘게 썰기

도구

잘 드는 칼

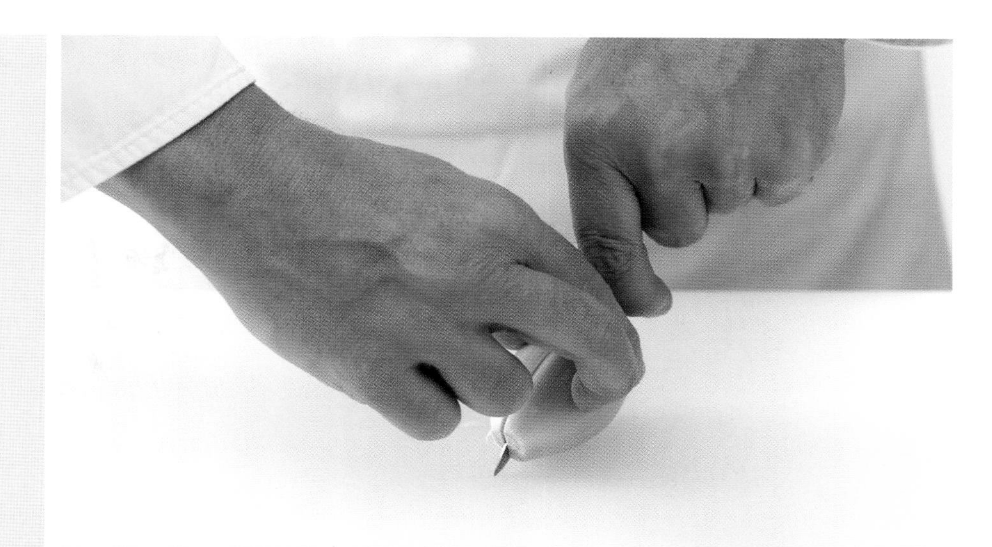

• 1 •

샬롯을 반으로 자른다.

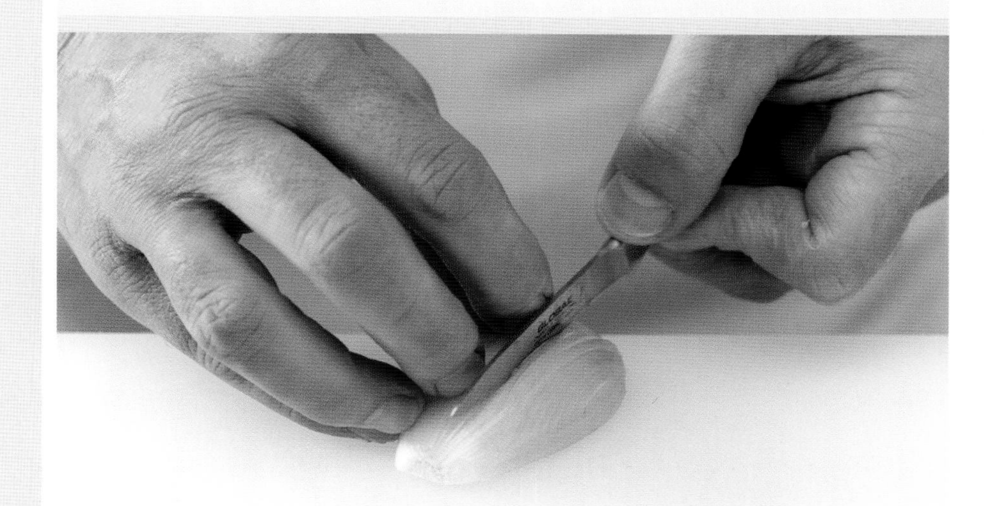

• 2 •

자른 면을 아래로 놓은 다음, 일정한 간격으로 얇게 썬다. 샬롯의 끝부분은 붙어 있는 상태여야 한다.

• 3 •

샬롯을 단단히 붙잡고, 이번에도 끝 부분까지 자르지 않도록 조심하면서, 아래에서부터 위쪽까지 가로로 얇게 썬다.

• 4 •

세로로 얇게 잘라, 아주 작은 크기의 브뤼누아즈가 되게 한다.

- 테크닉 -

Réaliser un bouquet garni*

부케가르니 만들기

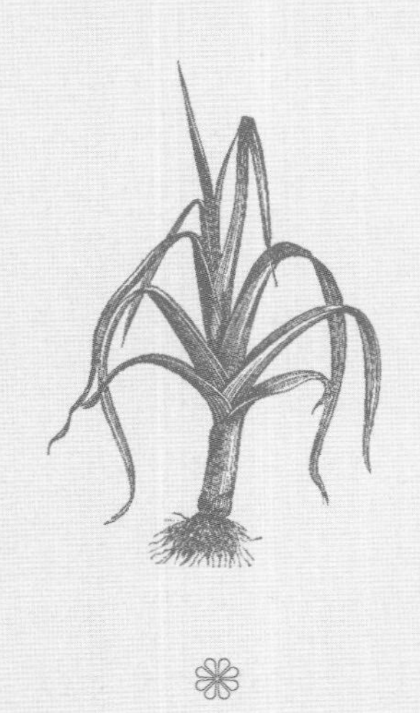

❀

부케가르니 1개 기준

재료

월계수 잎 2장
타임 2줄기
이탈리안 파슬리 2줄기
리크의 녹색 부분 50g
파슬리 줄기 50g

도구

주방용 실

• 1 •

재료를 모두 작업대에 준비한다.

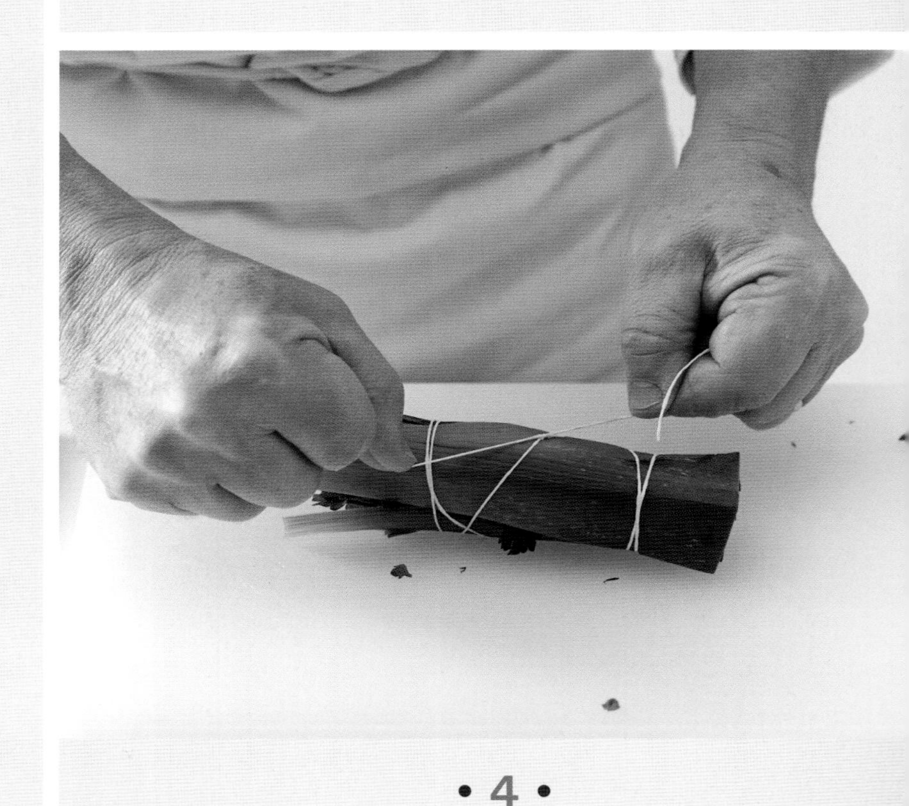

• 4 •

실을 매듭지어 묶는다.

* bouquet garni: 타임, 파슬리, 샐러리, 월계수 잎, 리크 등의 향신 채소를 실로 묶어 만든 것으로 육수나 소스의 잡내를 없애고 향을 내는 데 사용한다.

• 2 •

재료를 모두 리크의 녹색 잎으로 감싸준다.

• 3 •

주방용 실로 부케가르니의 길이 전체를 단단히 감싸 묶는다.

• 5 •

양쪽 끝을 자른다.

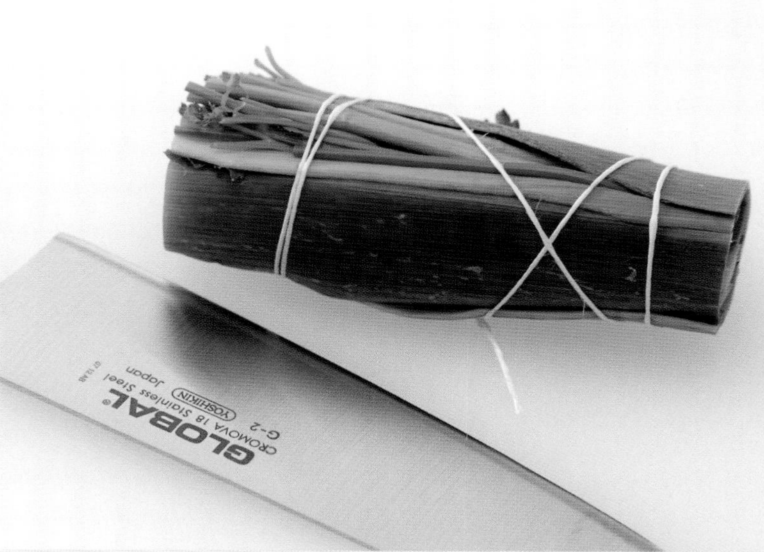

• 6 •

완성된 부케가르니 모습.

\- 테크닉 -

Plucher du persil
파슬리 잎만 떼어 잘게 썰기

도구

잘 드는 페어링 나이프

• 1 •

이탈리안 파슬리의 잎만 줄기에서 떼어 낸 다음, 씻어서 물기를 털고 말린다.

• 3 •

칼날의 끝을 다른 쪽 손으로 수평으로 잡은 다음, 칼을 시소처럼 움직이며 파슬리를 다진다.

• 2 •

잎만 모아서 단단히 잡고 아주 잘게 썬다.

• 4 •

가장자리 흩어진 잎을 계속 모아주며 꼼꼼히 잘게 다진다.

- 포커스 -

파슬리 잎만 떼어 쓰고 남은 줄기는 보관했다가
부케가르니를 만들 때 사용하거나,
부이용에 향신료로 넣어주면 좋다.
파슬리 잎을 떼어 내 씻은 다음엔,
물기가 전혀 없도록 완전히 말려주는 게 중요하다.
그래야 다질 때 칼날에 붙지 않는다.
다질 때에는 칼날이 한번 씩만 지나가게 썰어,
다진 허브가 뭉개지지 않도록 주의한다.

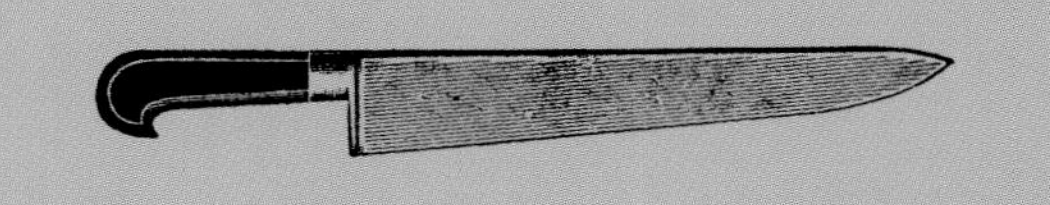

토마토, 피망
LES TOMATES ET POIVRONS

테크닉

– 테크닉 –

Monder un poivron
피망 껍질 벗기기

도구

토치

페어링 나이프

• 1 •

토치로 피망의 껍질을 전체적으로 골고루 그슬려 태운다.

• 3 •

페어링 나이프로 껍질 전체의 탄 부분을 긁어 완전히 제거한 다음 흐르는 물에 헹군다.

• 4 •

피망의 꼭지와 씨 부분을 잘라 빼낸다.

• 2 •

알루미늄 포일이나 조리용 랩으로 싸서 잠시 둔다.

• 5 •

피망을 잘라 펴고 둘 또는 셋으로 자른 후, 두꺼운 흰 심을 도려낸다.

– 포커스 –

토치는 이 테크닉에 아주 유용한 도구로,
피망의 살을 익히지 않으면서
정확하고도 고르게 껍질을 그슬려 태워준다.
알루미늄 포일이나 랩에 잠시 밀봉해 싸두면,
껍질이 저절로 분리되어 쉽게 떼어 낼 수 있다.

- 테크닉 -

Monder une tomate

토마토 껍질 벗기기

도구

페어링 나이프

• 1 •

토마토에 십자로 칼집을 낸다.

• 3 •

토마토를 건져낸다.

• 4 •

건진 토마토를 얼음물에 넣는다.

• 2 •

끓는 물에 토마토를 10~14초간 담근다.

• 5 •

칼로 껍질을 벗겨내고, 꼭지를 제거한다.

– 포커스 –

토마토 껍질을 벗기는 것은
쉬운 테크닉이면서도
요리의 차원을 한 단계 높일 수 있는 방법이다.
생으로 먹을 때나 익혀서 조리할 때 모두,
껍질을 벗긴 토마토를 사용하면
결과물은 달라진다.

- 테크닉 -

Pétales, dès, concassée de tomates

토마토 꽃잎 모양, 주사위 모양, 콩카세 썰기

❀

도구

잘 드는 페어링 나이프

• 1 •

꽃잎 모양 썰기(pétales): 토마토를 세로로 반 자른다.

• 3 •

칼로 속을 잘라내고 살만 남겨, 꽃잎 모양을 완성한다.

• 5 •

콩카세: 토마토를 가로로 잘라 이등분한다.

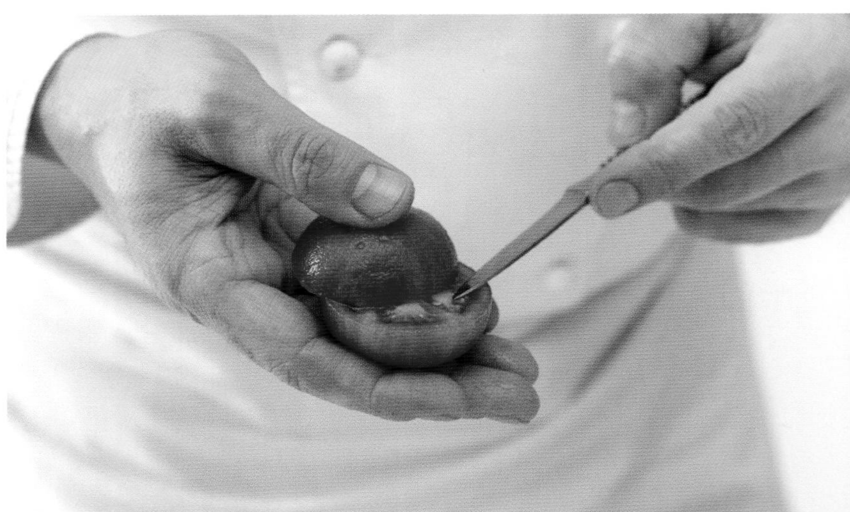

• 6 •

속의 씨를 빼낸다.

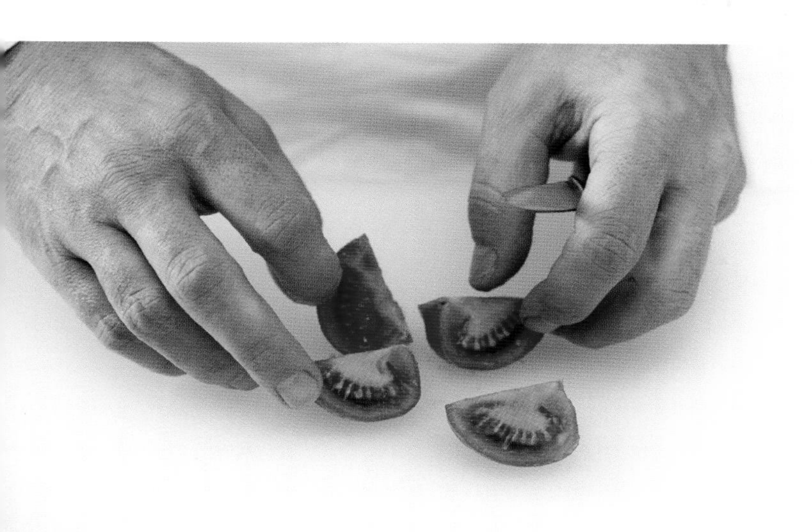

• 2 •

다시 반을 잘라 4등분한다.

• 4 •

주사위 모양 썰기(dès): 꽃잎 모양 토마토를 길게 자른 다음 다시 일정한 크기의 주사위 모양으로 작게 자른다.

- 포커스 -

토마토로 꽃잎 모양, 주사위 모양, 콩카세를 만들 때
나오는 즙은 버리지 말고 따로 모아 둔다.
아뮈즈 부슈로 활용하거나,
얇은 젤리를 만들어
요리에 곁들이면 아주 좋다.

• 7 •

반으로 자른 조각을 길게 자른다.

• 8 •

방향을 바꿔 다시 작은 주사위 모양으로 썰어 콩카세를 완성한다.

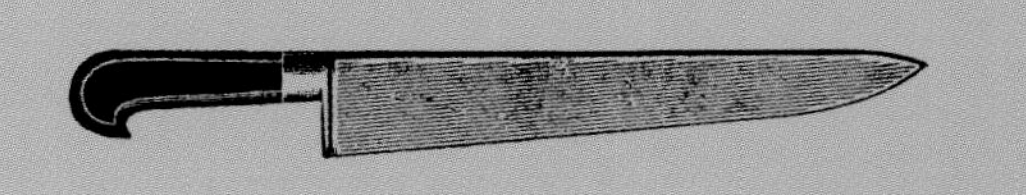

감자
LES POMMES DE TERRE

테크닉

감자

Les pommes de terre

감자는 남미의 페루와 볼리비아 국경에 위치한 안데스 코르디예르(Cordillère des Andes) 농토에서 처음 생산되었고, 스페인 정복자들이 그들의 배에 한 종자의 감자를 싣고 돌아오면서 유럽에 전파되었다. 초창기에는 그저 신기한 식물로 여겼지만, 이 감자(학명: solanum tuberosum)의 이로운 점을 일찍이 확신하고 열정적으로 알린 약사이자 농학자 앙투안 오귀스탱 파르망티에 (Antoine Augustin Parmentier) 덕분에 프랑스에 널리 퍼지게 되었다.

지옥에 가까이 있는 땅 깊은 곳에서 자라난다고 해서 처음엔 두려움의 대상이었던 감자는, 돼지의 사료로 사용되었을 뿐 아니라 수많은 사람을 기근으로부터 해방시켰다. 그렇게 감자가 널리 알려지고 사랑을 받게 되기까지는, 일찌감치 감자의 장점에 확신을 가진 약사이자 농학자 앙투안 오귀스탱 파르망티에의 공로가 실로 크다. 파르망티에는 전쟁 포로범으로 프러시아에 있을 때, 프레데릭 2세 대제(Frédéric Le Grand)가 곡물 대용으로 재배하도록 명한 감자를 맛보고, 이것을 프랑스에도 대중화시켜 사랑받게 할 전략을 세웠다. 그는 저녁식사에 왕을 초대해 모든 요리에 감자를 베이스로 사용한 메뉴를 선보이고, 감자가 지닌 미식 잠재력을 증명해 보였다. 그리고는 파리 외곽 모래밭에 이 작물을 심게 하고, 기발한 아이디어를 제공했다. 낮에는 왕의 군대가 이 감자밭을 지키도록 하고 밤에는 지키는 사람 없이 둠으로써, 사람들로 하여금 호기심과 욕심을 불러일으켜 훔쳐가게 만드는 작전이었다. 이렇게 해서 감자는 인기를 얻게 되었다.

오늘날 감자는 전 세계에서 생산량이 4번째로 많은 식용 작물이다. 백여 나라에서 재배되고 있는 감자의 가장 큰 장점은, 척박한 불모지와 같은 환경에서도 잘 적응하기 때문에 매우 기르기 쉬운 농작물이라는 것이다. 2008년 유엔은 세계 기근 퇴치 운동에 감자가 매우 좋은 식품이고, 이 역할을 잘 할 수 있다는 점을 전 세계에 입증하였다. 감자는 식재료 이외에도 우리가 잘 모르는 다양한 분야에 사용되기도 한다. 보드카의 재료로 쓰이는가 하면, 제약회사에서는 감자를 이용해 캡슐 껍질과 같은 약의 보형제를 만들기도 한다. 또한 몇몇 화장품의 원료가 되기도 하고, 특정 섬유나 종이 제조에 도 사용한다.

우리 식생활의 기본 재료이며, 미식 문화에 빠져서는 안 될 중요한 이 식재료는 종자 개량으로 인해 훨씬 더 맛과 질이 개선된 품종들이 탄생하게 되었다. 프랑스에는 총 200여 종의 감자 종류가 등록되어 있는데, 우리가 시장에서 흔히 볼 수 있는 것은 10여 가지 종류로, 다양한 요리마다 그에 적합한 종류를 골라 사용하기에 충분하다. 게다가 프랑스의 미식 유산에도 이 작물의 여러 가능성과 잠재력이 잘 반영되어 있듯이, 감자를 베이스로 한 레시피들은 무궁무진한데, 폼 뒤셰스(pomme duchesse), 도핀(dauphine), 안나(Anna), 팔리아송(palliasson), 그라탱 도피누아(gratin dauphinois) 등을 예로 들 수 있다. 기본 조리법 중에서는 껍질을 벗기거나 또는 껍질째 물에 삶기, 퓌레, 샐러드, 볶음, 튀김 등이 있다.

감자는 세 가지 종류로 구분할 수 있다.

살이 단단한 종류(à chair ferme): 익혀도 쉽게 부서지지 않아 샐러드용, 또는 찌거나 볶는 데 적합하다. 이에 속하는 품종으로는 붉은 껍질의 셰리(chérie), 노랑색 살과 단맛을 가진 로즈발(roseval), 노랑색 살을 가진 재래종인 벨 드 퐁트네(belle-de-fontenay), 많이 알려진 품종의 하나인 샤를로트(charlotte), 피카르디(Picardie)에서 재배되는 품종으로, 라트(ratte:작고 단단한 품종으로 특유의 너티향이 나고 익혔을 때 고운 질감을 낸다)처럼 작은 크기에 밤맛이 나는 퐁파두르(pompadour) 등이 있다.

살이 무르고 부드러운 종류(à chair fondante): 다목적용으로 널리 쓰이는 감자로 대부분의 요리에 사용되며 특히 소스의 맛을 잘 흡수하기 때문에 스튜 등의 요리에 사용하기 좋다. 그라탱용으로 가장 이상적인 모나리자(monalisa)나 니콜라(nicola) 품종이 여기에 속한다.

살이 포실포실한 종류(à chair farineuse): 이 종류의 감자는 익힐 때 잘 부서진다. 기름을 잘 흡수하지 않기 때문에 프렌치 프라이를 하기에 제일 좋고, 포타주 또는 오븐에 굽는 요리에 많이 사용한다. 가장 많이 재배되는 큰 감자인 빈치(bintje), 단맛이 나는 시르테마(sirtema), 껍질이 검고 보라색 살을 가진 비틀로트(vitelotte) 등이 이 종류에 속한다.

여기에 또 하나의 카테고리를 추가할 수 있는데, 이것은 **햇감자(pomme de terre primeur)**이다. 완전히 익기 전에 미리 수확하는 종류로 달콤한 맛이 특징이다. 일 드 레(île de Ré)산 감자와 누아르무티에(Noirmoutier)산 보노트(bonotte) 감자가 대표적이다. 프랑스에서는 매년 8월 1일까지만 햇감자라고 부른다.

- 조 리 방 법 -

퓌레(purée): 감자(살이 포실포실한 종류)는 항상 껍질을 벗기고 4등분보다 더 작게는 자르지 않는다. 소금을 넣은 물에 삶아 건져 감자 그라인더에 넣고 돌려 갈아준다. 퓌레로 간 감자에 우선 버터를 조금 넣어 섞은 다음, 우유나 크림(혹은 둘 다)을 조금만 넣어 잘 섞는다.

프렌치 프라이(frite): 감자(살이 포실포실한 종류)의 껍질을 벗기고, 씻은 다음 잘라 깨끗한 물에 최소한 2시간 동안 담가 전분기를 뺀다. 전분기가 없을수록 더 바삭하게 튀겨진다. 160℃ 온도의 기름에 한 번 튀겨낸 다음, 180℃에서 한 번 더 튀긴다.

소테(sautée): 감자(살이 단단한 종류)의 껍질을 벗기고 씻은 다음, 뜨거운 물에 헹궈 물기를 닦아준다. 팬에 버터를 녹여 거품이 나면 감자를 넣고 볶는다. 처음엔 뚜껑을 덮고 익힌다.

셰프의 조언

감자 샐러드를 만들 때는
살이 단단한 감자, 또는 부드러운 감자를 고른다.
통째로 익힌 다음 껍질을 벗기고 자른 다음,
아직 뜨거울 때 비네그레트를 넣고 섞는다.
그래야 소스의 맛이 감자에 잘 스며든다.
껍질째 익힌 감자는 시원한 곳에서
24시간 보관할 수 있다.
다음 날 감자 껍질을 벗겨, 버터에 볶으면
훌륭한 오믈렛 가니쉬가 된다.

풍부한 영양소

감자에는 근육 수축에 중요한 역할을 하는 포타슘과 뼈와 치아를 구성하는 요소인 마그네슘, 인과 철분 및 다양한 비타민이 많이 함유되어 있다. 그중 비타민 B6는 단백질 대사에 영향을 주고, 비타민 B1은 당을 에너지로 바꿔주는 역할을 담당하며, 비타민 C는 면역 체계를 강화한다. 또한 음식물의 소화를 조절해주고 포만감을 주는 섬유질도 풍부하다.

선택과 보관

어떤 감자를 선택하느냐는 레시피에 따라 달라진다. 선택한 조리법에 맞는 가장 적합한 품종의 감자를 올바로 선택하는 것이 중요하다. 상점에서 고를 때는, 흙이 묻어 있는 것이 가장 자연의 상태로 온전히 보존된 것이라 좋다. 상처나 갈색 자국이 없고, 특히 녹색을 띠지 않는 것으로 고른다. 씻은 감자는 부서지기 쉬우니 구입하지 않는 것이 좋다.

감자는 서늘하고 건조한 장소에 보관하는 것이 좋다. 이상적인 온도는 6~8℃이고, 녹색으로 변해 싹이 나기 쉬운 특성상 빛이 드는 곳은 피한다.

품종별 조리법

포타주, 퓌레, 프렌치 프라이(potages, purées, frites): 빈치(bintje), 시르테마(sirtema), 비틀로트(vitelotte).
증기로 찌거나 소테, 샐러드(vapeur, sautées, salade): 아나벨(anabelle), 아망딘(amandine), 벨 드 퐁트네(belle-de-fontenay), BF15, 샤를로트(charlotte), 퐁파두르(pompadour), 라트(ratte).
스튜, 그라탱(râgout, gratin): 아가타(agatha), 아그리아(agria), 모나리자(monalisa), 니콜라(nicola).
프리뫼르(primeur 햇감자 요리): 일 드 레 감자(pomme de terre de l'île de Ré), 누아르무티에산 보노트(bonnote de Noirmoutier), 시르테마(sirtema).

감자의 영양 성분

100g당	껍질째 증기에 찜	껍질째 물에 삶음	우유, 버터 넣은 퓌레	프렌치 프라이	감자칩
열량	81kcal	79.9kcal	92.4kcal	245kcal	504kcal
지질	0.1g	0.1g	2.98g	11.4g	34.4g
식이섬유	1.8g	1.9g	1.4g	2.5g	4.1g
비타민 C	13mg	11.1mg	5.75mg	16.5mg	28mg
포타슘	379mg	333mg	275mg	792mg	1164mg
마그네슘	22mg	12mg	13.2mg	27.7mg	50mg

발췌: 『감자의 맛과 효능(*La Pomme de Terre, Saveurs et Vertus*)』, 클레르 마르텔(Claire Martel), 그랑셰 출판사(Editions Grancher)

- 테크닉 -

Pommes pailles
감자 채 썰기 (폼 파이유)

도구

페어링 나이프

만돌린 슬라이서

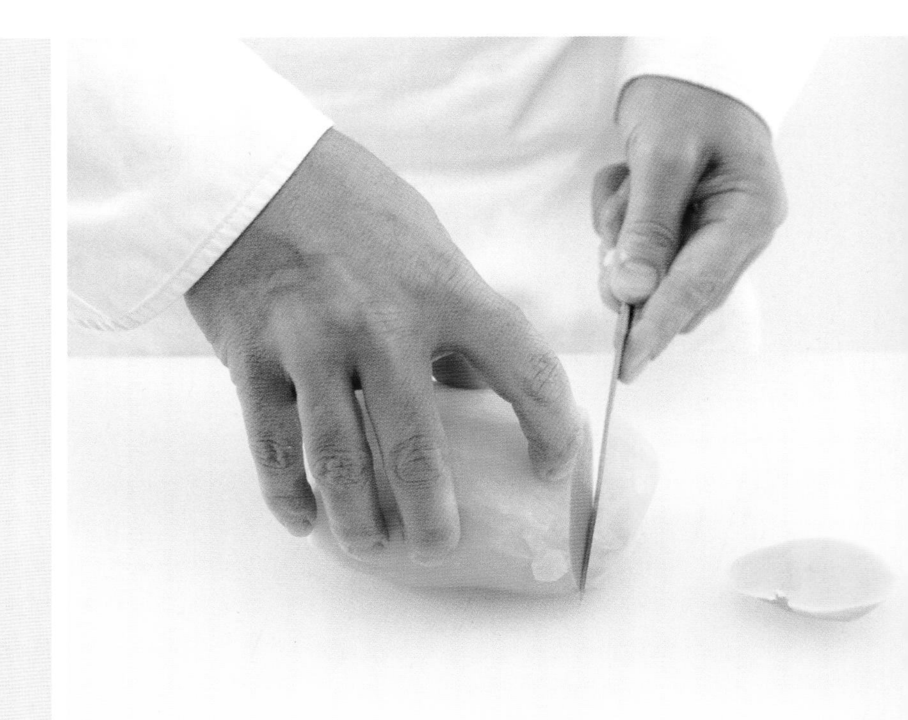

• 1 •

감자는 껍질을 벗기고, 양끝을 자른다.

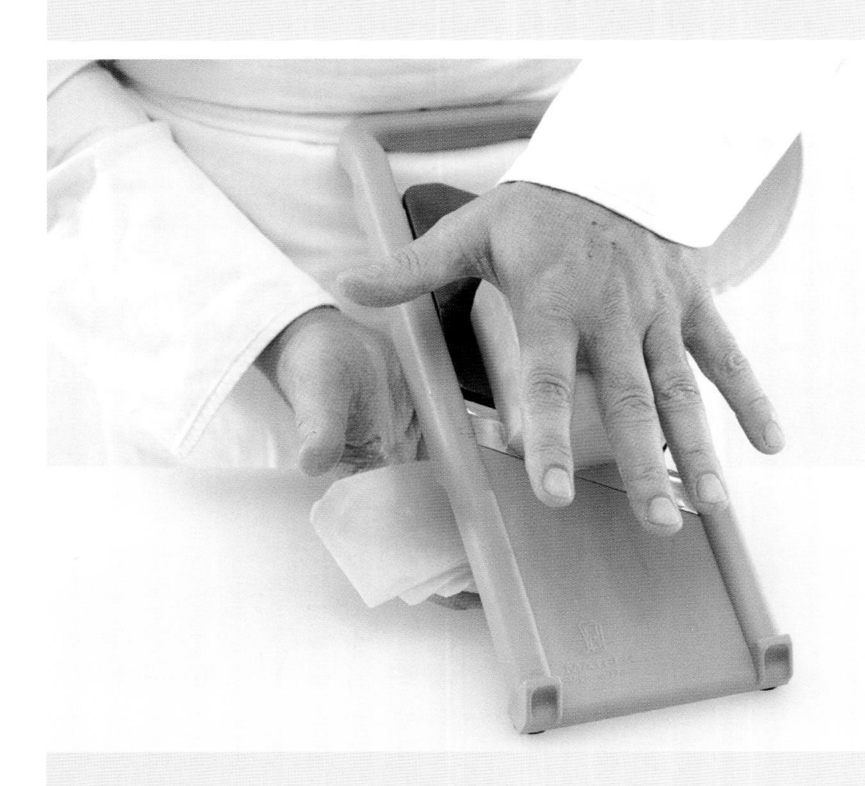

• 3 •

만돌린 슬라이서를 이용하여 얇게 자른다.

• 4 •

몇 장씩 겹쳐놓고 가늘고 긴 막대 모양으로 썬다.

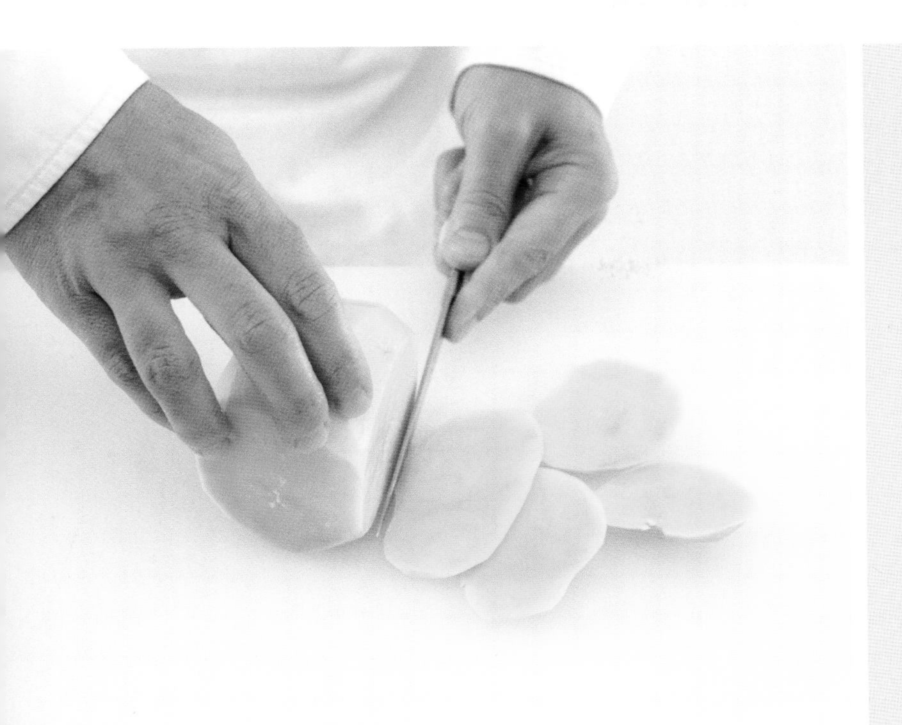

• 2 •

감자의 가장자리를 잘라 직육면체 모양을 만든다.

• 5 •

찬물에 헹궈 건져둔 다음 조리한다.

– 포커스 –

퐁 파이유는 가장 가늘게 썬
감자로 가볍고 바삭한 맛을 살리기 좋다.
감자를 얇게 슬라이스한 다음,
1~2mm 굵기로 얇게 썬다.
충분히 헹궈서 감자의 전분을 제거한다.

- 테크닉 -

Pommes Pont-Neuf
감자 굵은 막대 모양 썰기 (폼 퐁뇌프)

Pommes allumettes
감자 가는 막대 모양 썰기 (폼 알뤼메트)

도구

셰프 나이프

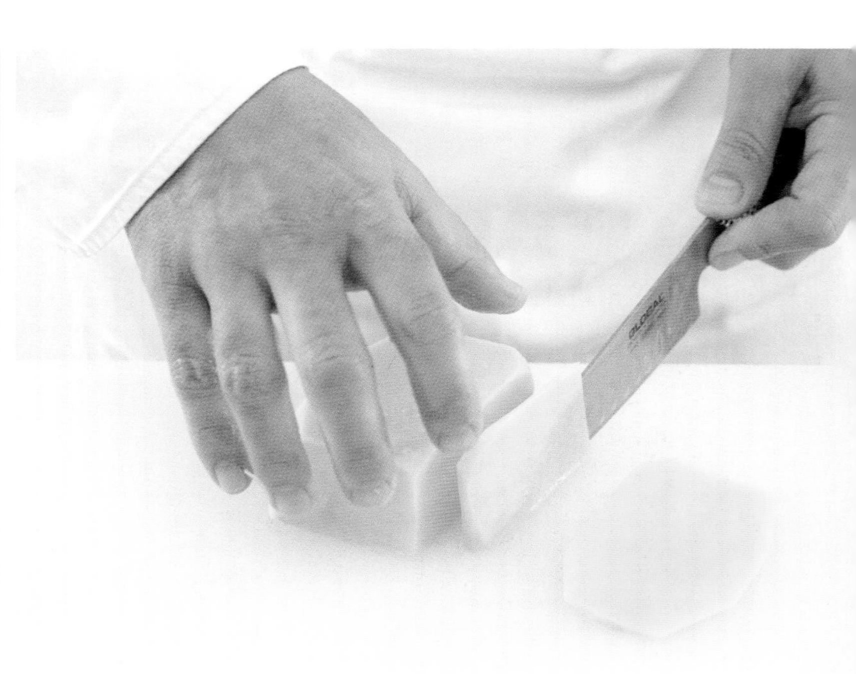

• 1 •

감자의 껍질을 벗기고 가장자리를 잘라내 직육면체 모양을 만든다.

사방 1cm 굵기의 막대 모양으로 썰면 폼 퐁뇌프가 된다.

• 4 •

사방 3~4mm 굵기의 막대 모양으로 썰면 폼 알뤼메트가 된다.

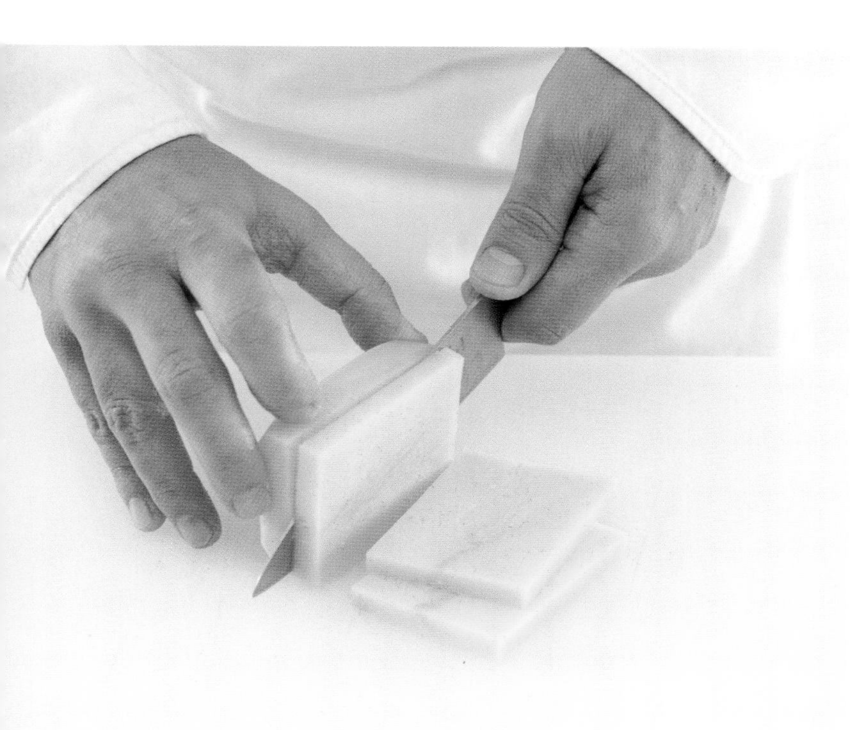

• 2 •

3~4mm 두께로 자른다.

• 5 •

왼쪽 : 폼 퐁뇌프, 오른쪽: 폼 알뤼메트

- 포커스 -

폼 퐁뇌프라는 명칭은
파리 센강의 가장 오래된 다리의 이름에서
따온 것으로 추정된다.
폼 퐁뇌프를 튀긴 프렌치 프라이는
그 유래가 군밤과 구운 감자를 팔던 노점 상인들로
거슬러 올라간다.
감자의 굵기가 사방 1cm이 되어야
폼 퐁뇌프라는
이름으로 부를 수 있다.

– 테크닉 –

Friture des pommes Pont-Neuf

폼 퐁뇌프 튀기기

도구

튀김기

조리용 온도계

• 1 •

기름을 155℃까지 데운다.

• 4 •

기름의 온도를 180℃로 올린다.

• 2 •

폼 퐁뇌프(물기를 제거하고 잘 말려놓는다)를 튀김 기름에 넣는다.

• 3 •

칼끝으로 찔러 익었나 확인한다. 감자가 부드럽게 익고 색이 나지 않아야 한다. 감자를 기름에서 건진다.

• 5 •

한 번 튀겨낸 감자를, 서빙 바로 전에 다시 한 번 튀긴다.

• 6 •

노릇한 색이 나도록 튀겨지면 건져서 키친타월 위에 놓아 기름을 뺀다.

- 테크닉 -

Pommes gaufrettes

감자 와플칩 (폼 고프레트)

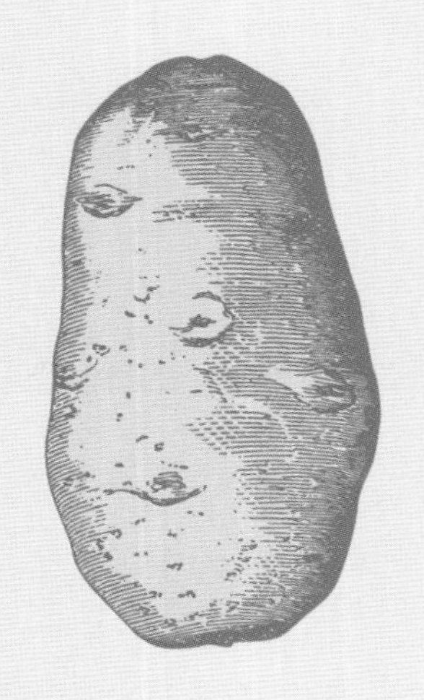

도구

만돌린 슬라이서

• 1 •

만돌린 슬라이서에 물결무늬 날을 장착하고, 껍질 벗긴 감자를 밀어 슬라이스한다.

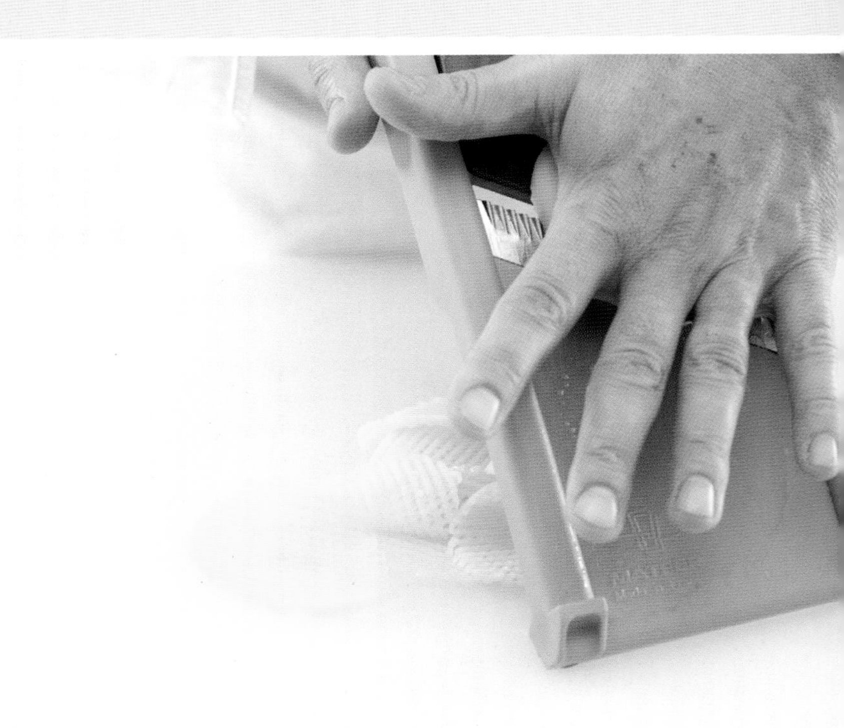

• 3 •

매번 감자를 회전시켜 가면서 미는 작업을 계속해, 감자를 모두 슬라이스한다.

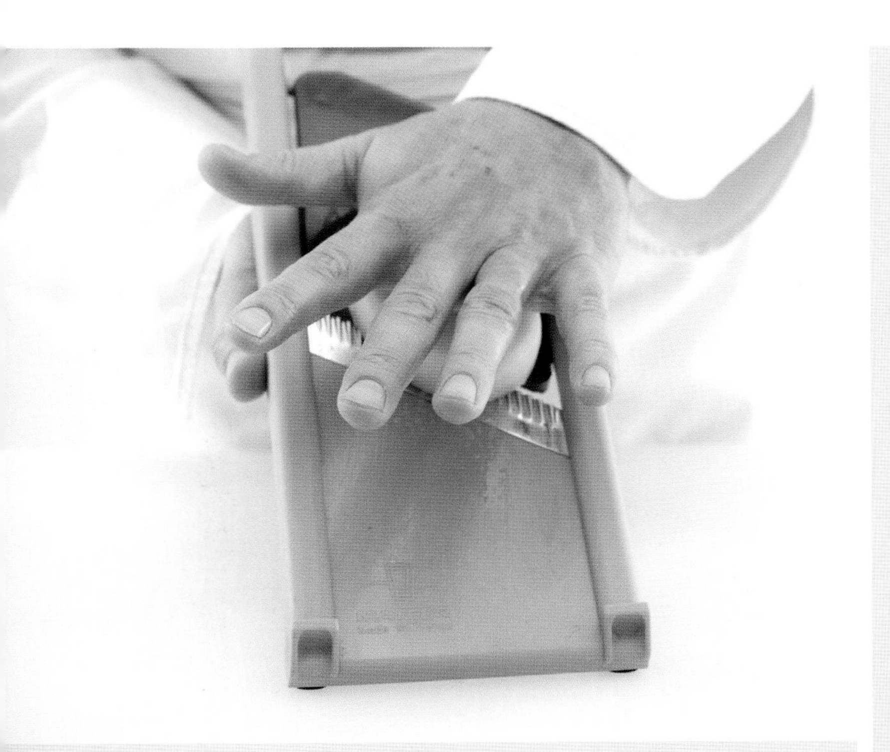

• 2 •

감자를 90도 회전해 다시 슬라이스한다. 이 과정을 반복하여 폼 고프레트 특유의 와플 모양의 격자무늬가 나오도록 한다.

• 4 •

와플 모양으로 슬라이스한 감자를 물에 헹궈 전분을 빼준 다음 건져 물기를 완전히 건조시킨 후에 튀긴다.

– 포커스 –

폼 고프레트를 성공적으로 만들려면,
만돌린 슬라이서의 날에 감자를 밀 때마다
매번 정확하게 감자의 각도를 회전시켜 주어야 한다.
그래야 완벽한 격자무늬 슬라이스가 완성된다.
맑은 물에 헹궈서 전분기를 제거한 다음,
완전히 건조시킨 후에 뜨거운 기름에 넣어 튀긴다.

– 테크닉 –

Pommes chips
감자 칩

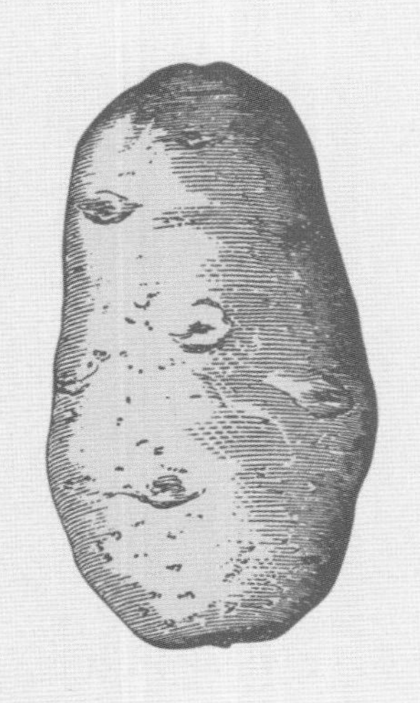

도구

튀김기

조리용 온도계

• 1 •

만돌린 슬라이서에 평평한 기본 날을 장착한 다음, 감자를 아주 얇게 슬라이스한다.

• 2 •

찬물에 헹군 다음 건져서 물기를 제거하고 완전히 건조시킨 후에 튀긴다.

- 테크닉 -

Pommes noisette
감자 미니볼 (폼 누아제트)

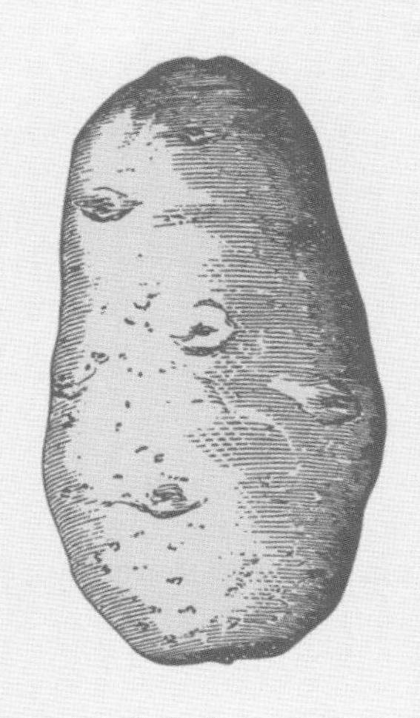

도구

멜론 볼러(melon baller)

• 1 •

멜론 볼러를 사용하여 감자를 동그란 모양으로 돌려 파낸 후, 차가운 물에 담근다.

• 2 •

폼 누아제트를 건져 둔다.

- 테크닉 -

Tourner les pommes de terre

감자 돌려깎기

도구

샤토 나이프(칼날이 둥글게 휜 채소 돌려깎기용 작은 칼)

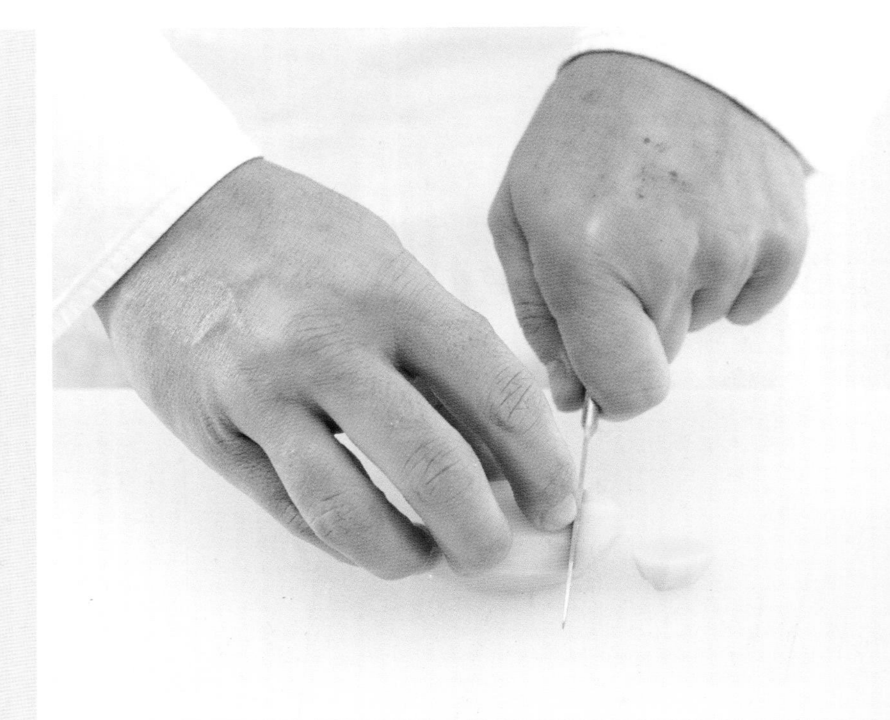

• 1 •

감자는 모두 같은 크기로 준비해서 껍질을 벗겨 놓는다. 감자의 끝을 잘라준다.

• 4 •

샤토 나이프(또는 페어링 나이프)를 사용하여, 등분한 감자의 가장자리를 둥글게 깎아내는 동작으로 도려내 일정한 타원형을 만들어준다.

• 2 •

양끝을 잘라낸 감자를 반으로 썬다.

• 3 •

다시 썰어 적당히 등분한다.

• 5 •

조금 큰 사이즈의 감자를 통째로 들고, 둘레의 각 면이 일정하게 살아나도록 돌려깎아 폼 아 랑글레즈(pomme à l'anglaise: 길이 6cm 돌려깎기)로 만든다.

• 6 •

왼쪽부터 오른쪽으로: 폼 샤토(pomme château: 길이 7cm), 폼 아 랑글레즈(pomme à l'anglaise: 길이 6cm), 폼 코코트(pomme cocotte: 길이 4cm).

- 테크닉 -

Pommes savonettes*
폼 사보네트

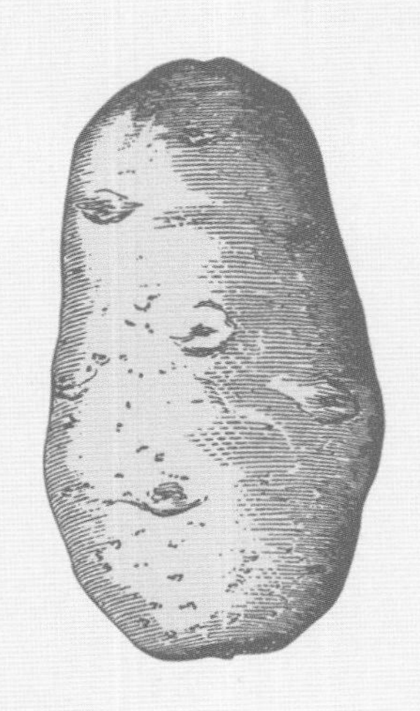

도구

페어링 나이프

감자 필러

* Pommes savonettes: 비누 모양으로 돌려 깎은 감자

• 1 •

페어링 나이프로 감자의 가장자리를 두꺼운 띠 모양으로 잘라내, 감자를 비누 모양으로 자른다.

• 3 •

감자 필러를 사용하여 모서리 부분을 둥글게 다듬는다.

• 2 •

감자의 각 면을 잘라 넓적한 모양으로 다듬는다.

• 4 •

비누 모양의 폼 사보네트 완성.

– 포커스 –

폼 사보네트를 만들기 위해 깎아낸 감자 자투리는 버리지 말고 모아 두었다가 감자 퓌레나 무슬린 또는 크림수프(블루테) 등을 만들 때 사용한다. 폼 사보네트는 스튜 등에 넣어 뭉근히 조리거나, 국물과 함께 오븐에 넣어 익힌다.

- 테크닉 -

Pommes boulangère*

폼 불랑제르

6인분 기준

재료

감자(살이 단단한 종류) 1.5kg
양파 150g
베이컨 또는 판체타 150g
버터 90g
소고기 맑은 육수(콩소메) 1리터
타임 1줄기
월계수 잎 1장

도구

원형 커팅틀

* Pommes boulangère: 감자 그라탱의 일종

• 1 •

팬에 버터를 달궈 거품이 나면 얇게 채 썬 양파를 넣고, 타임 1줄기, 월계수 잎 1장과 함께 수분이 나오도록 볶는다.

• 4 •

양파는 약한 불에 갈색이 날 때까지 졸이듯 익힌다.

• 7 •

익혀낸 감자와 베이컨을 한 줄씩 교대로 넣어 용기를 채운다.

• 8 •

소고기 육수(또는 닭 육수)를 감자 높이의 3/4까지 오도록 붓는다.

• 2 •

베이컨을 3등분으로 잘라 논스틱 팬에 기름을 두르지 않고 색이 나게 지진다.

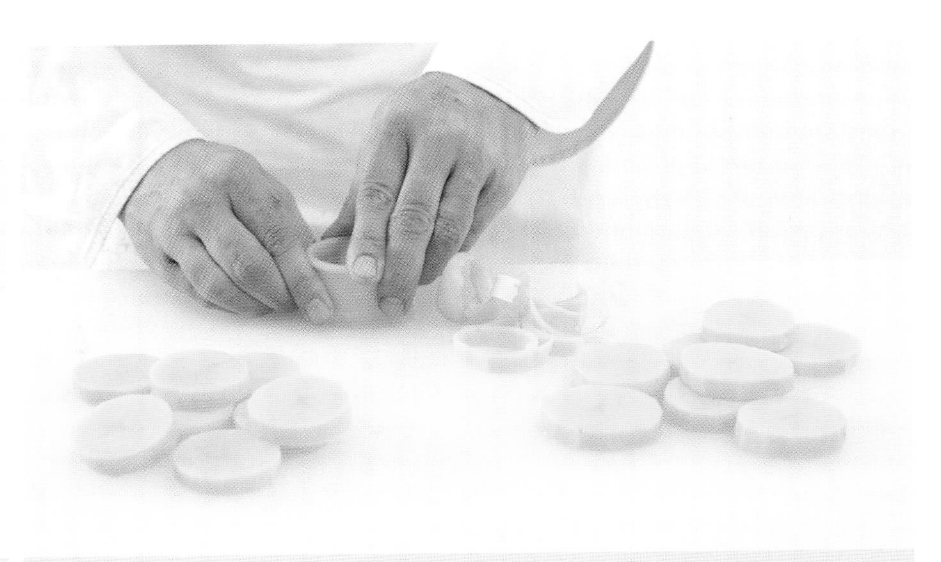

• 3 •

감자는 두껍게 슬라이스한 다음, 원형 커팅틀을 사용해 일정한 크기로 자른다.

• 5 •

팬에 기름을 조금 두르고, 감자를 한 켜로 깔아 노릇한 색이 나도록 익힌다.

• 6 •

그라탱용 용기 바닥에 콤포트한 양파를 깔아준다.

• 9 •

버터를 몇 조각 군데군데 올리고, 그라인드 후추를 뿌린 다음 오븐에 넣어 익힌다.

• 10 •

색이 나게 구워진 폼 불랑제르가 완성된 모습.

– 테크닉 –

Pommes Anna

폼 안나

6인분 기준

재료

감자(살이 단단한 종류) 1.5kg

정제 버터 (p.66 참조) 150g

소금, 후추

넛멕(육두구)

도구

만돌린 슬라이서

폼 안나용 틀 또는 샤를로트 틀

• 1 •

만돌린 슬라이서를 사용하여 감자를 2mm 두께로 슬라이스한다.

• 4 •

꽃 모양으로 둥그렇게 포개 쌓으면서 점점 가장자리 쪽을 높게 해 준다.

• 7 •

틀의 가장자리 위로 올라오게 감자를 포개며 둘러준 다음, 안쪽으로 접는다.

• 2 •

팬에 버터를 두르고 감자를 몇 분간 익힌다. 골고루 뒤적이며 색이 나지 않게 익힌다.

• 3 •

샤를로트 틀 안에 버터를 칠한 유산지를 깐 다음, 익힌 감자슬라이스를 꽃 모양으로 놓는다.

• 5 •

감자를 세워 겹쳐 놓으면서 틀 안쪽 벽으로 붙인다.

• 6 •

감자를 안쪽 사이사이에 밀어 넣어 채운다.

• 8 •

틀의 크기에 맞춰 유산지를 잘라 덮고, 뚜껑을 덮는다.

• 9 •

180℃ 오븐에서 40분~1시간 익힌다. 뚜껑 쪽으로 틀을 뒤집은 다음 30분 후에 분리해 꺼낸다.

- 테크닉 -

Pommes moulées*

폼 물레

6인분 기준

재료

감자(살이 단단한 종류) 1.5kg
파르메산 치즈 120g
정제 버터 (p.66 참조) 150g
소금 / 후추 / 넛멕

도구

원형 커팅틀
샤를로트 틀

* Pommes moulées: 틀에 넣어 익히는 조리법으로 만든 감자의 총칭

• 1 •

감자를 4mm 두께로 동그랗게 자른다. 물에 헹구지 않는다.

• 4 •

감자와 치즈를 번갈아 반복해서 쌓는다.

• 5 •

맨 위층은 감자로 마무리한다.

• 2 •

원형 커팅틀을 사용하여 일정한 크기로 자른다.

• 3 •

샤를로트 틀에 버터를 바른 다음, 유산지를 깔고 안쪽 벽에도 둘러준다. 감자를 꽃 모양으로 동그랗게 포개 깐 다음 그 위에 치즈 간 것을 뿌려 덮는다.

• 6 •

치즈를 얹고, 정제 버터를 뿌린다.

• 7 •

180℃ 오븐에서 35~40분 익힌다. 뒤집어서 즉시 몰드에서 분리하고 유산지를 떼어 낸다.

- 테크닉 -

Préparer la pulpe de pommes duchesse
폼 뒤셰스 감자 펄프 만들기

Base des pommes Amandines
폼 아망딘 베이스

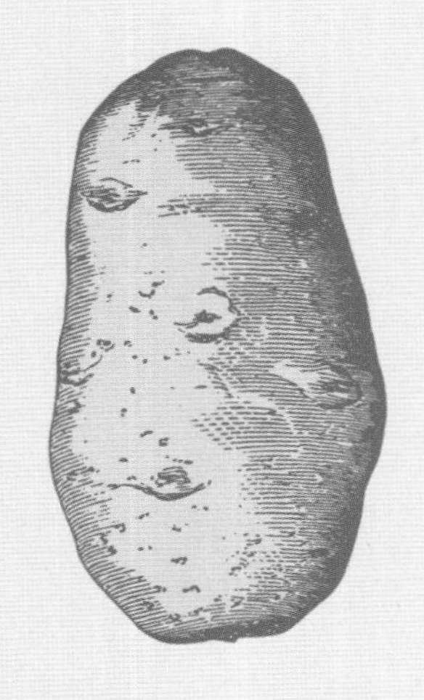

6인분 기준

재료

사이즈가 큰 감자 (Bintje) 1.5kg
버터 50g
달걀노른자 4개분
소금 / 후추
넛멕

도구

감자 그라인더
무쇠 냄비
소스팬

• 1 •

무쇠 냄비에 굵은 소금을 깔고, 그 위에 감자를 껍질째 놓는다. 오븐에서 익힌다.

• 4 •

버터를 조금 넣는다.

• 2 •

뜨거울 때 감자를 반으로 갈라 살을 긁어 꺼내 감자 그라인더에 넣고 돌려 간다.

• 3 •

넛멕을 갈아 뿌린다.

• 5 •

달걀노른자를 넣는다.

• 6 •

약한 불에 올려 잘 섞어 균일한 반죽을 만든다.

– 테크닉 –

Pommes Amandines*

폼 아망딘

6인분 기준

재료

폼 뒤셰스 감자 펄프(전 페이지 참조)
밀가루 100g / 달걀 2개
약간 굳은 식빵으로 만든 빵가루 80g
아몬드 가루 80g / 아몬드 슬라이스 30g
콩기름 1테이블스푼 / 소금 / 후추
튀김용 기름 2리터

도구

직사각형 용기/튀김용 팬

* Pommes Amandines: 감자 퓌레 반죽에 밀가루, 달걀, 아몬드를 섞은 빵가루를 묻혀 튀긴 것

• 1 •

직사각형 용기에 기름을 바르고, 폼 뒤셰스 감자 반죽을 펼쳐 넣은 다음 냉장고에 넣어 둔다. 뒤집어 꺼내서 밀가루를 뿌린 작업대에 놓고, 3cm 폭으로 길게 자른다.

• 4 •

스패출러를 이용하여, 자른 원통형 반죽을 원뿔 모양으로 만든다.

• 5 •

밀가루, 달걀 푼 것, 아몬드 슬라이스를 섞은 빵가루 순으로 묻혀 튀김옷을 입힌다.

• 2 •

굴려서 원통형으로 만든다.

• 3 •

5~6cm 길이로 자른다.

• 6 •

180℃ 온도의 기름에 조심스럽게 넣어 튀긴다.

• 7 •

노릇하게 튀김 색이 나면 건져 기름을 빼준다.

- 테크닉 -

Soufflé de pommes de terre
감자 수플레

6인분 기준

재료

밀가루 50g
버터 50g
우유 400ml
폼 뒤셰스 감자 반죽 (p.514 참조) 180g
달걀노른자 5개분
달걀흰자 5개분
버터 25g
치즈 간 것(파르메산, 그뤼예르, 콩테) 80g

도구

수플레 용기
실리콘 주걱
소스팬

• 1 •

수플레용 용기에 버터를 넉넉히 바르고 치즈 간 것을 넣어 바닥과 안쪽 벽에 묻힌다.

• 4 •

잘 섞으며 익혀 베샤멜(béchamel)을 만든다.

• 7 •

거품 올린 흰자의 $\frac{1}{3}$을 감자 반죽 혼합물에 넣는다.

• 8 •

실리콘 주걱으로 살살 섞은 다음, 이것을 나머지 달걀흰자에 부어 섞는다.

• 2 •

밀가루와 버터를 섞어 약한 불에서 루를 만든다.

• 3 •

차가운 우유를 뜨거운 루에 붓는다.

• 5 •

여기에 달걀노른자를 넣고 잘 섞으면 모르네 소스(sauce Mornay)가 완성된다. 이 소스를 감자 반죽에 넣어 혼합한다.

• 6 •

달걀흰자를 저어 크리미한 텍스처가 될 때까지 거품을 올린다.

• 9 •

혼합물을 수플레 용기에 부어 넣고, 180℃ 오븐에서 35~40분 익힌다.

• 10 •

오븐에서 갓 꺼낸 수플레는 즉시 서빙한다.

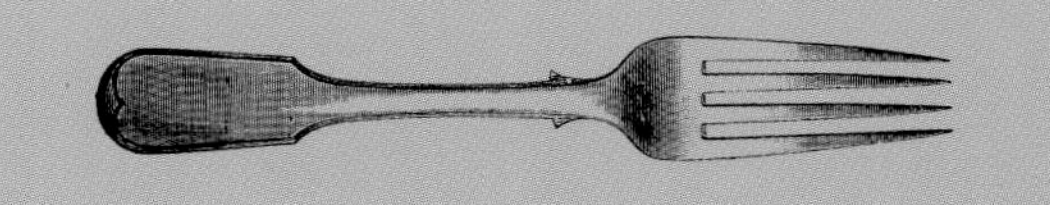

채소

LES LÉGUMES

레시피

봄 – 여름

가스파초*

GASPACHO

6인분 기준
준비 시간 : 1시간 15분
휴지 시간 : 12시간
조리 시간 : 10분

재료
붉은 피망 2개
오이 1개
완숙토마토 1kg
스위트 양파 100g
붉은 고추 1개
마늘 1~2톨
바질 1단
식빵 100g
셰리 와인 식초 20ml
올리브오일 80ml
토마토 페이스트 1테이블스푼
타바스코 몇 방울

가니쉬
메추리알 6개
붉은 피망 150g
노랑 피망 150g
오이 150g
니스 (Nice)산 블랙 올리브 150g
차이브 1단
빵가루 150g
올리브오일
소금 / 후추

도구
푸드 프로세서

가스파초는 본래 스페인에서 시작된 요리로, 더운 여름 저녁에 즐기기에 안성맞춤인 메뉴다. 이 차가운 수프 요리를 성공적으로 만들기 위해서는, 들어가는 모든 재료의 향이 균형을 이루는 것이 가장 중요하므로, 정확히 계량된 분량의 재료를 사용하고, 특히 식초의 신맛이 너무 강하게 두드러지지 않도록 주의해야 한다.

채소 준비하기

피망은 불에 그슬리거나 오븐의 브로일러 아래 넣어 태워 껍질을 벗긴 다음, 속의 씨와 흰 부분을 빼낸다(p.484 참조). 오이는 껍질을 벗기고 속 씨를 제거한 후, 굵은 소금을 조금 뿌려 절여놓는다. 토마토는 끓는 물에 몇 초간 담갔다 건져 껍질을 벗긴다(p.486 참조). 속과 즙을 빼내고 과육만 콩카세(concasser)로 썬다. 양파의 껍질을 벗기고, 마늘은 반으로 갈라 싹을 제거한다.

마리네이드

절여둔 오이를 물에 헹궈 건진다. 오이와 잘게 썬 토마토 콩카세, 양파, 굵게 자른 붉은 피망, 씨를 빼고 얇게 자른 붉은 생고추, 으깬 마늘, 바질, 식빵을 모두 함께 모아 큰 볼에 담는다. 셰리 와인 식초와 레시피 분량 올리브오일의 $\frac{1}{3}$을 넣고, 랩을 씌워 냉장고에 12시간 보관한다.

가니쉬

메추리알을 끓는 물에 4분간 삶아 건져 얼음물에 식히고 껍질을 깐 다음, 흰자와 노른자를 분리한다. 둘 다 잘게 다져서 냉장고에 보관한다. 붉은 피망, 노랑 피망, 오이, 씨를 제거한 블랙 올리브를 브뤼누아즈로 잘게 잘라 냉장고에 넣어둔다. 차이브(서양 실파)는 잘게 썰고, 식빵은 채소와 같은 크기의 주사위 모양으로 썬 다음, 팬에 기름을 두르고 노릇하게 볶아 크루통을 만들어, 키친타월에 놓고 기름을 뺀다.

완성하기

식초와 오일에 마리네이드해둔 채소를 모두 믹서에 간다. 필요하면 토마토 페이스트를 1테이블스푼 넣어준다. 나머지 올리브오일을 전부 넣는다. 간을 맞추고 원뿔체에 거른다.

플레이팅

유리 그릇이나 우묵한 접시에 가스파초를 담고, 가니쉬를 위에 얹는다. 올리브오일을 한번 뿌려 마무리한다. 타바스코를 몇 방울 뿌려 서빙한다.

* GASPACHO: 토마토, 양파, 샐러리, 오이 등의 채소를 올리브오일, 식초, 얼음물과 갈아 만드는 스페인 안달루시아 지방의 차가운 수프 요리.

차가운 감자 수프, 비시수아즈

POTAGE « VICHYSSOISE »
GLACÉ

6인분 기준
준비 시간 : 45분
조리 시간 : 30분

비시수아즈 수프(potage vichyssoise)는 프랑스 요리의 클래식한 정통 메뉴로, 여름에 애피타이저로 차갑게 서빙하기에 더할 나위 없이 좋은 메뉴이다. 마지막에 휘핑한 크림 대신 플레인 염소 치즈 또는 후추로 매운 맛을 살짝 낸 염소 치즈 크넬(quenelle)을 올려 요리에 또 다른 변화를 주기도 한다.

재료

리크(서양 대파) 흰 부분 300g
샐러리 30g
버터 60g
감자 (bintje) 300g
소금 6g
물 1리터

마무리

휘핑크림 300g
차이브 1단
식빵 3장

도구

믹서
고운 원뿔체

채소 준비하기

리크의 흰 부분을 깨끗이 씻고, 샐러리와 감자의 껍질을 벗긴다. 리크와 샐러리를 페이잔느(paysanne: 얇게 썰기. p.427 참조)로 자른 다음, 버터를 녹인 팬에 수분이 나오도록 몇 분간 볶는다. 여기에 굵은 큐브 모양으로 썬 감자를 넣고 찬물을 붓는다. 소금을 넣고 뚜껑을 연 상태로 약 30분간 끓여 익힌다.

완성하기

수프를 믹서에 갈아 식힌 다음, 차가운 휘핑크림을 넣는다. 원뿔체에 거르고 잘게 썬 차이브를 넣는다. 식빵을 큐브 모양으로 잘라 150℃로 예열한 오븐에 넣어 바삭하게 구워 크루통을 만든다. 휘핑크림 50g을 휘저어 거품을 올린다. 차가운 수프를 그릇에 담고, 그 위에 휘핑한 크림으로 작은 크넬(quenelle: 숟가락을 사용하여 타원형 모양으로 만든다)을 만들어 올린다. 크루통을 얹어 서빙한다.

봄 - 여름

니스식 샐러드

SALADE
NIÇOISE

6인분 기준
준비 시간 : 30분
조리 시간 : 20분

재료
오이 300g
붉은 래디시 200g
붉은 피망 250g
녹색 피망 250g
양상추 3개
메추리알 12개
바게트 빵 1개

니스(Nice)산 블랙 올리브 100g
화이트 참치 400g

로마네스코 소스(sauce romanesco)
붉은 피망 150g
토마토 쾨르 드 뵈프* 400g
마늘 10g
잣 50g
셰리 와인 식초 5g
올리브 오일 100ml
절인 안초비 50g

타프나드
니스 (Nice)산 블랙 올리브 400g
올리브오일 100ml
케이퍼 100g

레몬 올리브오일
레몬 1개
올리브오일 200ml

마무리
녹색 바질 1단
보라색 바질 1단
시소 크레스 (shiso cress) 1팩

도구
지름 10cm 원형틀

종종 논란의 대상이 되는 요리 중 하나가 바로 이 니스식 샐러드(salade niçoise)다. 도대체 원래 이 샐러드에 들어가는 진짜 재료는 무엇일까? 오리지널 레시피는 토마토, 붉은 양파, 쪽파, 붉은 피망, 녹색 피망, 올리브, 안초비, 올리브오일이 주재료이다. 하지만 레시피가 정식 등록된 것은 아니므로, 각자 취향에 맞게 응용할 수 있을 것이다.

채소 준비하기
오이를 어슷 썰고, 래디시는 4등분한다. 붉은 피망은 불에 그슬리거나 오븐 브로일러에 태워 알루미늄 포일에 몇 분간 싸두었다가 검게 탄 껍질을 벗긴다. 반으로 잘라 꼭지와 씨를 제거하고, 가늘게 썰어 서빙할 때까지 올리브오일에 담가둔다. 녹색 피망은 잘라서 속을 빼고 다듬은 후, 가는 막대 모양(bâtonnet: 바토네)으로 썰고, 양상추는 2~3cm 폭으로 잘라 원형틀에 채워 넣는다.

메추리알 삶기
메추리알을 끓는 물에 5분간 삶아 껍질을 벗기고 반으로 잘라놓는다.

로마네스코 소스 만들기
붉은 피망을 반으로 잘라 꼭지와 씨를 빼내고 얇게 썰어, 토마토, 껍질을 까지 않은 마늘 몇 쪽과 함께 오븐용 팬에 넣고 올리브오일을 뿌려 220℃로 예열된 오븐에서 20분간 익힌다. 토마토의 껍질을 벗기고 속씨와 즙을 최대한 짜서 제거한다. 마늘의 껍질을 벗긴다. 잣과 셰리 와인 식초, 안초비를 넣고 재료를 모두 믹서에 간다.

타프나드(tapenade) 만들기
올리브(장식용으로 몇 개 남겨둔다) 씨를 제거한 다음, 다른 재료와 함께 믹서에 간다.

레몬 올리브오일 만들기
레몬 껍질 제스트를 얇게 벗겨 끓는 물에 데친 다음, 올리브오일에 넣는다. 온도가 80℃가 될 때까지 데운 후 불을 끄고, 레몬향이 우러나게 두어 완전히 식힌다.

참치 익히기
참치 토막을 철판이나 그릴 팬에 핑크색이 날 정도로만 구운 다음, 레몬 올리브오일에 넣어 식힌다. 5mm 두께로 잘라 양상추 위에 얹는다.

플레이팅
바게트를 얇게 잘라 오븐 브로일러에 살짝 구워, 타프나드를 바른다. 원형틀에 채워 넣은 양상추에도 타프나드를 조금 바른다. 접시 중앙에 양상추를 놓고, 준비한 채소를 보기 좋게 담은 다음, 바질 잎 2장과 시소 크레스, 블랙 올리브 등을 올려 장식한다. 로마네스코 소스를 몇 방울 뿌리고, 타프나드를 바른 바게트를 곁들여 서빙한다.

* tomates coeur-de-beuf: 울퉁불퉁 세로로 홈이 파여 '소의 염통'이라는 이름이 붙은 토마토 품종.

모렐 버섯과 그린 아스파라거스

ASPERGES VERTES
AUX MORILLES

6인분 기준
준비 시간 : 30분
조리 시간 : 40분

재료
그린 아스파라거스 48개

모렐 버섯 뒥셀(duxelles de morilles)
샬롯 (échalotes de Jersey) 100g
버터 50g
모렐 버섯 300g
생크림 80g
소금
후추

게부르츠트라미너 와인 소스
샬롯 40g
버터 20g
게부르츠트라미너 와인* 100g
육수 500ml
생크림 200g
버터 40g

마무리
식용 금박
완두콩 순

도구
짤주머니
고운 원뿔체
길이 8cm x 폭 4cm x 높이 4cm 직사각형 틀

훌륭한 봄 식재료 두 가지가 멋진 조화를 이루는 레시피를 소개한다. 제철에 나는 재료를 모아 한 접시에 올리는 일은 언제나 현명한 선택이다. 이 요리의 진가를 발휘하기 위해선, 최상의 신선도를 가진 재료를 선택하도록 공을 들이는 일이 가장 중요하다.

아스파라거스 익히기

아스파라거스 줄기의 3/4은 껍질을 벗긴다. 줄기 끝은 잘라낸다. 물을 넉넉히 잡아 소금을 넣고 끓인 다음, 아스파라거스를 넣어 살캉거릴 정도로만 익힌다. 물에서 건져, 머리 쪽을 5cm 자르고 나머지는 반으로 잘라둔다.

모렐 버섯 뒥셀 만들기

샬롯을 잘게 썰고 버터에 은근하게 졸이듯이 볶는다. 모렐 버섯은 솔로 살살 문질러 흙과 먼지를 털어내고, 필요하다면 흐르는 물에 재빨리 씻어 꼼꼼히 물기를 제거한다. 샬롯에 버섯을 넣고, 유산지를 팬 크기에 맞게 잘라 덮은 다음, 아주 약한 불에서 천천히 익힌다. 다 익으면 간을 하고, 큰 사이즈 6개, 중간 사이즈 6개, 작은 사이즈 6개의 모렐 버섯을 따로 건져 보관한다. 나머지 버섯은 잘게 다진 다음 볶아놓은 샬롯과 섞고, 크림을 넣어 혼합한 뒤 짤주머니에 넣는다. 이 뒥셀을 짜서, 따로 남겨둔 모렐 버섯의 속을 채운다.

게부르츠트라미너 와인 소스 만들기

소스팬에 버터를 녹이고, 잘게 썬 샬롯을 은근하게 볶는다. 게부르츠트라미너 와인을 넣고 수분이 완전히 날아갈 때까지 끓인 다음, 육수를 넣고 시럽 농도가 될 때까지 졸여 글레이즈를 만든다. 크림을 넣고 다시 졸여 걸쭉한 농도가 되면 불을 끈다. 고운 원뿔체에 걸러 소스팬에 담고 간을 한 다음, 버터를 넣고 거품기로 저어 잘 섞어준다.

플레이팅

접시에 직사각형 틀을 놓고, 버섯 뒥셀을 1cm 두께로 바닥에 깐 다음 그 위에 아스파라거스 줄기를 길이로 놓는다. 틀을 빼내고, 잘라둔 아스파라거스 머리 부분을 줄기와 직각이 되도록 얹는다. 뾰족한 부분이 한쪽으로 좀 길게 튀어나오도록 놓는다. 속을 채운 모렐 버섯을 대, 중, 소 1개씩 세워 얹고, 식용 금박으로 장식한다. 아스파라거스 위에 완두콩 순을 몇 가닥 올리고, 게부르츠트라미너 소스를 두른 다음 즉시 서빙한다.

* gewurztraminer: 황금빛 컬러에 장미향, 후추, 견과류의 향이 나는 부드러운 풀 바디 화이트 와인. 프랑스 알자스에서 만들어진 것을 최상품으로 친다.

봄 – 여름

봄철 모둠 채소

MARAÎCHÈRE DE LÉGUMES

6인분 기준
준비 시간 : 55분
조리 시간 : 35분

재료

채소 글레이징
버터 1조각
설탕 넉넉히 1꼬집
소금, 후추

줄기 달린 햇양파 1단
줄기 달린 햇 당근 ½단
줄기 달린 햇 순무 1단
보라색 작은 아티초크 6개
레몬 2개
올리브오일 200ml
마늘 4톨
타임 3줄기
월계수 잎 3장
파슬리 줄기 3개
파바 콩 400g
시금치 200g
버터 120g
깍지 깐 완두콩 200g
설탕 넉넉하게 2꼬집
채소 부이용 (p.32 참조) 2리터
베이컨 100g
햇 알감자 300g
소금, 후추

도구
소테팬

모둠 채소 요리는 계절마다 준비할 수 있는 레시피지만, 그중에서도 봄 채소의 색깔과 맛을 조화롭게 사용한 채소 요리는 제철에 꼭 한 번 만들어볼 만한 메뉴다. 가장 주의할 점은 각 채소마다 최적의 상태로 익힘으로써, 접시 위에서 어우러졌을 때 그 맛과 향을 충분히 내도록 하는 것이다.

양파 글레이징
햇 줄기양파는 녹색 부분을 그대로 둔 채 껍질을 벗긴다. 물과 버터, 설탕 한 꼬집, 소금, 후추를 넣고 양파를 색이 나지 않게 익혀 글레이즈(glacer à blanc: 색이 나지 않고 윤기 나게 익힘)한다.

당근, 순무 글레이징
당근과 순무의 줄기를 잘라내고 적당한 크기로 자른 후, 페어링 나이프를 사용하여 타원형으로 돌려깎기한다(p.448 참조). 양파와 마찬가지 방법으로, 각각 따로 색이 나지 않게 익혀 글레이즈한다.

아티초크 익히기
아티초크를 다듬어 돌려 깎은 후(p.444 참조), 멜론 볼러로 속을 파내고, 크기에 따라 4등분 또는 6등분한다. 레몬즙을 뿌려둔다. 소테팬에 올리브오일을 한 번 두르고, 레몬즙을 넣은 물 약간, 으깬 마늘 1쪽, 타임 1줄기, 월계수 잎 1장을 넣고 소금과 후추로 간해 재빨리 익혀낸다.

파바 콩과 시금치 준비하기
파바 콩을 깍지에서 꺼내 끓는 물에 데쳐낸 후 속껍질을 벗겨둔다. 시금치는 줄기를 다듬어 씻어서 물기를 제거한 후, 잎을 겹쳐놓고 채 썬다(chiffonnade: 시포나드). 타임 1줄기, 월계수 잎 1장과 파슬리 줄기 3개를 싸서 부케가르니를 만든다.

완두콩 익히기
소테팬에 버터를 녹여 거품이 일면 으깬 마늘 1톨, 시금치 시포나드와 완두콩을 넣고, 소금, 후추로 간한 다음 설탕을 1꼬집 넣어준다. 채소 부이용을 재료 높이까지 붓고 부케가르니를 중앙에 넣은 다음 약하게 15분간 끓인다. 다 익기 5분 전에 파바 콩을 넣고, 마지막에 버터 1조각을 넣는다.

감자 익히기
알감자는 껍질째 씻어서 사선으로 2등분한다. 팬에 올리브오일, 타임 1줄기, 으깬 마늘 2톨을 넣고 감자를 볶는다. 처음 10분간은 뚜껑을 덮어 익힌 다음, 뚜껑을 열고 버터 1조각을 넣어 마무리한다.

플레이팅
샐러드 볼이나 우묵한 플레이트에 재료를 한데 모아 담고, 닭고기나 로스트한 고기의 가니쉬로 함께 서빙한다.

봄 – 여름

속을 채운 주키니 호박꽃

FLEURS DE COURGETTE
FARCIES

6인분 기준
준비 시간 : 35분
조리 시간 : 30~40분

재료
주키니 호박꽃 18개
버터 100g
올리브오일 100ml
굵은 소금 10g(물 1리터당)

스터핑(소)
양고기 어깨살 300g
주키니 호박 500g
당근 100g
흰 양파 1개
샬롯 50g
마늘 3톨
바질 1단
달걀 4개
오래 숙성된 파르메산 치즈 100g
뿔나팔버섯 150g
식빵 250g
생크림 100g
올리브오일 100ml
소금
에스플레트 칠리 가루 1꼬집

소스
올리브오일 100ml
토마토 3개
바질 $\frac{1}{2}$단
잣 100g
굵게 부순 통후추 10g

도구
고기 그라인더

이 레시피는 한눈에 봐도 계절감이 느껴지는 비주얼을 자랑한다. 왜냐하면 주키니 호박에 꽃이 피어 있는 기간은 아주 짧기 때문이다. 지중해의 매력을 담은 이 멋진 요리를 맛보려면, 호박꽃이 피는 계절을 기다리는 인내심이 필요하다.

주키니 호박꽃
미니 주키니 호박 끝을 연필 모양으로 깎는다. 자투리는 버리지 말고 보관한다. 꽃 속의 꽃술을 제거하고 끓는 소금물에 슬쩍 넣었다 빼내어 데친 다음, 재빨리 얼음물에 식혀 금방 건져둔다.

스터핑
식빵의 가장자리를 잘라내고, 굵은 주사위 모양으로 잘라 생크림에 적신다. 양고기 어깨살을 깍둑 썰어서 달군 올리브오일에 지진다. 주키니 호박과 버섯을 씻어두고, 당근과 양파, 샬롯의 껍질을 벗긴다. 모든 채소를 브뤼누아즈로 잘게 썬 다음, 올리브오일과 껍질째 으깬 마늘을 넣은 팬에 볶는다. 소금으로 간하고, 에스플레트 칠리 가루를 조금 넣는다. 스터핑 재료를 촘촘한 절삭망을 장착한 고기 그라인더에 모두 넣고 간 다음, 손으로 눌러 짠 식빵을 넣고 섞는다. 달걀과 파르메산 치즈, 잘게 썬 바질을 넣고 주걱으로 잘 혼합한다.

호박 익히기
호박꽃 잎을 조심스럽게 열고 스터핑을 채운 다음, 꽃 모양 형태로 잘 만져준다. 꽃잎 끝을 잘 닫아 여민 다음, 그릇에 놓고 올리브오일을 한 번 뿌려준다. 칼끝으로 찔러 꽃에 살짝 구멍을 내고 소금과 에스플레트 칠리 가루로 간한 후, 물을 조금 붓고 유산지를 씌워 160~170℃로 예열한 오븐에서 30~40분간 익힌다.

소스
토마토를 끓는 물에 몇 초간 담갔다 건져 껍질을 벗기고, 반으로 잘라 씨와 즙을 빼낸 다음, 살만 작은 큐브 모양으로 썰어준다. 바질을 잘게 썬다. 잣은 팬에 기름을 두르지 않고 로스팅한다. 다른 팬에 올리브오일을 달구고, 썰어 놓은 토마토를 넣고 뭉근하게 익혀 콤포트한 다음, 올리브오일 100ml와 바질, 잣을 넣어 섞는다.

플레이팅
접시 바닥에 소스를 조금 깔고, 호박꽃을 보기 좋게 담아 즉시 서빙한다.

말테즈 소스를 곁들인 화이트 아스파라거스

ASPERGES BLANCHES MALTAISES

6인분 기준
준비 시간 : 30분
조리 시간 : 40분

재료

아스파라거스 루아얄(royale d'asperges)
아스파라거스 줄기 부분 150g
흰색 닭 육수 (p.24 참조) 75g
달걀 3개
생크림 75g
정제 버터 (p.66 참조)
소금, 후추

아스파라거스 줄기(머리 부분을 잘라낸 것) 12개
아스파라거스 머리 부분 24개
완두콩 50g
보라색 감자 10개 정도

말테즈 소스(sauce Maltaise)
달걀 3개
몰타 오렌지즙 (orange maltaise) ½개분
정제 버터 200g
레몬즙 ½개분

오렌지 제스트 콩피
오렌지 제스트 1개분
물 200g
설탕 80g

마무리
아필라 크레스 (p328 각주 참조)

도구

푸드 프로세서
지름 6cm짜리 사바랭 몰드 6개
만돌린 슬라이서
지름 2cm짜리 원형 커팅틀

이 레시피를 만들면서 나오는 아스파라거스 자투리는 버리지 말고 모아 두었다가 맛있는 블루테 수프를 만들어 앙트레로 서빙하거나, 아스파라거스 리소토를 만들 때 부이용으로 사용할 수 있다.

루아얄 익히기
아스파라거스 줄기 150g의 껍질을 조심스럽게 벗기고, 토막으로 썬다. 닭 육수에 달걀과 생크림을 넣어 섞고, 아스파라거스를 넣어 칼끝이 쉽게 들어갈 정도로 익힌다. 믹서에 곱게 간 다음, 간을 맞춘다. 개인용 사바랭 몰드 안쪽에 붓으로 정제 버터를 바르고 이 혼합물을 부어 넣는다. 키친랩을 혼합물 표면에 밀착되게 덮은 다음, 80℃의 스팀오븐에 넣어 20분간 익힌다. 오븐에서 꺼내 식힌 다음, 냉동실에 넣어둔다.

사바랭 만들기(montage du savarin)
나머지 아스파라거스 줄기의 껍질을 벗기고, 다시 그 필러를 사용하여 넓적한 탈리아텔레(tagliatelle) 면처럼 넓고 얇게 저민다. 끓는 소금물에 2분간 데쳐낸 다음 건져 물기를 뺀다. 사바랭 몰드를 냉동실에서 꺼내, 루아얄을 틀에서 분리한 다음, 다시 냉동실에 넣는다. 사바랭 몰드의 안쪽 면과 바닥을 데친 아스파라거스로 덮는다. 그리고 루아얄을 다시 몰드 안에 넣은 다음, 아스파라거스로 조심스럽게 덮는다. 뒤집으면서 몰드에서 분리해 접시에 담는다.

채소 익히기
아스파라거스 머리 부분은 끓는 소금물에 몇 분간 데쳐낸다(뾰족한 끝부분이 아직 좀 단단한 상태로 남아 있어야 한다). 건져서 물기를 뺀 뒤, 세로로 2등분 해둔다. 완두콩을 깍지에서 꺼내 끓는 소금물에 10분 정도만 데쳐 익힌 뒤 건져놓는다.

보라색 감자 칩 만들기
만돌린 슬라이서로 감자를 얇게 자른 다음, 커팅틀로 원형으로 찍어낸다. 170℃ 온도의 기름에 색이 나지 않게 튀긴 다음 건져서 키친타월에 두어 기름을 뺀다.

오렌지 제스트 준비하기
오렌지 껍질 제스트만 얇게 벗겨(껍질의 흰 부분이 같이 깎이지 않도록 주의), 아주 가늘게 채 썬 후, 물과 설탕을 섞어 미리 만들어 놓은 시럽에 넣고 15분간 끓인다. 건져둔다.

말테즈 소스
달걀노른자와 오렌지즙을 볼에 넣고 섞은 다음, 약하게 끓는 물 냄비 위에 볼을 올려 중탕 상태로 걸쭉한 농도가 되도록 계속 휘젓는다. 농도가 무스처럼 되직해져야 한다. 여기에 정제 버터와 레몬즙을 넣고 잘 혼합한 다음, 간을 한다.

플레이팅
접시 중앙에 아스파라거스 루아얄을 놓고 소스를 빙 둘러 뿌린다. 감자 칩을 루아얄 위에 얹고, 그 위에 아스파라거스 머리 부분과 완두콩을 왕관처럼 얹어준다. 중앙에 아필라 크레스를 올려 장식하고, 둘러준 소스 위에 오렌지 제스트 채를 얹어 완성한다.

봄 - 여름

아티초크 바리굴*

ARTICHAUT
BARIGOULE

6인분 기준
준비 시간 : 30분
조리 시간 : 20분

재료
줄기 달린 양파 5개
당근 200g
양송이버섯 200g
콜리플라워 200g
작은 아티초크 (artichauts poivrade) 9개
베이컨 50g
올리브오일 300ml

흰색 닭 육수 (p.24 참조) 500ml
화이트와인 500ml

코리앤더 씨 1꼬집
펜넬 씨 1꼬집
통후추 5알
부케가르니 1개
고운 소금

도구
멜론 볼러

오귀스트 에스코피에(August Escoffier)의 정통 레시피 가운데 하나인 이 요리는, 닭고기나 생선 요리의 가니쉬로 서빙할 수 있다. 또는, 정확하게 익힌 채소 본연의 맛과 화이트 와인이 돋워 주는 산미를 즐길 수 있는 메인 요리로도 훌륭하다. 채소를 익힐 때 약간 살캉거리게 익히는 것이 중요하다.

바리굴 준비하기
채소를 모두 깨끗이 씻어 껍질을 벗긴다. 양파의 줄기는 10cm 정도 남기고 잘라 다듬은 다음, 세로로 반을 가른다. 멜론 볼러를 사용해 당근을 동그랗게 파낸다. 버섯은 얇게 썰고, 콜리플라워는 작은 송이를 떼어 분리한다. 작은 아티초크는 돌려깎기한 다음(p. 446 참조), 세로로 반을 자른다. 베이컨도 가늘게 썰어 준비한다.

바리굴 익히기
큰 소테팬(혹은 프라이팬)에 올리브오일을 달구고 양파와 베이컨을 넣어 수분이 나오게 볶는다. 당근도 넣고 수분이 나오도록 같이 볶는다. 여기에 콜리플라워를 넣고 몇 분간 익힌다. 아티초크를 넣고, 마지막으로 양파와 버섯을 넣은 다음, 화이트 육수와 와인을 붓는다. 코리앤더 씨와 펜넬 씨, 통후추, 부케가르니를 넣고, 유산지를 팬의 크기로 잘라 덮은 다음, 약불에 익힌다. 채소가 익으면, 즙을 졸이고 간을 한다. 즉시 먹어도 좋고 식혀서 먹어도 좋다.

* barigoule: 양파, 마늘, 당근 등을 넣고 와인과 육수에 익힌 프로방스식 아티초크 요리.

어린 잎채소, 뿌리, 꽃 모둠 샐러드

SALADE MULTICOLORE
DE JEUNES POUSSES,
RACINES ET FLEURS

6인분 기준
준비 시간 : 30분
조리 시간 : 15분

재료
길쭉한 핑크 래디시 1단
작은 피클오이 1개
키오자 비트* 1개
붉은 비트** 1개
샐러드용 어린 잎 믹스 1팩
겨자 잎 새순 1팩
비트 잎 1팩
경수채 1단
어린 야생 루콜라 1단
콘샐러드 1팩
처빌 1단

리에종한 비네그레트 드레싱
붉은 피망 1개
마늘 1톨
샬롯 1개
부케가르니 1개
매운 맛이 강한 머스터드 1티스푼
레드 와인 식초
올리브오일 50ml
에스플레트 칠리 가루 / 소금

기본 비네그레트 드레싱
라즈베리 식초 30ml
홀 그레인 머스터드 1 스푼
해바라기유 100ml
후추 / 소금

마무리
식용 보리지 꽃(또는 다른 종류의 식용 꽃) 1팩
로스팅한 해바라기 씨

도구
푸드 프로세서
만돌린 슬라이서

요리는 먼저 눈으로 맛본다는 말이 있듯이, 이 레시피의 샐러드는 분명히 그 화려하고 강렬한 색깔로 보는 이의 입맛을 돋울 것이다. 색의 대비를 잘 활용하여 재료를 아름답게 배치하는 것이 중요하다. 특히 이 모든 재료를 어우러지게 연결해줄 비네그레트 드레싱을 만드는 데 세심한 공을 들여야 한다.

리에종하여 농도를 준 비네그레트 드레싱

피망을 가스불에 그슬리거나 뜨거운 오븐에 잠깐 넣어 태운 후, 껍질을 벗긴다(p.484 참조). 씨와 꼭지를 제거하고 잘게 썰어, 올리브오일, 마늘과 잘게 썬 샬롯, 부케가르니, 물 조금, 소금과 에스플레트 칠리 가루를 넣고, 약 15분간 약한 불로 뚜껑을 닫고 익힌다. 식으면 부케가르니를 건져내고 나머지는 믹서에 간다. 머스터드, 식초, 올리브오일을 넣고 크림과 같은 농도의 걸쭉하게 흐르는 소스가 될 때까지 믹서로 한참 갈아준다. 좀 더 가볍고 흐르는 듯한 묽은 질감의 드레싱을 원한다면 물을 조금 추가한다.

기본 비네그레트 드레싱

식초, 홀 그레인 머스터드, 소금, 후추를 볼에 넣고 거품기로 잘 섞은 다음, 올리브오일을 넣고 혼합한다. 좀 더 묽은 농도를 원하면 물을 조금 추가한다.

신선 채소 준비하기

모든 재료를 골라 다듬고, 깨끗이 씻어 건져둔다. 래디시는 세로로 썰어, 라즈베리 식초를 조금 넣은 찬물에 담가둔다. 오이의 껍질을 벗기고, 길이로 얇게 저며 간을 한 다음 튜브 모양으로 돌돌 말아둔다. 비트는 얇은 동그라미로 슬라이스해서 간을 하고, 라즈베리 식초를 살짝 뿌린 다음, 중심에서 바깥쪽으로 칼집을 내어 깔때기 모양으로 말아준다.

새순 준비하기

새순과 어린잎 채소를 씻어 물기를 턴 다음 키친타월에 놓고 물기를 제거한다(잎이 연해 찢어지기 쉬우니, 채소 탈수기에 넣어 돌리지 않는다). 처빌은 씻어서 물기를 턴 다음 잎만 따둔다(줄기는 부이용의 향신 재료로 이용할 수 있다).

플레이팅

비네그레트 드레싱을 기호에 맞게 넣고 각 재료를 섞은 다음, 모양과 색깔을 골고루 배치하여 보기 좋게, 특히 입체감이 나도록 소복이 담는다. 식용 꽃으로 장식하고, 해바라기 씨를 뿌려 완성한다.

* betterave chioggia: 살에 흰색 줄무늬가 있는 붉은 비트.
** betterave red meat: 겉은 희고 속살은 붉은 기가 도는 순무 종류.

프레시 스프링 롤과 타라마*

ROULEAUX DE PRINTEMPS
ET TARAMA

6인분 기준
준비 시간 : 1시간 30분
조리 시간 : 7분

재료

프레시 스프링 롤
당근 200g
주키니 호박 200g
익힌 새우 300g
참기름 20ml
마늘 1톨
생강 1뿌리(2cm)
콩나물 또는 숙주 100g
굴소스 20ml
고수 $\frac{1}{4}$단
월남쌈 피 6장
익힌 쌀국수(가는 버미셀리) 100g
민트잎 6장

패션프루트 쿨리
패션프루트 과육 150g
메이플 시럽 40g
현미식초 40g
카놀라유 150g
잔탄검* 1g

타라마
빵가루 50g
우유 100g
훈제 대구알 100g
레몬즙 $\frac{1}{2}$개분
카놀라유 65g
카피르 라임 (kaffir lime, combawa) 제스트

도구
만돌린 슬라이서
푸드 프로세서

스프링 롤은 아시아의 맛을 느끼게 해주는 대표적인 메뉴다. 여기 제안한 레시피의 특징은 서로 대조를 이루는 풍미의 두 가지 소스를 곁들였다는 점인데, 하나는 새콤함과 톡 쏘는 향의 패션프루트 쿨리이고, 또 다른 하나는 부드러운 맛과 텍스처의 타라마 딥이다.

가니쉬 준비하기
당근과 주키니 호박을 만돌린 슬라이서를 사용하여 길이로 얇게 슬라이스한 뒤, 가늘게 채 썬다(쥘리엔느). 새우는 껍질을 벗겨둔다. 팬에 기름을 두르고 곱게 다진 마늘과 생강을 넣은 다음, 채 썬 당근과 주키니 호박을 볶는다. 생 숙주를 넣는다. 굴 소스를 넣어 잘 섞은 다음, 고수 잎을 뿌리고 식힌다.

스프링 롤 만들기
월남쌈 피를 미지근한 물에 담가 부드럽게 불려 젖은 면포 위에 놓고, 채 썬 채소 볶음, 새우, 가는 쌀국수와 민트 잎 한 장을 넣고 돌돌 말아 싼다. 냉장고에 보관한다.

패션프루트 쿨리** 만들기
모든 재료를 믹서에 갈고, 간을 맞춘 후 냉장고에 보관한다.

타라마 만들기
빵가루에 우유를 조금 넣고 적신다. 그릇에 대구알과 레몬즙, 꼭 짠 빵가루를 넣고 믹서로 간 다음, 오일을 조금씩 넣으면서 (마요네즈 만드는 것처럼) 거품기로 휘저어 원하는 농도를 만들어준다. 라임 껍질을 제스터로 갈아 뿌려 향을 더한다.

* gomme de xanthane: 식품의 점도를 증가시키고 유화 안정성을 증진하며, 식품의 물성 및 촉감을 향상시키기 위한 식품첨가물.

* tarama: 숭어, 대구 등 생선의 알을 베이스로 만들어 주로 블리니에 얹어 먹는 그리스식 스프레드.
** coulis: 농도가 진한 퓌레나 소스.

여름 – 가을

지롤 버섯을 곁들인 패션프루트 단호박 크림수프

CRÈME PASSION-POTIMARRON
AUX GIROLLES

6인분 기준
준비 시간 : 30분
조리 시간 : 20분

재료
단호박 800g짜리 1개
리크 흰 부분 2줄기
버터 50g
흰색 닭 육수 (p.24 참조) 1리터
생크림 200ml
패션프루트 쿨리 100ml

가니쉬
지롤 버섯 100g
마늘 1톨
처빌 1단
소금, 흰 후추

도구
믹서
고운 원뿔체

이국적인 달콤한 향이 가득한 이 가을 메뉴는 누구나 좋아하는 무난한 애피타이저로, 단호박의 달콤함과 패션프루트의 새콤한 맛이 어우러지는 조화가 매력적이다. 브뤼누아즈로 잘게 썬 파인애플이나 망고를 더해주면 한층 더 신선한 활기를 줄 수 있다.

단호박 크림 만들기
단호박을 반으로 잘라 속을 파내고, 작은 큐브 모양으로 썬다. 리크의 흰 부분은 송송 썰어 수분이 나오도록 버터에 볶는다. 여기에 단호박을 넣고 닭 육수를 부어준 다음 20분 정도 끓여 익힌다. 생크림을 넣고 믹서로 간다. 원뿔체로 거르고, 패션프루트 쿨리를 넣어 섞는다(쿨리는 마지막 장식용으로 몇 방울 남겨둔다).

가니쉬 준비하기
지롤 버섯의 밑동 끝을 잘라내고 찬물에 재빨리 씻어 건져 잘 털어준 다음, 키친타월에 놓아 물기를 완전히 제거한다. 팬에 버터를 녹이고 짓이긴 마늘을 한 톨 넣은 후 버섯을 볶는다.

플레이팅
우묵한 접시에 단호박 크림을 담고, 지롤 버섯을 몇 개 올린다. 패션프루트 쿨리를 몇 방울 뿌리고 처빌로 장식한다. 이 수프는 따뜻하게 또는 차갑게 먹을 수 있다.

여름 – 가을

피스투*를 곁들인 채소 수프

SOUPE AU PISTOU

6인분 기준
준비 시간 : 1시간 30분
조리 시간 : 30분

재료
감자 (bintje) 400g
애호박 400g
큰 토마토 400g
불린 흰 강낭콩 100g
당근 400g
샐러리 200g
햇 리크 400g
스위트 양파 200g
파바 콩 200g
완두콩 200g
마카로니 100g
채소 육수 (p.32 참조) 또는 물 1.5리터
굵은 소금

피스투
마늘 50g
바질 ½단
올리브오일 200g
오래 숙성한 파르메산 치즈 50g
고춧가루 1꼬집
소금

파르메산 튈
파르메산 치즈 50g

도구
실리콘 패드

피스투 수프는 이탈리아에서는 '미네스트로네(minestrone)'라고 부르는 수프의 프로방스 버전이다. 들어가는 재료가 풍부하고, 향도 복합적이며, 다양한 식감을 맛볼 수 있는 이 수프는 단순히 전채요리를 넘어 한 끼 식사 대용으로도 훌륭한 메뉴다.

채소 준비하기
감자의 껍질을 벗겨서 찬물에 담가둔다. 호박은 씻어서 껍질은 그대로 둔 채 양쪽 끝동을 잘라낸다. 토마토는 끓는 물에 몇 초간 데쳐 껍질을 벗기고, 씨와 속을 빼낸 후 콩카세로 썬다. 흰 강낭콩은 끓는 소금물에 넣어 10분 정도 익힌다. 나머지 채소(당근, 샐러리, 리크, 양파)는 모두 사방 0.5cm 크기의 큐브 모양으로 썬다.

수프 끓이기
채소 육수를 끓여 굵은 소금으로 살짝 간을 한 후, 익는 시간이 오래 걸리는 순서대로 채소를 집어넣고 끓인다(맨 처음 당근 – 샐러리 – 리크 – 양파 – 파바 콩 – 완두콩 – 호박 – 마지막으로 감자와 토마토의 순서로 넣어 익힌다).

파스타 익히기
마카로니는 따로 익혀 건져 놓는다. 얇은 동그라미로 썰어, 수프가 완성되기 7분 전에 넣어준다.

피스투 만들기
절구에 마늘과 바질을 넣고 찧는다. 올리브오일을 가늘게 조금씩 부어주면서 찧어 섞고, 수프에서 조금 건진 토마토 콩카세와 감자를 조금 넣는다. 계속 으깨 섞어 균일한 질감의 피스투를 만든다. 마지막에 파르메산 치즈 간 것과 소금, 아주 소량의 고춧가루를 칼끝으로 집어넣고 잘 섞는다.

파르메산 튈 만들기
오븐팬에 실리콘 패드(또는 유산지)를 깔고 그 위에 파르메산 치즈 간 것을 둥글게 펴 놓는다. 180℃로 예열한 오븐에 넣어 색이 나도록 구운 다음, 오븐에서 꺼내 식힌다.

플레이팅
우묵한 접시에 수프를 담고 가운데 바질 잎으로 장식한다. 피스투 소스와 파르메산 튈은 따로 서빙한다.

* pistou: 이탈리아 페스토 소스의 프랑스 버전. 프랑스의 피스투는 잣을 넣지 않는다.

봄 – 여름

미니 라타투이*

MINI-RATATOUILLE

6인분 기준
준비 시간 : 20분
조리 시간 : 30분

재료
양파 큰 것 1개
주키니 호박 2개
가지 1개
붉은 피망 1개
노랑 피망 1개
녹색 피망 1개
펜넬 ½개
마늘 3톨
올리브오일
굵은 소금

마카로니 50g
바질 잎 3장
사프란
고운 소금, 그라인드 흰 후추

마무리
미니 주키니 호박 6개
줄기 달린 체리토마토 6개
파르메산 치즈 셰이빙 (copeaux de parmesan)
바질 잎 끝부분 6개
베이컨 50g
로스팅한 잣 20알
베요타 하몽* 2장
올리브오일

도구
만돌린 슬라이서
프라이팬
두꺼운 냄비
작은 소스팬

이 라타투이 레시피는 약간 변형된 것이긴 하지만, 성공적으로 만드는 기본 비결은 같다. 즉, 모든 재료를 뚜껑을 덮지 않고 따로 익혀, 채소의 수분이 전부 날아가고 본래의 맛과 향이 최대한 농축되게 하는 것이다. 채소는 살캉거리게 익히고, 파스타는 알 덴테(Al dente)로 익히도록 주의한다.

채소 준비하기

채소를 깨끗이 씻는다. 주키니 호박과 가지, 양파를 작은 브뤼누아즈로 썬다. 가지는 속을 숟가락으로 파내고 껍질째 썰어준다. 피망은 불에 그슬리거나 오븐 브로일러에 태운 뒤, 지퍼락에 잠깐 밀봉해 놓았다가 꺼내 껍질을 벗긴다(p.484 참조). 꼭지와 씨를 빼 내고 살을 작은 브뤼누아즈로 썬다. 펜넬은 잎을 떼어낸 다음, 브뤼누아즈로 썰어 끓는 물에 30초간 데쳐둔다.

라타투이 익히기

채소를 각각 따로, 올리브오일을 달군 소테팬에 센 불로 익히기 시작한 다음, 불을 줄인다. 1mm 높이로 물을 조금 넣고 굵은 소금을 몇 알 넣은 다음, 제일 약한 불에서 익힌다. 채소의 수분이 증발하도록 뚜껑을 덮지 않는다. 채소가 약간 아삭할 정도로만 익힌다. 마늘은 껍질을 벗기고 반을 갈라 속의 싹을 제거한 후, 냄비에 넣고 마늘 높이까지 물을 부어 7번 데쳐 건져둔다. 채소가 익으면 거름망에 전부 건져 놓는다.

기타 재료 준비하기

사프란을 넣어 향을 낸 소금물을 끓여 마카로니를 알 덴테(al dente: 안쪽의 심이 약간 단단한 정도로 파스타를 삶는 익힘 정도)로 삶아 놓는다. 데친 마늘은 으깨서 퓌레를 만든다. 바질 잎을 얇게 채 썰고, 베이컨도 브뤼누아즈로 잘게 썰어 라타투이에 넣는다. 잣은 150℃ 오븐에서 10분 정도 로스팅한다. 체리토마토는 올리브오일을 살짝 뿌리고 마늘 한 쪽을 넣어, 140℃로 예열한 오븐에서 15분 정도 익혀 콩피한다. 베요타 하몽은 기름을 떼어내지 말고 아주 가늘게 채 썰어둔다(쥘리엔느).

플레이팅

우묵한 접시에 라타투이를 담고, 그 위에 여러 가지 고명(토마토 콩피, 파르메산 치즈 셰이빙, 바질, 잣, 베요타 하몽)을 골고루 얹는다.

* jambon Bellota: 하몽 이베리코 데 베요타. 천연사료와 도토리를 먹이고 목초지에 방목해 기른 흑돼지의 다리를 소금에 절여 자연 건조시켜 만든 스페인 최고의 생 햄.

* ratatouille: 가지, 호박, 피망, 토마토 등에 허브와 올리브오일을 넣고 뭉근히 끓여 만든 채소 스튜.

여름 – 가을

파르메산 사블레에 얹은 프로방스풍 채소 그라탱(이스마엘 바얄디)

GRATIN ISMAËL BAYALDI,
SABLÉ PARMESAN

6인분 기준
준비 시간 : 1시간
조리 시간 : 30분

재료

파르메산 사블레(sablée au parmesan)
밀가루 150g
버터 75g
파르메산 치즈 75g
달걀노른자 1개분
소금

양파 콤포트(fondue d'oignon)
양파 200g
버터 50g
올리브오일 1테이블스푼

그라탱 재료
작은 주키니 호박 200g
작은 토마토 200g
중간 크기 가지 200g
마늘 3톨
바질 1단
에스플레트 칠리 가루 2꼬집
아주 질 좋은 올리브오일 150ml
타임
소금

도구
만돌린 슬라이서
10cm x 4cm 크기의 직사각형 틀 6개

원래 터키의 음식인 이 그라탱은 기본적으로 가지와 양파 콩피로 이루어진 요리로, 이스마엘 바얄디(Ismaël Bayaldi)라는 이름의 이슬람 지도자가 좋아했다고 해서 이런 이름이 붙었다. 오리지널 레시피에 조금 변형을 주어 프로방스풍 티앙(tian: 프로방스 토기로 음식의 이름으로 쓰이기도 하는데 채소를 이용한 그라탱을 티앙에 넣어 조리해서 붙여진 이름이다) 스타일로 재구성해 보았다.

파트 사블레(pâte sablée) 만들기

밀가루를 체에 쳐 작업대에 놓고, 가운데를 우묵하게 판 다음, 깍둑썰기한 차가운 버터를 넣고 손가락으로 비벼 섞어 부슬부슬한 모래의 질감을 만든다. 여기에 파르메산 치즈 가루, 소금, 달걀노른자를 넣고 잘 섞어 말랑하고 균일한 반죽을 만든다(너무 뻑뻑하면 물을 조금 넣는다). 손바닥으로 살짝 눌러 넓적하게 만든 후, 랩으로 싸서 냉장고에 넣어둔다.

양파 콤포트

양파는 껍질을 벗기고 씻어 얇게 썬다. 팬에 올리브오일과 버터를 두르고, 양파를 넣어 살짝 색이 나게 약한 불로 은근하게 볶는다(compoter).

채소 준비하기

모든 채소를 씻는다. 주키니 호박은 양끝을 잘라내고 길이로 홈을 파낸 다음, 만돌린 슬라이서로 동그랗게 잘라 고운 소금을 조금 뿌려 절여둔다. 가지도 마찬가지 방법으로 절여둔다. 토마토는 끓는 물에 데쳐서 얼음물에 담가 껍질을 벗긴 다음, 다른 채소와 같은 두께의 원형으로 자른다. 주키니 호박과 가지는 각각 다른 팬에 올리브오일을 조금 두르고, 소금, 에스플레트 칠리 가루, 타임(잎만 긁어서), 으깬 마늘을 넣고 센 불에 재빨리 볶는다. 채소를 칼끝으로 찔러보아 익은 정도를 확인한다. 주키니 호박은 약간 살캉거려야 하고, 가지도 너무 무르면 안 된다.

사블레 만들기

파트 사블레 반죽을 냉장고에서 꺼내 3mm 두께로 밀어준다. 오븐팬에 유산지(또는 실리콘 패드)를 깔고, 파트 사블레를 놓는다. 포크로 군데군데 찔러준 다음, 180℃로 예열한 오븐에 넣어 일단 8분 정도 구워 반만 익힌다. 오븐에서 꺼내 커팅틀로 6개의 직사각형을 찍어내, 다시 오븐에서 8분을 더 구워 완성한다. 노릇한 색이 나게 구워져야 한다. 오븐에서 꺼내 식힘망 위에 올려둔다.

완성하기

구운 사블레를 다시 사각틀 안에 넣고, 그 위에 양파 콤포트를 틀의 중간 높이까지 깔아준다. 토마토와 호박, 가지를 교대로 세워 넣는다. 밀어가며 최대한 촘촘히 넣어준다. 올리브오일을 한 번 두르고 타임을 뿌린 다음, 180℃ 오븐에서 5분 정도 구워, 바로 서빙한다.

여름 - 가을

토마토 샐러드

SALADE
DE TOMATES

6인분 기준
준비 시간 : 20분
조리 시간 : 30분

재료
그린 토마토 (green zebra) 2개
블랙 토마토 (noire de Crimée) 2개
노랑 토마토 (tomate ananas) 2개
완숙 토마토 (marmande) 2개
울퉁불퉁 홈이 있는 토마토 (coeur-de-boeuf) 2개
줄기에 달린 작은 토마토 (cocktail grappe) 6개
잘게 썬 샬롯 2개

양념
프로방스 AOC 올리브오일
셰리 와인 식초
고운 소금
그라인드 후추
타임

데코레이션
딸기 (fraise gariguette) 6개
생 아몬드 12개
보라색 바질 새싹
플뢰르 드 셀

캉파뉴 브레드 썬 것 12장

도구
소스팬
오븐팬

- 포커스 -

샐러드의 맛과 향을 최대한
즐기기 위해서는
토마토를 냉장고에 넣지 말고
상온에 두어야 한다.
토마토의 사이즈는 되도록
작은 것으로 골라
접시에 너무 많은 양이
올라가지 않도록 한다.

음식을 먹는 즐거움은, 그 요리의 색, 풍미, 식감에서 온다. 여러 가지 다른 품종의 재료를 선택해서, 또 다양한 조리법(내추럴, 시즈닝, 마리네이드, 껍질을 벗기거나 그대로 둠)으로 준비한 이 샐러드는 변화 있고 다채로운 즐거움을 선사한다.

토마토 샐러드 만들기
토마토를 모두 깨끗이 씻는다. 작은 방울토마토를 제외하고 전부 꼭지를 딴다. 검은 토마토, 완숙 토마토, 홈이 파인 모양의 토마토를 모두 3mm 두께로 자른 다음, 쟁반에 펼쳐놓고 붓으로 올리브오일을 발라준다. 소금을 뿌려 상온에서 절여둔다.

나머지 토마토 준비하기
노랑 토마토를 끓는 물에 몇 초간 데쳐 껍질을 벗긴 다음(p.486 참조) 6등분해 속의 씨를 제거하고 꽃잎 모양의 살만 남긴다(p.488 참조). 오븐팬에 놓고 올리브오일을 한 번 뿌린 후, 타임을 잎만 긁어, 아주 조금 뿌린다. 60℃ 오븐에서 30분간 건조시킨다.
그린 토마토도 꽃잎 모양으로 썰어 볼에 넣고 오일, 식초, 소금, 후추와 섞어 30분간 마리네이드한다(나오는 수분은 버리지 말고 두었다가 샐러드용 비네그레트 드레싱으로 사용하면 좋다). 완숙 토마토를 반으로 썰어 다시 5mm 두께로 자른 다음, 그린 토마토와 마찬가지로 마리네이드한다. 방울토마토는 꼭지를 그대로 둔 채로 껍질을 벗긴다. 윗부분을 뚜껑처럼 살짝 잘라내고 속을 파낸다. 잘게 썬 샬롯에 올리브오일과 셰리 와인 식초를 조금 넣고 소금으로 간해 잘 섞은 다음, 방울토마토의 속을 채워준다. 잘라낸 뚜껑을 다시 덮는다. 랩을 씌워 상온에서 30분간 맛이 배게 둔다.

플레이팅
마리네이드해 두었던 토마토를 건져내고 그 즙은 보관한다. 접시 맨 밑에 완숙 토마토, 블랙 토마토, 홈이 파인 토마토를 교대로 카르파초처럼 동그랗게 겹쳐가며 깔아준다.
그 위에 그린 토마토 꽃잎 모양을 조심스럽게 얹고, 오븐에 구운 노랑 토마토 꽃잎 모양도 사이사이 놓는다. 방울토마토를 중앙에 얹는다. 딸기를 바토네(bâtonnet: 막대 모양)로 썰어 보기 좋게 골고루 얹는다. 생 아몬드 껍질을 깨고, 알맹이만 꺼낸 다음 둘로 갈라 샐러드에 뿌린다. 마리네이드 비네그레트를 뿌리고(필요하면 조금 남겨둔다), 플뢰르 드 셀을 조금 뿌린다.

빵 준비하기
캉파뉴 브레드를 길게 스틱으로 잘라 250℃로 예열한 오븐에 3분간 구워낸다. 샐러드 위에 얹거나, 옆에 놓아 서빙한다.

여름 - 가을

스모크 가지 캐비어

CAVIAR
D'AUBERGINES FUMÉES

6인분 기준
준비 시간 : 45분
조리 시간 : 30분

재료
가지 600g
토마토 180g
올리브오일 60g
소금 6g
설탕 6g
타임 3줄기
마늘 1톨
커리 가루
고수 1단
셰리 와인 식초 50ml
바게트 빵(크루통용) 1개

도구
오븐용 브로일팬
소스팬
오븐팬

가지 캐비어의 매력은 스모키한 불 맛에 있다. 이 맛을 내려면, 가지 껍질을 직접 불에 그슬려 훈연하는 과정이 꼭 필요하다. 가스불이 없고 인덕션 레인지만 사용하는 가정에서는 토치를 하나 장만하는 것도 좋다. 토치는 이 용도 이외에도 주방에서 다양하게 사용할 수 있으므로 투자할 만한 조리 도구다.

가지 익히기
가지의 껍질을 가스 불에 직접, 또는 토치로 그슬려준다(훈연한 맛을 내줌). 가지를 알루미늄 포일에 싸서 180℃로 예열한 오븐에 넣어 30분간 익힌다. 오븐에서 꺼낼 때, 살이 완전히 익어 흐물흐물한 상태가 되어야 한다.

토마토 익히기
토마토는 끓는 물에 몇 초간 데쳐 껍질을 벗긴 다음, 속의 씨와 즙을 빼낸다. 오븐용 브로일팬에 넣고, 올리브오일, 소금, 설탕, 타임, 마늘을 넣은 다음 80℃ 오븐에서 1시간 동안 은근히 익혀 토마토 콩피를 만든다.

가지 캐비어 만들기
가지의 껍질을 벗겨내고, 칼로 가지 살을 다진다. 토마토 콩피와 그 익힌 오일, 마늘을 함께 넣어 혼합한다. 커리 가루를 칼끝으로 아주 조금 넣고, 잘게 썬 고수와 셰리 와인 식초를 조금 넣은 다음 간을 맞춘다.

완성하기
바게트를 얇게 썰어 굽고, 가지 캐비어를 발라 얹어 먹는다.

삼색 양배추 퓌레

PURÉE DE CHOU GRAFFITI

6인분 기준
준비 시간 : 45분
조리 시간 : 20분

재료
콜리플라워 300g
브로콜리 300g
보라색 콜리플라워 300g
버터 170g
굵은 소금 100g
물
보라색 식용 색소(선택 사항)

도구
블렌더

아름다운 색의 대비와 다양한 맛을 보여주는 이 세 종류의 퓌레 맛을 한층 더 높이려면 가운데 굵은 속심을 같이 조리하는 것이 좋다. 재료가 익으면, 블렌더나 핸드믹서로 갈아서, 곱고 매끈한 질감의 퓌레를 만들어준다.

채소 준비하기
세 가지 채소의 겉잎을 떼어내고, 살을 작은 송이로 잘라놓는다. 가운데 심지 부분은 껍질을 벗겨 큐브 모양으로 썬다. 흰 콜리플라워와 녹색 브로콜리는 각각 따로 끓는 소금물에 익힌다(속심도 같이 익힌다). 보라색 콜리플라워를 익히는 물에는 소금을 넣지 않는다.

퓌레 만들기
익힌 채소를 건져(보라색 콜리플라워 익힌 물은 보관한다), 차가운 버터를 넣고 각각 따로 블렌더에 간다. 버터를 흰 콜리플라워에 30g, 브로콜리에 70g, 보라색 콜리플라워에 70g을 각각 넣는다. 보라색 콜리플라워 익힌 물은 글레이즈의 농도가 되도록 졸인 후, 보라색 퓌레와 혼합한다(또는 보라색 식용 색소를 조금 넣어도 된다).

완성하기
팬 프라이한 가리비 또는 양 허벅지 살 로스트 등의 요리에 가니쉬로 서빙한다.

여름 - 가을

당근 샐러드

SALADE DE CAROTTES

6인분 기준
준비 시간 : 30분
조리 시간 : 6분

재료
줄기 달린 주황색 당근 3개
노란색 당근 3개
보라색 당근 3개
라스엘하누트* 스파이스 믹스 3꼬집
꿀 3테이블스푼
건포도 3테이블스푼
물 200g
오렌지 블라섬 워터 50g
고수 $\frac{1}{4}$단
잣 30g
레몬(왁스 처리하지 않은 것) 1개
올리브오일
소금, 후추

도구
만돌린 슬라이서

중동의 향기가 물씬 풍기는 이 컬러풀한 샐러드를 제대로 만들기 위해서는, 원재료를 까다롭게 골라 사용하는 게 관건이다. 가능하면 유기농으로 또는 소규모 농가에서 안전한 농법으로 재배한 재래종 당근을 선택하는 것이 좋다.

당근 준비하기
당근은 껍질을 벗기고 씻어서, 만돌린 슬라이서로 길게 자른다. 세 개의 팬에 올리브오일을 넣고, 당근을 색깔별로 따로, 살캉거릴 정도로만 익혀준다. 거의 다 익을 때 쯤, 각 팬에 라스엘하누트 스파이스 믹스 한 꼬집과 꿀 1테이블스푼을 넣고, 당근에 윤기가 나도록 골고루 뒤적여 섞는다. 식힌다.

건포도 익히기
냄비에 건포도와 물, 오렌지 블라섬 워터를 넣고 끓인다. 끓으면 바로 불에서 내려 20분 정도 건포도를 불린 다음 건진다.

완성하기
고수는 잎만 떼어둔다. 잣은 기름을 두르지 않은 팬에 넣고, 중불에서 잘 흔들어 가며 로스팅한다. 큰 샐러드 볼에 당근을 넣고, 고수, 잣, 레몬 제스트를 넣은 다음, 올리브오일을 한 번 둘러 조심스럽게 섞는다. 접시에 보기 좋게 담아 서빙한다.

* ras-el-hanout: 중동식 향신료 믹스. 카다몬, 생강, 계피, 넛멕, 메이스, 강황, 후추 등의 향신료를 혼합한 것으로 모로코 음식에 많이 쓰인다.

토마토 마멀레이드와 피스투를 곁들인 가지구이

TRANCHES D'AUBERGINES,
MARMELADE DE TOMATE,
JUS AU PISTOU

6인분 기준
준비 시간 : 30분
조리 시간 : 45분

재료
중간 크기의 가지 3개
올리브오일 200ml
붉은 피망 1개
양파 100g
큰 사이즈의 완숙 토마토 500g
설탕 20g

피스투
파르메산 치즈 덩어리 100g
잣 100g
마늘 1톨
바질 1단
올리브오일 150g

모차렐라 튀김
프레쉬 모차렐라 치즈 2덩어리
빵가루 ½봉지
달걀흰자 200g

마무리
니스 (Nice)산 블랙 올리브 150g
줄기 달린 케이퍼 100g
루콜라 10g
파르메산 치즈 40g

도구
푸드 프로세서

– 포커스 –

가지를 익힐 때 기름을 너무 많이 흡수하지 않게 하려면, 미리 증기에 한 번 찌는 게 좋다.

남 프랑스의 향기가 가득한 이 레시피는, 여름을 대표하는 두 재료인 가지와 토마토가 그 주인공이다. 좀 더 변화를 주고 싶으면, 품종이 다른 가지들을 선택해, 접시 위에서 서로의 개성을 비교해 보여 주는 것도 좋다.

가지 준비하기

가지는 꼭지와 껍질을 그대로 둔 채로, 1cm 두께로 세로로 길게 잘라 6조각의 두툼한 슬라이스를 준비한다(자르고 남은 부분은 보관했다가, 가지 캐비어 등 다른 용도로 사용한다). 소금과 후추로 간한다. 팬에 올리브오일을 조금 두르고, 가지의 양면을 지진 다음, 210℃ 오븐에 넣고 완전히 익힌다.

토마토, 피망 마멀레이드

피망은 토치로 그슬리거나, 가스 불에 직접 태운다(p.484 참조). 껍질이 까맣게 타면, 알루미늄 포일에 잠깐 싸 두었다가, 찬물에 헹궈 껍질을 벗긴다. 피망의 살만 가늘게 썬다(줄리엔느). 양파는 얇게 썰어, 올리브오일에 수분이 나오도록 볶는다. 토마토는 끓는 물에 몇 초간 데쳐 껍질을 벗긴다(p.486 참조). 토마토의 씨와 속의 즙을 빼내고 잘게 썰어, 양파를 볶고 있는 팬에 넣고 함께 약한 불로 졸이듯이 익힌다. 이어서 피망을 넣고 계속 익혀 수분이 날아가게 한다. 필요한 경우 설탕을 조금 넣는다.

피스투 만들기

파르메산 치즈, 잣(120℃ 오븐에서 10분간 로스팅한 것), 마늘, 바질 잎과(끝부분 예쁜 모양의 잎은 장식용으로 남겨 놓는다) 올리브오일을 모두 넣고 믹서로 간다.

모차렐라 튀김 만들기

생 모차렐라 치즈를 6등분해, 밀가루, 달걀, 빵가루를 묻혀 180℃의 기름에 3분간 튀긴다.

플레이팅

구운 가지 슬라이스 위에 토마토–피망 마멀레이드를 조금 깔고, 모차렐라 튀김, 블랙 올리브, 케이퍼를 얹은 다음, 피스투 소스를 뿌린다. 바질 잎 끝 송이를 한두 개 놓고, 어린 루콜라 잎을 얹는다. 파르메산 치즈 셰이빙을 몇 조각 올려 완성한다.

* pistou: 이탈리아 페스토 소스의 프랑스 버전. 프랑스의 피스투는 잣을 넣지 않는다.

채식주의 스타일 프랑스식 완두콩 요리

PETITS POIS
À LA FRANÇAISE
FAÇON VÉGÉTARIENNE

6인분 기준
준비 시간 : 20분
조리 시간 : 15분

재료
줄기 달린 햇양파 작은 것 1단
양상추 $\frac{1}{2}$통
버터 80g
깍지 깐 완두콩 400g
설탕 15g
채소 육수 (p.32 참조) 300ml
부케가르니 1개
버터 20g(마무리용)
셰리 와인 식초
소금, 후추

도구
소테팬

이 레시피는 간단하지만 그 맛은 정말 좋다. 완두콩이 나오는 기간이 길지 않으니, 그동안 꼭 한 번 이 요리를 만들어 즐기면 좋을 것이다. 많은 경우에 그렇듯이, 좋은 원재료의 선택이 그 요리의 성패를 좌우한다. 신선한 완두콩을 깐깐하게 골라 조리하여, 최상의 맛을 끌어내보자.

양파와 양상추 준비하기
양파는 녹색 부분이 조금 보이게 껍질을 벗긴다. 큰 것은 반으로 자른다. 양상추는 잎을 한 장씩 떼어내 씻어, 채소 탈수기로 물기를 완전히 뺀 다음, 시포나드로 채 썬다.

완두콩 익히기
소테팬에 버터를 녹여 거품이 일면 양파를 넣고 색이 나지 않게 볶는다. 채 썰어놓은 양상추와 완두콩을 넣고 같이 볶는다. 소금으로 간을 하고, 후추와 설탕을 넣는다. 채소 육수를 붓고, 부케가르니를 팬 중앙에 넣은 다음 아주 약한 불로 15분간 익힌다. 마지막에 버터 20g을 넣고 셰리 와인 식초를 살짝 뿌린다.

플레이팅
샐러드 볼이나 우묵한 접시에 담아 서빙한다.

밤 크림수프

CRÈME DE CHÂTAIGNE

6인분 기준
준비 시간 : 30분
조리 시간 : 1시간

재료

흰색 닭 육수
닭뼈와 자투리 1kg
당근 2개
양파 1개
리크 $\frac{1}{2}$개
샬롯 2개
샐러리 1줄기
부케가르니 1개
정향 1개
마늘 1톨

밤 크림수프
리크 흰 부분 80g
양송이버섯 100g
버터 20g
익힌 밤 150g
생크림 100ml
헤비크림 100ml
밤 부스러기 50g
트러플 오일 몇 방울
생밤 편으로 썬 것 조금

도구
소테팬

가을의 맛을 내는 이 크림수프는 아주 진하고, 든든한 음식이다. 익힌 밤을 잘게 잘라 얹거나, 생밤을 얇게 썰어 올려 아삭한 식감을 더하는 등, 레시피를 조금씩 응용해 변화를 주어도 좋다. 크리스마스와 같은 특별한 파티 시즌에는, 서빙 직전 푸아그라를 작은 큐브 모양으로 썰어 올리면 근사한 수프로 한 단계 업그레이드된다.

흰색 닭 육수 만들기
닭 몸통뼈는 허파 등의 내장을 제거한 후, 작게 토막 내 둔다. 뼈와 자투리를 냄비에 넣고 2리터의 찬물을 부어 끓이고, 거품을 꼼꼼히 건진다. 채소는 껍질을 벗기고 미르푸아(작은 큐브)로 썰어 부이용에 넣고, 마늘과 부케가르니, 정향도 함께 넣는다. 1시간 동안 약한 불로 은근히 끓인다(시머링). 원뿔체에 거르고, 기름기를 제거한 다음, 다시 냄비에 부어 350ml 정도만 남게 졸인다.

밤 크림 만들기
리크의 흰 부분과 양송이버섯을 얇게 송송 썰어, 깊은 소스팬에 버터를 조금 넣고 수분이 나오게 볶다가, 익힌 밤을 넣는다. 버터를 골고루 입히며 천천히 볶는다. 졸여 놓은 흰색 닭 육수를 붓고, 두 종류의 크림을 넣은 다음, 믹서로 조심스럽게 간다. 다시 끓인 다음 간을 맞춘다. 크림수프(블루테)의 농도는 너무 걸쭉해서는 안 되고, 흐르는 정도의 농도에 매끄러운 질감이어야 한다.

플레이팅
우묵한 접시에 밤을 부숴 작은 조각으로 넣고, 끓인 밤 크림수프를 담는다. 생밤을 필러로 얇게 슬라이스해서 몇 조각 얹고, 트러플 오일을 몇 방울 떨어뜨린 후, 바로 서빙한다.

채소 포타주

POTAGE FRAÎCHEUR CULTIVATEUR

6인분 기준
준비 시간 : 35분
조리 시간 : 15분

재료
노랑 당근 1개
리크 1개
순무 1개
노란색 순무 1개
(또는 rutabaga)
파스닙 1개
사보이 양배추 $\frac{1}{4}$통
감자 (BF15) 2개
그린 빈스 100g
버터 50g

부이용
오리 기름(또는 버터) 50g
물(또는 닭 육수) 1리터
소금, 후추

토스트
캉파뉴 브레드 1개
에멘탈 치즈 가늘게 간 것 50g
차이브 1단

도구
소스팬
만돌린 슬라이서

– 포커스 –

좀 더 전원풍의 투박한
수프를 만들고 싶으면,
삼겹살이나 다른 고기를
미리 익혀 포타주에 넣는다.

이 수프는 매 계절 나오는 싱싱한 제철 채소를 응용하여 다양한 색감으로 만들 수 있는 음식이다. 채소를 너무 오래 익히지 않고 포타주의 신선함을 살리는 것이 성공 포인트다.

채소 준비하기
채소는 모두 씻어 껍질을 벗겨 페이잔느로 썰고, 사보이 양배추는 사방 1cm 정사각형으로 균일하게 썬다.

채소 익히기
냄비에 오리 기름(또는 버터)을 녹이고, 당근, 리크, 양배추를 넣어 수분이 나오게 볶는다. 이어서 순무 종류와 파스닙을 넣어 볶다가 물(또는 닭 육수)을 붓고 간을 한다. 약한 불로 몇 분간 끓이다가(시머링), 큐브 모양으로 자른 감자와 그린 빈스를 넣는다. 10분 정도 더 뭉근히 끓이고 간을 맞춘다.

토스트 만들기
캉파뉴 브레드를 얇은 두께로 어슷하게 슬라이스한 후, 먹기 좋은 크기로 자른다. 에멘탈 치즈를 얹고 오븐에서 노릇하게 구워낸다.

플레이팅
우묵한 접시에 수프를 담고, 잘게 썬 차이브를 뿌린다. 치즈 토스트는 접시에 따로 서빙한다.

트러플을 얹은 샐러리악

TAGLIATELLES DE CÉLERI
À LA TRUFFE

6인분 기준
준비 시간 : 30분
조리 시간 : 10분

재료
샐러리악 600g
레몬즙 30g
굵은 소금 10g
올리브오일 30g
버터 60g

마무리
블랙 트러플 20g
버터 60g

도구
만돌린 슬라이서
레몬즙 짜는 도구
소테팬

이 레시피는 채소를 이용하여 탈리아텔레(tagliatelle: 면이 넓적한 파스타 종류) 모양처럼 만든 재미있는 조리법으로, 샐러리악을 활용한 의외의 새로운 요리이기도 하다. 트러플을 곁들여 따뜻하게 먹거나, 혹은 레물라드 소스*와 함께 차갑게 서빙하기도 한다.

샐러리악 준비하기
샐러리악의 껍질을 벗기고, 1~2mm로 얇게 슬라이스한 다음, 탈리아텔레 파스타 면의 폭으로 길게 썰어 레몬즙과 굵은 소금에 30분간 절여둔다.

샐러리악 익히기
절인 샐러리악을 물로 헹궈 건진다. 팬에 올리브오일과 버터를 달군 후 샐러리악을 넣는다. 유산지를 씌우고 뚜껑을 덮어 샐러리가 반투명해질 때까지 약한 불로 익힌다.

플레이팅
다 익으면 마지막으로 다진 트러플(또는 가늘게 채 썬 트러플)을 넣어준다. 차가운 버터를 넣고 리에종하여 농도를 맞춘다. 수렵육 요리나 구운 랑구스틴 등의 메인 요리에 곁들여 낸다.

* sauce rémoulade: 마요네즈에 각종 허브, 케이퍼, 오이 피클, 안초비 등을 넣어 만든 소스. 샐러리악 레물라드 소스는 간단히 마요네즈에 머스터드와 마늘, 후추 등을 넣어 만든다.

가을 채소 밀푀유

MILLEFEUILLE
DE LÉGUMES D'AUTOMNE

6인분 기준
준비 시간 : 45분
조리 시간 : 1시간
24시간 전에 미리 준비할 것

재료
감자 (bintje 또는 nicola) 250g
모래에서 재배한 당근* 200g
파스닙 200g
단호박 (potiron muscade) 200g
생크림 125g
소금
후추
넛멕

도구
햄 슬라이서 또는 만돌린 슬라이서
직사각형 용기

그라탱 도피누아(gratin dauphinois: 크림에 얇게 썬 감자와 약간의 마늘을 넣어 오븐에 구워낸 요리)를 연상시키는 이 요리는 채소를 모두 크림에 뭉근히 익혀 만든다. 색감이 아름다운 다양한 제철 뿌리 채소를 한 켜씩 쌓아 올려 밀푀유 모양으로 완성한다. 그라탱을 눌러 주어 각 재료의 맛이 잘 연결되게 하는 게 포인트다.

채소 준비하기
채소를 모두 씻어 껍질을 벗긴다. 감자는 햄 슬라이서나 만돌린 슬라이서를 사용하여 2mm 두께로 얇고 길게 자른다. 다른 채소들도 모두 만돌린 슬라이서를 사용하여 2mm 두께로 자른다.

밀푀유 익히기
오븐용 사각 용기(높이 5cm의 정사각형 또는 직사각형) 바닥에 버터 바른 유산지를 깐다. 당근, 감자, 단호박, 파스닙을 크림에 담갔다 뺀 다음, 사각 용기에 교대로 한 켜씩 쌓는다. 매 켜마다 간을 해주고, 방향을 바꾸어 쌓아올린다. 마지막 층은 감자로 마무리한 다음, 간을 맞춘 크림을 그 위에 붓는다. 유산지로 덮고 170℃로 예열한 오븐에 넣어 45분 ~1시간 익힌다. 칼끝으로 찔러보아 부드럽게 들어가면 다 익은 것이다. 오븐에서 꺼내 식힌 다음, 무거운 것으로 눌러 냉장고에 24시간 보관한다.

다음 날
채소 밀푀유를 사각 용기에서 뒤집어 분리해 도마에 놓는다. 유산지는 떼어낸다.
8cm x 4cm 크기의 직사각형으로 자른다. 랩을 씌워 전자레인지에 데운 후, 접시에 담아 서빙한다.

* carotte de sable: Créance 지방의 바닷가 모래밭에서 해초를 비료 삼아 재배한 당근.

가을 채소 가니쉬

GARNITURE AUTOMNALE

6인분 기준
준비 시간 : 1시간 30분
조리 시간 : 1시간 20분

재료

과일
모과 200g
레몬 1개
설탕 40g
애플 사이다 식초 (vinaigre de cidre) 100ml

채소
둥근 순무 350g
붉은색 미니 비트 125g
단호박 150g
채소 육수 (p.32 참조) 1.5리터
버터 80g
설탕 10g

지롤 버섯
지롤 버섯 100g
오리 기름 50g
버터 40g
샬롯 70g
마늘 1톨

밤
베이컨 150g
버터 40g
익힌 밤(진공포장 한 것) 12개
채소 육수 250ml

샐서피
샐서피 200g
레몬 1개
올리브오일 50ml
마늘 2톨
월계수 잎
소금
그라인드 흰 후추

도구
소테팬

계절을 잘 표현해주는 이 요리는, 여러 가지 가을 채소의 다양한 색깔과 식감, 맛이 어우러져, 로스트한 고기류나 닭요리의 훌륭한 가니쉬가 될 뿐 아니라, 단독으로 먹어도 손색없는 요리다.

과일 준비하기
모과의 껍질을 벗기고 속을 잘라낸 뒤, 레몬을 뿌려둔다. 팬에 설탕을 녹여(물은 넣지 않는다), 캐러멜을 만든 다음, 모과를 넣어 캐러멜라이즈한다. 애플 사이다 식초로 디글레이즈한 다음, 색이 너무 진하게 나지 않도록 익힌다. 필요한 경우 채소 육수나 물을 조금 넣는다.

채소 익히기
순무의 껍질을 벗기고 페어링 나이프로 길쭉한 타원형 모양을 내어 돌려깎기한다. 미니 비트는 줄기 부분을 남긴 상태로 껍질을 벗긴다. 단호박은 껍질을 벗기고, 속과 씨를 모두 긁어낸 다음, 일정한 크기로 잘라놓는다. 채소를 각각 따로 팬에 넣고, 채소 육수, 소금, 후추, 버터를 넣어 색이 나지 않고 윤기 나게 익힌다. 순무의 경우만 설탕을 조금 추가해 익힌다.

지롤 버섯 익히기
버섯의 밑동을 잘라 다듬고 재빨리 씻는다. 샬롯을 잘게 썰고, 마늘은 으깬다. 팬에 오리 기름을 뜨겁게 달구고 버섯을 센 불에 재빨리 볶아낸다. 소금, 후추로 간한다. 건져낸 다음, 다시 팬에 버터를 헤이즐넛처럼 연한 갈색이 날 때까지(브라운 버터) 달군 후, 버섯을 색이 나게 볶는다. 잘게 썬 샬롯과 마늘을 마지막에 넣어준다.

밤 준비하기
베이컨을 라르동으로 잘게 썰어 버터에 약하게 볶다가, 밤을 넣고 채소 육수를 넣는다. 국물이 거의 다 졸아들 때까지 약한 불로 은근히 익힌다(시머링).

샐서피 익히기
샐서피는 제일 연한 흰 속살이 나올 때까지 껍질을 벗긴 다음, 어슷하게 썬다. 익히기 전까지 레몬 물에 담가놓는다. 올리브오일을 달군 후, 샐서피를 넣고 수분이 나오게 볶다가, 레몬 물을 재료 높이까지 붓고, 으깬 마늘, 월계수 잎, 소금, 후추를 넣어 완전히 익을 때까지 약한 불로 은근히 익힌다(시머링).

플레이팅
이 채소 가니쉬를 우묵한 접시에 따로 담거나, 또는 고기나 닭 메인 요리 주위에 골고루 담아 서빙한다.

겨울 채소 스튜

FRICOT DE LÉGUMES D'HIVER

6인분 기준
준비 시간 : 20분
조리 시간 : 30분

재료

모래에서 재배한 당근* 200g
파스닙 200g
샐러리악 100g
샬롯 100g
단호박 200g
뿌리 처빌 100g
뿌리 파슬리 100g
감자 200g
(roseval: 붉은 껍질의 작고 긴 감자 품종)
돼지감자 200g
마늘 2톨
가염 버터 150g
타임 1줄기
월계수 잎 1장
물 또는 채소 육수(p.32 참조)
후추

도구

초승달 모양의 커팅틀
뚜껑 있는 무쇠냄비

- 포커스 -

냄비에 끓인 이 스튜는
그 자체로도 훌륭한 채소 요리가 될 뿐 아니라,
흰살 육류에 곁들이면 아주 잘 어울린다.

이 레시피는 각 계절에 따라, 모든 제철 채소를 사용하여 만들 수 있다. 각 재료를 윤기 있고 깊은 맛이 나게 캐러멜라이즈하는 게 성공의 비결인데, 이는 특별한 풍미를 내주고, 또 조리하는 동안 채소의 형태가 흐트러지지 않게 잡아주는 역할을 하기 때문이다.

채소 준비하기

채소 껍질을 모두 벗긴다. 당근은 세로로 길게 4등분한 다음 어슷하게 마름모꼴로 썬다. 파스닙은 원형으로 두툼하게 자르고, 샐러리악은 길이 5cm의 직육면체로 썬다. 샬롯은 길이로 2등분한다. 단호박을 도톰하게 슬라이스한 다음, 초승달 모양 틀로 찍어내고, 뿌리 처빌과 뿌리 파슬리는 길게 반으로 잘라놓는다. 감자는 크기에 따라 4등분 또는 6등분한다. 돼지감자는 통째로 사용하고, 마늘쪽은 껍질을 그대로 둔다.

익히기

두꺼운 무쇠나 토기 냄비에 버터를 녹여 거품이 나면 샬롯과 당근을 넣고 살짝 캐러멜라이즈한다. 이어서 모든 채소를 넣는다. 마늘과 타임, 월계수 잎을 넣고, 물이나 채소 육수를 재료의 높이까지 붓는다. 뚜껑을 덮고, 180℃로 예열한 오븐에서 30분간 익힌다. 칼끝으로 찔러 채소가 익었는지 확인하고 간을 한 다음, 필요하면 좀 더 오븐에 익힌다. 냄비를 오븐에서 꺼내 불 위에 올려 뚜껑을 열고, 채소에 윤기가 돌도록 국물을 자작하게 졸인다.

* carotte de sable: Créance 지방의 바닷가 모래밭에서 해초를 비료 삼아 재배한 당근.

가을 – 겨울

미소된장 소스의 서양 대파 테린

POIREAUX
AU MISO BRUN

6인분 기준
준비 시간 : 40분
조리 시간 : 20분
휴지 시간 : 2시간

재료
리크 6개
유자 1개
말린 다시마 100g
가쓰오부시 20g
갈색 미소된장 1테이블스푼
한천 3g

소스
달걀노른자 1개
미소된장 50g
현미 식초 200ml
해바라기유 150ml
생크림 200ml

가니쉬
리크 새싹 1팩
비트 새싹 1팩
현미 식초 40ml
에스플레트 칠리 가루
참기름 100ml
소금

플레이팅
노란색 식용 팬지꽃

도구
원뿔체
소스팬
직사각형 용기 또는 테린 틀

차게 먹는 테린을 너무 짜지 않게 만들려면, 리크를 익힐 때 물에 소금을 넣지 말고, 또 미소된장을 넣을 때도 중간중간 간을 봐가며 조금씩 넣어야 한다. 서빙할 때는, 테린을 너무 얇게 썰지 않아야 모양이 제대로 유지된다.

리크 준비하기
리크를 깨끗이 씻어 녹색 부분을 조금 남기고 잘라 다듬는다. 주방용 실로 한데 묶어서 소금을 넣지 않은 물에 넣고 15분 동안 익힌다. 건져낸 다음 아직 따뜻할 때, 가늘게 채 썬 유자 껍질과 체에 거른 유자즙을 뿌려둔다.

다시마 준비하기
마른 다시마를 찬물에 20분 정도 담가 놓는다. 500ml의 끓는 물에 다시마를 넣고 20분 동안 끓인 다음, 가쓰오부시를 넣어 몇 분간 우린다. 원뿔체에 거른 후, 걸러 낸 물에 미소된장 1테이블스푼(원하는 염도에 따라 조절)을 풀고, 다시 약하게 끓인 후, 한천을 넣는다. 잠깐 동안 더 약한 불로 끓인다(시머링).

테린 만들기
테린 틀이나 직사각형 용기 안쪽에 랩을 깔아준다. 아직 따뜻한 미소된장 젤리를 부어 바닥에 깐다. 리크를 머리와 아랫부분을 하나씩 엇갈리게 촘촘히 놓으며 쌓는다. 그 위에 미소 젤리를 다시 부은 다음 맨 위에 다시마를 덮는다. 살짝 눌러준 다음 냉장고에 넣어 2시간 보관한다.

소스 만들기
마요네즈 만드는 방법과 같다. 단, 머스터드 대신 미소된장을 사용하고, 현미 식초를 넣어 만든다. 식용유에 재료를 넣고 잘 섞은 다음, 생크림을 마지막으로 넣고 혼합해 완성한다. 거품기로 잘 휘저어 섞어 흐르는 듯한 농도의 소스를 만든다.

가니쉬
두 종류의 새싹 순에 현미 식초, 에스플레트 칠리 가루, 참기름, 소금으로 간을 해둔다.

플레이팅
테린을 직사각형으로 1인분씩 조심스럽게 자른다. 접시에 하나씩 담고, 버무려놓은 새싹 샐러드를 맨 위쪽 다시마에 입체감 있게 얹는다. 식용 꽃을 얹어 장식한다. 접시 가장자리에 미소된장 소스를 조금 뿌려 서빙한다.

가을 - 겨울

트러플을 곁들인 비트 샐러드

SALADE MÊLÉE
BETTERAVE ET TRUFFE

6인분 기준
준비 시간 : 1시간 30분
조리 시간 : 1시간 30분

재료
노란색 비트 2개
마늘 껍질째 1쪽
타임 1줄기
올리브오일 50g
키오자 비트 1개
붉은색 둥근 비트 1개
줄기 달린 미니 비트 6개
설탕 30g
버터 25g
긴 모양의 비트 1개
플뢰르 드 셀
후추
흰 식빵 6장

가니쉬
블랙 트러플 30g
녹색 근대 잎 40장
붉은 근대 잎 40장
유기농 달걀 4개
메추리알 6개
비트즙 200g
차이브 1단
작은 알감자 15개

트러플 비네그레트
셰리 와인 식초 10g
레드 와인 식초 10g
트러플즙 25g
콩기름 150g
소금 2g
후추 1g
트러플 부스러기 2테이블스푼

도구
지름 2cm 원형 커팅 틀
소테팬 / 유산지
햄 슬라이서
만돌린 슬라이서
지름 10cm 타르트 틀

이 레시피에서는 땅에서 나는 식재료인 뿌리 채소의 소박함과 트러플 버섯의 화려함이 한 접시 위에서 만나 조화를 이룬다. 여러 종류의 다른 비트를 선택해서 다양한 색으로 연출하거나, 또는 따뜻한 비트와 차가운 비트를 동시에 접시에 올려 온도의 대비를 느끼게 하는 등 변화를 줄 수 있다.

여러 종류의 비트 준비하기
노란색 비트는 통째로 마늘과 타임, 올리브오일을 넣고 파피요트처럼 유산지로 싼 다음, 180℃로 예열한 오븐에 넣어 1시간 동안 익힌다. 오븐에서 꺼내 껍질을 벗기고, 사방 2cm 크기의 큐브 모양으로 썰어둔다. 키오자 비트는 껍질을 벗기고, 원형 커팅틀로 찍어 동그랗고 납작한 모양으로 썰어, 얼음물에 담가둔다. 붉은색 비트는 가늘게 채 썰어(줄리엔느), 얼음물에 담가둔다. 미니 비트의 껍질을 벗긴 다음 팬에 설탕, 버터를 넣고 재료 높이의 반 정도까지 물을 부은 후 색이 나지 않고 윤기 나게 익힌다(글라세 아 블랑). 소금과 후추로 간을 하고, 유산지로 팬 사이즈에 맞게 뚜껑을 만들어 덮고, 약한 불로 익힌다. 긴 모양의 비트는 끓는 소금물에 넣어 데쳐 익힌 다음 건져 껍질을 벗기고 세로로 4등분해, 삼각형으로 썰어 놓는다.

식빵으로 칩 만들기
식빵을 밀대로 납작하게 밀어, 직사각형으로 자른다. 녹인 버터를 바르고 두 장의 실리콘 패드 사이에 넣어, 170℃로 예열한 오븐에서 바삭해지도록 몇 분간 구워낸다.

가니쉬 준비하기
만돌린 슬라이서를 사용하여 트러플 버섯을 얇게 슬라이스한다. 근대 잎은 씻어서 물기를 완전히 뺀다. 달걀은 끓는 물에 10분간 익혀 완숙하고 찬물에 식힌다. 껍질을 까서 흰자와 노른자를 분리한 다음, 각각 체에 곱게 내린다. 메추리알은 끓는 물에 5분간 삶아, 찬물에 식힌다. 껍질을 깨트린 상태로 비트즙에 1시간 동안 담가 마블링처럼 붉은색이 들게 한다. 차이브는 잘게 썰어둔다. 알감자는 껍질을 벗겨 길쭉한 올리브 모양으로 돌려깍기한다(tourner: p.504 참조). 끓는 소금물에 삶아 익힌다.

트러플 비네그레트 만들기
모든 재료를 잘 섞은 후에, 잘게 썬 트러플 부스러기를 서빙 직전 넣어준다.

플레이팅
차이브는 잘게 썰고, 비트는 비네그레트 드레싱으로 버무려 양념한다. 접시 위에 타르트용 원형 틀을 놓고, 우선 미모사 달걀(노른자와 흰자), 차이브, 비네그레트에 버무린 모든 비트, 그리고 기타 가니쉬의 순서로 채운다. 원형틀을 빼내고, 후추와 플뢰르 드 셀을 뿌려 서빙한다.

가을 – 겨울

오렌지 소스의 엔다이브 타르트

TARTE D'ENDIVES
À L'ORANGE

6인분 기준
준비 시간 : 30분
조리 시간 : 15분

재료
엔다이브 12개
설탕 100g
오렌지즙 4개분
버터 50g
퍼프 페이스트리 반죽 200g

오렌지 제스트 콩피
오렌지 2개
물 150ml
설탕 75g
팔각 ½개

도구
지름 8cm 테팔 원형 타르트 틀
오븐팬 2장

엔다이브가 한창 제철일 때, 제대로 노지에서 자란 신선한 엔다이브를 구할 수 있다면 이 레시피는 더 빛을 발할 것이다. 타르트 타탱(tarte tatin)과 마찬가지로, 엔다이브를 캐러멜라이즈하는 데 공을 들여야 하고, 좋은 질의 퍼프 페이스트리를 선택해야 한다.

오렌지 제스트 콩피 만들기
오렌지를 깨끗이 씻은 후, 껍질 제스트만 벗긴다(껍질의 흰 부분은 제외). 제스트를 아주 작은 브뤼누아즈로 썰어서, 소테팬에 물, 설탕, 으깬 팔각 반 개와 함께 넣고 끓인 다음, 걸쭉한 시럽 농도가 되도록 약한 불에서 은근히 익힌다(콩피).

엔다이브 익히기
준비한 12개의 엔다이브 중 좋은 모양의 잎 36장을 골라, 끓는 소금물 2리터에 넣고 30초간 데쳐 건진 후에 젖은 면포 위에 놓는다. 랩을 씌워둔다. 팬에 설탕과 오렌지즙을 넣고 약한 불에 올린 다음, 황금색이 나는 캐러멜을 만든다. 버터를 넣고 잘 저어 섞어준 다음, 냄비 밑 부분을 재빨리 찬물에 담가 더 익는 것을 중지시킨다. 잎을 떼어내고 남은 엔다이브 속을 굵직하게 썬 다음, 팬에 넣고 약한 불에서 천천히 익힌다. 엔다이브에서 수분이 나오고, 노릇한 색이 나도록 졸이듯이 콩피한다. 오렌지 제스트 콩피를 건져 엔다이브에 넣고 간을 한다. 오렌지 시럽은 보관했다가 서빙할 때 타르트에 발라 윤기를 내는 용도로 사용한다.

퍼프 페이스트리 굽기
퍼프 페이스트리 반죽을 3mm 두께로 얇게 민 다음, 포크(또는 스파이크 롤러)로 구멍을 찍어준다. 뒤집어서 지름 10cm의 원형틀로 찍어낸다. 유산지를 깐 오븐팬에 놓은 다음 냉장고에 30분 정도 보관한다. 냉장고에서 꺼내 유산지를 위에 다시 한 장 덮고 또 다른 오븐팬으로 눌러준 다음, 200℃로 예열한 오븐에서 노릇한 색이 나도록 10~15분간 굽는다. 오븐에서 꺼내둔다.

타르트 만들기
지름 10cm 몰드에 엔다이브 6장의 뾰족한 끝부분이 가운데로 오도록 꽃 모양으로 깔아준다. 잎이 몰드 가장자리를 넘어가게 남긴다. 익힌 엔다이브 콩피를 안에 채운 다음, 가장자리의 엔다이브 잎을 조심스럽게 다시 중심 쪽으로 덮는다. 200℃로 예열한 오븐에 넣어 10분간 익힌 후 꺼내, 몰드에서 분리해서 구운 퍼프 페이스트리 위에 뒤집어서 얹는다. 오렌지 제스트 시럽으로 윤기 나게 글레이즈한 다음 즉시 서빙한다.

버터넛 스쿼시 아크라 튀김

ACRAS* DE BUTTERNUT

6인분 기준
준비 시간 : 30분
휴지 시간 : 1시간
조리 시간 : 5분

재료
버터넛 스쿼시 125g
줄기양파 1개
마늘 1톨
이탈리안 파슬리 3줄기
밀가루 125g
이스트 5g
소금, 후추
카옌 페퍼
달걀 1개
우유 125g

루가이유*
토마토 5개
줄기양파 1개
붉은 피망 1개
물에 데친 마늘 3톨
앙티유 고추 ¼개
고수 ¼단
레몬즙 2개분
올리브오일 150g
셰리 와인 식초 10g
튀김용 식용유

도구
튀김팬

포르투갈 혹은 앙티유(Antilles)에서 유래했다고 알려진 아크라(acras)는 일반적으로 말린 염장 대구살로 만드는 튀김 요리로, 주로 아페리티프로 먹는다. 버터넛 스쿼시 아크라 튀김은 생선 대신 채소를 재료로 한 아주 맛있고 개성 있는 대안이 될 것이다.

아크라 만들기
버터넛 스쿼시의 껍질을 벗기고 가는 채칼로 민다. 줄기양파는 껍질을 벗기고, 잘게 썬다. 마늘과 파슬리는 다진다. 볼에 밀가루, 이스트, 소금, 후추, 카옌 페퍼를 넣고 거품기로 잘 섞은 다음, 달걀을 넣는다. 이어서 우유를 조금씩 넣으며 잘 섞어 멍울이 지지 않게 한다.
버터넛 스쿼시 채와 양파, 마늘을 넣은 다음, 랩을 씌워 최소 1시간 휴지시킨다.

아크라 튀기기
튀김용 기름을 데운다(연기가 나면 안 된다). 반죽을 떠서 두 개의 숟가락으로 둥근 모양을 만든 다음, 기름에 넣는다. 기름 위로 떠오르고 진한 황금색이 나면 포크로 뒤집어 튀긴다. 건져서 키친타월에 놓고 기름을 제거한다.

루가이유 만들기
토마토를 끓는 물에 몇 초 담갔다 껍질을 벗긴(monder les tomates: p.486 참조) 다음, 큐브 모양으로 자른다. 양파의 껍질을 벗겨 잘게 썰고, 피망도 껍질을 벗기고 큐브 모양으로 썬다. 마늘의 껍질을 벗기고 감자 필러나 만돌린 슬라이서를 사용해 얇게 저민다. 고추는 아주 잘게 썰고, 고수는 다진다. 모든 재료를 레몬즙, 올리브오일, 셰리 와인 식초와 섞어준다. 이 소스를 아크라와 함께 서빙한다.

* rougail: 채소, 과일, 또는 생선을 고추와 생강 등의 향신료를 빻아 넣고 섞어 만든 크레올 음식.

* acras: 저민 생선이나 다진 채소를 밀가루에 묻혀 기름에 튀긴 크레올 요리.

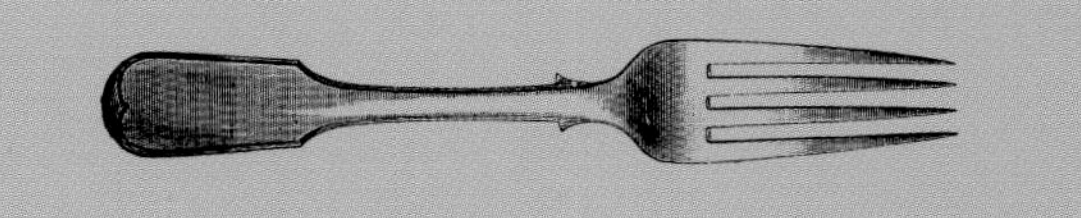

마른 콩류
LES LÉGUMES SECS

레시피

마른 콩류

Les légumes secs

마른 콩류는 자연 상태로 건조한 모든 종류의 콩을 총칭하는데, 이것은 다양한 향과 색, 식감을 선사할 뿐 아니라, 우리 몸에 아주 훌륭한 영양소다. 마른 콩류를 베이스로 한 레시피는 일반적으로 간단해서 평상시에 손쉽게 만들 수 있을 뿐 아니라, 특별한 파티 음식으로도 손색이 없다.

마른 콩류는 다 익은 콩과(科) 식물의 알갱이를 장기 보관하기 위해 건조시킨 것으로 크게 강낭콩류(haricots), 렌즈콩류(lentilles), 완두콩류(pois), 파바 콩류(fèves)로 나뉜다. 강낭콩류에는 플라졸레(flageolet: 흰 강낭콩), 랭고(lingot: 카술레에 많이 쓰는 흰 강낭콩), 코코(cocos: 흰 강낭콩으로 코코 드 팽폴 cocos de Paimpol이 유명하다), 붉은 강낭콩 등이 있다. 렌즈콩류에는 퓌산 그린 렌즈콩(verte du Puy), 베리산 그린 렌즈콩(verte du Berry), 플라네즈산 황금색 렌즈콩(blonde de la Planèze), 샹파뉴산 핑크 렌즈콩(rose de Champagne), 터키 또는 인도산 주황색 렌즈콩(rouge ou corail de Turquie ou d'Inde) 등 다양한 종류가 있다. 완두콩류로는 동그란 완두콩, 쪽을 가른 완두콩, 병아리콩 등이 있으며, 파바 콩류에는 파바 콩과 쪽을 가른 작은 파바 콩이 있다.

콩류는 철분과 무기질이 풍부한 영양소일 뿐 아니라, 단백질 함량에 있어서도 고기나 생선과 맞먹는다.

마른 콩류는 따뜻하게 또는 차갑게 포타주나 샐러드, 메인 요리의 가니쉬 등으로 먹을 수 있으며, 특히 카술레(cassoulet: 돼지고기, 양고기, 오리 다리 등과 흰 콩을 넣어 만든 스튜)나, 프티 살레 오 랑티유(petit-salé aux lentilles: 돼지고기나 소시지, 채소를 넣고 조리한 렌즈콩 요리), 생제르맹 포타주(potage Saint-Germain: 완두콩 크림 수프) 등의 클래식 레시피에도 많이 사용된다.

셰프의 조언

마른 콩류를 구입할 때는 날짜를 주의 깊게 살펴본다.
가능하면 생산 일자가 일 년이 넘지 않은 것을 고르는 것이 좋다.
마른 콩을 삶는 물에는 절대 간을 하지 않는다.
왜냐하면 소금이 들어가면 콩이 잘 익지 않기 때문이다.
따라서 간은 다 익었을 때 마지막에 한다.

렌즈콩류을 제외한 모든 마른 콩류는 물에 불려 사용한다. 그래야 콩의 섬유질이 약해져 잘 익기 때문이다. 물에 불린 콩은, 분량의 3배에 해당하는 물을 넣고 익힌다. 물에 석회질이 많거나, 퓌레를 만들 때는 삶는 물에 베이킹 소다를 한 꼬집 넣어준다.

마른 콩류의 분류

강낭콩류(haricots)

강낭콩 재배의 농학적 발전은 16세기말부터 수도승들에 의해 이루어졌다. 하지만, 1530년 카트린느 드 메디치가 앙리 2세와 결혼할 당시 프랑스에 들여온 것이 그 시초다. 강낭콩류는 방대한 품종을 갖고 있다. 우리가 흔히 많이 알고 있는 타르베 흰 강낭콩(haricots tarbais), 팽폴 흰 강낭콩(cocos paimpolais), 방데 흰 강낭콩(mogette de Vendée) 등 많은 종류가 프랑스에서 재배되는 품종이다.

팽폴 흰 강낭콩(cocos de Paimpol 코코 드 팽폴): 브르타뉴 지방(Armor 해안)에서 생산되며 유일하게 AOC(원산지 통제 명칭) 인증을 받는 강낭콩 품종이다. 반짝이는 흰색의 작은 크기인 이 콩은 7월에서 9월까지 신선하게 재배되며, 냉동해서 보관해도 좋다.

작은 리마콩(flageolet or chevrier 플라졸레 또는 슈브리에): 이 강낭콩은 완전히 익기 전에 재배하기 때문에 색이 연한 녹색을 띠고, 껍질이 얇다.

아리에주 흰 강낭콩(lingot du pays ariégois 랭고 뒤 페이 아리에주아): 긴 모양의 하얀 강낭콩인 이 품종은 발레 드 라리에쥬(Vallée de l'Ariège) 지방의 자갈 섞인 고운 토양에서 자란다.

랭고 뒤 노르 흰 강낭콩(lingot du Nord 랭고 뒤 노르): 이 강낭콩 품종은 발레 드 라 리스(vallée de la Lys), 플란다스산 기슭에서 재래 방식으로 재배된다. 껍질이 얇고 식감이 부드럽다.

방데 흰 강낭콩(mojette de Vendée 모제트 드 방데): 방데 지방 연안에서 재배하는 이 콩은 직사각형에 가까운 모양을 하고 있고, 윤기 나는 흰색을 띠며, 껍질이 얇다.

프와 뒤 캅 강낭콩(pois du Cap): 마다가스카르에서 생산되는 이 콩은 모양이 납작하고 흰색을 띠며, 알의 크기가 큰 편이다. 부르봉 섬의 주식으로 많이 소비된다.

스와송 강낭콩(haricot de Soissons 아리코 드 스와송): 18세기 중반부터 엔느(Aisne) 지방에서 재배되는 이 콩은 크기가 크고, 상아색을 띠며, 맛이 훌륭하다.

타르베 흰 강낭콩(haricot tarbais 아리코 타르베): 품질을 보장하는 레드 라벨(Label Rouge) 인증 품종이며, IGP(Indication Géographique Protégée: 지리적 표시 보호)를 통해 오트 피레네(Hautes-Pyrénées) 지역에서 생산된 것만으로 제한하고 있다. 콩알의 사이즈가 크고, 식감이 부드러우면서 말랑하며, 포실포실하지 않은 특징이 있다.

검정 강낭콩(haricot noir 아리코 느와르): 브라질 요리의 기본 재료로 많이 쓰이며, 동그란 모양과 길쭉한 모양이 있다.

렌즈콩류(lentilles)

비옥한 초승달 지대(Croissant fertile: 메소포타미아에서 시리아, 팔레스타인을 거쳐 이집트에 이르는 방대한 고대 근동 지대)가 원산지인 렌즈콩은 인류가 최초로 길러 재배한 콩과(科) 식물 중의 하나로 이집트인과 앗시리아인 모두 즐겨먹었고, 고대 그리스에서는 가난한 이들이 주로 많이 소비했다. 렌즈콩의 재배는 급속히 늘어 중동과 북아프리카, 그리고 인도 사람들의 기본 식재료가 되었으며, 제1차 세계대전이 종결된 후에는 미국과 캐나다에서도 재배하게 되었다. 프랑스에서 렌즈콩이 알려지기 시작한 것은 청동기시대까지 거슬러 올라간다.
오랫동안 가난한 사람들의 음식이라 여겨졌던 렌즈콩은 오늘날 건강 식품으로 각광받게 되었다. 수프나 퓌레를 만들거나, 스튜에 넣어 같이 익혀 먹으면 좋다. 품종은 매우 다양한데 주로 그 색깔로 분류한다(갈색, 녹색, 붉은색 또는 황금색).

퓌산 그린 렌즈콩(lentille verte du Puy): 2009년부터 AOC 인증을 받았으며, 오트 루아르(Haute-Loire) 지방의 87개 지역에서 재배된다. 맛이 뛰어난 녹색 렌즈콩이다.

베리산 그린 렌즈콩(lentille verte du Berry): 베리 지방에서 재배되는 이 품종은 레드 라벨(Label Rouge)로 그 품질을 인정받았다. 약간 푸른 기가 도는 녹색으로 밤과 헤이즐넛의 맛이 난다.

샹파뉴산 렌즈콩(lentillon de Champagne): 샹파뉴 지방에서 재배되는 작고 얇은 모양의 이 렌즈콩은 핑크색을 띠고 있으며, 부드럽고 단맛이 난다.

생 플루산 황금색 렌즈콩(lentille blonde de Saint-Flour): 캉탈(Cantal) 지방에서 1997년에 다시 재배하기 시작한 이 품종은 핑크빛의 황금색을 띤 작은 렌즈콩으로, 부드럽고 달콤한 맛이 특징이다.

황금색 렌즈콩(lentille large blonde): 전 세계적으로 가장 많이 소비되는 품종으로 맛은 제일 떨어진다. 그린 렌즈콩보다 크고, 익으면 살이 부드럽다.

주황색 렌즈콩(lentille corail): 핑크빛 오렌지색의 렌즈콩이다.

벨루가 렌즈콩(lentille Beluga): 짙은 검은색이 마치 캐비어를 연상시킨다. 요리할 때 재료에 검은 물이 들며, 맛은 헤이즐넛 향이 난다.

쪽을 가른 완두콩(pois cassé)

완두콩의 최초 원산지는 인도 서북부에서 아프가니스탄에 이르는 중앙아시아로 추정된다. 중동지역과 지중해 연안, 에티오피아 등지에서도 재배하였다. 프랑스에서 완두콩의 흔적은 7,000년 전으로 거슬러 올라가는데, 랑그독(Languedoc) 지방에서 재배한 것으로 보인다. '완두콩(pois)'이라는 단어가 프랑스 어휘에 처음 사용된 것은 12세기의 일이다.

병아리콩(pois chiche)

중동이 원산지인 병아리콩은 급속도로 퍼져나가 인도인들의 주식이 되었다. 인도에서 재배되는 검은색 또는 갈색 병아리콩으로 유럽산보다 작은 사이즈의 '데시(desi)' 품종은 아시아 각국과 아프리카 일부, 그리고 호주에서도 애용되고 있다. 병아리콩이 서부 유럽까지 진출하게 된 것은, 아마도 페니키아인들이 스페인에 들여온 것이 그 효시가 되었을 것이다. 프랑스에서 '시시(chiche)' 라는 명칭이 붙은 것은 1244년이다.

병아리콩은 나라마다 다양한 레시피로 조리되고 있다. 특히 인도에서는 병아리콩을 이용한 여러 가지 수프와 퓌레, 스튜 요리 등이 발달해 있다. 모로코의 후무스(hummus: 병아리콩, 타히니, 올리브오일, 레몬즙, 소금, 마늘 등을 섞어 으깬 소스)도 병아리콩으로 만들고, 지중해 연안 지방에서는 병아리콩 가루를 밀가루 대신 사용하여 갈레트를 만들기도 한다. 마르세이유식 파니스(panisse: 병아리콩 가루를 사용하여 만든 반죽을 사각형으로 잘라 튀기거나 오븐에 구운 프로방스식 요리), 니스식 소카(socca: 병아리콩 가루를 사용하여 만든 얇은 전병. 둥그런 팬에 펴서 오븐 화덕에 노릇하게 구워낸다), 또 이탈리아식 파넬리(panelli: 병아리콩 가루로 만든 시실리아식 튀긴 스낵) 모두 병아리콩 가루를 베이스로 만든 음식이다.

파바 콩류(fèves)

메소포타미아에서 유래된 것으로 추정되는 파바 콩(fèves)은 선사시대 이래로 인류가 재배한 가장 오래된 식물 중 하나일 것이다. 단백질이 풍부하고 열량이 든든한 에너지원으로 사랑받고 있는 파바 콩의 재배는 중세 후기부터 북유럽에 널리 퍼졌다.
마른 파바 콩은 하룻밤 물에 담가 불려야 잘 익는다. 불린 다음에 크기에 따라, 30~90분 익힌다. 파바 콩의 조리법은 매우 다양하다. 중동 지역에서는 스튜 종류의 요리에 양고기와 함께 넣어 조리하고, 아제르바이잔의 필라프에도 들어간다. 알제리나 튀니지에서는 쿠스쿠스 위에 얹어 먹고, 스페인에서는 부댕(boudin: 일종의 순대), 초리조(chorizo: 스페인의 건조 소시지), 돼지고기와 흰 양배추를 넣은 카술레 스타일의 요리에 파바 콩을 넣는다.

수영(소렐) 렌즈콩 수프

CONTI À L'OSEILLE

6인분 기준
준비 시간 : 1시간
조리 시간 : 40분

재료
녹색 렌즈콩 (lentilles vertes du Puy) 350g

향신 재료
당근 50g
양파 50g
리크 녹색 부분 50g
버터 20g
부케가르니 1개
(타임, 월계수 잎, 파슬리 줄기)
마늘 1톨
가염 삼겹살 80g
소금 / 후추

수영 에스푸마
수영 1단
생크림 150g

도구
채소 그라인더
고운 원뿔체
소다사이폰 휘핑기 + 가스 카트리지

콩티(conti)는 렌즈콩이 들어간 모든 음식에 붙이는 이름이다. 고기 요리 중에 '로스트 또는 브레이즈드 콩티(conti rôties ou braisées)'라는 이름이 붙어 있는 것은, 가늘게 썬 삼겹살을 넣고 조리한 렌즈콩 퓌레가 가니쉬로 곁들여진다. 이 레시피도 그 이름을 따서 만들었으며, 여기에 수영 에스푸마를 얹어 산미를 더했다.

채소 준비하기
렌즈콩을 깨끗이 씻는다. 당근은 껍질을 벗기고 씻어 미르푸아로 썬다. 양파도 껍질을 벗겨 미르푸아로 썰어둔다. 리크의 녹색 부분을 깨끗이 씻어, 얇게 송송 썬다. 부케가르니를 만들고, 마늘은 껍질을 벗겨 으깬다. 삼겹살은 끓는 물에 넣고 센 불에서 몇 분간 거품을 건져가며 데쳐 건져둔다.

렌즈콩 포타주 만들기
향신 채소들을 버터에 수분이 나오도록 볶다가 렌즈콩을 넣는다. 찬물을 부은 다음, 부케가르니, 마늘, 데쳐낸 삼겹살을 넣고 끓인다. 뚜껑을 덮고 약한 불로 40분 정도 끓인다. 3/4 정도 익었을 때 간을 한다.

포타주 거르기
삼겹살과 부케가르니를 건져내고, 포타주를 채소 그라인더에 넣고 돌려 간 다음, 원뿔체에 거른다. 포타주를 다시 끓이고, 거품을 건진다. 간을 맞추고, 중탕으로 따뜻하게 보관한다. 건져 낸 삽겹살은 라르동으로 가늘게 썰어둔다. 포타주의 농도는 너무 걸쭉해서는 안 되고, 살짝 농도가 생기기 시작할 정도가 적당하다.

수영 에스푸마 만들기
수영 잎 몇 장을 시포나드로 채 썰어, 장식용으로 따로 남겨둔다. 수영은 잎을 떼어 끓는 물에 재빨리 데쳐 건진 다음, 얼음물에 식힌다. 건져서 꼭 짜 물기를 제거한다. 생크림을 데운 다음 데친 수영을 넣고 믹서로 곱게 간다. 고운 원뿔체에 걸러서 소다사이폰에 붓고, 가스 카트리지를 끼운 후 흔들어준다.

플레이팅
우묵한 접시에 포타주를 담고, 수영 에스푸마를 중앙에 짜 얹어준다. 수영 잎으로 장식하여 완성한다.

큐민과 고수를 얹은 후무스

HOUMOUS,
CUMIN ET CORIANDRE

6인분 기준
준비 시간 : 15분
병아리콩 불리는 시간: 12시간
조리 시간 : 2~3시간

재료
말린 병아리콩 300g
당근 1개
양파 1개
부케가르니 1개
마늘 2톨
타히니 (tahini: 중동식 참깨 페이스트) 150g
레몬즙 50ml
올리브오일 100ml
큐민 가루 5g
고수 1단

도구
큰 냄비
푸드 프로세서

– 포커스 –

고운 식감의 후무스를 원한다면
체에 거를 수도 있고,
좀 부드러운 후무스를 원한다면
끓인 국물을 더 섞으면 된다.
차갑게 먹는 후무스는
올리브오일을 뿌린
마늘 크루통과 잘 어울린다.

본래 전통적인 레시피에는 마른 병아리콩을 사용하지만, 시간을 절약하기 위해, 통조림 병아리콩을 써도 무방하다. 큐민 대신 커리 가루를 사용해 레시피에 변화를 주어도 좋다.

하루 전
마른 병아리콩을 찬물에 넣어 12시간 동안 담가 불린다.

서빙 당일
불린 병아리콩을 건져, 냄비에 넣고 물을 넉넉히 붓는다. 당근, 양파, 부케가르니를 넣고 끓인다. 2~3시간 동안 약한 불로 익힌다(콩이 완전히 익어 부드러워져야 한다). 다 익으면 간을 하고 그대로 식힌다. 콩을 건져내 타히니 페이스트와 레몬즙, 올리브오일을 넣고 믹서로 간다. 큐민 가루와 고수를 뿌린다.

피키요스 고추와 초리조를 곁들인 흰 강낭콩 요리

COCOS DE PAIMPOL,
PÉQUILLOS ET CHORIZO

6인분 기준
준비 시간 : 15 분
조리 시간 : 30 분

재료
흰 강낭콩 2kg
(cocos de Paimpol 또는 다른 품종의 마른 강낭콩)
분홍색 양파 (oignon rosés de Roscoff) 100g
구운 피키요스 고추 100g
맵지 않은 초리조(스페인의 건조 소시지) 200g
타임 2줄기
월계수 잎 1장
파슬리 1줄기
가염 버터 150g
채소 육수 (p.32 참조) 또는 생수 500ml
마늘 2톨

도구
무쇠 냄비

– 포커스 –

흰 강낭콩을 버터에 볶아 껍질을 부드럽게 익히는 것이 중요하다. 익힐 때는 절대로 처음부터 소금을 넣지 않는다. 소금은 콩을 단단하게 해서 익히기 어렵게 된다. 버터의 염분과 짭짤한 초리조로 간이 충분하다.

팽폴 흰 강낭콩(coco de Paimpol 코코 드 팽폴)은 유일하게 AOP(Appellation d'Origine Protégée: 원산지 명칭 보호) 인증을 받은 강낭콩 품종이다. 이 콩은 말리지 않은 신선한 상태로 더 많이 소비되고 있어, 익히기 전에 미리 불릴 필요가 없다. 요리의 가니쉬나 샐러드용으로 쓰일 뿐 아니라, 카술레(cassoulet: 돼지고기, 양고기, 오리 다리 등과 흰 콩을 넣어 만든 스튜) 만들 때도 사용된다.

준비하기

흰 강낭콩의 깍지를 깐다. 분홍색 양파는 잘게 썬다. 피키요스 고추와 초리조는 굵직한 브뤼누아즈로 썬다. 타임, 월계수 잎, 파슬리로 부케가르니를 만든다.

익히기

무쇠 냄비에 가염 버터를 녹이고, 핑크색 양파와 초리조의 $\frac{1}{4}$을 넣고 볶다가, 흰 강낭콩을 넣고 껍질이 반투명해질 때까지 색이 나지 않게 함께 볶는다. 채소 육수 또는 생수를 붓고, 부케가르니와 마늘을 넣은 다음 뚜껑을 덮고, 약한 불에 30분간 익힌다(콩이 완전히 부드럽게 물러야 한다). 부케가르니와 마늘을 건져낸 뒤, 피키요스 고추와 나머지 초리조를 넣는다. 필요하면 차가운 버터도 한 조각 넣어도 된다. 아귀, 대구, 갑오징어 등의 생선요리나 흰 살 육류의 가니쉬로 함께 서빙한다.

렌즈콩 루아얄

ROYALE DE LENTILLES

6인분 기준
준비 시간 : 1시간
조리 시간 : 1시간

재료
녹색 렌즈콩 (lentilles vertes du Puy) 300g
당근 50g
샬롯 50g
돼지비계 껍데기 50g
부케가르니 1개
(리크 녹색 부분 + 타임 + 월계수 잎)

루아얄
휘핑크림 250g
달걀 5개
소금 / 후추

베이컨 칩
베이컨 얇은 슬라이스 6장
유산지 1장

베이컨 거품
우유 150g
휘핑크림 150g
베이컨 100g
레시틴 가루 1테이블스푼

도구
푸드 프로세서
고운 원뿔체

'루아얄(royale)'이라는 명칭은 오래전부터 사용되어 온 조리 용어로, 달걀과 콩소메(이 레시피 상에서는 크림), 채소의 퓌레를 혼합해 틀에 넣은 다음 중탕으로 익혀내는 조리법을 지칭한다.

렌즈콩 익히기
렌즈콩을 깨끗이 씻어 건져둔다. 당근과 샬롯은 껍질을 벗겨 작은 미르푸아(작은 큐브 모양)으로 썬다. 소테팬에 렌즈콩, 썰어 놓은 향신 채소, 부케가르니, 돼지기름 껍데기를 넣고, 1리터의 물을 부어 끓인다. 뚜껑을 닫고 약한 불로 45분간 끓인 다음, 렌즈콩을 건져둔다.

렌즈콩 루아얄 만들기
크림을 데우고 익힌 렌즈콩을 넣는다. 믹서로 간 다음, 달걀을 넣고 다시 갈아준다. 간을 하고 원뿔체에 걸러 우묵한 작은 접시에 담는다. 150℃로 예열한 오븐에 넣고 20분간(두께에 따라 조절) 중탕으로 익힌다. 크렘 브륄레(crème brulée) 같은 농도로 균일하게 익혀야 한다. 식혀서 곧바로 냉장고에 보관한다.

베이컨 칩 만들기
오븐팬에 유산지를 깔고 6장의 베이컨 슬라이스를 나란히 놓은 다음 다시 유산지를 덮는다. 그 위에 오븐팬을 하나 더 얹어 눌러서 120℃로 예열한 오븐에 넣고 30~40분간 베이컨이 바삭해질 때까지 굽는다.

베이컨 거품 만들기
우유와 크림을 섞어 데운 후, 베이컨을 넣고 랩을 씌워 2시간 동안 향이 배게 놔둔다. 고운 원뿔체에 거른 후, 레시틴을 넣고 불에 올려 끓기 시작하면 바로 불에서 내린다. 원뿔체에 다시 거른 다음, 중탕으로 따뜻하게 보관한다.

플레이팅
루아얄은 100℃ 오븐에 넣어 데운다. 베이컨 크림을 믹서로 갈아 거품이 나도록 에멀전화한다. 루아얄 위에 베이컨 거품을 조금 올리고, 베이컨 칩을 얹어 낸다.

강낭콩 샐러드 또는 스튜

HARICOTS TARBAIS
EN SALADE OU ÉTUVÉS

6인분 기준
강낭콩 불리는 시간: 하룻밤
준비 시간 : 30분
조리 시간 : 40분

재료
흰 강낭콩(haricots tarbais) 300g
흰색 닭 육수 (p.24 참조) 1리터

향신 재료
양파 1개
정향 2개
당근 2개
부케가르니 1개
소금, 통후추

가니쉬
당근 2개
그린 빈스 200g
해바라기유 200ml
완두콩 100g

식빵 2장
드라이 토마토 6개
에스플레트 칠리 가루

허브 어린잎(바질, 타라곤)
비네그레트 200ml
(셰리 와인 식초, 해바라기유, 소금, 후추 베이스)

도구
푸드 프로세서

타르베 흰 강낭콩(haricot tarbais: 아리코 타르베)은 옥수수 강낭콩이라도 불린다. 줄기를 타고 올라가는 성질을 지닌 이 콩은 18세기에 프랑스 남서부 지방에 들어온 이후, 옥수수를 자연 버팀목 삼아 타고 자랐다고 한다. 타르베 흰 강낭콩와 옥수수의 재배가 불가분의 관계가 된 것은 그 때문이다.

하루 전
강낭콩을 찬물에 담가 불린다.

강낭콩 익히기
서빙 당일, 불린 강낭콩을 건져 냄비에 넣고 찬물을 부어 끓인다. 몇 분 동안 데친 다음 다시 건져 흐르는 물에 헹궈 식힌다. 냄비에 다시 넣고, 닭 육수(베지테리언 메뉴일 경우에는 그냥 물)을 붓고, 약한 불에 은근히 끓인다(시머링). 정향을 박은 통양파, 자르지 않은 당근, 부케가르니 등의 향신 재료를 넣고, 콩이 터지지 않도록 조심하며 아주 약한 불로 40분 정도 익힌다. 반드시 익힌 지 최소 30분이 지난 다음에 소금 간을 한다. 다 익으면 최소한 몇 시간은 그대로 식혀 콩이 부드러워지도록 놔둔다(그대로 하룻밤을 두어도 괜찮다).

가니쉬 만들기
당근을 작은 큐브 모양으로 잘라 끓는 소금물에 10분간 데쳐 익힌다(혹은 강낭콩 익힐 때 향신 재료로 넣었던 통당근을 거의 다 익을 때쯤 건져 작게 썰어서 사용해도 좋다). 그린 빈스도 끓는 소금물에 10분간 데쳐 건진 다음 얼음물에 넣어 식힌다. 건져서 큐브 모양으로 썬다. 완두콩은 익히는 동안 쭈글쭈글해지지 않도록 소금물에 해바라기유를 몇 방울 넣은 다음 10분 동안 데쳐 익힌다. 건져서 얼음물에 식힌다.

토마토–칠리 가루 만들기
식빵을 굽는다. 드라이 토마토는 아주 작은 주사위 모양으로 썰어 90℃ 오븐에 넣고 바삭하게 될 때까지 건조시킨다. 푸드 프로세서에 식빵, 말린 토마토, 에스플레트 칠리 가루를 넣고 갈아 가루를 만든다.

플레이팅 1 (스튜)
강낭콩을 데우고, 향신 재료를 건져낸다. 큐브로 썬 당근, 그린 빈스, 완두콩을 넣어 섞은 다음, 우묵한 접시에 따뜻하게 담는다. 빵–토마토–칠리 가루를 뿌리고, 허브의 어린잎으로 장식하여 서빙한다.

플레이팅 2 (샐러드)
향신 재료를 건져낸다. 강낭콩을 건져 물기를 뺀다. 셰리 와인 식초, 소금, 후추와 해바라기유로 비네그레트 드레싱을 만든다. 강낭콩, 채소 가니쉬를 비네그레트와 잘 섞어 접시에 담고, 빵–토마토–칠리 가루를 뿌린 다음, 허브의 어린잎으로 장식하여 서빙한다.

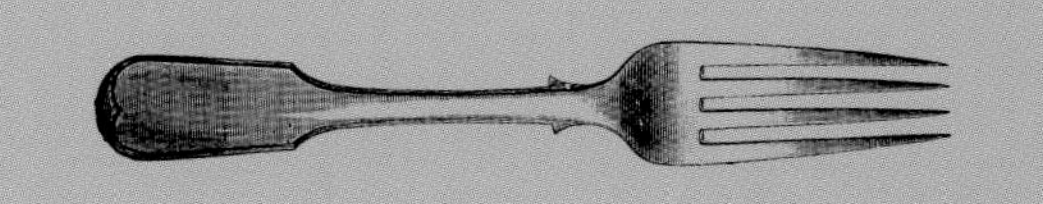

버섯
LES CHAMPIGNONS

레시피

봄 – 여름

버섯 루아얄

ROYALE DE CHAMPIGNONS

6인분 기준
준비 시간 : 1시간
조리 시간 : 30분

재료
양송이버섯 300g
샬롯 50g
버터 50g
레몬 1개
생 푸아그라 100g
생크림 200g
달걀 4개
작은 양송이버섯 300g
버터 50g
레몬 1개

에멀전
푸아그라 50g
우유 100g
생크림 100g
레시틴 가루 1테이블스푼

도구
푸드 프로세서
고운 원뿔체
르 크루제 미니 냄비

본래 달걀과 콩소메(또는 크림) 그리고 채소 퓌레가 주재료인 '루아얄(royale)'에 푸아그라를 넣어 더 풍부한 맛으로 응용한 레시피를 소개한다. 닭이나 생선요리와도 잘 어울릴 것이다.

버섯 뒥셀 만들기
양송이버섯과 샬롯의 껍질을 벗긴다. 버섯을 얇게 저미고, 샬롯은 아주 잘게 썬다. 팬에 버터와 레몬즙을 넣고 버섯과 샬롯을 볶는다. 재료의 수분이 다 없어질 때까지 볶아준다.

루아얄 만들기
푸아그라는 팬에 기름을 두르지 않고 센 불에 재빨리 지진 다음(소테), 버섯에 넣는다. 크림을 붓고 같이 끓인 후, 간을 하고 믹서에 간다. 달걀을 넣고 다시 갈아준다. 고운 원뿔체에 걸러 작은 사이즈의 냄비나 작은 오븐 용기에 부어준다. 100℃로 예열한 오븐에서 중탕으로 30분간 익힌다.

작은 양송이버섯 준비하기
버섯은 살살 문질러 흙을 제거하면서 물을 여러 번 갈아가며 씻은 후, 소테팬에 버터와 레몬즙, 물 1테이블스푼을 넣고 자르지 않은 채로 익힌다. 유산지로 덮고 익힌 다음, 간을 한다.

에멀전 만들기
푸아그라와 우유, 생크림을 데운 후 믹서로 간다. 레시틴 가루를 넣고 혼합한 후 고운 원뿔체에 거른다.

플레이팅
루아얄을 미지근하게 한 다음, 작은 양송이버섯을 그 위에 꽃 모양으로 둘러놓는다. 그 위에 푸아그라 거품을 얹어 즉시 서빙한다.

여름 – 가을

지롤 버섯과 캐슈넛, 감자 무스와 칩을 곁들인 닭 골반살 요리

SOT-L'Y-LAISSE DE POULET, GIROLLES ET NOIX DE CAJOU, POMMES DE TERRE MOUSSEUSES ET CRAQUANTES

6인분 기준
준비 시간 : 1시간
조리 시간 : 1시간

재료
캐슈너트 80g
지롤 버섯 500g
포도씨유 10g + 버터 20g
버터 30g
닭 골반살 300g
닭고기 육즙 소스 200g
말차 가루

감자 무스
감자 (bintje) 익혀 으깬 펄프 300g
굵은 소금
생크림 150g
우유 100g
올리브오일 30g

감자 칩
감자 (agria 종) 2개

도구
소다사이폰 휘핑기 + 가스 카트리지 2개
채소 슬라이서
지름 6cm x 높이 4cm 원형틀

바보가 주의하지 않고 그냥 뼈에 붙은 채로 남겼다고 전해지는 골반살은 닭의 모든 부위 중 최고의 맛으로 치는 살이다. 그래서 이 두 입 분량밖에 안 되는 진미의 이름도 '바보나 남기는 것(sot-l'y-laisse)'이라고 붙여졌다.

지롤 버섯 조리하기
기름을 두르지 않은 팬에 캐슈너트를 넣고 로스팅한 다음, 굵직하게 썰어둔다. 지롤 버섯은 싱싱한 것으로 골라 닦아낸 후, 식용유와 버터를 달군 팬에 몇 분간 흔들면서 재빨리 볶아낸다(소테).

닭 골반살 조리하기
팬에 버터 30g을 녹여 헤이즐넛 색깔이 나면(beurre noisette: 브라운 버터), 닭 골반살을 넣고 노릇하게 지져 색을 낸다. 닭고기 육즙 소스로 디글레이즈한 다음, 30분 정도 은근히 익힌다(콩피). 서빙 직전에 캐슈너트와 볶은 지롤을 넣어 섞는다.

감자 무스 만들기
감자를 통째로 굵은 소금 위에 올려 180℃로 예열한 오븐에서 익힌다. 칼끝으로 찔러보아 잘 들어갈 정도로 완전히 익으면 오븐에서 꺼내고, 반으로 잘라 속을 긁어 파내 600g의 살을 준비한다. 체에 긁어 곱게 내리고, 미리 데워놓은 크림과 우유, 올리브오일을 넣어 잘 섞는다. 농도가 너무 되면 우유를 조금 넣어 조절한다. 소다사이폰에 넣고 가스 카트리지를 장착한 다음 잘 흔들어 놓는다.

감자칩 만들기
채소 슬라이서를 사용하여, 감자를 얇고 긴 띠 모양으로 자른다. 원형틀에 감고 튀겨낸다(혹은 만돌린 슬라이서로 얇게 슬라이스해 칩처럼 튀겨낸다). 건져서 키친타월에 놓고 기름을 빼고 소금을 솔솔 뿌린다.

플레이팅
접시에 버섯과 캐슈너트를 섞은 닭고기 골반살을 담고, 원형 감자칩을 놓는다. 사이폰으로 감자 무스를 짜서 원형 감자칩을 채워준 다음, 말차 가루를 뿌려 낸다.

포치니 버섯볶음과 감자 꼬치

POÊLÉE DE CÈPES
ET BROCHETE SARLADAISE

6인분 기준
준비 시간 : 50분
조리 시간 : 25분

재료

감자 꼬치
살이 단단하고 큰 감자 1kg
오리 기름 500g
대나무 꼬치 6개

포치니 버섯
포치니 버섯 400g
포도씨유 100ml
회색 샬롯 100g
이탈리안 파슬리 $\frac{1}{3}$단
차이브 $\frac{1}{2}$단
마늘 3톨
버터 100g
레몬 $\frac{1}{2}$개
고운 소금, 그라인드 흰 후추

도구
만돌린 슬라이서
지름 6cm짜리 원형틀
나무 꼬치 6개

프랑스 남서부의 전통요리 중 하나인 사를라데즈 포테이토(pommes de terre sarladaise: 감자에 마늘을 넣고 오리 기름 또는 거위 기름에 익힌 요리)를 이 레시피에서는 오리 기름에 은근히 익혀 콩피한 감자 꼬치 형태로 만들어 변화를 주었다. 허브와 마늘 퓌레로 향미를 더한 포치니 버섯이 가을의 향기를 물씬 느끼게 해주는 메뉴다.

감자 꼬치 만들기
감자는 껍질을 벗겨 씻은 다음, 만돌린 슬라이서를 사용하여 3mm 두께로 자른다(물에 담그지 않는다). 원형틀로 찍어 균일한 동그라미 모양을 만들어준 후, 6cm 높이로 겹쳐 쌓아올린다. 나무 꼬치로 가운데를 꽂아 고정한다.

감자 꼬치 익히기
넓지 않은 냄비(감자 꼬치가 기름에 쉽게 잠기도록)에 오리 기름을 넣고 데운 다음, 감자 꼬치를 잠기게 세워 넣는다. 감자가 노릇하게 익으면 건져내, 기름을 털어내고 간을 한다.

포치니 버섯 조리하기
버섯의 밑동을 잘라 다듬고, 갓 부분에 녹색 이끼가 너무 많은 것은 잘라낸다. 솔과 젖은 헝겊으로 닦아준다(씻어야 할 경우에는, 물에 담그지 말고 흐르는 찬물에 재빨리 헹궈낸다). 갓이 작고 통통한 부숑 포치니(cèpes bouchon)를 사용할 경우에는, 길게 반으로 잘라 원래의 모양을 살린다. 크기가 큰 버섯일 경우는 갓과 기둥을 분리해 자르고, 어슷하게 편으로 썰어, 우선 1차로 포도씨유를 뜨겁게 달군 팬에서 재빨리 한 번 볶아둔다. 소금, 후추로 간한 다음, 건져둔다.

향신 재료 준비하기
샬롯은 브뤼누아즈로 잘게 썰고, 파슬리와 차이브는 잘게 다진다. 마늘은 껍질을 까서 반을 갈라 속의 싹을 제거한다. 마늘을 찬물에 넣고 끓여 데치기를 3번 반복한 다음 갈아서 퓌레로 만든다.

포치니 버섯 완성하기
넓은 팬에 버터를 녹이고 헤이즐넛처럼 연한 갈색(beurre noisette:브라운 버터)이 날 때까지 달군다. 포치니 버섯과 잘게 썬 샬롯, 마늘 퓌레, 레몬즙을 넣고 센 불에 흔들며 재빨리 볶은 다음, 불에서 내리고 다진 허브를 넣어 섞는다.

플레이팅
접시에 버섯을 담고, 그 옆에 감자 꼬치를 놓아 완성한다.

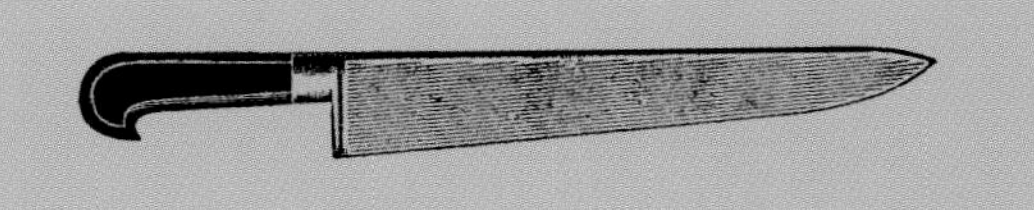

곡류
LES CÉRÉALES

테크닉

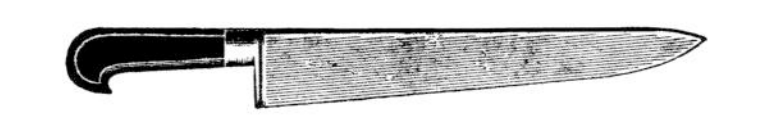

곡류

Les céréales

곡식이라는 뜻의 시리얼(céréale 프랑스어로 세레알)은 로마 수확의 여신 세레스(Cérès)의 이름에서 나왔다. 태고의 시간부터 인류 식량의 제일 중요한 기본 재료가 된 곡류는 일반적으로 벼 과(科)에 속하는 모든 화본과식물(禾本科植物)의 통낟알(예를 들어 쌀), 빻은 가루(밀, 옥수수, 또는 조 등)를 통칭한다. 이것들은 인간뿐 아니라 동물에게도 주요 식량이 된다.

곡류는 주로 가루로 만들어진 상태로 사용되지만(밀, 옥수수), 그 밖에도 굵은 밀가루(semoule), 오트밀처럼 납작하게 누른 형태, 시리얼 종류의 플레이크 형태, 또는 미리 익히거나 미리 가공한 것 등 다양한 형태로 소비된다.

곡류의 대부분은, 식물학적으로 조금씩 다른 소 계열로 분리되긴 하지만, 메밀과 퀴노아 두 종류를 제외하고는 크게 벼 과(科)에 속한다. 곡류에는 귀리, 듀럼밀, 일반밀, 조, 보리, 쌀, 호밀, 수수, 메밀(polygonacae: 마디풀 과), 퀴노아(chenopodiacae: 명아주 과) 등이 속한다.

-곡류의 종류에 따른 활용법-

곡류	형태	활용법
듀럼밀(blé dur)	굵은 가루(semoule)	짠맛, 단맛의 음식 조리
	가루	파스타 제조
일반밀(blé tendre)	미리 익힌 낟알 형태	샐러드용
	가루	제빵 제과, 농후제(리에종)
둥근 쌀(riz rond)	낟알	디저트, 리소토
긴 쌀(riz long)	낟알	크레올식 밥, 필라프, 라이스 푸딩
	가루	라이스 크림, 인스턴트 농후제
옥수수(maïs)	옥수수 이삭	그릴
	낟알	팝콘, 콘플레이크, 샐러드, 가니쉬
	굵은 가루	폴렌타
	가루	제과, 제빵, 농후제, 죽
호밀(seigle)	가루	빵
귀리(avoine)	플레이크	아침 식사 대용(오트밀)
조(millet)	가루	특정 지역에서 페이스트리용으로 사용
보리(orge)	낟알	맥주 제조용 맥아, 정제 보리쌀은 가니쉬용
메밀(sarrasin)	가루	페이스트리(크레이프, 케이크)
	낟알	페이스트리(크레이프, 케이크)

쌀(riz)

쌀은 옥수수, 밀에 이어 전 세계적으로 세 번째로 많이 재배되며, 밀에 이어 두 번째로 인류가 많이 소비하는 곡식이다. 쌀의 소비는 주로 아시아, 특히 중국, 동남아시아와 인도에서 압도적으로 많고, 열대 아프리카에서도 많이 이루어지고 있다.

우리가 소비하는 쌀은 대부분 화본 과(科)의 벼 속(屬)에 해당하는 Riza sativa에 속한다. 전 세계적으로 재배되며, 아래와 같이 몇 가지로 분류할 수 있다.

인디카(riz sativa indica): 쌀의 모양이 길고, 찰기가 없으며 바스마티(basmati) 쌀이나 태국 쌀과 같이 본래의 향이 있다.
롱 그레인 인디카(riz long indica): 쌀을 쪄서 찰기가 없게 만들어 사용하며, 주로 단체 식사로 많이 소비된다.
자포니카(riz sativa japonica): 대부분 아주 둥글거나 중간 정도로 둥근 낱알의 쌀로 유럽, 특히 프랑스 카마르그(Camargue) 지방에서 많이 재배된다. 쌀을 사용하는 디저트나 리소토(risotto), 파에야(paella) 등에 쓰인다.
찰진 자포니카(riz gluant japonica): 라오스 또는 태국 북동부 지방에서 주로 재배된다.
와일드 라이스(riz sauvage): 'zizania aquatica'라는 명칭을 가진 수생 화본 과(科) 식물로, 주로 호수나 연못 등 물살이 세지 않은 얕은 곳에서 자란다. 영양학적 측면보다는 미관상 보기 좋아 많이 애용된다.

글루텐 프리(gluten-free) 식품인 쌀은 복합 탄수화물, 소화가 쉬운 단백질을 함유하고 있어 영양학적으로 매우 우수하다. 쌀의 영양분을 온전히 흡수하기 위해서는 도정한 백미보다는 거친 섬유질 외피만을 벗겨낸 현미를 섭취하는 것이 좋다. 백미는 주로 셀룰로오스(섬유질)로 이루어진 얇은 배유부의 큐티클 막인 과피를 깎아낸 것으로, 일반 솥밥, 끓는 물에 넣어 익히는 크레올식 라이스(riz créole), 필라프, 라이스 푸딩 등을 만드는 데 사용한다.

셰프의 조언

곡류는 빨리 변질되므로,
가급적이면 적은 양씩 구입하도록 한다.
각 조리법마다 그에 적합한 곡류를 잘 선택하는 것이 중요하다.
필라프(pilaf)를 만들려면, 바스마티(basmati), 타이(thaï),
수리남(surinam) 라이스 등,
찌지 않은 롱 그레인 라이스를 고른다.
쌀을 볶을 때 기름이 쌀에 골고루 코팅되게 해야,
쌀이 서로 들러붙어 뭉치지 않는다.
다 익으면, 뚜껑을 닫은 채로 잠시 뜸을 들인 다음,
버터를 한 조각 넣고 포크로 알알이 잘 섞는다(p.608 테크닉 참조).

폴렌타(polenta)

폴렌타는 굵기가 다양한(중간 굵기, 가는 굵기) 옥수수 가루 입자로, 북부 이탈리아, 스위스(Tessin en Suisse), 니스(comté de Nice), 사부아(Savoie), 불가리아, 루마니아, 몰도바 등이 그 원산지다. 폴렌타는 소금을 넣은 물 또는 우유(또는 물과 우유를 반 씩 섞어서)에 45분 정도 익히는 것이 전통적인 조리법이지만, 요즘 시중에서 쉽게 살 수 있는 폴렌타는 1~5분 정도면 익힐 수 있다. 익힌 다음 그냥 먹거나 크림이나 버터를 약간 넣어 따뜻하게 먹는다. 또는 차게 식혀 막대 모양으로 잘라, 팬에 버터를 녹이고 거품이 날 때 튀기듯이 익혀서 먹기도 한다(p.624 단계별 테크닉 참조).

벌거(boulgour, bulgur)

벌거는 듀럼밀 낟알의 밀겨를 제거하고 증기에 찐 다음 건조시켜 굵게 빻은 곡류로, 주로 레바논 등의 중동 요리와 아르메니아, 그리스, 터키 요리에 많이 사용된다. 물을 넣고 익혀 메인 요리에 곁들이거나, 샐러드, 리소토 스타일의 요리로 서빙된다.

정제한 보리쌀(orge perlé)

진주처럼 하얀 보리(pearl barley)라고 불리는 이 보리쌀은 소화되기 힘든 거친 섬유질로 된 왕겨 껍질을 벗겨내고, 알곡의 겨를 깎아 도정한 보리 알갱이를 말한다. 포타주, 콩소메 등의 수프나 리소토에 사용한다.

퀴노아(quinoa)

페루에서 탄생한 퀴노아는 명아주 과(科)(비트나 시금치도 명아주 과에 속한다)에 속하는 일년생 초본 식물로서 곡식으로 취급되고 있지만, 사실상 곡류로 명명하는 것이 적합하진 않다. 주로 페루와 볼리비아에서 많이 생산되고 있으며, 프랑스에서도 적은 양이지만 '프티트 불 드 포르(petite boule de fort)'라는 이름으로, 2009년부터 앙제(Angers)에서 생산하고 있다.
철분과 구리, 마그네슘, 인, 식물성 단백질이 풍부하고 글루텐이 없는 퀴노아는 물을 넣고 익혀 메인 요리에 곁들이거나, 샐러드에 넣기도 하며, 파에야 등의 요리를 만들기도 한다.

프레굴라(fregola sarda)

이름에서 알 수 있듯이 이 불규칙한 크기의 작고 둥근 파스타는 이탈리아 사르데냐(Sardaigne)에서 유래되었다. 프레굴라 파스타는, 토기로 된 그릇에 넣고 손가락으로 동글동글하게 빚어 만든 다음, 말려서 오븐에 구워 만든다. 파스타로 요리하거나, 리소토처럼 만들어 먹는다.

쿠스쿠스(couscous)

쿠스쿠스는 듀럼밀 낟알의 불순물을 제거하고 축축하게 물에 적신 뒤 밀겨를 벗겨내고 빻은 다음 갈아서 체에 걸러 만든다.

– 테크닉 –

Riz pilaf

필라프 라이스

6인분 기준

재료

롱 그레인 라이스 (riz long) 300g
양파 120g
식용유 300ml
버터 30g
부케가르니 1개
육수 또는 물 450ml
버터 40g
소금 / 후추

도구

유산지

• 1 •

소테팬에 식용유를 넣고 달군다.

• 4 •

쌀에 기름이 골고루 코팅되어 반짝거리도록 잘 저어 섞는다.

• 7 •

유산지를 팬 크기로 잘라 가운데 구멍을 뚫고 덮는다. 뚜껑을 덮고 200℃로 예열한 오븐에 넣어 15~17분간 익힌다.

• 8 •

뚜껑을 덮고, 수분이 완전히 흡수될 때까지 오븐에서 익힌다.

• 2 •

잘게 썬 양파를 팬에 넣고 수분이 나오게 볶는다. 색이 나지 않도록 한다.

• 3 •

쌀을 넣는다.

• 5 •

쌀의 1.5배의 육수를 붓고, 후추를 넣는다.

• 6 •

부케가르니를 넣고 약한 불로 끓인다.

• 9 •

쌀이 익으면, 뚜껑을 열고 10분 정도 두었다가, 유산지를 걷어내고 부케가르니를 꺼낸다.

• 10 •

포크로 밥알을 잘 분리하고, 조각으로 자른 차가운 버터를 넣어 섞은 다음, 간을 맞춘다.

– 테크닉 –

Risotto
리소토

6인분 기준

재료

쌀 (arborio 또는 carnaval) 200g / 화이트 와인 200ml
흰색 닭 육수 (p.24 참조) 2리터
버터 100g / 양파 1개
파르메산 치즈 100g / 올리브오일 100g

도구

스패출러

– 포커스 –

쌀알에 골고루 기름이 코팅되어
반짝이게 섞어주는 과정과 디글레이징은
리소토를 성공적으로 만드는 핵심 포인트다.
이는 쌀알 하나하나를 분리시켜줌으로써
육수가 골고루 더 잘 흡수되도록 해주기 때문이다.

• 1 •

소테팬에 올리브오일을 넣고 달군다.

• 4 •

쌀에 기름이 골고루 코팅되어 반짝거리도록 잘 저어 섞는다.

• 7 •

후추를 넣는다.

• 8 •

육수를 조금씩 넣어가며 쌀을 원하는 정도까지 익힌다(약 18분).

• 2 •

잘게 썬 양파를 팬에 넣고 수분이 나오게 볶는다. 색이 나지 않도록 한다.

• 3 •

쌀을 넣는다.

• 5 •

화이트 와인을 넣어 디글레이즈한 다음, 수분이 다 없어질 때까지 저으며 익힌다.

• 6 •

닭 육수를 우선 재료 높이만큼만 붓는다.

• 9 •

버터와 파르메산 치즈를 넣는다.

• 10 •

잘 섞어서 크리미한 리소토를 완성한다.

- 테크닉 -

Fregola* sarda
프레굴라

6인분 기준

재료

프레굴라 파스타 (fregola sarda) 200g
올리브오일 50ml
화이트 와인 200ml
양파 50g
채소 육수 (p.32 참조) 1리터

도구

스패출러

• 1 •

소테팬에 올리브오일을 넣고 달군다.

• 4 •

화이트 와인을 넣어 디글레이즈한 다음, 수분이 다 없어질 때까지 저으며 익힌다.

* Fregola: 세몰리나 도우를 손으로 동글동글하게 작게 만들어 건조한 후 오븐에 구운 이탈리아 사르데냐 지방의 파스타.

• 2 •

잘게 썬 양파를 팬에 넣고 수분이 나오게 볶는다. 색이 나지 않도록 한다.

• 3 •

프레굴라 파스타를 넣고 잘 섞어 알갱이마다 기름이 고루 코팅되게 한다.

• 5 •

채소 육수를 조금 부어준다.

• 6 •

프레굴라에 육수가 흡수되도록 저어가며 익힌다.

- 포커스 -

이탈리아 사르데냐의 작은 알갱이 파스타인
프레굴라는 그 조리법과 활용도가
리소토와 비슷하다. 트러플, 완두콩, 해산물 등
다양한 재료를 넣어 조리할 수 있다.
리소토 만들 때와 마찬가지로,
알갱이 하나하나 골고루
기름을 코팅해서 볶는 것과
와인으로 디글레이즈해주는 과정이
레시피 성공의 포인트다.

• 7 •

소금을 넣는다.

• 10 •

육수가 완전히 흡수되고 파스타가 다 익을 때 까지 계속해서 저어 준다(20분 정도).

• 8 •

후추를 넣는다.

• 9 •

리소토 만드는 방법과 마찬가지로, 중간중간 조금씩 육수를 넣어 가며 익힌다.

• 11 •

차가운 버터 조각을 넣는다.

• 12 •

버터와 완전히 혼합되도록 잘 섞는다.

– 테크닉 –

Orge perlé
보리쌀

6인분 기준

재료

보리쌀 200g
올리브오일 50ml
화이트 와인 200ml
양파 50g
채소 육수 (p.32 참조) 400ml

도구

스패출러

• 1 •

소테팬에 올리브오일을 넣고 달군다.

• 4 •

화이트 와인을 넣어 디글레이즈한 다음, 수분이 다 없어질 때까지 저으며 익힌다.

• 7 •

나머지 육수를 넣고 저어가며 익힌다. 육수가 완전히 흡수되어 국물이 거의 없어질 때까지 익힌다.

• 2 •

잘게 썬 양파를 팬에 넣고 수분이 나오게 볶는다. 색이 나지 않도록 한다.

• 3 •

보리쌀을 넣고 잘 섞어 알갱이마다 기름이 고루 코팅되게 한다.

• 5 •

채소 육수를 조금 넣는다.

• 6 •

보리쌀에 육수가 흡수되도록 저으며 익힌다.

• 8 •

버터를 넣고 잘 혼합한다.

• 9 •

파르메산 치즈를 넣고 잘 섞어 크리미한 농도를 만든다.

- 테크닉 -

Boulgour*
벌거

6인분 기준

재료

벌거 200g
식용유 100ml
물 또는 채소 육수 (p.32 참조) 400ml
소금

도구

스패출러

• 1 •

벌거에 식용유를 조금 붓는다.

• 4 •

육수를 붓는다.

* Boulgour: 듀럼밀 낟알의 밀겨를 제거하고 증기에 찐 다음 건조시켜 굵게 빻은 곡류.

• 2 •

벌거와 오일을 잘 섞는다.

• 3 •

소테팬에 넣는다.

• 5 •

뚜껑을 닫고 약한 불로 끓여(시머링), 수분이 완전히 흡수될 때까지 천천히 익힌다.

• 6 •

간을 한다. 그냥 먹거나, 기호에 따라 다른 재료를 곁들여 먹는다.

- 테크닉 -

Quinoa

퀴노아

6인분 기준

재료

레드 퀴노아 200g

채소 육수 (p.32 참조) 600ml

소금 / 후추

도구

조리채

• 1 •

퀴노아를 씻어서 가는 조리체에 건져 놓는다.

• 4 •

소금을 넣는다.

• 2 •

소테팬에 퀴노아를 넣는다.

• 3 •

채소 육수를 붓는다.

• 5 •

후추를 넣는다.

• 6 •

뚜껑을 덮고 약한 불로 알갱이가 톡톡 터질 때까지 천천히 익힌다.
간을 맞춘다.

- 테크닉 -

Polenta
폴렌타

6인분 기준

재료

폴렌타(옥수수 가루, 입자 가는 것) 200g
물 700ml / 올리브오일 50ml
파르메산 치즈 간 것 50g
소금 / 후추 / 넛멕

도구

거품기
치즈 그레이터

• 1 •

소스팬에 물을 넣는다.

• 4 •

물이 약하게 끓으면, 폴렌타 가루를 넣는다.

• 5 •

약한 불에서, 계속 저어 섞어주며 익힌다.

• 2 •

올리브오일을 넣는다.

• 3 •

넛멕을 조금 갈아 넣는다.

• 6 •

파르메산 치즈 간 것을 넣는다.

• 7 •

폴렌타와 치즈를 잘 저어 혼합한다.

– 테크닉 –

Polenta sautée
폴렌타 소테

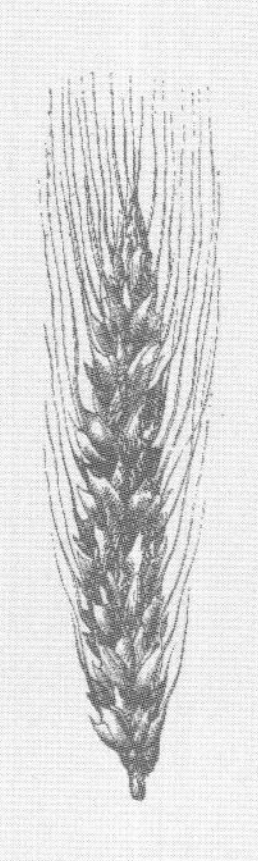

6인분 기준

재료

폴렌타(옥수수 가루, 입자 가는 것) 200g

물 600ml

올리브오일 30ml

정제 버터 (p.66 참조)

도구

사각 용기 / 주방용 붓

스패출러 / 유산지

• 1 •

사각 용기에 유산지를 길게 깔고 붓으로 오일을 바른다.

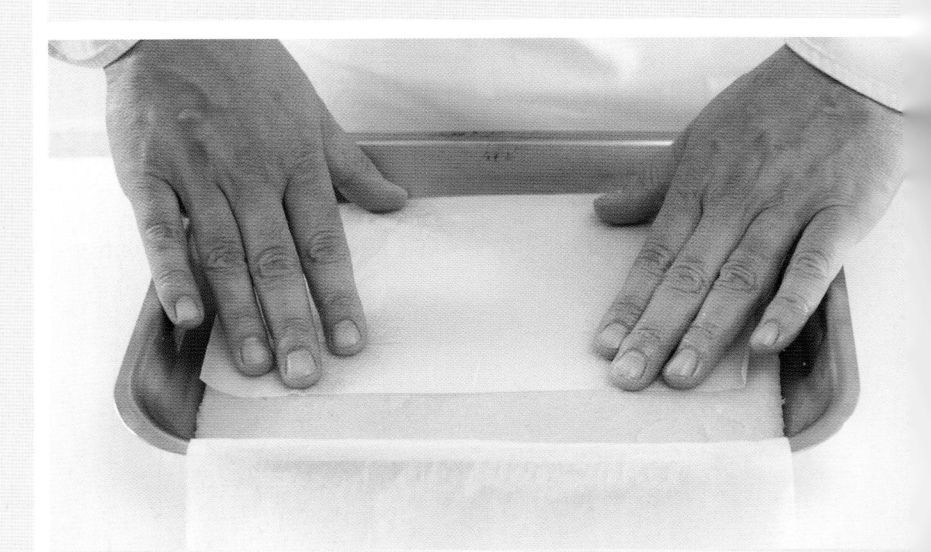

• 4 •

여분의 유산지를 접어, 폴렌타에 밀착시켜 덮는다.

• 7 •

폴렌타를 막대 모양으로(또는 원하는 모양과 크기로) 자른다.

• 8 •

달군 팬에 정제 버터를 발라준다.

• 2 •

익힌 폴렌타(p.622 참조. 파르메산 치즈를 추가하지 않은 상태)를 사각 용기에 쏟는다.

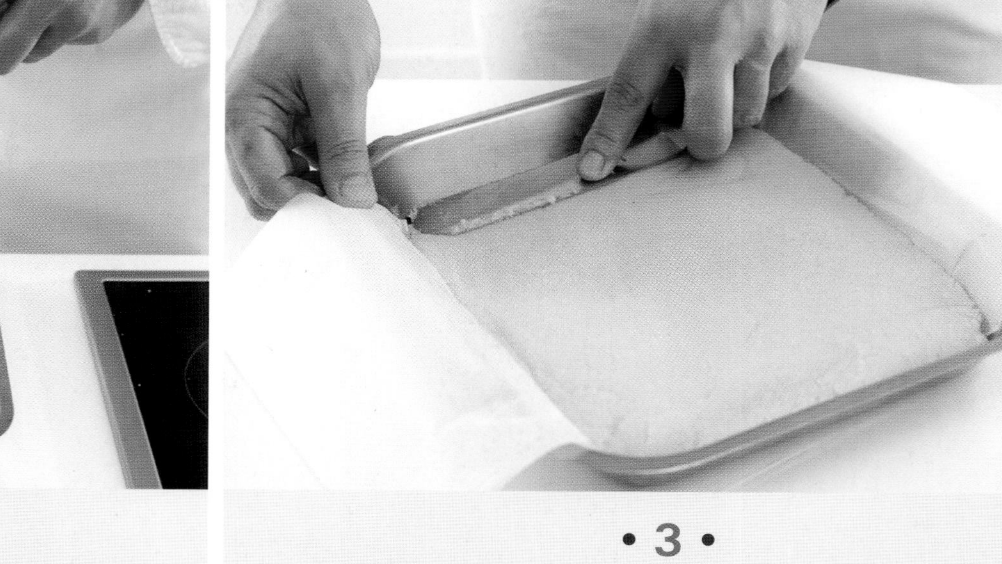

• 3 •

스패출러로 납작하게 펴준다.

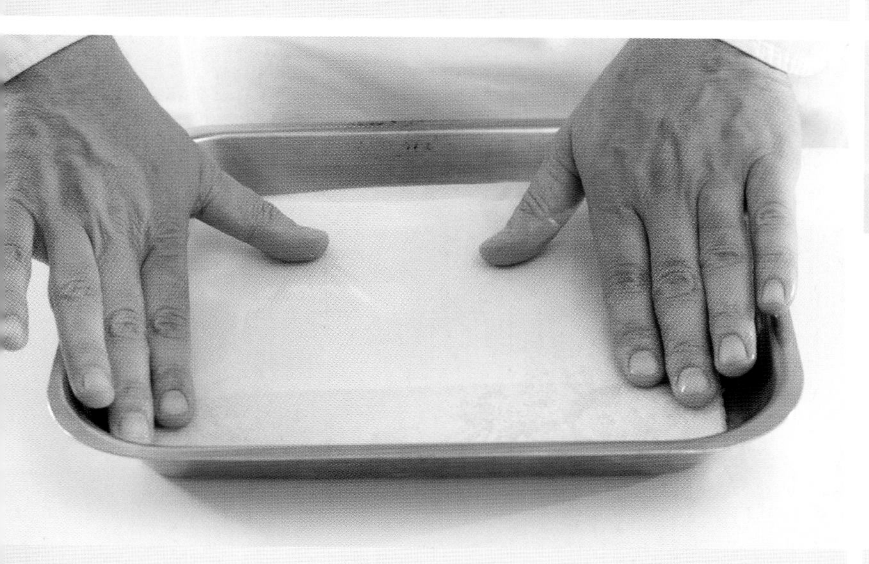

• 5 •

유산지로 잘 덮어 식힌 후, 냉장고에 넣어 둔다.

• 6 •

폴렌타를 꺼내 도마 위에 놓고, 반으로 자른다.

• 9 •

막대 모양으로 자른 폴렌타를 넣고 노릇하게 지진다.

• 10 •

폴렌타를 뒤집어가며 면마다 고르게 색을 내며 지진다.

파스타, 라비올리

LES PÂTES ET
LES RAVIOLES

개요 P. 628

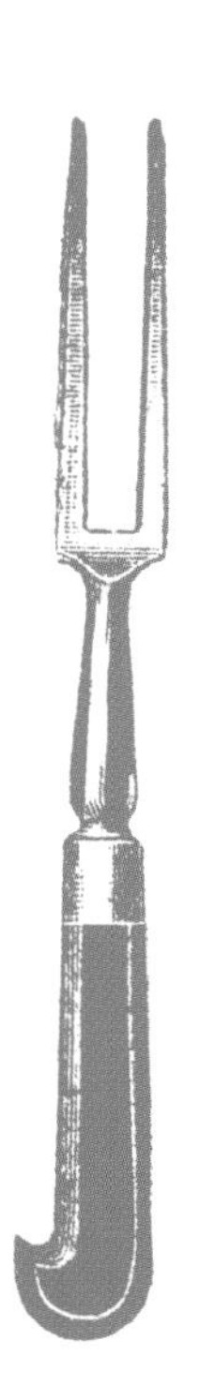

파스타, 라비올리
LES PÂTES ET LES RAVIOLES

테크닉 P. 630

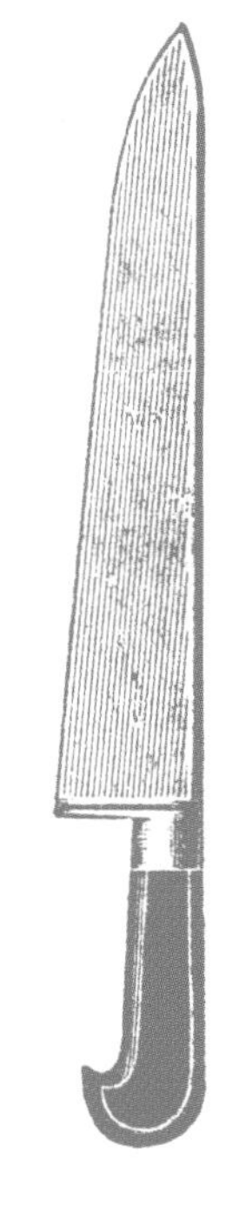

파스타, 라비올리

Les pâtes et les ravioles

파스타는 지금으로부터 12,000년 전인 신석기시대에, 메소포타미아에서 근동, 중동 지역에 걸친 '비옥한 초승달' 지대에서 처음 탄생한 것으로 추정된다. 그 당시 인류는 차츰 수렵 활동이나 야생 식물 채취를 줄이고, 농경이나 목축을 통해 음식물을 수확하는 추세로 옮겨갔으며, 특히 보리, 밀 같은 기본 작물을 재배하게 되었다. 하지만, 제대로 된 파스타가 선을 보이게 된 것은 제2차 신석기 혁명기로, 이 시기에는 곡식의 탈곡 기술이나 가루나 입자로 빻는 제분 기술이 급속히 발전하였고 따라서 이것을 이용한 죽이나, 빵, 전병(갈레트) 등이 보편화되었다.

'파스타'라고 지칭할 수 있는 범위는 무척 방대하여, 정확하게 정의내리기 어렵다. 일반적으로 파스타는 밀(일반 밀가루 혹은 듀럼 밀가루 등)에 액체를 섞은 반죽으로 만든다. 파스타 군은 실로 광범위하고 다양하며, 많은 나라가 제각기 독특한 파스타를 갖고 있다. 이탈리아는 물론이고, 밀의 글루텐을 이용한 중국의 국수, 한국·일본의 우동, 프랑스의 크로제(crozet: 메밀로 만든 프랑스 사부아 지방의 네모난 파스타)와 슈페츨(spaetzle: 달걀을 넣어 만든 파스타나 덤플링), 스페인의 피데오스(fideos: 주로 수프에 많이 넣어먹는 스페인의 파스타. 짧은 것부터 국수처럼 긴 것까지 종류가 다양하다) 등이 있다.

파스타는 그것 자체로 하나의 요리다. 주로 소스나 다른 재료를 넣어 만들어 따뜻한 요리로 먹지만, 차갑게 샐러드를 만들기도 한다.

건조 파스타

듀럼 밀을 물과 섞어 반죽해서 동(bronze)으로 만든 몰드에 넣어 모양을 만든 다음, 건조시킨다. 수분 함량이 12% 미만이다.

생 파스타

생 파스타는 일반적으로 일반 밀가루에 달걀을 섞어 만든다. '신선한 달걀을 넣은 생 파스타'라는 명칭은 프랑스에서 법령으로 제한되어 있다. 인증 받은 상급 퀄리티의 듀럼 밀의 가루 입자로 반죽해야 하고, 밀가루 1kg당 최소 140g의 달걀이 들어가야 하며, 수분 함량이 12%를 넘어야 한다. 만드는 과정은 '라미나주(laminage: 기계로 넓적하게 밀기)'라고 불리는데, 왜냐하면 반죽을 계속해서 파스타 기계 롤러에 넣고 납작하고 매끈하게 밀어주는 작업을 반복해야 하기 때문이다. 이렇게 만들어진 생 파스타는 물에 삶아 소스를 곁들인 파스타면이나 라비올리 등으로 조리하여 먹는다.

파스타의 모양과 크기는 우연히 만들어지는 것이 아니다. 모든 파스타의 모양과 크기는 소스가 가장 잘 묻을 수 있도록 하고, 그 표면도 최대한 거칠게 만든다. 그러므로 어떤 소스로 만들 것인가 등의 조리법에 따라 그에 적합한 종류의 파스타를 골라야 한다.

파스타는 그 모양, 색깔, 크기 등에 따라 다양한 종류가 있지만, 다음과 같은 주요 7가지로 분류해 볼 수 있다.

긴 파스타	스파게티(spaghettis), 누들(nouilles), 링귀네(linguine), 푸질리 룽기(fusilli lunghi), 카펠리니(capellini)
리본, 납작한 국수 모양 (페투치네)	탈리아텔레(tagliatelles), 파파르델레(pappardelles), 탈리오니(taglioni)
튜브 모양	매끈한 펜네(penne lisce), 줄무늬 펜네(penne rigate), 페노니(pennoni), 리가토니(rigatoni), 마카로니(macaroni: 긴 것, 짧은 것) 등
꺾인 튜브 모양	콘킬리에테트(conquillettes), 피페 리가테(pipe rigate)
속을 채운 파스타	아냐로티(agnalotti), 카펠레티(capelletti), 카넬로니(cannelloni), 라비올리(ravioli), 토르텔리니(tortellini)
특수 형태	뇨키(gnocchi), 말로레두스(malloreddus), 파르팔레(farfalle)
수프용 파스타	아시니 디 페페(accini di pepe), 아넬리(anelli), 리조니(rizoni), 튜베티(tubetti)

홈메이드 파스타는 밀가루와 신선한 달걀(전체 또는 노른자만)로 만드는데, 가급적이면 이탈리아 밀가루 00을 사용하는 것이 좋다. 일반 밀가루와 듀럼 밀가루를 섞어서 사용하면 기호에 따라 원하는 대로 적당한 질감을 낼 수 있다.

달걀노른자만을 사용하는 파스타는 알자스 지방의 대표적 요리이다. 밀가루 1kg당 달걀노른자 36개와 소금 23g을 넣어 만든다. 이렇게 하면 훨씬 건조하고 단단한 반죽이 만들어진다. 반죽에 달걀흰자를 사용하면, 예를 들어 슈페츨의 경우처럼, 익힐 때 파스타가 부풀어 오른다.

이탈리아 기본 파스타 반죽을 하려면, 밀가루 1kg당 달걀 10개, 소금 10g 그리고 올리브오일 1테이블스푼을 넣는다.

셰프의 조언

파스타를 반죽할 때 소금은 반드시 물에 먼저
녹인 다음 밀가루에 넣어 반죽하는 것이 중요하다.
시금치 퓌레나 토마토 페이스트 등을 사용해서 반죽에
색을 내고자 할 때는 채소에서 나오는 수분의 양을 고려하여
달걀의 양을 조절해야 한다.
반죽은 기계로 밀기 전에 항상 휴지시키는 것을
잊지 않도록 한다.

파스타를 반죽할 때, 후크 핀이 달린 자동 믹서기를 사용하여
반죽이 믹싱볼 가장자리에 더 이상 붙지 않을 때까지
돌려주면 아주 쉽다. 그다음 필요한 도구는 바로
반죽을 원하는 두께로 밀어줄 파스타 롤러다.
우선 롤러 간격을 제일 넓게 한 상태에서
반죽을 한 번 두껍게 밀어 주고,
그 다음 푀이유타쥬(feuilletage)처럼
양쪽에서 가운데로 두 번 접어
방향을 90도 틀어준 다음 다시 한 번 민다.
롤러 간격을 점점 좁게 조정하고,
같은 두께로 반드시 두 번씩 밀어
최대한 틈을 없애 매끈하게 해준다.
파스타면이나 라비올리를 만드는 최적의 두께는 1mm이다.
밀어놓은 반죽은 30분간 건조시킨 다음 원하는 넓이로 잘라,
끓는 소금물에 즉시 넣어 삶는다.
파스타가 익으면 건져 적당히 물을 턴 후,
바로 소스에 넣어 섞거나, 버터를 넣어 골고루 섞는다.

파스타를 빨리 삶으려면,
면의 무게의 5배에 해당하는 물을 준비해 끓인다.
파스타를 2~3일 보관하려면, 식초나 레몬즙을 조금 뿌려 둔다.
파스타로 차가운 요리를 만들 때는
삶은 물에서 건진 다음 찬물에 헹궈 더 이상 익는 것을 중단시킨다.
슈페츨도 삶은 다음 찬물에 헹궈 식히는데,
이는 서빙할 때 팬에 또 한 번 볶기 때문이다.

뇨키

뇨키를 만들 때는 살이 포슬포슬한 감자(bintje 종류)를 사용하는 것이 좋다. 감자는 껍질째 삶아서 뜨거울 때 껍질을 벗기고 살을 으깨 채소 그라인더에 넣고 돌려 고운 퓌레를 만든 뒤 바로 달걀, 밀가루(00)와 혼합한다. 반죽을 길게 늘여 동그랗게 순대 모양을 만든 다음, 작은 크기로 자른다. 손바닥으로 굴려 동그란 구슬 모양으로 만든 다음, 엄지손가락으로 눌러 동전처럼 납작하게 해준다. 포크의 등 쪽에 올려놓고 다시 둘로 접어준다. 뇨키를 끓는 물에 익혀 물 위에 떠오르면 건져서 소스에 넣거나, 팬에 볶거나 또는 그라탱을 만든다.
뇨키는 만들자마자 즉시 익혀야 한다. 익힌 뇨키는 냉장고에 2~3일 보관하거나 또는 냉동 보관할 수 있다.

슈페츨

알자스 지방의 특별한 파스타인 슈페츨은 액체인 반죽을 굵은 망에 부어 구멍으로 내려오는 파스타를 끓는 육수에서 익힌다. 익으면 건져서 찬물에 헹궈 식힌 다음, 팬에 볶아 먹는다.

라비올리

라비올리의 속은 고기, 채소, 치즈 등으로 채운다. 라비올리를 익힐 때는 아주 약하게 끓는(시머링) 부이용에 넣어 삶아낸다. 익히는 시간은 비교적 짧으며, 반죽의 두께에 따라 달라진다.

- 테크닉 -

Pâtes fraîches à base de farine

밀가루로 만든 생 파스타

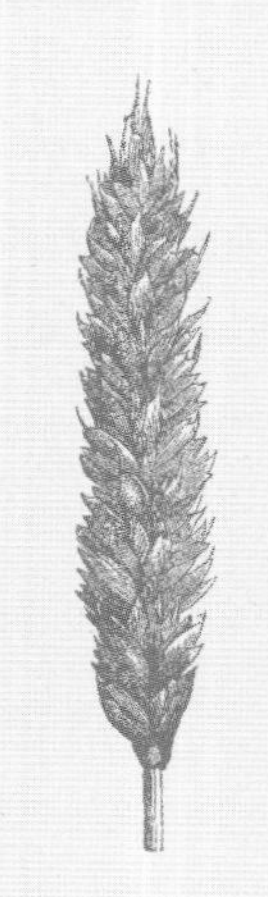

6인분 기준

재료

밀가루 (type 55: 다목적용 중력분) 250g
고운 소금 5g
달걀노른자 175g

도구

자동 믹서기
파스타 압착 롤러

• 1 •

자동 믹서기에 나뭇잎 모양의 플랫 비터 핀을 장착하고, 믹싱볼에 밀가루를 넣는다.

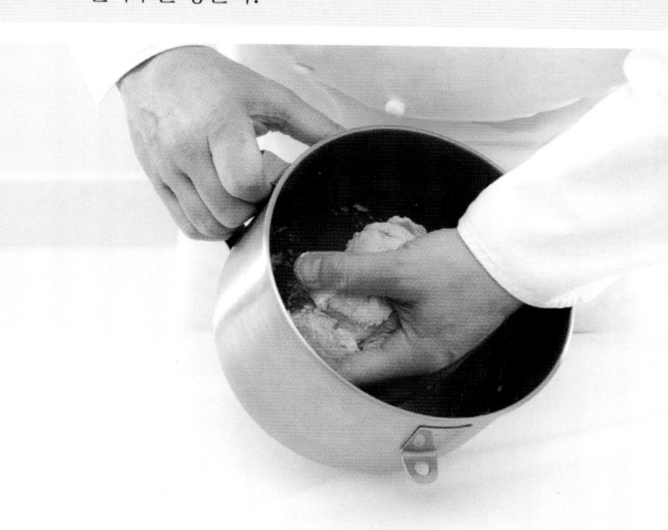

• 4 •

잘 반죽해 균일한 덩어리로 뭉쳐준다.

• 7 •

같은 두께로 두 번씩 밀어주며 점점 두께를 얇게 조정한다.

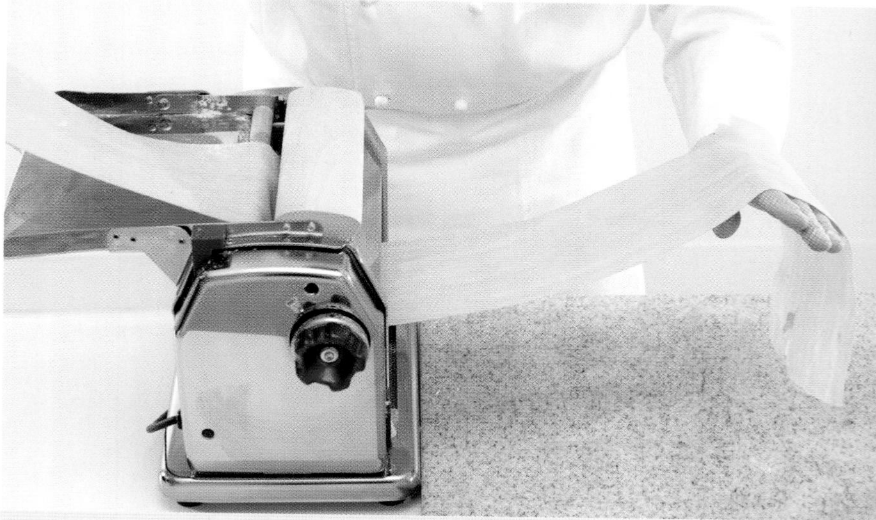

• 8 •

계속 반복해서 반죽이 1~2mm 두께가 되도록 민다.

• 2 •

소금과 달걀노른자를 넣는다.

• 3 •

자동 믹서기에 돌려 그래뉼의 입자가 되도록 섞는다.

• 5 •

파스타 롤러의 간격을 제일 넓게 한 다음 반죽을 우선 한 번 두껍게 민다(반죽은 미리 작업대에 놓고 넓적하게 눌러놓는다).

• 6 •

양끝을 가운데로 모아 3등분으로 접은 다음, 롤러 간격을 얇게 조정하고 다시 얇고 매끈하게 민다.

• 9 •

얇게 밀어낸 반죽을 30cm 길이로 자른 다음, 밀가루를 살짝 뿌린다. 양쪽 끝을 가운데로 모아 접고, 다시 한 번 반으로 접는다.

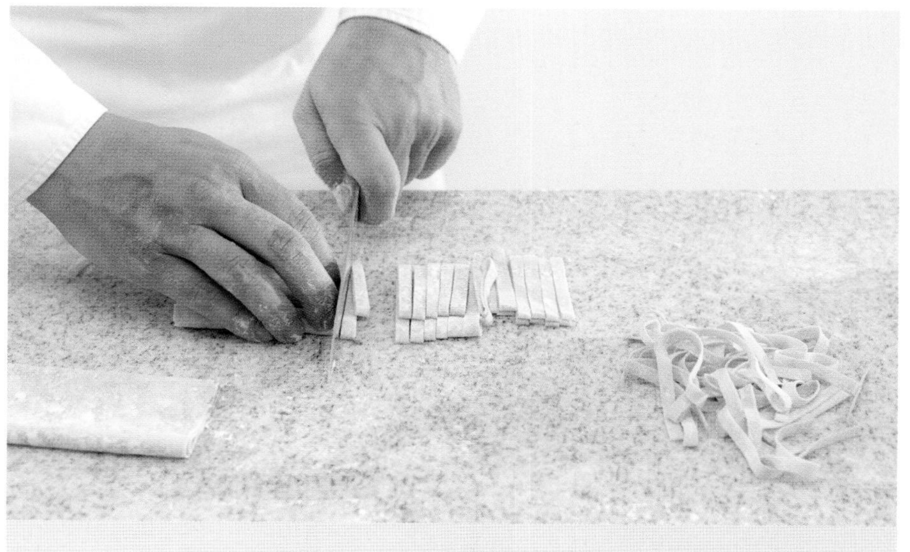

• 10 •

반죽을 탈리아텔레(tagliatelle) 또는 원하는 굵기의 면으로 자른다.

- 테크닉 -

Pâte fraîche de couleur à base de semoule de blé dur

듀럼 밀가루로 만든 컬러 생 파스타

6인분 기준

재료

밀가루 (type 55: 다목적용 중력분) 250g
듀럼 밀가루 250g
달걀 150g
달걀노른자 100g
신선한 시금치 250g

도구

자동 믹서기
파스타 압착 롤러

• 1 •

자동 믹서기의 볼에 밀가루와 듀럼 밀가루를 넣는다.

• 4 •

나뭇잎 모양의 플랫 비터 핀을 꽂고 믹서기를 돌려 재료를 혼합해 어느 정도 균일하게 섞인 반죽을 만든다.

• 7 •

완성된 반죽의 모습. 이제 납작하게 밀 준비가 되었다.

• 8 •

파스타 롤러의 간격을 제일 넓게 한 다음 반죽을 우선 한 번 두껍게 민다(반죽은 미리 작업대에 놓고 넓적하게 눌러놓는다).

• 2 •

달걀을 넣는다.

• 3 •

시금치 퓌레를 넣는다.

• 5 •

플랫 비터 핀을 빼낸다.

• 6 •

도우 훅을 장착하고 돌려 매끈한 반죽을 만든다.

• 9 •

같은 두께로 두 번씩 밀어주며 점점 두께를 얇게 해준다.

• 10 •

롤러의 간격을 줄여가며 반복해서 밀어, 원하는 두께의 매끈한 반죽을 만든다.

- 테크닉 -

Ravioles

라비올리

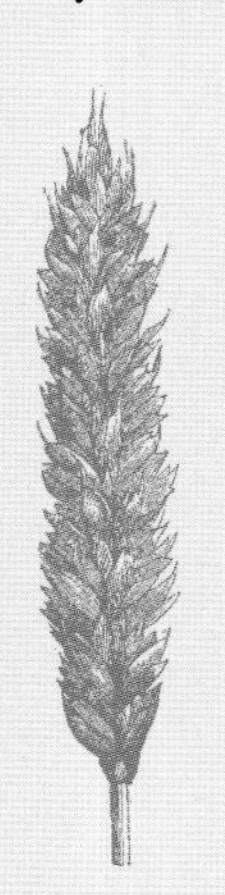

도구

원형 커팅틀

짤주머니

• 1 •

붓에 물을 적셔 털어낸 다음 얇게 민 반죽 위에 촉촉하게 바른다.

• 4 •

반죽의 아랫부분을 세로로 반까지 잘라 접어 올려 속을 짜놓은 원 위로 조심스럽게 덮어준다. 라비올리 안에 공기가 들어가지 않도록 주의한다.

• 5 •

뒤집은 원형 커팅틀로 라비올리를 눌러 붙여 고정한다.

• 2 •

원형 커팅틀을 뒤집어 밀가루를 묻힌 다음, 반죽 위에 살짝 눌러 원 모양을 윗부분에 일렬로 표시해준다. 매 원형 자국 사이의 간격을 충분히 둔다.

• 3 •

둥근 깍지를 끼운 짤주머니에 넣어둔 라비올리 속을 원 위에 동그랗게 짜 놓는다.

• 6 •

둘레에 홈이 있는 원형 커터(한 사이즈 큰 것)로 찍어 잘라준다.

• 7 •

잘라낸 나머지 반죽을 떼어 낸다(보관했다가 다른 용도로 활용한다).

– 테크닉 –

Spaetzle
슈페츨

6인분 기준

재료

밀가루 (type 55: 다목적용 중력분) 300g
고운 소금 5g / 넛맥 5g
달걀 300g
헤비크림 120g

도구

자동 믹서기
슈페츨 메이커

• 1 •

자동 믹서기의 볼에 밀가루와 달걀을 넣는다.

• 4 •

반죽을 볼에 옮긴다.

• 7 •

팬에 버터를 녹이고 간을 한다.

• 8 •

버터에 거품이 일면, 슈페츨을 넣어준다.

• 2 •

와이어 휩 핀을 장착하고 돌려 재료를 골고루 혼합한다.

• 3 •

크림을 넣고 다시 잘 섞어 매끈하고 고운 반죽을 만든다.

• 5 •

소금을 넣은 물이 약하게 끓고 있는 냄비 위에 슈페츨 메이커를 올린다. 반죽을 메이커의 이동 칸에 붓고 앞뒤로 움직여 반죽이 아래로 떨어지게 한다.

• 6 •

잘 저어주며 4~5분간 익힌다. 다 익으면 슈페츨을 찬물에 담가, 더 이상 익지 않도록 한다. 건져서 물기를 빼놓는다.

• 9 •

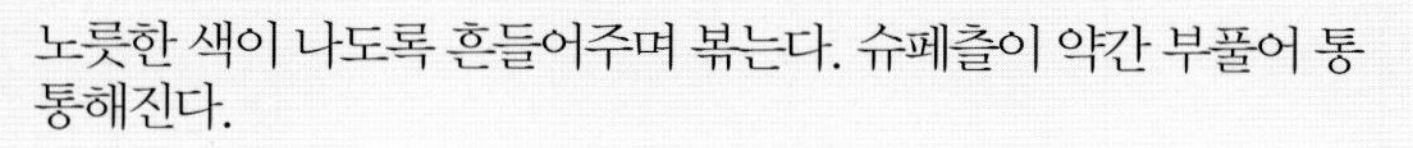

노릇한 색이 나도록 흔들어주며 볶는다. 슈페츨이 약간 부풀어 통통해진다.

• 10 •

보기 좋은 갈색으로 볶아 살짝 부푼 슈페츨의 모습.

- 테크닉 -

Gnocchi
뇨키

6인분 기준

재료

감자 (bintje 종류) 500g
밀가루(이탈리아 00: 가장 고운 것) 150g
달걀 1개
고운 소금 8g / 넛멕

도구

채소 그라인더

• 1 •

감자는 씻어서 껍질째로 찬물에 넣어 익힌다.

• 4 •

넛멕을 갈아 조금 넣는다.

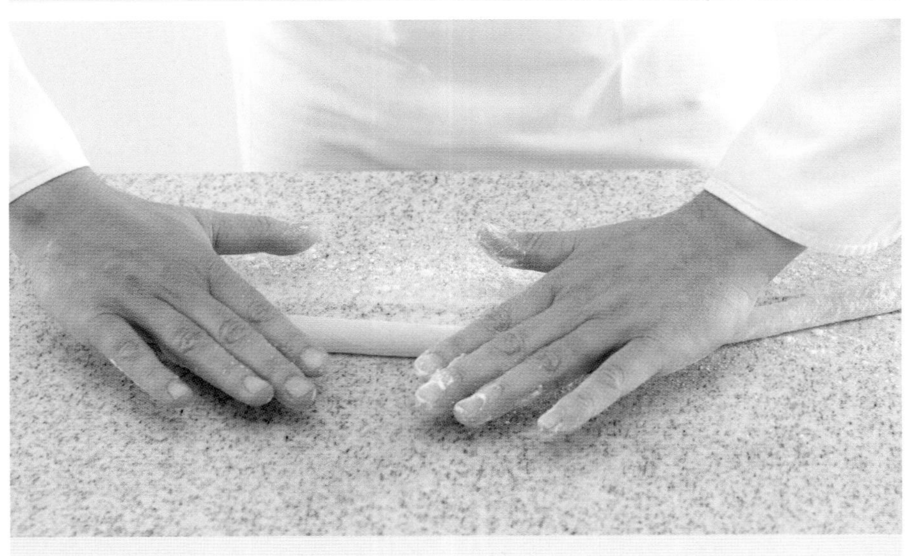

• 7 •

작업대 위에 밀가루를 뿌리고 반죽을 굴리며 길게 늘인다.

• 8 •

일정한 크기로 자른다.

• 2 •

익은 감자를 반으로 잘라, 숟가락으로 살을 긁어내 채소 그라인더에 넣는다.

• 3 •

가는 분쇄망을 끼운 그라인더에 감자 살을 넣고 돌려 간다.

• 5 •

불에 올리지 않은 상태에서 밀가루를 솔솔 뿌리며 넣어준 다음, 세게 저어 잘 섞는다.

• 6 •

달걀을 넣고 다시 잘 혼합해 균일하고 매끈한 반죽을 만든다.

• 9 •

손바닥을 이용해 굴려 동그랗게 만든다.

• 10 •

포크 뒷면에 대고 굴려 무늬를 내준다.

과일

LES FRUITS

개요 P. 642

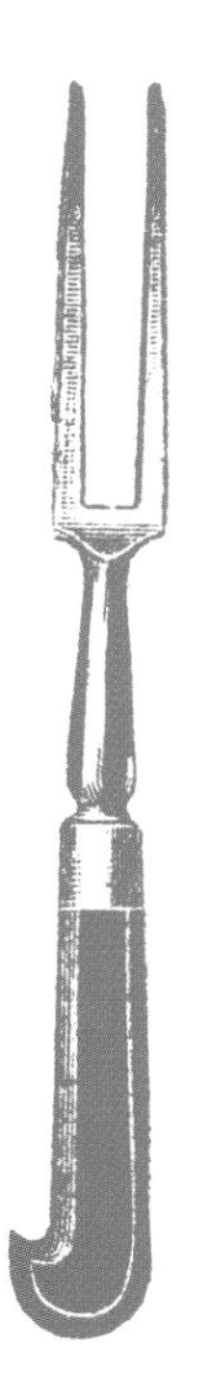

과일

LES FRUITS

테크닉 P. 649
레시피 P. 657

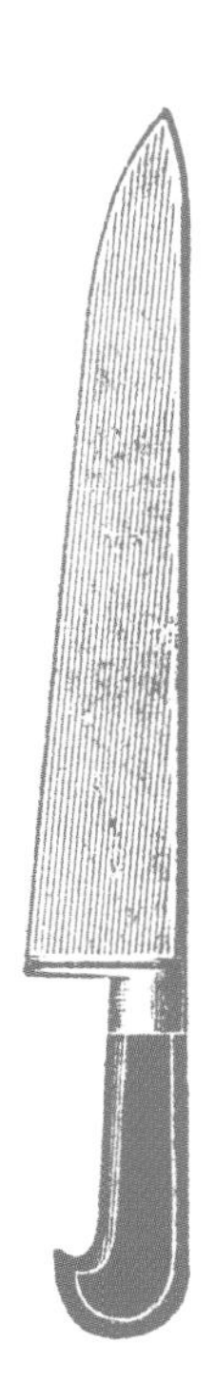

과일

Les fruits

식품매장에 진열된 과일의 종류는 그 어느 때보다 많고 다양해졌으나, 과일 역시 계절에 맞는 것을 고르는 것이 중요하다. 한창 제철인 과일이야말로 그 어느 때보다 좋은 맛을 내기 때문이다. 요리를 할 때, 올바른 선택만이 그 과일의 맛과 장점을 최대로 끌어내는 비결이다. 용도에 따라 가장 잘 익은 과일을 선택하고, 아니면, 구할 수 있는 제철 과일에 따라 그에 알맞은 레시피를 선택하도록 한다.

제철이 아닐 때는 냉동 과육이나 통째로 얼린 과일을 선택해 레시피에 사용하는 것이 좋다. 가정에서 과일을 냉동할 때는, 쟁반에 과일을 놓고 그대로 냉동실에 넣어 일단 얼린 다음, 지퍼락에 싸서 보관한다. 자두 종류(quetsches 푸른 자두, mirabelle 미라벨 자두), 베리 종류(cassis 블랙커런트, myrtille 블루베리)뿐 아니라, 산딸기, 체리, 살구, 무화과, 망고, 파인애플 등은 얼려 놓기 적당한 과일들이다. 냉동 과일은 반드시 익혀서 사용한다.

신맛이 강한 과일일수록 주로 짭짤한 맛의 요리에 사용되고, 반대로 단 과일은 디저트에 많이 사용한다.

셰프의 조언

아보카도는 오르되브르(hors d'oevre: 식욕을 돋우기 위하여 식사 전에 나오는 간단한 요리, 스낵 또는 술 안주)로 아주 훌륭하고,
그래니 스미스(granny-smith) 사과는
샐러리악 레물라드(céleri rémoulade)에 넣으면
그 새콤한 맛으로 신선함을 더해줄 수 있다.
오렌지는 오리 고기와 함께 요리하면 환상적인 궁합을 보여주고,
탠저린 귤은 크레프 쉬제트(crèpe Suzette)에 빠져서는 안 된다.
레몬은 보통 생선이나 해산물에 곁들이지만,
새콤달콤한 타르트를 만들 때도 사용된다.
바나나는 럼주에 플랑베(flamber)해서 먹기도 할 뿐만 아니라,
양고기 카레의 농도를 걸쭉하게 하는 농후제(리에종) 역할도 한다.

과일은 다음과 같이 분류해 볼 수 있다.

시트러스류	자몽, 오렌지, 레몬…
큰 씨(핵)가 있는 과일	복숭아, 살구, 체리, 넥타린(천도복숭아)…
작은 씨(종자)가 있는 과일	사과, 배, 포도, 멜론…
베리류	블랙커런트, 레드커런트, 블루베리…
견과류	호두, 아몬드, 헤이즐넛…
말린 과일	대추, 무화과, 건자두…
붉은 베리류	딸기, 야생 딸기, 산딸기…
열대과일	망고, 구아바, 리치…

과일을 고르는 요령

한창 제철인 과일을 고른다. 윤이 나고 껍질이 매끈하며, 잎은 선명한 녹색을 띠고 있어야 하고, 꼭지는 제대로 잘 붙어 있어야 한다. 상처나 흠이 없어야 하고, 잘 익은 상태의 과일을 고른다. 너무 시퍼런 과일은 제대로 익지 못한 것이다. 사과, 배, 복숭아, 넥타린(천도복숭아) 등의 과일은 만졌을 때 너무 딱딱하지 않고 약간 탄력이 있어야 한다.
가정에서 과일을 보관할 때는 보관 기간에 따라, 그릇에 담아 상온에 두거나 또는 냉장고 채소 칸에 넣어 둔다.

조리법에 따른 과일 선택

사과의 경우, 핑크레이디(pink lady), 부사(fuji)는 그냥 먹기에 좋고, 골덴(golden), 클로샤르(clochard), 레네트(reinette) 종류는 타르트나 오븐에 굽는 조리법에 적당하다. 애플 콤포트를 만들 때는 여러 종류의 사과를 혼합해 사용하기도 하지만, 갈라(gala) 애플이 가장 이상적이다. 그래니 스미스(granny-smith)는 짭짤한 요리에 함께 넣어 새콤한 맛으로 풍미를 돋운다.

사과를 식초, 샬롯, 설탕과 섞고 각종 향신료(통계피, 팔각, 인디안 롱 페퍼, 정향)를 면포 주머니에 넣어 함께 졸여 처트니(chutney)를 만들 수 있다. 이 처트니는 푸아그라, 차갑게 먹는 로스트 포크나 로스트 치킨 등에 곁들이면 좋다.

요리나 디저트 또는 간단한 간식에 새로운 식감을 더하려면 직접 과일을 말려서 사용해보자. 사과를 얇게 잘라 오븐 팬에 한 켜로 놓고, 80℃ 오븐에 넣어 바삭하게 될 때까지 건조시킨다.

그라니테(granité: 과일, 설탕, 와인 등을 혼합해 얼린 이탈리아의 빙과)를 만들려면, 사과에 설탕과 레몬즙을 넣고 믹서에 갈아, 용기에 넣고 냉동실에 넣는다. 꺼내서 포크로 긁어 주면 상큼한 그라니테가 완성된다.

키위는 다른 과일과 접촉해야 잘 익는다. 단단한 키위는 따로 두지 말아야 한다. 껍질을 벗겨 작은 큐브 모양으로 썬 키위를 생선(도미, 농어, 가리비) 타르타르에 섞어주거나, 막대 모양으로 썰어 미니 루콜라 샐러드에 넣으면 좋다. 또는 원형으로 잘라서 버터 발라 구운 토스트 위에 놓고, 오리 가슴살 구이를 얹어주면 개성 있는 아페리티프가 될 것이다.

중국에서 유래한 **감**은 매우 아름다운 색의 낙엽이 지는 관상식물인 감나무의 열매다. 프랑스에서 소비되는 감은 대부분 이탈리아나 스페인에서 들어오는 것이고, 또 이스라엘과 일본에서도 일부분 수입되고 있다. 감은 두 종류로 나눌 수 있다. 붉은색의 떫은맛을 가진 감은 완전히 익었을 때야 비로소 먹을 수 있다(말랑말랑해서 숟가락으로 떠먹는다). 이스라엘산 샤론(sharon)이나 일본의 푸유(fuyu) 등 살이 단단한 감은 주황색을 띠고 있고, 모양이 약간 길쭉하다. '로호 브리앙트(rojo brillante)' 품종인 퍼시몬 감(kaki persimon)은 스페인 발렌시아 지방에서 재배되며 '리베라 델 쉬케(kaki del Rivera du Xùquer)'라는 이름으로 1997년 AOP(원산지 명칭 보호) 인증을 받았다. 감은 얇게 썰어 스다치(일본의 작은 라임)즙을 뿌려 서빙하거나, 큐브 모양로 썬 다음 초콜릿 가나슈를 얇게 덮고, 녹차 가루를 살짝 뿌려 덮어 프리 디저트(pre-dessert)로 내기도 하며, 사과와 배와 혼합해 가을 과일 처트니를 만들어도 좋다.

보라색 무화과는 향신료(계피, 쓰촨 페퍼, 팔각 등)를 담가 우려낸 레드 와인에 넣어 데쳐 익히거나, 라벤더 꿀을 조금 뿌린 다음, 구워 먹어도 맛있다. 버터에 팬 프라이한 무화과는 수렵육 요리에 곁들이면 아주 좋다. 꿀을 조금 넣고 처트니를 만들어 염소 치즈나 푸아그라에 곁들여도 훌륭할 뿐 아니라, 얇게 썰어 아몬드 크림을 넣은 파트 푀이유테(pâte feuilletée) 베이스에 얹어 오븐에 구우면 근사한 타르트가 된다.

모과는 반드시 익혀 먹어야 한다. 브뤼누아즈로 잘게 잘라 볶아서 테린 또는 페이스트리를 덮은 파테(pâté en croûte: 파테 엉 크루트) 속에 넣기도 한다. 껍질을 벗기고 씨를 뺀 다음, 시럽에 넣고 1시간 30분 정도 졸인다.

셰프의 조언

독창적인 모과 아이올리를 만들어보자.
모과를 익혀 갈아 퓌레를 만든 다음, 달걀노른자,
여러 번 데친 마늘 2~3톨과 잘 섞는다.
올리브오일을 조금씩 넣어가며 거품기로 잘 휘저어 혼합한다.

자두(reine-claude, quetsche, mirabelle)는 시럽에 익히거나, 소보로(crumble)를 얹어 굽기도 하고, 타르트를 만드는 데도 사용한다. 물론 그냥 먹어도 아주 맛있는 과일이다.

밤은 주로 수렵육 요리의 가니쉬로 많이 사용된다. 버터넛 스쿼시와 잘 어울리고, 오븐에 익힌 사과에 얹어 아삭하게 먹기도 한다. 리크(서양 대파)의 흰 부분과 함께 볶다가, 닭 육수를 넣고 끓인 다음 믹서로 갈아, 포치니 버섯 가루를 뿌려 먹으면 맛있는 블루테 수프로도 즐길 수 있다.

포도는 가을을 알리는 첫 이미지다. 샤슬라 드 무아삭(chasselas AOC de Moissac) 포도는 샐러드에 넣거나, 잘 건조시켜 사과와 함께 콤포트로 만든 다음 푸아그라 발로틴(ballotine de foie gras)의 스터핑으로도 사용하고, 메추리 요리나 팬 프라이 푸아그라의 가니쉬로 서빙하기도 한다. 닭 육수에 데쳐내어 무화과와 함께 오리 요리에 곁들여도 좋다.

셰프의 조언

밤의 겉껍질과 속껍질을 한꺼번에 쉽게 벗기려면,
가로로 칼집을 길게 넣은 다음,
160℃ 온도의 기름에 5~6초간 넣었다가
망국자로 건져 즉시 껍질을 제거한다.

붉은 베리류는 여름을 상징한다. 달고 즙이 많으며 새콤한 붉은 베리류의 과일은 음식에 맛과 신선함, 그리고 색감과 대조를 더하는 데 그만이다. 블랙커런트(cassis)는 상온의 포마드 버터와 혼합해 대구나 고등어에 올릴 수도 있고, 레드커런트(groseille)는 요리에 새콤한 터치를 가미해준다. 블루베리(myrtille)는 샹티이 크림과 섞어 가볍게 한 크렘 파티시에 위에 올려 타르트를 만들면 훌륭하다. 체리는 버터를 녹인 팬에 익히다가 발사믹 식초로 디글레이즈해서 오리 요리에 곁들인다. 딸기도 식초와 올리브오일, 레몬 등의 시트러스 제스트를 넣어 맛을 더한다. 또는 딸기를 얇게 세로로 저며, 유산지를 깐 오븐팬에 깔아 놓고 설탕을 뿌려 90℃ 오븐에 넣어 원하는 식감이 될 때까지 건조시켜 꽃잎 모양의 딸기(pétales de fraise)를 만든다.

살구는 녹색이거나 연한 노란빛이 도는 것은 피하고, 살이 말랑한 것으로 고른다. 살구는 로즈마리, 라벤더, 신선한 생강과 궁합이 잘 맞으며, 아몬드와 함께 팬에 볶아서 로스트 치킨, 뿔닭(기니파울), 토끼 요리 등에 곁들여 내면 좋다. 또한 살구는 당근과 오렌지즙을 함께 넣고 익힌 후 믹서에 갈아, 팬 프라이한 랑구스틴의 소스로 사용하기도 한다. 디저트용으로는, 쿨리(coulis)를 만들거나, 파트 사블레(pâte sablée) 베이스에 아몬드 크림을 채워 넣고 그 위에 살구를 얹어 오븐에 타르트로 구워낸다.

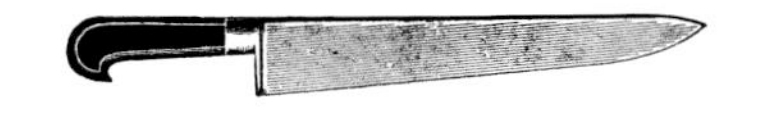

> **셰프의 조언**
>
> 상태가 안 좋거나 물러진 딸기를 활용하려면
> 우선 설탕 시럽을 만들고(grand boulé 상태, 120~126℃),
> 라즈베리 식초를 한 번 둘러주어 디글레이즈한다.
> 이 시럽을 물러진 딸기에 부어 향이 우러나게 한 다음 체에 걸러서
> 먹기 좋게 4등분으로 자른 생딸기에 뿌리고 민트 잎을 곁들인다.

복숭아는 통째로 또는 믹서에 갈아 버베나(verveine)나 타임으로 향을 더해 차가운 수프로 먹는다. 납작한 도넛 복숭아는 팬에 익혀서, 팬 프라이한 푸아그라에 곁들여 내기도 한다.

수박은 얇게 잘라서 올리브오일을 살짝 뿌리거나, 큐브 모양으로 썰어 페타 치즈와 잘게 썬 민트와 함께 샐러드를 만들기도 한다. 또는 수박 과육에 설탕 약간, 레몬즙, 에스플레트 칠리 가루, 진이나 보트카를 넣고 믹서에 갈아 상큼한 아페리티프로 서빙해도 아주 좋다.

열대과일

우리 땅에서 나는 과일과 마찬가지로 이국에서 나는 열대과일도 그것이 가장 잘 익어 맛있는 제철을 고려하여 선택하는 것이 중요하다. 직접 재배한 농가의 것을 선택하거나, 수입 과일의 경우는 항공편으로 들여온 것을 선택한다. 열대과일은 상온에 보관하는 것이 좋고, 특히 냉장고에 넣지 않는다. 망고는 푸아그라와 잘 어울리고, 파인애플은 오리와, 패션프루트는 생선 노랑촉수(rouget)와 궁합이 잘 맞는다. 열대과일을 요리에 사용할 때는 후추, 고추, 향신료 등을 적절히 사용하면 한층 더 풍미를 돋울 수 있다.

시트러스류

시트러스 과일은 그 범위가 매우 넓고, 계속해서 새로운 품종이 생산되고 있는 추세다. 매장에서 흔히 볼 수 있는 종류로 라임, 레몬, 금귤, 유자, 클레망틴(clementine:감귤과 오렌지 교배종), 만다린 귤, 오렌지(네이블, 비터, 레드), 자몽(그린 또는 노랑), 포멜로, 어글리(ugly:자몽과 만다린 귤의 교배종) 또는 부다스 핸드 시트롱(Buddha's hand citron) 등이 있다. 요리에 사용할 때, 시트러스 과일은 그 즙이나 껍질을 사용해 상큼한 맛과 신맛을 더해주는 역할을 한다. 껍질 제스트를 사용하거나, 소금이나 설탕을 넣고 졸여 콩피(confit)를 만들 때는 반드시 왁스 처리하지 않은 것을 선택한다.
시트러스 과일은 마리네이드 용으로도 많이 사용되고, 흰살 생선과, 해산물(랑구스틴은 귤즙에 익히면 좋다.) 요리에 잘 어울린다. 또한, 오리와 같은 육류(예를 들어 오렌지 소스의 오리 요리)에도 곁들이기 좋다.

-제철 과일 분류표-

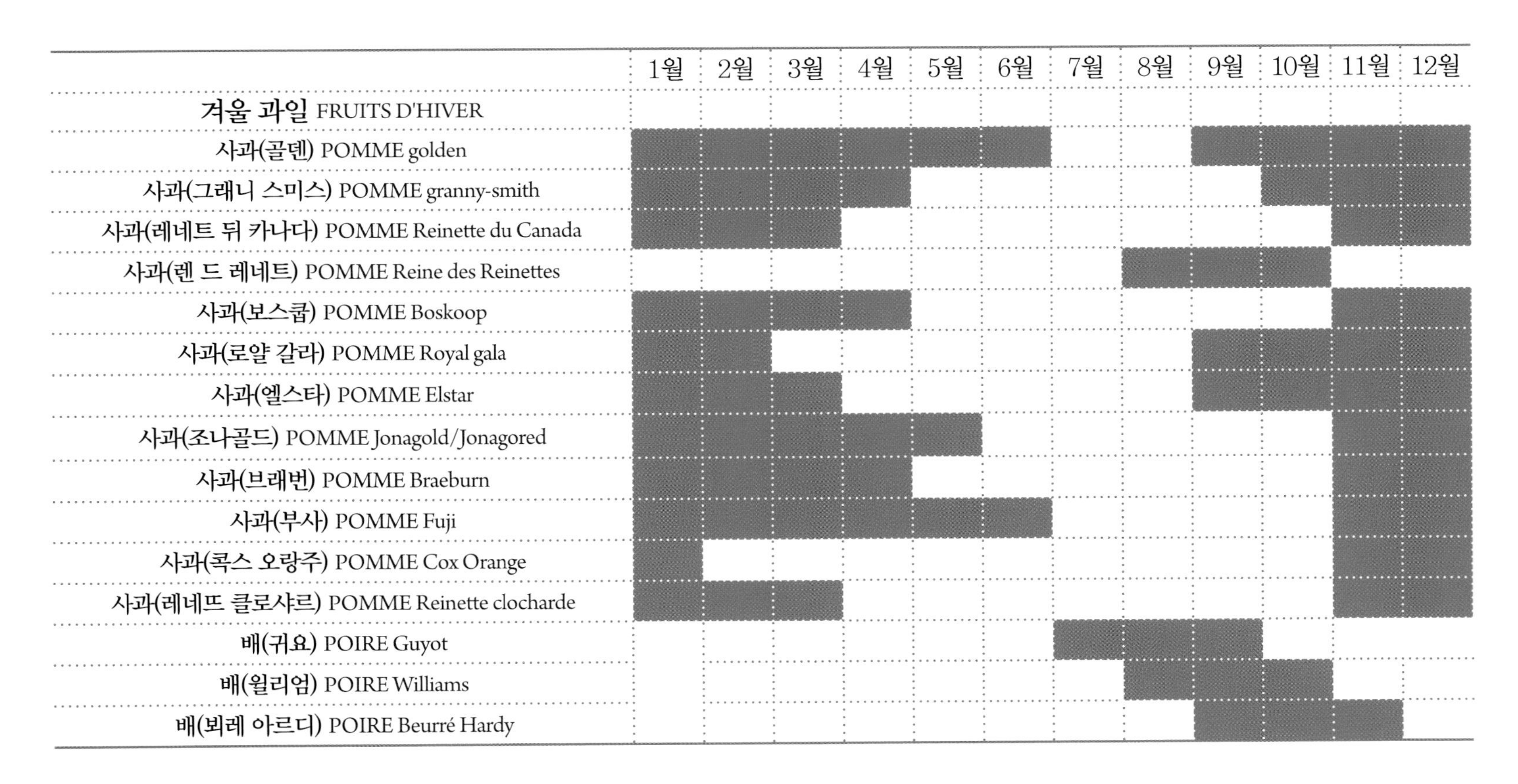

	1월	2월	3월	4월	5월	6월	7월	8월	9월	10월	11월	12월
겨울 과일 FRUITS D'HIVER												
사과(골덴) POMME golden	■	■	■	■	■	■			■	■	■	■
사과(그래니 스미스) POMME granny-smith	■	■	■	■						■	■	■
사과(레네트 뒤 카나다) POMME Reinette du Canada	■	■	■								■	■
사과(렌 드 레네트) POMME Reine des Reinettes								■	■	■		
사과(보스쿱) POMME Boskoop	■	■	■	■							■	■
사과(로얄 갈라) POMME Royal gala	■	■							■	■	■	■
사과(엘스타) POMME Elstar	■	■	■						■	■	■	■
사과(조나골드) POMME Jonagold/Jonagored	■	■	■	■	■						■	■
사과(브래번) POMME Braeburn	■	■	■	■							■	■
사과(부사) POMME Fuji	■	■	■	■	■	■					■	■
사과(콕스 오랑주) POMME Cox Orange	■										■	■
사과(레네트 클로샤르) POMME Reinette clocharde	■	■	■								■	■
배(귀요) POIRE Guyot							■	■	■			
배(윌리엄) POIRE Williams								■	■	■		
배(뵈레 아르디) POIRE Beurré Hardy									■	■	■	

	1월	2월	3월	4월	5월	6월	7월	8월	9월	10월	11월	12월
배(콩페랑스) POIRE Conférence	■	■	■							■	■	■
배(드와옌느 뒤 코미스) POIRE Doyenne du Comice	■									■	■	■
배(루이즈 본느 다브랑슈) POIRE Louise Bonne d'Avranches										■	■	■
배(파스 크라산느) POIRE Passe-crassane	■	■	■							■	■	■
배(나시) NASHI									■	■	■	
가을 과일 FRUITS D'AUTOMNE												
키위 KIWI	■	■	■	■	■						■	■
포도(카디날, 적포도) RAISIN cardinal(noir)								■				
포도(샤슬라 드 무아삭, 청포도) RAISIN Chasselas de Moissac(blanc)									■	■		
포도(알퐁스 라발레, 적포도) RAISIN Alphonse Lavallée(noir)									■	■		
포도(뮈스카 뒤 방투, 적포도) RAISIN Muscat du Ventoux(noir)									■	■		
포도(당라, 청포도) RAISIN Danlas(blanc)								■				
모과 COING									■	■	■	
무화과 FIGUE									■	■	■	
루바브 RHUBARBE				■	■	■	■	■	■	■		
생 아몬드 AMANDE FRAÎCHE						■	■					
생 호두 NOIX FRAÎCHE									■	■		
생 헤이즐넛 NOISETTE FRAÎCHE								■	■			
밤 CHÂTAIGNE										■	■	
여름 과일 LES FRUITS D'ETE												
살구(랑베르탱) ABRICOT Lambertin						■	■					
살구(오랑주레드) ABRICOT Orangered						■	■					
살구(점보보) ABRICOT Jumbobot							■					
살구(베르주롱) ABRICOT Bergeron							■	■				
살구(루즈 뒤 루시용) ABRICOT Rouge du Roussillon						■	■	■				
복숭아, 넥타린, 천도복숭아 PECHE / NECTARINE / BRUGNON						■	■	■				
붉은 복숭아 Sanguine							■	■	■			
자두(골덴 재팬) PRUNES Golden Japan								■				
그린 자두(렌 클로드) REINE-CLAUDE « vraie »								■				
그린 자두(렌 클로드 드 바베) REINE-CLAUDE DE BAVAY									■			
자두(프레지당) Président								■	■			
노랑 자두(미라벨 드 로렌) MIRABELLE DE LORRAINE								■	■			
자두(켓츄) QUETSCHE									■			
멜론(샤랑테) MELON charentais					■	■	■	■	■	■		
멜론(브로데) MELON Brodé							■	■	■			
멜론(가이야) MELON Gallia							■	■	■			
멜론(존 카나리) MELON Jaune canari							■	■	■			
수박 PASTÈQUE								■				

	1월	2월	3월	4월	5월	6월	7월	8월	9월	10월	11월	12월
붉은 과일 LES FRUITS ROUGES												
체리(뷔를라) CERISES burlat				■	■	■						
체리(쉬미트) CERISES Summit						■						
체리(나폴레옹) CERISES Napoléon						■	■					
체리(반) CERISES Van						■						
체리(벨 드 쥐예) CERISES Belle de juillet							■					
딸기(가리게트) FRAISES gariguette				■	■							
딸기(시플로레트) FRAISES Ciflorette				■	■	■						
딸기(클레리) FRAISES Cléry				■	■	■						
딸기(마라 데 부아) FRAISES Mara des bois							■	■	■			
베리류 LES BAIES												
크랜베리(허클베리) AIRELLE							■	■				
야생 딸기 FRAISE DES BOIS						■	■	■				
산딸기 FRAMBOISE						■	■	■	■	■		
블랙커런트, 카시스 CASSIS							■	■				
레드커런트 GROSEILLE							■	■				
오디, 블랙베리 MÛRE								■	■			
블루베리, 빌베리 MYRTILLE								■	■			
구스베리 GROSEILLE À MAQUEREAU							■					
꽈리 PHYSALIS								■	■	■		
엘더베리 SUREAU								■	■			

	1월	2월	3월	4월	5월	6월	7월	8월	9월	10월	11월	12월
시트러스류 LES AGRUMES												
오렌지 네이블린(스페인, 모로코) ORANGES naveline(Espagne et Maroc)	■										■	■
오렌지 네이블 레이트(스페인, 모로코) ORANGES Navel Late(Espagne et Maroc)			■	■	■							
오렌지 발렌시아 레이트(스페인, 모로코) ORANGES Valencia Late(Espagne et Maroc)				■	■	■						
오렌지 말테즈(스페인, 모로코) ORANGES Maltaise(Espagne et Maroc)	■	■	■									
왁스 처리하지 않은 오렌지(스페인, 모로코) Orange non traitée(Espagne et Maroc)	■	■	■	■	■						■	■
비터 오렌지(스페인, 모로코) Orange amère(Espagne et Maroc)	■	■									■	■
포멜로 마쉬(흰색 살, 이스라엘, 미국) POMELO Marsh(chair blanche, Israel et USA)	■	■	■	■	■						■	■
포멜로 루비(핑크색 살, 이스라엘, 미국) POMELO Ruby(chair rosée, Israël et USA)	■	■	■	■							■	■
포멜로 썬라이즈(붉은색 살, 이스라엘) POMELO Sunrise(chair rouge, Israel)	■	■	■	■	■							■
포멜로 스타 루비(붉은색 살) POMELO Star Ruby(chair rouge)	■	■	■	■								■
레몬(니스) CITRON DE NICE	■	■	■	■								

	1월	2월	3월	4월	5월	6월	7월	8월	9월	10월	11월	12월
레몬(스페인) CITRON Espagne	■	■	■	■	■	■	■	■	■	■	■	■
클레망틴(코르시카) CLÉMENTINE Corse	■										■	■
클레망틴(스페인) CLEMENVILLA Espagne	■	■	■									■
탠젤로, 한라봉(이스라엘) MINNEOLA Israel	■	■	■									■

열대과일 LES FRUITS EXOTIQUES												
파인애플 ANANAS	■	■	■	■	■					■	■	■
파인애플(빅토리아) ANANAS Victoria	■	■	■	■	■	■	■	■	■	■	■	■
바나나 BANANE	■	■	■	■	■	■	■	■	■	■	■	■
바나나(프레시네트) BANANE Freyssinette	■	■	■	■	■	■	■	■	■	■	■	■
바나나(로즈) BANANE Rose	■	■	■	■	■	■	■	■	■	■	■	■
망고 MANGUE				■	■	■						■
리치 LITCHI	■											■
코코넛 NOIX DE COCO	■	■	■	■	■	■	■	■	■	■	■	■
라임 LIME(citron vert)	■	■	■	■	■	■	■	■	■	■	■	■
패션푸르트 FRUIT DE LA PASSION	■	■	■	■	■	■	■	■	■	■	■	■
석류 GRENADE											■	■
감 KAKI	■									■	■	■
금귤 KUMQUAT	■	■	■	■	■	■	■	■	■	■	■	■
파파야 PAPAYE											■	■
스타푸르트 CARAMBOLE(Star fruit)	■	■	■	■	■	■	■	■	■	■	■	■
백련초(선인장 열매) FIGUE DE BARBARIE	■	■	■	■			■	■	■	■	■	■
구아바 GOYAVE	■	■	■	■	■	■	■	■	■	■	■	■
망고스틴 MANGOUSTAN			■	■	■	■				■	■	■
비파 NÈFLE DU JAPON				■	■	■						
람부탄 RAMBOUTAN	■	■	■		■	■	■	■	■	■	■	■
생 대추야자 DATTE FRAÎCHE										■		
대추 JUJUBE	■	■	■	■	■	■	■	■	■	■	■	■
용과 PITAHAYA(dragon fruit)	■	■	■			■	■	■				■
스위티 종류(자몽과 만다린 귤의 교배종) UGLI	■	■				■	■	■	■	■	■	■
타마린드 TAMARIN	■	■	■	■	■	■	■	■	■	■	■	■
타마릴로(나무 토마토) TAMARILLO	■	■	■	■	■	■	■	■	■	■	■	■
카피르 라임 COMBAWA(kaffir lime)				■	■	■	■					

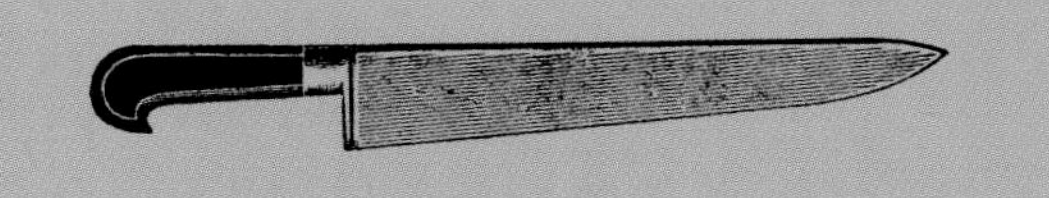

과일
LES FRUITS

테크닉

– 테크닉 –

Zester un citron
레몬 제스트

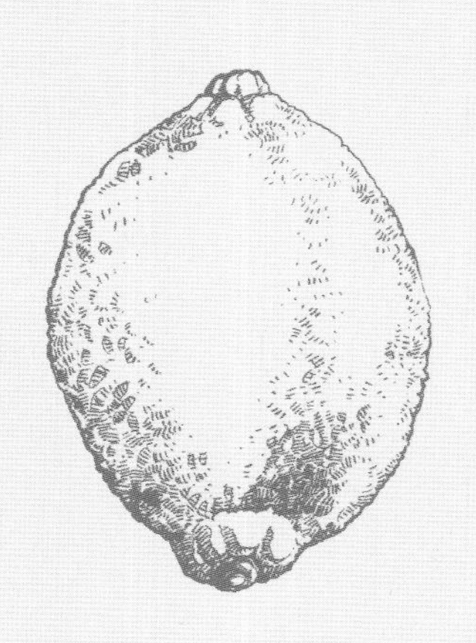

도구

제스터
페어링 나이프

• 1 •

칼로 레몬의 양끝을 자르고, 감자 필러로 레몬 껍질의 노란 제스트 부분만 벗겨낸다.

• 2 •

껍질에 붙은 흰 부분을 저며 낸다.

• 3 •

레몬 제스트를 가늘게 채 썬다.

- 테크닉 -

Historier un citron

레몬 모양내어 썰기

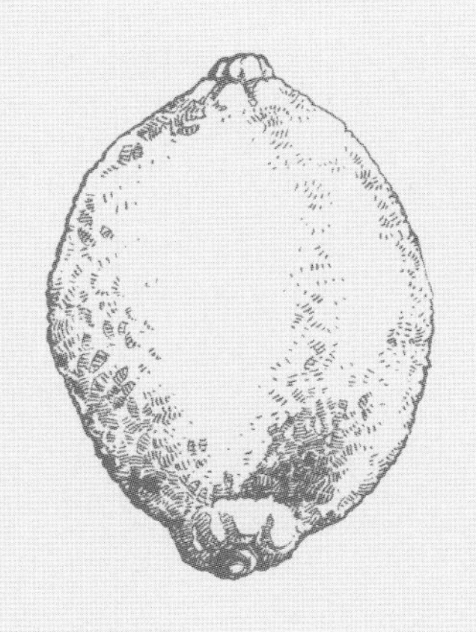

도구

페어링 나이프

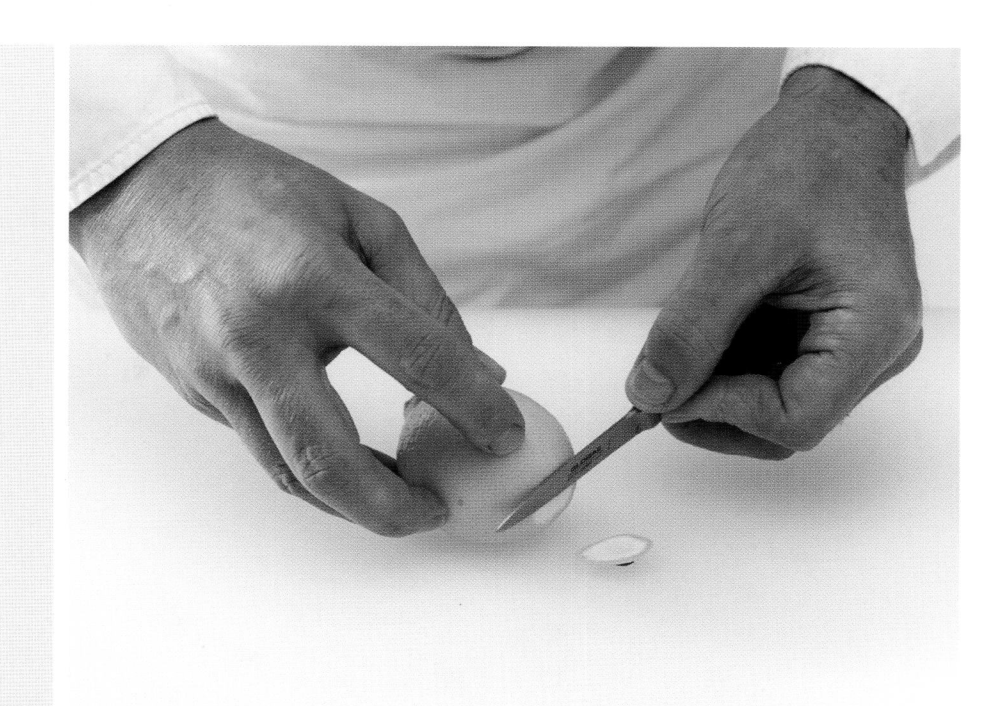

• 1 •

칼로 레몬의 양끝 부분을 자른다.

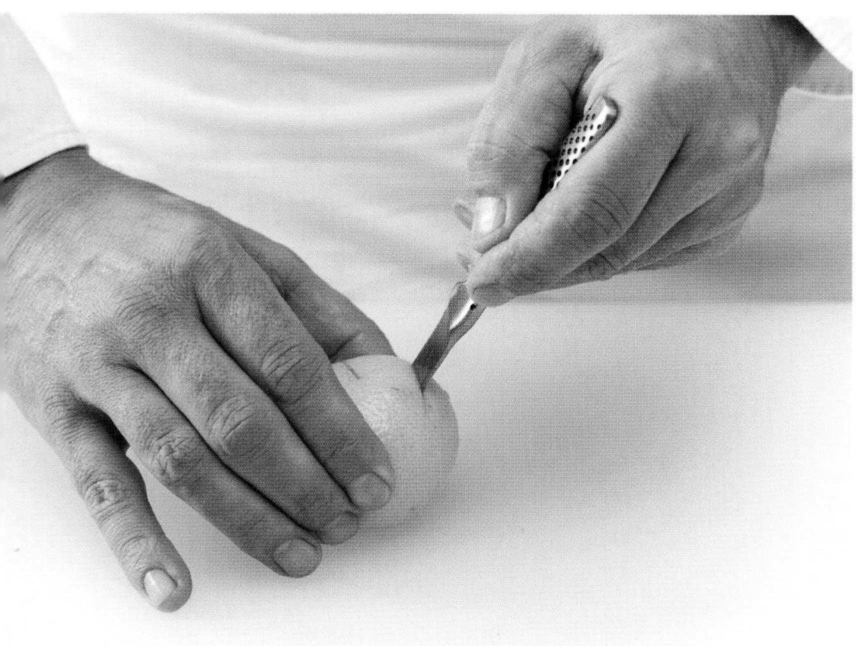

• 2 •

페어링 나이프로 레몬을 빙 둘러 톱니 모양으로 칼집을 낸다.

• 3 •

반으로 분리하고, 씨를 제거한다.

- 테크닉 -

Peler un agrume à vif

시트러스류 과일 껍질 벗기기

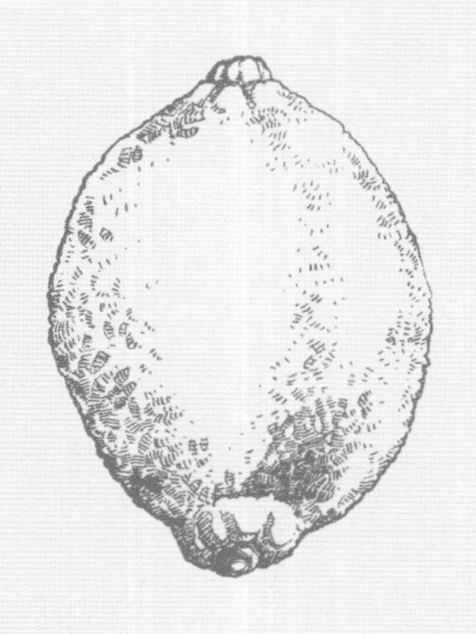

도구

생선용 필레 나이프
페어링 나이프

• 1 •

과일을 세워 놓을 수 있도록, 양쪽 끝을 자른다.

• 3 •

페어링 나이프로 과일의 속살 조각을 속껍질 막과 분리하여 잘라 낸다.

• 2 •

필레 나이프를 사용하여, 껍질(안쪽 흰 부분 포함)을 과일의 둥근 면을 따라 잘라낸다.

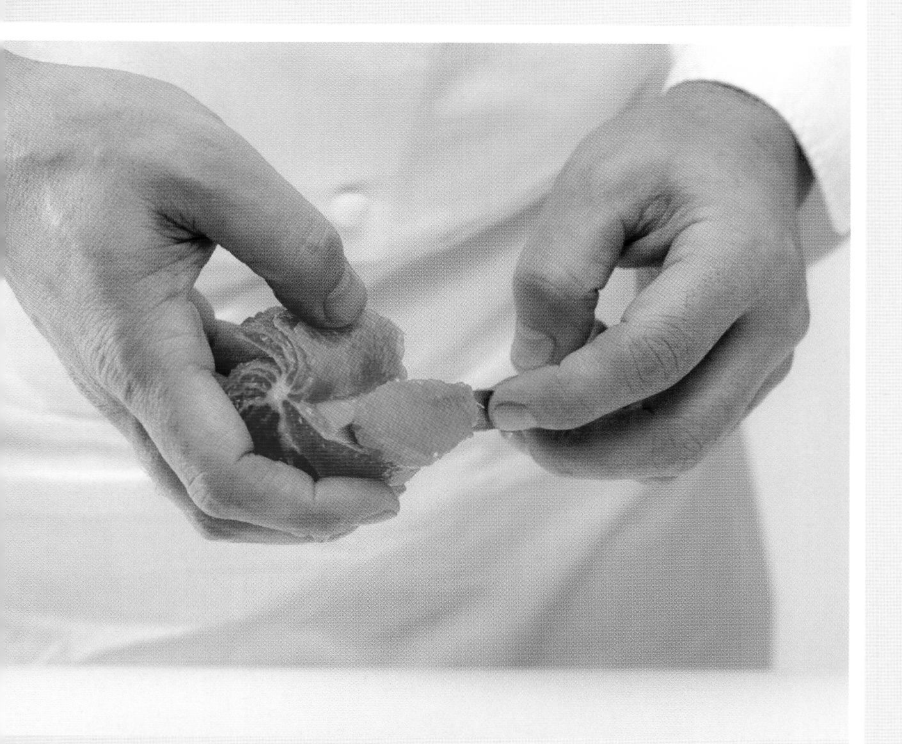

• 4 •

시트러스 과일의 조각 속살을 잘라낸 모습.

– 포커스 –

이 작업은 까다로워 보이지만,
실제로 해보면 의외로 쉬운 테크닉으로
레몬, 오렌지, 귤 등 모든 시트러스류 과일에
적용할 수 있다.
이렇게 잘라낸 과일의 속살은
조리용으로 사용하기 편리하다.

– 테크닉 –

Monder et épépiner le raisin

포도 껍질 벗겨 씨 제거하기

도구

페어링 나이프

주방용 바늘

• 1 •

포도 알갱이를 끓는 물에 몇 초 동안 넣는다.

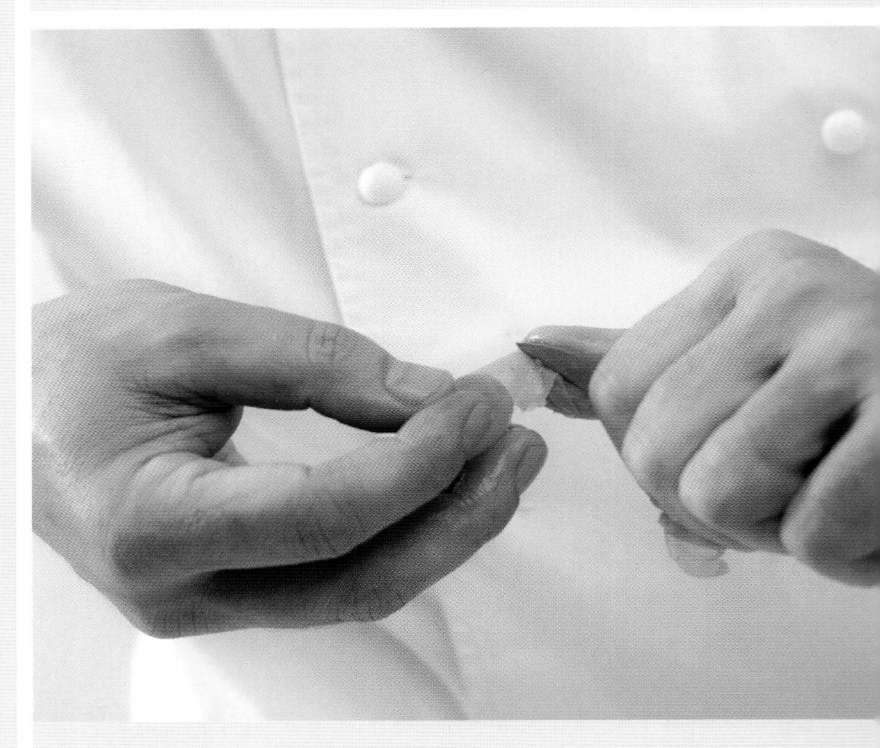

• 3 •

페어링 나이프의 칼끝으로, 조심스럽게 껍질을 벗긴다.

• 2 •

포도를 건져 재빨리 얼음물에 넣어 식힌다.

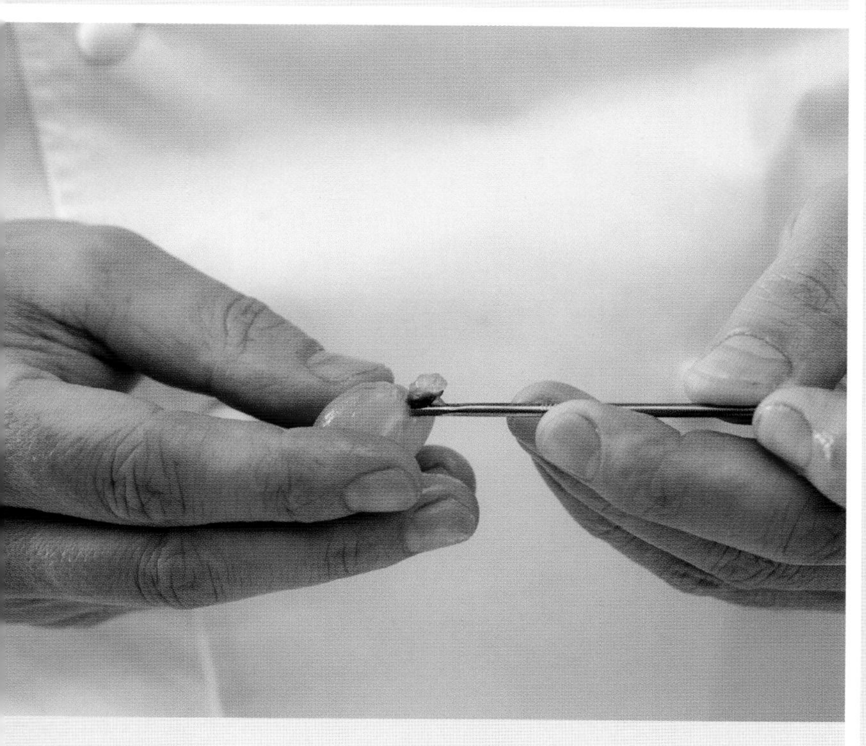

• 4 •

주방용 바늘 끝을 이용하여 알갱이 속 씨를 빼낸다.

– 포커스 –

이 테크닉은 인내심과 꼼꼼함이
요구되는 작업이다.
하지만 이렇게 껍질과 씨를 제거한 포도는
먹기에 정말 편하다.

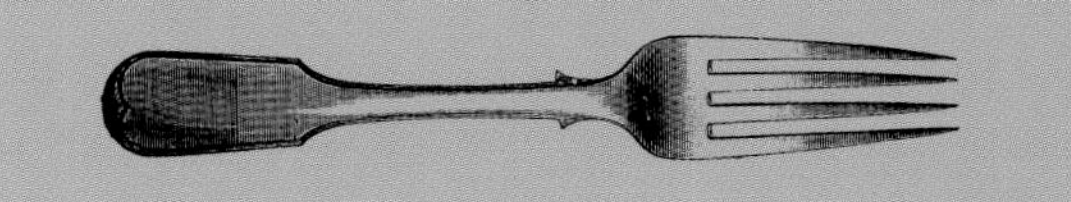

과일
LES FRUITS

레시피

봄 – 여름

붉은 베리 믹스 처트니

CHUTNEY
DE FRUITS ROUGES

6인분 기준
준비 시간 : 20분
조리 시간 : 15분

재료
딸기 2팩
라즈베리(산딸기) 2팩
라즈베리 식초 100ml
설탕 100g
소금 10g
레드커런트 1팩
블랙커런트 1팩
핑크 통후추
에스플레트 칠리 가루

도구
소테팬
믹서

– 포커스 –

이 처트니 레시피에서
설탕의 분량을 줄여 만들면,
흰살 생선, 오징어, 리소토 등의
요리에 사용할 수 있다.
또한 푸아그라, 닭 가슴살 요리나
봄 채소를 곁들인 송아지 등심 같은
흰 육류요리, 커리 등에 곁들여도 좋다.

이 처트니는 고기나 생선 요리에 곁들일 수 있을 뿐 아니라, 디저트에서도 그 활용도가 높다. 화이트(또는 다크) 초콜릿 무스, 치즈 케이크, 파운드케이크나 사바랭 등에 곁들이면 아주 좋다.

딸기 준비하기
딸기는 씻어 꼭지를 따고, 한 팩 분량을 일정한 크기로 잘라 둔다.

익히기
냄비에 나머지 한 팩의 딸기와 산딸기를 넣고, 약간의 물, 라즈베리 식초, 설탕과 소금을 넣고 뭉근히 끓여 콤포트를 만든다. 약한 불에 졸인 후, 믹서에 간다. 레드커런트와 블랙커런트를 씻어 나머지 한 팩의 산딸기와, 미리 잘라둔 딸기와 함께 섞은 다음, 믹서에 갈아 놓은 처트니에 넣는다. 불에 올려 끓기 시작하면 불에서 내리고, 즉시 냄비를 얼음물에 담가 재빨리 식혀준다. 마지막으로 으깬 핑크 통후추 몇 알과 에스플레트 칠리 가루를 한 꼬집 넣어 섞는다.

봄 - 여름

아몬드와 피스타치오를 곁들여 구운 살구

ABRICOTS BERGERON RÔTIS,
AMANDES ET PISTACHES

6인분 기준
준비 시간 : 30분
조리 시간 : 30분

재료
살구 12개
흰 아몬드 24알
설탕 150g
버터 100g
피스타치오 굵게 다진 것 100g
슈거파우더 50g

도구
타원형 오븐 용기

- 포커스 -

구운 살구를
아주 질 좋은 바닐라 아이스크림,
아몬드 소르베 또는
프로마주 블랑 소르베(sorbet)와
곁들여 서빙하면 좋다.

살구를 구워 만드는 이 레시피는 잘 익었으되 너무 무르지 않은 살구를 골라야 오븐에 구웠을 때 그 형태가 유지된다. 조리하기 전에 미리 살구를 맛보고, 그에 알맞게 설탕의 양을 조절해 넣는다.

준비하기
살구는 반으로 잘라 씨를 빼내고, 그 자리에 버터 작은 한 조각과 아몬드 한 알(살구 씨 속에 있는 흰 아몬드를 사용해도 좋다)을 넣는다.

익히기
오븐 용기에 살구를 자른 면이 위로 오게 놓고, 180℃로 예열한 오븐에서 30분 정도 굽는다. 오븐에서 꺼낸 다음, 굵게 다진 피스타치오와 슈거파우더를 뿌려준다(마카롱 코크를 부숴 뿌려주어도 좋다).

봄 - 여름

유기농 레몬 소금 콩피

CITRONS BIO
CONFITS AU SEL

6인분 기준
준비 시간 : 10분
조리 시간 : 1분
휴지 시간 : 3개월

재료
유기농 레몬 6개
굵은 소금 100g
설탕 75g

시럽
광천수 1리터
설탕 500g

도구
저장용 병
페어링 나이프

레몬을 이 방법으로 저장해 놓으면 다양한 요리에 양념으로 사용할 수 있다. 타진(tagine: 원뿔 모양의 뚜껑이 있는 토기에 적은 수분으로 조리한 모로코식 스튜 요리)에 레몬 콩피를 넣거나, 브뤼누아즈로 잘게 썰어 생선 타르타르, 송아지 육즙 소스, 비네그레트나 마요네즈에 넣어도 좋다.

시럽 만들기
물과 설탕을 센 불에 빨리 끓인다. 설탕이 완전히 녹으면 불에서 내려 식힌다.

레몬 준비하기
레몬은 씻어 물기를 닦는다. 굵은 소금과 설탕을 섞는다. 레몬을 세로로 4등분으로 칼집을 내고 끝부분은 자르지 않은 상태로 둔다. 레몬을 조심스럽게 열고 속살을 떼어 벌려준 다음, 그 안에 소금, 설탕 혼합물을 채워 넣는다. 다시 껍질을 잘 오므린 다음, 저장용 병에 꼭꼭 채워 넣는다. 소금, 설탕이 빠져나오지 않도록 열린 부분을 위로 해서 넣는다. 곰팡이가 생기지 않도록 레몬이 모두 잠기게 식은 시럽을 붓는다. 레몬이 떠오르지 않도록 무거운 것으로 누른 다음, 병뚜껑을 닫아 냉장고에 최소 3개월 이상 보관한다.

- 포커스 -

이 레시피를 위하여
셰프가 특별히 추천하는 것은
통통한 유기농 레몬,
가능하면 망통(Menton)산 레몬을
선택하는 것이다.
1월부터 4월까지 나오는 이 레몬은
껍질이 아주 두껍고 향이 탁월하다.

멜론 카르파초와 포트와인 무스

CARPACCIO DE MELON,
MOUSSE AU PORTO

6인분 기준
준비 시간 : 40분
조리 시간 : 10분

재료
멜론 3개
검은 후추

포트와인 무스
우유 250g
달걀노른자 3개
설탕 50g
판 젤라틴 3장
생크림 150g
포트와인(레드) 250g

시럽
광천수 50ml
라즈베리 꿀 1테이블스푼
레몬 ½개

데코레이션
페퍼민트 잎 몇 장

도구
고운 원뿔체
반구형 실리콘 몰드(지름 7cm)
전동 거품기

멜론은 주로 햄이나 프로슈토 등과 함께 서빙하지만, 스위트 와인(또는 강화 와인: vin muté, fortified wine. 알코올을 첨가하여 와인의 발효를 막거나, 발효 후 와인을 첨가한 와인으로 포트와인이 대표적이다)과 곁들이기도 한다. 멜론과 포트와인 무스를 조합한 레시피를 소개한다. 포트와인 외에, 같은 계열의 와인인 피노 데 샤랑트(pineau-des-charentes), 마스 아미엘(Mas Amiel), 바뉠스(Banuyls) 등을 사용해도 좋다.

포트와인 무스
냄비에 포트와인을 아주 약한 불로 끓여 시럽 농도가 되도록 천천히 졸인 다음, 우유를 넣고 향이 배도록 잠시 둔다. 우유에 포트와인 향이 배면 다시 끓인다. 판 젤라틴은 찬물에 넣어 불린 다음, 건져서 꼭 짜 둔다. 달걀노른자와 설탕을 잘 섞어 하얗게 되면, 끓는 포트와인 우유의 반을 넣고 잘 섞어, 다시 나머지 우유가 있는 냄비에 부어 섞는다. 잘 저어 혼합하며 크렘 앙글레즈(crème anglaise)처럼 익힌다(주걱에 묻은 크림에 손가락으로 자국을 내었을 때, 크림이 흐르지 않고 자국이 그대로 남아 있으면 다 익은 것이다). 젤라틴을 넣고 잘 섞은 다음, 고운 원뿔체에 걸러 시원한 곳에 둔다. 크림은 거품을 내어 샹티이(chantilly)를 만들고, 마지막에 설탕 한 꼬집을 넣고 섞어 조금 단단한 밀도의 크림을 완성한다. 이 크림을 식힌 포트와인 크림과 섞어준다. 실리콘 몰드에 부어 담아 냉장고에 3시간 보관한다.

시럽
물과 꿀, 레몬즙을 끓인다. 끓어오르자마자 불에서 내린 다음, 후추(poivre malabar 인도산 흑후추)를 한 꼬집 넣고, 식혀서 냉장고에 보관한다.

멜론 카르파초
멜론은 껍질을 벗기고, 반으로 잘라 속을 빼낸 다음, 얇게 썬다. 약간 우묵한 접시 6개에 멜론 슬라이스를 꽃 모양으로 돌려놓고, 붓으로 시럽을 얇게 발라준다. 통후추를 갈아 살짝 뿌린 후 냉장고에 보관한다.

플레이팅
포트와인 무스를 반구형 몰드에서 분리해 두 개를 붙인 다음, 물을 묻힌 작은 스패출러(또는 물에 담갔다 뺀 작은 숟가락 뒤로)를 사용하여 연결 부분을 매끈하게 이어준다. 멜론을 냉장고에서 꺼내, 원형 포트와인 무스를 가운데 놓고, 민트 잎으로 장식한다. 작은 소스 용기에 나머지 차가운 시럽을 담아 따로 낸다.

여름 – 가을

체리 주빌레와 게부르츠트라미너 소르베

JUBILÉ DE CERISES,
SORBET AU GEWURZTRAMINER

6인분 기준
준비 시간 : 30분
조리 시간 : 20분

재료

마카롱
아몬드 가루 133g
슈거파우더 133g
달걀흰자 50g
식용 색소(원하는 색으로)
설탕 125g + 10g
물 30g
달걀흰자 50g

과일
신선한 붉은 체리 600g
산딸기(또는 딸기) 100g
설탕 200g
마라스키노* 500ml
키르슈 (eau-de-vie de kirsch: 체리 증류주) 50ml
오래 숙성한 발사믹 식초 1테이블스푼

소르베
설탕 200g
레이트 하비스트** 게부르츠트라미너 와인 1병
레몬즙 50ml
마크 드 게부르츠트라미너 50ml
(marc de gewurztraminer: 압착한 게부르츠트라미너 포도의 찌꺼기로 만든 증류주)

도구

조리용 온도계
푸드 프로세서
아이스크림 메이커
짤주머니 + 1cm 지름의 원형 깍지

마카롱을 만들기 번거로우면, 랭스의 핑크 비스킷(biscuits roses de Reims) 등의 과자를 부숴 사용해도 된다. 이 레시피에 사용하는 과일도 여러 종류의 체리를 섞어 사용하거나, 블루베리, 블랙커런트, 블랙베리(오디) 등의 베리류를 넣어 변화를 줄 수 있다.

마카롱 만들기(이틀 전)
아몬드 가루와 슈거파우더를 혼합해 체에 친다. 믹싱볼에 달걀흰자와 식용 색소를 혼합해 둔다. 설탕 125g과 물을 123℃가 될 때까지 끓여 시럽을 만든다. 온도계를 꽂고 끓이다가 온도가 118℃가 되면, 플랫 배터(나뭇잎 모양) 핀을 장착한 전동믹서를 돌려 달걀흰자 거품을 내기 시작한다. 시럽의 온도가 123℃에 달하면 달걀흰자에 조금씩 흘려 넣는다. 이때 전동믹서는 계속 돌려준다. 조금 미지근해지면, 설탕 10g을 넣어 머랭이 좀 단단해지도록 한다. 머랭을 큰 볼에 붓고, 실리콘 주걱으로 가운데를 우묵하게 만들어준 다음, 아몬드 가루와 슈거파우더 믹스의 반을 붓고 잘 섞는다. 달걀흰자와 식용 색소 혼합물도 넣어준다. 아몬드 가루와 슈거파우더 믹스의 나머지 반을 넣어 잘 섞어 살짝 흐를 정도의 부드러운 농도가 되고 윤기가 나도록 저으며 섞는다(마카로나주). 1cm짜리 깍지를 끼운 짤주머니에 넣고, 유산지를 깐 오븐팬 위에 3cm 원형으로 짜준다. 140~150℃(컨벡션 오븐)로 예열한 오븐, 또는 170℃(일반 오븐에 베이킹 시트 2장을 넣고 구울 경우)에서 12~18분간 굽는다. 오븐에서 꺼낸 다음 식히고, 건조시켜 부수어 사용한다.

하루 전날
체리 절이기: 체리 씨를 제거한다. 제거한 씨 몇 개는 얇은 거즈에 싸서 둔다. 이것을 모두 볼에 담고, 산딸기나 딸기, 설탕, 각종 알코올류를 전부 넣어 24시간 재운다.

소르베 만들기
와인과 레몬즙에 설탕을 녹이고, 마크(marc) 증류주도 넣어 섞는다. 소르베 메이커에 넣고 돌려 소르베를 만든다.

체리 콤포트 만들기
절인 체리를 건지고 즙도 보관한다. 팬에 나머지 설탕 100g과 체리를 넣어 캐러멜라이즈한 다음, 절였던 즙을 넣고 반으로 졸여 걸쭉한 콤포트를 만들어 식혀 둔다. 발사믹 식초를 넣는다.

플레이팅
우묵한 접시에 체리를 담고, 그 위에 소르베를 크넬(quenelle: 숟가락을 이용하여 타원형의 모양으로 만든다.) 모양으로 얹는다. 마카롱을 부숴 뿌려서 서빙한다.

* marasquin: 보스니아 달마티아 지방에서 재배하는 신맛의 검은 야생 버찌인 마라스카를 원료로 하여 만든 체리 브랜디의 일종.
** late harvest: 포도의 수분이 줄어들고 당도가 더 높아질 때까지 기다렸다가 늦게 수확한다.

여름 – 가을

무화과 처트니

CHUTNEY DE FIGUES

6인분 기준
준비 시간 : 50분
조리 시간 : 1시간

재료
생 무화과 250g
헤이즐넛 50g
붉은 피망 1개
생강 가루 1꼬집
마늘 1톨
양파 100g
바닐라 빈 $\frac{1}{2}$줄기
셰리 와인 식초 200ml
황설탕 20g
커리나무 잎 (kaloupilé: 인도 식품점에서 구입할 수 있다) 1장
쓰촨 페퍼 5알
그린 망고 1개
라임 100g
버터 50g
정향 가루 1꼬집
현미 식초 100ml

도구
레몬 제스터
페어링 나이프

이 레시피에서는 헤이즐넛과 생강을 가미한 독창적인 처트니를 소개한다. 이 처트니는 수렵육이나 닭고기 테린, 또는 푸아그라와 곁들이면 좋다.

과일 준비하기

피망을 씻어 껍질을 벗기고, 속의 씨를 빼낸다. 양파의 껍질을 벗긴다. 마늘은 반을 갈라 속의 싹을 제거하고, 끓는 물에 데쳐 놓는다. 망고의 껍질을 벗기고, 씨를 제거한다. 레몬은 제스터로 껍질을 갈고, 즙을 짜 둔다. 바닐라 빈 반 개를 길게 갈라서 안의 빈을 긁어내 보관한다. 무화과는 씻어 둔다.

과일 자르기

피망, 무화과, 망고는 1cm 큐브 모양으로 자른다. 양파와 마늘을 잘게 썬다.

처트니 익히기

소테팬에 버터를 색이 나지 않게 녹인다. 거품이 일기 시작하면 재료와 향신료를 모두 넣고, 유산지로 뚜껑을 만들어 덮은 다음, 중간중간 저어주며 아주 약한 불로 익힌다. 식힌 다음, 푸아그라 또는 테린에 곁들여 낸다.

여름 – 가을

버베나향의 구운 복숭아와 꿀 아이스크림, 마들렌느

PÊCHES RÔTIES À LA VERVEINE, GLACE MIEL ET MADELEINE

6인분 기준
준비 시간 : 30분
조리 시간 : 20분
아이스크림 제조 시간 : 30분
휴지 시간 : 2시간

재료
백도 6개
소비뇽 와인 1병
설탕 200g
레몬 $\frac{1}{2}$개
생강 20g
바닐라 빈 1줄기
버베나 1단

꿀 아이스크림
우유 1리터
꿀 100g
달걀노른자 12개
설탕 100g

마들렌느
버터 135g
꿀 30g
달걀 145g(3개)
설탕 120g
바닐라 빈 1줄기
레몬 $\frac{1}{2}$개
밀가루 150g
이스트 3g
고운 소금

도구
아이스크림 메이커
마들렌느 틀

– 포커스 –

복숭아를 익힌 시럽을 소르베 메이커에 넣고 돌려 소르베를 만들어도 좋다.

이 레시피에 사용하는 복숭아는 잘 익고 향이 진하며 너무 무르지 않은 것으로 골라야, 익혀도 그 형태를 잘 유지할 수 있다. 마들렌느 뒷면이 동그랗게 부풀어 오르게 하려면, 반죽을 하루 전에 만들어 휴지시킨 다음, 아주 뜨거운 오븐에서 구워낸다.

복숭아 준비하기
하루 전날, 복숭아를 끓는 물에 1분간 데쳐 껍질을 벗긴다. 소비뇽 와인과 설탕, 레몬즙 10g, 생강 편으로 썬 것, 바닐라 빈을 모두 넣고 끓인다. 처음 끓어오르면 얼른 불을 끄고 버베나 잎을 넣는다. 몇 분간 향을 우려낸 다음, 다시 약한 불에 끓이면서, 이 시럽에 복숭아를 넣어 데친다. 식힌다.

아이스크림 만들기
우유와 꿀을 끓인다. 그동안 달걀노른자와 설탕을 거품기로 잘 저어 섞어 흰색으로 변하면, 끓인 우유의 반을 넣고 실리콘 주걱으로 잘 섞어준다. 이것을 나머지 우유가 있는 냄비에 다시 부은 다음, 약한 불에 저어가며 크렘 앙글레즈(crème anglaise)처럼 익힌다(주걱에 묻은 크림에 손가락으로 자국을 내었을 때, 크림이 흐르지 않고 자국이 그대로 남아 있으면 다 익은 것이다). 또는 조리용 온도계를 넣어 82℃가 될 때까지 익힌다. 냄비를 불에서 내려 얼음을 넣은 볼 위에 놓고 식힌다. 식힌 크림을 아이스크림 메이커에 넣고 돌려 크리미한 농도의 꿀 아이스크림을 완성한다(30분 정도 소요).

마들렌느 만들기
팬에 버터를 헤이즐넛 색이 나도록 녹인 다음, 꿀을 넣고 잘 섞는다. 달걀과 설탕, 바닐라빈, 레몬 제스트를 거품기로 잘 혼합해 흰색이 되면, 체에 친 밀가루와 이스트를 넣고 섞는다. 여기에 버터, 꿀 혼합물을 넣어 잘 섞어준다. 2시간 동안 휴지시킨다. 마들렌느 틀에 넣고, 180℃로 예열한 오븐에서 20분간 굽는다.

플레이팅
팬에 복숭아와 복숭아 익힌 시럽을 조금 넣고 캐러멜라이즈한다(시럽을 끼얹어 주며, 황금색이 나도록 한다). 우묵한 접시에 소르베를 크넬 모양으로 담고, 그 위에 반쪽으로 자른 복숭아 2조각을 놓는다. 버베나 잎으로 장식한다. 오븐에서 갓 꺼낸 따뜻한 마들렌느와 함께 서빙한다.

여름 – 가을

루바브와 샐러리, 그린 애플

CONDIMENT RHUBARBE,
CÉLERI ET POMME VERTE

6인분 기준
준비 시간 : 30분
조리 시간 : 20분

재료
루바브 600g
샐러리 1줄기
그래니 스미스 (granny-smith) 청사과 4개
레몬즙 100g
(또는 아스코르빅산 10g이나
화이트 발사믹 식초 50g)
설탕 200g

도구
착즙 주서기

아삭하고 새콤한 이 가니쉬는 메인 요리에 상큼함을 더해준다. 재료를 익힐 때, 어느 정도 단단함을 유지해 아삭하게 하는 것이 중요하다. 아이올리를 곁들인 생선이나 푸아그라, 또는 테린 등의 요리와 함께 낸다.

준비하기

루바브와 샐러리는 감자 필러를 사용하여 줄기의 질긴 섬유질을 벗겨준 다음, 루바브는 1cm x 7cm의 막대 모양으로, 샐러리는 어슷한 마름모꼴로 썰어 따로 보관한다.

익히기

청사과를 샐러리 자투리와 함께 주서기로 착즙한 다음, 레몬즙(또는 아스코르빅산, 발사믹 식초), 설탕과 섞어준다. 이것을 루바브와 샐러리에 각각 뿌린다. 두 개의 팬에 루바브와 샐러리를 약한 불로 따로 익힌 뒤 식힌다. 너무 무르지 않고 살캉거리게 익히도록 주의한다.
루바브와 샐러리가 완전히 익되, 모양이 흐트러지지 않을 정도가 적당하다. 두 재료를 섞는다.

여름 - 가을

사과 카르파초, 사과 콩피와 즐레

CARPACCIO MULTICOLORE
DE POMME
CONFIT ET GELÉE DE POMME

6인분 기준
준비 시간 : 30분
조리 시간 : 15분

재료
그래니 스미스 (granny-smith) 청사과 2개
부사 (fuji) 사과 2개
골덴 (golden) 사과 2개
레네트 (reinette) 사과 2개
레몬 2개

사과 콩피
사과 자르고 남은 자투리
설탕 1테이블스푼
레몬즙 1개분
한천(리터당 6g)

사과 즐레
부사 사과 3개
소금
설탕
젤라틴(리터당 20g)

데코레이션
페퍼민트 1단
색이 있는 식용 꽃 1팩

도구
고운 원뿔체
착즙 주서기
고운 면포 주머니

다양한 색과 식감을 즐길 수 있는 이 사과 레시피는 가볍고도 상큼한 디저트로 손색이 없다. 특히 사과를 하나도 버리지 않고 자투리를 이용해 콩피를 만들어 재료의 낭비가 없다.

사과 준비하기
사과는 씻어 물기를 닦아 반으로 자른 뒤, 색이 갈변하지 않도록 레몬즙을 뿌려 냉장고에 보관한다.

사과 콩피 만들기
사과 자투리를 전부 모아 잘게 자른다. 물을 조금 넣고, 설탕과 레몬즙을 넣은 후 15분간 졸여 콤포트를 만든다. 믹서에 후루룩 대충 갈아 고운 원뿔체에 거른다. 액체의 양을 측정해 그에 알맞은 양의 한천을 준비한다(리터당 한천 6g). 체에 거른 퓌레를 끓인 후, 한천을 넣는다. 잠깐 동안 더 끓인 다음, 용기에 2cm 두께로 붓는다. 식혀서 굳으면 사방 3cm의 정사각형으로 자른다.

사과 즐레 만들기
사과를 주서기로 착즙한 다음, 고운 면포 주머니에 넣어 맑은 즙만 짜낸다. 주서기가 없으면, 사과의 껍질을 벗기고 잘게 썬 다음 동량의 물과 함께 믹서에 간다. 소금 한 꼬집과 설탕을 약간 넣은 다음, 고운 면포 주머니에 넣어 맑은 즙만을 짜낸다. 즙의 양을 잰 다음, 그에 알맞은 양의 젤라틴을 준비한다(리터당 젤라틴 20g). 젤라틴을 찬물에 넣어 불린다. 맑은 사과즙을 데운 다음, 젤라틴을 꼭 짜서 넣어준다. 서빙용 접시 바닥에 몇 mm 정도의 두께로 얇게 깔리도록 직접 부어준 다음 식힌다.

플레이팅
반으로 잘라두었던 사과는 껍질째 얇게 자른 다음, 색이 골고루 배치되도록 접시에 빙 둘러 담는다. 사과 콩피 큐브를 위에 얹고, 페퍼민트 잎, 식용 꽃으로 장식한다.

자두 바리에이션

DÉCLINAISON
DE PRUNES

6인분 기준
준비 시간 : 2시간 30분(휴지 시간 포함)
조리 시간 : 20분

재료
건자두 (pruneaux d'Agen) 150g
물 500ml
설탕 100g
레몬 1개
오렌지 2개
계피 스틱 1개
바닐라 빈 1줄기
붉은 자두 250g
보라색 자두 (prunes d'Ente) 250g
미라벨 자두 (mirabelles) 250g
렌 클로드 자두 (reines-claudes) 250g
레몬즙, 오렌지즙 250ml
민트 6줄기

도구
뚜껑이 있는 큰 소테팬

자두의 종류는 매우 다양하다. 여러 종류의 토마토와 마찬가지로, 다양한 자두의 각기 개성 있는 색깔과 크기, 맛을 골고루 한 접시 안에서 즐겨보도록 하자. 각종 자두의 맛과 향이 돋보이는 훌륭한 디저트가 될 것이다.

건자두 데치기
건자두를 차가운 물에 담가 2시간 동안 불린 뒤, 물 500ml, 설탕 100g, 레몬 속살 조각 2개, 오렌지 조각 2개를 끓여 만든 시럽에 넣고 데친다.

자두 데치기
물 500ml와 설탕 100g, 계피 스틱, 길게 잘라 열어 빈을 긁은 바닐라 1줄기, 레몬 속살 조각 2개, 오렌지 조각 2개를 넣고 1분간 끓인다. 준비한 생자두 분량의 반을 이 시럽에 넣고 아주 약한 불에 10여 분간 끓인다(시머링).

마리네이드
남은 자두의 반은 2등분해 씨를 빼내고, 레몬즙, 오렌지즙, 민트 잎 몇 장을 넣어 2시간 동안 절인다. 나머지 자두는 설탕 시럽에 20분 정도 데쳐 둔다.

플레이팅
개인용 서빙 볼에 건자두와 마리네이드한 자두, 데친 자두를 골고루 담는다. 레몬 제스트와 오렌지 제스트를 갈아 뿌리고 민트 잎 몇 장을 얹어 장식한다.

열대과일 처트니

CHUTNEY
EXOTIQUE

가을 – 겨울

6인분 기준
준비 시간 : 30분
조리 시간 : 20분

재료
패션프루트 6개
빅토리아 파인애플 (ananas Victoria) $\frac{1}{2}$개
망고 $\frac{1}{2}$개
마늘 1톨
샬롯 60g
생강 10g
셰리 와인 식초 80g
꿀 80g
건포도 50g
인디안 롱 페퍼 (indian long pepper: 길쭉한 모양을 한 후추열매) 1개

도구
소테팬
소스팬

달콤한 맛과 새콤한 맛의 밸런스를 잘 조절할 것, 그리고 냄비 바닥에 눌어붙지 않도록 골고루 저어주며 약한 불에 은근히 익힐 것, 이 두 가지가 처트니를 성공적으로 만드는 비결이다. 푸아그라, 또는 송아지 카르파초, 차가운 닭요리 등에 곁들여 이국적인 맛을 더한다.

과일 준비하기
패션프루트 1개의 속 씨와 즙을 긁어 꺼낸다. 나머지 5개의 패션프루트는 즙만 받아 둔다. 파인애플과 망고는 5mm 크기의 작은 큐브 모양으로 자른다.

향신양념 준비하기
마늘의 껍질을 벗기고, 반을 갈라 속의 싹을 제거한 다음 다진다. 샬롯의 껍질을 벗기고 잘게 썬다. 생강도 껍질을 벗기고 다져 놓는다.

익히기
소스팬에 꿀을 넣고 캐러멜라이즈한 다음, 재료를 모두 넣고 잘 섞는다. 과일즙이 모두 증발할 때까지 약한 불로 은근히 졸인다(처트니가 윤이 나야 한다). 식혀서 유리병에 넣어 보관한다.

가을 - 겨울

스파이스향의 배 와인 조림

POIRES POCHÉES
AUX ÉPICES

6인분 기준
준비 시간 : 50분
조리 시간 : 30분

재료
서양 배 12개
(poires curé: 익히는 조리법에 가장 적합한 겨울 품종의 배)
붉은 포트와인 250g
설탕 150g
정향 4개
팔각 2개
월계수 잎 2장
통후추 50g
오렌지 제스트 100g
주니퍼 베리 6알

도구
애플 코어러 (apple corer)
소스팬

프랑스 전통 디저트인 배 조림을 독창적인 방법으로 새롭게 접근한 레시피다. 살이 너무 무르지 않고 약간 단단한 잘 익은 배를 선택해 시럽에 졸인 다음, 자르고 다시 섞어서 합치면 특이한 모양의 디저트가 완성된다.

배 준비하기
배를 씻고 껍질을 벗겨, 애플 코어러(apple corer)나 멜론 볼러를 사용하여 조심스럽게 속을 제거한다. 통째로 둔다.

배 데치기
포트와인을 끓인다. 설탕 50g과 준비한 향신료 분량의 반을 넣는다(주니퍼 베리는 제외). 약한 불로 끓이면서(시머링) 배 6개를 데친다. 유산지로 뚜껑을 만들어 덮고, 배가 무를 때까지 익힌다(약 30분). 두 번째 소스팬에 500ml의 물을 끓인다. 나머지 설탕과 향신료, 주니퍼 베리를 넣는다. 나머지 배 6개를 넣고 유산지로 뚜껑을 덮은 다음, 약한 불에 은근히 익힌다. 다 익으면 건져 오븐팬 위에 둔다.

플레이팅
포트와인에 절인 배를 나누어 자르고, 주니퍼 베리향의 시럽에 익힌 배를 자른 조각과 한 개씩 번갈아 끼워 배 모양을 다시 조합한다. 색깔이 하나씩 교대로 붙은 모양이 완성된다.

가을 – 겨울

모과 아이올리

AÏOLI
AU COING

6인분 기준
준비 시간 : 30분
조리 시간 : 1시간

재료
모과 1개
물 500g
설탕 250g
검은 통후추 1g
소금 5g

아이올리
마늘 1톨
달걀노른자 1개
올리브오일 50g
포도씨유 150g
셰리 와인 식초 5g

도구
절구

전통적인 아이올리에 들어가는 머스터드 대신 모과를 넣고 마요네즈처럼 만든 독창적인 레시피다. 토스트한 빵에 타프나드처럼 발라 아페리티프에 곁들여 먹으면 좋다.

모과 콩피 만들기
모과를 씻어 나누어 자르고 속의 씨를 제거한다. 물에 설탕, 통후추, 소금을 넣고 끓인다. 모과를 넣고 1시간 동안 아주 약한 불로 끓이며(시머링) 익힌다. 모과가 익어 물러지면 건져 둔다.

아이올리 만들기
마늘의 껍질을 벗겨 끓는 물에 3번 데친다(끓는 물에 넣고 1분씩, 3번 반복한다). 절구에 넣고(없으면 믹서를 사용), 모과와 함께 찧어 으깨 고운 페이스트를 만든다. 달걀노른자를 넣고, 오일을 넣으며 거품기로 잘 저어 마요네즈처럼 만든다. 간을 조절하고, 필요하면 식초를 몇 방울 넣어 약간의 산미를 더해준다.

가을 - 겨울

레몬 바리에이션, 타임 비스킷과 마스카르포네 아이스크림

VARIATION AUTOUR DU CITRON DE MENTON,
BISCUIT MOELLEUX AU THYM,
CRÈME GLACÉE AU MASCARPONE

6인분 기준
준비 시간 : 1시간
조리 시간 : 20분

재료

소프트 비스킷
달걀노른자 220g
설탕 160g / 녹인 버터 220g
레몬 속살 110g
밀가루 90g / 아몬드 가루 130g
레몬 제스트 간 것
레몬 타임(thym citron) ½단
달걀흰자 310g
설탕 130g

레몬 크림
달걀 200g / 설탕 240g
레몬즙 160g / 레몬 제스트 3개분
버터 300g / 젤라틴 16g
거품올린 샹티이 크림 1리터

레몬 소스
레몬즙 500g
설탕 250g / 전분 10g
레몬 보드카(또는 진) 50g
버터 200g / 포마드 버터 70g

레몬 튈
포마드 버터 130g
슈거파우더 250g
밀가루 150g / 달걀흰자 180g
레몬 제스트간 것 조금

마스카르포네 아이스크림
우유 750g
마스카르포네 치즈 550g
달걀노른자 12개 / 설탕 300g

도구
조리용 온도계 / 고운 원뿔체
아이스크림 메이커 / 짤주머니

레몬 타르트를 응용한 이 레시피는 촉촉하고 부드러운 비스킷, 상큼한 레몬, 새콤한 맛을 더해주는 레몬 제스트와 달콤한 마스카르포네 아이스크림, 바삭바삭한 레몬 튈이 조화를 이루는 훌륭한 디저트다. 레몬 대신 오렌지나 라임을 사용해도 좋다.

소프트 비스킷 만들기

젤라틴을 찬 물에 넣고 불린다(레몬 반죽에 필요). 달걀노른자와 설탕을 흰색이 될 때까지 잘 저어 혼합한 다음, 녹인 버터와 레몬 속살(펄프)을 넣고, 체에 친 밀가루와 아몬드 가루를 넣는다. 레몬 제스트를 갈아 넣고, 레몬 타임의 잎만 따 넣는다. 잘 섞어서 균일한 반죽을 만든다. 달걀흰자는 거품을 올리고, 설탕을 솔솔 뿌려 넣는다. 계속 휘저어서 매끄럽고 윤기 나는 머랭이 되면, 조심스럽게 반죽에 넣어 섞어준다. 오븐팬에 실리콘 패드를 깔고 그 위에 반죽을 펴놓은 다음, 180℃로 예열한 오븐에서 20분간 굽는다. 칼끝으로 찔러보아 아무것도 묻지 않고 나오면 다 익은 것이다.

레몬 크림 만들기

소스팬에 달걀, 설탕, 레몬즙과 레몬 제스트 간 것을 넣고 잘 섞은 다음, 크렘 앙글레즈(crème anglaise: 커스터드 크림)처럼 82℃까지 익힌다. 고운 원뿔체에 거르고, 55℃까지 식혀준 다음, 조각으로 자른 버터와 꼭 짠 젤라틴을 넣고 잘 섞는다. 소스팬을 얼음 위에 놓고 재빨리 식힌 후, 거품 올린 크림과 혼합해 냉장고에 보관한다.

레몬 튈 만들기(tuile au citron)

재료를 모두 섞어 오븐팬에 직사각형으로 펴 놓고, 180℃로 예열된 오븐에 넣고 노릇한 색이 날 때까지 굽는다.

마스카르포네 아이스크림 만들기

우유와 마스카르포네 치즈 250g을 섞고, 달걀노른자, 설탕을 넣은 다음 잘 섞으며 크렘 앙글레즈처럼 82℃까지 익혀 식힌다. 나머지 마스카르포네 치즈 300g을 넣고 잘 섞는다. 아이스크림 메이커 볼에 넣고, 원하는 질감과 농도가 될 때까지 돌린다.

플레이팅

소프트 비스킷은 12cm x 3cm 크기의 직사각형으로 자른다. 레몬 크림을 짤주머니에 넣고 그 위에 짜준다. 옆에 레몬 튈을 한 조각 놓고, 마스카르포네 아이스크림을 크넬 모양으로 놓는다.

가을 – 겨울

시트러스 샐러드 (자몽, 세드라, 라임)

SALADE TOUT AGRUMES
(PAMPLEMOUSSE, CÉDRAT ET CITRON VERT)

6인분 기준
준비 시간 : 25분
조리 시간 : 15분(콩피 만드는 시간)

재료
자몽(흰색 살) 4개
포멜로(핑크색 살) 4개
세드라 1개
라임 제스트 2개분
루콜라 1단

비네그레트 드레싱
라임즙 1개분
에스플레트 칠리 가루 1꼬집
플뢰르 드 셀 1꼬집
헤이즐넛 오일 500ml

세드라 쿨리
세드라 자투리(100g 정도)
물 100ml
설탕 10g
소금 3g
애플 사이다 식초 30ml

도구
레몬 제스터
믹서

– 포커스 –

세드라(cédrat)는 레몬의 조상으로, 운향 과(Rutaceae, 芸香科)에 속한다. 레몬과 비교했을 때 껍질이 우둘투둘하고 훨씬 두껍다. 세드라의 제스트는 주로 콩피에 사용되고, 날것으로 먹는 경우는 거의 없다.

새콤한 맛의 이 신선한 샐러드는 이 자체로도 훌륭한 애피타이저가 될 뿐 아니라, 게살, 껍질을 깐 랑구스틴, 랍스터, 새우 등과 곁들이면 더욱 좋다.

자몽 준비하기
자몽과 포멜로는 속껍질까지 한 번에 벗겨 속살만 잘라낸다(peler à vif : p.652 테크닉 참조).

세드라 쿨리 만들기
세드라 껍질은 4cm 길이로 가늘게 채 썰어 따로 보관한다. 세드라 자투리에 소금, 설탕, 식초를 넣고 약한 불로 오랫동안 은근하게 익힌다(네 가지 재료의 맛의 균형을 이루도록 하는 게 중요하다). 수분이 다 졸아들면 물을 조금씩 보충해가며 익힌다. 믹서에 갈아 걸쭉하게 흐를 정도의 농도를 만든다.

소스 만들기
라임즙과 에스플레트 칠리 가루, 플뢰르 드 셀, 헤이즐넛 오일로 비네그레트 드레싱을 만든 다음, 채 썬 세드라 껍질에 뿌려 버무려준다.

플레이팅
접시에 두 종류의 자몽 살 조각을 색깔별로 하나씩 교대로 놓으며 두 개의 반원 모양을 이어 만든다. 라임 껍질을 제스터에 갈아 뿌린다. 두 개의 반원 중앙에 세드라 껍질 채를 입체감있게 놓는다. 루콜라를 비네그레트 드레싱에 한 번 버무려 한 잎씩 앞면으로, 또 뒤집어서 시트러스 샐러드 위에 전체적으로 놓아준다. 마지막으로 세드라 쿨리를 불규칙하게 방울방울 떨어뜨려 완성한다.

부록
ANNEXES

레시피 찾아보기

Table des recettes

생선 (LES POISSONS)

그린 토마토, 블랙 올리브와 아몬드를 곁들인 달고기구이 ··· 128
프로방스 풍미의 달고기구이 ··· 130
송로버섯, 아스파라거스를 곁들인 페퍼민트 소스의 달고기 찜 ··· 132
그르노블식 가자미구이 ··· 134
시트러스-당근 버터소스를 곁들인 그르노블식 가자미 스테이크 ··· 136
조개와 시금치를 곁들인 뱅 존 소스의 가자미 요리 ··· 138
스파이스 칩과 허브 부이용 소스를 곁들인 파피요트 연어 스테이크 ··· 140
패션프루트 소스를 곁들인 이국적인 풍미의 연어 파피요트 ··· 142
오렌지 비네그레트 소스를 곁들인 연어 마리네이드와 당근 플랑 ··· 144
리슬링 소스의 송어와 파슬리 플랑 ··· 146
리슬링 소스를 곁들인 송어 ··· 148
밤버섯 부이용과 양파, 덩굴광대수염을 곁들인 송어살 비스킷 ··· 150
레몬, 생강, 보리새우를 곁들인 대구 ··· 152
레몬 콩피 마멀레이드, 노랑 채소 모둠, 보리새우를 곁들인 대구 ··· 154
자몽향의 당근 퓌레를 곁들인 대구구이 ··· 156
초리조, 포치니 버섯과 샐러리악 무슬린을 곁들인 농어 ··· 158
초리조 크림과 포치니 카르파초를 곁들인 농어 ··· 160
버섯과 샴페인 소스의 조개를 곁들인 농어 ··· 162

갑각류, 조개류, 연체류 (LES CRUSTACÉS, COQUILLAGES ET MOLLUSQUES)

게딱지에 넣은 게살과 아보카도, 토마토 젤리 ··· 204
샐러리악, 그린 애플을 곁들인 게살 요리 ··· 206
유자향의 버터넛 스쿼시 라비올리, 시금치와 게살 ··· 208
벨 뷔 랍스터 ··· 210
사프란 즐레와 랍스터 ··· 212
셰리 와인과 카카오 소스를 곁들인 랍스터 ··· 214
미니 파바 콩과 아스파라거스를 곁들인 랑구스틴 카르파초,
보리지 꽃, 망고와 비트 소스 ··· 216
미니 파바 콩과 야생 아스파라거스를 곁들인 랑구스틴 타르타르 ··· 218
랑구스틴 라비올리, 후추와 민트향의 버진 올리브오일 부이용 ··· 220
송로버섯 비네그레트를 곁들인 시금치 샐러리악 카넬로니와 가리비 ··· 222
샐러리악을 곁들인 시금치로 싼 송로버섯과 가리비 ··· 224
절인 무, 쇠비름, 청경채를 곁들인 가리비, 가쓰오부시와 치킨 크림 ··· 226
판체타 칩을 곁들인 청사과 젤리, 블롱 굴 라비올리 ··· 228
굴과 가리비 나튀렐 ··· 230
매콤한 초리조 오일과 블롱 굴, 비프 콩소메 즐레, 라드 멜바 ··· 232
오이 젤리와 절임 채소를 곁들인 맛조개 마리니에르 ··· 234
맛조개와 성게 크림, 절임 채소와 성게 에멀전 ··· 236
여러 가지 조개와 새우 요리 ··· 238
홍합 오징어 리소토 ··· 240
조개, 갑오징어, 왕새우를 곁들인 먹물 리소토 ··· 242
케이퍼, 올리브, 경수채를 곁들인 오징어구이 ··· 244

양고기 (LES VIANDES – L'AGNEAU)

파슬리 크러스트를 입힌 양갈비 로스트와 모둠 채소 ··· 260
몽 생 미셸 프레 살레 양갈비 로스트 ··· 262
두 번에 걸쳐 서빙되는 시스테롱 양고기 요리 ··· 264
감자를 곁들인 양고기 스튜 ··· 268
일 드 프랑스 지방의 채소와 크리스피 양 흉선을 곁들인 양고기 스튜 ··· 270
카탈루냐식 '엘 자이' 양갈비 로스트,
양 어깨살과 살구를 넣은 타진, 가지 콩피 ··· 272

송아지 고기 (LES VIANDES – LE VEAU)

옛날식 블랑케트 드 보 ··· 280
와일드 라이스를 곁들인 옛날식 블랑케트 드 보 ··· 282
블랑케트 드 보 ··· 284
양상추 찜을 곁들인 송아지 갈비 오븐 구이 ··· 286
초리조를 넣은 송아지 갈비구이, 스위트브레드 양상추 찜 ··· 288
포치니 버섯을 입혀 구운 송아지 갈비와
스위트브레드, 크리미 크로켓 꼬치 ··· 290

소고기 (LES VIANDES – LE BOEUF)

소고기와 당근 요리 ···· 294

색연필 모양 채소를 곁들인 소 볼살 요리 ···· 296

샬롯 콩피와 당근을 곁들인 오브락 비프 안심 로스트 ···· 298

로시니 안심 스테이크 ···· 300

푸아그라와 송로버섯을 넣은 채끝 등심 구이 ···· 302

포트와인 소스의 붉은 양파 파이와 송로버섯 소스를 곁들인 로시니 비프 ···· 304

돼지고기 (LES VIANDES – LE PORC)

툴루즈식 카술레 ···· 308

돼지 등심과 다양한 강낭콩 요리 ···· 310

생강향의 주키니, 토마토 처트니를 곁들인 크리스피 삼겹살 ···· 312

생 햄과 감자를 곁들인 돼지 안심 구이 ···· 314

이베리코 하몽을 넣어 구운 돼지 안심과 감자 와플 ···· 316

감초 소스와 단호박, 이베리코 로모를 곁들인 바스크 돼지 안심 구이 ···· 318

내장류 (LES VIANDES – LES ABATS)

푸아그라 테린 ···· 324

양송이버섯과 푸아그라 미니 타르트 ···· 326

조개를 곁들인 랑드산 푸아그라 ···· 328

그리비슈 소스를 곁들인 송아지 머리 요리 ···· 330

그리비슈 소스를 곁들인 송아지 머리 테린 ···· 332

'알리 밥' 송아지 머리 요리 ···· 334

가금류 (LES VIANDES – LA VOLAILLE)

앙리 4세풍 브레스산 닭 요리 ···· 362

트러플을 넣은 브레스산 닭 요리, 알뷔페라 소스 ···· 364

술에 재운 브레스산 닭 요리, 대추와 버섯 샐러드 ···· 366

무, 건자두, 버섯을 곁들인 오리 로스트 ···· 368

스파이스 허니 오리 가슴살과 애플 사이다에 콩피한 오리 다리살, 무, 건자두, 버섯 ···· 370

배추를 곁들인 야생 오리와 비트, 포도 에멀전 소스 ···· 372

야생 버섯과 푸아그라를 넣은 비둘기 쇼송 ···· 374

푸아그라 루아얄, 버섯 라비올리를 곁들인 토종 비둘기 요리 ···· 376

버섯을 곁들인 비둘기 가슴 요리와 빵가루를 묻혀 구운 다리살 ···· 378

머스터드 크림소스의 옛날식 토끼 요리 ···· 380

머스터드 크림소스와 겨울 채소를 곁들인 토끼 요리 ···· 382

굴로 속을 채운 토끼 요리, 감자 퓌레, 샤블리 와인에 절인 샐러리와 감자 ···· 384

수렵육 (LES VIANDES – LE GIBIER)

숲의 향미를 낸 노루 등심 메다이용 ···· 396

가을 풍미의 노루 등심 로스트 ···· 398

무와 헤이즐넛 프랄린, 후추 소스를 곁들인 노루 등심 구이 ···· 400

살구를 곁들인 산토끼 허리살 꼬치구이, 토끼 다리살과 샐러리악 ···· 402

초리조 크러스트의 산토끼 허리살 구이, 샐러리악과 레드 와인 소스 ···· 404

샬롯을 곁들인 새끼 산토끼 다리 스튜, 사과 콩피와 버섯 라비올리 ···· 406

꿩 샤르트뢰즈 ···· 408

푸아그라와 트러플을 넣은 꿩 샤르트뢰즈와 제철 채소 ···· 410

헤이즐넛 크럼블, 트러플 타프나드와 배 처트니를 곁들인 로시니 스타일의 꿩 파테 ···· 412

채소 (LES LÉGUMES)

가스파초 ···· 522

차가운 감자 수프, 비시수아즈 ···· 524

니스식 샐러드 ···· 526

모렐 버섯과 그린 아스파라거스 ···· 528

봄철 모둠 채소 ···· 530

속을 채운 주키니 호박꽃 ···· 532

말테즈 소스를 곁들인 화이트 아스파라거스 534
아티초크 바리굴 536
어린 잎채소, 뿌리, 꽃 모둠 샐러드 538
프레시 스프링 롤과 타라마 540
지롤 버섯을 곁들인 패션푸르트 단호박 크림수프 542
피스투를 곁들인 채소 수프 544
미니 라타투이 546
파르메산 사블레에 얹은 프로방스풍 채소 그라탱(이스마엘 바얄디) 548
토마토 샐러드 550
스모크 가지 캐비어 552
삼색 양배추 퓌레 554
당근 샐러드 556
토마토 마멀레이드와 피스투를 곁들인 가지구이 558
채식주의 스타일 프랑스식 완두콩 요리 560
밤 크림수프 562
채소 포타주 564
트러플을 얹은 셀러리악 566
가을 채소 밀푀유 568
가을 채소 가니쉬 570
겨울 채소 스튜 572
미소된장 소스의 서양 대파 테린 574
트러플을 곁들인 비트 샐러드 576
오렌지 소스의 엔다이브 타르트 578
버터넛 스쿼시 아크라 튀김 580

마른 콩류 (LES LÉGUMES SECS)

수영(소렐) 렌즈콩 수프 586
큐민과 고수를 얹은 후무스 588
피키요스 고추와 초리조를 곁들인 흰 강낭콩 요리 590
렌즈콩 루아얄 592
강낭콩 샐러드 또는 스튜 594

버섯 (LES CHAMPIGNONS)

버섯 루아얄 598
지롤 버섯과 캐슈너트, 감자 무스와 칩을 곁들인 닭 골반살 요리 600
포치니 버섯볶음과 감자 꼬치 602

과일 (LES FRUITS)

붉은 베리 믹스 처트니 658
아몬드와 피스타치오를 곁들여 구운 살구 660
유기농 레몬 소금 콩피 662
멜론 카르파초와 포트와인 무스 664
체리 주빌레와 게부르츠트라미너 소르베 666
무화과 처트니 668
버베나향의 구운 복숭아와 꿀 아이스크림, 마들렌느 670
루바브와 셀러리, 그린 애플 672
사과 카르파초, 사과 콩피와 즐레 674
자두 바리에이션 676
열대과일 처트니 678
스파이스향의 배 와인 조림 680
모과 아이올리 682
레몬 바리에이션, 타임 비스킷과 마스카르포네 아이스크림 684
시트러스 샐러드(자몽, 세드라, 라임) 686

테크닉 찾아보기

Table des techniques

육수 (LES FONDS)
송아지 데미 글라스 ··· 22
흰색 닭 육수 ··· 24
생선 육수 ··· 26
갑각류 육수 ··· 28
소고기 육수 ··· 30
채소 육수 ··· 32
조개 육수 ··· 34
리에종한 갈색 송아지 육수 ··· 36
맑은 갈색 송아지 육수 ··· 38
갈색 수렵육 육수 ··· 40
맑은 소고기 육수 만들기 ··· 42

육즙, 농축액, 글레이즈 (LES JUS, ESSENCES ET GLACIS)
가금류 육즙 소스 ··· 48
송아지 육즙 소스 ··· 50
갑각류 육즙 소스 ··· 54
버섯 농축액 ··· 56
비트 글레이즈 ··· 60
식물 추출 클로로필 ··· 62
채소 쿠르부이용 ··· 64
정제 버터 ··· 66

소스 (LES SAUCES)
베샤멜 소스 ··· 70
토마토 소스 ··· 72
에스파뇰 소스 ··· 74
푸아브라드 소스 ··· 76
아메리칸 소스 ··· 80
홀랜다이즈 소스 ··· 84
베아르네즈 소스 ··· 86
마요네즈 소스 ··· 88

달걀 (LES OEUFS)
떠먹는 달걀 반숙, 반숙, 완숙 ··· 94
수란 ··· 96
스크램블드 에그 ··· 98
플랫 오믈렛 ··· 100
둥글게 만 오믈렛 ··· 102

생선류 (LES POISSONS)
통통한 생선 손질하기(노랑촉수) ··· 112
통통한 생선 필레 뜨기(노랑촉수) ··· 113
통통한 생선 손질하기(농어) ··· 114
통통한 생선 필레 뜨기(농어) ··· 116
통통한 생선 토막 내기(농어) ··· 117
통통한 생선 가시 제거하기(농어) ··· 118
통통한 생선 가시 제거하기(노랑촉수) ··· 119
납작한 생선 손질하기(넙치) ··· 120
납작한 생선 토막 내기(넙치) ··· 121
납작한 생선 손질하기(가자미) ··· 122
납작한 생선 필레 뜨기(가자미) ··· 124

갑각류, 조개류, 연체류 (LES CRUSTACÉS, COQUILLAGES ET MOLLUSQUES)
블롱 굴 까기 ··· 170
맛조개 까기 ··· 171
염수로 꼬막 까기 ··· 172
가리비조개 까기 ··· 174
가리비조개 까기(응용편) ··· 176
움푹한 굴 까기 ··· 178
증기에 쪄서 굴 까기 ··· 180
게 손질하기 ··· 182
랍스터 손질하기 ··· 186
성게 손질하기 ··· 190
갑오징어 손질하기 ··· 192
꼴뚜기 손질하기 ··· 194
고둥 삶기 ··· 196
마리니에르 방식으로 조개류 익히기 ··· 198
간수 만들기 ··· 200

양고기 (LES VIANDES – L'AGNEAU)
양갈비 손질하기 ··· 254
양 볼기등심 손질하기 ··· 256

송아지 (LES VIANDES – LE VEAU)
송아지 갈비 손질하기 ··· 276

가금류 (LES VIANDES – LA VOLAILLE)
닭 손질하기 ··· 338
닭 4토막, 8토막 내기 ··· 342
닭 실로 묶기 ··· 346
오리 손질하기 ··· 348
오리 실로 묶기 ··· 352
오리 토막 내기 ··· 354
비둘기 뼈 제거하기 ··· 356
토끼 토막 내기 ··· 358

수렵육 (LES VIANDES – LE GIBIER)

꿩 실로 묶기 ········ 392
토끼 허리등심 뼈 제거하기 ········ 394

채소 (LES LÉGUMES)

당근 브뤼누아즈 썰기 ········ 426
당근 페이잔 썰기 ········ 427
당근 줄리엔 썰기 ········ 428
리크(서양 대파) 줄리엔 썰기 ········ 429
샐러리악, 당근, 양파 마티뇽 썰기 ········ 430
당근, 양파 미르푸아 썰기 ········ 432
당근 자르디니에르 썰기 ········ 434
무 자르디니에르 썰기 ········ 435
리크 시플레 썰기 ········ 436
마세두안 썰기 ········ 437
골이 패인 원형으로 당근 썰기 ········ 438
구슬 모양내기 ········ 439
시금치 시포나드 썰기 ········ 440
주키니 호박 돌려깎기 ········ 442
아티초크 돌려깎기 ········ 444
작은 아티초크 돌려깎기 ········ 446
당근 돌려깎기 ········ 448
채소 글레이즈하기 ········ 450
샐서피 껍질 벗기기 ········ 452
호박류 손질하기 ········ 454
콜리플라워, 브로콜리 송이 다듬기 ········ 456
피망 껍질 벗기기 ········ 484
토마토 껍질 벗기기 ········ 486
토마토 꽃잎 모양, 주사위 모양, 콩카세 썰기 ········ 488

버섯 (LES CHAMPIGNONS)

버섯 어슷하게 저며 썰기 ········ 464
버섯 등분 내어 썰기 ········ 465
버섯 얇게 저며 썰기 ········ 466
버섯 살피콘 썰기 ········ 467
버섯 줄리엔, 뒥셀 썰기 ········ 468
버섯 모양내어 돌려깎기 ········ 470

구근류, 허브 (LES BULBES ET FINES HERBES)

양파 잘게 썰기 ········ 474
양파 얇게 저며 썰기 ········ 475
차이브 잘게 썰기 ········ 476
샬롯 잘게 썰기 ········ 477
부케가르니 만들기 ········ 478
파슬리 잎만 떼어 잘게 썰기 ········ 480

감자 (LES POMMES DE TERRE)

감자 채 썰기 ········ 494
감자 굵은 막대 모양 썰기, 감자 가는 막대 모양 썰기 ········ 496
폼 퐁뇌프 튀기기 ········ 498
감자 와플칩 ········ 500
감자 칩 ········ 502
감자 미니볼 ········ 503
감자 돌려깎기 ········ 504
폼 사보네트 ········ 506
폼 불랑제르 ········ 508
폼 안나 ········ 510
폼 물레 ········ 512
폼 뒤셰스 감자 퓌레 만들기 ········ 514
폼 아망딘느 ········ 516
감자 수플레 ········ 518

곡류 (LES CÉRÉALES)

필라프 라이스 ········ 608
리소토 ········ 610
프레굴라 ········ 612
보리쌀 ········ 616
벌거 ········ 618
퀴노아 ········ 620
폴렌타 ········ 622
폴렌타 소테 ········ 624

파스타, 라비올리 (LES PÂTES ET LES RAVIOLES)

밀가루로 만든 생 파스타 ········ 630
듀럼 밀가루 베이스의 컬러 생 파스타 ········ 632
라비올리 ········ 634
슈페츨 ········ 636
뇨키 ········ 638

과일 (LES FRUITS)

레몬 제스트 ········ 650
레몬 모양내어 썰기 ········ 651
시트러스류의 과일 껍질 벗기기 ········ 652
포도 껍질 벗겨 씨 제거하기 ········ 654

셰프의 레시피 찾아보기

Table des recettes des chefs associés

기욤 고메즈 *Guillaume Gomez*

오렌지 비네그레트 소스를 곁들인 연어 마리네이드와 당근 플랑 …… **144**

미셸 브라스 *Michel Bras*

샬롯 콩피와 당근을 곁들인 오브락 비프 안심 로스트 ……………… **298**

미셸 로트 *Michel Roth*

조개와 시금치를 곁들인 뱅 존 소스의 가자미 요리………………… **138**

레지스 마르콩 *Régis Marcon*

포치니 버섯을 입혀 구운 송아지 갈비와 스위트브레드, 크리미 크로켓 꼬치 ……………………………………………………………… **290**

베르나르 르프랭스 *Bernard Leprince*

'알리 밥' 송아지 머리 요리……………………………………… **334**

아들린 그라타르 *Adeline Grattard*

술에 재운 브레스산 닭 요리, 대추와 버섯 샐러드 ………………… **366**

아르노 동켈 *Arnaud Donckele*

두 번에 걸쳐 서빙되는 시스테롱 양고기 요리…………………… **264**

아망딘 셰뇨 *Amandine Chaignot*

감초 소스와 단호박, 이베리코 로모를 곁들인 바스크 돼지 안심 구이 ‥ **318**

안 소피 픽 *Anne-Sophie Pic*

송로버섯, 아스파라거스를 곁들인 페퍼민트 소스의 달고기 찜 ……… **132**

알랭 뒤투르니에 *Alain Dutournier*

헤이즐넛 크럼블, 트러플 타프나드와 배 처트니를 곁들인
로시니 스타일의 찡 파테 ……………………………………… **412**

알렉상드르 부르다스 *Alexandre Bourdas*

절인 무, 쇠비름, 청경채를 곁들인 가리비, 가쓰오부시와 치킨 크림…. **226**

알렉상드르 쿠이용 *Alexandre Couillon*

여러 가지 조개와 새우 요리……………………………………… **238**

야닉 알레노 *Yannick Alléno*

매콤한 초리조 오일과 블롱 굴, 비프 콩소메 젤리, 라드 멜바 ………. **232**

엠마뉘엘 르노 *Emmanuel Renaut*

밤버섯 부이용과 양파, 덩굴광대수염을 곁들인 송어살 비스킷 ……… **150**

에릭 게랭 *Éric Guérin*

배추를 곁들인 야생 오리와 비트, 포도 에멀전 소스 ……………… **372**

에릭 브리파르 *Éric Briffard*

샬롯을 곁들인 새끼 산토끼 다리 스튜, 사과 콩피와 버섯 라비올리 …. **406**

에릭 프라 *Éric Pras*

무와 헤이즐넛 프랄린, 후추 소스를 곁들인 노루 등심 구이………… **400**

올리비에 나스티 *Olivier Nasti*

송아지 고기 스튜……………………………………………… **284**

올리비에 롤랭제 *Olivier Roellinger*

셰리 와인과 카카오 소스를 곁들인 랍스터……………………… **214**

윌리암 르되이 *William Ledeuil*

케이퍼, 올리브, 경수채를 곁들인 오징어구이…………………… **244**

장 쿠소 *Jean Cousseau*

버섯을 곁들인 비둘기 가슴 요리와 빵가루를 묻혀 구운 다리살……. **378**

질 구종 *Gilles Goujon*

카탈루냐식 '엘 자이' 양갈비 로스트,
양 어깨살과 살구를 넣은 타진, 가지 콩피……………………… **272**

크리스티앙 테트두아 *Christian Têtedoie*

포트와인 소스의 붉은 양파 타르틀레트와
송로버섯 소스를 곁들인 로시니 비프…………………………… **304**

프랑수아 아당스키 *François Adamski*

자몽향의 당근 퓌레를 곁들인 대구구이 ……………………… **156**

프랑수아 파스토 *François Pasteau*

생강향의 주키니, 토마토 처트니를 곁들인 크리스피 삼겹살………. **312**

프레데릭 앙통 *Frédéric Anton*

랑구스틴 라비올리, 후추와 민트향의 버진 올리브오일 부이용 ……. **220**

파스칼 바르보 *Pascal Barbot*

유자향의 버터넛 스쿼시 라비올리, 시금치와 게살 ………………. **208**

필립 에체베스트 *Philippe Etchebest*

조개를 곁들인 랑드산 푸아그라………………………………. **328**

필립 밀 *Philippe Mille*

버섯과 샴페인 소스의 조개를 곁들인 농어……………………… **162**

티에리 막스 *Thierry Marx*

굴로 속을 채운 토끼 요리, 감자 퓌레, 샤블리 와인에 절인 샐러리와 감자 ……………………………………………………………… **384**

Crédits des illustrations

page 4 : © Xavier Renaud / FERRANDI ; page 8 : © Xavier Renaud / FERRANDI ; page 10 : (les deux photos) © FERRANDI ; page 11 © Xavier Renaud / FERRANDI ; page 12 : (les deux photos) © FERRANDI ; page 13 : © FERRANDI ; page 14 : (les deux photos) © FERRANDI ; page 15 : © Anil Sharma / © FERRANDI

© 2000, Pepin Van Roojen : pp. 17, 18, 19, 21, 47, 69, 70, 88, 91, 92, 93, 105, 106, 127, 165, 166, 170, 203, 247, 248, 250H, 253, 293, 307, 321, 322, 337, 361, 387, 388, 390H, 415, 416, 420, 422, 425, 459, 460H, 462H, 473, 483, 491, 492, 521, 583, 584, 597, 605, 606, 624, 627, 628, 641, 642, 644, 646, 649, 654, 657 ; © Morphart/ Fotolia.com : pp. 22, 25, 36, 48, 79, 276, 338, 342, 346, 392, 429, 436, 452, 478, 616, 630, 634, 636, 638 ; © Erica Guilane-Nachez /Fotolia.com : pp. 32, 60, 62, 94, 96, 98, 100, 426, 427, 428, 430, 432, 434, 435, 437, 438, 440, 444, 446, 448, 474, 475, 477 ; © lynea/Fotolia.com : pp. 34, 83, 84, 169, 171, 174, 177, 182, 190, 196, 198, 323, 389, 390B, 391, 608, 612, 618, 621, 629 ; © feoris/Fotolia.com : pp. 40 : © Liliya Shlapak/Fotolia.com : pp. 72, 486, 488, 650, 651, 652 ; © niakc10/ Fotolia.com : pp. 109, 111, 460B, 464, 465, 466, 467, 468, 470 ; © hypnocreative/Fotolia.com : pp. 254, 256 ; © Andrii_Oliinyk/Fotolia.com : pp. 348, 352, 354, 358, 394, 439, 442, 454 ; © Cathy Pons/Fotolia.com : pp. 356 ; © Anja Kaiser/ Fotolia.com : pp. 498, 500, 502, 503, 504, 506, 510, 514.

Illustrations pages 249, 250 et 251 : © Jérémy Mariez

Le Grand cours de Cuisine FERRANDI
© 2014, Hachette Livre (Hachette Pratique), Paris.
Author : Michel Tanguy
Photographies : Éric Fénot
Stylisme : Delphine Brunet, Émilie Mazère, Anne-Sophie Lhomme, Pablo Thiollier-Serrano

Korean edition arranged through Bestun Korea Agency

페랑디 요리 수업
1판 1쇄 발행일 2016년 5월 20일
1판 2쇄 발행일 2017년 10월 20일
저 자 : 미셸 탕기
번 역 : 강현정
사 진 : 에릭 페노
스 타 일 : 델핀 브뤼네, 에밀리 마제르 , 안 소피 롬므, 파블로 티오이에 세라노
편집주간 : 임왕준
북 펀 딩 : 김승은, 이기숙, 정미경
발 행 인 : 김문영
펴 낸 곳 : 시트롱 마카롱
등 록 : 제2014-000153호
주 소 : 서울시 중구 장충단로 8가길 2-1
페 이 지 : www.facebook.com/CimaPublishing
이 메 일 : macaron2000@daum.net
I S B N : 979-11-953854-2-3 03590

▶ 이 도서의 국립중앙도서관 출판예정도서목록(CIP)은 서지정보유통지원시스템 홈페이지(http://seoji.nl.go.kr)와 국가자료공동목록시스템(http://www.nl.go.kr/kolisnet)에서 이용하실 수 있습니다. (CIP제어번호 : CIP2016009982)

요리 학교 페랑디는 수준 높은 미식 교육 분야의 '표준'이다. 페랑디는 1920년부터 여러 세대에 걸친 스타 셰프, 제과 제빵 종사자, 식당 경영자들과 연계하여 운영되고 있다. 프랑스 파리 생 제르망 데 프레에 있는 페랑디에 해마다 전 세계의 학생들이 입학하고 있는데, 그 가운데에는 한국 학생들도 많이 있다. 페랑디는 여러 나라에서 마스터 클래스를 운영하기도 한다. 이 책은 페랑디 교수진과 프랑스 요리 명장들이 협업하여 펴냈다.